住房和城乡建设领域专业人员岗位培训考核系列用书

# 施工员专业管理实务
# （土建施工）

## （第二版）

江苏省建设教育协会　组织编写

中国建筑工业出版社

图书在版编目(CIP)数据

施工员专业管理实务（土建施工)/江苏省建设教育协会组织编写. —2版. —北京：中国建筑工业出版社，2016.10

住房和城乡建设领域专业人员岗位培训考核系列用书

ISBN 978-7-112-19846-7

Ⅰ.①施… Ⅱ.①江… Ⅲ.①建筑工程-工程施工-岗位培训-教材②土木工程-工程施工-岗位培训-教材 Ⅳ.①TU712

中国版本图书馆 CIP 数据核字(2016)第 222885 号

　　本书作为《住房和城乡建设领域专业人员岗位培训考核系列用书》中的一本，依据《建筑与市政工程施工现场专业人员职业标准》JGJ/T 250—2011、《建筑与市政工程施工现场专业人员考核评价大纲》及全国住房和城乡建设领域专业人员岗位统一考核评价题库编写。全书共 20 章，内容包括：土建施工相关的管理规定和标准，施工组织设计及专项施工方案的内容和编制方法，施工进度计划的编制，环境与职业健康安全管理的基本知识，工程质量管理的基本知识，工程成本管理的基本知识，常用施工机械机具的性能，建筑工程专项施工方案的编制要点，施工图及其他工程文件的识读要点，分部分项工程施工技术要点分析，建筑工程施工测量技术，划分施工区段、确定施工顺序，建筑工程施工进度控制管理与资源配置，工程计量与计价，建筑工程施工质量控制与管理，建筑工程施工安全控制与管理，施工质量缺陷和危险源的识别与分析，施工质量、职业健康安全与环境问题分析，记录施工情况、编制相关工程技术资料，建筑工程施工质量验收。本书既可作为土建施工员岗位培训考核的指导用书，又可作为施工现场相关专业人员的实用工具书，也可供职业院校师生和相关专业人员参考使用。

责任编辑：王砾瑶　刘　江　岳建光　范业庶
责任校对：李欣慰　刘梦然

住房和城乡建设领域专业人员岗位培训考核系列用书
**施工员专业管理实务（土建施工）（第二版）**
江苏省建设教育协会　组织编写

*

中国建筑工业出版社出版、发行（北京海淀三里河路 9 号）
各地新华书店、建筑书店经销
北京科地亚盟排版公司制版
北京建筑工业印刷厂印刷

*

开本：787×1092 毫米　1/16　印张：27½　字数：666 千字
2016 年 9 月第二版　2018 年 7 月第九次印刷
定价：**72.00** 元
ISBN 978-7-112-19846-7
(28754)

住房和城乡建设领域专业人员岗位培训考核系列用书

# 编审委员会

主　任：宋如亚

副主任：章小刚　　戴登军　　陈　曦　　曹达双

　　　　漆贯学　　金少军　　高　枫

委　员：王宇旻　　成　宁　　金孝权　　张克纯

　　　　胡本国　　陈从建　　金广谦　　郭清平

　　　　刘清泉　　王建玉　　汪　莹　　马　记

　　　　魏德燕　　惠文荣　　李如斌　　杨建华

　　　　陈年和　　金　强　　王　飞

# 出版说明

为加强住房和城乡建设领域人才队伍建设，住房和城乡建设部组织编制并颁布实施了《建筑与市政工程施工现场专业人员职业标准》JGJ/T 250—2011（以下简称《职业标准》），随后组织编写了《建筑与市政工程施工现场专业人员考核评价大纲》（以下简称《考核评价大纲》），要求各地参照执行。为贯彻落实《职业标准》和《考核评价大纲》，受江苏省住房和城乡建设厅委托，江苏省建设教育协会组织了具有较高理论水平和丰富实践经验的专家和学者，编写了《住房和城乡建设领域专业人员岗位培训考核系列用书》（以下简称《考核系列用书》），并于2014年9月出版。《考核系列用书》以《职业标准》为指导，紧密结合一线专业人员岗位工作实际，出版后多次重印，受到业内专家和广大工程管理人员的好评，同时也收到了广大读者反馈的意见和建议。

根据住房和城乡建设部要求，2016年起将逐步启用全国住房和城乡建设领域专业人员岗位统一考核评价题库，为保证《考核系列用书》更加贴近部颁《职业标准》和《考核评价大纲》的要求，受江苏省住房和城乡建设厅委托，江苏省建设教育协会组织业内专家和培训老师，在第一版的基础上对《考核系列用书》进行了全面修订，编写了这套《住房和城乡建设领域专业人员岗位培训考核系列用书（第二版）》（以下简称《考核系列用书（第二版）》）。

《考核系列用书（第二版）》全面覆盖了施工员、质量员、资料员、机械员、材料员、劳务员、安全员、标准员等《职业标准》和《考核评价大纲》涉及的岗位（其中，施工员、质量员分为土建施工、装饰装修、设备安装和市政工程四个子专业）。每个岗位结合其职业特点以及培训考核的要求，包括《专业基础知识》、《专业管理实务》和《考试大纲·习题集》三个分册。

《考核系列用书（第二版）》汲取了第一版的优点，并综合考虑第一版使用中发现的问题及反馈的意见、建议，使其更适合培训教学和考生备考的需要。《考核系列用书（第二版）》系统性、针对性较强，通俗易懂，图文并茂，深入浅出，配以考试大纲和习题集，力求做到易学、易懂、易记、易操作。既是相关岗位培训考核的指导用书，又是一线专业岗位人员的实用工具书；既可供建设单位、施工单位及相关高职高专、中职中专学校教学培训使用，又可供相关专业人员自学参考使用。

《考核系列用书（第二版）》在编写过程中，虽然经多次推敲修改，但由于时间仓促，加之编著水平有限，如有疏漏之处，恳请广大读者批评指正（相关意见和建议请发送至JYXH05@163.com），以便我们认真加以修改，不断完善。

# 本书编写委员会

主　　编：张克纯

副 主 编：张晓岩

编写人员：郭清平　沈维莉　郝会山　蒋业浩

　　　　　王丹净　李永红　洪　英

# 第二版前言

根据住房和城乡建设部的要求，2016 年起将逐步启用全国住房和城乡建设领域专业人员岗位统一考核评价题库，为更好贯彻落实《建筑与市政工程施工现场专业人员职业标准》JGJ/T 250—2011，保证培训教材更加贴近部颁《建筑与市政工程施工现场专业人员考核评价大纲》的要求，受江苏省住房和城乡建设厅委托，江苏省建设教育协会组织业内专家和培训老师，在《住房和城乡建设领域专业人员岗位培训考核系列用书》第一版的基础上进行了全面修订，编写了这套《住房和城乡建设领域专业人员岗位培训考核系列用书（第二版）》（以下简称《考核系列用书（第二版）》），本书为其中的一本。

施工员（土建施工）培训考核用书包括《施工员专业基础知识（土建施工）》（第二版)、《施工员专业管理实务（土建施工）》（第二版）、《施工员考试大纲·习题集（土建施工）》（第二版）三本，反映了国家现行规范、规程、标准，并以建筑工程施工技术操作规程和建筑工程安全技术规程为主线，不仅涵盖了现场施工人员应掌握的通用知识、基础知识、岗位知识和专业技能，还涉及新技术、新设备、新工艺、新材料等方面的知识。

本书为《施工员专业管理实务（土建施工）》（第二版）分册，全书共 20 章，内容包括：土建施工相关的管理规定和标准，施工组织设计及专项施工方案的内容和编制方法，施工进度计划的编制，环境与职业健康安全管理的基本知识，工程质量管理的基本知识，工程成本管理的基本知识，常用施工机械机具的性能，建筑工程专项施工方案的编制要点，施工图及其他工程文件的识读要点，分部分项工程施工技术要点分析，建筑工程施工测量技术，划分施工区段、确定施工顺序，建筑工程施工进度控制管理与资源配置，工程计量与计价，建筑工程施工质量控制与管理，建筑工程施工安全控制与管理，施工质量缺陷和危险源的识别与分析，施工质量、职业健康安全与环境问题分析，记录施工情况、编制相关工程技术资料，建筑工程施工质量验收。

本书既可作为施工员（土建施工）岗位培训考核的指导用书，又可作为施工现场相关专业人员的实用工具书，也可供职业院校师生和相关专业人员参考使用。

# 第一版前言

为贯彻落实住房城乡建设领域专业人员新颁职业标准，受江苏省住房和城乡建设厅委托，江苏省建设教育协会组织编写了《住房和城乡建设领域专业人员岗位培训考核系列用书》，本书为其中的一本。

施工员（土建施工）培训考核用书包括《施工员专业基础知识（土建施工）》、《施工员专业管理实务（土建施工）》、《施工员考试大纲·习题集（土建施工）》三本，反映了国家现行规范、规程、标准，并以建筑工程施工技术操作规程和建筑工程施工安全技术操作规程为主线，不仅涵盖了现场施工人员应掌握的通用知识、基础知识和岗位知识，还涉及新技术、新设备、新工艺、新材料等方面的知识。

本书为《施工员专业管理实务（土建施工）》分册，全书内容包括建筑施工技术、高层建筑施工技术和项目管理三大部分，系统阐述了施工员（土建施工）工作中需要掌握的施工工艺流程和技术要求、施工安全和质量要求及施工现场管理知识。

本书既可作为施工员（土建施工）岗位培训考核的指导用书，又可作为施工现场相关专业人员的实用手册，也可供职业院校师生和相关专业技术人员参考使用。

# 目　　录

# 第1章　土建施工相关的管理规定和标准

## 1.1　施工现场安全生产管理规定

### 1.1.1　施工作业人员安全生产权利和义务的规定

《中华人民共和国安全生产法》规定，生产经营单位的从业人员有依法获得安全生产保障的权利，并应当依法履行安全生产方面的义务。

**1. 施工作业人员安全生产权利**

（1）从业人员有权对本单位安全生产工作中存在的问题提出批评、检举、控告；有权拒绝违章指挥和强令冒险作业。施工单位不得因从业人员对本单位安全生产工作提出批评、检举、控告或者拒绝违章指挥、强令冒险作业而降低其工资、福利等待遇或者解除与其订立的劳动合同。

（2）从业人员发现直接危及人身安全的紧急情况时，有权停止作业或者在采取可能的应急措施后撤离作业场所。施工单位不得因从业人员在紧急情况下停止作业或者采取紧急撤离措施而降低其工资、福利等待遇或者解除与其订立的劳动合同。

（3）因生产安全事故受到损害的从业人员，除依法享有工伤保险外，依照有关民事法律尚有获得赔偿的权利的，有权向本单位提出赔偿要求。

**2. 施工作业人员安全生产义务**

（1）从业人员在作业过程中，应当严格遵守本单位的安全生产规章制度和操作规程，服从管理，正确佩戴和使用劳动防护用品。《建设工程安全生产管理条例》规定，施工单位应当向作业人员提供安全防护用具和安全防护服装，并书面告知危险岗位的操作规程和违章操作的危害。

（2）从业人员应当接受安全生产教育和培训，掌握本职工作所需的安全生产知识，提高安全生产技能，增强事故预防和应急处理能力。

（3）从业人员发现事故隐患或者其他不安全因素，应当立即向现场安全生产管理人员或者本单位负责人报告；接到报告的人员应当及时予以处理。

### 1.1.2　安全技术措施、专项施工方案和安全技术交底的规定

**1. 安全技术措施**

安全技术措施是指运用工程技术手段消除物的不安全因素，实现生产工艺和机械设备等生产条件本质安全的措施。

**2. 专项施工方案**

《危险性较大的分部分项工程安全管理办法》规定，危险性较大的分部分项工程是指

建筑工程在施工过程中存在的、可能导致作业人员群死群伤或造成重大不良社会影响的分部分项工程。危险性较大的分部分项工程安全专项施工方案（以下简称"专项方案"），是指施工单位在编制施工组织（总）设计的基础上，针对危险性较大的分部分项工程单独编制的安全技术措施文件。

建设单位在申请领取施工许可证或办理安全监督手续时，应当提供危险性较大的分部分项工程清单和安全管理措施。施工单位、监理单位应当建立危险性较大的分部分项工程安全管理制度。

### 3. 安全技术交底

安全技术交底是指生产负责人在生产作业前对直接生产作业人员进行的该作业的安全操作规程和注意事项的培训，并通过书面文件方式予以确认。

《建设工程安全生产管理条例》规定，施工单位应当在施工组织设计中编制安全技术措施和施工现场临时用电方案，对达到一定规模的危险性较大的分部分项工程编制专项施工方案，并附具安全验算结果，经施工单位技术负责人、总监理工程师签字后实施，由专职安全生产管理人员进行现场监督。建设工程施工前，施工单位负责项目管理的技术人员应当对有关安全施工的技术要求向施工作业班组、作业人员作出详细说明，并由双方签字确认。

## 1.1.3 危险性较大的分部分项工程安全管理的规定

为加强对危险性较大的分部分项工程安全管理，明确安全专项施工方案编制内容，规范专家论证程序，确保安全专项施工方案实施，积极防范和遏制建筑施工生产安全事故的发生，依据《建设工程安全生产管理条例》及相关安全生产法律法规，住房和城乡建设部于2009年5月13日印发了《危险性较大的分部分项工程安全管理办法》。

### 1. 危险性较大的分部分项工程范围

（1）基坑支护、降水工程

开挖深度超过3m（含3m）或虽未超过3m但地质条件和周边环境复杂的基坑（槽）支护、降水工程。

（2）土方开挖工程

开挖深度超过3m（含3m）的基坑（槽）的土方开挖工程。

（3）模板工程及支撑体系

1）各类工具式模板工程：包括大模板、滑模、爬模、飞模等工程。

2）混凝土模板支撑工程：搭设高度5m及以上；搭设跨度10m及以上；施工总荷载10kN/m² 及以上；集中线荷载15kN/m 及以上；高度大于支撑水平投影宽度且相对独立无联系构件的混凝土模板支撑工程。

3）承重支撑体系：用于钢结构安装等满堂支撑体系。

（4）起重吊装及安装拆卸工程

1）采用非常规起重设备、方法，且单件起吊重量在10kN 及以上的起重吊装工程。

2）采用起重机械进行安装的工程。

3）起重机械设备自身的安装、拆卸。

（5）脚手架工程

1）搭设高度24m及以上的落地式钢管脚手架工程。

2）附着式整体和分片提升脚手架工程。

3）悬挑式脚手架工程。

4）吊篮脚手架工程。

5）自制卸料平台、移动操作平台工程。

6）新型及异型脚手架工程。

（6）拆除、爆破工程

1）建筑物、构筑物拆除工程。

2）采用爆破拆除的工程。

（7）其他

1）建筑幕墙安装工程。

2）钢结构、网架和索膜结构安装工程。

3）人工挖扩孔桩工程。

4）地下暗挖、顶管及水下作业工程。

5）预应力工程。

6）采用新技术、新工艺、新材料、新设备及尚无相关技术标准的危险性较大的分部分项工程。

**2. 超过一定规模的危险性较大的分部分项工程范围**

（1）深基坑工程

1）开挖深度超过5m（含5m）的基坑（槽）的土方开挖、支护、降水工程。

2）开挖深度虽未超过5m，但地质条件、周围环境和地下管线复杂，或影响毗邻建筑（构筑）物安全的基坑（槽）的土方开挖、支护、降水工程。

（2）模板工程及支撑体系

1）工具式模板工程：包括滑模、爬模、飞模工程。

2）混凝土模板支撑工程：搭设高度8m及以上；搭设跨度18m及以上；施工总荷载15kN/m² 及以上；集中线荷载20kN/m 及以上。

3）承重支撑体系：用于钢结构安装等满堂支撑体系，承受单点集中荷载700kg以上。

（3）起重吊装及安装拆卸工程

1）采用非常规起重设备、方法，且单件起吊重量在100kN 及以上的起重吊装工程。

2）起重量300kN 及以上的起重设备安装工程；高度200m 及以上内爬起重设备的拆除工程。

（4）脚手架工程

1）搭设高度50m 及以上落地式钢管脚手架工程。

2）提升高度150m 及以上附着式整体和分片提升脚手架工程。

3）架体高度20m 及以上悬挑式脚手架工程。

（5）拆除、爆破工程

1）采用爆破拆除的工程。

2）码头、桥梁、高架、烟囱、水塔或拆除中容易引起有毒有害气（液）体或粉尘扩散、易燃易爆事故发生的特殊建、构筑物的拆除工程。

3）可能影响行人、交通、电力设施、通信设施或其他建、构筑物安全的拆除工程。

4）文物保护建筑、优秀历史建筑或历史文化风貌区控制范围的拆除工程。

（6）其他

1）施工高度 50m 及以上的建筑幕墙安装工程。

2）跨度大于 36m 及以上的钢结构安装工程；跨度大于 60m 及以上的网架和索膜结构安装工程。

3）开挖深度超过 16m 的人工挖孔桩工程。

4）地下暗挖工程、顶管工程、水下作业工程。

5）采用新技术、新工艺、新材料、新设备及尚无相关技术标准的危险性较大的分部分项工程。

**3. 专项方案的编制、审批及论证**

（1）编制单位

施工单位应当在危险性较大的分部分项工程施工前编制专项方案；对于超过一定规模的危险性较大的分部分项工程，施工单位应当组织专家对专项方案进行论证。

建筑工程实行施工总承包的，专项方案应当由施工总承包单位组织编制。其中，起重机械安装拆卸工程、深基坑工程、附着式升降脚手架等专业工程实行分包的，其专项方案可由专业承包单位组织编制。

（2）专项方案编制内容

1）工程概况：危险性较大的分部分项工程概况、施工平面布置、施工要求和技术保证条件。

2）编制依据：相关法律、法规、规范性文件、标准、规范及图纸（国标图集）、施工组织设计等。

3）施工计划：包括施工进度计划、材料与设备计划。

4）施工工艺技术：技术参数、工艺流程、施工方法、检查验收等。

5）施工安全保证措施：组织保障、技术措施、应急预案、监测监控等。

6）劳动力计划：专职安全生产管理人员、特种作业人员等。

7）计算书及相关图纸。

（3）审批流程

专项方案应当由施工单位技术部门组织本单位施工技术、安全、质量等部门的专业技术人员进行审核。经审核合格的，由施工单位技术负责人签字。实行施工总承包的，专项方案应当由总承包单位技术负责人及相关专业承包单位技术负责人签字。

不需专家论证的专项方案，经施工单位审核合格后报监理单位，由项目总监理工程师审核签字。

（4）专家论证

1）超过一定规模的危险性较大的分部分项工程专项方案应当由施工单位组织召开专家论证会。实行施工总承包的，由施工总承包单位组织召开专家论证会。

2）下列人员应当参加专家论证会：

① 专家组成员；

② 建设单位项目负责人或技术负责人；

③ 监理单位项目总监理工程师及相关人员；

④ 施工单位分管安全的负责人、技术负责人、项目负责人、项目技术负责人、专项方案编制人员、项目专职安全生产管理人员；

⑤ 勘察、设计单位项目技术负责人及相关人员。

3）专家组成员应当由 5 名及以上符合相关专业要求的专家组成。本项目参建各方的人员不得以专家身份参加专家论证会。

① 专家论证的主要内容：

a. 专项方案内容是否完整、可行；

b. 专项方案计算书和验算依据是否符合有关标准规范；

c. 安全施工的基本条件是否满足现场实际情况。

② 专项方案经论证后，专家组应当提交论证报告，对论证的内容提出明确的意见，并在论证报告上签字。该报告作为专项方案修改完善的指导意见。施工单位应当根据论证报告修改完善专项方案，并经施工单位技术负责人、项目总监理工程师、建设单位项目负责人签字后，方可组织实施。实行施工总承包的，应当由施工总承包单位、相关专业承包单位技术负责人签字。

专项方案经论证后需做重大修改的，施工单位应当按照论证报告修改，并重新组织专家进行论证。施工单位应当严格按照专项方案组织施工，不得擅自修改、调整专项方案。

如因设计、结构、外部环境等因素发生变化确需修改的，修改后的专项方案应当重新审核。对于超过一定规模的危险性较大工程的专项方案，施工单位应当重新组织专家进行论证。

**4. 其他规定**

（1）专项方案实施前，编制人员或项目技术负责人应当向现场管理人员和作业人员进行安全技术交底。

（2）对于按规定需要验收的危险性较大的分部分项工程，施工单位、监理单位应当组织有关人员进行验收。验收合格的，经施工单位项目技术负责人及项目总监理工程师签字后，方可进入下一道工序。

（3）各地住房城乡建设主管部门应当按专业类别建立专家库。专家库的专业类别及专家数量应根据本地实际情况设置。专家名单应当予以公示。

（4）专家库的专家应当具备以下基本条件：

1）诚实守信、作风正派、学术严谨；

2）从事专业工作 15 年以上或具有丰富的专业经验；

3）具有高级专业技术职称。

### 1.1.4 高大模板支撑系统施工安全监督管理的规定

为预防建设工程高大模板支撑系统（以下简称高大模板支撑系统）坍塌事故，保证施工安全，依据《建设工程安全生产管理条例》及相关安全生产法律法规、标准规范，住房城乡建设部于 2009 年 10 月 26 日制定《建设工程高大模板支撑系统施工安全监督管理导则》。

**1. 高大模板支撑系统定义**

高大模板支撑系统是指建设工程施工现场混凝土构件模板支撑高度超过 8m，或搭设跨度超过 18m，或施工总荷载大于 $15kN/m^2$，或集中线荷载大于 $20kN/m$ 的模板支撑系统。

**2. 专项施工方案的批准、实施**

施工单位根据专家组的论证报告，对专项施工方案进行修改完善，并经施工单位技术负责人、项目总监理工程师、建设单位项目负责人批准签字后，方可组织实施。

**3. 验收管理**

高大模板支撑系统的结构材料应按以下要求进行验收、抽检和检测，并留存记录、资料：

（1）施工单位应对进场的承重杆件、连接件等材料的产品合格证、生产许可证、检测报告进行复核，并对其表面观感、重量等物理指标进行抽检。

（2）对承重杆件的外观抽检数量不得低于搭设用量的 30％，发现质量不符合标准、情况严重的，要进行 100％的检验，并随机抽取外观检验不合格的材料（由监理见证取样）送法定专业检测机构进行检测。

（3）采用钢管扣件搭设高大模板支撑系统时，还应对扣件螺栓的紧固力矩进行抽查，抽查数量应符合《建筑施工扣件式钢管脚手架安全技术规范》的规定，对梁底扣件应进行 100％检查。

（4）高大模板支撑系统应在搭设完成后，由项目负责人组织验收，验收人员应包括施工单位和项目两级技术人员、项目安全、质量、施工人员，监理单位的总监和专业监理工程师。验收合格，经施工单位项目技术负责人及项目总监理工程师签字后，方可进入后续工序的施工。

**4. 施工管理**

（1）搭设高大模板支撑架体的作业人员必须经过培训，取得建筑施工脚手架特种作业操作资格证书后方可上岗。其他相关施工人员应掌握相应的专业知识和技能。

（2）高大模板支撑系统搭设前，项目工程技术负责人或方案编制人员应当根据专项施工方案和有关规范、标准的要求，对现场管理人员、操作班组、作业人员进行安全技术交底，并履行签字手续。安全技术交底的内容应包括模板支撑工程工艺、工序、作业要点和搭设安全技术要求等内容，并保留记录。作业人员应严格按规范、专项施工方案和安全技术交底书的要求进行操作，并正确佩戴相应的劳动防护用品。

（3）高大模板支撑系统的拆除作业必须自上而下逐层进行，严禁上下层同时拆除作业，分段拆除的高度不应大于两层。设有附墙连接的模板支撑系统，附墙连接必须随支撑架体逐层拆除，严禁先将附墙连接全部或数层拆除后再拆支撑架体。

（4）高大模板支撑系统拆除时，严禁将拆卸的杆件向地面抛掷，应有专人传递至地面，并按规格分类均匀堆放。高大模板支撑系统搭设和拆除过程中，地面应设置围栏和警戒标志，并派专人看守，严禁非操作人员进入作业范围。

## 1.1.5 实施工程建设强制性标准监督内容、方式、违规处罚的规定

为加强工程建设强制性标准实施的监督工作，保证建设工程质量，保障人民的生命、财产安全，维护社会公共利益，根据《中华人民共和国标准化法》、《中华人民共和国标准化法实施条例》和《建设工程质量管理条例》，制定了《实施工程建设强制性标准监督规

定》。工程建设强制性标准是指直接涉及工程质量、安全、卫生及环境保护等方面的工程建设标准强制性条文。

**1. 监督检查的内容**

（1）有关工程技术人员是否熟悉、掌握强制性标准；

（2）工程项目的规划、勘察、设计、施工、验收等是否符合强制性标准的规定；

（3）工程项目采用的材料、设备是否符合强制性标准的规定；

（4）工程项目的安全、质量是否符合强制性标准的规定；

（5）工程中采用的导则、指南、手册、计算机软件的内容是否符合强制性标准的规定。

**2. 监督检查的方式**

（1）国务院建设行政主管部门负责全国实施工程建设强制性标准的监督管理工作。国务院有关行政主管部门按照国务院的职能分工负责实施工程建设强制性标准的监督管理工作。县级以上地方人民政府建设行政主管部门负责本行政区域内实施工程建设强制性标准的监督管理工作。

（2）工程建设中拟采用的新技术、新工艺、新材料，不符合现行强制性标准规定的，应当由拟采用单位提请建设单位组织专题技术论证，报批准标准的建设行政主管部门或者国务院有关主管部门审定。

（3）工程建设标准批准部门应当对工程项目执行强制性标准情况进行监督检查。监督检查可以采取重点检查、抽查和专项检查的方式。

**3. 违规处罚**

（1）建设单位有下列行为之一的，责令改正，并处以 20 万元以上 50 万元以下的罚款：

① 明示或者暗示施工单位使用不合格的建筑材料、建筑构配件和设备的；

② 明示或者暗示设计单位或者施工单位违反工程建设强制性标准，降低工程质量的。

（2）勘察、设计单位违反工程建设强制性标准进行勘察、设计的，责令改正，并处以 10 万元以上 30 万元以下的罚款。有前款行为，造成工程质量事故的，责令停业整顿，降低资质等级；情节严重的，吊销资质证书；造成损失的，依法承担赔偿责任。

（3）施工单位违反工程建设强制性标准的，责令改正，处工程合同价款 2% 以上 4% 以下的罚款；造成建设工程质量不符合规定的质量标准的，负责返工、修理，并赔偿因此造成的损失；情节严重的，责令停业整顿，降低资质等级或者吊销资质证书。

（4）工程监理单位违反强制性标准规定，将不合格的建设工程以及建筑材料、建筑构配件和设备按照合格签字的，责令改正，处 50 万元以上 100 万元以下的罚款，降低资质等级或者吊销资质证书；有违法所得的，予以没收；造成损失的，承担连带赔偿责任。

## 1.2　建筑工程质量管理的规定

### 1.2.1　建设工程专项质量检测、见证取样检测内容的规定

**1. 建设工程质量检测**

《建设工程质量检测管理办法》所称建设工程质量检测（以下简称质量检测），是指工

程质量检测机构（以下简称检测机构）接受委托，依据国家有关法律、法规和工程建设强制性标准，对涉及结构安全项目的抽样检测和对进入施工现场的建筑材料、构配件的见证取样检测。

**2. 建设工程质量检测机构**

检测机构是具有独立法人资格的中介机构。检测机构未取得相应的资质证书，不得承担本办法规定的质量检测业务。检测机构资质按照其承担的检测业务内容分为专项检测机构资质和见证取样检测机构资质。检测机构不得转包检测业务。检测机构跨省、自治区、直辖市承担检测业务的，应当向工程所在地的省、自治区、直辖市人民政府建设主管部门备案。

**3. 见证取样**

（1）《房屋建筑工程和市政基础设施工程实行见证取样和送检的规定》所称见证取样和送检是指在建设单位或工程监理单位人员的见证下，由施工单位的现场试验人员对工程中涉及结构安全的试块、试件和材料在现场取样，并送至经过省级以上建设行政主管部门对其资质认可和质量技术监督部门对其计量认证的质量检测单位（以下简称"检测单位"）进行检测。

（2）见证人员应由建设单位或该工程的监理单位具备建筑施工试验知识的专业技术人员担任，并应由建设单位或该工程的监理单位书面通知施工单位、检测单位和负责该项工程的质量监督机构。

（3）在施工过程中，见证人员应按照见证取样和送检计划，对施工现场的取样和送检进行见证，取样人员应在试样或其包装上作出标识、封志。标识和封志应标明工程名称、取样部位、取样日期、样品名称和样品数量，并由见证人员和取样人员签字。见证人员应制作见证记录，并将见证记录归入施工技术档案。见证人员和取样人员应对试样的代表性和真实性负责。

（4）见证取样的试块、试件和材料送检时，应由送检单位填写委托单，委托单应有见证人员和送检人员签字。检测单位应检查委托单及试样上的标识和封志，确认无误后方可进行检测。

## 1.2.2 房屋建筑工程质量保修范围、保修期限和违规处罚的规定

《房屋建筑工程质量保修办法》规定，房屋建筑工程质量保修，是指对房屋建筑工程竣工验收后在保修期限内出现的质量缺陷，予以修复。所谓质量缺陷，是指房屋建筑工程的质量不符合工程建设强制性标准以及合同的约定。建设单位和施工单位应当在工程质量保修书中约定保修范围、保修期限和保修责任等，双方约定的保修范围、保修期限必须符合国家有关规定。

**1. 保修范围**

《中华人民共和国建筑法》（以下简称《建筑法》）规定，建筑工程的保修范围应当包括地基基础工程、主体结构工程、屋面防水工程和其他土建工程，以及电气管线、上下水管线的安装工程，供热、供冷系统工程等项目。

《房屋建筑工程质量保修办法》规定，因使用不当或者第三方造成的质量缺陷、不可抗力造成的质量缺陷不在保修范围。

**2. 保修期限**

（1）《建筑法》规定，建筑工程的保修的期限应当按照保证建筑物合理寿命年限内正常使用，维护使用者合法权益的原则确定。具体的保修范围和最低保修期限由国务院规定。

（2）《房屋建筑工程质量保修办法》进一步规定，在正常使用条件下，房屋建筑工程的最低保修期限为：

1）地基基础工程和主体结构工程，为设计文件规定的该工程的合理使用年限；

2）屋面防水工程、有防水要求的卫生间、房间和外墙面的防渗漏，为 5 年；

3）供热与供冷系统，为 2 个采暖期、供冷期；

4）电气管线、给水排水管道、设备安装为 2 年；

5）装修工程为 2 年。

其他项目的保修期限由建设单位和施工单位约定。房屋建筑工程保修期从工程竣工验收合格之日起计算。

**3. 保修程序**

（1）房屋建筑工程在保修期限内出现质量缺陷，建设单位或者房屋建筑所有人应当向施工单位发出保修通知。施工单位接到保修通知后，应当到现场核查情况，在保修书约定的时间内予以保修。发生涉及结构安全或者严重影响使用功能的紧急抢修事故，施工单位接到保修通知后，应当立即到达现场抢修。

（2）发生涉及结构安全的质量缺陷，建设单位或者房屋建筑所有人应当立即向当地建设行政主管部门报告，采取安全防范措施；由原设计单位或者具有相应资质等级的设计单位提出保修方案，施工单位实施保修，原工程质量监督机构负责监督。

（3）保修完成后，由建设单位或者房屋建筑所有人组织验收。涉及结构安全的，应当报当地建设行政主管部门备案。

（4）施工单位不按工程质量保修书约定保修的，建设单位可以另行委托其他单位保修，由原施工单位承担相应责任。

**4. 保修费用**

（1）保修费用由质量缺陷的责任方承担。

（2）在保修期限内，因房屋建筑工程质量缺陷造成房屋所有人、使用人或者第三方人身、财产损害的，房屋所有人、使用人或者第三方可以向建设单位提出赔偿要求。建设单位向造成房屋建筑工程质量缺陷的责任方追偿。

（3）因保修不及时造成新的人身、财产损害，由造成拖延的责任方承担赔偿责任。

**5. 违规处罚**

房屋建筑工程在保修范围和保修期限内出现质量缺陷，施工单位应当履行保修义务。

（1）施工单位有下列行为之一的，由建设行政主管部门责令改正，并处 1 万元以上 3 万元以下的罚款：

1）工程竣工验收后，不向建设单位出具质量保修书的；

2）质量保修的内容、期限违反《房屋建筑工程质量保修办法》规定的。

（2）施工单位不履行保修义务或者拖延履行保修义务的，由建设行政主管部门责令改正，处 10 万元以上 20 万元以下的罚款。

### 1.2.3 建筑工程质量监督的规定

（1）《建设工程质量监督机构监督工作指南》规定，建设工程质量监督机构是经省级以上建设行政主管部门考核认定具有独立法人资格的事业单位。根据建设行政主管部门的委托，依法办理建设工程项目质量监督登记手续。

（2）凡新建、改建、扩建的建设工程，在工程项目施工招标投标工作完成后，建设单位申请领取施工许可证之前，应携有关资料到所在地建设工程质量监督机构办理工程质量监督登记手续，填写工程质量监督登记表并按规定交纳工程质量监督费用。

（3）检查施工现场工程建设各方主体的质量行为。核查施工现场工程建设各方主体及有关人员的资质或资格。检查勘察、设计、施工、监理单位的质量保证体系和质量责任制落实情况，检查有关质量文件、技术资料是否齐全并符合规定。

### 1.2.4 房屋建筑工程和市政基础设施工程竣工验收备案管理的规定

**1. 竣工验收备案办理单位及时限**

《房屋建筑和市政基础设施工程竣工验收备案管理办法》规定，建设单位应当自工程竣工验收合格之日起 15 日内，依照本办法规定，向工程所在地的县级以上地方人民政府建设主管部门（以下简称备案机关）备案。

**2. 竣工验收备案需要提交的材料**

1）工程竣工验收备案表；

2）工程竣工验收报告。竣工验收报告应当包括工程报建日期，施工许可证号，施工图设计文件审查意见，勘察、设计、施工、工程监理等单位分别签署的质量合格文件及验收人员签署的竣工验收原始文件，市政基础设施的有关质量检测和功能性试验资料以及备案机关认为需要提供的有关资料；

3）法律、行政法规规定应当由规划、环保等部门出具的认可文件或者准许使用文件；

4）法律规定应当由公安消防部门出具的对大型的人员密集场所和其他特殊建设工程验收合格的证明文件；

5）施工单位签署的工程质量保修书；

6）法规、规章规定必须提供的其他文件；

7）住宅工程还应当提交《住宅质量保证书》和《住宅使用说明书》。

## 1.3 建筑工程施工质量验收标准和规范

### 1.3.1 建筑工程质量验收的划分程序和要求

**1. 建筑工程质量验收的划分**

《建筑工程施工质量验收统一标准》规定，建筑工程施工质量验收应划分为单位工程、分部工程、分项工程和检验批。

（1）单位工程应按下列原则划分：

1）具备独立施工条件并能形成独立使用功能的建筑物或构筑物为一个单位工程；

2）对于规模较大的单位工程，可将其能够形成独立功能的部分划分为一个子单位工程。

（2）分部工程应按下列原则划分：

1）可按专业性质、工程部位确定；

2）当分部工程较大或较复杂时，可按材料种类、施工特点、施工程序、专业系统及类别将分部工程划分若干子分部工程。

（3）分项工程按主要工种、材料、施工工艺、设备类别进行划分。

（4）检验批可根据施工、质量控制和专业验收的需要，按工程量、楼层、施工段、变形缝进行划分。

**2. 建筑工程质量验收合格判定**

（1）检验批合格质量应符合下列规定：

1）主控项目的质量经抽样检验均应合格；

2）一般项目的质量经抽样检验合格；

3）具有完整的施工操作依据、质量检查记录。

（2）分项工程质量验收合格应符合下列规定：

1）所含的检验批均应验收合格；

2）所含的检验批的质量验收记录应完整。

（3）分部工程质量验收合格应符合下列规定：

1）所含分项工程的质量均应验收合格；

2）质量控制资料应完整；

3）有关安全、节能、环境保护和主要使用功能的抽样检验结果应符合相应规定；

4）观感质量应符合要求。

（4）单位工程质量验收合格应符合下列规定：

1）所含分部工程的质量均应验收合格；

2）质量控制资料应完整；

3）所含分部工程中有关安全、节能、环境保护和主要使用功能的检测资料应完整；

4）主要使用功能的抽查结果应符合相关专业质量验收规范的规定；

5）观感质量应符合要求。

（5）当建筑工程施工质量不符合要求时，应按下列规定进行处理：

1）经返工或返修的检验批，应重新进行验收；

2）经有资质的检测机构检测鉴定能够达到设计要求的检验批，应予以验收；

3）经有资质的检测机构检测鉴定达不到设计要求、但经原设计单位核算认可能够满足结构安全和使用功能的检验批，可予以验收；

4）经返修或加固处理的分项、分部工程，满足安全及使用要求时，可按技术处理方案和协商文件进行验收。

（6）经返修或加固处理仍不能满足安全或重要使用功能的分部工程及单位工程，严禁验收。

**3. 质量验收的程序和组织**

（1）检验批应由专业监理工程师组织施工单位项目专业质量检查员、专业工长等进行验收。

（2）分项工程应由专业监理工程师组织施工单位项目专业技术负责人等进行验收。

（3）分部工程应由总监理工程师组织施工单位项目负责人和技术负责人等进行验收。勘察、设计单位项目负责人和施工单位技术、质量部门负责人应参加地基与基础分部工程的验收。设计单位项目负责人和施工单位技术、质量部门负责人应参加主体结构、节能分部工程的验收。

（4）单位工程中的分包工程完工后，分包单位应对所承包的工程项目进行自检，并应按本标准规定的程序进行验收。验收时，总包单位应派人参加。分包单位应将所分包工程的质量控制资料整理完整，并移交给总包单位。

（5）单位工程完成后，施工单位应组织有关人员进行自检。总监理工程师应组织各专业监理工程师对工程质量进行竣工预验收。存在施工质量问题时，应由施工单位整改。整改完毕后，应由施工单位向建设单位提交工程报告，申请工程竣工验收。

（6）建设单位收到工程竣工报告后，应由建设单位项目负责人组织监理、施工、设计、勘察等单位项目负责人进行单位工程验收。

### 1.3.2　建筑地基基础工程施工质量验收的要求

**1. 基本规定**

（1）地基基础工程施工前，必须具备完备的地质勘察资料及工程附近管线、建筑物、构筑物和其他公共设施的构造情况，必要时应作施工勘察和调查以确保工程质量及临近建筑的安全。所有建（构）筑物均应进行施工验槽。遇到下列情况之一时，应进行专门的施工勘察。

1）工程地质条件复杂，详勘阶段难以查清时；

2）开挖基槽发现土质、土层结构与勘察资料不符时；

3）施工中边坡失稳，需查明原因，进行观察处理时；

4）施工中，地基土受扰动，需查明其性状及工程性质时；

5）为地基处理，需进一步提供勘察资料时；

6）建（构）筑物有特殊要求，或在施工时出现新的岩土工程地质问题时。

（2）施工单位必须具备相应专业资质，并应建立完善的质量管理体系和质量检验制度。

（3）从事地基基础工程检测及见证试验的单位，必须具备省级以上（含省、自治区、直辖市）建设行政主管部门颁发的资质证书和计量行政主管部门颁发的计量认证合格证书。

（4）地基基础工程是分部工程，如有必要，根据现行国家标准《建筑工程施工质量验收统一标准》规定，可再划分若干个子分部工程。

（5）施工过程中出现异常情况时，应停止施工，由监理或建设单位组织勘察、设计、施工等有关单位共同分析情况，解决问题，消除质量隐患，并应形成文件资料。

**2. 地基**

（1）灰土地基、砂和砂石地基、土工合成材料地基、粉煤灰地基、强夯地基、注浆地基、预压地基，其竣工后的结果（地基强度或承载力）必须达到设计要求的标准。检验数量，每单位工程不应少于 3 点，1000m² 以上工程，每 100m² 至少应有 1 点；3000m² 以上工程，每 300m² 至少应有 1 点。每一独立基础下至少应有 1 点，基槽每 20 延米应有 1 点。

（2）水泥土搅拌复合地基、高压喷射注浆桩复合地基、砂桩地基、振冲桩复合地基、土和灰土挤密桩复合地基、水泥粉煤灰碎石桩复合地基及夯实水泥土桩复合地基，其承载力检验，数量为总数的 1%～1.5%，但不应少于 3 根。

（3）灰土地基、砂和砂石地基、粉煤灰地基等进行压实系数检查采用环刀抽样时，取样点应位于每层 2/3 的深度处。

（4）砂和砂石地基的质量验收标准应符合表 1-1 的规定。

砂和砂石地基的质量验收标准 表 1-1

| 项 | 序 | 检查项目 | 允许偏差或允许值 | | 检查方法 |
|---|---|---|---|---|---|
| | | | 单位 | 数值 | |
| 主控项目 | 1 | 地基承载力 | 设计要求 | | 按规定方法 |
| | 2 | 配合比 | 设计要求 | | 检查拌合时的体积比或重量比 |
| | 3 | 压实系数 | 设计要求 | | 现场实测 |
| 一般项目 | 1 | 砂石料有机质含量 | % | ≤5 | 焙烧法 |
| | 2 | 砂石料含泥量 | % | ≤5 | 水洗法 |
| | 3 | 石料粒径 | mm | ≤100 | 筛分法 |
| | 4 | 含水量（与最优含水量比较） | % | ±2 | 烘干法 |
| | 5 | 分层厚度（与设计要求比较） | mm | ±50 | 水准仪 |

**3. 桩基础**

（1）一般规定

1）桩位的放样允许偏差：群桩 20mm；单排桩 10mm。

2）打（压）入桩（预制凝土方桩、先张法预应力管桩、钢桩）的桩位偏差，必须符合表 1-2 的规定。斜桩倾斜度的偏差不得大于倾斜角正切值的 15%（倾斜角系桩的纵向中心线与铅垂线间夹角）。

预制桩（钢桩）桩位的允许偏差（mm） 表 1-2

| 项 | 项目 | 允许偏差 |
|---|---|---|
| 1 | 盖有基础梁的桩：<br>（1）垂直基础梁的中心线<br>（2）沿基础梁的中心线 | 100＋0.01H<br>150＋0.01H |
| 2 | 桩数为 1～3 根桩基中的桩 | 100 |
| 3 | 桩数为 4～16 根桩基中的桩 | 1/2 桩径或边长 |
| 4 | 桩数大于 16 根桩基中的桩：<br>（1）最外边的桩<br>（2）中间桩 | 1/3 桩径或边长<br>1/2 桩径或边长 |

注：H 为施工现场地面标高与桩顶设计标高的距离。

3）桩基工程的桩位验收，除设计有规定外，应按下述要求进行：

① 当桩顶设计标高与施工现场标高相同时，或桩基施工结束后，有可能对桩位进行

检查时，桩基工程的验收应在施工结束后进行。

② 当桩顶设计标高低于施工场地标高，送桩后无法对桩位进行检查时，对打入桩可在每根桩桩顶沉至场地标高时，进行中间验收，待全部桩施工结束，承台或底板开挖到设计标高后，再做最终验收。对灌注桩可对护筒位置做中间验收。

4) 灌注桩的桩位偏差必须符合表 1-3 的规定，桩顶标高至少要比设计标高高出 $0.8\sim1.0m$，桩底清孔质量按不同的成桩工艺有不同的要求，应按规范中的相应要求执行。每浇注 $50m^3$ 必须有 1 组试件，小于 $50m^3$ 的桩，每根桩必须有 1 组试件。

灌注桩的平面位置和垂直度的允许偏差                表 1-3

| 序号 | 成孔方法 | | 桩径允许偏差（mm） | 垂直度允许偏差（%） | 桩位允许偏差（mm） | |
|---|---|---|---|---|---|---|
| | | | | | 1～3 根、单排桩基垂直于中心线方向和群桩基础的边桩 | 条形桩基沿中心线方向和群桩基础的中间桩 |
| 1 | 泥浆护壁钻孔桩 | $D\leqslant1000mm$ | $\pm50$ | $<1$ | $D/6$，且不大于 100 | $D/4$，且不大于 150 |
| | | $D>1000mm$ | $\pm50$ | | $100+0.01H$ | $150+0.01H$ |
| 2 | 套管成孔灌注桩 | $D\leqslant500mm$ | $-20$ | $<1$ | 70 | 150 |
| | | $D>500mm$ | | | 100 | 150 |
| 3 | 干成孔灌注桩 | | $-20$ | $<1$ | 70 | 150 |
| 4 | 人工挖孔桩 | 混凝土护壁 | $+50$ | $<0.5$ | 50 | 150 |
| | | 钢套管护壁 | $+50$ | $<1$ | 100 | 200 |

注：1. 桩径允许偏差的负值是指个别断面。
2. 采用复打、反插法施工的桩，其桩径允许偏差不受上表限制。
3. $H$ 为施工现场地面标高与桩顶设计标高的距离，$D$ 为设计桩径。

5) 工程桩应进行承载力检验。对于地基基础设计等级为甲级或地质条件复杂，成桩质量可靠性低的灌注桩，应采用静载荷试验的方法进行检验，检验桩数不应少于总数的 $1\%$，且不应少于 3 根，当总桩数不少于 50 根时，不应少于 2 根。

6) 桩身质量应进行检验。对设计等级为甲级或地质条件复杂，成桩质量可靠性低的灌注桩，抽检数量不应少于总数的 $30\%$，且不应少于 20 根；其他桩基工程的抽检数量不应少于总数的 $20\%$，且不应少于 10 根；对混凝土预制桩及地下水位以上且终孔后经过核验的灌注桩，检验数量不应少于总桩数的 $10\%$，且不得少于 10 根。每个柱子承台下不得少于 1 根。

（2）静力压桩

1) 压桩过程中应检查压力、桩垂直度、接桩间歇时间、桩的连接质量及压入深度、重要工程应对电焊接桩的接头做 $10\%$ 的探伤检查。对承受反力的结构应加强观测。施工结束后，应做桩的承载力及桩体质量检验。

2) 静压桩工程质量验收的主控项目有桩体质量检验、桩位偏差、承载力。

（3）混凝土灌注桩

1) 桩基工程安全施工

① 打桩前应对现场进行详细的踏勘和调查，对地下的各类管道和周边的建筑物有影响的，应采取有效的加固措施或隔离措施，以确保施工的安全。

② 机具进场要注意危桥、陡坡、陷地和防止碰撞电杆、房屋等以免造成事故。

③ 施工前应全面检查机械，发现问题及时解决，严禁带病作业。

④ 机械设备操作人员必须经过专门培训，熟悉机械操作性能，经专业部门考核取得操作证后方能上岗作业。不违规操作，杜绝机械和车辆事故发生。

⑤ 在打桩过程中遇有地坪隆起或下陷时，应随时对桩架及路轨调平或垫平。

⑥ 护筒埋设完毕、灌注混凝土完毕后的桩坑应加以保护，避免人和物品掉入而发生人身事故。

⑦ 打桩时桩头垫料严禁用手拨正，不要在桩锤未打到桩顶即起锤或过早刹车，以免损坏桩机设备。

⑧ 成孔桩机操作时，注意钻机安定平稳，以防止钻架突然倾倒或钻具突然下落而发生事故。

⑨ 所有现场作业人员佩戴安全帽，特种作业人员佩戴专门的防护工具。所有现场作业人员严禁酒后上岗。

⑩ 施工现场的一切电源、电路的安装和拆除必须由持证电工操作；电器必须严格接地、接零和使用漏电保护器。

2）施工前应对水泥、砂、石子（如现场搅拌）、钢材等原材料进行检查，对施工组织设计中制定的施工顺序、监测手段（包括仪器、方法）也应检查。施工中应对成孔、清查、放置钢筋笼、灌注混凝土等进行全过程检查，人工挖孔桩尚应复验孔底持力层土（岩）性。嵌岩桩必须有桩端持力层的岩性报告。施工结束后，应检查混凝土强度，并应做桩体质量及承载力的检验。

（4）土方工程

1）在挖方前，应做好地面排水和降低地下水位工作。检查定位放线、排水和降低地下水位系统，合理安排土方运输车的行走路线及弃土场。

2）施工过程中应检查平面位置、水平标高、边坡坡度、压实度、排水、降低地下水位系统，并随时观测周围的环境变化。

3）填方施工过程中应检查排水措施，每层填筑厚度、含水量控制、压实程度、填筑厚度及压实遍数应根据土质，压实系数及所用机具确定。填方施工结束后，应检查标高、边坡坡度、压实程度等。

（5）基坑工程

1）土方开挖的顺序、方法必须与设计工况相一致，并遵循"开槽支撑，先撑后挖，分层开挖，严禁超挖"的原则。

2）基坑（槽）、管沟的挖土应分层进行。在施工过程中基坑（槽）、管沟边堆置土方不应超过设计荷载，挖方时不应碰撞或损伤支护结构、降水设施。基坑（槽）、管沟土方施工中应对支护结构、周围环境进行观察和监测，如出现异常情况应及时处理，待恢复正常后方可继续施工。基坑（槽）、管沟开挖至设计标高后，应对坑底进行保护，经验槽合格后，方可进行垫层施工。对特大型基坑，宜分区分块挖至设计标高，分区分块及时浇筑垫层。必要时，可加强垫层。

3）永久性结构的地下墙，在钢筋笼沉放后，应做二次清孔，沉渣厚度应符合要求。地下连续墙质量检验标准符合表1-4规定。

| 项目 | 序 | 检查项目 | | 允许偏差或允许值 | | 检查方法 |
|------|-----|---------|---------|------|------|---------|
| | | | | 单位 | 数值 | |
| 主控项目 | 1 | 墙体强度 | | 设计要求 | | 查试件记录或取芯试压 |
| | 2 | 垂直度：永久结构<br>临时结构 | | | 1/300<br>1/150 | 测声波测槽仪或成槽机上的监测系统 |
| 一般项目 | 1 | 导墙尺寸 | 宽度<br>墙面平整度<br>导墙平面位置 | mm<br>mm<br>mm | W+40<br><5<br>±10 | 用钢尺量，W 为地下墙设计厚度<br>用钢尺量<br>用钢尺量 |
| | 2 | 沉渣厚度：永久结构<br>临时结构 | | mm<br>mm | ≤100<br>≤200 | 重锤测或沉积物测定仪测 |
| | 3 | 槽深 | | mm | +100 | 重锤测 |
| | 4 | 混凝土坍落度 | | mm | 180~220 | 坍落度测定器 |
| | 5 | 钢筋笼尺寸 | | 见本规范表 5.6.4-1 | | 见本规范表 5.6.4-1 |
| | 6 | 地下墙表面平整度 | 永久结构<br>临时结构<br>插入式结构 | mm<br>mm<br>mm | <100<br><150<br><20 | 此为均匀黏土层，构散及易坍土层由设计决定 |
| | 7 | 永久结构时的预埋件位置 | 水平向<br>垂直向 | mm<br>mm | ≤10<br>≤20 | 用钢尺量<br>水准仪 |

注：表中本规范指《混凝土结构工程施工质量验收规范》。

### 1.3.3 混凝土结构施工质量验收的要求

**1. 模板工程**

（1）模板工程应编制施工方案。爬升式模板工程、工具式模板工程及高大模板支架工程的施工方案，应按有关规定进行技术论证。

（2）模板及支架应根据安装、使用和拆除工况进行设计，并应满足承载力、刚度和整体稳固性要求。

（3）对跨度不小于 4m 的现浇钢筋混凝土梁、板，其底部模板应按设计要求起拱；当设计无具体要求时，起拱高度宜为跨度的 1/1000~3/1000。起拱不得减少构件的截面高度。

（4）模板拆除时，可采取先支的后拆、后支的先拆，先拆非承重模板、后拆承重模板的顺序，并应从上而下进行拆除。当混凝土强度达到设计要求时，方可拆除底模及支架；当设计无具体要求时，同条件养护试件的混凝土抗压强度应符合表 1-5 的规定。侧模拆除时的混凝土强度应能保证其表面及棱角不受损伤。

底模拆除时的混凝土强度要求　　　　　　　　　　　　表 1-5

| 构件类型 | 构件跨度（m） | 达到设计混凝土强度等级值的百分率（%） |
|---------|--------------|-----------------------------|
| 板 | ≤2 | ≥50 |
| | >2, ≤8 | ≥75 |
| | >8 | ≥100 |
| 梁、拱、壳 | ≤8 | ≥75 |
| | >8 | ≥100 |
| 悬臂结构 | | ≥100 |

**2. 钢筋工程**

（1）钢筋进场时，应按国家现行相关标准抽取试件作屈服强度、抗拉强度、伸长率、弯曲性能和重量偏差检验，检验结果应符合相应标准的规定。

（2）成型钢筋进场时，应抽取试件作屈服强度、抗拉强度、伸长率和重量偏差检验，检验结果应符合国家现行相关标准的规定。

对由热轧钢筋制成的成型钢筋，当有施工单位或监理单位的代表驻厂监督生产过程，并提供原材钢筋力学性能第三方检验报告时，可仅进行重最偏差检验。

检查数量：同一厂家、同一类型、同一钢筋来源的成型钢筋，不超过 30t 为一批，每批中每种钢筋牌号、规格均应至少抽取 1 个钢筋试件，总数不应少于 3 个。检验方法：检查质量证明文件和抽样检验报告。

（3）对按一、二、三级抗震等级设计的框架和斜撑构件（含梯段）中的纵向受力普通钢筋应采用 HRB335E、HRB400E、HRB500E、HRBF335E、HRBF400E 或 HRBF500E 钢筋，其强度和最大力下总伸长率的实测值应符合下列规定：

1）抗拉强度实测值与屈服强度实测值的比值不应小于 1.25；

2）屈服强度实测值与屈服强度标准值的比值不应大于 1.30；

3）最大力下总伸长率不应小于 9%。

检查数量：按进场的批次和产品的抽样检验方案确定。检验方法：检查抽样检验报告。

**3. 混凝土工程**

（1）混凝土结构施工宜采用预拌混凝土。

（2）水泥进场时，应对其品种、代号、强度等级、包装或散装仓号、出厂日期等进行检查，并应对水泥的强度、安定性和凝结时间进行检验，检验结果应符合现行国家标准《通用硅酸盐水泥》的相关规定。当在使用中对水泥质量有怀疑或水泥出厂超过三个月（快硬硅酸盐水泥超过一个月）时，应对水泥进行复验，并按复验结果使用。

检查数量：按同一厂家、同一品种、同一代号、同一强度等级、同一批号且连续进场的水泥，袋装不超过 200t 为一批，散装不超过 500t 为一批，每批抽样数量不应少于一次。

检验方法：检查质量证明文件和抽样检验报告。

（3）混凝土配合比设计应经试验确定，不得采用经验配合比。

（4）混凝土浇筑完毕后，在混凝土强度达到 $1.2N/mm^2$ 前，不得在其上践踏或安装模板及支架。

（5）对涉及混凝土结构安全的有代表性的部位应进行结构实体检验。结构实体检验应包括混凝土强度、钢筋保护层厚度、结构位置与尺寸偏差以及合同约定的项目必要时可检验其他项目。钢筋混凝土保护层厚度指最外层钢筋外边缘至混凝土表面的距离。

### 1.3.4　砌体工程施工质量验收的要求

（1）砖和砂浆的强度等级必须符合设计要求。

（2）配制砌筑砂浆时，各组分材料应采用质量计量，水泥及各种外加剂配料的允许偏差为 ±2%；砂、粉煤灰、石灰膏等配料的允许偏差为 ±5%。

（3）砌体灰缝砂浆应密实饱满，砖墙水平灰缝的砂浆饱满度不得低于 80%；砖柱水平灰缝和竖向灰缝饱满度不得低于90％。

抽检数量：每检验批抽查不应少于5处。

检验方法：用百格网检查砖底面与砂浆的粘结痕迹面积。每处检测3块砖，取其平均值。

（4）砖过梁底部的模板及其支架拆除时，灰缝砂浆强度不应低于设计强度的75％。

（5）砌体施工时，楼面和屋面堆载不得超过楼板的允许荷载值。当施工层进料口处施工荷载较大时，楼板下宜采取临时支撑措施。

（6）砖砌体的转角处和交接处应同时砌筑，严禁无可靠措施的内外墙分砌施工。在抗震设防烈度为8度及8度以上的地区，对不能同时砌筑而又必须留置的临时间断处应砌成斜槎，普通砖砌体斜槎水平投影长度不应小于高度的2/3。多孔砖砌体的斜槎长高比不应小于1/2。斜槎高度不得超过一步脚手架的高度。

（7）承重墙体使用的小砌块应完整、无缺损、无裂缝。小砌块应将生产时的底面朝上反砌于墙上。墙体转角处和纵横墙交接处应同时砌筑。临时间断处应砌成斜槎，斜槎水平投影长度不应小于斜槎高度。施工洞口可预留直槎，但在洞口砌筑和补砌时，应在直槎上下搭砌的小砌块孔洞内用强度等级不低于C20（或Cb20）的混凝土灌实。

（8）构造柱与墙体的连接处应符合下列规定：

1）墙体应砌成马牙槎，马牙槎凹凸尺寸不宜小于60mm，高度不应超过300mm，马牙槎应先退后进，对称砌筑；马牙槎尺寸偏差每一构造柱不应超过2处；

2）预留拉结钢筋的规格、尺寸、数量及位置应正确，拉结钢筋应沿墙高每隔500mm设2φ6，伸入墙内不宜小于600mm，钢筋的竖向移位不应超过100mm，且竖向移位每一构造柱不得超过2处；

3）施工中不得任意弯折拉结钢筋。

（9）砌体结构工程检验批验收时，其主控项目应全部符合规范的规定；一般项目应有80％及以上的抽检处符合规范的规定；有允许偏差的项目，最大超差值为允许偏差值的1.5倍。

（10）当施工中或验收时出现下列情况，可采用现场检验方法对砂浆或砌体强度进行实体检测，并判定其强度：

1）砂浆试块缺乏代表性或试块数量不足；

2）对砂浆试块的试验结果有怀疑或有争议；

3）砂浆试块的试验结果，不能满足设计要求；

4）发生工程事故，需要进一步分析事故原因。

### 1.3.5 钢结构工程施工质量验收的要求

**1. 基本规定**

（1）钢结构工程施工单位应具备相应的钢结构工程施工资质，施工现场质量管理应有相应的施工技术标准、质量管理体系、质量控制及检验制度，施工现场应有经项目技术负责人审批的施工组织设计、施工方案等技术文件。

（2）钢结构工程应按下列规定进行施工质量控制：

1）采用的原材料及成品应进行进场验收凡涉及安全功能的原材料及成品应按现行国家标准《钢结构工程施工质量验收规范》GB 50205规定进行复验并应经监理工程师（建设单位技术负责人）见证取样送样；

2）各工序应按施工技术标准进行质量控制每道工序完成后应进行检查；

3）相关各专业工种之间应进行交接检验并经监理工程师（建设单位技术负责人）检查认可。

（3）分项工程检验批合格质量标准应符合下列规定：

1）主控项目必须符合《钢结构工程施工质量验收规范》合格质量标准的要求；

2）一般项目其检验结果应有80%及以上的检查点（值）符合《钢结构工程施工质量验收规范》合格质量标准的要求，且最大值不应超过其允许偏差值的1.2倍；

3）质量检查记录、质量证明文件等资料应完整。

（4）当钢结构工程施工质量不符合《钢结构工程施工质量验收规范》要求时，应按下列规定进行处理：

1）经返工重做或更换构（配）件的检验批，应重新进行验收；

2）经有资质的检测单位检测鉴定能够达到设计要求的检验批，应予以验收；

3）经有资质的检测单位检测鉴定达不到设计要求，但经原设计单位核算认可能够满足结构安全和使用功能的检验批，可予以验收；

4）经返修或加固处理的分项、分部工程，虽然改变外形尺寸但仍能满足安全使用要求，可按处理技术方案和协商文件进行验收。

（5）通过返修或加固处理仍不能满足安全使用要求的钢结构分部工程，严禁验收。

**2. 钢结构焊接工程**

焊条、焊丝、焊剂、电渣焊熔嘴等焊接材料应与母材的匹配应符合设计要求及国家现行行业标准的规定。

**3. 钢结构预拼装工程**

钢结构预拼装工程可按钢结构制作工程检验批的划分原则划分为一个或若干个检验批。预拼装是指为检验构件是否满足安装质量要求而进行的拼装。

**4. 单层钢结构安装工程**

单层钢结构安装工程可按变形缝或空间刚度单元等划分成一个或若干个检验批。地下钢结构可按不同地下层划分检验批。空间刚度单元是指由构件构成的基本的稳定空间体系。

**5. 多层及高层钢结构安装工程**

多层及高层钢结构安装工程可按楼层或施工段等划分为一个或若干个检验批。地下钢结构可按不同地下层划分检验批。

## 1.3.6 建筑节能工程施工质量验收的要求

**1. 基本规定**

（1）承担建筑节能工程的施工企业应具备相应的资质，施工现场应建立相应的质量管理体系、施工质量控制和检验制度，具有相应的施工技术标准。

（2）设计变更不得降低建筑节能效果。当设计变更涉及建筑节能效果时，应经原施工图设计文件审查机构重新审查，在实施前应办理设计变更手续，并应获得监理或建设单位的确认。

（3）建筑节能工程采用的新技术、新工艺、新材料、新设备，应按照有关规定进行评审、鉴定及备案。施工前应对新的或首次采用的施工工艺进行评价，并制订专门的施工技术方案。

（4）单位工程的施工组织设计应包括建筑节能工程施工内容。建筑节能工程施工前，施工单位应编制建筑节能工程施工方案并经监理（建设）单位审查批准。施工单位应对从事建筑节能工程施工作业的人员进行技术交底和必要的实际操作培训。

（5）建筑节能工程使用的材料、设备等，必须符合设计要求及国家有关标准的规定，严禁使用国家明令禁止与淘汰的材料和设备。建筑节能工程使用的材料应符合国家现行有关标准对材料有害物质限量的规定，不得对室内外环境造成污染。使用有机类保温材料的建筑节能工程施工时，必须制定火灾应急预案。

（6）建筑节能工程为单位工程的一个分部工程。建筑节能工程应按照分项工程进行验收，当建筑节能分项工程的工程量较大时，可以将分项工程划分为若干个检验批进行验收。建筑节能工程验收资料应单独组卷。

**2. 墙体节能工程**

（1）主体结构完成后进行施工的墙体节能工程，应在基层质量验收合格后施工，施工过程中应及时进行质量检查、隐蔽工程验收和检验批验收，施工完成后应进行墙体节能分项工程验收。与主体结构同时施工的墙体节能工程，应与主体结构一同验收。

（2）墙体节能工程使用的材料进场时，应对其下列性能进行复验，复验应为见证取样送检：

1）保温隔热材料的导热系数或热阻、密度、压缩强度或抗压强度、垂直于板面方向的抗拉强度、吸水率，有机保温材料的燃烧性能；

2）保温砌块、构件等定型产品的传热系数或热阻、抗压强度；

3）反射隔热涂料的太阳光反射比，半球发射率；

4）粘结材料的拉伸粘结强度；

5）抹面材料的拉伸粘结强度、压折比；

6）增强网的力学性能、抗腐蚀性能。

（3）墙体节能工程的施工，应符合下列规定：

1）保温隔热材料的厚度必须符合设计要求。

2）保温板材与基层及各构造层之间的粘结或连接必须牢固。保温板材与基层的连接方式、拉伸粘结强度和粘结面积比应符合设计要求。保温板材与基层的拉伸粘结强度应进行现场拉拔试验，粘结面积比应进行剥离检验。

3）当采用保温浆料做外保温时，厚度大于 20mm 的保温浆料应分层施工。保温浆料与基层之间及各层之间的粘结必须牢固，不应脱层、空鼓和开裂。

4）当墙体节能工程的保温层采用预埋或后置锚固件固定时，锚固件数量、位置、锚固深度、胶结材料性能和锚固拉拔力应符合设计和施工方案要求。后置锚固件当设计或施工方案对锚固力有具体要求时应做锚固力现场拉拔试验。

（4）保温砌块砌筑的墙体，应采用具有保温功能的砂浆砌筑。砌筑砂浆的强度等级及导热系数应符合设计要求。砌体的水平灰缝饱满度不应低于 90%，竖直灰缝饱满度不应低于 80%。

（5）建筑外墙外保温防火隔离带保温材料的燃烧性能等级应为 A 级，并应提供耐候性试验报告。

### 3. 幕墙节能工程

幕墙（含采光屋面）节能工程使用的保温隔热材料、玻璃等，进场时应对下列材料性能进行复验，复验应为见证取样送检：

（1）保温材料：导热系数或热阻、密度，有机保温隔热材料的燃烧性能；

（2）幕墙玻璃：可见光透射比、传热系数、遮阳系数、中空玻璃密封性能；

（3）隔热型材：抗拉强度、抗剪强度；

（4）透光、半透光遮阳材料的太阳光透射比、太阳光反射比。

### 4. 门窗节能工程

建筑外门窗（包括天窗）进场时应按所属气候区类别对门窗、玻璃或遮阳材料的下列性能进行复验，复验应为见证取样送检：

（1）严寒、寒冷地区：门窗的传热系数、气密性和中空玻璃露点；

（2）夏热冬冷地区：门窗的传热系数、气密性能，玻璃遮阳系数、玻璃可见光透射比、中空玻璃露点；

（3）夏热冬暖地区：门窗的气密性能，玻璃遮阳系数、玻璃可见光透射比、中空玻璃露点；

（4）所有地区：透光、部分透光遮阳材料的太阳光透射比、反射比；

（5）所有地区：中空玻璃密封性能；

（6）窗墙面积比校验。

### 5. 屋面节能工程

屋面节能工程使用的材料进场时应对以下性能参数进行复验，复验应为见证取样送检：

（1）保温隔热材料：导热系数或热阻、密度、吸水率、抗压强度或压缩强度、有机保温材料的燃烧性能；

（2）隔热涂料：太阳光反射比，半球发射率。

### 6. 地面节能工程

地面节能工程使用的保温材料，进场时应对其导热系数、密度、抗压强度或压缩强度、燃烧性能进行复验，复验应为见证取样送检。

# 第 2 章　施工组织设计及专项施工方案的内容和编制方法

## 2.1　施工组织设计的内容和编制方法

### 2.1.1　施工组织设计的类型和编制依据

#### 1. 施工组织设计的类型

施工组织设计是以施工项目为对象编制的，用以指导其施工全过程各项施工活动的技术、经济、组织、协调和控制的综合性文件。按照编制阶段的不同，施工组织设计分为投标阶段施工组织设计和实施阶段施工组织设计。投标阶段施工组织设计强调的是符合招标文件要求，以中标为目的；实施阶段施工组织设计强调的是可操作性，同时鼓励企业技术创新。

投标阶段施工组织设计通常称为技术标，但他不是仅包含技术方面的内容，同时也涵盖了施工管理和造价控制方面的内容，是一个综合性的文件。根据施工项目类型不同，按编制对象它可分为：施工组织总设计、单位工程施工组织设计和施工方案。

（1）施工组织总设计

施工组织总设计是以若干单位工程组成的群体工程或特大型项目为主要对象编制的施工组织设计，对整个项目的施工过程起统筹规划、重点控制的作用。在我国，大型房屋建筑工程标准一般指：

1）25 层以上的房屋建筑工程；

2）高度 100m 及以上的构筑物或建筑物工程；

3）单体建筑面积 3 万 m² 及以上的房屋建筑工程；

4）单跨跨度 30m 及以上的房屋建筑工程；

5）建筑面积 10 万 m² 及以上的住宅小区或建筑群体工程；

6）单项建安合同额 1 亿元及以上的房屋建筑工程。

但在实际操作中，具备上述规模的建筑工程很多只需编制单位工程施工组织设计。需要编制施工组织总设计的建筑工程，其规模应当超过上述大型建筑工程的标准，通常需要分期分批建设，可称为特大型项目。

施工组织总设计是用以指导其建设全过程各项全局性施工活动的技术、经济、组织、协调和控制的综合性文件。它是编制单位工程施工组织设计的依据。施工组织总设计是经过招投标确定了总承包单位之后，在总承包单位的总工程师主持下，会同建设单位、设计单位和分包单位的相应工程师共同编制。

（2）单位工程施工组织设计

单位工程施工组织设计以单位（子单位）工程为主要对象编制的施工组织设计，对单位（子单位）工程的施工过程起指导和制约作用。对于已经编制了施工组织总设计的项目，单位工程施工组织设计应是施工组织总设计的进一步具体化，直接指导单位工程的施工管理和技术经济活动。单位工程施工组织设计是以单位（子单位）工程为对象进行编制，它是在签订相应工程施工合同之后，在项目经理组织下，由项目总工程师（技术负责人）负责编制。

（3）施工方案

施工方案是以分部（分项）工程或专项工程为主要对象编制的施工技术与组织方案，用以具体指导其施工过程。施工方案在某些时候也被称为分部（分项）工程或专项工程施工组织设计，通常情况下施工方案是施工组织设计的进一步细化，是施工组织设计的补充，施工组织设计的某些内容在施工方案中不需赘述，因而将其定义为施工方案。它是在编制单项（位）工程施工组织设计的同时，由项目主管技术人员负责编制，作为该项目专业工程具体实施的依据。

**2. 施工组织设计的编制依据**

（1）与工程建设有关的现行法律、法规和文件；

（2）国家现行有关标准、规范、规程和技术经济指标；

（3）工程所在地区行政主管部门的批准文件，建设单位对施工的要求；

（4）工程施工合同或招标投标文件；

（5）工程设计文件；

（6）工程施工范围内的现场条件，工程地质及水文地质、气象等自然条件；

（7）与工程有关的资源供应情况；

（8）施工企业的生产能力、机具设备状况、技术水平等。

**3. 施工组织设计的编制和审批规定**

（1）施工组织设计应由项目负责人主持编制，可根据需要分阶段编制和审批。

（2）施工组织总设计应由总承包单位技术负责人审批；单位工程施工组织设计应由施工单位技术负责人或技术负责人授权的技术人员审批；施工方案应由项目技术负责人审批；重点、难点分部（分项）工程和专项工程施工方案应由施工单位技术部门组织相关专家评审，施工单位技术负责人批准。

（3）由专业承包单位施工的分部（分项）工程或专项工程的施工方案，应由专业承包单位技术负责人或技术负责人授权的技术人员审批；有总承包单位时，应由总承包单位项目技术负责人核准备案。

**4. 规模较大的分部（分项）工程和专项工程的施工方案**

规模较大的分部（分项）工程和专项工程的施工方案应按单位工程施工组织设计进行编制和审批。

## 2.1.2 施工组织设计的内容

**1. 施工组织总设计的内容**

施工组织总设计主要内容包括：建设项目工程概况、总体施工部署、施工总进度计划、总体施工准备与主要资源配置计划、主要施工方法、施工总平面布置及总的施工管理计划等。

（1）工程概况

1）工程概况应包括项目主要情况和项目主要施工条件等。

2）项目主要情况应包括下列内容：

① 项目名称、性质、地理位置和建设规模；

② 项目的建设、勘察、设计和监理等相关单位的情况；

③ 项目设计概况；

④ 项目承包范围及主要分包工程范围；

⑤ 施工合同或招标文件对项目施工的重点要求；

⑥ 其他应说明的情况。

3）项目主要施工条件应包括下列内容：

① 项目建设地点气象状况；

② 项目施工区域地形和工程水文地质状况；

③ 项目施工区域地上、地下管线及相邻的地上、地下建（构）筑物情况；

④ 与项目施工有关的道路、河流等状况；

⑤ 当地建筑材料、设备供应和交通运输等服务能力状况；

⑥ 当地供电、供水、供热和通信能力状况；

⑦ 其他与施工有关的主要因素。

（2）总体施工部署

1）施工组织总设计应对项目总体施工做出下列宏观部署：

① 确定项目施工总目标，包括进度、质量、安全、环境和成本目标；

② 根据项目施工总目标的要求，确定项目分阶段（期）交付的计划；

③ 确定项目分阶段（期）施工的合理顺序及空间组织。

2）对于项目施工的重点和难点应进行简要分析。

3）总承包单位应明确项目管理组织机构形式，并宜采用框图的形式表示。

4）对于项目施工中开发和使用的新技术、新工艺应做出部署。

5）对主要分包项目施工单位的资质和能力应提出明确要求。

（3）施工总进度计划

1）施工总进度计划应按照项目总体施工部署的安排进行编制。

2）施工总进度计划可采用网络图或横道图表示，并附必要说明。

施工总进度计划的内容应包括：编制说明，施工总进度计划表（图），分期（分批）实施工程的开、竣工日期、工期一览表等。施工总进度计划宜优先采用网络计划。

（4）施工准备及资源配置计划

1）总体施工准备应包括技术准备、现场准备和资金准备等。

2）技术准备、现场准备和资金准备应满足项目分阶段（期）施工的需要。

3）主要资源配置计划应包括劳动力配置计划和物资配置计划等。

4）劳动力配置计划。

① 确定各施工阶段（期）的总用工量；

② 根据施工总进度计划确定各施工阶段（期）的劳动力配置计划。

5）物资配置计划。

① 根据施工总进度计划确定主要工程材料和设备的配置计划；

② 根据总体施工部署和施工总进度计划确定主要施工周转材料和施工机具的配置计划。

（5）主要施工方法

1）施工组织总设计应对项目涉及的单位（子单位）工程和主要分部（分项）工程所采用的施工方法进行简要说明。

2）对脚手架工程、起重吊装工程、临时用水用电工程、季节性施工等专项工程所采用的施工方法应进行简要说明。

（6）施工总平面布置

1）施工总平面布置应符合下列原则：

① 平面布置科学合理，施工场地占用面积少；

② 合理组织运输，减少二次搬运；

③ 施工区域的划分和场地的临时占用应符合总体施工部署和施工流程的要求，减少相互干扰；

④ 充分利用既有建（构）筑物和既有设施为项目施工服务降低临时设施的建造费用；

⑤ 临时设施应方便生产和生活，办公区、生活区和生产区宜分离设置；

⑥ 符合节能、环保、安全和消防等要求；

⑦ 遵守当地主管部门和建设单位关于施工现场安全文明施工的相关规定。

2）施工总平面布置图应符合下列要求：

① 根据项目总体施工部署，绘制现场不同施工阶段（期）的总平面布置图；

② 施工总平面布置图的绘制应符合国家相关标准要求并附必要说明。

3）施工总平面布置图应包括下列内容：

① 项目施工用地范围内的地形状况；

② 全部拟建的建（构）筑物和其他基础设施的位置；

③ 项目施工用地范围内的加工设施、运输设施、存贮设施、供电设施、供水供热设施、排水排污设施、临时施工道路和办公、生活用房等；

④ 施工现场必备的安全、消防、保卫和环境保护等设施；

⑤ 相邻的地上、地下既有建（构）筑物及相关环境。

**2. 单位工程施工组织设计的内容**

单位施工组织设计主要内容包括：工程概况、施工部署、施工进度计划、施工准备与资源配置计划、施工平面布置及主要施工管理计划等。

（1）工程概况

1）工程概况应包括工程主要情况、各专业设计简介和工程施工条件等。

2）工程主要情况应包括下列内容：

① 工程名称、性质和地理位置；

② 工程的建设、勘察、设计、监理和总承包等相关单位的情况；

③ 工程承包范围和分包工程范围；

④ 施工合同、招标文件或总承包单位对工程施工的重点要求；

⑤ 其他应说明的情况。

3）各专业设计简介应包括下列内容：

① 建筑设计简介应依据建设单位提供的建筑设计文件进行描述，包括建筑规模、建筑功能、建筑特点、建筑耐火、防水及节能要求等，并应简单描述工程的主要装修做法；

② 结构设计简介应依据建设单位提供的结构设计文件进行描述，包括结构形式、地基基础形式、结构安全等级、抗震设防类别、主要结构构件类型及要求等；

③ 机电及设备安装专业设计简介应依据建设单位提供的各相关专业设计文件进行描述，包括给水、排水及采暖系统、通风与空调系统、电气系统、智能化系统、电梯等各个专业系统的做法要求。

4）工程施工条件应参照相关规范进行说明。

（2）施工部署

1）工程施工目标应根据施工合同、招标文件以及本单位对工程管理目标的要求确定，包括进度、质量、安全、环境和成本等目标。各项目标应满足施工组织总设计中确定的总体目标。

2）施工部署中的进度安排和空间组织应符合下列规定：

① 工程主要施工内容及其进度安排应明确说明，施工顺序应符合工序逻辑关系；

② 施工流水段应结合工程具体情况分阶段进行划分；单位工程施工阶段的划分一般包括地基基础、主体结构、装修装饰和机电设备安装三个阶段。

3）对于工程施工的重点和难点应进行分析，包括组织管理和施工技术两个方面。

4）确立工程管理的组织机构形式，并确定项目经理部的工作岗位设置及其职责划分。

5）对于工程施工中开发和使用的新技术、新工艺应做出部署，对新材料和新设备的使用应提出技术及管理要求。

6）对主要分包工程施工单位的选择要求及管理方式应进行简要说明。

（3）施工进度计划

1）单位工程施工进度计划应按照施工部署的安排进行编制。

2）施工进度计划可采用网络图或横道图表示，并附必要说明；对于工程规模较大或较复杂的工程，宜采用网络图表示。

（4）施工准备与资源配置计划

1）施工准备应包括技术准备、现场准备和资金准备等。

① 技术准备应包括施工所需技术资料的准备、施工方案编制计划、试验检验及设备调试工作计划、样板制作计划等。

主要分部（分项）工程和专项工程在施工前应单独编制施工方案，施工方案可根据工程进展情况，分阶段编制完成；对需要编制的主要施工方案应制定编制计划；试验检验及设备调试工作计划应根据现行规范、标准中的有关要求及工程规模、进度等实际情况制定；样板制作计划应根据施工合同或招标文件的要求并结合工程特点制定。

② 现场准备应根据现场施工条件和实际需要，准备现场生产、生活等临时设施。

③ 资金准备应根据施工进度计划编制资金使用计划。

2）资源配置计划应包括劳动力计划和物资配置计划等。

① 劳动力配置计划应包括下列内容：

确定各施工阶段用工量；根据施工进度计划确定各施工阶段劳动力配置计划。

② 物资配置计划应包括下列内容：

主要工程材料和设备的配置计划应根据施工进度计划确定，包括各施工阶段所需主要工程材料、设备的种类和数量；工程施工主要周转材料和施工机具的配置计划应根据施工部署和施工进度计划确定，包括各施工阶段所需主要周转材料、施工机具的种类和数量。

（5）主要施工方案

1）单位工程应按照《建筑工程施工质量验收统一标准》GB 50300 中分部、分项工程的划分原则，对主要分部、分项工程制定施工方案。

2）对脚手架工程、起重吊装工程、临时用水用电工程、季节性施工等专项工程所采用的施工方案应进行必要的验算和说明。

（6）施工现场平面布置

1）施工现场平面布置图应按照有关规定并结合施工组织总设计，按地基与基础、主体结构、装饰装修和机电安装三个不同施工阶段分别绘制。

2）施工现场平面布置图应包括下列内容：

① 工程施工场地状况；

② 拟建建（构）筑物的位置、轮廓尺寸、层数等；

③ 工程施工现场的加工设施、存贮设施、办公和生活用房等的位置和面积；

④ 布置在工程施工现场的垂直运输设施、供电设施、供水供热设施、排水排污设施和临时施工道路等；

⑤ 施工现场必备的安全、消防、保卫和环境保护等设施；

⑥ 相邻的地上、地下既有建（构）筑物及相关环境。

**3. 施工方案的内容**

施工方案的主要内容包括：工程概况、施工安排、施工进度计划、施工准备与资源配置计划、施工方法及工艺要求及施工管理计划等。

（1）工程概况

1）工程概况应包括工程主要情况、设计简介和工程施工条件等。

2）工程主要情况应包括分部（分项）工程或专项工程名称，工程参建单位的相关情况，工程的施工范围，施工合同、招标文件或总承包单位对工程施工的重点要求等。

3）设计简介应主要介绍施工范围内的工程设计内容和相关要求。

4）工程施工条件应重点说明与分部（分项）工程或专项工程相关的内容。

（2）施工安排

1）工程施工目标包括进度质量、安全、环境和成本等目标，各项目标应满足施工合同、招标文件和总承包单位对工程施工的要求。

2）工程施工顺序及施工流水段应在施工安排中确定。

3）针对工程的重点和难点，进行施工安排并简述主要管理和技术措施。

4）工程管理的组织机构及岗位职责应在施工安排中确定并应符合总承包单位的要求。

（3）施工进度计划

1）分部（分项）工程或专项工程施工进度计划应按照施工安排，并结合总承包单位的施工进度计划进行编制。

2）施工进度计划可采用网络图或横道图表示，并附必要说明。

（4）施工准备与资源配置计划

1）施工准备应包括下列内容：

① 技术准备：包括施工所需技术资料的准备、图纸深化和技术交底的要求、试验检验和测试工作计划、样板制作计划以及与相关单位的技术交接计划等。

② 现场准备：包括生产、生活等临时设施的准备以及与相关单位进行现场交接的计划等。

③ 资金准备：编制资金使用计划等。

2）资源配置计划应包括下列内容：

① 劳动力配置计划：确定工程用工量并编制专业工种劳动力计划表。

② 物资配置计划：包括工程材料和设备配置计划、周转材料和施工机具配置计划以及计量、测量和检验仪器配置计划等。

（5）施工方法及工艺要求

1）明确分部（分项）工程或专项工程施工方法并进行必要的技术核算，对主要分项工程（工序）明确施工工艺要求。

2）对易发生质量通病、易出现安全问题、施工难度大、技术含量高的分项工程（工序）等应做出重点说明。

3）对开发和使用的新技术、新工艺以及采用的新材料、新设备应通过必要的试验或论证并制定计划。

4）对季节性施工应提出具体要求。

### 2.1.3 单位工程施工组织设计的编制方法

（1）收集和熟悉编制单位工程施工组织设计所需的有关资料（如施工组织总设计）和施工图纸，熟悉工程概况，进行项目特点和施工条件的调查研究。

（2）计算单位工程主要工种工程的工程量。

（3）确定单位工程施工部署。

（4）编制施工进度计划。

（5）编制施工准备工作计划和资源需求量计划。

（6）编制主要分部分项工程施工方案。

（7）进行施工平面图设计。

（8）编制施工质量保证措施。

（9）编制安全、文明施工保证措施、环境保护措施。

（10）编制施工成本等计划。

（11）计算施工风险防范主要技术经济指标。

## 2.2 专项施工方案的内容和编制方法

### 2.2.1 专项施工方案的内容

专项施工方案是针对单位工程施工中的专项工程、重点、难点、"四新"技术和危险性较大的分部分项工程编制的施工方案。

专项施工方案如：土方、降水、护坡工程施工方案，防水工程施工方案，钢筋工程施工方案，模板工程施工方案，混凝土工程施工方案（大体积混凝土施工方案），预应力工程施工方案，钢结构工程施工方案，脚手架及防护施工方案，屋面工程施工方案，二次结构施工方案，水电安装工程施工方案，装饰装修工程施工方案，塔吊基础施工方案，塔吊安装及拆除施工方案，施工电梯基础施工方案，施工电梯安装及拆除方案，临时用电施工方案，施工试验方案，施工测量方案，冬期施工方案，消防保卫预案，工程资料编制方案，工程质量控制方案、工程创优施工方案等。

专项施工方案的内容包括：分部分项工程或特殊过程概况、施工方案、施工方法、劳动力组织、材料及机械设备等供应计划、工期安排及保证措施、质量标准及保证措施、安全标准及保证措施、安全防护和保护环境措施等。

**1. 分部分项工程及特殊过程概况**

分部分项工程或特殊过程项目名称，建筑、结构等概况及设计要求，工期、质量、安全、环境等要求，施工条件和周围环境情况，项目难点和特点等。必要时应配以图表达。

**2. 施工方案**

（1）确定项目管理机构及人员组成。

（2）确定施工方法。

（3）确定施工工艺流程。

（4）选择施工机械。

（5）确定劳务队伍。

（6）确定施工物质的采购：建筑材料、预制加工品、施工机具、生产工艺设备等需用量、供应商。

（7）确定安全施工措施：包括安全防护、劳动保护、防火防爆、特殊工程安全、环境保护等措施。

**3. 施工方法**

根据施工工艺流程顺序，提出各环节的施工要点和注意事项。对易发生质量通病的项目、新技术、新工艺、新设备、新材料等应作重点说明，并绘制详细的施工图加以说明。对具有安全隐患的工序，应进行详细计算并绘制详细的施工图加以说明。

**4. 劳动力组织**

根据施工工艺要求，确定劳务队伍及不同工种的劳动力数量，并采用表的形式表示。

**5. 材料及机械设备等供应计划**

根据设计要求和施工工艺要求，提出工程所需的各种原材料、半成品、成品以及施工机械设备需用量计划。

**6. 工期安排及保证措施**

（1）工期安排

根据工艺流程顺序，在单位工程施工进度计划的基础上编制详细的专项施工进度计划，以横道图方式或网络图形式表示。

（2）保证措施

组织措施、技术措施、经济措施及合同措施等。

**7. 质量标准及保证措施**

（1）质量标准

1）主控项目：包括抽检数量、检验方法。

2）一般项目：包括抽检数量、检验方法和合格标准。

（2）保证措施

1）人的控制：以项目经历的管理目标和职责为中心，配备合适的管理人员；严格实行分包单位的资质审查；坚持作业人员持证上岗；加强对现场管理和作业人员的质量意识教育及技术培训；严格现场管理制度和生产纪律，规范人的作业技术和管理活动行为；加强激励和沟通活动等。

2）材料设备的控制：抓好原材料、成品、半成品、构配件的采购、材料检验、材料的仓储和使用；建筑设备的选择采购、设备运输、设备检查验收、设备安装和设备调试等。

3）施工设备的控制：从施工需要和保证质量的要求出发，确定相应类型的性能参数；按照先进、经济合理、生产适用、性能可靠、使用安全的原则选择施工机械；施工过程中配备适合的操作人员并加强维护。

4）施工方法的控制：采取的技术方案、工艺流程、检测手段、施工程序安排等。

5）环境的控制：包括自然环境的控制、管理环境的控制和劳动作业环境的控制。

**8. 安全防护和保护环境措施**

针对项目特点、施工现场环境、施工方法、劳动组织、作业使用的机械、动力设备、变配电设施、架设工具以及各项安全防护设施等从技术上制定确保安全施工、保护环境，防止工伤事故和职业病危害的预防措施。

## 2.2.2　专项施工方案的编制方法

**1. 专项施工方案的编制方法**

（1）收集专项工程施工方案编制相关的法律、法规、规范性文件、标准、规范及施工图纸（国标图集）、单位工程施工组织设计等。

（2）熟悉专项工程概况，进行专项工程特点和施工条件的调查研究，如单位工程的施工平面布置、对专项工程的施工要求、可以提供的技术保证条件等。

（3）计算专项工程主要工种工程的工程量。

（4）根据单位工程施工进度计划编制专项施工方案施工进度计划。

（5）确定专项施工方案的施工技术参数、施工工艺流程、施工方法及检查验收。

（6）确定专项施方案的材料计划、机械设备计划、劳动力计划等。

（7）确定专项施方案的施工质量保证措施。

（8）确定专项施方案的施工安全组织保障、技术措施、应急预案、监测监控等安全与文明施工保证措施。

（9）提供专项施方案的计算书及相关图纸。

**2. 专项施工方案的编制、审批**

（1）建筑工程实施施工总承包的，专项方案应当由施工总承包单位组织编制。专项工程施工方案应由施工单位技术部门组织相关专家评审，施工单位技术负责人批准。

（2）由专业承包单位施工的专项工程的施工方案，应由专业承包单位技术负责人或技术负责人授权的技术人员审批；有总承包单位时，应由总承包单位项目技术负责人核准备案。

（3）规模较大的专项工程的施工方案应按单位工程施工组织设计进行编制和审批。即由施工单位技术负责人或技术负责人授权的技术人员审批。

（4）项目实施过程中，发生工程设计有重大修改；有关法律、法规、规范和标准实施、修订和废止；主要施工方法有重大调整；施工环境有重大改变时，专项施工方案应及时进行修改或补充。

（5）专项方案如因设计、结构、外部环境等因素发生变化确需修改的，修改后的专项方案应当重新审核。

### 2.2.3 危险性较大的分部分项工程安全专项施工方案的内容和编制方法

**1. 危险性较大的分部分项工程安全专项施工方案**

危险性较大的分部分项工程安全专项施工方案是专项施工方案的一种，是施工单位在编制施工组织（总）设计的基础上，针对建筑工程在施工过程中存在的、可能导致作业人员群死群伤或造成重大不良社会影响的危险性较大的分部分项工程而单独编制的安全技术措施文件。

《危险性较大的分部分项工程安全管理办法》明确了房屋建筑和市政基础设施工程的新建、改建、扩建、装修和拆除等建筑安全生产活动及安全管理中危险性较大的分部分项工程、超过一定规模的危险性较大的分部分项工程的范围。

**2. 危险性较大的分部分项工程安全专项施工方案的内容**

（1）工程概况：危险性较大的分部分项工程概况、施工平面布置、施工要求和技术保证条件。

（2）编制依据：相关法律、法规、规范性文件、标准、规范及图纸（国标图集）、施工组织设计等。

（3）施工计划：包括施工进度计划、材料与设备计划。

（4）施工工艺技术：技术参数、工艺流程、施工方法、检查验收等。

（5）施工安全保证措施：组织保障、技术措施、应急预案、监测监控等。

（6）劳动力计划：专职安全生产管理人员、特种作业人员等。

（7）计算书及相关图纸。

**3. 危险性较大分部分项工程安全专项施工方案的编制方法**

（1）建设单位在申请领取施工许可证或办理安全监督手续时，应当提供危险性较大的分部分项工程清单和安全管理措施。施工单位、监理单位应当建立危险性较大的分部分项工程安全管理制度。

（2）施工单位应当在危险性较大的分部分项工程施工前编制专项方案；对于超过一定规模的危险性较大的分部分项工程，施工单位应当组织专家对专项方案进行论证。

（3）建筑工程实行施工总承包的，专项方案应当由施工总承包单位组织编制。其中，起重机械安装拆卸工程、深基坑工程、附着式升降脚手架等专业工程实行分包的，其专项方案可由专业承包单位组织编制。

（4）危险性较大的分部分项工程安全专项施工方案应当由施工单位技术部门组织本单位施工技术、安全、质量等部门的专业技术人员进行审核。经审核合格的，由施工单位技术负责人签字。实行施工总承包的，专项方案应当由总承包单位技术负责人及相关专业承包单位技术负责人签字。

不需专家论证的危险性较大的分部分项工程安全专项施工方案，经施工单位审核合格后报监理单位，由项目总监理工程师审核签字。

（5）超过一定规模的危险性较大的分部分项工程专项方案应当由施工单位组织召开专家论证会。实行施工总承包的，由施工总承包单位组织召开专家论证会。

下列人员应当参加专家论证会：

专家组成员；

建设单位项目负责人或技术负责人；

监理单位项目总监理工程师及相关人员；

施工单位分管安全的负责人、技术负责人、项目负责人、项目技术负责人、专项方案编制人员、项目专职安全生产管理人员；

勘察、设计单位项目技术负责人及相关人员。

专家组成员应当由 5 名及以上符合相关专业要求的专家组成。本项目参建各方的人员不得以专家身份参加专家论证会。

（6）专家论证的主要内容：

危险性较大的分部分项工程安全专项施工方案内容是否完整、可行；危险性较大的分部分项工程安全专项施工方案计算书和验算依据是否符合有关标准规范；安全施工的基本条件是否满足现场实际情况。

危险性较大的分部分项工程安全专项施工方案经论证后，专家组应当提交论证报告，对论证的内容提出明确的意见，并在论证报告上签字。该报告作为专项方案修改完善的指导意见。

（7）施工单位应当根据论证报告修改完善危险性较大的分部分项工程安全专项施工方案，并经施工单位技术负责人、项目总监理工程师、建设单位项目负责人签字后，方可组织实施。实行施工总承包的，应当由施工总承包单位、相关专业承包单位技术负责人签字。

（8）危险性较大的分部分项工程安全专项施工方案经论证后需做重大修改的，施工单位应当按照论证报告修改，并重新组织专家进行论证。

（9）施工单位应当严格按照危险性较大的分部分项工程安全专项施工方案组织施工，不得擅自修改、调整专项方案。如因设计、结构、外部环境等因素发生变化确需修改的，修改后的危险性较大的分部分项工程安全专项施工方案应当按上述办法重新审核。对于超过一定规模的危险性较大工程的专项方案，施工单位应当重新组织专家进行论证。

（10）安全专项方案实施前，编制人员或项目技术负责人应当向现场管理人员和作业人员进行安全技术交底。

（11）施工单位应当指定专人对专项方案实施情况进行现场监督和按规定进行监测。发现不按照专项方案施工的，应当要求其立即整改；发现有危及人身安全紧急情况的，应当立即组织作业人员撤离危险区域。

施工单位技术负责人应当定期巡查专项方案实施情况。

（12）对于按规定需要验收的危险性较大的分部分项工程，施工单位、监理单位应当组织有关人员进行验收。验收合格的，经施工单位项目技术负责人及项目总监理工程师签字后，方可进入下一道工序。

# 2.3　施工技术交底与交底文件的编写方法

施工技术交底，是在某一单位工程开工前，或一个分项工程施工前，施工单位项目总工程师及技术主管人员依据设计文件和设计技术交底纪要，将施工方案及施工工艺、施工进度计划、过程控制及质量标准、作业标准、材料及机械设备配置、安全措施及施工注意事项等向参与施工的技术管理人员和作业人员传达的过程。其目的是使施工人员对工程特点、施工方法、技术质量要求与措施和安全等方面有一个较详细的了解，以便于科学地组织施工，避免技术质量等事故的发生。

各项施工技术交底记录也是工程技术档案资料中不可缺少的部分，同时各工序安全技术交底也是澄清责任的关键所在。

## 2.3.1　施工技术交底的程序

施工技术交底应分级进行，由施工管理层到作业人员依次进行施工技术交底。

（1）由施工企业总工程师向项目部项目经理、项目总工程师（技术负责人）进行技术交底。

（2）项目总工程师（技术负责人）对项目部各部室及技术人员进行技术交底。

（3）项目部技术人员（责任工程师）对作业队技术负责人进行技术交底。

（4）作业队技术负责人对班组长及全体作业人员进行技术交底。

## 2.3.2　施工技术交底编制依据

国家、行业、地方标准、规范、规程，当地主管部门有关规定，本局的企业技术标准及质量管理体系文件。

工程施工图纸、标准图集、图纸会审记录、设计变更及工作联系单等技术文件。

施工组织设计、施工方案对本分项工程、特殊工程等的技术、质量和其他要求。

其他有关文件：工程所在地省级和地市级建设主管部门（含工程质量监督站）有关工程管理、技术推广、质量管理及治理质量通病等方面的文件；本局和公司发布的年度工程技术质量管理工作要点、工程检查通报等文件。特别应注意落实其中提出的预防和治理质量通病、解决施工问题的技术措施等。

## 2.3.3　施工技术交底文件的内容和编写方法

**1. 一般施工技术交底的内容**

（1）施工准备

1）作业人员

说明劳动力配置、培训、特殊工种持证上岗要求等。

2）主要材料

说明施工所需材料名称、规格、型号；材料质量标准；材料品种规格等直观要求，感官判定合格的方法；强调从有"检验合格"标识牌的材料堆放处领料；每次领料批量要求等。

3）主要机具

① 机械设备

说明所使用机械的名称、型号、性能、使用要求等。

② 主要工具

说明施工应配备的小型工具，包括测量用设备等，必要时应对小型工具的规格、合法性（对一些测量用工具，如经纬仪、水准仪、钢卷尺、靠尺等，应强调要求使用经检定合格的设备）等进行规定。

（2）作业条件

说明与本道工序相关的上道工序应具备的条件，是否已经过验收并合格。本工序施工现场工前准备应具备的条件等。

（3）施工工艺

1）工艺流程

详细列出该项目的操作工序和顺序。

2）施工要点

根据工艺流程所列的工序和顺序，分别对施工要点进行叙述，并提出相应要求。

（4）质量标准

1）主控项目

国家质量检验规范要求，包括抽检数量、检验方法。

2）一般项目

国家质量检验规范要求，包括抽检数量、检验方法和合格标准。

（5）成品保护

对上道工序成品的保护提出要求；对本道工序成品提出具体保护措施。

（6）安全注意事项

内容包括作业相关安全防护设施要求；个人防护用品要求；作业人员安全素质要求；接受安全教育要求；项目安全管理规定；特种作业人员执证上岗规定；应急响应要求；隐患报告要求；相关机具安全使用要求；相关用电安全技术要求；相关危害因素的防范措施；文明施工要求；相关防火要求；季节性安全施工注意事项。

（7）环境保护措施

国家、行业、地方法规环保要求；企业对社会承诺；项目管理措施；环保隐患报告要求。

**2. 各级责任人施工技术交底的内容**

（1）施工单位总工程师向项目经理、项目技术负责人的技术交底内容包括：

1）工程概况和各项技术经济指标和要求；

2）施工组织设计、施工部署、进度要求、网络计划、施工机械、劳动力安排与组织、主要施工方法；

3）关键性的施工技术及实施中存在的问题；

4）特殊工程部位的技术处理细节及其注意事项；

5）总包与分包单位之间互相协作配合关系及其有关问题的处理；

6）施工质量标准和安全技术，推行的工法等标准化作业。

（2）项目总工程师（技术负责人）对项目部各部室及技术人员的技术交底，主要内容包括：

1）工程概况和当地地形、地貌、工程地质及各项技术经济指标；

2）施工图纸的具体要求、做法及其施工难度；

3）实施性施工组织设计、总体施工顺序、主要施工方案的具体要求及其实施步骤与方法；

4）施工班组任务确定；

5）工期安排和主要节点进度计划安排；

6）施工现场情况、施工场地布局和临时设施布置；

7）工程的重点、难点、主要危险源；

8）主要工程材料、机械设备、劳动力安排及资金需求计划；

9）采用的新材料、新设备、新技术、新工艺等"四新"技术的操作规程，技术规定及注意事项；

10）设计变更内容、施工中应注意的问题等；

11）工程技术和质量标准、重大技术安全环保措施。

（3）技术人员（责任工程师）对作业队技术负责人进行技术交底，主要内容包括：

1）总体施工组织安排、作业场所、作业方法、操作规程及施工技术要求；

2）测量放样桩、测量控制网、监控量测等；

3）试验参数及混凝土、砂浆配合比；

4）采用"四新"技术的操作要求；

5）工程质量标准、成品保护方法及措施；

6）安全环保的具体措施、重大危险源的应急救援措施；

7）其他施工注意事项等。

（4）作业队技术负责人向班组长及全体作业人员的技术交底，主要内容包括：

1）作业内容、现场作业条件、材料要求、主要机具；

2）施工工艺流程、施工先后顺序、施工操作要点、技术措施；

3）质量标准、质量问题预防、成品保护及注意事项；

4）安全技术措施、出现紧急情况下的应急救援措施、紧急逃生措施等。

**3. 施工技术交底的编写方法**

施工技术交底应特别重视施工操作技术交底。施工操作技术交底是在每个分项工程开始施工前，将完成该分项工程的施工方法和相关要求直接向施工作业层进行书面交底，该交底是施工方案的具体细化，是指导实际施工必不可少的管理程序。

技术交底的编写应在施工组织设计或施工方案编制以后进行。将施工组织设计或施工方案中的有关内容纳入施工技术交底中。技术交底工作必须在开始施工以前进行，不能后补。

通过施工操作技术交底使操作人员都能掌握正确的施工操作方法，明确自己应完成的工作及其质量要求。技术交底不是一次性的，要根据施工过程中出现的情况，及时补充新内容，施工方案、施工方法改变时也要及时进行重新交底。

（1）技术交底内容要详尽

在施工前必须深入了解设计意图，结合各专业图纸之间的对照比较，在熟悉图纸的前提下，将相应的规范、标准、图集、大样等吃透。

根据施工组织设计和施工方案确定具体的施工工艺，然后开始编制施工技术交底。在交底中应详细说明每个分项工程各道工序如何按工艺要求进行正确施工。

技术交底中应详细介绍分项工程关键、重点、难点工序的主要施工要求和方法。对关键部位、重点部位的施工方法应有详图进行说明。

技术交底内容应是施工图纸的全面反映，不得有遗漏和缺项现象，交底内容涵盖整个施工过程，包括工序的衔接、每道工序内操作工艺的配套步骤，做到细致、准确、真切，使工人在接受交底后能清楚自己所要操作的项目内容、细节要求，依此进行操作。

（2）技术交底针对性要强

在编写技术交底时，一定要针对建筑工程特点、设计意图，清晰明了地讲述，做到每一分项工程都有自己的工艺操作要点。选择施工工艺时须注重新工艺和新技术的运用，再结合工艺标准进行技术交底的编写，要充分体现技术交底其针对性。

当采用新材料、新工艺、新技术、新设备等"四新"技术时，技术交底中应详细介绍其主要施工方法和要求。

（3）技术交底要有可操作性

可操作性包括两个方面：在工人方面，要充分考虑现场工人的文化素质，制定略高于现场工人能力的技术标准要求，使其经过努力后能够达到，激励工人的创造性；在经营方面，要清晰地了解本工程的经营状况和外部环境，只有在资金投入有保证、产出收入较佳的前提下，才能确定其为最佳方案。

（4）技术交底表达方式要通俗易懂

施工技术交底编写时，一定要用操作工人熟悉的方式将意图表达出来，力求通俗易懂。交底人员一定要将复杂、专业的标准、术语，用相应的、通俗易懂的文字传达给现场的操作工人，力求每一个操作工人都能明了活要怎么干，是怎么一个要求，要达到什么样的效果。只有这样，技术交底才能真正发挥指导操作的目的。

# 2.4　建筑工程施工技术要求

## 2.4.1　土方工程施工技术要求

**1. 开挖前先进行测量定位、抄平放线，设置好控制点并进行保护**

**2. 了解地基土的性质与特点**

土方施工中，按开挖的难易程度，分为八类：一类土（松软土），二类土（普通土），三类土（坚土），四类土（砂砾坚土），五类土（软石），六类土（次坚石），七类土（坚石），八类土（特坚石）。根据地下土层开挖的难易程度确定施工机械、开挖方法。

### 3. 地下水或地表水排除与处理方法

在地下水位以下的土，应采取降水措施后开挖。降水和排水可分为集水明排、井点降水、截水和回灌等形式。井点降水分为轻型井点降水、电渗井点降水、深井井点降水、管井井点降水等。井点降水法是根除流砂的最有效办法。

地表水应提前进行疏排，采取截水措施。

### 4. 土方开挖

（1）浅基坑（槽）土方开挖

挖方边坡的确定：应根据使用时间（临时或永久性）、挖土深度、土的种类、物理力学性质（内摩擦角、黏聚力、密度、湿度）、水文情况等确定。

开挖前，应根据工程资料，确定基坑开挖方案和地下水控制施工方案。

基坑边缘堆置土方和建筑材料，一般应距基坑上部边缘不少于1m，堆置高度不应超过1.5m。

基坑验槽时应根据设计图纸检查基槽的开挖平面位置、尺寸、槽底深度。

（2）深基坑（槽）土方开挖

1）对深基坑的界定如下：

① 开挖深度超过5m（含5m）的基坑（槽）的土方开挖、支护、降水工程。

② 开挖深度虽未超过5m，但地质条件、周围环境和地下管线复杂，或影响毗邻建筑（构筑）物安全的基坑（槽）的土方开挖、支护、降水工程。

2）深基坑土方一般采用"开槽支撑，先撑后挖，分层开挖，严禁超挖"的开挖原则。在基坑（槽）土方开挖过程中，基坑开挖严禁超挖，应留150～300mm人工修整；开挖时如有超挖应进行处理，不得立即填平；当土体含水量大且不稳定时，应采取加固措施；一般应分层开挖、先撑后挖；在地下水位以下的土，应采取降水措施后开挖；相邻基坑开挖时，应遵循先深后浅或同时进行的施工程序。

3）土方开挖顺序，必须与支护结构的设计工况严格一致。

4）深基坑工程的挖土方案，主要有放坡挖土、中心岛式（也称墩式）挖土、盆式挖土和逆作法挖土。前者无支护结构，后三种皆有支护结构。放坡开挖是最经济的挖土方案。

5）当基坑较深，地下水位较高时，应采取合理的人工降水措施。

6）开挖时应对控制桩、水准点、基坑平面位置、水平标高、边坡坡度等经常进行检查、监测。

7）土方边坡自然放坡坡度的大小，应根据土质条件、开挖深度、地下水位高低、工期长短等因素确定。

8）当基坑平面形状适合时，若采用拱墙做围护墙，适用于基坑侧壁安全等级三级，深度不宜大于12m，但淤泥和淤泥质土不宜采用。

9）土的渗透性用渗透系数表示，渗透系数的表示符号是 $K$。

### 5. 地基处理

地基处理是指利用物理或化学的方法对地基中的不良土层进行置换、改良、补强，形成满足建筑要求的人工地基的过程。当天然地基不能满足建筑物（构筑物）对地基的要求时，应对天然地基进行加固处理，以保证建筑物（构筑物）的安全与正常使用。

地基处理按地基加固的范围不同，分为局部地基处理和整体地基加固；按施工方法分为换填法、换土垫层法、强夯法、土和灰土挤密桩法、砂石桩法、振冲法、高压喷射注浆法、深层搅拌法、机械压实法、排水固结法、托换法等。

砂和砂石换土垫层法就是用夯（压）实的砂或砂石垫层替换地基的一部分软土层，适用于3.0m以内的软弱、透水性强的黏性土地基。

**6. 土方回填**

（1）土料要求与含水量控制

不能选用淤泥、淤泥质土、膨胀土、有机质大于8％的土、含水溶性硫酸盐大于5％的土、含水量不符合压实要求的黏性土。填方土应尽量采用同类土。

（2）回填的顺序

土方填筑填土应从最低处开始，由下向上整个宽度分层铺填碾压或夯实。填方应分层进行并尽量采用同类土填筑。填方的边坡坡度应根据填方高度、土的种类和其重要性等确定。应在相对两侧或四周同时进行回填与夯实。

（3）回填的方法

填土的压实方法一般有：碾压法、夯实法和振动压实法以及利用运土工具压实法等。

若采用的填料具有不同透水性时，宜将透水性较大的填料填在下部。

影响填土压实质量的主要因素：压实功、土的含水量以及每层铺土厚度。

当天填土，应在当天压实。填土压实质量应符合设计和规范规定的要求。

## 2.4.2 基础工程施工技术要求

**1. 桩基础**

混凝土桩按桩制作方式不同分为预制桩和灌注桩。

（1）预制桩

混凝土预制桩一般有预制实心方桩和预应力管桩两种。根据沉入土中方法不同，又可分为静力压桩、锤击沉桩、振动沉桩和水冲沉桩等。

钢筋混凝土预制桩的混凝土强度等级不宜低于C30，制作过程中，上层桩或邻桩的浇筑，必须在下层桩或邻桩的混凝土达到设计强度的30％以后方可进行。预制桩应在混凝土达到设计强度的70％后方可起吊，达到设计强度的100％后才可运输和沉桩。

堆放桩的场地应靠近沉桩地点，地面必须平整坚实，设有排水坡度；多层堆放时，各层桩间应置放垫木，垫木的间距可根据吊点位置确定，并应上下对齐，位于同一垂直线上。堆放桩最多4层。

1）静力压桩

静力压桩的主要施工工序为：测量定位→桩机就位→吊桩、插桩→桩身对中调直→静压沉桩→接桩→再静压沉桩→送桩→终止压桩→桩机移位。

沉桩顺序一般有：逐排沉设、自中间向四周沉设、分段沉设。为减少挤土影响，确定沉桩顺序的原则如下：从中间向四周沉设，由中及外；从靠近现有建筑物最近的桩位开始沉设，由近及远；先沉设入土深度深的桩，由深及浅；先沉设断面大的桩，由大及小。

① 桩位放样

根据布桩图进行准确放样，用消石灰作出桩位圆形标记，并用小木桩标定圆心位置，测量人员填写放样记录，经验收合格后施工。

② 桩机就位

桩机进场后，检查各部件及仪表是否灵敏有效，确保设备运转安全、正常后，按照打桩顺序，移动调整桩机对位、调平、调直。为防止静压机械施工及移动过程中出现沉陷，可对局部软土层采用事先换填处理或采用整块钢板铺垫作业。

③ 插桩与压桩

用钢丝绳绑住桩身，单点起吊，小心移入桩机，然后调平桩机，开动纵横向油缸移动桩机调整对中，同时利用相互垂直的两个方向的经纬仪检查垂直度（在距桩机约20m处，成90°设置经纬仪各一台），垂直度偏差控制在0.5%以内，条件不具备也可采用两个线锤进行垂直度控制。开动压桩装置，严格记录压桩时间和各压力表读数，保持连续压桩并控制压桩速度在1～2min/m。

④ 接桩

压桩至原地面0.5～1.0m时停止静压，回升液压夹持与压桩机构，插入第二节桩，进行接桩。接桩时应检查接头位置，要求四周平整、上下节垂直。

预应力管桩一般采用端头板焊接连接。端头板是管桩顶端的一块圆环形铁板，厚度一般为18～22mm，端板外缘沿圆周留有坡口，管桩对接后在坡口处分层施焊即可。焊接前，用铁丝刷清理上下端表面，直至坡口处露出金属光泽；焊接时，宜先在坡口圆周上对称点焊4～6点，再分层施焊，施焊宜由2名焊工对称进行，焊接层数不少于2层；焊接后，桩接头自然冷却8min后再静压。

⑤ 终止压桩

正常情况按设计压桩力1.3～1.5倍送桩，达到设计高程后持荷（正常压力）10min且每分钟沉降量不超过2mm后方可结束送桩。在同一地质类型地段，若出现静压力显著增加或送桩时静压力显著减小等异常情况，需暂停施工并及时报告监理，必要时增加静力触探等施工勘察补钻资料，分析和找出原因后提出处理措施。

2）锤击沉桩

锤击沉桩工艺流程：场地平整→测量放线定桩位→桩机就位→第一节桩起吊就位→打第一节桩→第二节桩起吊就位→接桩→打桩至持力层或设计标高→停锤→转到下一桩位。

打桩前，按设计要求进行桩定位放线，确定桩位，每根桩中心处钉一小木桩，并设置油漆标志；打桩机就位时，应垂直平稳地架设在打桩部位，桩锤应对准桩位，确保施打时不发生歪斜或移动。桩插入土中位置应准确，垂直度偏差不得超过0.5%。

打桩时，应用导板夹具或桩箍将桩嵌固在桩架两导柱中，桩位置及垂直度校正后，始可将锤连同桩帽压在桩顶，桩帽与桩周边应有5～10mm间隙。桩锤与桩帽，桩帽与桩之间应加弹性衬垫，桩锤与桩帽接触表面须平整，桩锤、桩帽与桩身中心线要一致，以免沉桩产生偏移。

开始打桩应起锤轻压并轻击数下，观测桩身、桩架、桩锤等垂直一致后，方可转入正常施打。开始落距应小，待入土达一定深度且桩身稳定后，方可将落距提高到规定的高度施打。钢筋混凝土预制桩打桩过程中，每阵锤击贯入度随锤击阵数的增加而逐渐减少，桩的承载力逐渐增加。

常用的接桩方式有焊接、法兰连接及硫黄胶泥锚接几种。

（2）灌注桩

钢筋混凝土灌注桩按成孔方法分类有钻孔灌注桩、套管成孔灌注桩、爆扩成孔灌注桩、人工挖孔灌注桩。

根据钻孔机械的钻头是否在土壤的含水层中施工，分为泥浆护壁成孔和干作业成孔两种施工方法。

1）泥浆护壁成孔灌注桩

泥浆护壁钻孔灌注桩施工工艺流程：场地平整→桩位放线→开挖浆池、浆沟→护筒埋设→钻机就位、孔位校正→成孔、泥浆循环、清除废浆、泥渣→清孔换浆→终孔验收→下钢筋笼和钢导管→浇筑水下混凝土→成桩。

泥浆护壁成孔灌注桩的泥浆主要起护壁、排渣、冷却、润滑的作用。

① 埋设护筒

护筒一般是由 4~8mm 厚钢板制成的圆筒，设于成孔处，起定位、护孔、保持水位的作用。埋设时要做到位置准确、稳固不漏水；埋设深度一般为 1~1.5m，护筒顶面高出地面 0.4~0.6m，并应保持孔内泥浆高出地下水位 1m 以上。

② 制备泥浆

泥浆主要起护壁、排渣、冷却、润滑的作用。泥浆制备应选用高塑性黏土或膨润土，制备时应根据土质确定泥浆的相对密度，一般为 1.1~1.3；穿越易塌孔土层时，宜为 1.3~1.5。

③ 成孔

成孔机械有回转钻机、冲击钻机、潜水钻机和冲抓锥成孔机等。目前，国内灌注桩施工中较多采用回转钻机成孔。

回转钻成孔按排渣方式不同，分为正循环回转钻成孔和反循环回转钻成孔两种。

正循环回转钻成孔由钻机回转装置带动钻杆和钻头回转切削破碎岩土，由泥浆泵往钻杆输进泥浆，泥浆沿孔壁上升，从而带出泥渣形成桩孔。反循环回转钻成孔由钻机回转装置带动钻杆和钻头回转切削破碎岩土，利用砂石泵抽吸或送入压缩空气使泥浆循环等方法，携带钻渣从钻杆内腔抽出孔外成孔的方法。反循环法泥浆循环速度快，携带渣粒直径大，排渣能力强，采用较多。

④ 清孔

当钻孔达到设计深度后，即应进行验孔和清孔。用带有活片的竹筒验孔径，用泥浆循环清除孔底沉渣、淤泥，此时孔内泥浆相对密度控制在 1.1 为宜。孔底沉渣允许厚度：端承桩时≤50mm；摩擦桩时≤150mm。混凝土钻孔灌注桩在完成钻孔和孔底土清理工作后，应尽快吊放钢筋笼并浇筑混凝土。

⑤ 水下浇筑混凝土

水下浇筑混凝土常用导管法。导管壁厚不宜小于 3mm，直径宜为 200~250mm，底管长度不宜小于 4m。导管法浇灌混凝土时，先将安装好的导管吊入桩孔内，导管顶部高于泥浆面 3~4m，导管底部距孔底 300~500mm（桩径小于 600mm 时可适当加大导管底部至孔底的距离）。导管内设隔水栓，用细钢丝悬吊在导管下口，浇筑混凝土时剪断钢丝。开始浇筑时，应有足够的混凝土储备量，保证导管底端一次埋入混凝土面以下 0.8m 以上。导管埋深宜为 2～6m，严禁导管提出水面，应有专人测量导管埋深和内外混凝土面的高差，填写水下混凝土浇筑记录。水下混凝土必须连续施工，边浇筑、边拔管，混凝土浇至桩顶时应适当超过设计标高。

2）干作业成孔灌注桩施工

干作业成孔灌注桩的施工方法是先利用钻孔机械（机动或人工）在桩位处进行钻孔，待钻孔深度达到设计要求时，立即进行清孔，然后将钢筋笼吊入桩孔内，再浇注混凝土而成的桩。

干作业成孔灌注桩，适用于地下水位以上的干土层中桩基的成孔施工。

3）锤击沉管灌注桩

锤击沉管灌注桩的施工顺序是：桩机就位→锤击沉管→首次浇筑混凝土→边拔管边锤击→放钢筋笼浇筑成桩。

振动沉管灌注桩的振动沉管施工方法一般包括单打法、反插法、复打法等。

**2. 砖基础**

（1）砖砌基础材料

砖砌基础宜采用烧结普通砖和水泥砂浆砌筑。

（2）砖基础施工工艺

地基验收合格→基础垫层施工→抄平→放线→摆砖→立皮数杆→挂线→砌砖砌筑→抹防潮层→质量验收→回填土。

（3）砖基础施工要点

1）立皮数杆：在垫层转角处、交接处及高低处立好基础皮数杆。基础皮数杆要进行抄平，使杆上所示底层室内地面线标高与设计的底层室内地面标高一致。

2）砖浇水湿润，基层表面清理、湿润：砖基础砌筑前，基础垫层表面应清扫干净，洒水湿润。砖提前 1～2d 浇水湿润，不得随浇随砌，对烧结普通砖、多孔砖含水率宜为 10％～15％；对灰砂砖、粉煤灰砖含水率宜为 8％～12％。现场检验含水率的简易方法为断砖法，当砖截面四周融水深度为 15～20mm 时，视为符合要求的适宜含水率。

3）排砖撂底：基础大放脚的撂底尺寸及收退方法必须符合设计图纸规定，如一层一退，里外均应砌丁砖；如二层一退，第一层为条砖，第二层丁砖。

4）盘角、挂线：砌筑时，可依皮数杆先在转角及交接处砌几皮砖，再在其间拉准线砌中间部分，其中第一皮砖应以基础底宽线为准砌筑。基础墙挂线："24"墙反手挂线，"37"以上墙双面挂线。

5）砂浆拌制：砂浆拌制应采用机械搅拌，投料顺序为：砂→水泥→掺合料→水。预拌砂浆及蒸压加气混凝土砌块专用砌筑砂浆的使用时间应按照厂方提供的说明书确定。

6）砌筑：大放脚部分一般采用一顺一丁砌筑形式。注意十字及丁字接头处的砖块搭接，在这些交接处，纵横基础要隔皮砌通。大放脚转角处应在外角加砌七分头砖（3/4砖），以使竖缝上下错开。当采用铺浆法砌筑时，铺浆长度不得超过 750mm；当施工期间气温超过 30℃时，铺浆长度不得超过 500mm。

7）抹防潮层：将墙顶活动砖重新砌好，清扫干净，浇水湿润，随即抹防水砂浆。设计无规定时，一般厚度为 15～20mm，防水粉掺量为水泥重量的 3％～5％。

### 2.4.3 混凝土结构工程施工技术要求

**1. 钢筋工程**

（1）进场钢筋的验收

钢筋出厂应有产品合格证和出厂检验报告，钢筋表面或每捆（盘）钢筋均应有标志。钢筋进场时，应按批进行检验和验收，每批由同一牌号、同一炉罐号、同一规格的钢筋组成，每批重量不大于60t。按国家现行相关标准的规定抽取试件作屈服强度、抗拉强度、伸长率、弯曲性能和重量偏差检验，检验结果必须符合相关标准的规定，合格后方可使用。

同一工程、同一类型、同一原材料来源、同一组生产设备生产的成型钢筋，检验批量不应大于30t。成型钢筋进场时，应抽取试件作屈服强度、抗拉强度、伸长率和重量偏差检验。冷拉钢筋验收以不超过20t的同级别、同直径的冷拉钢筋为一批。钢筋力学性能检验有一项试验结果不符合规定，从同一批中另取双倍数量的试样重新做各项试验，如仍有一个试样不合格，则该批钢筋为不合格品。

对按一、二、三级抗震等级设计的框架和斜撑构件（含梯段）中的纵向受力普通钢筋应采用 HRB335E、HRB400E、HRB500E、HRBF335E、HRBF400E 或 HRBF500E 钢筋，其强度和最大力下总伸长率的实测值应符合下列规定：钢筋的抗拉强度实测值与屈服强度实测值的比值不应小于1.25；钢筋的屈服强度实测值与屈服强度标准值的比值不应大于1.30；钢筋的最大力下总伸长率不应小于9％。

（2）钢筋存放

钢筋运至现场后，必须按批分不同级别、牌号、直径、长度等分别挂牌堆放，并注明数量，不得混淆。

钢筋应尽量堆放在仓库或料棚内。在条件不具备时，应选择地势较高、较平坦坚实的露天场地堆放。在场地或仓库周围要设排水沟，以防积水。堆放时，钢筋下面要设垫木，离地不宜少于200mm，也可用钢筋堆放架堆放，以免钢筋锈蚀。钢筋应防止与酸、盐、油等类物品存放在一起，以免污染和腐蚀钢筋。已加工的钢筋成品，要分工程名称和构件名称按号码顺序堆放。同一项工程及同一构件的钢筋要放在一起，按号牌排列。号牌上应注明构件名称、部位、钢筋形式、尺寸、钢筋级别、直径、根数，不得将几项工程的钢筋混放在一起。

（3）钢筋的下料

熟悉 G101 系列平法图集，按照图纸、图集、施工规范要求进行钢筋下料长度的计算。钢筋下料时，应考虑钢筋的混凝土保护层厚度、构件的抗震等级、构件所处的环境类别、钢筋的弯曲直径取值，其弯折与弯钩的取值应符合现行国家标准《混凝土结构工程施工规范》GB 50666 的规定。

（4）钢筋的加工

钢筋的加工工艺包括：除锈、调直、切断、弯曲成型、连接等。钢筋弯折的弯弧内直径应符合下列规定：光圆钢筋，不应小于钢筋直径的2.5倍；335MPa级、400MPa级带肋钢筋，不应小于钢筋直径的4倍；500MPa级带肋钢筋，当直径为28mm以下时不应小于钢筋直径的6倍，当直径为28mm及以上时不应小于钢筋直径的7倍；箍筋弯折处尚不应小于纵向受力钢筋直径。

箍筋、拉筋的末端应按设计要求作弯钩，并应符合下列规定：

1) 对一般结构构件，箍筋弯钩的弯折角度不应小于90°，弯折后平直段长度不应小于箍筋直径的5倍；对有抗震设防要求或设计有专门要求的结构构件，箍筋弯钩的弯折角度不应小于135°，弯折后平直段长度不应小于箍筋直径的10倍和75mm两者之中的较大值；

2) 圆形箍筋的搭接长度不应小于其受拉锚固长度，且两末端均应作不小于135°的弯钩，弯折后平直段长度对一般结构构件不应小于箍筋直径的5倍，对有抗震设防要求的结构构件不应小于箍筋直径的10倍和75mm的较大值；

3) 拉筋用作梁、柱复合箍筋中单肢箍筋或梁腰筋间拉结筋时，两端弯钩的弯折角度均不应小于135°，弯折后平直段长度应符合上述有关对箍筋的规定。

钢筋调直宜优先采用钢筋调直机调直，以有效控制调直钢筋的质量。钢筋调直后，即可按钢筋的配料单进行切断。钢筋切断前，应将相同规格钢筋根据不同长度，长短搭配，统筹排料。一般应先断长料，后断短料，以减少短头、接头和损耗。采用钢筋切断机切断。钢筋一般宜用弯曲机进行弯曲。钢筋弯曲加工时，其弯折与弯钩应符合现行国家标准《混凝土结构工程施工规范》GB 50666 的规定。钢筋弯曲成型后的形状、尺寸应符合设计要求。

根据构件的受力性能、所处位置合理的选择钢筋的连接方法。钢筋连接的方式有绑扎搭接、焊接连接、机械连接三种。钢筋连接其应用、质量验收时遵照执行现行行业标准《钢筋焊接及验收规程》JGJ 18、《钢筋机械连接技术规程》JGJ 107 的规定。对钢筋机械连接和焊接，除应按相应规定进行型式、工艺、外观质量全部检验外，还应从结构中抽取试件进行力学性能检验。

当纵向受力钢筋采用机械连接接头、焊接接头或搭接接头时，钢筋的接头面积百分率应符合设计要求；当设计无具体要求时，应符合现行国家标准《混凝土结构设计规范》GB 50010 的有关规定。

钢筋接头的位置应符合设计和施工方案要求。有抗震设防要求的结构中，梁端、柱端箍筋加密区范围内钢筋不应进行搭接。

（5）钢筋的安装

钢筋的安装就是将加工的半成品钢筋按照图纸或配料单的要求绑扎、焊接或机械连接成型，形成成品钢筋，钢筋安装符合要求。

钢筋的安装顺序：对于复杂的钢筋工程，为了防止造成有些钢筋放不进去的弊端，事先要研究钢筋的安放顺序。构件交接处的钢筋位置应符合设计要求；当设计无要求时，应优先保证主要受力构件和构件中主要受力方向的钢筋位置。框架节点处梁纵向受力钢筋宜置于柱纵向钢筋内侧；次梁钢筋宜放在主梁钢筋内侧；剪力墙中水平分布钢筋宜放在外部，并在墙边弯折锚固。

钢筋现场绑扎的一般工序为：划线→摆筋→穿筋→绑扎→安放垫块等。

受力钢筋的牌号、规格、数量必须符合设计要求。纵向受力钢筋的锚固方式和锚固长度应符合设计要求。钢筋安装位置的偏差应符合《混凝土结构工程施工质量验收规范》GB 50204 的规定。采取合理的技术措施有效的预防钢筋位移和保证钢筋保护层厚度。

与其他工种的配合：在钢筋施工前，要与模板、水、电、设备的预埋管线等各有关工种共同协商施工进度及交叉作业的时间、顺序。

所有构件中钢筋的种类、型号、直径、根数、连接方法和技术要求符合设计图纸要求和施工规范规定。钢筋安装位置的偏差应符合施工规范的规定。

**2. 模板工程**

（1）一般规定

模板及支架应根据结构形式施工过程中的荷载大小，结合施工过程的安装、使用和拆除等各种工况进行设计，应具有足够的承载力和刚度，并应保证其整体稳固性。能可靠地承受新浇筑混凝土的自重、侧压力以及施工荷载。

模板及其支架应能够保证工程结构和构件各部分形状尺寸和相互位置的正确；构造简单，装拆方便，便于钢筋的绑扎安装和混凝土的浇筑、养护等要求；模板接缝不应漏浆；模板与混凝土的接触面应涂隔离剂；不宜采用油质类等影响结构或者妨碍装饰工程施工的隔离剂；严禁隔离剂污染钢筋与混凝土接槎处；在浇筑混凝土之前，应对模板工程进行验收。

（2）模板设计

1）模板设计的内容，主要包括选型、选材、配板、荷载计算、结构设计和绘制模板施工图等。

2）设计的主要原则：实用、安全、经济。

3）模板的设计荷载和计算规定

① 荷载及组合

模板、支架按下列荷载设计或验算。

a. 模板及支架自重，可按图纸或实物计算确定，对肋形楼板及无梁楼板的荷载，可按表 2-1 采用。

楼板模板自重参考表（kN/m²）　　　　　　　　　表 2-1

| 项次 | 模板构件名称 | 木模板 | 定型组合钢模板 |
|---|---|---|---|
| 1 | 平板的模板及小楞的自重 | 0.3 | 0.5 |
| 2 | 楼板模板的自重（其中包括梁的模板） | 0.5 | 0.75 |
| 3 | 楼板模板及其支架的自重（楼层高度为 4m 以下） | 0.75 | 1.1 |

b. 新浇筑混凝土自重，普通混凝土可采用 24kN/m³，其他的混凝土根据实际重力密度确定。

c. 钢筋自重，根据设计图纸确定。一般梁板结构每立方米钢筋混凝土结构的钢筋重量为：楼板 1.1kN；梁 1.5kN。

d. 施工人员及施工设备自重，计算模板及直接支承模板的小楞时，对均布活荷载取 2.5kN/m²，另应以集中荷载 2.5kN 再行验算，比较两者所得的弯矩值，按其中较大者采用；计算直接支承小楞结构构件时，均布活荷载取 1.5kN/m²；计算支撑立柱及其他支承结构构件时，均布活荷载取 1.0kN/m²。大型浇筑设备如上料平台、混凝土输送泵等按实际情况计算；混凝土堆骨料高度超过 100mm 以上者按实际高度计算；模板单块宽度小于 150mm 时，集中荷载可分布在相邻的两块板上。

e. 振捣混凝土时产生的荷载（作用范围在新浇筑混凝土侧压力的有效压头高度之内），

对水平面模板可采用 $2.0\mathrm{kN/m^2}$；对垂直面模板可采用 $4.0\mathrm{kN/m^2}$。

f. 新浇筑混凝土对模板的侧压力，影响新浇筑混凝土对模板侧压力的因素很多，如混凝土密度、凝结时间、浇筑速度、混凝土的坍落度和掺外加剂等。

g. 倾倒混凝土时产生的荷载，倾倒混凝土时对垂直面板产生的水平荷载可按表 2-2 用。

倾倒混凝土时产生的水平荷载（$\mathrm{kN/m^2}$）  表 2-2

| 项次 | 向模板内供料方法 | 水平荷载 |
|---|---|---|
| 1 | 用溜槽、串筒或导管输出 | 2 |
| 2 | 用容量小于 $0.2\mathrm{m^3}$ 的运输工具倾倒 | 2 |
| 3 | 用容量 $0.2\sim0.8\mathrm{m^3}$ 的运输工具倾倒 | 4 |
| 4 | 用容量大于 $0.8\mathrm{m^3}$ 的运输工具倾倒 | 6 |

② 计算模板及其支架的荷载设计值时，应采取以上各项荷载标准值乘以相应的分项系数求得。

荷载分项系数见表 2-3。

荷载分项系数  表 2-3

| 项次 | 荷载类别 | 分项系数 |
|---|---|---|
| 1 | 模板及支架自重 | |
| 2 | 新浇筑混凝土自重 | 1.2 |
| 3 | 钢筋自重 | |
| 4 | 施工人员及施工设备自重 | |
| 5 | 振捣混凝土时产生的荷载 | 1.4 |
| 6 | 新浇筑混凝土对模板的侧压力 | 1.2 |
| 7 | 倾倒混凝土时产生的荷载 | 1.4 |

对于一般的钢模板结构，其荷载设计值可乘以 0.85 的调整系数；但对冷弯薄壁型钢模板结构其设计荷载值的调整系数为 1.0；对于木模板结构，当木材含水率小于 25% 时，其设计荷载可乘以 0.9 的调整系数，但考虑到一般混凝土工程施工时都要湿润模板和浇水养护，含水率难以控制，因此一般均不乘以调整系数，以保证结构安全。

计算模板及其支架时的荷载组合见表 2-4。

计算模板及其支架时的荷载组合  表 2-4

| 项目 | 荷载类别 | |
|---|---|---|
| | 计算承载能力 | 验算刚度 |
| 平板和薄壳的模板及其支架 | 1+2+3+4 | 1+2+3 |
| 梁和拱模板的底板及支架 | 1+2+3+5 | 1+2+3 |
| 梁、拱、柱（边长≤300mm）、墙（厚≤100mm）的侧面模板 | 5+6 | 6 |
| 大体积结构、柱（边长＞300mm）、墙（厚＞100mm）的侧面模板 | 6+7 | 6 |

③ 模板结构的刚度要求

在工程实践中，因模板结构的变形而造成的混凝土质量事故很多，因此模板结构除必须有足够的承载能力外，还应保证有足够的刚度。验算模板及支撑结构时，其最大变形值应符合下列要求。

　　a. 对结构不做装修的外露模板，为模板构件计算跨度的 1/400；

　　b. 对结构表面做装修的隐蔽模板，为模板构件计算跨度的 1/250；

　　c. 支撑体系的压缩变形值或弹性挠度，应小于相应结构跨度的 1/1000。

　　支架的立柱或桁架应保持稳定，并用撑拉杆件固定。验算模板及其支架在自重和风荷载作用下的抗倾倒稳定性时，应符合有关的专门规定。

　　（3）模板的安装

　　1）基础模板工艺流程：抄平、放线（弹线）→模板加工或预拼装→模板安装（杯口芯模安装）→校正加固。

　　2）柱模板工艺流程：弹线→找平、定位→加工或预拼装柱模→安装柱模（柱箍）→安装拉杆或斜撑→校正垂直度→检查验收。

　　3）梁模板工艺流程：抄平、弹线（轴线、水平线）→支撑架搭设→支柱头模板→铺梁底模板→拉线找平（起拱）→绑扎梁筋→封侧模。

　　4）墙模板工艺流程：找平、定位→组装墙模→安装龙骨、穿墙螺栓→安装拉杆或斜撑→校正垂直度→墙模预检。

　　5）楼板模板工艺流程：支架搭设→龙骨铺设、加固→楼板模板安装→楼板模板预检。

　　6）楼梯模板工艺流程：弹控制线→支架搭设→铺底模（含外帮板）→钢筋绑扎→楼梯踏步模板→模板检查验收。

　　7）模板、支架及配件的材质、规格、尺寸及力学性能等应符合国家现行标准，还应满足模板专项施工方案的要求。

　　现浇混凝土结构的模板及支架安装完成后，应按照模板专项施工方案对下列内容进行检查验收：模板的定位；支架杆件的规格、尺寸、数量；支架杆件之间的连接；支架的剪刀撑和其他支撑设置；支架与结构之间的连接设置；支架杆件底部的支承情况。

　　模板安装质量应符合下列要求：模板的接缝应严密；模板内不应有杂物；模板与混凝土的接触面应平整、清洁；对清水混凝土构件，应使用能达到设计效果的模板。

　　隔离剂的品种和涂刷方法应符合专项施工方案的要求。隔离剂不得影响结构性能及装饰施工，不得沾污钢筋和混凝土接槎处。

　　模板的起拱应符合现行国家标准《混凝土结构工程施工规范》GB 50666 的规定，并应符合设计及施工方案的要求。当梁跨度≥4m，应使梁底模起拱，如设计无规定时，起拱高度宜为全跨长度的 1/1000～3/1000。

　　支架立柱和竖向模板安装在土层上时，应符合下列规定：土层应坚实、平整；其承载力或密实度应符合施工方案的要求；应有防水、排水措施；对冻胀性土，应有预防冻融措施；支架立柱下应设置垫板，并应符合施工方案的要求。

　　固定在模板上的预埋件、预留孔和预留洞不得遗漏，且应安装牢固。当设计无具体要求时，其位置偏差应符合施工规范规定。现浇结构模板安装的尺寸允许偏差应符合施工规范规定。

　　（4）模板的拆除

　　1）拆模顺序一般是先支后拆，后支先拆，先拆除侧模板，后拆除底模板。重大复杂模板的拆除，事前应制定拆模方案。

3）卷材铺贴方法

卷材与基层的粘结方法可分为满粘法、条粘法、点粘法和空铺法等形式。卷材的铺贴方法应符合下列规定：卷材防水层上有重物覆盖或基层变形较大时，应优先采用空铺法、点粘法、条粘法或机械固定法，但距屋面周边800mm内以及叠层铺贴的各层卷材之间应满粘；防水层采取满粘法施工时，找平层的分格缝处宜空铺，空铺的宽度宜为100mm；卷材屋面的坡度不宜超过25％，当坡度超过25％时应采取防止卷材下滑的措施。

在屋面卷材防水施工中，合成高分子防水卷材的施工方法有冷粘法、自粘卷材、热风焊接法。

4）施工顺序

屋面防水层施工时，应先做好节点、附加层和屋面排水比较集中等部位的处理，然后由屋面最低处向上进行。铺贴天沟、檐沟卷材时，宜顺天沟、檐沟方向，减少卷材的搭接。

5）搭接方法及宽度要求

铺贴卷材应采用搭接法。平行于屋脊的搭接缝，应顺流水方向搭接；垂直于屋脊的搭接缝，应顺年最大频率风向搭接。叠层铺贴的各层卷材，在天沟与屋面的交接处，应采用叉接法搭接，搭接缝应错开；搭接缝宜留在屋面或天沟侧面，不宜留在沟底。

屋面卷材防水施工时，对容易渗漏水的薄弱部位（如天沟、檐口、泛水、水落口处等），均应加铺1～2层卷材附加层。

上下层及相邻两幅卷材的搭接缝应错开，各种卷材搭接宽度应符合《屋面工程质量验收规范》GB 50207的要求。

（5）涂膜防水

涂膜防水施工的工艺流程是：基层表面清理、修理→喷涂基层处理剂（底涂料）→特殊部位附加增强处理→涂布防水涂料及铺贴胎体增强材料→清理与检查修理→保护层施工。

1）涂膜防水层的施工顺序

涂膜防水层应按"先高后低，先远后近"的原则进行施工。先涂布节点、附加层，然后再进行大面积涂布。屋面转角及立面的涂层，应薄涂多遍，不得有流淌。

2）涂膜防水层的涂布

防水涂膜应由两层以上涂层组成，不得一次成膜，可通过薄涂多次来达到总厚度要求。

防水涂膜分层分遍涂布时，需等先涂的涂层干燥成膜后，方可涂布后一遍涂料。刮涂施工时，每遍刮涂的推进方向宜与前一遍相垂直。

涂层中夹铺胎体增强材料时，宜边涂边铺胎体，胎体应刮平并排出气泡，胎体与涂料应粘合良好。在胎体上涂布涂料时，应使涂料浸透胎体，覆盖完全，不得有胎体外露现象。

铺设胎体增强材料时，屋面坡度小于15％可平行屋脊铺设；屋面坡度大于15％，应垂直于屋脊铺设。平行屋脊铺设时，须由屋面最低处向上操作。胎体长边搭接宽度不得小于50mm，短边搭接宽度不得小于70mm。采用二层以上胎体增强材料时，上下层不得互相垂直铺设，搭接缝应错开，其间距不应小于1/3幅宽。

天沟、檐沟、檐口、泛水和立面涂膜防水层的收头等部位，均应用防水涂料多遍涂刷或用密封材料封严。水落口处的涂膜深度不得小于 50mm；找平层分格缝处应增设胎体增强材料的空铺附加层，其宽度以 200～300mm 为宜。

在涂膜实干前，不得在防水层上进行其他施工作业。涂层应厚薄均匀，表面平整。涂膜防水屋面上不得直接堆放物品。

涂膜防水屋面应设置保护层。保护层材料可使用细砂、云母、蛭石、浅色涂料、水泥砂浆或块材等。

（6）刚性防水屋面

刚性防水屋面是指利用普通细石混凝土、补偿收缩混凝土等材料作防水层的屋面。刚性防水层在结构层与防水层之间设置一层低强度等级砂浆、卷材或塑料薄膜等材料做成的隔离层。隔离层表面平整，压实、抹光，待砂浆基本干燥后，方可进行下道工序施工。

刚性（细石混凝土）防水层的施工流程是：清理隔离层表面→弹线分格→支设分格缝隔板→绑扎钢筋网片→浇筑细石混凝土→压实抹平→起分格缝隔板→二次压光→养护→分格缝密封处理。

1）分格缝与钢筋网片设置

防水层的分格缝应设在屋面板的支承端、屋面转折处、防水层与突出屋面结构的交接处，并应与板缝对齐。普通细石混凝土和补偿收缩混凝土防水层的分格缝，其纵横间距不宜大于 6m。分格缝的宽度宜为 5～30mm。分格条安装位置应准确，起条时不得损坏分格缝处的混凝土；当采用切割法施工时，分格缝的切割深度宜为防水层厚度的 3/4。

为防止混凝土防水层开裂，一般应在防水层中配置直径为 4～6mm、间距为 100～200mm 的双向钢筋网片，位置以居中偏上为宜。网片可采用绑扎或焊接，并在分格缝处断开，其保护层厚度不宜小于 10mm。

2）细石混凝土防水层施工

浇捣细石混凝土防水层宜按："先远后近，先高后低"的原则进行。每个分格板块的混凝土应一次浇筑完成，不得留施工缝；抹压时不得在表面洒水、加水泥浆或撒干水泥，混凝土收水后应进行二次压光。

混凝土浇筑后 12～24h 应进行养护，可采用洒水湿润、覆盖塑料薄膜、表面喷涂养护剂等养护方法，也可用蓄水法或覆盖浇水养护法，养护时间不少于 14d。养护初期禁止上人或在上面继续施工。

3）分格缝处理

分格缝可采用嵌填密封材料并加贴防水卷材的方法进行处理。

嵌缝工作应在混凝土养护完毕后，用水冲洗干净且达到干燥时进行。缝内和两外侧 100mm 内不得有水泥浮浆等杂物。需密封的板缝在填塞合适的背衬材料后，表面应涂刷基层处理剂，并于当天嵌填密封材料。待密封材料表干后，其上部一般可用密封材料稀释后作为涂料，加铺一层胎体增强材料，做成宽约 200mm 左右的一布二涂保护层。也可铺贴卷材、涂刷防水涂料或铺抹水泥砂浆作保护层，其宽度不应小于 200mm。

（7）细部构造

屋面大面积防水层施工前，应先对水落口、天沟、檐沟、伸出屋面管道、泛水等细部节点进行构造处理，如进行密封材料嵌填、铺设附加层等处理。卷材收头、变形缝等则应在大面积卷材防水层完成后进行。

64

**2. 地下防水工程**

地下工程迎水面主体结构应采用防水混凝土，并应根据防水等级的要求采取其他防水（铺贴防水卷材、涂刷防水涂膜）措施；地下工程的变形缝（诱导缝）、施工缝、后浇带、穿墙管（盒）、预埋件、预留通道接头、桩头等细部构造，应加强防水措施。

卷材防水层应铺设在主体结构的迎水面，一般采用外防外贴和外防内贴两种施工方法。

外防外贴法是先进行地下主体结构的施工，然后将立面卷材防水层直接铺贴在主体结构的外墙表面，再砌永久保护墙。外防外贴法的优点是结构不均匀沉陷对防水层影响小，修补方便、缺点是工期较长、占地面积大。

外防内贴法是在浇筑混凝土垫层后，在垫层上将永久保护墙全部砌好，然后将卷材防水层铺贴在垫层和永久保护墙上，再施工地下主体结构的方法。优点是施工方便，占地面积小，当结构发生不均匀沉降时，对防水层影响大，发现漏水较难修补。

## 2.4.7 建筑节能工程施工技术要求

**1. 墙体节能工程**

1）保温节能材料

当采用外保温定型产品或成套技术时，其型式检验报告中应包括安全性和耐候性检验。保温材料在施工过程中应采取防潮、防水等保护措施。

材料、构件等，其品种、规格应符合设计要求和相关标准的规定。墙体节能工程采用的保温材料和粘结材料等，进场时对其相关性能应进行复验，同一厂家同一品种的产品，当单位工程建筑面积在 $20000m^2$ 以上时各抽查不少于 6 次。

墙体节能工程采用的保温材料和粘结材料等，进场时应对保温材料的导热系数、密度、抗压强度或压缩强度；粘结材料的粘结强度；增强网的力学性能、抗腐蚀性能进行见证取样复验。保温隔热材料，其导热系数、密度、抗压强度或压缩强度、燃烧性能应符合设计要求。

2）墙体节能工程施工

施工前应按照设计和施工方案的要求对基层进行处理。各构造层做法应符合设计要求，并应按照经过审批的施工方案施工。保温隔热材料的厚度必须符合设计要求。保温板材与基层及各构造层之间的粘结或连接必须牢固。粘结强度和连接方式应符合设计要求。保温板材与基层的粘结强度应作现场拉拔试验。

保温浆料应分层施工。当采用保温浆料做外保温时，保温层与基层及各层之间的粘结必须牢固，不应脱层、空鼓和开裂。当墙体节能工程的保温层采用预埋或后置锚固件固定时，锚固件数量、位置、锚固深度和拉拔力应符合设计要求。后置锚固件应进行锚固力现场拉拔试验。

3）外墙采用预置保温板现场浇筑混凝土墙体

保温板的安装位置应正确、接缝严密，保温板在浇筑混凝土过程中不得移位、变形，保温板表面应采取界面处理措施，与混凝土粘结应牢固。

4）外墙采用保温浆料作保温层

应在施工中制作同条件养护试件，检测其导热系数、干密度和压缩强度。保温浆料的同条件养护试件应见证取样送检。

5）基层及面层施工

饰面层施工的基层应无脱层、空鼓和裂缝，基层应平整、洁净，含水率应符合饰面层施工的要求。

外墙外保温工程饰面砖应作粘结强度拉拔试验，试验结果应符合设计和有关标准的规定。

饰面层不得渗漏。当外墙外保温工程的饰面层采用饰面板开缝安装时，保温层表面应具有防水功能或采取其他防水措施。

外墙外保温层及饰面层与其他部位交接的收口处，应采取密封措施。

6）保温砌块砌筑的墙体

保温砌块砌筑的墙体应采用具有保温功能的砂浆砌筑。砌筑砂浆的强度等级应符合设计要求。砌体的水平灰缝饱满度不应低于90%，竖直灰缝饱满度不应低于80%。

7）采用预制保温墙板现场安装的墙体

保温板应有型式检验报告，型式检验报告中应包含安装性能的检验；保温墙板的结构性能、热工性能及与主体结构的连接方法应符合设计要求，与主体结构连接必须牢固；保温墙板的板缝处理、构造节点及嵌缝做法应符合设计要求；保温墙板板缝不得渗漏。

8）在墙体内设置隔汽层

隔汽层的位置、使用的材料及构造做法应符合设计要求和相关标准的规定。隔汽层应完整、严密，穿透隔汽层处应采取密封措施。隔汽层冷凝水排水构造应符合设计要求。

9）外墙或毗邻不采暖空间墙体上的门窗洞口四周的侧面，墙体上凸窗四周的侧面，应按设计要求采取节能保温措施。

10）严寒和寒冷地区外墙热桥部位，如施工产生的墙体穿墙套管、脚手眼、孔洞等，应按设计要求采取节能保温等隔断热桥措施，不得影响墙体热工性能。

11）外墙外保温工程不宜采用粘贴饰面砖做饰面层。

**2. 幕墙节能工程**

幕墙节能工程的材料、构件等，其品种、规格应符合设计要求和相关标准的规定。

幕墙节能工程使用的保温隔热材料，其导热系数、密度、燃烧性能应符合设计要求。幕墙玻璃的传热系数、遮阳系数、可见光透射比、中空玻璃露点应符合设计要求。幕墙节能工程使用的材料、构件等进场时，应对保温材料的导热系数、密度；幕墙玻璃的可见光透射比、传热系数、遮阳系数、中空玻璃露点；隔热型材的抗拉强度、抗剪强度性能进行见证取样复验。

幕墙的气密性能应符合设计规定的等级要求。当幕墙面积大于 3000m² 或建筑外墙面积50%时，应现场抽取材料和配件，在检测试验室安装制作试件进行气密性能检测，检测结果应符合设计规定的等级要求。

密封条应镶嵌牢固、位置正确、对接严密。单元幕墙板块之间的密封应符合设计要求。开启扇应关闭严密。幕墙节能工程使用的保温材料，其厚度应符合设计要求，安装牢固，且不得松脱。遮阳设施的安装位置应满足设计要求。遮阳设施的安装应牢固。幕墙工程热桥部位的隔断热桥措施应符合设计要求，断热节点的连接应牢固。幕墙隔汽层应完整、严密、位置正确，穿透隔汽层处的节点构造应采取密封措施。

冷凝水的收集和排放应畅通，并不得渗漏。镀（贴）膜玻璃的安装方向、位置应正确。中空玻璃应采用双道密封。中空玻璃的均压管应密封处理。单元式幕墙板块组装其密封条：规格正确，长度无负偏差，接缝的搭接符合设计要求；保温材料：固定牢固，厚度符合设计要求；隔汽层：密封完整、严密。幕墙与周边墙体间的接缝处应采用弹性闭孔材料填充饱满，并应采用耐候密封胶密封。伸缩缝、沉降缝、抗震缝的保温或密封做法应符合设计要求。活动遮阳设施的调节机构应灵活，并应能调节到位。

**3. 门窗节能工程**

建筑门窗进场后，应对其外观、品种、规格及附件等进行检查验收，对质量证明文件进行核查。

建筑门窗每个检验批应抽查5%，并不少于3樘，不足3樘时应全数检查；高层建筑的外窗，每个检验批应抽查10%，并不少于6樘，不足6樘时应全数检查。特种门每个检验批应抽查50%，并不少于10樘，不足10樘时应全数检查。

建筑外窗的气密性、保温性能、中空玻璃露点、玻璃遮阳系数和可见光透射比应符合设计要求。

建筑外窗进入施工现场时，应按地区类别对其下列性能进行复验，复验应为见证取样送检：

① 严寒、寒冷地区：气密性、传热系数和中空玻璃露点；

② 夏热冬冷地区：气密性、传热系数、玻璃遮阳系数、可见光透射比、中空玻璃露点；

③ 夏热冬暖地区：气密性、玻璃遮阳系数、可见光透射比、中空玻璃露点。

建筑门窗采用的玻璃品种应符合设计要求。中空玻璃应采用双道密封。

金属外门窗隔断热桥措施应符合设计要求和产品标准的规定，金属副框的隔断热桥措施应与门窗框的隔断热桥措施相当。

严寒、寒冷、夏热冬冷地区的建筑外窗采用推拉窗时，应对其气密性作现场实体检验，同一厂家、同一品种、类型的产品各抽查不少于3樘。检测结果应满足设计要求。

外门窗框或副框与洞口之间的间隙应采用弹性闭孔材料填充饱满，并使用密封胶密封；外门窗框与副框之间的缝隙应使用密封胶密封。

严寒、寒冷地区的外门安装，应按照设计要求采取保温、密封等节能措施。

外窗遮阳设施的性能、尺寸应符合设计和产品标准要求；遮阳设施的安装应位置正确、牢固，满足安全和使用功能的要求。

特种门的性能应符合设计和产品标准要求；特种门安装中的节能措施，应符合设计要求。

天窗安装的位置、坡度应正确，封闭严密，嵌缝处不得渗漏。

门窗扇密封条和玻璃镶嵌的密封条，其物理性能应符合相关标准的规定。密封条安装位置应正确，镶嵌牢固，不得脱槽，接头处不得开裂。关闭门窗时密封条应接触严密。

门窗镀（贴）膜玻璃的安装方向应正确，中空玻璃的均压管应密封处理。

外门窗遮阳设施调节应灵活，能调节到位。

**4. 屋面节能工程**

屋面保温隔热工程的施工，应在基层质量验收合格后进行。施工过程中应及时进行质量检查、隐蔽工程验收和检验批验收，施工完成后应进行屋面节能分项工程验收。

屋面保温隔热工程应对基层；保温层的敷设方式、厚度；板材的缝隙填充质量；屋面热桥部位；隔汽层位进行隐蔽工程验收，并有详细的文字记录和必要的图像资料。屋面保温隔热层施工完成后，应及时进行找平层和防水层的施工，避免保温隔热层受潮、浸泡或受损。保温隔热材料，其品种、规格应符合设计要求和相关标准的规定。保温隔热材料，其导热系数、密度、抗压强度或压缩强度、燃烧性能应符合设计要求。保温隔热材料，进场时应对其导热系数、密度、抗压强度或压缩强度、燃烧性能进行复验，复验应为见证取样送检。保温隔热层的敷设方式、厚度、缝隙填充质量及屋面热桥部位的保温隔热做法，必须符合设计要求和有关标准的规定。通风隔热架空层，其架空高度、安装方式、通风口位置及尺寸应符合设计及有关标准要求。架空层内不得有杂物。架空面层应完整，不得有断裂和露筋等缺陷。

采光屋面的传热系数、遮阳系数、可见光透射比、气密性应符合设计要求。节点的构造做法应符合设计和相关标准的要求。采光屋面的安装应牢固，坡度正确，封闭严密，嵌缝处不得渗漏。

屋面的隔汽层位置应符合设计要求，隔汽层应完整、严密。屋面保温隔热层应按施工方案施工，并应符合下列规定：

① 松散材料应分层敷设、按要求压实、表面平整、坡向正确；

② 现场采用喷、浇、抹等工艺施工的保温层，其配合比应计量正确，搅拌均匀、分层连续施工，表面平整，坡向正确。

③ 板材应粘贴牢固、缝隙严密、平整。

金属板保温夹芯屋面应铺装牢固、接口严密、表面洁净、坡向正确。坡屋面、内架空屋面当采用敷设于屋面内侧的保温材料作保温隔热层时，保温隔热层应有防潮措施，其表面应有保护层，保护层的做法应符合设计要求。

**5. 地面节能工程**

地面节能工程的施工，应在主体或基层质量验收合格后进行。施工过程中应及时进行质量检查、隐蔽工程验收和检验批验收，施工完成后应进行地面节能分项工程验收。

地面节能工程应对基层、被封闭的保温材料厚度、保温材料粘结、隔断热桥部位进行隐蔽工程验收，并应有详细的文字记录和必要的图像资料：用于地面节能工程的保温材料，其品种、规格应符合设计要求和相关标准的规定；地面节能工程使用的保温材料，其导热系数、密度、抗压强度或压缩强度、燃烧性能应符合设计要求；地面节能工程采用的保温材料，进场时应对其导热系数、密度、抗压强度或压缩强度、燃烧性能进行复验，复验应为见证取样送检。

地面节能工程施工前，应对基层进行处理，使其达到设计和施工方案的要求。地面保温层、隔离层、保护层等各层的设置和构造做法以及保温层的厚度应符合设计要求，并应按施工方案施工。

地面节能工程的施工质量应符合下列规定：

① 保温板与基层之间、各构造层之间的粘接应牢固，缝隙应严密；

② 保温浆料应分层施工；

③ 穿越地面直接接触室外空气的各种金属管道应按设计要求，采取隔断热桥的保温措施。

有防水要求的地面，其节能保温作法不得影响地面排水坡度，保温层面层不得渗漏。严寒、寒冷地区的建筑首层直接与土壤接触的地面、采暖地下室与土壤接触的外墙、毗邻不采暖空间的地面以及底面直接接触室外空气的地面应按设计要求采取保温措施。保温层的表面防潮层、保护层应符合设计要求。

# 第 3 章　施工进度计划的编制

## 3.1　施工进度计划的类型及其作用

### 3.1.1　施工进度计划的类型

施工进度计划是为实现项目设定的工期目标，对各项施工工程的施工顺序、起止时间和相互衔接关系所作的统筹策划和安排。

**1. 与施工进度有关的计划**

与施工进度有关的计划，包括施工企业的施工生产计划和建设工程项目施工进度计划。

施工企业的施工生产计划，属于企业的范畴。根据整个施工企业施工任务量、企业经营的需求和资源利用的可能性等，合理安排计划周期内的施工生产活动，如年度生产计划、季度生产计划、月度生产计划和旬生产计划等。

建设工程项目施工进度计划，属于工程项目管理的范畴。根据每个工程项目的施工任务，依据企业的施工生产计划的总体安排和履行施工合同的要求，以及施工的条件（包括设计资料提供的条件、施工现场的条件、施工的组织条件、施工的技术条件和资源条件等）和资源利用的可能性，合理安排一个项目的施工进度。包括：整个项目施工总进度方案、施工总进度规划、施工总进度计划；子项目施工进度计划、单位工程施工进度计划；项目施工的年度施工计划、项目施工的季度施工计划、项目施工的月度施工计划和旬施工作业计划等。

施工企业的施工生产计划与工程项目施工进度计划虽属于两个不同系统的计划，但是两者是紧密相关的。前者针对整个企业，而后者则针对一个具体工程项目，计划的编制有一个自下而上的往复多次的协调过程。

**2. 工程项目施工进度计划的分类**

工程项目施工进度计划按编制对象区分，可以分为施工进度总计划、单位工程施工进度计划和分部分项（专项）工程施工进度计划。施工总进度计划是施工现场各项施工活动在时间和空间上的体现。编制施工那个进度计划是根据施工部署中的施工方案和施工项目开展的程序，对整个工地的所有施工项目做出时间和空间上的安排。单位工程施工进度计划是施工组织设计的重要内容，是控制各分部分项工程施工进度及总工期的主要依据，也是编制施工作业计划及各项资源需要量计划的依据。分部分项工程施工进度计划是以分部分项为对象，用以具体实施操作其施工过程进度控制文件，分部分项工程的施工进度计划通常由专业工程师或负责分部分项的工长编制，人防工程、燃气工程、电梯工程等都属于专项工程，基础工程属于分部分项工程。

工程项目施工进度计划若从计划的功能区分，可分为控制性施工进度计划、指导性施工进度计划和实施性施工进度计划。控制性施工进度计划和指导性施工进度计划的界限并不十分清晰，前者更宏观一些。大型和特大型工程项目需要编制控制性施工进度计划、指导性施工进度计划和实施性施工进度计划，而小型工程项目仅需要编制两个层次的计划即可。

### 3.1.2 控制性施工进度计划的作用

一个工程项目的施工总进度规划或施工总进度计划，是工程项目的控制性施工进度计划。对于特大型工程项目，往往包含许多子项目，即使对其编制施工总进度计划的条件已基本具备，还是应该先编制施工总进度规划，规划的编制由粗到细，且可对计划逐层协调，而不宜一步到位，编制较具体的施工总进度计划。另外，如果一个大型工程项目在签订施工承包合同后，设计资料的深度和其他条件还不足以编制比较具体的施工总进度计划时，则可先编制施工总进度规划，待条件成熟时再编制施工总进度计划。

控制性施工进度计划的作用主要包括：

（1）论证施工总进度目标。控制性施工进度计划编制的主要目的是通过计划的编制，以对施工承包合同所规定的施工进度目标进行再论证。

（2）分解施工总进度目标，确定里程碑事件的进度目标。通过对进度目标的分解，确定施工的总体部署，并确定为实现进度目标的里程碑事件（或称控制节点）的进度目标，作为进度控制的依据。

（3）是编制实施性进度计划的依据。控制性施工进度计划确定了各个建筑物及其主要工种、工程、准备工作和全工地性工程的施工期限及开工和竣工的日期，从而确定建筑施工现场劳动力、材料、成品、半成品、施工机械的需要数量和调配情况，以及现场临时设施的数量、水电供应数量和能源、交通的需要数量等。它为编制实施性进度计划提供了依据。

（4）是编制与该项目相关的其他各种进度计划的依据或参考。如子项目施工进度计划、单体工程施工进度计划；项目施工的年度施工计划、项目施工的季度施工计划等。

（5）是施工进度动态控制的依据。

### 3.1.3 实施性施工进度计划的作用

实施性施工进度计划是用于直接组织施工作业的计划，施工的月度施工计划和旬施工作业计划都属于实施性施工进度计划。实施性施工进度计划的编制应结合工程施工的具体条件，并以控制性施工进度计划所确定的里程碑事件的进度目标为依据。

一个项目的月度施工计划应反映在这月度中将进行的主要施工作业的名称、实物工程量、工作持续时间、所需的施工机械名称、施工机械的数量等。月度施工计划还反映各施工作业相应的日历天数的安排，以及各施工作业的施工顺序。

一个项目的旬施工作业计划应反映在这旬中，每一个施工作业（或称其为施工工序）的名称、实物工程量、工种、每天的出勤人数、工作班次、功效、工作持续时间、所需的施工机械名称、施工机械的数量、机械的台班产量等。旬施工作业计划还反映各施工作业相应的日历天数的安排，以及各施工作业的施工顺序。

实施性施工进度计划的主要作用如下：

（1）确定施工作业的具体安排。确定各分部分项工程的施工时间及其相互之间的衔接、穿插、平行搭接、协作配合等关系。

（2）确定（或据此可计算）一个月度或旬的人工需求（工种和相应的数量）。

（3）确定（或据此可计算）一个月度或旬的施工机械的需求（机械名称和数量）。

（4）确定（或据此可计算）一个月度或旬的建筑材料（包括成品、半成品和辅助材料等）的需求（建筑材料的名称和数量）。

（5）确定（或据此可计算）一个月度或旬的资金的需求等。

（6）指导现场的施工安排，确保施工任务的如期完成。

## 3.2　施工进度计划的表达方法

编制施工进度计划的方法很多，最常用的方法主要有以下三种：

1. 里程碑计划。里程碑计划是以项目中某些重要事件的开始或完成时间点为基准的计划，主要用于编制控制性进度计划。

2. 横道计划。横道计划是以横道线条结合时间坐标来表示项目各项工作的开始时间、持续时间和先后顺序，整个计划由一系列横道线组成。可以用于各类施工进度计划的编制，应用广泛。

3. 网络计划。网络计划是由箭线和节点组成的表示工作流程的有向、有序的网状图形（即网络图）所表示的进度计划，是进度计划编制的最科学的表达形式。大中型项目施工进度计划必须采用网络计划编制。

### 3.2.1　横道图进度计划的编制方法

**1. 横道计划**

横道图，又称条线图或甘特图，这是一种传统的进度计划方法，横道图法可用来编制一般单位工程施工进度计划。横道图是一个二维的平面图，横向表示进度并与时间相对应，纵向表示工作内容。横道计划由左右两部分组成，左半部分是按施工顺序排列的施工过程（工序），右半部分是在日历坐标上绘制的横道线进度计划，横道线结合时间坐标来表示项目各项工作的开始时间、持续时间和先后顺序。还可以在进度计划的下方绘制资源动态线，表达资源情况。

每一水平横道线显示每项工作的开始和结束时间，每一横道的长度表示该项工作的持续时间；在表示时间的横向线上，根据项目计划的需要，度量项目进度的时间单位可以用月、旬、周或天表示。横道图计划的优点是直观、简单、明了、容易编制操作、便于理解。因为有时间坐标，故各项工作的开始时间、持续时间、工作进度、总工期等一目了然，便于据图叠加统计资源。其缺点主要是不能全面地反映出各项工作相互之间的关系和影响，也不能从图中看出计划的潜力。

**2. 施工进度计划的编制步骤**

（1）划分施工过程

编制施工进度计划，首先必须划分施工过程。施工过程的划分应考虑下述要求：

1）施工过程划分程度的要求

对于控制性施工进度计划，其施工过程的划分可以粗一点，一般可按分部分项工程划分施工过程。如开工前准备、打桩工程、基础工程、主体结构工程等。对于指导性施工进度计划，其施工过程的划分可以细一点。

2）对施工过程进行适当合并，达到简明清晰的要求

为了使计划简明清晰、突出重点，一些次要的施工过程应合并到主要施工过程中去，如基础防潮层可合并到基础施工过程内，有些虽然重要但工程量不大的施工过程也可与相邻的施工过程合并，如挖土可与垫层合并为一项，组织混合班组施工。

3）施工过程划分的工艺性要求

现浇钢筋混凝土施工，一般可分为支模、扎筋、浇筑混凝土等施工过程，是合并还是分别列项，应视工程施工组织、工程量、结构性质等因素确定。一般现浇钢筋混凝土框架结构的施工应分别列项。如：绑扎柱钢筋、安装柱模板、浇筑柱混凝土、安装梁板模板、绑扎梁板钢筋、浇捣梁板混凝土、养护、拆模等施工过程。但对现浇混凝土工程量不大的工程，一般不再分细，可合并为一项。

4）明确施工过程对施工进度的影响程度

根据施工过程对工程进度的影响程度可分为三类。一类为资源驱动的施工过程，对工程的完成与否起到决定性的作用，在条件允许的情况下，可以缩短或延长工期；第二类为辅助性施工过程，它一般不占用拟建工程的工作面，虽需要一定的时间和消耗一定的资源，但不占用工期，故可不列入施工计划内。如交通运输、场外构件的加工与预制等；第三类施工过程虽直接对拟建工程进行作业，但它的时间随着客观条件的变化而变化，应根据具体情况列入施工计划，如混凝土的养护等。

（2）计算工程量

计算各工程项目的工程量的目的是为了正确选择施工方案和主要的施工、运输安装机械；初步规划各主要工程的流水施工，计算各项资源的需要量。因此工程量计算只需粗略计算，可按初步（或扩大初步）设计图纸并根据各种定额手册进行计算。

工程量计算时应注意以下事项：

1）工程量的计算单位。施工过程工程量的计量单位应与采用的施工定额计量单位相一致。

2）采用的施工方法。计算工程量时，应与采用的施工方法相一致，以便于计算的工程量与施工的实际情况相符。例如，挖土时是否放坡，是否加工作面；开挖方式是单独开挖、条形开挖，还是整片开挖。不同的开挖方式，土方量相差很大。

3）正确取用计价文件中的工程量。

（3）套用施工定额

确定了施工过程及其工程量后，即可套用施工定额来确定劳动量和机械台班量。套用定额时，必须注意结合本单位工人的技术等级、实际操作水平，施工机械情况和施工现场条件等因素，确定定额的实际水平，使计算出来的劳动量、机械台班量符合实际需要。有些采用新技术、新材料、新工艺或特殊施工方法的施工过程，定额中尚未编入，可参考类似施工过程的定额、经验资料，按实际情况确定。

（4）计算劳动量及机械台班量，确定施工过程的延续时间

1）劳动量的计算。劳动量也称劳动工日数，凡是采用手工操作为主的施工过程，其劳动量均可按式（3-1）计算：

$$P_i = Q_i/S_i \text{ 或 } P_i = Q_i \cdot H_i \tag{3-1}$$

式（3-1）中，$P_i$ 是某施工过程所需劳动量（工日），$Q_i$ 是某施工过程的工程量、$S_i$ 是某施工过程的产量定额、$H_i$ 是某施工过程的时间定额。

2）机械台班量的计算

凡是采用机械为主的施工过程，可按式（3-2）计算其所需的机械台班数：

$$P_{机械} = Q_{机械}/S_{机械} \text{ 或 } P_{机械} = Q_{机械} \cdot H_{机械} \tag{3-2}$$

式（3-2）中，$P_{机械}$ 是某施工过程所需的机械台班数，$Q_{机械}$ 是某施工过程机械完成的工程量、$S_{机械}$ 是某施工过程机械的产量定额、$H_{机械}$ 是某施工过程机械的时间定额。在施工过程中 $S_{机械}$ 或 $H_{机械}$ 的采用应根据机械的实际情况、施工条件等因素考虑，结合实际确定，以便准确地计算需要的机械台班数。

（5）计算确定施工过程的延续时间

施工过程持续时间的确定方法有三种，即经验估算法、定额计算法和倒排计划法。

1）经验估算法。经验估算法也称三时估算法，即先估计出完成该施工过程的三种施工时间：最乐观时间，也就是工作顺利情况下的时间为 $a$（最短的时间）；最可能的时间，就是完成某道工序的最大可能时间 $m$（最正常的时间）；最悲观的时间，就是工作进行不利的情况下所用的时间 $b$（最长的时间）。那么，由此根据三时估算法的计算公式确定这项工作的持续时间：

$$持续时间 = (a + 4 \times m + b)/6 \tag{3-3}$$

这种方法适用于新结构、新技术、新工艺、新材料等无定额可循的施工过程。

2）定额计算法。这种方法是根据施工过程需要的劳动量或机械台班量，以及配备的劳动人数或机械台数，确定施工过程持续时间。

$$D = \frac{P}{N \times R} \tag{3-4}$$

$$D_{机械} = \frac{P_{机械}}{N_{机械} \times R_{机械}} \tag{3-5}$$

式中，$D$ 是以手工操作为主的施工过程持续时间，$P$ 为该施工过程所需的劳动量，$R$ 为该施工过程所配备的施工班组人数，$N$ 为每天采用的工作班制；$D_{机械}$ 是以机械施工为主的施工过程的持续时间，$P_{机械}$ 为该施工过程所需的机械台班数，$R_{机械}$ 表示该施工过程所配备的机械台数，$N_{机械}$ 为每天采用的工作台班。

要确定施工班组人数或施工机械台班数，除了考虑必须能获得或能配备的施工班组人数（特别是技术工人人数）或施工机械台数之外，在实际工作中，还必须结合施工现场的具体条件、最小工作面与最小劳动组合人数的要求，以及机械施工的工作面大小、机械效率、机械必要的停歇维修与保养时间等因素考虑，才能确定符合实际可能和要求的施工班组人数及机械台数。

3）计划倒排法。这种方法根据施工的工期要求，先确定施工过程的延续时间及工作班制，再确定施工班组人数（$R$）或机械台数（$R_{机械}$）。计算公式如下：

$$R = \frac{P}{N \times D} \tag{3-6}$$

$$R_{机械} = \frac{P_{机械}}{N_{机械} \times D_{机械}} \tag{3-7}$$

式中符号同式（3-4）、式（3-5）。

如果按照上述两式计算出来的结果，超过了本部门现有的人数或机械台数，则要求有关部门进行平衡、调度及支持。或从技术上、组织上采取措施。如组织平行立体交叉流水施工，提高混凝土早期强度及采用多班组、多班制的施工等。

（6）初排施工进度

上述各项计算内容确定后，即可编制施工进度计划的初步方案。常用的编制方法有：

1）根据施工经验直接安排的方法。根据经验资料及有关计算，直接在进度表上画出进度线。其一般步骤是：先安排主导施工过程的施工进度，再安排其余施工过程。其余施工过程应尽可能配合主导施工过程并最大限度地搭接，形成施工进度计划的初步方案。总的原则是，使每个施工过程尽可能早地投入施工。

2）按工艺组合组织流水的施工方法。就是先按各施工过程（即工艺组合流水）初排流水进度线，然后将各工艺组合最大限度地搭接起来。

无论采用上述哪一种方法编排进度，都应注意以下问题：①每个施工过程的施工进度线都应用横道粗实线段表示（初排时可用铅笔细线表示，待检查调整无误后再加粗）；②每个施工过程的进度线所表示的时间应与计算确定的延续时间一致；③每个施工过程的施工起止时间应根据施工工艺顺序及组织顺序确定。

（7）检查与调整施工进度计划

施工进度计划初步方案编出后，应根据业主和有关部门的要求、合同规定及施工条件等，先检查各施工过程之间的施工顺序是否合理、是否满足项目总进度计划或施工总承包合同对总工期以及起止时间的要求，劳动力等资源消耗是否均衡，主体工程与辅助工程、配套工程之间是否平衡，各施工项目之间的搭接是否合理。然后，再进行调整，直至满足要求，正式形成施工进度计划。总的要求是在合理的工期下尽可能地使施工过程连续施工，这样便于资源的合理安排。施工总进度计划的调整优化，就是通过改变若干工程项目的工期，提前或推迟某些工程项目的开竣工日期，即通过工期优化、工期—费用优化和资源优化的模式来实现的。

### 3.2.2 网络计划的基本概念与识读

#### 1. 网络计划的表达方法与分类

（1）网络计划的表达方法

网络计划是指用网络图表达任务构成、工作顺序并加注工作时间参数的进度计划。所谓网络图指由箭线和节点组成的、用来表示工作流程的有向、有序的网状图形。根据《工程网络计划技术规程》JGJ/T 121，按节点和箭线所代表的含义不同，我国常用的工程网络计划类型可分为双代号网络计划、单代号网络计划、双代号时标网络计划、单代号搭接网络计划。

1）双代号网络图

以箭线及其两端节点的编号表示工作的网络图称为双代号网络图，即用两个节点一根箭线代表一项工作，工作名称写在箭线上面，工作持续时间写在箭线下面，在箭线前后的衔接处画上节点编上号码，并以节点编号 $i$ 和 $j$ 代表一项工作名称，节点（圆圈）表示工作间的连接（工作的开始、结束），如图 3-1 所示。

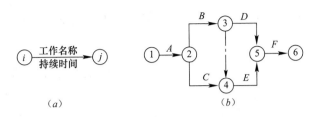

(a)                          (b)

图 3-1 双代号网络图

(a) 工作的表示方法；(b) 工程的表示方法

2) 单代号网络图。以节点及其编号表示工作，以箭线表示工作之间逻辑关系的网络图称为单代号网络图，如图 3-2 所示。

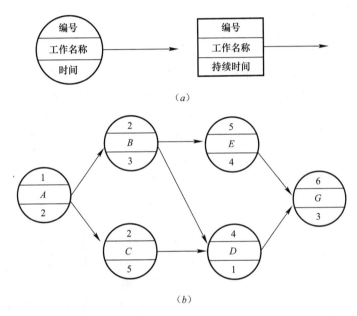

(a)

(b)

图 3-2 单代号网络图

(a) 工作的表示方法；(b) 工程的表示方法

(2) 网络计划的分类

网络计划的种类有很多，可以从不同的角度进行分类，具体分类方法如下：

1) 按网络计划目标分类。根据计划最终目标的多少，网络计划可分为单目标网络计划和多目标网络计划。只有一个最终目标的网络计划称为单目标网络计划，如图 3-1 (b) 所示。由若干个独立的最终目标与其相互有关系工作组成的网络计划称为多目标网络计划，如图 3-3 所示。

2) 按网络计划层次分类。根据计划的工程对象不同和使用范围大小，网络计划可分为局部网络计划、单位工程网络计划和综合网络计划。以一个分部工程或施工段为对象编制的网络计划称为局部网络计划；以一个单位工程为对象编制的网络计划称为单位工程网络计划；以一个建设项目或建筑群为对象编制的网络计划称为综合网络计划。

3) 按网络计划时间表达方式分类。根据计划时间的表达不同，网络计划可分为时标网络计划和非时标网络计划。工作的持续时间以时间坐标为尺度绘制的网络计划称为时标网络计划，如图 3-4 所示。工作的持续时间以数字形式标注在箭线下面绘制的网络计划称为非时标网络计划。

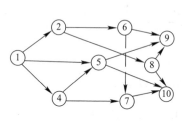

图 3-3　多目标网络计划

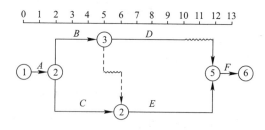

图 3-4　时标网络计划

### 2. 双代号网络计划

（1）双代号网络计划的概念

1）箭线

网络图中一端带箭头的实线即为箭线。在双代号网络图中，它与其两端的节点表示一项工作。箭线表达的内容有以下几个方面：①一根实箭线表示一项工作或表示一个施工过程，工作既可以是一个简单的施工过程，也可以是一项复杂的工程任务；工作名称标注在箭线上方；②一根实箭线表示一项工作所消耗的时间或资源，用数字标注在箭线的下方；③箭线的方向表示工作进行的方向和前进的路线，箭尾表示工作的开始，箭头表示工作的完成；④箭线可以画成直线、折线和斜线；⑤在无时间坐标的网络图中，箭线的长度不代表时间的长短，画图时原则上是任意的，但必须满足网络图的绘制规则。

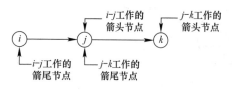

图 3-5　网络节点示意图

2）节点

网络图中箭线端部的圆圈或其他形状的封闭图形就是节点，如图 3-5 所示。

在双代号网络图中，它表示工作之间的逻辑关系，节点表达的内容有以下几个方面：节点表示前面工作结束和后面工作开始的瞬间，所以节点不需要消耗时间和资源；箭线的箭尾节点表示该工作的开始，箭线的箭头节点表示该工作的结束；根据节点在网络图中的位置不同可以分为起点节点、终点节点和中间节点；网络图中的每个节点都有自己的编号，以便赋予每项工作以代号，便于计算网络图的时间参数和检查网络图是否正确。

3）逻辑关系

工作之间相互制约或依赖的关系称为逻辑关系，工作之间的逻辑关系包括工艺关系和组织关系。

工艺关系是指生产工艺上客观存在的先后顺序关系，或者是非生产性工作之间由工作程序决定的先后顺序关系。例如，建筑工程施工时，先做基础，后做主体；先做结构，后做装修。工艺关系不能随意改变的，如图 3-6 所示，铺料 1→整平 1→压实 1 为工艺关系。

组织关系是指在不违反工艺关系的前提下，人为安排的工作先后顺序关系。例如，建筑群中各个建筑物开工顺序的先后；施工对象的分段流水作业等。组织顺序可以根据具体情况，按安全、经济、高效的原则统筹安排。

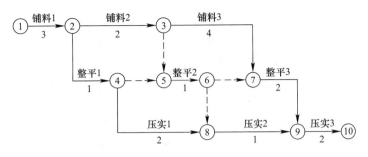

图 3-6　某工程逻辑关系

绘制双代号网络图，对工作的逻辑关系必须正确表达，表 3-1 给出了表达工作逻辑关系的几个例子。

双代号网络图工作逻辑关系　　　　　　　表 3-1

| 序号 | 工作间逻辑关系 | 表示方法 |
|---|---|---|
| 1 | $A$、$B$、$C$ 无紧前工作，即工作 $A$、$B$、$C$ 均为计划的第一项工作，且平行进行 | |
| 2 | $A$ 完成后，$B$、$C$、$D$ 才能开始 | |
| 3 | $A$、$B$、$C$ 均完成后，$D$ 才能开始 | |
| 4 | $A$、$B$ 均完成后，$C$、$D$ 才能开始 | |
| 5 | $A$ 完成后，$D$ 才能开始；$A$、$B$ 均完成后 $E$ 才能开始；$A$、$B$、$C$ 均完成后，$E$ 才能开始 | |

4）紧前工作、紧后工作、平行工作

紧排在本工作之前的工作称为本工作的紧前工作。本工作和紧前工作之间可能有虚工作。如图 3-6 所示，铺料 1 是铺料 2 在组织关系上的紧前工作；整平 2 和整平 3 之间虽然有虚工作，但整平 2 仍然是整平 3 在组织关系上的紧前工作。紧排在本工作之后的工作，称为本工作的紧后工作。本工作和紧后工作间可能有虚工作。可与本工作同时进行称为本工作的平行工作。

5) 虚工作及其应用

双代号网络计划中，只表示前后相邻工作之间的逻辑关系，既不占用时间也不耗用资源的虚拟的工作，称为虚工作。虚工作用虚箭线表示，其表达形式可垂直方向向上或向下，也可水平方向向右。虚工作起着联系、区分和断路三个方面的作用。

6) 线路、关键线路、关键工作

网络图中从起点节点开始，沿箭头方向顺序通过一系列箭线与节点，最后达到终点节点的通路称为线路。一个网络图中，从起点节点到终点节点，一般都存在着许多条线路，每条线路都包含若干项工作，这些工作的持续时间之和就是该线路的时间长度，即线路上总的工作持续时间。线路上总的工作持续时间最长的线路，称为关键线路。位于关键线路上的工作，称为关键工作。

一般来说，一个网络图中至少有一条关键线路。关键线路也不是一成不变的，在一定的条件下，关键线路和非关键线路会相互转化。例如，当采取技术组织措施，缩短关键工作的持续时间，或者非关键工作持续时间延长时，就有可能使关键线路发生转移。网络计划中，关键工作的比重往往不宜过大，网络计划越复杂，工作节点就越多，当关键工作的比重越小时，就越有利于抓住主要矛盾。

非关键线路都有若干机动时间（即时差），它意味着工作完成日期容许适当挪动而不影响工期。时差的意义就在于可以使非关键工作在时差允许的范围内放慢施工进度，将部分人、财、物转移到关键工作中去，以加快关键工作的进程；或者，在时差允许范围内改变工作开始和结束时间，以达到均衡施工的目的。

关键线路宜用粗箭线、双箭线或彩色箭线标注，以突出其在网络计划中的重要位置。

(2) 双代号网络图的绘制规则

1) 双代号网络必须正确表达逻辑关系。

2) 双代号网络不允许出现循环路线。

3) 网络图中不允许代号相同的箭线。

4) 在一个网络图中只允许有一个起点节点和一个终点节点。在网络图中除起点节点和终点节点外，不允许再出现没有外向工作的节点及没有内向工作的节点（多目标网络除外）。

5) 严禁在网络图中出现没有箭尾节点的箭线和没有箭头节点的箭线。

6) 网络图中不允许出现双向箭头、无箭头和没有箭头节点的箭线。

7) 当网络图的起点节点有多条外向箭线或终点节点有多条内向箭线时，为使图形简洁，可应用母线法绘图。

8) 绘制网络图，应避免箭线交叉。当交叉不可避免时，可采用过桥法、断路法或指向法处理。

(3) 双代号网络图的排列方式

在网络计划的实际应用中，要求网络图按一定的次序组织排列，做到逻辑关系准确、清晰，形象直观，便于计算和调整。主要排列方式有：

1) 按施工过程排列。根据施工顺序把各施工过程按垂直方向排列，施工段按水平方向排列。其特点是相同工作在同一水平线上，突出不同工种的工作情况。

2) 按施工段排列。同一施工段上的有关施工过程按水平方向排列，施工段按垂直方向排列。其特点是同一施工段上的工作在同一水平线上，反映出分段施工的特征，突出工作面的利用情况。

（4）双代号网络的时间参数计算

双代号网络计划共有 6 个时间参数，分别是各项工作的最早开始时间（$ES_{i,j}$）、最早结束时间（$EF_{i,j}$）、最迟开始时间（$LS_{i,j}$）、最迟结束时间（$LF_{i,j}$）、总时差（$TF_{i,j}$）和自由时差（$FF_{i,j}$），双代号网络计划时间参数标注形式如图 3-7 所示。

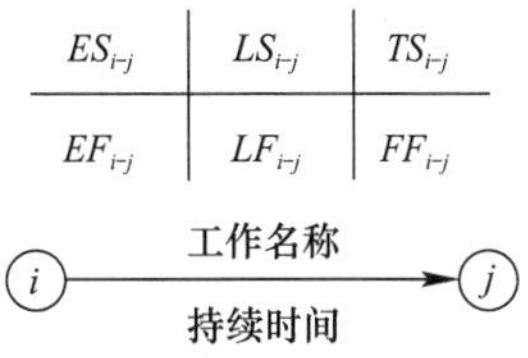

按工作计算法计算双代号网络计划时间参数，若整个进度计划的开始时间为第 0d，且节点编号有以下规律：$h<i<j<k<n$，各个时间参数的计算过程如下：

| $ES_{i\text{-}j}$ | $LS_{i\text{-}j}$ | $TS_{i\text{-}j}$ |
|---|---|---|
| $EF_{i\text{-}j}$ | $LF_{i\text{-}j}$ | $FF_{i\text{-}j}$ |

$i$ ——工作名称 持续时间—— $j$

图 3-7　双代号网络计划时间参数标注形式

1）工作最早可能开始时间

一项工作的最早可能开始时间（Earliest Start Time）指各紧前工作全部完成后，本工作有可能开始的最早时刻，以缩写字母 $ES_{i-j}$ 表示，$i-j$ 为工作的节点代号。工作 $i-j$ 的最早可能开始时间的计算应符合下列规定：

① 工作 $i-j$ 的最早可能开始时间 $ES_{i-j}$，应从网络计划的起点节点开始，顺着箭线方向依次逐项计算；

② 以起点节点 $i$ 为箭尾的工作 $i-j$，当未规定其最早开始时间 $ES_{i-j}$ 时，其值为零，即

$$ES_{i-j} = 0(i = 1) \tag{3-8}$$

③ 当工作 $i-j$ 只有一项紧前工作 $h-i$ 时，其最早可能开始时间 $ES_{i-j}$ 应为：

$$ES_{i-j} = ES_{h-l} + D_{h-i} \tag{3-9}$$

④ 当工作 $i-j$ 有多项紧前工作 $h-i$ 时，其最早可能开始时间 $ES_{i-j}$ 应为：

$$ES_{i-j} = \max(ES_{h-l} + D_{h-i}) \tag{3-10}$$

上述三式中　$ES_{i-j}$ ——工作 $i-j$ 的最早可能开始时间；

$ES_{h-i}$ ——工作 $h-i$ 的最早可能开始时间；

$D_{h-i}$ ——工作 $i-j$ 的紧前工作 $h-i$ 的持续时间。

2）工作最早完成时间

一项工作最早完成时间（Earliest Finish Time）指各紧前工作全部完成后，本工作有可能完成的最早时刻，以缩写字母 $EF_{i-j}$ 表示。工作 $i-j$ 的最早完成时间 $EF_{i-j}$ 计算式为：

$$EF_{i-j} = ES_{i-j} + D_{i-j} \tag{3-11}$$

3）网络计划的计算工期和计划工期

网络计划的计算工期是根据时间参数计算所得到的工期，等于网络计划中以终点节点为结束节点的各工作最早完成时间的最大值，用字母 $T_c$ 表示。可按下式进行计算：

$$T_c = \max\{EF_{i-n}\} \tag{3-12}$$

式中，$EF_{i-n}$ 为以终点节点为箭头节点的工作 $i-n$ 的最早完成时间。网络计划的计划工期是根据要求工期和计算工期所确定的作为实施目标的工期，用字母 $T_p$ 表示。网络计划的计划工期 $T_p$ 的计算应按下列情况分别确定：

① 当规定了要求工期 $T_r$ 时：$T_p \leqslant T_r$。要求工期 $T_r$ 是指任务委托人所提出的指令性工期。

② 当未规定要求工期 $T_r$ 时：$T_p = T_r$。

4）工作最迟完成时间

工作最迟完成时间（Lastest Finish Time）指在不影响整个任务按期完成的前提下，本工作必须完成的最迟时间，以缩写字母 $LF_{i-j}$ 表示。工作最迟完成时间的计算应当符合下列规定：

① 工作 $i-j$ 的最迟完成时间 $LF_{i-j}$ 应从网络计划的终点节点开始，逆着箭头方向依次逐项进行计算。

② 以终点节点为箭头节点的工作最迟完成时间 $LF_{i-n}$ 应按网络计划的计划工期 $T_p$ 确定，即：

$$LF_{i-j} = T_p \tag{3-13}$$

③ 其他工作 $i-j$ 的最迟完成时间 $LF_{i-j}$ 应为：

$$LF_{i-j} = \min\{LF_{j-k} - D_{j-k}\} \tag{3-14}$$

式中　$LF_{j-k}$——工作 $i-j$ 的各项紧后工作 $j-k$ 的最迟完成时间；

　　　$D_{j-k}$——工作 $i-j$ 的各项紧后工作 $j-k$ 的持续时间。

5）工作最迟开始时间

工作最迟开始时间（Latest Start Time）指在不影响整个任务按期完成的前提下，工作必须开始的最迟时间，以缩写字母 $LS_{i-j}$ 表示。工作 $i-j$ 最迟开始时间可按式（3-15）计算：

$$LS_{i-j} = LF_{i-j} - D_{i-j} \tag{3-15}$$

6）工作总时差

工作总时差（Total Float）是指在不影响工期的前提下，本工作可以利用的机动时间，以缩写字母 $TF_{i-j}$ 表示。根据工作总时差的定义可知，一项工作 $i-j$ 的工作总时差等于该工作的最迟开始时间与其最早开始时间之差，或等于该工作的最迟完成时间与其最早完成时间之差，即：

$$TF_{i-j} = LS_{i-j} - ES_{i-j} \tag{3-16}$$

$$TF_{i-j} = LF_{i-j} - EF_{i-j} \tag{3-17}$$

工作总时差具有以下性质：

① 总时差等于零的工作为关键工作。

② 如果工作总时差为零，其自由时差一定等于零。

③ 总时差不但属于本项工作，而且与前后工作均有联系，它为一条线路所共有。

7）工作自由时差

一项工作的自由时差（Free Float）指在不影响其紧后工作最早开始时间的前提下，本工作可使人利用的机动时间，用缩写字母 $FF_{i-j}$ 表示。工作 $i-j$ 的自由时差 $FF_{i-j}$ 的计算，应当符合下列规定：

① 当工作 $i-j$ 有紧后工作 $j-k$ 时，其自由时差为：

$$FF_{i-j} = ES_{j-k} - ES_{i-j} - D_{i-j} = ES_{j-k} - EF_{i-j} \tag{3-18}$$

式中，$ES_{j-k}$ 为工作 $i-j$ 的紧后工作 $j-k$ 的最早开始时间。

② 以终点节点为箭头节点的工作，其自由时差 $FF_{i-j}$ 应按网络计划的计划工期 $T_p$ 确定：

$$FF_{i-n} = T_p - ES_{i-n} - D_{i-j} = T_p - EF_{i-j} \tag{3-19}$$

在一个网络计算中，工作总时差与自由时差存在着如下关系：

$$TF_{i-j} = \min\{TF_{j-k}\} + FF_{i-j} \tag{3-20}$$

通过以上计算可以看出，工作自由时差具有以下性质：工作的自由时差小于或等于工作的总时差；关键线路上的节点为结束节点的工作，其自由时差与总时差相差；使用自由时差对后续工作没有影响，后续工作仍可按其最早开始时间开始。

8）双代号网络计划关键工作和关键线路的确定

① 关键工作的确定

双代号网络图中的关键工作，指网络计划中总时差为零的工作。关键工作的时间参数具有以下特征：$ES_{i-j}=LS_{i-j}$；$EF_{i-j}=LF_{i-j}$；$TF_{i-j}=FF_{i-j}=0$。

② 关键线路的确定

自始至终全部由关键工作组成的线路，或线路上总的工作持续时间最长的线路为关键线路。在双代号网络图中，关键线路具有以下几个特点：关键线路上的工作总时差和自由时差均等于零；关键线路是从网络计划开始节点至结束节点之间工作持续时间最长的线路；关键线路在网络计划中可能不止是一条，有时也可能在两条以上；关键线路以外的工作称为非关键工作，如果使用了总时差，也可能转化为关键工作；在非关键线路上延长的时间超过它的总时差时，就转化为关键线路，关键线路也可能转化为非关键线路。关键线路上的工作不一定是关键工作，非关键线路上的工作不一定不是关键工作。

9）图上作业法

双代号网络图中各个工作的时间参数的计算，最为便捷的方法是直接在双代号网络图上计算，称为图上作业法。其计算步骤如下：

① 最早时间。工作最早开始时间的计算从网络图的左边向右边逐项进行。先确定第一项工作的最早开始时间为0，将其与第一项工作的持续时间相加，即为该项工作的最早结束时间。以此，逐项进行计算。当计算到某工作的紧前有两项以上工作时，需要比较他们最早完成时间的大小，取大者为该项工作的最早开始时间。最后一个节点前有多项工作时，取最大的最早完成时间为计算工期。

② 最迟时间。以该节点为完成节点的工作的最迟完成时间。工作最迟完成时间的计算从网络图的右边向左逐项进行。先确定计划工期，若无特殊要求，一般可取计算工期。与最后一个节点相接的工作的最迟完成时间为计划工期时间，将它与其持续时间相减，即为该工作的最迟开始时间。当计算到某工作的紧后有两项以上工作时，需要比较他们最迟开始时间的大小，取小者为该项工作的最迟完成时间。逆箭线方向逐项进行计算，一直算到第一个节点。

③ 总时差。该工作的完成节点的最迟时间减该工作开始节点的最早时间，再减去持续时间，即为该工作的总时差。

④ 自由时差。该工作的完成节点最早时间减该工作开始节点的最早时间，再减去持续时间。

⑤ 关键工作和关键线路。当计划工期和计算工期相等时，总时差为零的工作为关键工作。关键工作依次相连即得关键线路。当计划工期和计算工期之差为同一值时，则总时差为该值的工作为关键工作。

10）其他注意要点

① 在双代号网络计划中，某项工作的最早完成时间是指其开始节点的最早时间与工作持续时间之和，或完成节点的最迟时间与工作总时差之差。

② 网络图中同时存在 $n$ 条关键线路，则每条关键线路上各工作过程的持续时间之和都相同。

③ 当双代号网络计划的计算工期等于计划工期时，关键工作的自由时差为零，关键工作的最早完成时间与最迟完成时间相等，关键工作的最早开始时间与最迟开始时间相等。

④ 关于双代号网络图中的节点，表示前面工作结束和后面工作开始的瞬间，所以它不需要消耗时间和资源；箭线的箭尾节点表示该工作的开始，箭线的箭头节点表示该工作的结束；根据节点在网络图中的位置不同可分为起点节点、终点节点和中间节点；箭头节点编号不一定小于箭尾节点编号。

**3. 单代号网络计划**

1）概述

单代号绘图法用圆圈或方框表示工作，并在圆圈或方框内可以写上工作的编号、名称和持续时间，如图 3-2 所示。工作之间的逻辑关系用箭线表示。单代号绘图法将工作有机地连接，形成一个有方向的图形，称为单代号网络图，如图 3-8 所示。

2）绘制规则

单代号网络的绘制规则基本同双代号网络，但是单代号网络图中无虚工作。若开始或结束工作有多个而缺少必要的逻辑关系时，须在开始与结束处增加虚拟的起点节点与终点节点。

3）时间参数计算

单代号网络图时间参数计算的方法和双代号网络图相同，计算最早时间从第一个节点算到最后一个节点，计算最迟时间从最后一个节点算到第一个节点。计算出最早时间和最迟时间，即可计算时差和分析关键线路。

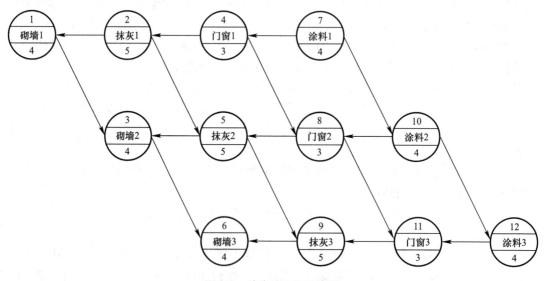

图 3-8　单代号网络示意图

4）其他注意要点

① 单代号网络计划中，单代号网络图中的箭线既不占用时间也不占用资源；单代号网络图中的节点，表示一项工作；单代号网络图中关键线路上的工序的总时差为零。

② 单代号搭接网络计划中，箭线上面的符号仅表示相关工作之间的时距。

③ 单代号网络计划中，工作的总时差应等于本工作与其各紧后工作之间的时间间隔加该紧后工作的总时差所得之和的最小值（终点节点所代表的工作除外）。

④ 单代号搭接网络计划的计算工期由与终点节点相联系的工作的最早完成时间的最大值确定。

**4. 双代号时标网络计划**

所谓时标网络，是以时间坐标为尺度表示工作的进度网络，时间单位可大可小，如季度、月、旬、周或天等。双代号时标网络既可以表示工作的逻辑关系，又可以表示工作的持续时间。有时间坐标的网络图仅适用于双代号网络，不适用于单代号网络。

（1）时标网络的表示

在时间坐标中，以实箭线表示工作，波形线表示自由时差，虚箭线表示虚工作。当实箭线后有波形线且其末端有垂直部分时，其垂直部分用实线绘制；当虚箭线有时差且其末端有垂直部分时，其垂直部分用虚线绘制。

（2）时标网络的绘图规则

绘制时标网络时，应遵循如下规定：

1）时间长度是以所有符号在时标表上的水平位置及其水平投影长度表示的，与其所代表的时间值所对应。

2）节点中心必须对准时标的刻度线。

3）时标网络宜按最早时间编制。

（3）时标网络计划编制步骤

编制时标网络，一般应遵循如下步骤：

1）绘制具有工作时间参数的双代号网络图。

2）按最早开始时间确定每项工作的开始节点位置。

3）按各工作持续时间长度绘制相应工作的实线部分，使其水平投影长度等于工作持续时间。

4）用波形线（或者虚线）把实线部分与其紧后工作的开始节点连接起来。双代号时标网络图中的波形线在水平方向的投影长度为自由时差，不能任意画。

（4）时标网络计划中关键线路和时间参数分析

时标网络计划中关键线路和时间参数分析方法如下：

1）关键线路。所谓关键线路是指自终节点到始节点观察，不出现波形线的通路。

2）计算工期。终节点与始节点所在位置的时间差值为计算工期。

3）工作最早时间。每条箭尾中心所对应的时刻代表最早开始时间。没有自由时差的工作的最早完成时间是其箭头节点中心所对应的时刻。有自由时差的工作的最早完成时间是其箭头实线部分的右端所对应的时刻。

4）工作自由时差。指其波形线在水平坐标轴上的投影长度。

5）总时差。可从右到左逐个推算。

## 3.2.3 流水施工进度计划的编制方法

建筑工程流水施工，是建立在分工协作与成批生产的基础上，通过组织流水施工，可以充分地利用时间和空间，连续、均衡、有节奏地进行施工，从而提高劳动生产率，加快工期，节省施工费用，降低工程成本。流水施工的表达方式分横道图、垂直图和网络图。

**1. 流水施工的基本概念**

流水施工就是指所有的施工过程按一定的时间间隔依次投入施工，各个施工过程陆续开工、陆续竣工，使同一施工过程的施工队组连续、均衡施工，不同的施工过程尽可能平行搭接施工的组织方式。

（1）流水施工的技术经济效果

流水施工带来了较好的技术经济效果，具体可归纳为以下几点：

1）施工工期较短，可以尽早发挥投资效益。由于流水施工的节奏性、连续性，可以加快各专业队的施工进度，减少时间间隔。特别是相邻专业队在开工时间上可以最大限度地进行搭接，充分地利用工作面，做到尽可能早地开始工作，从而达到缩短工期的目的，使工程尽快交付使用或投产，尽早获得经济效益和社会效益。

2）实现专业化生产，可以提高施工技术水平和劳动生产率。由于流水施工方式建立了合理的劳动组织，使各工作队实现了专业化生产，工人连续作业，操作熟练，便于不断改进操作方法和施工机具，可以不断地提高施工技术水平和劳动生产率。

3）连续施工，可以充分发挥施工机械和劳动力的生产效率。由于流水施工组织合理，工人连续作业，没有窝工现象，机械闲置时间少，增加了有效劳动时间，从而使施工机械和劳动力的生产效率得以充分发挥。

4）提高工程质量，可以增加建设工程的使用寿命和节约使用过程中的维修费用。由于流水施工实现了专业化生产，工人技术水平高；而且各专业队之间紧密地搭接作业，互相监督，可以使工程质量得到提高，因而可以延长建设工程的使用寿命，同时可以减少建设工程使用过程中的维修费用。

5）降低工程成本，可以提高承包单位的经济效益。由于流水施工资源消耗均衡，便于组织资源供应，使得资源储存合理，利用充分，可以减少各种不必要的损失，节约材料费；由于流水施工生产效率高，可以节约人工费和机械使用费；由于流水施工降低了施工高峰人数，使材料、设备得到合理供应，可以减少临时设施工程费；由于流水施工工期较短，可以减少企业管理费。工程成本的降低，可以提高承包单位的经济效益。

（2）组织流水施工的要点

组织流水施工的要点是：划分分部分项工程，划分施工段，每个施工过程组织独立的施工队组，主要施工过程必须均衡、连续地施工，不同的施工过程尽可能组织平行搭接施工。

**2. 流水施工参数**

流水施工的基本参数有工艺、空间和时间三个参数。

（1）工艺参数

主要是指在组织流水施工时，用以表达流水施工在施工工艺方面进展状态的参数，通常包括施工过程和流水强度两个参数。

流水强度是指流水施工的某施工过程（队）在单位时间内所完成的工程量，也称为流水能力或生产能力。施工过程数是指参与一组流水的施工过程数目，以符号"$n$"表示，施工过程划分的数目多少，粗细程度一般与下列因素有关：

1）施工计划的性质与作用。对工程施工控制性计划、长期计划及建筑群体、规模大、结构复杂、施工期长的工程的施工进度计划，其施工过程划分可粗些，综合性大些，一般划分至单位工程或分部工程。对中小型单位工程及施工期不长的工程实施施工计划，其施工过程可细些、具体些，一般划分至分项工程。对月度作业性计划，有些施工过程还可分解为工序，如安装模板、绑扎钢筋等。

2）施工方案及工程结构。施工过程的划分与工程的施工方案及工程结构形式有关。如厂房的柱基础与设备基础挖土，如同时施工，可合并为一个施工过程；若先后施工，可分为两个施工过程。

3）劳动组织及劳动量大小。施工过程的划分与施工队组的组织形式有关。如现浇钢筋混凝土结构的施工，如果是单一工种组成的施工班组，可以划分为支模板、扎钢筋、浇混凝土三个施工过程；同时，为了组织流水施工的方便或需要，也可合并成一个施工过程，这时劳动班组的组成是多工种混合班组。施工过程的划分还与劳动量大小有关，劳动量小的施工过程，当组织流水施工有困难时，可与其他施工过程合并，这样可以使各个施工过程的劳动量大致相等，便于组织流水施工。

4）施工过程内容与工作范围。一般来说，施工过程可以分为下述四类：加工厂（或现场外）生产各种预制构件的施工过程；各种材料及构件、配件、半成品的运输过程；直接在工程对象上操作的各个施工过程（安装砌筑类施工过程）；大型施工机具安置及砌砖、抹灰、装修等脚手架搭设施工过程（不构成工程实体的施工过程）。前两类施工过程一般不应占有施工工期，只配合工程实体施工进度的需要，及时组织生产和供应到现场，所以一般可以不划入流水施工过程；第三类必须划入流水施工过程；第四类要根据具体情况，如果需要占有施工工期，则可划入流水施工过程。

（2）空间参数

在组织流水施工时，用以表达流水施工在空间布置上所处状态的参数，称为空间参数。空间参数主要有工作面、施工段数、施工层数。

1）工作面

在组织流水施工时，某专业工种在从事建筑产品施工生产过程中，所必须具备的活动空间，称为该工种的工作面。它的大小是根据相应工种的计划产量定额、工程操作技术规程和安全施工技术规程要求确定。

2）施工段

为了有效地组织流水施工，通常将施工项目在平面上划分为若干个劳动量大致相等的施工区段，这些施工区段称为施工段，其数目以 $m$ 表示。在划分施工段时，应遵循以下原则：

① 主要专业工种在各个施工段所消耗的劳动量要大致相等，其相差幅度不宜超过 $10\%\sim15\%$，以保证各施工队组连续、均衡、有节奏地施工；有利于结构的整体性，以主导施工过程为依据进行划分，当组织流水施工的工程对象有层间关系，分层分段施工时，应使各施工队组能连续施工。

② 在保证专业工作队劳动组合优化的前提下，施工段大小要满足专业工种对工作面的要求。

③ 施工段数目要满足合理流水施工组织要求，即 $m \geqslant n$。

④ 施工段分界线应尽可能与结构自然界线相吻合，如温度缝、沉降缝或单元界线等处。如果必须将其设在墙体中间时，可将其设在门窗洞口处，以减少施工留槎。

⑤ 多层施工项目既要在平面上划分施工段，又要在竖向上划分施工层，以组织有节奏、均衡、连续地流水施工。

3）施工层

在组织流水施工时，为满足专业工种对操作高度要求，通常将施工项目在竖向上划分为若干个作业层，这些作业层均称为施工层，用符号"$r$"表示。如砌砖墙施工层高为1.2m，装饰工程施工层多以楼层为准。

（3）时间参数

在组织流水施工时，用以表达流水施工在时间安排上所处状态的参数，主要包括流水节拍、流水步距、流水施工工期、平行搭接时间、技术与组织间歇时间等。

1）流水节拍

流水节拍是指从事某一施工过程的施工队组在一个施工段上完成施工任务所需的时间，用符号 $t_i$ 表示（$i=1$、$2$……）。流水节拍的大小直接关系到投入的劳动力、机械和材料量的多少，决定着施工速度和施工的节奏。流水节拍小，其流水速度快，节奏感强；反之，则相反。流水节拍决定着单位时间的资源供应量，同时，流水节拍也是区别流水施工组织方式的特征参数。同一施工过程的流水节拍，主要由所采用的施工方法、施工机械以及在工作面允许的前提下投入施工的工人数、机械台数和采用的工作班次等因素确定。有时，为了均衡施工和减少转移施工段时消耗的工时，可以适当调整流水节拍，其数值最好为半个班的整数倍。

流水节拍可按下列三种方法确定：

① 定额估算法。根据各时段的工程量和现有能够投入的资源量（劳动力、机械台数和材料量等），按公式计算。

② 经验估算法。根据以往的施工经验进行估算。一般为了提高其准确程度，往往先估算出该流水节拍的最长、最短和最可能三种时间，然后根据此求出期望时间作为某施工队组在某施工段上的流水节拍。因此，本法也称为三种时间估算法。这种方法多适用于采用新工艺、新方法和新材料等没有定额可循的工程。

③ 工期计算法。对某些施工任务在规定日期内必须完成的工程项目，往往采用倒排进度法，即根据工期要求先确定流水节拍，然后求出所需的施工队组人数或机械台数。但在这种情况下，必须检查劳动力和机械供应的可能性，物资供应能否与之相适应。

2）流水步距

流水步距是指两个相邻的施工过程的施工队组相继进入同一施工段开始施工的最小时间间隔（不包括技术与组织间歇时间），用符号 $k_{i,i+1}$ 表示（$i$ 表示前一施工过程，$i+1$ 表示后一施工过程）。流水步距的大小取决相邻两个施工过程（或专业工作队组）在各个施工段上的流水节拍及流水施工的组织方式。流水步距是相对于同一施工段而言的，并且是两个相邻的施工过程的时间间隔。流水步距的数目取决于参加流水的施工过程数，如果施工过程（队组）数为 $n$ 个，则流水步距的总数为 $n-1$ 个。

确定流水步距，一般应满足以下基本要求：各施工过程按各自流水速度施工，始终保持工艺先后顺序；按照施工工艺的要求，保证每个施工段的正常作业程序，不发生前一个施工过程尚未全部完成，而后一个施工过程提前介入的想象；各施工过程的专业工作队投入施工后尽可能保持连续作业；相邻两个施工过程（或专业工作队）在满足连续施工的条件下，能使前后两施工过程施工时间搭接最长、合理搭接；满足保证工程质量，满足安全生产、成品保护的需要。

流水步距的确定方法：简捷实用的方法主要有图上分析法（公式法）和累加数列法（潘特考夫斯基法）。累加数列法适用于各种形式的流水施工，且较简捷、准确。累加数列法没有公式，它的文字表达式为：累加数列错位相减取大差。其计算步骤为：将每个施工过程的流水节拍逐段累加，求出累加数列；根据施工顺序，对所有相邻的两累加数列错位相减；根据错位相减的结果，确定相邻施工队组的流水步距，即相减结果中数值最大者。

【例 3-1】 某工程由 $A$、$B$、$C$、$D$ 四个施工过程组成，分别由四个专业工作队施工，该工程在平面上划分为 4 个施工段，每个施工过程在各施工段上的流水节拍见表 3-2。试确定相邻专业工作队之间的流水步距。

某工程流水节拍（d） 表 3-2

| 施工过程 | 施工段 | | | |
| --- | --- | --- | --- | --- |
| | Ⅰ | Ⅱ | Ⅲ | Ⅳ |
| $A$ | 4 | 2 | 4 | 3 |
| $B$ | 5 | 3 | 4 | 2 |
| $C$ | 3 | 4 | 3 | 5 |
| $D$ | 3 | 5 | 1 | 4 |

【解】 运用累加数列错位相减法计算的步骤：

步骤 1：将各施工过程的流水节拍累加，如下：

$A$：4，6，10，13

$B$：5，8，12，14

$C$：3，7，10，15

$D$：3，8，9，13

步骤 2：将两相邻施工过程的累加流水节拍错位相减，如下：

$A$ 与 $B$ 错位相减：

$$
\begin{array}{r}
4, \ 6, \ 10, \ 13 \\
-) \quad 5, \ 8, \ 12, \ 14 \\
\hline
结果 4, \ 1, \ 2, \ 1, \ -14
\end{array}
$$

$B$ 与 $C$ 错位相减：

$$
\begin{array}{r}
5, \ 8, \ 12, \ 14 \\
-) \quad 3, \ 7, \ 10, \ 15 \\
\hline
结果 5, \ 5, \ 5, \ 4, \ -15
\end{array}
$$

$C$ 与 $D$ 错位相减：

$$
\begin{array}{r}
3, \ 7, \ 10, \ 15 \\
-) \quad 3, \ 8, \ 9, \ 13 \\
\hline
结果 3, \ 4, \ 2, \ 6, \ -13
\end{array}
$$

步骤 3：确定流水步距，在该方法中，流水步距等于相减结果中数值最大者：

$A$ 与 $B$ 之间的流水步距为：$K_{A,B}=\max\{4，1，2，1，-14\}=4d$

$B$ 与 $C$ 之间的流水步距为：$K_{B,C}=\max\{5，5，5，4，-15\}=5d$

$C$ 与 $D$ 之间的流水步距为：$K_{C,D}=\max\{3，4，2，6，-13\}=6d$

3）平行搭接时间

在组织流水施工时，为了缩短工期，有时在工作面允许的前提下，如果前一个施工队组完成部分施工任务后，能够提前为后一个施工队组提供工作面，使后者提前进入前一个施工段，两者在同一施工段上平行搭接施工，这个搭接时间称为平行搭接时间，通常以 $C_{j,j+1}$ 表示。

4）技术与组织间歇时间

在组织流水施工时，有些施工过程完成后，后续施工过程不能立即投入施工，必须有足够的间歇时间。由建筑材料或现浇构件等施工对象的工艺性质决定的间歇时间，称为技术间歇，如现浇构件养护时间，以及抹灰层和油漆层硬化时间等。通常将施工组织原因造成的间歇时间统称为组织间歇，如回填土前地下管道检查验收、隐蔽工程的组织验收、砌墙前墙身位置弹线、施工机械转移时间，以及其他需要很多时间的作业前准备工作。技术与组织间歇时间用 $Z_{i,i+1}$ 表示。

5）工期

工期是指完成一项工程任务或一个流水组施工所需的时间，一般可采用式（3-21）计算完成一个流水组的工期。

$$T = \sum K_{i,i+1} + T_n + \sum Z_{i,i+1} - \sum C_{i,i+1} \qquad (3\text{-}21)$$

式中，$T$ 为流水施工工期；$\sum K_{i,i+1}$ 为流水施工中各流水步距之和；$T_n$ 为流水施工中最后一个施工过程的持续时间；$Z_{i,i+1}$ 为第 $i$ 个施工过程与第 $i+1$ 个施工过程之间的技术与组织间歇时间；$C_{i,i+1}$ 为第 $i$ 个施工过程与第 $i+1$ 个施工过程之间的平行搭接时间。

**3. 流水施工的基本组织方式**

根据流水施工节奏特征的不同，流水施工的基本方式分为有节奏流水和无节奏流水两大类。有节奏流水又可分为等节奏流水和异节奏流水。

（1）等节奏流水施工

等节奏流水施工是指同一施工过程在各施工段上的流水节拍都相等，并且不同施工过程之间的流水节拍也相等的一种流水施工方式。即各施工过程的流水节拍均为常数，故也称为全等节拍流水或固定节拍流水。

等节奏流水施工的特征：各施工过程在各施工段上的流水节拍彼此相等；所有流水步距都彼此相等，而且等于流水节拍值；每个专业工作队都能够连续作业，施工段没有间歇时间；专业工作队数等于施工过程数。等节奏流水施工一般适用于工程规模较小、建筑结构比较简单、施工过程不多的房屋或某些构筑物，常用于组织一个分部工程的流水施工。

（2）异节奏流水施工

异节奏流水施工是指同一施工过程在各施工段上的流水节拍都相等，不同施工过程之间的流水节拍不一定相等的流水施工方式。异节奏流水施工又可分为异步距异节拍流水施工和等步距异节拍流水施工两种。

1）异步距异节拍流水施工。它的特征是：同一施工过程流水节拍相等，不同施工过程之间的流水节拍不一定相等；各个施工过程之间的流水步距不一定相等；施工班组数等于施工过程数。异步距异节拍流水施工适用于施工段大小相等的分部和单位工程的流水施工，它在进度安排上比全等节拍流水灵活，实际应用范围较广泛。

2）等步距异节拍流水施工

等步距异节拍流水施工亦称成倍节拍流水，是指同一施工过程在各个施工阶段上的流水节拍相等，不同施工过程之间的流水节拍不完全相等。但各个施工过程的流水节拍均为其中最小流水节拍的整数倍，即各个流水节拍之间存在一个最大公约数。为加快流水施工进度，按最大公约数的倍数组建每个施工过程的施工队组，以形成类似于等节奏流水的等步距异节拍流水施工方式。

等步距异节拍流水施工的特征是：同一施工过程流水节拍相等，不同施工过程流水节拍等于其中最小流水节拍的整数倍；流水步距彼此相等，且等于最小流水节拍值；施工队组数大于施工过程数。

3）无节奏流水施工

无节奏流水施工是指同一施工过程在各个施工段上流水节拍不完全相等的一种流水施工方式。在实际工程中，通常每个施工过程在各个施工段上的工程量彼此不等，各专业施工队组的生产效率相差较大，导致大多数的流水节拍也彼此不相等，无节奏流水是施工现场的普遍形式。

无节奏流水施工的特点是：每个施工过程在各个施工段上的流水节拍不尽相等；各个施工过程之间的流水步距不完全相等且差异较大；各个施工作业队能够在施工段上连续作业，但有的施工段之间可能有空闲时间；施工队组数等于施工过程数。无节奏流水施工不像有节奏流水施工那样有一定的时间规律约束，在进度安排上比较灵活、自由，适用于分部工程和单位工程及大型建筑群的流水施工，实际应用比较广泛。流水作业是施工现场控制施工进度的一种经济效益很好的方法，相比之下在施工现场应用最普遍的流水形式是无节奏流水。

# 3.3 施工进度计划的检查与调整

## 3.3.1 施工进度计划的检查方法

在工程项目的实施过程中，为了进行进度控制，进度控制人员应经常地、定期地跟踪检查施工实际进度情况，主要是收集工程项目进度材料，进行统计整理和对比分析，确定实际进度与计划进度之间的关系，其主要工作包括：

**1. 跟踪检查工程实际进度**

跟踪检查工程实际进度是项目进度控制的关键措施，其目的是收集实际施工进度的有关数据。跟踪检查的时间和收集数据的质量，直接影响控制工作的质量和效果。一般检查的时间间隔与工程项目的类型、规模、施工条件和对进度执行要求程度有关。通常可以确定每月、半月、旬或周进行一次。若在施工中遇到天气、资源供应等不利因素的严重影响，检查的时间间隔可临时缩短，次数应频繁，甚至可以每日进行检查，或派人员驻现场督阵。检查和收集资料的方式一般采用进度报表方式或定期召开进度工作汇报会。根据不同需要，检查的内容包括：

（1）检查期内实际完成和累计完成工程量；

（2）实际参加施工的人力、机械数量及生产效率；

（3）窝工人数、窝工机械台班数及其原因分析；

（4）进度偏差情况；

（5）进度管理情况；

（6）影响进度的特殊原因分析。

**2. 整理统计跟踪检查数据**

收集到的工程项目实际进度数据，要进行必要的整理、按计划控制的工作项目进行统计，形成与计划进度具有可比性的数据、相同的量纲和形象进度。一般可以按实物工程量、工作量和劳动消耗量以及累计百分比整理和统计实际检查的数据，以便与相应的计划完成量相对比。

**3. 对比实际进度与计划进度**

将收集的资料整理和统计成具有与计划进度可比性的数据后，用施工项目实际进度与计划进度的比较方法进行比较。常用的比较方法有横道图比较法、S 型曲线比较法和"香蕉"型曲线比较法、前锋线比较法和列表比较法等。通过比较得出实际进度与计划进度相一致、超前、拖后三种情况，并及时加以调整。

**4. 工程项目进度检查结果的处理**

按照检查报告制度的规定，将工程项目进度检查的结果，形成进度控制报告向有关主管人员和部门汇报。

进度控制报告是把检查比较的结果、有关施工进度现状和发展趋势提供给项目经理及各级业务职能负责人的最简单的书面形式报告。进度控制报告是根据报告的对象不同，确定不同的编制范围和内容而分别编写的。一般分为项目概要级进度控制报告、项目管理级进度控制报告和业务管理级进度控制报告。

项目概要级的进度报告是报给项目经理、企业经理或业务部门及建设单位或业主的，它是以整个工程项目为对象说明进度计划执行情况的报告。项目管理级的进度报告是报给项目经理及企业业务部门的，它是以单位工程或项目分区为对象说明进度计划执行情况的报告。业务管理级的进度报告是就某个重点部位或重点问题为对象编写的报告，供项目管理者及各业务部门为其采取应急措施而使用的。进度报告由计划负责人或进度管理人员与其他项目管理人员协作编写。报告时间一般与进度检查时间相协调，也可按月、旬、周等间隔时间进行编写上报。

通过检查，向企业提供月度进度报告的内容主要包括：

1）项目实施概况、管理概况、进度概要的总说明；

2）项目施工进度、形象进度及简要说明；

3）施工图纸提供进度，材料、物资、构配件供应进度，劳务记录及预测，日历计划；

4）对建设单位、业主和施工者的工程变更指令、价格调整、索赔及工程款收支情况；

5）进度偏差的状况和导致偏差的原因分析，解决问题的措施，计划调整意见等。

### 3.3.2 施工进度计划偏差的纠正办法

**1. 施工进度计划偏差的原因分析**

由于工程项目的工程特点，尤其是较大和复杂的工程项目，工期较长，影响进度因素较多。编制计划、执行和控制工程进度计划时，必须充分认识和估计这些因素，才能克服其影响，使工程进度尽可能按计划进行，当出现偏差时，应考虑有关影响因素，分析产生的原因。工程项目进度偏差的主要原因有：

（1）工期及相关计划的失误

1）计划时遗漏部分必需的功能或工作；

2）计划值（例如计划工作量、持续时间）不足，相关的实际工作量增加；

3）资源或能力不足，例如计划时没考虑到资源的限制或缺乏，没有考虑如何完成工作；

4）出现了计划中未能考虑到的风险或状况，未能使工程实施达到预定的效率；

5）在现今工程中，上级（业主、投资者、企业主管）常常在一开始就提出很紧迫的工期要求，使承包商或其他设计人、供应商的工期太紧。而且许多业主为了缩短工期，常常压缩承包商的做标期、前期准备的时间。

（2）工程条件的变化

1）工作量的变化。可能是由于设计的修改、设计的错误、业主新的要求、修改项目的目标及系统范围的扩展造成的。

2）外界（如政府、上层系统）对项目新的要求或限制、设计标准的提高等可能造成项目资源的缺乏，使得工程无法及时完成。

3）环境条件的变化。工程地质条件和水文地质条件与勘察设计不符，如地质断层、地下障碍物、软弱地基、溶洞，以及恶劣的气候条件等，都对工程进度产生影响、造成临时停工或破坏。

4）发生不可抗力事件。实施中如果出现意外的事件，如战争、内乱、拒付债务、工人罢工等政治事件；地震、洪水等严重的自然灾害；重大工程事故、试验失败、标准变化等技术事件；通货膨胀、分包单位违约等经济事件都会影响工程进度计划。

（3）管理过程中的失误

1）计划部门与实施者之间、总分包商之间、业主与承包商之间缺少沟通。

2）工程实施者缺乏工期意识，例如管理者拖延了图纸的供应和批准，任务下达时缺少必要的工期说明和责任落实，拖延了工程活动。

3）项目参加单位对各个活动（各专业工程和供应）之间的逻辑关系（活动链）没有清楚地了解，下达任务时也没有作详细的解释，同时对活动的必要的前提条件准备不足，各单位之间缺少协调和信息沟通，许多工作脱节，资源供应出现问题。

4）由于其他方面未完成项目计划规定的任务造成拖延。例如，设计单位拖延设计、运输不及时、上级机关拖延批准手续、质量检查拖延、业主不果断处理问题等。

5）承包商没有集中力量施工，材料供应拖延，资金缺乏，工期控制不紧。这可能是由于承包商同期工程太多，力量不足造成的。

6）业主没有集中资金的供应，拖欠工程款，或业主的材料、设备供应不及时。

（4）其他原因

例如，由于采取其他调整措施造成工期的拖延，如设计的变更、质量问题的返工、实施方案的修改等。

**2. 分析进度计划偏差的影响**

通过进度比较方法，如果判断出现进度偏差时，应当分析偏差对后续工作和对总工期的影响。进度控制人员由此可以确认应该调整产生进度偏差的工作和调整偏差值的大小，以便确定采取调整措施，获得符合实际进度情况和计划目标的新进度计划。

（1）若出现偏差的工作为关键工作，则无论偏差大小，都对后续工作及总工期产生影响，必须采取相应的调整措施；若出现偏差的工作不为关键工作，需要根据偏差值与总时差和自由时差的大小关系，确定对后续工作和总工期的影响程度。

（2）分析进度偏差是否大于总时差。若工作的进度偏差大于该工作的总时差，说明此偏差必将影响后续工作和总工期，必须采取相应的调整措施；若工作的进度偏差小于或等于该工作的总时差，说明此偏差对总工期无影响，但它对后续工作的影响程度需要根据比较偏差与自由时差的情况来确定。

（3）分析进度偏差是否大于自由时差。若工作的进度偏差大于该工作的自由时差，说明此偏差对后续工作产生影响，应该如何调整，应根据后续工作允许影响的程度而定；若工作的进度偏差小于或等于该工作的自由时差，则说明此偏差对后续工作无影响，原进度计划可以不做调整。

**3. 施工进度计划的调整方法**

（1）增加资源投入

通过增加资源投入，缩短某些工作的持续时间，使工程进度加快，并保证实现计划工期。这些被压缩持续时间的工作是位于由于实际进度的拖延而引起总工期增长的关键线路和某些非关键线路上的工作，同时这些工作又是可压缩持续时间的工作。它会带来如下问题：

1）造成费用的增加，如增加人员的调遣费用、周转材料一次性费、设备的进出场费；

2）由于增加资源造成资源使用效率的降低。

3）加剧资源供应的困难。如有些资源没有增加的可能性，加剧项目之间或工艺之间对资源激烈的竞争。

（2）改变某些工作间的逻辑关系

在工作之间的逻辑关系允许改变的条件下，可改变逻辑关系，达到缩短工期的目的。例如，可以把依次进行的有关工作改成平行的或互相搭接的，以及分成几个施工段进行流水施工的等，都可以达到缩短工期的目的。这可能产生如下问题：

1）工作逻辑上的矛盾性。

2）资源的限制，平行施工要增加资源的投入强度。

3）工作面限制及由此产生的现场混乱和低效率问题。

（3）资源供应的调整

如果资源供应发生异常，应采用资源优化方法对计划进行调整，或采取应急措施，使其对工期影响最小。例如将服务部门的人员投入到生产中去，投入风险准备资源，采用加班或多班制。

（4）增减工作范围

包括增减工作量或增减一些工作包（或分项工程）。在增减工作内容以后，应重新计算时间参数，分析对原网络计划的影响。当对工期有影响时，应采取调整措施，保证计划工期不变。但这可能产生如下影响：

1）损害工程的完整性、经济性、安全性、运行效率，或提高项目运行费用。

2）必须经过上层管理者，如投资者、业主的批准。

（5）提高劳动生产率

改善工、器具以提高劳动效率；通过辅助措施和合理的工作过程，提高劳动生产率。要注意如下问题：

1）加强培训，且应尽可能地提前。

2）注意工人级别与工人技能的协调。

3）工作中的激励机制，如奖金、小组精神发扬、个人负责制等。

4）改善工作环境及项目的公用设施。

5）项目小组时间上和空间上合理地组合与搭接。

6）多沟通，避免项目组织中的矛盾。

（6）将部分任务转移

如分包、委托给另外的单位，将原计划由自己生产的结构构件改为外购等。当然这不仅有风险，产生新的费用，而且需要增加控制和协调工作。

（7）将一些工作包合并

特别是在关键线路上按先后顺序实施的工作包合并，与实施者一道研究，通过局部的调整实施过程和人力、物力的分配，达到缩短工期。

# 第4章　环境与职业健康安全管理的基本知识

## 4.1　文明施工与现场环境保护的要求

### 4.1.1　文明施工的要求

文明施工是指保持施工现场良好的作业环境、卫生环境和工作秩序。文明施工主要包括：规范施工现场的场容，保持作业环境的整洁、卫生；科学组织施工，使生产有序进行；减少施工对周围居民和环境的影响；遵守施工现场文明施工的规定和要求，保证职工的安全和身体健康等。

**1. 施工现场文明施工的要求**

（1）有整套的施工组织设计或施工方案，施工总平面布置紧凑，施工场地规划合理，符合环保、市容、卫生的要求。

（2）有健全的施工组织管理机构和指挥系统，岗位分工明确；工序交叉合理，交接责任明确。

（3）有严格的成品保护措施和制度，大小临时设施和各种材料、构件、半成品按平面布置堆放整齐。

（4）施工场地平整，道路畅通，排水设施得当，水电线路整齐，机具设备状况良好，使用合理。施工中作业符合消防和安全要求。

（5）搞好环境卫生管理，包括施工区、生活环境卫生和食堂卫生管理。

（6）文明施工应当在项目部进场至施工结束清场阶段过程实施。

**2. 施工现场文明施工的措施**

（1）文明施工的组织措施

1）建立文明施工的管理组织。应确立项目经理为现场文明施工的第一责任人，以各专业工程师、施工质量、安全、材料、保卫、后勤等现场项目经理部人员为成员的施工现场文明管理组织，共同负责本工程现场文明施工工作。

2）健全文明施工的管理制度。包括建立各级文明施工岗位责任制、将文明施工工作考核列入经济责任制，建立定期的检查制度，实行自检、互检、交接检制度，建立奖惩制度，开展文明施工立功竞赛，加强文明施工教育培训等。

（2）文明施工的管理措施

1）现场围挡设计。工地四周设置连续、密闭的围墙，与外界隔绝进行封闭施工，围墙的高度按不同地段的要求进行砌筑，市区主要路段和其他涉及市容景观路段的工地设置围挡的高度不低于2.5m，其他工地的围挡高度不低于1.8m，围挡材料要求坚实、稳定、统一、整洁、美观。

2）现场工程标志牌设计。按照文明工地标准，严格按照相关文件规定的尺寸和规格制作各类工程标志牌。"五牌一图"，即工程概况牌、管理人员名单及监督电话牌、消防保卫（防火责任）牌、安全生产牌、文明施工牌和施工现场平面图。

3）临时设施布置。现场生产临时设施及施工便道总体布置时，必须同时考虑工程基地范围内的永久道路，避免冲突，影响线路的施工。

临时建筑物、构筑物，包括办公用房、宿舍、食堂、卫生间及化粪池、水池皆用砖砌。临时建筑物、构筑物要求稳固、安全、整洁，满足消防要求。集体宿舍与作业区隔离，人均床铺面积不小于 $2m^2$，适当分隔、防潮、通风，采光性能良好。按规定架设用电线路，严禁任意拉线接电，严禁使用电炉和明火烧煮实物。对于重要材料设备，搭设相应适用存储保护的场所或临时设施。食堂必须有卫生许可证，并应符合卫生标准，生、熟食操作应分开，熟食操作时应有防蝇间或防蝇罩。禁止使用食用塑料制品做熟食容器，炊事员和茶水工需持有健康证明和上岗证。施工现场应设置卫生间，并有水源供冲洗，同时设简易化粪池或集粪池，加盖并定期喷药，每日专人负责清洁。

4）成品、半成品、原材料堆放。仓库做到账务相符。进出仓库有手续，凭单收发，堆放整齐。保持仓库整洁，专人负责管理。严格按照施工组织设计中的平面布置图划定位置堆放成品、半成品和原材料，所有材料应堆放整齐。

5）现场场地和道路。场内道路要平整、坚实、畅通。主要场地应硬化，并设置相应的安全防护设施和安全标志。施工现场内有完善的排水措施，不允许有积水存在。

6）施工单位对因建设工程施工可能造成损害的毗邻建筑物、构筑物和地下管线等，应采取专项防护措施。

### 4.1.2　施工现场环境保护的要求

施工现场环境保护目的是保护和改善环境质量、减少或消除有害物质进入环境、维护生物资源的生产能力。

**1. 施工现场环境保护的要求**

（1）工程的施工组织设计中应有防治扬尘、噪声、固体废弃物和废水等污染环境的有效措施，并在施工作业中认真组织实施。

（2）施工现场应建立环境保护管理体系，层层落实，责任到人，并保证有效运行。

（3）对施工现场防治扬尘、噪声、水污染及环境保护管理工作进行检查。

（4）定期对职工进行环保法规知识的培训考核。

**2. 环境保护的原则**

（1）经济建设与环境保护协调发展的原则。

（2）预防为主、防治结合、综合治理的原则。

（3）依靠群众保护环境的原则。

（4）环境经济责任原则，即污染者付费的原则。

**3. 施工现场环境保护的措施**

（1）环境保护的组织措施

建立施工现场环境管理体系，落实项目经理责任制。项目经理全面负责施工过程中的现场环境保护的管理工作，并根据工程规模、技术复杂程度和施工现场的具体情况，建立施工现场管理责任制并组织实施，将环境管理系统化、科学化、规范化，做到责权分明，管理有序，防止相互扯皮，提高管理水平和效率。主要包括环境岗位责任制、环境检查制度、环境保护教育制度以及环境保护奖惩制度。

（2）环境保护的技术措施

1）对施工过程中产生的泥浆水，须经过沉淀处理达到排放标准后排入下水道。

2）除设有符合规定的装置外，不得在施工现场熔融沥青或者焚烧油毡、油漆以及其他会产生有毒、有害烟尘和恶臭气体的物质。

3）使用密闭式的圈筒或者采取其他措施处理高空废弃物。

4）采取有效措施控制施工过程中的扬尘。

5）禁止将有毒有害废弃物用作土方回填。

6）对产生噪声、振动的施工机械，应采取有限控制措施，减轻噪声扰民。

7）施工现场存放油料、化学溶剂等设有专门的库房，必须对库房地面、高 250mm 的墙面进行抗渗处理，如采用防渗混凝土或刷防渗漏涂料等。

### 4.1.3 施工现场环境事故的处理

根据《建设工程安全生产管理条例》规定，施工单位应当遵守有关环境保护法律、法规的规定，在施工现场采取措施，防止或者减少粉尘、废气、废水、固体废物、噪声、振动与施工照明对人和环境的危害和污染。

**1. 大气污染的处理**

（1）施工现场外围围挡不得低于 1.8m，以避免或减少污染物向外扩散。

（2）施工现场垃圾杂物要及时清理。清理多、高层建筑物的施工垃圾时，采用定制带盖铁皮桶吊运或利用永久性垃圾道，严禁凌空随意抛散。

（3）施工现场堆土，应合理选定位置进行存放堆土，并洒水覆膜封闭或表面临时固化或植草，防止扬尘污染。

（4）施工现场道路应硬化。采用焦渣、级配碎石、混凝土等作为道路面层，有条件的可利用永久性道路，并指定专人定时洒水和清扫养护，防止道路扬尘。

（5）易飞扬材料如水泥等入库密封存放或覆盖存放。

（6）施工现场易扬尘处使用密目式安全网封闭，并定人、定时清洗粉尘，防止施工过程中扬尘或二次污染。

（7）在大门口铺设一定距离的石子路自动清理车轮或作一段混凝土路面和水沟用水冲洗车轮车身，或人工清扫车轮车身。车辆开出工地要做到不带泥沙、不洒污染物、不扬尘，消除或减轻对周围环境的污染。

（8）禁止施工现场焚烧有毒、有害烟尘和恶臭气体的物资。如焚烧沥青、包装箱袋和建筑垃圾等。

**2. 水污染的处理**

（1）施工现场搅拌站的污水、水磨石的污水等，须经排水沟排放和沉淀池沉淀后再排入城市污水管道或河流，污水未经处理不得直接排入城市污水管道或河流。

（2）禁止将有毒有害废弃物作土方回填，避免污染水源。

（3）施工现场存放油料、化学溶剂等设有专门的库房，必须对库房地面和高度

250mm 墙面进行防渗处理，如采用防渗混凝土或刷防渗漏涂料等。领料使用时要采取措施，防止油料跑、冒、滴、漏，污染水体。

（4）对于现场气焊用的乙炔发生罐产生的污水严禁随地倾倒，要求专用容器集中存放，并倒入沉淀池处理，以免污染环境。

（5）施工现场 100 人以上的临时食堂，污水排放时可设置简易有效的隔油池，定期掏油、清理杂物，防止污染水体。

（6）施工现场临时厕所的化粪池应采取防渗漏措施，防止污染水体。

（7）施工现场化学药品、外加剂等要妥善入库保存，防止污染水体。

**3. 噪声污染的处理**

（1）合理布局施工场地，优化作业方案和运输方案，尽量降低施工现场附近敏感点的噪声强度，避免噪声扰民。

（2）在人口密集区进行较强噪声施工时，必须严格控制作业时间，一般避开晚 10 时至次日早 6 时作业。对环境的污染不能控制在规定的范围内的，必须昼夜连续施工时，要尽量采取措施降低噪声。

（3）建筑施工过程中场界环境噪声不得超过《建筑施工场界环境噪声排放标准》GB 12523—2011 规定的排放限值：昼间 70dB（A）；夜间 55dB（A）。夜间噪声最大声级超过限值的幅度不得高于 15dB（A）。

**4. 固体废弃物污染的处理**

（1）通过提高工程施工质量，采用预制构件，减少工程返工，避免产生固体废弃物污染。

（2）施工现场设立专门的固体废弃物临时贮存场所，分类存放，设置安全防范措施并有醒目标志。可回收的废弃物做到回收再利用。

（3）固体废弃物的运输应符合相关规定。

**5. 光污染的处理**

（1）对施工现场照明器具的种类、灯光亮度加以控制，不对着居民照射，并设置隔离屏障。

（2）电气焊应尽量远离居民区或在工作面设置光屏障。

# 4.2 建筑工程施工安全危险源分类及防范的重点

## 4.2.1 施工安全危险源的分类

企业进行生产活动时，必须编制安全技术措施计划，其编写步骤为：工作活动分类→危险源识别→风险确定→风险评价→制定安全技术措施计划→评价安全技术措施计划的充分性。

**1. 危险源的定义**

《职业健康安全管理体系 要求》GB/T 28001 规定，危险源为可能导致人身伤害和（或）健康损害的根源、状态或行为，或其组合。施工安全危险源存在于施工活动场所及周围区域，是安全管理的主要对象。

**2. 危险源的分类**

危险源在实际的生产生活过程中往往以多种形式出现，根据危险源在事故发生发展中的作用，把危险源分为两大类，即第一类危险源和第二类危险源。

（1）第一类危险源

能量和危险物质的存在是危害产生的最根本原因，通常把可能发生意外释放的能量（能量源或能量载体）或危险物质称作第一类危险源。如油漆作业时苯中毒、压力容器破坏造成有毒气体泄露导致中毒或爆炸等。

（2）第二类危险源

造成约束、限制能量和危险物质措施失控的各种不安全因素称作第二类危险源。第二类危险源主要体现在设备故障或缺陷（物的不安全状态）、人为失误（人的不安全行为）和管理缺陷等几个方面。如由于电缆绝缘层破坏而造成人员触电等。

**3. 危险源与事故**

事故的发生时两类危险源共同作用的结果，第一类危险源是事故发生的前提，第二类危险源的出现是第一类危险源导致事故的必要条件。在事故发生和发展的过程中，两类危险源相互依存，相辅相成。第一类危险源是事故的主体，决定事故的严重程度，第二类危险源出现的难易决定事故发生的可能性大小。

## 4.2.2 施工安全危险源的防范重点的确定

**1. 危险源的识别**

按照国家标准《生产过程危险和有害因素分类与代码》GB/T 13861，危险源可以分为以下四类：

（1）人的因素；

（2）物的因素；

（3）环境因素；

（4）管理因素。

**2. 危险源的识别方法**

危险源识别的方法有：

（1）专家调查法；

（2）安全检查表（SCL）法；

（3）询问交谈；

（4）现场观察；

（5）查阅有关记录；

（6）获取外部信息；

（7）工作任务分析等方法。

这些方法各有其特点和局限性，往往采用两种或两种以上的方法识别危险源。专家调查法是通过向有经验的专家咨询、调查、识别、分析和评价危险源的一类方法。安全表检查法实际上是实施安全检查和诊断项目的明细表。运用已编好的安全检查表，进行系统的安全检查，识别工程项目存在的危险源。

### 3. 危险源评估

根据对危险源的识别,评估危险源造成风险的可能性和损失大小,对风险进行分级。《职业健康安全管理体系　实施指南》推荐的简单的风险等级分为五个等级:

(1) Ⅰ(可忽略风险);

(2) Ⅱ(可容许风险);

(3) Ⅲ(中度风险);

(4) Ⅳ(重大风险);

(5) Ⅴ(不容许风险)。

通过评估,可对不同等级的风险采取相应的风险控制措施。风险评估是一个持续不断的过程,应持续评审控制措施的充分性。当条件变化时,应对风险重新评估。

### 4. 风险的控制

(1) 风险的控制措施计划

不同组织、不同项目需要根据不同的条件和风险量来选择合适的控制策略和管理方案。风险控制措施计划表见表 4-1。

风险控制措施计划表 表 4-1

| 风险 | 措施 |
| --- | --- |
| 可忽略风险 | 不采取措施且不必保留文件记录 |
| 可容许风险 | 不需要另外的控制措施,应考虑投资效果更佳的解决方案或不增加额外成本的改进措施,需要监视来确保控制措施得以维持 |
| 中度风险 | 应努力降低风险,但应仔细测定并限定预防成本,并在规定的时间期限内实施降低风险的措施。在中度风险与严重伤害后果相关的场合,必须进一步的评价,以更准确地确定伤害的可能性,以确定是否需要改进控制措施 |
| 重大风险 | 直至风险降低后才能开始工作。为降低风险有时必须配给大量的资源。当风险涉及正在进行中的工作时,就应采取应急措施 |
| 不容许风险 | 只有当风险已经降低时,才能开始或继续工作。如果无限的资源投入也不能降低风险,就必须禁止工作 |

风险控制措施计划在实施前宜进行评审。评审的主要内容包括:更改的措施是否使风险降低至可允许水平、是否产生新的危险源、是否已选定了成本效益最佳的解决方案、更改的预防措施是否能得以全面落实。

(2) 风险的控制方法

1) 第一类危险源控制方法

可以采取消除危险源、限制能量和隔离危险物质、个体防护、应急救援等方法。建设工程可能遇到不可预测的各种自然灾害引发的风险,只能采取预测、预防、应急计划和应急救援等措施,以尽量消除或减少人员伤亡和财产损失。

2) 第二类危险源控制方法

提高各类设施的可靠性以消除或减少故障、增加安全系数、设置安全监控系统、改善作业环境等。最重要的是加强员工的安全意识培训和教育,克服不良的操作习惯,严格按章办事,并帮助其在生产过程中保持良好的生理和心理状态。

**5. 施工安全隐患处理原则**

施工安全隐患是指在建筑施工过程中，给施工人员的生命安全带来威胁的不利因素，一般包括人的不安全行为、物的不安全状态以及管理不当等。施工安全隐患处理原则有：

（1）冗余安全度处理原则

为确保安全，在治理事故隐患时应考虑设置多道防线，即使发生有一两道防线无效，还有冗余的防线可以控制事故隐患。例如：道路上有一个坑，既要设防护栏及警示牌，又要设照明及夜间警示红灯。

（2）单项隐患综合治理原则

人、机、料、法、环境五者任一个环节产生安全事故隐患，都要从五者安全匹配的角度考虑，调整匹配的方法，提高匹配的可靠性。一件单项隐患问题的整改需综合（多角度）治理。人的隐患，既要治人也要治机具及生产环境等各环节。例如，某工地发生触电事故，一方面要进行人的安全用电操作教育，同时现场也要设置漏电开关，对配电箱、用电线路进行防护改造，也要严禁非专业电工乱接、乱拉电线。

（3）事故直接隐患与间接隐患并治原则

对人、机、环境系统进行安全治理的同时，还需治理安全管理措施。

（4）预防与减灾并重治理原则

治理安全事故隐患时，需尽可能减少发生事故的可能性，如果不能安全控制事故的发生，也要设法将事故等级减低。但是，不论预防措施如何完善，都不能保证事故绝对不会发生，还必须对事故减灾做好充分准备，研究应急技术操作规范。如应及时切断供料及切断能源的操作方法；应及时降压、降温、降速以及停止运行的方法；应及时排放毒物的方法；应及时疏散及抢救的方法；应及时请求救援的方法等。还应定期组织训练和演习，使该生产环境中每名干部及工人都真正掌握这些减灾技术。

（5）重点治理原则

按对隐患的分析评价结果实行危险点分级治理，也可以用安全检查表打分，对隐患危险程度分级。

（6）动态治理原则

动态治理就是对生产过程进行动态随机安全化治理，生产过程中发现问题及时治理，既可以及时消除隐患，又可以避免小的隐患发展成大的隐患。

**6. 施工安全危险源的防范重点**

一般工程施工安全危险源的防范重点应考虑以下内容：

（1）对施工现场总体布局优化。

（2）对深基坑、基槽的土方开挖，应了解土的种类，选择土方开挖方法、放坡坡度或固壁支撑的具体做法。

（3）30m 以上脚手架或设置的挑架，大型混凝土模板工程，还应进行架体和模板承重强度、荷载计算，以保证施工过程中的安全。

（4）施工过程中的"四口"（楼梯口、电梯井口、通道口、预留洞口）、"五临边"（施工中未安装栏杆的阳台周边、无外架防护的屋面或平台周边、框架结构工程楼层周边、跑道两侧边、卸料平台外侧边）应有防护措施。如楼梯口、通道口应设置 1.2m 高的防护栏杆并加装安全立网；预留洞口应加盖；大面积孔洞应加周边栏杆并安装立网。

（5）季节性施工的安全措施。如夏季防止中暑措施；冬季防火、防大风措施；雨季防雷电、防坍塌措施等。

（6）在建工程（含脚手架）的外边缘与外电架空线的边线之间达到最小安全操作距离时，必须采取屏障、保护网等措施。如果小于最小安全距离时，还应设置绝缘屏障，并悬挂醒目的警示标志。

（7）施工工程、暂停工程、井架门架等金属构筑物，凡高于原有避雷设备，均应有防雷设施，对易燃易爆作业场所必须采取防火防爆措施。

## 4.3 建筑工程施工安全事故的分类与处理

### 4.3.1 建筑工程施工安全事故的分类

《生产安全事故报告和调查处理条例》规定，根据生产安全事故（以下简称事故）造成的人员伤亡或者直接经济损失，事故一般分为以下等级：

（1）特别重大事故，是指造成30人以上死亡，或者100人以上重伤（包括急性工业中毒，下同），或者1亿元以上直接经济损失的事故；

（2）重大事故，是指造成10人以上30人以下死亡，或者50人以上100人以下重伤，或者5000万元以上1亿元以下直接经济损失的事故；

（3）较大事故，是指造成3人以上10人以下死亡，或者10人以上50人以下重伤，或者1000万元以上5000万元以下直接经济损失的事故；

（4）一般事故，是指造成3人以下死亡，或者10人以下重伤，或者1000万元以下直接经济损失的事故。

国务院安全生产监督管理部门可以会同国务院有关部门，制定事故等级划分的补充性规定。

上述数据中，"以上"包括本数，所称的"以下"不包括本数。

### 4.3.2 建筑工程施工安全事故报告和调查处理

#### 1. 事故报告

（1）《生产安全事故报告和调查处理条例》规定，事故发生后，事故现场有关人员应当立即向本单位负责人报告；单位负责人接到报告后，应当于1h内向事故发生地县级以上人民政府安全生产监督管理部门和负有安全生产监督管理职责的有关部门报告。

情况紧急时，事故现场有关人员可以直接向事故发生地县级以上人民政府安全生产监督管理部门和负有安全生产监督管理职责的有关部门报告。

（2）安全生产监督管理部门和负有安全生产监督管理职责的有关部门接到事故报告后，应当依照下列规定上报事故情况，并通知公安机关、劳动保障行政部门、工会和人民检察院：

1）特别重大事故、重大事故逐级上报至国务院安全生产监督管理部门和负有安全生产监督管理职责的有关部门；

2）较大事故逐级上报至省、自治区、直辖市人民政府安全生产监督管理部门和负有安全生产监督管理职责的有关部门；

3）一般事故上报至设区的市级人民政府安全生产监督管理部门和负有安全生产监督管理职责的有关部门。

安全生产监督管理部门和负有安全生产监督管理职责的有关部门依照前款规定上报事故情况，应当同时报告本级人民政府。国务院安全生产监督管理部门和负有安全生产监督管理职责的有关部门以及省级人民政府接到发生特别重大事故、重大事故的报告后，应当立即报告国务院。

必要时，安全生产监督管理部门和负有安全生产监督管理职责的有关部门可以越级上报事故情况。

安全生产监督管理部门和负有安全生产监督管理职责的有关部门逐级上报事故情况，每级上报的时间不得超过2h。

（3）报告事故应当包括下列内容：

1）事故发生单位概况；

2）事故发生的时间、地点以及事故现场情况；

3）事故的简要经过；

4）事故已经造成或者可能造成的伤亡人数（包括下落不明的人数）和初步估计的直接经济损失；

5）已经采取的措施；

6）其他应当报告的情况。

（4）事故报告后出现新情况的，应当及时补报。自事故发生之日起30日内，事故造成的伤亡人数发生变化的，应当及时补报。道路交通事故、火灾事故自发生之日起7日内，事故造成的伤亡人数发生变化的，应当及时补报。

（5）事故发生单位负责人接到事故报告后，应当立即启动事故相应应急预案，或者采取有效措施组织抢救，防止事故扩大，减少人员伤亡和财产损失。

**2. 事故调查**

（1）组织调查组

1）特别重大事故由国务院或者国务院授权有关部门组织事故调查组进行调查。重大事故、较大事故、一般事故分别由事故发生地省级人民政府、设区的市级人民政府、县级人民政府负责调查。省级人民政府、设区的市级人民政府、县级人民政府可以直接组织事故调查组进行调查，也可以授权或者委托有关部门组织事故调查组进行调查。

未造成人员伤亡的一般事故，县级人民政府也可以委托事故发生单位组织事故调查组进行调查。

2）上级人民政府认为必要时，可以调查由下级人民政府负责调查的事故。

3）特别重大事故以下等级事故，事故发生地与事故发生单位不在同一个县级以上行政区域的，由事故发生地人民政府负责调查，事故发生单位所在地人民政府应当派人参加。

4）根据事故的具体情况，事故调查组由有关人民政府、安全生产监督管理部门、负有安全生产监督管理职责的有关部门、监察机关、公安机关以及工会派人组成，并应当邀请人民检察院派人参加。事故调查组可以聘请有关专家参与调查。事故调查组成员应当具有事故调查所需要的知识和专长，并与所调查的事故没有直接利害关系。事故调查组组长由负责事故调查的人民政府指定。事故调查组组长主持事故调查组的工作。

（2）事故调查组职责

1）查明事故发生的经过、原因、人员伤亡情况及直接经济损失；

2）认定事故的性质和事故责任；

3）提出对事故责任者的处理建议；

4）总结事故教训，提出防范和整改措施；

5）提交事故调查报告。

（3）事故调查组权利与义务

1）事故调查组有权向有关单位和个人了解与事故有关的情况，并要求其提供相关文件、资料，有关单位和个人不得拒绝。事故发生单位的负责人和有关人员在事故调查期间不得擅离职守，并应当随时接受事故调查组的询问，如实提供有关情况。

2）事故调查中发现涉嫌犯罪的，事故调查组应当及时将有关材料或者其复印件移交司法机关处理。

3）事故调查中需要进行技术鉴定的，事故调查组应当委托具有国家规定资质的单位进行技术鉴定。必要时，事故调查组可以直接组织专家进行技术鉴定。技术鉴定所需时间不计入事故调查期限。

4）事故调查组成员在事故调查工作中应当诚信公正、恪尽职守，遵守事故调查组的纪律，保守事故调查的秘密。

5）未经事故调查组组长允许，事故调查组成员不得擅自发布有关事故的信息。

6）事故调查组应当自事故发生之日起60日内提交事故调查报告；特殊情况下，经负责事故调查的人民政府批准，提交事故调查报告的期限可以适当延长，但延长的期限最长不超过60日。

（4）事故调查报告的内容

1）事故发生单位概况；

2）事故发生经过和事故救援情况；

3）事故造成的人员伤亡和直接经济损失；

4）事故发生的原因和事故性质；

5）事故责任的认定以及对事故责任者的处理建议；

6）事故防范和整改措施。

事故调查报告应当附具有关证据材料。事故调查组成员应当在事故调查报告上签名。

**3. 事故处理**

（1）重大事故、较大事故、一般事故，负责事故调查的人民政府应当自收到事故调查报告之日起15日内做出批复；特别重大事故，30日内做出批复，特殊情况下，批复时间可以适当延长，但延长的时间最长不超过30日。有关机关应当按照人民政府的批复，依照法律、行政法规规定的权限和程序，对事故发生单位和有关人员进行行政处罚，对负有事故责任的国家工作人员进行处分。事故发生单位应当按照负责事故调查的人民政府的批复，对本单位负有事故责任的人员进行处理。负有事故责任的人员涉嫌犯罪的，依法追究刑事责任。

（2）事故发生单位应当认真吸取事故教训，落实防范和整改措施，防止事故再次发生。防范和整改措施的落实情况应当接受工会和职工的监督。安全生产监督管理部门和负有安全生产监督管理职责的有关部门应当对事故发生单位落实防范和整改措施的情况进行监督检查。

(3) 事故处理的情况由负责事故调查的人民政府或者其授权的有关部门、机构向社会公布，依法应当保密的除外。

**4. 法律责任**

(1) 事故发生单位主要负责人有下列行为之一的，处上一年年收入 40％～80％的罚款；属于国家工作人员的，并依法给予处分；构成犯罪的，依法追究刑事责任：

1) 不立即组织事故抢救的；

2) 迟报或者漏报事故的；

3) 在事故调查处理期间擅离职守的。

(2) 事故发生单位及其有关人员有下列行为之一的，对事故发生单位处 100 万元以上 500 万元以下的罚款；对主要负责人、直接负责的主管人员和其他直接责任人员处上一年年收入 60％～100％的罚款；属于国家工作人员的，并依法给予处分；构成违反治安管理行为的，由公安机关依法给予治安管理处罚；构成犯罪的，依法追究刑事责任：

1) 谎报或者瞒报事故的；

2) 伪造或者故意破坏事故现场的；

3) 转移、隐匿资金、财产，或者销毁有关证据、资料的；

4) 拒绝接受调查或者拒绝提供有关情况和资料的；

5) 在事故调查中作伪证或者指使他人作伪证的；

6) 事故发生后逃匿的。

(3) 事故发生单位对事故发生负有责任的，依照下列规定处以罚款：

1) 发生一般事故的，处 10 万元以上 20 万元以下的罚款；

2) 发生较大事故的，处 20 万元以上 50 万元以下的罚款；

3) 发生重大事故的，处 50 万元以上 200 万元以下的罚款；

4) 发生特别重大事故的，处 200 万元以上 500 万元以下的罚款。

(4) 事故发生单位主要负责人未依法履行安全生产管理职责，导致事故发生的，依照下列规定处以罚款；属于国家工作人员的，并依法给予处分；构成犯罪的，依法追究刑事责任：

1) 发生一般事故的，处上一年年收入 30％的罚款；

2) 发生较大事故的，处上一年年收入 40％的罚款；

3) 发生重大事故的，处上一年年收入 60％的罚款；

4) 发生特别重大事故的，处上一年年收入 80％的罚款。

(5) 有关地方人民政府、安全生产监督管理部门和负有安全生产监督管理职责的有关部门有下列行为之一的，对直接负责的主管人员和其他直接责任人员依法给予处分；构成犯罪的，依法追究刑事责任：

1) 不立即组织事故抢救的；

2) 迟报、漏报、谎报或者瞒报事故的；

3) 阻碍、干涉事故调查工作的；

4）在事故调查中作伪证或者指使他人作伪证的。

（6）事故发生单位对事故发生负有责任的，由有关部门依法暂扣或者吊销其有关证照；对事故发生单位负有事故责任的有关人员，依法暂停或者撤销其与安全生产有关的执业资格、岗位证书；事故发生单位主要负责人受到刑事处罚或者撤职处分的，自刑罚执行完毕或者受处分之日起，5 年内不得担任任何生产经营单位的主要负责人。

为发生事故的单位提供虚假证明的中介机构，由有关部门依法暂扣或者吊销其有关证照及其相关人员的执业资格；构成犯罪的，依法追究刑事责任。

（7）参与事故调查的人员在事故调查中有下列行为之一的，依法给予处分；构成犯罪的，依法追究刑事责任：

1）对事故调查工作不负责任，致使事故调查工作有重大疏漏的；

2）包庇、袒护负有事故责任的人员或者借机打击报复的。

# 第5章　工程质量管理的基本知识

## 5.1　建筑工程质量管理的特点和原则

### 5.1.1　建筑工程质量管理的特点

**1. 基本概念**

（1）质量

质量的定义是指一组固有特性满足要求的程度。该定义包括以下含义：

1）质量的主体是产品、体系、项目或过程，质量的客体是顾客和其他相关方。

2）质量的关注点是一组固有的特性。固有特性通常包括使用功能、寿命以及可靠性、安全性、经济性等特性，这些特性满足要求的程度越高，质量就越好。

3）质量是满足要求的程度。要求包括明示的、隐含的和必须履行的要求和期望。

4）质量的动态性。质量要求不是一成不变的，随着技术的发展和生活水平的提高，人们对产品、项目、过程或体系会提出新的质量要求。因此，应定期评定质量要求，修订规范，不断开发新产品，改进老产品，以满足已变化的质量要求。

5）质量的相对性。不同国家、不同地区的不同项目，由于自然环境条件、技术发达程度、消费水平和风俗习惯的不同，会对产品提出不同的要求，产品应具有这种环境适应性。

（2）施工质量

施工质量是指建设工程项目施工活动及其产品的质量，即通过施工使工程满足业主（顾客）需要并符合国家法律、法规、技术规范标准、设计文件及合同规定的要求，包括在安全、使用功能、耐久性、环境保护等方面所有明示和隐含需要的能力的特性综合。其质量特性主要体现在由施工形成的建筑工程的适用性、安全性、耐久性、可靠性、经济性及与环境的协调性六个方面。

（3）质量管理

我国国家标准《质量管理体系　基础和术语》GB/T 19000中对质量管理的定义是：在质量方面指挥和控制组织的协调的活动。这些活动通常包括制定质量方针和质量目标，以及质量策划、质量控制、质量保证和质量改进等一系列工作。

质量管理的首要任务是确定质量方针、明确质量目标和岗位职责。质量管理的核心是建立有效的质量管理体系，通过质量策划、质量控制、质量保证和质量改进这四项具体活动，确保质量方针、目标的切实实施和具体实现。

（4）施工质量管理

施工质量管理是指工程项目在施工安装和施工验收阶段，指挥和控制工程施工组织关于质量的相互协调的活动，使工程项目施工围绕着使产品质量满足不断更新的质量要求，而开展的策划、组织、计划、实施、检查、监督和审核等所有管理活动的总和。施工项目质量管理应由参加项目的全体员工参与，并由项目经理作为项目质量的第一责任人，通过全员共同努力，才能有效地实现预期的方针和目标。

**2. 建筑工程质量管理的特点**

由于建设项目和施工生产具有施工的一次性、工程的固定性和施工生产的流动性、产品的单件性、工程体形庞大和生产的预约性等特点，导致了施工质量管理具有以下特点：

（1）控制因素多。工程项目的施工质量受到多种因素的影响。这些因素包括设计、材料、机械、地质、水文、气象、施工工艺、操作方法、技术措施、管理制度、社会环境等。因此，要保证工程项目的施工质量，必须对所有这些影响因素进行有效控制。

（2）控制难度大。由于建筑产品的单件性和施工生产的流动性，不具有一般工业产品生产常有的固定生产流水线、规范化的生产工艺、完善的检测技术、成套的生产设备和稳定的生产环境，不能进行标准化施工，施工质量容易产生波动；而且施工场面大、人员多、工序多、关系复杂、作业环境差，都加大了质量控制的难度。

（3）过程控制要求高。工程项目在施工过程中，由于工序衔接多、中间交接多、隐蔽工程多，施工质量具有一定的过程性和隐蔽性。上道工序的质量往往会影响下道工序的质量，下道工序的施工往往又掩盖了上道工序的质量。因此，在施工质量控制工作中，必须加强对施工过程的质量检查，及时发现和整改存在的质量问题，并及时做好检查、签证记录，为证明施工质量提供必要的证据。

（4）终检局限大。工程项目建成以后不能像一般工业产品那样，依靠终检来判断产品的质量和控制产品的质量；也不可能像工业产品那样将其拆卸或解体检查内在质量，或更换不合格的零部件。工程项目的终检（竣工验收）只能从表面进行检查，难以发现在施工过程中产生的、又被隐蔽了的质量隐患，存在较大的局限性。所以，工程项目的施工质量控制应强调过程控制，边施工边检查整改，并及时做好检查、认真做好施工记录。

### 5.1.2　施工质量的影响因素及质量管理原则

**1. 施工质量的影响因素**

施工质量的影响因素主要有：人（Man）、机械（Machine）、材料（Material）、方法（Method）和环境（Environment）等五大方面，即4M1E。

（1）人的因素。在工程项目施工质量管理中，人的因素起决定性的作用。项目质量控制应以控制人的因素为基本出发点。影响项目质量的人的因素，包括两个方面：一是指直接履行项目质量职能的决策者、管理者和作业者个人的质量意识及质量活动能力；二是指承担项目策划、决策或实施的建设单位、勘察设计单位、咨询服务机构、工程承包企业等实体组织的质量管理体系及其管理能力。前者是个体的人，后者是群体的人。我国实行建筑业企业经营资质管理制度、市场准入制度、执业资格注册制度、作业及管理人员持证上岗制度等，从本质上说，都是对从事建设工程活动的人的素质和能力进行必要的控制。人，作为控制对象，人的工作应避免失误；作为控制动力，应充分调动人的积极性，发挥人的主导作用。因此，必须有效控制项目参与各方的人员素质，不断提高人的质量活动能力，才能保证项目质量。

（2）机械设备的因素。机械包括工程设备、施工机械和各类施工工器具。工程设备是指组成工程实体的工艺设备和各类机具，如各类生产设备、装置和辅助配套的电梯、泵机，以及通风空调、消防、环保设备等，它们是工程项目的重要组成部分，其质量的优劣，直接影响到工程使用功能的发挥。施工机械和各类工器具是指施工过程中使用的各类机具设备，包括运输设备、吊装设备、操作工具、测量仪器、计量器具以及施工安全设施等。施工机械设备是所有施工方案和工法得以实施的重要物质基础，合理选择和正确使用施工机械设备是保证项目施工质量和安全的重要条件。

（3）材料的因素。材料包括工程材料和施工用料，又包括原材料、半成品、成品、构配件和周转材料等。各类材料是工程施工的基本物质条件，材料质量是工程质量的基础，材料质量不符合要求，工程质量就不可能达到标准。所以，加强对材料的质量控制，是保证工程质量的基础。

（4）方法的因素。方法的因素也可以称为技术因素，包括勘察、设计、施工所采用的技术和方法，以及工程检测、试验的技术和方法等。从某种程度上说，技术方案和工艺水平的高低，决定了项目质量的优劣。依据科学的理论，采用先进、合理的技术方案和措施，按照规范进行勘察、设计、施工，必将对保证项目的结构安全和满足使用功能，对组成质量因素的产品精度、强度、平整度、清洁度、耐久性等物理、化学特性等方面起到良好的推进作用。比如，建设主管部门近年在建筑业中推广应用的多项新技术，包括地基基础和地下空间工程技术、高性能混凝土技术、高效钢筋和预应力技术、新型模板及脚手架应用技术、钢结构技术、建筑防水技术以及 BIM 等信息技术，对消除质量通病保证建设工程质量起到了积极作用，收到了明显的效果。

（5）环境的因素。影响项目质量的环境因素，包括项目的自然环境因素、社会环境因素、管理环境因素和作业环境因素。

1）自然环境因素。主要指工程地质、水文、气象条件和地下障碍物以及其他不可抗力等影响项目质量的因素。例如，复杂的地质条件必然对地基处理和房屋基础设计提出更高的要求，处理不当就会对结构安全造成不利影响；在地下水位高的地区，若在雨期进行基坑开挖，遇到连续降雨或排水困难，就会引起基坑塌方或地基受水浸泡影响承载力等；在寒冷地区冬期施工措施不当，工程会因受到冻融而影响质量；在基层未干燥或大风天进行卷材屋面防水层的施工，就会导致粘贴不牢及空鼓等质量问题等。

2）社会环境因素。主要是指会对项目质量造成影响的各种社会环境因素，包括国家建设法律、法规的健全程度及其执法力度；建设工程项目法人决策的理性化程度以及建筑业经营者的经营管理理念；建筑市场包括建设工程交易市场和建筑生产要素市场的发育程度及交易行为的规范程度；政府的工程质量监督及行业管理成熟程度；建设咨询服务业的发展程度及其服务水准的高低；廉政管理及行风建设的状况等。

3）管理环境因素。主要是指项目参建单位的质量管理体系、质量管理制度和各参建单位之间的协调等因素。比如，参建单位的质量管理体系是否健全、运行是否有效，决定了该单位的质量管理能力；在项目施工中根据承发包的合同结构，理顺管理关系，建立统一的现场施工组织系统和质量管理的综合运行机制，确保工程项目质量保证体系处于良好的状态，创造良好的质量管理环境和氛围，则是施工顺利进行、提高施工质量的保证。

4）作业环境因素。主要指项目实施现场平面和空间环境条件，各种能源介质供应、施工照明、通风、安全防护设施，施工场地给水排水，以及交通运输和道路条件等因素。

这些条件是否良好，都直接影响到施工能否顺利进行，以及施工质量能否得到保证。

上述因素对项目质量的影响，具有复杂多变和不确定性的特点。对这些因素进行控制，是项目质量控制的主要内容。

**2. 施工质量质量管理原则**

《质量管理体系　基础和术语》GB/T 19000 中质量管理原则包括以下八项原则：

（1）以顾客为关注焦点。组织依存于顾客。因此，组织应当理解顾客当前和未来的需求，满足顾客的要求并争取超越顾客的期望。

（2）领导作用。领导者应确保组织的目的与方向的一致，应当创造并保持良好的内部环境，使员工能充分参与实现组织目标的活动。

（3）全员参与。各级人员都是组织之本，唯有其充分参与，才能使他们为组织的利益发挥其才干。

（4）过程方法。将活动和相关资源作为过程进行管理，可以更高效地得到期望的结果。

（5）管理的系统方法。将相互关联的过程作为系统来看待、理解和管理，有助于组织提高实现目标的有效性和效率。

（6）持续改进。持续改进总体业绩应当是组织永恒目标。

（7）基于事实的决策方法。有效决策建立在数据和信息分析的基础上。

（8）与供方互利的关系。组织与供方相互依存，这种相互依存的关系实质上是一种互利的关系，这种关系可增强双方创造价值的能力。

## 5.2　建筑工程施工质量控制

施工质量控制是在明确的质量方针指导下，通过对施工方案和资源配置的计划（Plan）、实施（Do）、检查（Check）和处理（Action），为了实现施工质量目标而进行的事前控制、事中控制和事后控制的系统过程。

### 5.2.1　施工质量控制的基本内容和要求

**1. 施工质量控制的基本环节**

（1）事前质量控制。即在正式施工前进行的事前主动质量控制，通过编制施工质量计划，明确质量目标，制定施工方案，设置质量管理点，落实质量责任，分析可能导致质量目标偏离的各种影响因素，针对这些影响因素制定有效的预防措施，防患于未然。

（2）事中质量控制。即在施工质量形成过程中，对影响施工质量的各种因素进行全面的动态控制。事中控制首先是对质量活动的行为约束，其次是对质量活动过程和结果的监督控制。事中控制的关键是坚持质量标准，控制的重点是工序质量、工作质量和质量控制点的控制。

（3）事后质量控制。也称为事后质量把关，以使不合格的工序或最终产品（包括单位工程或整个工程项目）不流入下道工序、不进入市场。事后控制包括对质量活动结果的评价、认定和对质量偏差的纠正。控制的重点是发现施工质量方面的缺陷，并通过分析提出施工质量改进的措施，保持质量处于受控状态。

以上三大环节不是互相孤立和截然分开的，而是共同构成有机的系统过程，实质上也就是质量管理 PDCA 循环的具体化，在每一次滚动循环中不断提高，达到质量管理和质量控制的持续改进。

**2. 施工质量控制的基本内容**

（1）施工准备的质量控制

1）施工质量控制的准备工作

① 工程项目划分与编号

一个建设工程项目从施工准备开始到竣工交付使用，要经过若干工序、工种的配合施工。施工质量的优劣，取决于各个施工工序、工种的管理水平和操作质量。因此，为了便于控制、检查、评定和监督每个工序和工种的工作质量，就要把整个项目逐级划分为单位工程、分部工程、分项工程和检验批，并分级进行编号，据此来进行质量控制和检查验收，这是进行施工质量控制的一项重要基础工作。

建筑工程施工质量验收的项目划分，应按《建筑工程施工质量验收统一标准》GB 50300 的规定进行：

a. 建筑工程施工质量验收应划分为单位工程、分部工程、分项工程和检验批。

b. 单位工程的划分应按下列原则确定：

（a）具备独立施工条件并能形成独立使用功能的建筑物及构筑物为一个单位工程；

（b）对于规模较大的单位工程，可将其能形成独立使用功能的部分划为若干个子单位工程。

c. 分部工程的划分应按下列原则确定：

（a）可按专业性质、工程部位确定。

（b）当分部工程较大或较复杂时，可按材料种类、施工特点、施工程序、专业系统及类别等，划分为若干子分部工程。

d. 分项工程应按主要工种、材料、施工工艺、设备类别等进行划分。

e. 检验批可根据施工、质量控制和专业验收需要，按工程量、楼层、施工段、变形缝等进行划分。

f. 建筑工程的分部、分项工程划分，宜按《建筑工程施工质量验收统一标准》GB 50300 附录 B 采用。

g. 室外工程可根据专业类别和工程规模，按《建筑工程施工质量验收统一标准》GB 50300 附录 C 的规定划分单位工程、分部工程。

② 技术准备的质量控制

技术准备是指在正式开展施工作业活动前进行的技术准备工作。这类工作内容繁多，主要在室内进行，例如：熟悉施工图纸，进行详细的设计交底和图纸审查；细化施工技术方案和施工人员、机具的配置方案，编制施工作业技术指导书，绘制各种施工详图（如测量放线图、大样图及配筋、配板、配线图表等），进行必要的技术交底和技术培训。技术准备工作的质量控制，包括对上述技术准备工作成果的复核审查，检查这些成果有无错漏，是否符合设计图纸和相关技术规范、规程的要求和对施工质量的保证程度；制订施工质量控制计划，设置质量控制点，明确关键部位的质量管理点等。

图纸审查的主要内容有：

a. 设计图纸是否符合国家建筑方针、政策。

b. 是否无证设计或越级设计；图纸是否经设计单位正式签署。

c. 地质勘探资料是否齐全。

d. 设计图纸与说明是否齐全、有无矛盾，规定是否明确。

e. 设计是否安全合理。

f. 核对设计是否符合施工条件。

g. 核对主要轴线、尺寸、位置、标高有无错误和遗漏。

h. 核对土建专业图纸与设备安装等专业图纸之间，以及图与表之间的规定和数据是否一致。

i. 核对材料品种、规格、数量能否满足要求。

j. 地基处理方法是否合理，建筑与结构构造是否存在不能施工、不便施工的技术问题，或容易导致质量、安全、工程费用增加等方面的问题。

k. 设计地震烈度是否符合当地要求。

l. 防火、消防、环境卫生是否满足要求。

图纸会审中提出的技术难题，应同三方研究协商，拟定解决的办法，写出会议纪要。

2）现场施工准备的质量控制

① 工程定位和标高基准的控制

工程测量放线是建设工程产品由设计转化为实物的第一步。施工测量质量的好坏，直接决定工程的定位和标高是否正确，并且制约施工过程有关工序的质量。因此，施工单位必须对建设单位提供的原始坐标点、基准线和水准点等测量控制点进行复核，并将复核结果报监理工程审核。批准后施工单位才能建立施工测量控制网，进行工程定位和标高基准的控制。

② 施工平面布置的控制

建设单位就按照合同约定的并考虑施工单位负责人施工的需要，事先划定并提供施工用地和现场临时设施用地的范围。施工单位要合理、科学地规划使用好施工场地，保证施工现场的道路畅通、材料合理堆放、良好的防洪排水能力、充分的给水和供电设施以及正确的机械设备安装布置。还要制定施工场地质量管理制度，并做好施工现场的质量检查记录。

3）材料的质量控制

建筑工程采用的主要材料、半成品、建筑构配件等（统称"材料"，下同）均应进行现场验收。凡涉及工程安全及使用功能的有关材料，应按各专业工程质量验收规范规定进行复验，并应经监理工程师检查认可。为了保证工程质量，施工单位应从以下几个方面把好原材料的质量控制关：

① 采购订货关

施工单位应制定合理的材料采购供应计划，在广泛掌握市场材料信息的基础上，优选材料的生产单位或者销售总代理单位（简称"材料供货商"，下同），建立严格的合格供应商资格审查制度，确保采购订货的质量。

a. 材料供货商对下列材料必须提供《生产许可证》：钢筋混凝土用热轧带肋钢筋、冷轧带肋钢筋、预应力混凝土用钢材（钢丝、钢棒和钢绞线）、建筑防水卷材、水泥、建筑外窗、建筑幕墙、建筑钢管脚手架扣件、人造板、铜及铜合金管材、混凝土输水管、电力电缆等材料产品。

b. 材料供货商对下列材料必须提供《建材备案证明》：水泥、商品混凝土、商品砂浆、混凝土掺合料、混凝土外加剂、烧结砖、砌块、建筑用砂、建筑用石、排水管、给水管、电工套管、防水涂料、建筑门窗、建筑涂料、饰面石材、木制板材、沥青混凝土、三渣混合料等材料产品。

c. 材料供货商要对外墙保温、外墙内保温材料实施建筑节能材料备案登记。

d. 材料供货商要对下列产品实施强制性产品认证（简称 CCC，或 3C 认证）：建筑安全玻璃、瓷质砖、混凝土防冻剂、溶剂型木器涂料、电线电缆、断路器、漏电保护器、低压成套开关设备等产品。

e. 除上述材料或产品外，材料供货商对其他材料或产品提供出厂合格证或质量证明书。

② 进场检验关

施工单位必须进行下列材料的抽样检验或试验，合格后才能使用。

a. 水泥物理力学性能检验；

b. 钢筋力学性能检验；

c. 砂、石常规检验；

d. 混凝土、砂浆强度检验；

e. 混凝土外加剂检验；

f. 沥青、沥青混合料检验；

g. 防水涂料检验。

4）施工机械设备的质量控制

施工机械设备的质量控制，就是要使施工机械设备的类型、性能、参数等与施工现场的实际条件、施工工艺、技术要求等因素相匹配，符合施工生产的实际要求。其质量控制主要从机械设备的选型、主要性能参数指标的确定和使用操作要求等方面进行。

① 机械设备的选型

机械设备的选择，应按照技术上先进、生产上适用、经济上合理、使用上安全、操作上方便的原则进行。选配的施工机械应具有工程的适用性，具有保证工程质量的可靠性，具有使用操作的方便性和安全性。

② 主要性能参数指标的确定

主要性能参数是选择机械设备的依据，其参数指标的确定必须满足施工的需要和保证质量的要求，只有正确地确定主要机械的性能参数，才能保证正常的施工，不致引起安全质量事故。

③ 使用操作要求

合理使用机械设备、正确地进行操作，是保证项目施工质量的重要环节。应贯彻"持证上岗"和"人机固定"原则，实行定机、定人、定岗位职责的使用管理制度，在使用中严格遵守操作规程和机械设备的技术规定，做好机械设备的例行保养工作，使机械保持良好的技术状态，防止出现安全质量事故，确保工程施工质量。

（2）施工过程的质量控制

1）技术交底

做好技术交底是保证施工质量的重要措施之一。项目开工前应由项目技术负责人向承担施工的负责人或分包人进行书面技术交底，技术交底资料应办理签字手续并归档保存。

每一分部工程开工前均应进行作业技术交底。技术交底书应由施工项目技术人员编制，并经项目技术负责人批准实施。技术交底的内容主要包括：任务范围、施工方法、质量标准和验收标准，施工中应注意的问题，可能出现意外的措施及应急方案，文明施工和安全防护措施以及成品保护要求等。技术交底应围绕施工材料、工艺、工法、施工环境和具体的管理措施等方面进行，应明确具体的步骤、方法、要求和完成时间等。技术交底的形式有：书面、口头、会议、挂牌、样板、示范操作等。

2）测量控制

项目开工前应编制测量控制方案，经项目技术负责人批准后实施。对相关部门提供的测量控制为应在施工准备阶段做好复核工作，经审核后进行施工测量放线，并保存测量记录。在施工过程中应对设置的测量控制点线妥善保护，不准擅自移动，施工过程中必须认真进行施工测量复核工作，这是施工单位应履行的技术工作职责，其复核结果应报送监理工程师复验确认后，方能进行后续相关工序的施工。常见的施工测量复核有：

① 工建筑业测量复核

厂房控制网测量、桩基施工测量、柱模轴线与高程检测、厂房结构安装定位检测、设备基础与预埋螺栓定位检测等。

② 民用建筑测量复核

建筑物定位测量、基础施工测量、墙体皮数杆检测、楼层轴线检测、楼层间高程传递检测等。

③ 高层建筑测量复核

建筑场地控制测量、基础以上的平面与高程控制、建筑物中垂直检测和施工过程中沉降变形观测等。

④ 管线工程测量复核

管网或输配电线路定位测量、地下管线施工检测、架空管线施工检测、多管线交汇点高程检测等。

3）计量控制

计量控制是工程项目质量保证的重要内容，是施工项目质量管理的一项基础工作。施工过程中的计量工作，包括施工生产时的投料计量、施工测量、监测计量以及对项目、产品或过程的测试、检验、分析计量等。其主要任务是统一计量单位制度，组织量值传递，保证量值统一。计量控制的工作重点是建立计量控制管理部门和配置计量人员，建立健全计量管理的规章制度，严格按规定有效控制计量器具的使用、保管、维修和检验，监督计量过程的实施，保证计量的准确。

4）工序施工质量控制

施工过程是由一系列相互联系与制约的工序构成，工序是人、材料、机械设备、施工方法和环境因素对工程质量综合起作用的过程，所以对施工过程的质量控制，必须以工序质量控制为基础和核心。因此，工序的质量控制是施工阶段质量控制的重点。只有严格控制工序质量，才是能确保施工项目的实体质量。工序施工质量控制主要包工序施工条件质量控制和工序施工效果质量控制。

① 工序施工条件控制

工序施工条件是指从事工序活动的各生产要素质量及生产环境条件。工序施工条件控制就是控制工序活动的各种投入要素质量和环境条件质量。控制的手段主要有：检查、测试、试验、跟踪监督等。控制的依据主要有；设计质量标准、材料质量标准、机械设备技术性能标准、施工工艺标准以及操作规程等。

② 工序施工效果控制

工序施工效果主要是反映在工序产品的质量特征和特殊性指标。对工序施工效果的控制就是控制工序产品的质量和特性指标达到设计质量标准以及施工质量验收标准的要求。工序施工质量控制属于事后质量控制，其控制的主要途径是；实测获取数据、统计分析所获取的数据、判断认定质量等级和纠正质量偏差。

5）特殊过程的质量控制

特殊过程是指该施工过程或工序的施工质量不易或不能通过其后的检验和试验而得到充分的验证，或者万一发生质量事故则难以挽救的施工过程。特殊过程的质量控制是施工阶段质量控制的重中之重。对在项目质量计划中界定的特殊过程，应设置工序质量控制点，抓住影响工序施工质量的主要因素进行强化控制。特殊过程的质量控制除按一般质量控制的规定执行外，还应由专业技术人员编制作业指导书。经项目技术负责人审批后执行。作业前施工员、技术员做好交底和记录，使操作人员在明确工艺标准、质量要求的基础上进行作业。为了保证质量控制点的目标实现，应严格按照三级检查制度进行检查控制。在施工中发现质量控制点有异常时，应立即停止施工，召开分析会，查找原因采取对策予以解决。

6）成品保护的控制

所谓的成品保护一般是指在项目施工过程中，某些部位已经完成，而其他部位还在施工中，在这种情况下，施工单位必须负责对已完成部分采取妥善的措施予以保护，以免因成品缺乏保护或保护不善而造成污染，影响工程的实体质量。加强成品保护，首先要加强教育，提高全体员工的成品保护意识，同时要合理安排施工顺序，采取有效的保护措施。

成品保护的措施一般有防护（就是提前保护、针对被保护对象的特点采取各种保护的措施，防止对成品的污染及损坏）、包裹（就是将被保护物包裹起来，以防损伤或污染）、覆盖（就是用表面覆盖的方法防止堵塞或损伤）、封闭（就是采取局部封闭的办法进行保护）等几种方法。

（3）施工质量验收

工程施工质量验收是施工质量控制的重要环节，其内容包括施工过程的工程质量验收和施工项目质量验收。

1）施工过程的工程质量验收

施工过程的工程质量验收是在施工过程中、在施工单位自行质量检查评定的基础上，参与建设活动的有关单位共同对检验批，分项、分部、单位工程的质量进行抽样复验，根据相关标准以书面形式对工程质量合格与否做出确认。

① 检验批质量验收合格应符合下列规定：

a. 主控项目质量经抽样检验均应合格；

b. 一般项目的质量经抽样检验合格；

c. 具有完整的施工操作依据、质量检查记录。

检验批是工程验收的最小单位，是分项工程乃至整个建筑工程质量验收的基础。检验批是施工工程中条件相同并具有一定数量的材料、构配件或安装项目，由于其质量基本均匀一致，因此可以作为检验的基础单位，并按批验收。

检验批质量合格的条件有两个方面：资料检查合格、主控项目和一般项目检验合格。

质量控制资料反映了检验批从原材料到最终验收的各施工工序的操作依据、检查情况记录以及保证质量所必需的管理制度等。对其完整性的检查，实际是对过程控制的确认，这是检验批合格的前提。

检验批的合格质量主要取决于对主控项目和一般项目的检验结果。主控项目是对检验批的基本质量起决定性影响的检验项目，因此，必须全部符合有关专业工程验收规范的规定。这意味着主控项目不允许有不符合要求的检验结果，这种项目的检查具有"否决权"。鉴于主控项目对基本质量的决定性影响，必须从严要求。

② 分项工程质量验收合格应符合下列规定：

a. 所含检验批的质量均应验收合格；

b. 所含检验批的质量验收记录应完整。

分项工程的质量验收在检验批验收的基础上进行。一般情况下，两者具有相同或者相近的性质，只是批量的大小不同而已。将有关的检验批验收汇集起来就构成分项工程验收。分项工程质量验收合格的条件比较简单，只要构成分项工程的各检验批的验收资料文件完整，并且均已验收合格，则分项工程验收合格。

③ 分部工程质量验收合格应符合下列规定：

a. 所含分项工程的质量均应验收合格；

b. 质量控制资料应完整；

c. 有关安全、节能、环境保护和主要使用功能的检验结果应符合相应规定；

d. 观感质量应符合要求。

分部工程的验收在其所含各分项工程验收的基础上进行。分部工程验收合格的条件是：首先，分部工程的各分项工程必须已验收合格且相应的质量控制资料文件必须完整，这是验收的基本条件。此外，由于各分项工程的性质不尽相同，因此分包工程不能简单地将各分项工程组合进行验收，尚须增加以下两类检测项目：

（a）涉及安全和使用功能的地基基础、主体结构及有关安全及重要使用功能的安装分包工程进行有关见证取样送样试验或抽样检测；

（b）观感质量验收。这里检查往往难以定量，只能以观察、触摸或简单量测的方式进行，并由各个人的主观印象判断，检查结果并不给出"合格"或"不合格"的结论，而是综合给出质量评价。对于评价为"差"的检查点，应通过返修处理等补救。

④ 单位工程质量验收合格应符合下列规定：

a. 所含分部工程的质量均应验收合格；

b. 质量控制资料应完整；

c. 所含分部工程有关安全、节能、环境保护和主要使用功能的检测资料应完整；

d. 主要功能项目的抽查结果应符合相关专业质量验收规范的规定；

e. 观感质量应符合要求。

单位工程质量验收也称质量竣工验收，其内容和方法见"2）施工项目竣工质量验收"。

⑤ 在施工过程的工程质量验收中发现质量不符合要求的处理方法。

一般情况下，不符合现象在最基层的验收单位——检验批验收时就应发现并及时处理，否则将影响后续批和相关的分项工程、分部工程的验收。所有质量隐患必须尽快消灭在萌芽状态，这是以强化验收促进过程控制原则的体现。对质量不符合要求的处理分以下四种情况：

第一种情况，是指在检验批验收时，其主控项目不能满足验收规范或一般项目超过偏差限值的子项不符合检验规定的要求时，应及时进行处理的检验批。其中，严重的缺陷应推倒重来；一般的缺陷通过翻修或更换器具、设备予以解决，应允许在施工单位采取相应的措施后重新验收。如能符合相应的专业工程质量验收规范，则应认为该检验批合格。

第二种情况，是指个别检验批发现试块强度等不满足要求等问题，难以确定可否验收时，应请具有法定资质的检测单位检查鉴定。当鉴定结果能够达到设计要求时，该检验批仍应认为通过验收。

第三种情况，如经检测鉴定达不到设计要求，但经原设计单位核算，仍能满足结构安全和使用功能的情况，该检验批可以予以验收。一般情况下，规范标准给出了满足安全和功能的最低限度要求，而设计往往在此基础上留有一些余量。不满足设计要求和符合相应规范标准的要求，两者并不一定矛盾。

第四种情况，更为严重的缺陷或者超过检验批的更大范围内的缺陷，可能影响结构的安全性和使用功能。若经法定检测单位鉴定以后认为达不到规范标准的相应要求，即不能满足最低限度的安全储备和使用功能，则必须按一定的技术方案进行加固处理，使之能保证其满足安全使用的基本要求。这样会造成一些永久性的缺陷，如改变结果外形尺寸、影响一些次要的使用功能等。为了避免社会财富更大的损失，在不影响安全和主要使用功能条件下可按处理技术方案和协商文件进行验收，责任方应承担经济责任。但应该特别指出，这种让步接受的处理方法不能滥用成为忽视质量而逃避责任的一种出路。

⑥ 严禁验收的情况

通过返修或加固处理仍不能满足安全使用要求的分部工程、单位（子单位）工程，严禁验收。

2）施工项目竣工质量验收

施工项目竣工质量验收是施工质量控制的最后一个环节，是对施工过程质量控制成果的全面检验，是从终端把关方面进行质量控制。未经验收或验收不合格的工程，不得交付使用。

① 施工项目竣工质量验收的依据

施工项目竣工质量验收的依据主要包括：上级主管部门的有关工程竣工验收的文件和规定；国家和有关部门颁发的施工、验收规范和质量标准；批准的设计文件、施工图纸及说明书；双方签订的施工合同；设备技术说明书；设计变更通知书；有关的协作配合协议书等。

② 施工项目竣工质量验收的条件

施工项目符合下列要求方可进行竣工验收：

a. 完成工程设计和合同约定的各项内容。

b. 施工单位在工程完工后对工程质量进行了检查，确认工程质量符合有关法律、法规和工程建设强制性标准，符合设计文件及合同要求，并提出工程竣工报告。工程竣工报告应经项目经理和施工单位有关负责人审核签字。

c. 对于委托监理的工程项目，监理单位对工程进行了质量评估，具有完整的监理资料，并提出工程质量评估报告。工程质量评估报告应经总监理工程师和监理单位有关负责人审核签字。

d. 勘察、设计单位对勘察、设计文件及施工过程中由设计单位签署的设计变更通知书进行了检查，并提出质量检查报告。质量检查报告应经该项目勘察、设计负责人和勘察、设计单位有关负责人审核签字。

e. 有完整的技术档案和施工管理资料。

f. 有工程使用的主要建筑材料、建筑构配件和设备的进场试验报告，以及工程质量检测和功能性试验资料。

g. 建设单位已按合同约定支付工程款。

h. 有施工单位签署的工程质量保修书。

i. 对于住宅工程，进行分户验收并验收合格，建设单位按户出具《住宅工程质量分户验收表》。

j. 建设主管部门及工程质量监督机构责令整改的问题全部整改完毕。

k. 法律、法规规定的其他条件。

③ 施工项目竣工质量验收程序

竣工质量验收应当按以下程序进行：

a. 工程完工后，施工单位在自检合格的基础上向建设单位提交工程竣工报告，申请工程竣工验收。实行监理的工程，工程竣工报告须经总监理工程师签署意见。

b. 建设单位收到工程竣工报告后，对符合竣工验收要求的工程，组织勘察、设计、施工、监理等单位组成验收组，制定验收方案。对于重大工程和技术复杂工程，根据需要可邀请有关专家参加验收组。

c. 建设单位应当在工程竣工验收 7 个工作日前，将验收的时间、地点及验收组名单书面通知负责监督该工程的工程质量监督机构。

d. 建设单位组织工程竣工验收。

（a）建设、勘察、设计、施工、监理单位分别汇报工程合同履约情况和在建设工程各个环节执行法律、法规和工程建设强制性标准的情况；

（b）审阅建设、勘察、设计、施工、监理单位的工程档案资料；

（c）实地查验工程质量；

（d）对工程勘察、设计、施工、设备安装质量和各管理环节等方面做出全面评价，形成经验收组人员签署的工程竣工验收意见。参与工程竣工验收的建设、勘察、设计、施工、监理等各方不能形成一致意见时，应当协商提出解决的方法，待意见一致后，重新组织工程竣工验收。

**3. 施工质量控制的基本要求**

（1）以人的工作质量确保工程质量；

（2）严格控制投入品的质量；

（3）全面控制施工过程，重点控制工序质量；

（4）严把分项工程质量检验评定关；

（5）贯彻"预防为主"的方针；

（6）严防系统性的质量变异。

### 5.2.2 施工过程的质量控制

**1. 施工过程质量控制的基本程序**

任何工程都是由分项工程、分部工程和单位工程所组成，施工项目是通过一道道工序来完成。所以，施工项目的质量控制是从工序质量到分项工程质量、分部工程质量、单位工程质量的系统控制过程；也是一个由对投入原材料的质量控制开始，直到完成工程质量检验为止的全过程的系统过程。

施工项目质量控制的基本程序划分为四个阶段：

（1）第一阶段为计划控制阶段。在这一阶段主要是制定质量目标，实施方案和计划。

（2）第二阶段为监督检查阶段。在按计划实施的过程中进行监督检查。

（3）第三阶段为报告偏差阶段。根据监督检查的结果，发出偏差信息。

（4）第四个阶段为采取纠正行动阶段。监理单位检查纠正措施的落实情况及其效果，并进行信息的反馈。

施工单位在质量控制中，应按照这个循环程序制定质量控制的措施，按合同和有关法规的要求和标准进行质量控制。

**2. 施工过程质量控制的方法**

（1）质量文件审核

审核有关技术文件、报告或报表，是项目经理对工程质量进行全面管理的重要手段。这些文件包括：

1）施工单位的技术资质证明文件和质量保证体系文件；

2）施工组织设计和施工方案及技术措施；

3）有关材料和半成品及构配件的质量检验报告；

4）有关应用新技术、新工艺、新材料的现场试验报告和鉴定报告；

5）反映工序质量动态的统计资料或控制图表；

6）设计变更和图纸修改文件；

7）有关工程质量事故的处理方案；

8）相关方面在现场签署的有关技术签证和文件等。

（2）现场质量检查

1）现场质量检查的内容

① 开工前的检查

主要检查是否具备开工条件，开工后是否能够保持连续正常施工，能否保证工程质量。

② 工序交接检查

对于重要的工序或对工程质量有重大影响的工序，应严格执行"三检"制度，即自检、交接检、专检。未经监理工程师（或建设单位技术负责人）检查认可，不得进行下道工序施工。

③ 隐蔽工程的检查

施工中凡是隐蔽工程必须检查认证后方可进行隐蔽掩盖。

④ 停工后复工的检查

因客观因素停工或处理质量事故等停工复工时，经检查认可后方能复工。

⑤ 分项、分部工程完工后的检查

分项、分部工程完工后应经检告认可，并签署验收记录后，才能进行下一工程项目的施工。

⑥ 成品保护的检查

检查成品有无保护措施以及保护措施是否有效、可靠。

2）现场质量检查的方法

① 目测法

即凭借感官进行检查，也称观感质量检验。其手段可概括为"看、摸、敲、照"四个字。所谓看，就是根据质量标准要求进行外观检查。例如，清水墙面是否洁净，喷涂的密实度和颜色是否良好、均匀，工人的操作是否正常，内墙抹灰的大面及口角是否平直，混凝土外观是否符合要求等；摸，就是通过触摸手感进行检查、鉴别。例如，油漆的光滑度，浆活儿是否牢固、不掉粉等；敲，就是运用敲击工具进行声感检查。例如，对地面工程、装饰工程中的水磨石、面砖、石材饰面等，均应进行敲击检查；照，就是通过人工光源或反射光照射，检查难以看到或光线较暗的部位。例如，管道井、电梯井等内的管线、设备安装质量，装饰吊顶内连接及设备安装质量等。

② 实测法

就是通过实测数据与施工规范、质量标准的要求及允许偏差值进行对照，以此判断质量是否符合要求。其手段可概括为"靠、量、吊、套"四个字。所谓靠，就是用直尺、塞尺检查诸如墙面、地面、路面等的平整度；量，就是指用测量工具和计量仪表等检查断面尺寸、轴线、标高、湿度、温度等的偏差。例如，大理石板拼缝尺寸与超差数量，摊铺沥青拌合料的温度，混凝土坍落度的检测等；吊，就是利用托线板以及线坠吊线检查垂直度。例如，砌体、门窗安装的垂直度检查等；套，是以方尺套方，辅以塞尺检查。例如，对阴阳角的方正、踢脚线的垂直度、预制构件的方正、门窗口及构件的对角线检查等。

③ 试验法

是指通过必要的试验手段对质量进行判断的检查方法。主要包括：

a. 理化试验

工程中常用的理化试验包括物理力学性能方面的检验和化学成分及其含量的测定等两个方面。力学性能的检验如各种力学指标的测定，包括抗拉强度、抗压强度、抗弯强度、抗折强度、冲击韧性、硬度、承载力等。各种物理性能方面的测定，如密度、含水量、凝结时间、安定性及抗渗、耐磨、耐热性能等。化学成分及其含量的测定，如钢筋中的磷、硫含量，混凝土中粗骨料中的活性氧化硅成分，以及耐酸、耐碱、抗腐蚀性等。此外，根据规定有时还需进行现场试验，例如，对桩或地基的静载试验、下水管道的通水试验、压力管道的耐压试验、防水层的蓄水或淋水试验等。

b. 无损检测

利用专门的仪器仪表从表面探测结构物、材料、设备的内部组织结构或损伤情况。常用的无损检测方法有超声波探伤、X射线探伤、γ射线探伤等。

**3. 施工过程质量控制点的确定**

质量控制点是指为了保证作业过程质量而确定的重点控制对象、关键部位或薄弱环节。设置质量控制点是保证达到施工质量要求的必要前提，在拟定质量控制工作计划时，应予以详细地考虑，并以制度来保证落实。对于质量控制点，一般要事先分析可能造成质量问题的原因，再针对原因制定对策和措施进行预控。

（1）选择质量控制点的原则

质量控制点的选择应以那些保证质量难度大，对质量影响大或是发生质量问题时危害大的对象进行设置。选择的原则是，对工程质形成过程产生直接影响的关键部位、工序或环节及隐蔽工程，施工过程中的薄弱环节，或者质量不稳定的工序，部位或对象；对下道工序较大影响的上道工序；采用新技术、新工艺、新材料的部位或环节；施工上无把握的、施工条件困难的或技术难度大的工序或环节；用户反馈指出和过去有过返工的不良工序。

（2）建筑工程质量控制点的位置

根据质量控制点选择的原则，建筑工程质量控制点的位置可以参考表 5-1。

质量控制点的设置位置

表 5-1

| 分项工程 | 质量控制点 |
|---|---|
| 工程测量定位 | 标准轴线桩、水平桩、龙门板、定位轴线、标高 |
| 地基、基础（含设备基础） | 基坑（槽）尺寸、标高、土质、地基承载力，基础垫层标高，基础位置、尺寸、标高，预埋件、预留洞孔的位置、标高、规格、数量，基础杯口弹线 |
| 砌体 | 砌体轴线，皮杆数，砂浆混合比，预留洞孔、预埋件的位置、数量，砌块排列 |
| 模板 | 位置、尺寸、标高，预埋件位置，预留洞孔尺寸、位置，模板强度、刚度及稳定性，模板内部清理及润湿情况 |
| 钢筋混凝土 | 水泥品种、强度等级，砂石质量，混凝土配合比，外加剂比例，混凝土振捣，钢筋品种、规格、尺寸、搭接长度，钢筋焊接，机械连接，预留洞孔及预埋规格、位置、尺寸、数量，预留构件吊装或出厂（脱模）强度，吊装位置、标高、支承长度、焊缝长度 |
| 吊装 | 吊装设备起重能力、吊具、索具、地锚 |
| 钢结构 | 翻样图、放大样 |
| 焊接 | 焊接条件、焊接工艺 |
| 装修 | 视具体情况而定 |

（3）质量控制点的重点控制对象

质量控制点的设置要正确、有效，要根据对重要质量特性进行重点控制的要求，选择施工过程的重点部位、重点工序和重点质量因素作为质量控制的对象，进行重点预控和过程控制，从而有效地控制和保证施工质量。质量控制中重点控制的对象主要包括以下几个方面：

1）人的行为。某些操作或工序，应以人为重点控制对象，比如，高空、高温、水下、易燃易爆、重型构件吊装作业以及操作要求高的工序和技术难度大的工序等，都应从人的生理、心理、技术能力等方面进行控制。

2）材料的质量与性能。这是直接影响工程质量的重要因素，在某些工程中应作为控制的重点。例如，钢结构工程中使用的高强度螺栓、某些特殊焊接使用的焊条，都应作为重点控制其材质与性能；又如水泥的质量是直接影响混凝土工程质量的关键因素，施工中就应对进场的水泥质量进行重点控制，必须检查核对出厂合格证，并按要求进行强度和安定性的复试等。

3）施工方法与关键操作。某些直接影响工程质量的关键操作应作为控制的重点，如预应力钢筋的张拉工艺操作过程及张拉力的控制，是可靠地建立预应力值和保证预应力构件质量的关键过程。同时，那些易对工程质量产生重大影响的施工方法，也应列为控制的重点，如大模板施工中模板的稳定和组装问题，是液压滑模施工时支承杆稳定问题、升板法施工中的提升差的控制等。

4）施工技术参数。如混凝土的外加剂掺量、水灰比、回填土的含水量，砌体有砂浆饱满度，防水混凝土的抗渗等级、钢筋混凝土结构的实体检测结果及混凝土冬期施工受冻临界强度等技术参数都是应重点控制的质量参数与指标。

5）技术间歇。有些工序之间必须留有必要的技术间歇时间，例如砌砖与抹灰之间，应在墙体砌筑后 6～10d 时间，让墙体充分沉陷、稳定、干燥，再抹灰，抹灰层干燥后，才能喷白、刷浆；混凝土浇筑与模板拆除之间，应保证混凝土有一定的硬化时间，达到规定拆模强度后方可拆模等。

6）施工顺序。对于某些工序之间必须严格控制施工的先后顺序，比如对冷拉钢筋骨应当先焊后冷拉，否则会失去冷强；屋架的安装固定，应采取对角同时施焊方法，否则会由于焊接应力导致校正好的屋架发生倾斜。

7）易发或常见的质量通病。例如，混凝土工程的蜂窝、麻面、空洞，墙、地面、屋面防水工程渗水、漏水、空鼓、起砂、裂缝等，都与工序操作有关，均应事先研究对策，提出预防措施。

8）新技术、新材料、新工艺的应用。由于缺乏经验，施工时应将其作为重点进行控制。

9）产品质量不稳定和不合格率较高的工序应列为重点，认真分析、严格控制。

10）特殊地基或特种结构。对于湿陷性黄土、膨胀土、红黏土等特殊土地基的处理，以及大跨度结构、高耸结构等技术难度较大的施工环节和重要部位，均应予以特别的重视。

# 5.3  施工质量事故的处理方法

## 5.3.1  工程质量事故的分类

### 1. 工程质量事故的概念

（1）质量不合格

凡工程产品没有满足某个规定的要求，就称之为质量不合格；而没有满足某个预期使用要求或合理的期望要求，称为质量缺陷。

（2）质量问题

凡工程质量不合格，必须进行返修、加固或报废处理，由此造成直接经济损失低于规定限额的称为质量问题。

（3）质量事故

由于建设、勘察、设计、施工、监理等单位违反工程质量有关法律法规和工程建设标准，使工程产生结构安全、重要使用功能等方面的质量缺陷，造成人身伤亡或者重大经济损失的，称为质量事故。

**2. 工程质量事故的分类**

（1）按事故造成损失的程度分级

按照《关于做好房屋建筑和市政基础设施工程质量事故报告和调查处理工作的通知》，根据工程质量事故造成的人员伤亡或者直接经济损失，工程质量事故分为4个等级：

1）特别重大事故，是指造成30人以上死亡，或者100人以上重伤，或者1亿元以上直接经济损失的事故；

2）重大事故，是指造成10人以上30人以下死亡，或者50人以上100人以下重伤，或者5000万元以上1亿元以下直接经济损失的事故；

3）较大事故，是指造成3人以上10人以下死亡，或者10人以上50人以下重伤，或者1000万元以上5000万元以下直接经济损失的事故；

4）一般事故，是指造成3人以下死亡，或者10人以下重伤，或者100万元以上1000万元以下直接经济损失的事故。

本等级划分所称的"以上"包括本数，所称的"以下"不包括本数。

（2）按事故责任分类

1）指导责任事故

指导责任事故指由于在工程指导或领导失误而造成的质量事故。例如，由于工程负责人不按规范指导施工，强令他人违章作业，或片面追求施工进度，放松或不按质量标准进行控制和检验，降低施工质量标准等而造成的质量事故。

2）操作责任事故

操作责任事故指在施工过程中，由于操作者不按规程和标准实施操作，而造成的质量事故。例如，浇筑混凝土时随意加水；或振捣疏漏造成混凝土质量事故等。

3）自然灾害事故

自然灾害事故指由于突发的严重自然灾害等不可抗力造成的质量事故。例如，地震、台风、暴雨、雷电及洪水等造成工程破坏甚至倒塌。这类事故虽然不是人为责任直接造成，但事故造成的损害程度也往往与事前是否采取了预防措施有关，相关责任人也可能负有一定的责任。

（3）按质量事故产生的原因分类

1）技术原因引发的质量事故

技术原因引发的质量事故是指在工程项目实施中由于设计、施工技术上的失误而造成的质量事故。例如，结构设计计算错误；地质情况估计错误；采用了不适宜的施工方法或施工工艺等引发质量事故。

2）管理原因引发的质量事故

管理原因引发的质量事故是指管理上的不完善或失误引发的质量事故。例如，施工单位或监理单位的质量体系不完善，检验制度不严密，质量控制不严格，质量管理措施落实不力，检测仪器设备管理不善而失准，材料检验不严等原因引起的质量事故。

3）社会、经济原因引发的质量事故

社会、经济原因引发的质量事故是指由于经济因素及社会上存在的弊端和不正之风引起建设中的错误行为，而发生的质量事故。例如，某些施工企业盲目追求利润而不顾工程质量；在投标报价中随意压低标价，中标后则采用随意修改方案或偷工减料等违法手段而导致的质量事故。

4）其他原因引发的质量事故

其他原因引发的质量事故是指由于其他人为事故（如设备事故、安全事故等）或严重的自然灾害等不可抗力的原因，导致连带发生的质量事故。

### 5.3.2 施工质量事故产生的原因

**1. 非法承包，偷工减料**

由于社会腐败现象对施工领域的侵袭，非法承包，偷工减料，"豆腐渣"工程，成为近年重大施工质量事故的首要原因。

**2. 违背基本建设程序**

《建设工程质量管理条例》规定，从事建设工程活动，必须严格执行基本建设程序，坚持先勘察、后设计、再施工的原则。但是现实情况是，违反基本建设程序的现象屡禁不止，无立项、无报建、无开工许可、无招投标、无资质、无监理、无验收的"七无"工程，边勘察、边设计、边施工的"三边"工程屡见不鲜，几乎所有的重大施工质量事故都能从这些方面找到原因。

**3. 勘察设计的失误**

地质勘察过于疏略，勘察报告不准、不细，致使地基基础设计采用不正确的方案；或结构设计方案不正确，计算失误，构造设计不符合规范要求等。这些勘察设计的失误在施工中显现出来，导致地基不均匀沉降，结构失稳、开裂甚至倒塌。

**4. 施工的失误**

施工管理人员及实际操作人员的思想、技术素质差，是造成施工质量事故的普遍原因。缺乏基本业务知识，不具备上岗的技术资质，不懂装懂瞎指挥，胡乱施工盲目干；施工管理混乱，施工组织、施工工艺技术措施不当；不按图施工，不遵守相关规范，违章作业；使用不合格的工程材料、半成品、构配件；忽视安全施工，发生安全事故等，所有这一切都可能引发施工质量事故。

**5. 自然条件的影响**

建筑施工露天作业多，恶劣的天气或其他不可抗力都可能引发施工质量事故。

### 5.3.3 施工质量事故的处理方法

**1. 施工质量事故处理的依据**

（1）质量事故的实况资料

要搞清质量事故的原因和确定处理对策，首要的是要掌握质量事故的实际情况。有关质量事故实况的资料主要来自质量事故调查报告和质量事故处理报告。其内容应包括：质量事故发生的单位名称、工程（产品）名称、部位、时间、地点；质量事故状况的描述；质量事故发展变化的情况；有关质量事故的观测记录、事故现场状态的照片或录像；事故调查组调查研究所获得的第一手资料。

（2）有关合同及合同文件

包括工程承包合同、设计委托合同、设备与器材购销合同、监理合同及分包合同等。

有关合同和合同文件在处理质量事故中的作用是：确定在施工过程中有关各方是否按照合同有关条款实施其活动，借以探寻产生事故的可能原因。如，施工单位是否在规定时间内通知监理单位进行隐蔽工程验收；监理单位是否按规定时间实施了检查验收；施工单位在材料进场时是否按规定或约定进行了检验。此外，有关合同文件还是界定质量责任的重要依据。

（3）有关的技术文件和档案

主要是有关的设计文件（如施工图纸和技术说明）、与施工有关的技术文件、档案和资料。如施工方案、施工计划、施工记录、施工日志、有关建筑材料的质量证明资料、现场制备材料的质量证明资料、质量事故发生后，对事故状况的观测记录、试验记录或试验报告等。

（4）相关的建设法规

主要包括《中华人民共和国建筑法》、《建设工程质量管理条例》和《关于做好房屋建筑和市政工程基础设施工程质量事故报告和调查处理工作的通知》等与工程质量及质量事故处理有关的法规，勘察、设计、施工和监理等单位资质管理方面的法规、从业者资格管理方面的法规、建筑市场方面的法规、建筑施工方面的法规以及关于标准化管理方面的法规。

**2. 施工质量事故的处理程序**

根据《关于做好房屋建筑和市政工程基础设施工程质量事故报告和调查处理工作的通知》的规定，工程质量事故发生后，事故现场有关人员应当立即向工程建设单位负责人报告；工程建设单位负责人接到报告后，应于1h内向事故发生地县级以上人民政府住房城乡建设主管部门及有关部门报告。情况紧急时，事故现场有关人员可直接向事故发生地县级以上人民政府住房和城乡建设主管部门报告。施工质量事故处理的一般程序为：

（1）事故调查

事故调查应力求及时、客观、全面，以便为事故的分析与处理提供正确的依据。调查结果要整理撰写成事故调查报告。

（2）事故原因分析

要建立在事故情况调查的基础上，避免情况不明就主观分析推断事故的原因。特别是对涉及勘察、设计、施工、材料和管理等方面的质量事故，往往事故的原因错综复杂，因此，必须对调查所得到的数据、资料进行仔细分析，去伪存真，找出事故的主要原因。

（3）制定事故处理的方案

事故的处理要建立在原因分析的基础上，并广泛听取专家及有关方面的意见，经科学论证，决定事故是否进行处理和怎样处理。在制定事故处理方案时，应做到安全可靠、技术可行、不留隐患、经济合理，具有可操作性，满足结果安全和使用功能要求。

（4）事故处理

根据制定的质量事故处理方案，对质量事故进行认真的处理，处理的内容包括：事故的技术处理，以解决施工质量不合格和缺陷问题；事故的责任处罚，根据事故的性质、损失大小、情节轻重对事故的责任单位和责任人作出相应的行政处分直至追究刑事责任。

（5）事故处理的鉴定验收

质量事故的处理是否达到预期的目的，是否依然存在隐患，应当通过检查鉴定和验收作出确认。事故处理的质量检查鉴定，应严格按施工验收规范和相关的质量标准的规定进行，必要时还应通过实际量测、试验和仪器检测等方法获取必要的数据，以便准确地对事故处理的结果做出鉴定，最终形成结论。

（6）提交处理报告

事故处理结束后，必须尽快向主管部门和相关单位提交完整的事故处理报告，其内容包括：事故调查的原始资料、测试的数据；事故原因分析、论证；事故处理的依据；事故处理的方案及技术措施；实施质量处理中有关的数据、记录、资料；检查验收记录；事故处理的结论等。

**3. 施工中质量事故处理的基本要求**

（1）质量事故的处理应达到安全可靠、不留隐患、满足生产和使用要求、施工方便、经济合理的目的；

（2）重视消除造成事故的原因，注意综合治理；

（3）正确确定处理的范围和正确选择处理的时间和方法；

（4）加强事故处理的检查验收工作，认真复查事故处理的实际情况；

（5）确保事故处理期间的安全。

**4. 施工质量问题和质量事故处理的基本方法**

（1）修补处理

当工程的某些部分的质量虽未达到规定的规范、标准或设计的要求，存在一定的缺陷，但经过修补后可以达到要求的质量标准，又不影响使用功能或外观的要求，可采取修补处理的方法。例如，某些混凝土结构表面出现蜂窝、麻面，经调查分析，该部位经修补处理后，不会影响其使用及外观；对混凝土结构局部出现的损伤，如结构受撞击、局部未振实、冻害、火灾、酸类腐蚀、碱骨料反应等，当这些损伤仅仅在结构的表面或局部，不影响其使用和外观，可进行修补处理。再比如对混凝土结构出现的裂缝，经分析研究后如果不影响结构的安全和使用时，也可采取修补处理。例如，当裂缝宽度不大于 0.2mm 时，可采用表面密封法；当裂缝宽度大于 0.3mm 时，采用嵌缝密闭法；当裂缝较深时，则应采取灌浆修补的方法。

（2）加固处理

主要是针对危及承载力的质量缺陷的处理。通过对缺陷的加固处理，使建筑结构恢复或提高承载力，重新满足结构安全性可靠性的要求，使结构能继续使用或改作其他用途。例如，对混凝土结构常用加固的方法主要有：增大截面加固法、外包角钢加固法、粘钢加固法、增设支点加固法、增设剪力墙加同法、预应力加固法等。

（3）返工处理

当工程质量缺陷经过修补处理后仍不能满足规定的质量标准要求，或不具备补救可能性则必须采取返工处理。例如，某防洪堤坝填筑压实后，其压实土的干密度未达到规定值，经核算将影响土体的稳定且不满足抗渗能力的要求，须挖除不合格土，重新填筑，进行返工处理；某公路桥梁工程预应力按规定张拉系数为 1.3，而实际仅为 0.8，属严重的质量缺陷，也无法修补，只能返工处理。再比如某工厂设备基础的混凝土浇筑时掺入木质素磺酸钙减水剂，因施工管理不善，掺量多于规定 7 倍，导致混凝土坍落度大于 180mm，石子下沉，混凝土结构不均匀，浇筑后 5d 仍然不凝固硬化，28d 的混凝土实际强度小到规定强度的 32%，不得不返工重浇。

（4）限制使用

当工程质量缺陷按修补方法处理后无法保证达到规定的使用要求和安全要求，而又无法返工处理的情况下，不得已时可做出诸如结构卸荷或减荷以及限制使用的决定。

（5）不作处理

某些工程质量问题虽然达不到规定的要求或标准，但其情况不严重，对工程或结构的使用及安全影响很小，经过分析、论证、法定检测单位鉴定和设计单位等认可后可不专门作处理。一般可不作专门处理的情况有以下几种：

1）不影响结构安全、生产工艺和使用要求的。例如，有的工业建筑物出现放线定位的偏差，且严重超过规范、标准规定，若要纠正会造成重大经济损失，但经过分析、论证其偏差不影响生产工艺和正常使用，在外观上也无明显影响，可不做处理。又如，某些部位的混凝土表面的裂缝，经检查分析，属于表面养护不够的干缩微裂，不影响使用和外观，也可不做处理。

2）后道工序可以弥补的质量缺陷。例如，混凝土结构表面的轻微麻面，可通过后续的抹灰、刮涂、喷涂等弥补，也可不做处理。再比如，混凝土现浇楼面的平整度偏差达到10mm，但由于后续垫层和面层的施工可以弥补，所以也可不做处理。

3）法定检测单位鉴定合格的。例如，某检验批混凝土试块强度值不满足规范要求，强度不足，但经法定检测单位对混凝土实体强度进行实际检测后，其实际强度达到规范允许和设计要求值时，可不做处理。对经检测未达到要求值，但相差不多，经分析论证，只要使用前经再次检测达到设计强度，也可不做处理，但应严格控制施工荷载。

4）出现的质量缺陷，经检测鉴定达不到设计要求，但经原设计单位核算，仍能满足结构安全和使用功能的。例如，某一结构构件截面尺寸不足，或材料强度不足，影响结构承载力，但按实际情况进行复核验算后仍能满足设计要求的承载力时，可不进行专门处理。这种做法实际上是挖掘设计潜力或降低设计的安全系数，应谨慎处理。

（6）报废处理

出现质量事故的工程，通过分析或实践，采取上述处理方法后仍不自满足规定的质量要求或标准，则必须予以报废处理。

# 第6章 工程成本管理的基本知识

## 6.1 工程成本的构成和影响因素

### 6.1.1 工程造价成本的构成及管理特点

#### 1. 建设项目投资及工程造价的构成

建设项目总投资是指在工程项目建设阶段所需要的全部费用的总和。工程造价又可称为固定资产投资，由建设投资、建设期贷款利息、固定资产投资方向调节税构成。生产性建设项目总投资包括建设投资、建设期利息和流动资金三部分；非生产性建设项目总投资包括建设投资和建设期利息（不含运营期资金利息）两部分。其中建设投资和建设期利息之和对应于固定资产投资，固定资产投资与建设项目的工程造价在量上相等。由于工程造价具有大额性、动态性、兼容性等特点，要有效管理工程造价，必须按照一定的标准对工程造价的费用构成进行分解。一般可以按建设资金支出的性质、途径等方式来分解工程造价。工程造价基本构成包括用于购买工程项目所含各种设备的费用，用于建筑施工和安装施工所需要支出的费用，用于委托工程勘察设计应支付的费用，用于购置土地所要的费用，也包括用于建设单位自身进行项目筹建和项目管理所花费的费用等。总之，工程造价是按照确定的建设内容、建设规模、建设标准、功能要求和使用要求等将工程项目全部建成并验收合格交付使用，在建设期预计或实际支出的全部建设费用。

工程造价中的主要构成部分是建设投资，建设投资是为完成工程项目建设，在建设期内投入且形成现金流出的全部费用。根据相关规定，建设投资包括工程费用、工程建设其他费用和预备费三部分。工程费用是指直接构成固定资产实体的各种费用，可以分为建设安装工程费和设备及工器具购置费；工程建设其他费用是指构成建设投资但不包括在工程费用中的费用，如土地使用权取得费；预备费是为了保证工程项目的顺利实施，在建设期内为各种不可预见因素的变化而预留的可能增加的费用，包括基本预备费和价差预备费。建设项目总投资的具体构成内容如图 6-1 所示。

#### 2. 设备及工器具购置费用的构成

设备及工器具购置费用是由设备购置费和工具、器具及生产家具购置费组成的，它是固定资产投资中的积极部分。在生产性工程建设中，设备及工器具购置费用占工程造价比重的增大，意味着生产技术的进步和资本有机构成的提高。该笔费用由两项构成：一是设备购置费，由达到固定资产标准的设备、工具器及生产家具等所需的费用组成；二是工具器具及生产家具购置费，由不够固定资产标准的设备、仪器、工卡模具、器具、生产家具和备品备件等的购置费用组成。

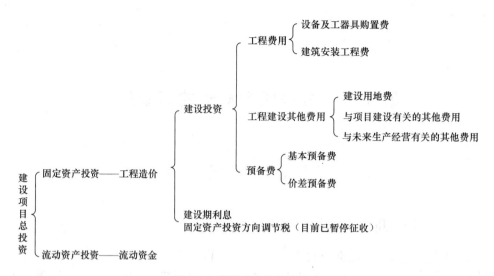

图 6-1　建设项目总投资构成

（1）设备购置费

设备购置费是指为建设项目购置或自制的达到固定资产标准的各种国产或进口设备、工具、器具的购置费用。设备购置费由设备原价和设备运杂费构成。

$$设备购置费 = 设备原价 + 设备运杂费 \qquad (6-1)$$

其中，设备原价是指国产设备原价和进口设备的抵岸价；设备运杂费是指设备原价未包括的包装和包装材料费、运输费、装卸费、采购费及仓库保管费、供销部门手续费等方面支出费用的总和。如果设备是由设备成套公司供应的，成套公司的服务费也计入设备运杂费之中。

（2）国产设备原价的构成

国产设备原价一般指的是设备制造厂的交货价或订货合同价，分为国产标准设备原价和国产非标准设备原价。

（3）进口设备原价的构成

进口设备的原价是指进口设备的抵岸价，即抵达买方边境港口或边境车站，且交完各种手续费、关税后形成的价格。进口设备原价的构成与进口设备的交货方式有关。

（4）设备运杂费的构成。设备运杂费通常由运费和装卸费、包装费、设备供销部门的手续费、采购与仓库保管费四项构成。设备运杂费按式（6-2）计算。

$$设备运杂费 = 设备原价 \times 设备运杂费率 \qquad (6-2)$$

其中，设备运杂费率按各部门及省、市有关规定计取。

1）运费和装卸费。国产设备由设备制造厂交货地点起至工地仓库（或施工组织设计指定的需要安装设备的堆放地点）止所产生的运费和装卸费；进口设备则由我国到岸港口或边境车站起至工地仓库（或施工组织设计指定的需要安装设备的堆放地点）止所产生的运费和装卸费。

2）包装费。设备运杂费中的包装费是指设备原价中没有包含的，为运输而进行的包装支出的各种费用。

3）设备供销部门的手续费。按有关部门规定的统一费率计算。

4）采购与仓库保管费。指采购、验收、保管和收发设备所发生的各种费用，包括设备采购人员、保管人员和管理人员的工资、工资附加费、办公费、差旅交通费，设备供应部门办公和仓库所占固定资产使用费、工具用具使用费、劳动保护费、检验试验费等。这些费用可按主管部门规定的采购与保管费率计算。

（5）工器具及生产家具购置费的构成

工器具及生产家具购置费，是指新建或扩建项目初步设计规定的，保证初期正常生产必须购置的没有达到固定资产标准的设备、仪器、工卡模具、器具、生产家具和备品备件等的购置费用。一般以设备购置费为计算基数，按照部门或行业规定的工具、器具及生产家具费率计算，见式（6-3）。

$$工器具及生产家具购置费 = 设备购置费 \times 定额费率 \qquad (6-3)$$

**3. 建筑安装工程费用构成**

建筑安装工程费是指为完成工程项目建造、生产性设备及配套工程安装所需的费用。它有两种构成方式，见图 6-2 和图 6-3。建筑工程费用内容包括各类房屋建筑工程和列入房屋建筑工程预算的供水、供暖、卫生、通风、煤气等设备费用及其装设、油饰工程的费用，列入建筑工程预算的各种管道、电力、电信和电缆导线敷设工程的费用。安装工程费用内容包括生产、动力、起重、运输、传动和医疗、实验等各种需要安装的机械设备的装配费用，同时还包括为测定安装工程质量，对单台设备进行单机试运转、对系统设备进行系统联动无负荷试运转工作的调试费。

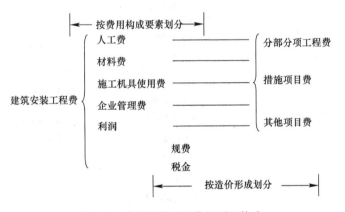

图 6-2　建筑安装工程费用项目构成

（1）按费用构成要素划分建筑安装工程费用项目构成和计算

按照费用构成要素划分，建筑安装工程费包括：人工费、材料费（包含工程设备，下同）、施工机具使用费、企业管理费、利润、规费和税金。人工费、材料费和施工机具使用费都由消耗量和单价两部分组成。

1）人工费是指按工资总额构成规定，支付给从事建筑安装工程施工作业的生产工人和附属生产单位工人的各项费用。

2）材料费：是指施工过程中耗费的原材料、辅助材料、构配件、零件、半成品或成品和工程设备的费用。其中工程设备费是指构成或计划构成永久工程一部分的机电设备、金属结构设备、仪器装置及其他类似的设备和装置费用。材料费中的材料单价由材料原价、材料运杂费、材料损耗费、采购及保管费四项组成。

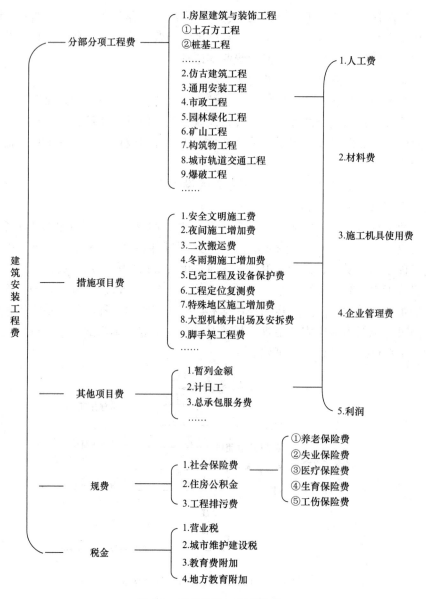

图 6-3　建筑安装工程费构成

① 材料原价。是指材料、工程设备的出厂价格或商家供应价格。

② 运杂费。是指材料、工程设备自来源地运至工地仓库或指定堆放地点所发生的全部费用。

③ 运输损耗。是指材料在运输装卸过程中不可避免的损耗。

④ 采购及保管费。是指为组织采购、供应和保管材料、工程设备的过程中所需要的各项费用。包括采购费、仓储费、工地保管费、仓储损耗。

3）施工机具使用费是指施工作业所发生的施工机械、仪器仪表使用费或其租赁费。

4）企业管理费是指建筑安装企业组织施工生产和经营管理所需的费用。内容包括：

① 管理人员工资。是指按规定支付给管理人员的计时工资、奖金、津贴补贴、加班

加点工资及特殊情况下支付的工资等。

② 办公费。是指企业管理办公用的文具、纸张、账表、印刷、邮电、书报、办公软件、现场监控、会议、水电、烧水和集体取暖降温（包括现场临时宿舍取暖降温）等费用。

③ 差旅交通费。是指职工因公出差、调动工作的差旅费、住勤补助费，市内交通费和误餐补助费，职工探亲路费，劳动力招募费，职工退休、退职一次性路费，工伤人员就医路费，工地转移费以及管理部门使用的交通工具的油料、燃料等费用。

④ 固定资产使用费。是指管理和试验部门及附属生产单位使用的属于固定资产的房屋、设备、仪器等的折旧、大修、维修或租赁费。

⑤ 工具用具使用费。是指企业施工生产和管理使用的不属于固定资产的工具、器具、家具、交通工具和检验、试验、测绘、消防用具等的购置、维修和摊销费。

⑥ 劳动保险和职工福利费。是指由企业支付的职工退职金、按规定支付给离休干部的经费，集体福利费、夏季防暑降温、冬季取暖补贴、上下班交通补贴等。

⑦ 劳动保护费：是企业按规定发放的劳动保护用品的支出。如工作服、手套、防暑降温饮料以及在有碍身体健康的环境中施工的保健费用等。

⑧ 检验试验费。是指施工企业按照有关标准规定，对建筑以及材料、构件和建筑安装物进行一般鉴定、检查所发生的费用，包括自设试验室进行试验所耗用的材料等费用。不包括新结构、新材料的试验费，对构件做破坏性试验及其他特殊要求检验试验的费用和建设单位委托检测机构进行检测的费用，对此类检测发生的费用，由建设单位在工程建设其他费用中列支。但对施工企业提供的具有合格证明的材料进行检测不合格的，该检测费用由施工企业支付。

⑨ 工会经费。是指企业按《工会法》规定的全部职工工资总额比例计提的工会经费。

⑩ 职工教育经费。是指按职工工资总额的规定比例计提，企业为职工进行专业技术和职业技能培训，专业技术人员继续教育、职工职业技能鉴定、职业资格认定以及根据需要对职工进行各类文化教育所发生的费用。

⑪ 财产保险费。是指施工管理用财产、车辆等的保险费用。

⑫ 财务费。是指企业为施工生产筹集资金或提供预付款担保、履约担保、职工工资支付担保等所发生的各种费用。

⑬ 税金。是指企业按规定缴纳的房产税、车船使用税、土地使用税、印花税等。

⑭ 其他。包括技术转让费、技术开发费、投标费、业务招待费、绿化费、广告费、公证费、法律顾问费、审计费、咨询费、保险费等。

企业管理费一般采用取费基数乘以费率的方法计算，取费基数有三种，分别是：以分部分项工程费为计算基础、以人工费和机械费合计为计算基础及以人工费为计算基础。企业管理费费率计算方法如式（6-4）～式（6-6）所示。

① 以分部分项工程费为计算基础。

$$企业管理费费率（\%）= \frac{生产工人年平均管理费}{年有效施工天数 \times 人工单价} \times 人工费占分部分项工程费比例（\%）$$

（6-4）

② 以人工费和机械费合计为计算基础。

$$企业管理费费率（\%）= \frac{生产工人年平均管理费}{年有效施工天数 \times （人工单价 + 每一工日机械使用费）} \times 100\%$$

（6-5）

③ 以人工费为计算基础。

$$企业管理费费率(\%) = \frac{生产工人年平均管理费}{年有效施工天数 \times 人工单价} \times 100\% \tag{6-6}$$

5）利润是指施工企业完成所承包工程获得的盈利，由施工企业根据企业自身需求并结合建筑市场实际自主确定。工程造价管理机构在确定计价定额中利润时，应以定额人工费或定额人工费与机械费之和作为计算基数，以单位（单项）工程测算，利润在税前建筑安装工程费的比重可按不低于5%且不高于7%的费率计算。利润应列入分部分项工程和措施项目费中。

6）规费是指按国家法律、法规规定，由省级政府和省级有关权力部门规定必须缴纳或计取的费用。主要包括社会保险费、工程排污费和住房公积金。社会保险费和住房公积金应以定额人工费为计算基础；工程排污费按工程所在地环境保护等部门规定的标准缴纳。其中社会保险费有：

① 养老保险费：是指企业按照规定标准为职工缴纳的基本养老保险费。

② 失业保险费：是指企业按照规定标准为职工缴纳的失业保险费。

③ 医疗保险费：是指企业按照规定标准为职工缴纳的基本医疗保险费。

④ 生育保险费：是指企业按照规定标准为职工缴纳的生育保险费。

⑤ 工伤保险费：是指企业按照规定标准为职工缴纳的工伤保险费。

7）税金是指国家税法规定的应计入建筑安装工程费用内的营业税、城市维护建设税、教育费附加以及地方教育附加。在税金的实际计算过程，通常是三种税金一并计算，又由于在计算税金时，往往已知条件是税前造价，因此税金的计算公式可以表达为：

$$应纳税额 = (直接费 + 间接费 + 利润) \times 综合税率(\%) \tag{6-7}$$

综合税率的计算因纳税地点所在地的不同而不同。

① 纳税地点在市区的城市维护建设税的税率为营业税的7%，企业综合税率的计算见式（6-8）。

$$税率(\%) = \left[\frac{1}{1-3\% - (3\% \times 7\%) - (3\% \times 3\%) - (3\% \times 2\%)} - 1\right] \times 100\% = 3.48\% \tag{6-8}$$

② 纳税地点在县城、镇的城市维护建设税的税率为营业税的5%，企业综合税率的计算见式（6-9）。

$$税率(\%) = \left[\frac{1}{1-3\% - (3\% \times 5\%) - (3\% \times 3\%) - (3\% \times 2\%)} - 1\right] \times 100\% = 3.41\% \tag{6-9}$$

③ 纳税地点农村的城市维护建设税的税率为营业税的1%，企业综合税率的计算见式（6-10）。

$$税率(\%) = \left[\frac{1}{1-3\% - (3\% \times 1\%) - (3\% \times 3\%) - (3\% \times 2\%)} - 1\right] \times 100\% = 3.28\% \tag{6-10}$$

计税营业额是含税营业额，指从事建筑、安装、修缮、装饰及其他工程作业收取的全部收入，包括建筑、修缮、装饰工程所用原材料及其他物资和动力的价款。当安装的设备的价值作为安装工程产值时，亦包括所安装设备的价款。但建筑安装工程总承包人将工程分包或转包给他人的，其营业额中不包括付给分包或转包方的价款。营业税的纳税地点为应税劳务的发生地。

（2）按造价形成划分建筑安装工程费用项目构成和计算

建筑安装工程费按照工程造价形成由分部分项工程费、措施项目费、其他项目费、规费和税金组成。

1）分部分项工程费

分部分项工程费是指各专业工程的分部分项工程应予列支的各项费用。

2）措施项目费

措施项目费是指实际施工中必须发生的施工准备和施工过程中技术、生活、安全环境保护等方面的费用。以《房屋建筑与装饰工程工程量计算规范》为例，措施项目费包括安全文明施工费，夜间施工增加费，非夜间施工照明费，二次搬运费，冬雨期施工增加费，大型机械进出场及安拆费，施工排水、降水费，地上、地下设施、建筑物的临时保护设施费，已完工程设备及设备保护费，混凝土、钢筋混凝土模板及支架费，脚手架费和超高施工增加费等。

① 安全文明施工费

a. 环境保护费：是指施工现场为达到环保部门要求所需要的各项费用。

b. 文明施工费：是指施工现场文明施工所需要的各项费用，包括现场围挡的墙面美化、压顶装饰费用和安全施工标志的购置费用。

c. 安全施工费：是指施工现场安全施工所需要的各项费用，主要是用于安全防护费用。

d. 临时设施费：是指施工企业为进行建设工程施工所必须搭设的生活和生产用的临时建筑物、构筑物和其他临时设施费用。包括临时设施的搭设、维修、拆除、清理费或摊销费等。

② 夜间施工增加费。是指因夜间施工所发生的夜班补助费、夜间施工降效、夜间施工照明设备摊销及照明用电等费用。

③ 二次搬运费。是指因施工场地条件限制而发生的材料、构配件、半成品等一次运输不能到达堆放地点，必须进行二次或多次搬运所发生的费用。

④ 冬雨期施工增加费。是指在冬期或雨期施工需增加的临时设施、防滑、排除雨雪，人工及施工机械效率降低等费用。

⑤ 已完工程及设备保护费。是指竣工验收前，对已完工程及设备采取的必要保护措施所发生的费用。

⑥ 工程定位复测费。是指工程施工过程中进行全部施工测量放线和复测工作的费用。

⑦ 特殊地区施工增加费。指工程在沙漠或其边缘地区、高海拔、高寒、原始森林等特殊地区施工增加的费用。

⑧ 大型机械设备进出场及安拆费。是指机械整体或分体自停放场地运至施工现场或由一个施工地点运至另一个施工地点，所发生的机械进出场运输及转移费用及机械在施工现场进行安装、拆卸所需的人工费、材料费、机械费、试运转费和安装所需的辅助设施的费用。

⑨ 脚手架工程费。是指施工需要的各种脚手架搭、拆、运输费用以及脚手架购置费的摊销（或租赁）费用。

3）其他项目费

由暂列金额、计日工以及总承包服务费组成。

① 暂列金额。是指建设单位在工程量清单中暂定并包括在工程合同价款中的一笔款项。用于施工合同签订时尚未确定或者不可预见的所需材料、工程设备、服务的采购，施工中可能发生的工程变更、合同约定调整因素出现时的工程价款调整以及发生的索赔、现场签证确认等的费用。

② 计日工。是指在施工过程中，施工企业完成建设单位提出的施工图纸以外的零星项目或工作所需的费用。

③ 总承包服务费。是指总承包人为配合、协调建设单位进行的专业工程发包，对建设单位自行采购的材料、工程设备等进行保管以及施工现场管理、竣工资料汇总整理等服务所需的费用。

4）规费和税金

建设单位和施工企业均应按照省、自治区、直辖市或行业建设主管部门发布标准计算规费和税金，不得作为竞争性费用。

（3）工程建设其他费用的构成和计算

工程建设其他费用，是指从工程筹建起到工程竣工验收交付使用止的整个建设期间，除建筑安装工程费用和设备、工器具购置费用以外的，为保证工程建设顺利完成和交付使用后能够正常发挥效用而发生的各项费用。

1）建设用地费

土地使用费是指通过划拨方式取得土地使用权而支付的土地征用及迁移的补偿费，或者通过土地使用权出让方式取得土地使用权而支付的土地使用权出让金。

① 建设用地取得的基本方式

一是出让方式，二是划拨方式。可能还包括租赁和转让等其他方式。

a. 出让方式获取土地使用权。通过出让方式获取土地使用权又可以分成两种具体方式：一是通过招标、拍卖、挂牌等竞争出让方式获取国有土地使用权，二是通过协议出让方式获取国有土地使用权。各类经营性用地或同一宗地有两个以上意向用地者，应当采用招标、拍卖或者挂牌方式。

b. 通过划拨方式获取土地使用权。可以以划拨方式取得土地的建设用地包括：

（a）国家机关用地和军事用地；

（b）城市基础设施用地和公益事业用地；

（c）国家重点扶持的能源、交通、水利等基础设施用地；

（d）法律、行政法规规定的其他用地。

② 建设用地取得的费用

划拨方式取得，需承担征地补偿费或对原用地单位或个人的拆迁补偿费用；通过出让方式取得的，除以上费用外，还需向土地所有者支付有偿使用费，即土地出让金。

土地征用及迁移补偿费。土地征用及迁移补偿费指建设项目通过划拨方式取得无限期的土地使用权，依照《土地管理法》等的规定所支付的费用。其内容包括土地补偿费、安置补助费、地上附着物和青苗的补偿费、新菜地开发建设基金等。

a. 土地补偿费

土地补偿费是建设用地单位取得土地使用权时，向土地集体所有单位支付有关开发、投入的补偿。土地补偿费标准同土地质量及年产值有关，根据规定，征收耕地的土地补偿费，为该耕地被征收前三年平均产值的 6～10 倍。征收其他土地的土地补偿费，由省、自治区、直辖市参照征收耕地的土地补偿费的标准规定。土地补偿费归农村集体经济组织所有。

b. 安置补助费

安置补助费是用地单位向被征地单位支付的为安置好以土地为主要生产资料的农业人口生产、生活所需的补助费用。征收耕地的安置补助费，按照需要安置的农业人口数计算。需要安置的农业人口数，按照被征收的耕地数量除以征地前被征收单位平均每人占有耕地的数量计算。每一个需要安置的农业人口的安置补助费标准，为该耕地被征收前三年平均年产值的 4～6 倍。但是，每公顷被征收耕地的安置补助费，最高不得超过被征收前三年平均年产值的 15 倍。

c. 地上附着物和青苗的补偿费

地上附着物和青苗的补偿标准，由省、自治区直辖市规定。关于建设用地征地补偿费用，地上附着物补偿，应根据协调征地方案前地上附着物的实际情况确定。如江苏省规定："青苗补偿费，一般按一季农作物的产值计算，能收获的不予补偿；多年生经济林，可以移植的由建设单位付给移植费，不能移植的由用地单位给予合理补偿或作价收购；房屋拆迁，按房屋结构、面积、新旧程度给予合理补偿；农田水利工程及机电排灌设施、水井、人工鱼塘、养殖场和电力、广播、通信设施等附着物，按照实际情况给予迁移费或补偿费。"

d. 新菜地开发建设基金

为稳定菜地面积，保证城市居民吃菜，加强菜地建设，凡征收城市郊区的商品菜地，都需向当地政府缴纳新菜地开发建设基金，用于菜地的开发建设。新菜地开发建设基金按城市规模的大小，有不同的收取标准。每征收 1 亩城市郊区菜地，城市人口百万以上的市缴纳 7000～10000 元，城市人口 50 万～100 万的市缴纳 5000～7000 元，50 万人口以下的市缴纳 3000～5000 元。尚未开发的规划菜地，不得缴纳新菜地开发建设基金。占用前三年曾用于种植农作物的土地视为耕地。

在特殊情况下，可以提高征收耕地的土地补偿费和安置补助费的标准。依照以上规定支付土地补偿费和安置补助费，尚不能使需要安置的农民保持原有生活水平的，经省、自治区、直辖市人民政府批准，可以增加安置补助费。但是，土地补偿费和安置补助费的总和不得超过土地被征收前三年平均年产值的 30 倍。

③ 土地使用权出让金。土地使用权出让金，指建设项目通过土地使用权出让方式，取得有限期的土地使用权，依照《中华人民共和国城镇国有土地使用权出让和转让暂行条例》规定，支付的土地使用权出让金。政府有偿出让土地使用权的年限，各地可根据时间、区位等各种条件做不同的规定，一般可在 30～70 年之间，居住用地为 70 年，商业、旅游、娱乐用地 40 年，其他为 50 年。

2）与项目建设有关的其他费用

与项目建设有关的其他费用包括建设管理费，可行性研究费、研究试验费、勘察设计费、环境影响评价费、劳动安全卫生评价费、场地准备及临时设施费、引进技术和引进设备其他费、工程保险费、特殊设备安全监督检验费、市政公用设施费等。

① 建设管理费。由建设单位管理费和监理费组成。建设单位管理费按照工程费用之和乘以建设单位管理费费率计算。如建设单位采用工程总承包方式，其总包管理费由建设单位与总包单位根据总包工作范围在合同中商定，从建设管理费中支出。

② 研究试验费。是指为建设项目提供和验证设计参数、数据、资料等所进行的必要的试验费用以及设计规定在施工中必须进行试验、验证所需费用。包括自行或委托其他部门研究试验所需人工费、材料费、试验设备及仪器使用费等。

③ 场地准备及临时设施费。场地准备费是指建设项目为使工程项目的建设场地达到开工条件，由建设单位组织进行的场地平整等准备工作而发生的费用。建设单位临时设施费是指建设单位为满足工程项目建设、生活、办公的需要，用于临时设施建设、维修、租赁、使用所发生或摊销的费用。

④ 引进技术和引进设备其他费。主要内容包括引进项目图纸资料翻译复制费、备品备件测绘费，出国人员费用，来华人员费用，银行担保及承诺费。

⑤ 工程保险费。包括建筑安装工程一切险、引进设备财产保险和人身意外伤害险等，不包含劳动保险，它属于建安工程费中的施工企业管理费。

3）与未来企业生产经营有关的其他费用

① 联合试运转费。联合试运转费是指新建项目或新增加生产能力的工程，在交付生产前按照批准的设计文件所规定的工程质量标准和技术要求，进行整个生产线或装置的负荷联合试运转或局部联动试车所发生的费用净支出（试运转支出大于收入的差额部分费用，以及必要的工业炉烘炉费）。

② 生产准备费。生产准备费是指新建企业或新增生产能力的企业，为保证竣工交付使用进行必要的生产准备所发生的费用。费用内容包括：

a. 生产人员培训费，包括自行培训、委托其他单位培训的人员的工资、工资性补贴、职工福利费、差旅交通费、学习资料费、学习费、劳动保护费等。

b. 生产单位提前进厂参加施工、设备安装、调试等以及熟悉工艺流程及设备性能等人员的工资、工资性补贴、职工福利费、差旅交通费、劳动保护费等。

③ 办公和生活家具购置费。办公和生活家具购置费是指为保证新建、改建、扩建项目初期正常生产、使用和管理所必须购置的办公和生活家具、用具的费用。

（4）预备费

按我国现行规定，预备费包括基本预备费和价差预备费。

1）基本预备费。基本预备费是指针对项目实施过程中可能发生难以预料的支出而事先预留的费用，又称工程建设不可预见费，主要指设计变更及施工过程中可能增加工程量的费用。

2）价差预备费。价差预备费的内容包括：人工、设备、材料、施工机械的价差费，建筑安装工程费及工程建设其他费用调整，利率、汇率调整等增加的费用。

（5）建设期利息

建设期利息主要是指在建设期内发生的为工程项目筹措资金的融资费用及债务资金利息。国外贷款利息的计算中，还应包括国外贷款银行根据贷款协议向贷款方以年利率的方式收取的手续费、管理费、承诺费；以及国内代理机构经国家主管部门批准的以年利率的方式向贷款单位收取的转贷费、担保费、管理费等。

### 6.1.2 施工成本的影响因素

**1. 合同价款调整**

调整合同价款的事项大致包括五大类。一是法规变化类，主要包括"法律法规变化"；二是工程变更类，主要包括"工程变更"、"项目特征不符"、"工程量清单缺项"、"工程量偏差"、"计日工"；三是物价变化类，主要包括"物价波动"、"暂估价"；四是工程索赔类，主要包括"不可抗力"、"提前竣工（赶工补偿）"、"误期赔偿"、"索赔"；五是其他类，主要包括"现场签证"。

**2. 法规变化类合同价款调整事项**

（1）基准日的确定。对于实行招标的建设工程，一般以施工招标文件中规定的提交投标文件的截止时间前的第 28 天作为基准日；对于不实行招标的建设工程，一般以建设工程施工合同签订前的第 28 天作为基准日。

（2）工程延误期间的特殊处理。如果由于承包人的原因导致的工期延误，在工程延误期间国家的法律、行政法规和相关政策发生变化引起工程造价变化的，造成合同价款增加的，合同价款不予调整；造成合同价款减少的，合同价款予以调整。

（3）合同双方当事人应当依据法律、法规和政策的规定调整合同价款，如有关价格（如人工、材料和工程设备等价格）的变化已经包含在物价波动事件的调价公式中，不予考虑。

**3. 工程变更类合同价款调整事项**

（1）工程变更的范围

根据《标准施工招标文件》中的通用合同条款，工程变更的范围和内容包括：

1）取消合同中任何一项工作，但被取消的工作不能转由发包人或其他人实施；

2）改变合同中任何一项工作的质量或其他特性；

3）改变合同工程的基线、标高、位置或尺寸；

4）改变合同中任何一项工作的施工时间或改变已批准的施工工艺或顺序；

5）为完成工程需要追加的额外工作；

6）合同中的遗漏在范围上比合同变更更重大，不能简单地概括为合同变更。

（2）工程变更的价款调整方法

1）分部分项工程费的调整。已标价工程量清单中有适用于变更工程项目的，且工程变更导致的该清单项目的工程数量变化不足 15% 时，采用该项目的单价。已标价工程量清单中没有适用、但有类似于变更工程项目的，可在合理范围内参照类似项目的单价或总价调整。已标价工程量清单中没有适用也没有类似于变更工程项目的，由承包人根据变更工程资料、计量规则和计价办法、工程造价管理机构发布的信息（参考）价格和承包人报价浮动率，提出变更工程项目的单价或总价，报发包人确认后调整。已标价工程量清单中没有适用也没有类似于变更工程项目，且工程造价管理机构发布的信息（参考）价格缺价的，由承包人根据变更工程资料、计量规则、计价办法和通过市场调查等的有合法依据的市场价格提出变更工程项目的单价或总价，报发包人确认后调整。

2）措施项目费的调整。安全文明施工费，按照实际发生变化的措施项目调整，不得浮动。采用单价计算的措施项目费，按照实际发生变化的措施项目按前述分部分项工程费的调整方法确定单价。按总价（或系数）计算的措施项目费，除安全文明施工费外，按照实际发生变化的措施项目调整，但应考虑承包人报价浮动因素，即调整金额按照实际调整金额乘以承包人报价浮动率计算。

**4. 物价变化类合同价款调整事项**

（1）物价波动

采用价格指数调整价格差额的方法，主要适用于施工中所用的材料品种较少，但每种材料使用量较大的土木工程，如公路、水坝等。采用造价信息调整价格差额的方法，主要适用于使用的材料品种较多，相对而言每种材料使用量较小的房屋建筑与装饰工程。

（2）暂估价

1）给定暂估价的材料、工程设备。发包人在招标工程量清单中给定暂估价的材料和工程设备不属于依法必须招标的，由承包人按照合同约定采购，经发包人确认后以此为依据取代暂估价，调整合同价款；发包人在招标工程量清单中给定暂估价的材料和工程设备属于依法必须招标的，由发、承包双方以招标的方式选择供应商。依法确定中标价格后，以此为依据取代暂估价，调整合同价款。

2）给定暂估价的专业工程。发包人在工程量清单中给定暂估价的专业工程不属于依法必须招标的，应按照工程变更事件的合同价款调整方法，确定专业工程价款。并以此为依据取代专业工程暂估价，调整合同价款。属于依法必须招标的项目。发包人在招标工程量清单中给定暂估价的专业工程，依法必须招标的，应当由发承包双方依法组织招标选择专业分包人。

**5. 工程索赔类合同价款调整事项**

（1）不可抗力。不可抗力是指合同双方在合同履行中出现的不能预见、不能避免并不能克服的客观情况。不可抗力造成的损失应按照以下原则承担：

1）合同工程本身的损害、因工程损害导致第三方人员伤亡和财产损失以及运至施工场地用于施工的材料和待安装的设备的损害，由发包人承担；

2）发包人、承包人人员伤亡由其所在单位负责，并承担相应费用；

3）承包人的施工机械设备损坏及停工损失，由承包人承担；

4）停工期间，承包人应发包人要求留在施工场地的必要的管理人员及保卫人员的费用由发包人承担；

5）工程所需清理、修复费用，由发包人承担；

6）因发生不可抗力事件导致工期延误的，工期相应顺延。发包人要求赶工的，承包人应采取赶工措施，赶工费用由发包人承担。

（2）提前竣工（赶工补偿）与误期赔偿

1）提前竣工（赶工赔偿）。发包人应当依据相关工程的工期定额合理计算工期，压缩的工期天数不得超过定额工期的20%，超过的，应在招标文件中明示增加赶工费用。如果承包人的实际竣工日期早于计划竣工日期，承包人有权向发包人提出并得到提前竣工天数和合同约定的每日历天应奖励额度的乘积计算的提前竣工奖励。一般来说，双方还应当在合同中约定提前竣工奖励的最高限额（如合同价款的5%）。

2）误期赔偿。合同工程发生误期的，承包人应当按照合同的约定向发包人支付误期赔偿费，如果约定的误期赔偿费低于发包人由此造成的损失的，承包人还应继续赔偿。一般来说，双方还应当在合同中约定误期赔偿费的最高限额（如5%）。即使承包人支付误期赔偿费，也不能免除承包人按照合同约定应承担的任何责任和义务。

（3）工程索赔的概念和分类

工程索赔是指在工程合同履行过程中，合同一方当事人因对方不履行或未能正确履行合同义务或者由于其他非自身原因而遭受经济损失或权利损害，通过合同约定的程序向对方提出经济和（或）时间补偿要求的行为。

1）根据索赔的目的和要求不同，可以将工程索赔分为工期索赔和费用索赔。

2）根据索赔事件的性质不同，可以将工程索赔分为工程延误索赔、加速施工索赔、工程变更索赔、合同终止索赔、不可预见的不利条件索赔、不可抗力事件的索赔、其他索赔。

《标准施工招标文件》的通用合同条款中，按照引起索赔事件的原因不同，对一方当事人提出的索赔可能给予合理补偿工期、费用和（或）利润的情况，分别作出了相应的规定。其中，引起承包人索赔的事件以及可能得到的合理补偿内容如表 6-1 所示。

《标准施工招标文件》中承包人的索赔事件及可补偿内容 表 6-1

| 序号 | 条款号 | 索赔事件 | 可补偿内容 | | |
|---|---|---|---|---|---|
| | | | 工期 | 费用 | 利润 |
| 1 | 1.6.1 | 迟延提供图纸 | √ | √ | √ |
| 2 | 1.10.1 | 施工中发现文物、古迹 | √ | √ | |
| 3 | 2.3 | 迟延提供施工场地 | √ | √ | √ |
| 4 | 3.4.5 | 监理人指令迟延或错误 | √ | √ | |
| 5 | 4.11 | 施工中遇到不利物质条件 | √ | √ | |
| 6 | 5.2.4 | 提前向承包人提供材料、工程设备 | | √ | |
| 7 | 5.2.6 | 发包人提供材料、工程设备不合格或迟延提供或变更交货地点 | √ | √ | √ |
| 8 | 5.4.3 | 发包人更换其提供的不合格材料、工程设备 | √ | √ | |
| 9 | 8.3 | 承包人依据发包人提供的错误资料导致测量放线错误 | √ | √ | √ |
| 10 | 9.2.6 | 因发包人原因造成承包人人员工伤事故 | | √ | |
| 11 | 11.3 | 因发包人原因造成工期延误 | √ | √ | √ |
| 12 | 11.4 | 异常恶劣的气候条件导致工期延误 | √ | | |
| 13 | 11.6 | 承包人提前竣工 | | √ | |
| 14 | 12.2 | 发包人暂停施工造成工期延误 | √ | √ | √ |
| 15 | 12.4.2 | 工程暂停后因发包人原因无法按时复工 | √ | √ | √ |
| 16 | 13.1.3 | 因发包人原因导致承包人工程返工 | √ | √ | √ |
| 17 | 13.5.3 | 监理人对已经覆盖的隐蔽工程要求重新检查且检查结果合格 | √ | √ | √ |
| 18 | 13.6.2 | 因发包人提供的材料、工程设备造成工程不合格 | √ | √ | |
| 19 | 14.1.3 | 承包人应监理人要求对材料、工程设备和工程重新检验且检验结果合格 | √ | √ | |
| 20 | 16.2 | 基准日后法律的变化 | | √ | |
| 21 | 18.4.2 | 发包人在工程竣工前提前占用工程 | √ | √ | √ |
| 22 | 18.6.2 | 因发包人的原因导致工程试运行失败 | | √ | √ |
| 23 | 19.2.3 | 工程移交后因发包人原因出现新的缺陷或损坏的修复 | | √ | √ |
| 24 | 19.4 | 工程移交后因发包人原因出现的缺陷修复后的试验和试运行 | | √ | |
| 25 | 21.3.1 (4) | 因不可抗力停工期间应监理人要求照管、清理、修复工程 | | √ | |

## 6.2 施工成本控制的基本内容和要求

### 6.2.1 施工成本控制的基本内容

施工成本是施工企业为完成施工项目的建筑安装工程施工任务所消耗的各项生产费用的总和。施工成本管理应从工程投标报价开始，直至项目竣工结算完成为止，贯穿于项目实施的全过程。成本作为项目管理的一个关键性目标，包括责任成本目标和计划成本目标，它们的性质和作用不同。前者反映组织对施工成本目标的要求，后者是前者的具体化，把施工成本在组织管理层和项目经理部的运行有机地连接起来。施工成本管理就是要在保证工期和质量满足要求的情况下，采取相应管理措施，包括组织措施、经济措施、技术措施、合同措施把成本控制在计划范围内，并进一步寻求最大程度的成本节约。

**1. 施工成本**

是指在建设工程项目的施工过程中所发生的全部生产费用的总和，包括所消耗的原材料、辅助材料、构配件等的费用，周转材料的摊销费或租赁费等，施工机械的使用费或租赁费等，支付给生产工人的工资、奖金、工资性质的津贴等，以及进行施工组织与管理所发生的全部费用支出。建设工程项目施工成本由直接成本和间接成本所组成。

（1）直接成本是指施工过程中耗费的构成工程实体或有助于工程实体形成的各项费用支出，其是可以直接计入工程对象的费用，包括人工费、材料费、施工机械使用费和施工措施费等。

（2）间接成本是指为施工准备、组织和管理施工生产的全部费用的支出，是非直接用于也无法直接计入工程对象，但为进行工程施工所必须发生的费用，包括管理人员工资、办公费、差旅交通费等。

**2. 施工项目成本管理**

是在保证工期和质量满足要求的情况下，利用组织措施、经济措施、技术措施、合同措施把成本控制在计划范围内，并进一步寻求最大程度的成本节约。施工项目组织管理层的成本管理除了针对生产成本的管理外，还应包括经营管理费用的管理，人工费、材料费、措施费都属于生产成本或经营管理成本中的项目，与生产性成本不平行。施工成本管理的任务主要包括：成本预测、成本计划、成本控制、成本核算、成本分析和成本考核。

（1）施工项目成本预测

施工项目成本预测就是根据成本信息和施工项目的具体情况，运用一定的专门方法，对未来的成本水平及其可能发展趋势做出科学的估计，其实质就是在施工以前对成本进行估算。通过成本预测，可以使项目经理部在满足业主和施工企业要求的前提下，选择成本低、效益好的最佳成本方案，并能够在施工项目成本形成过程中，针对薄弱环节，加强成本控制，克服盲目性，提高预见性。

（2）施工项目成本计划

施工项目成本计划是以货币形式编制施工项目在计划期内的生产费用、成本水平、成本降低率以及为降低成本所采取的主要措施和规划的书面方案，它是建立施工项目成本管理责任制、开展成本控制和核算的基础。编制施工项目成本计划属于成本控制中的事前控制，编制计划是在施工成本控制具体实施的准备工作，属于事前控制。一般来说，一个施工项目成本计划应包括从开工到竣工所必需的施工成本，它是该施工项目降低成本的指导文件，是设立目标成本的依据。将项目总施工成本分解到单项工程和单位工程中，再进一步分解为分部工程和分项工程，这种方式称为按子项目组成编制施工项目成本计划。按子项目组成进行分解，可以把一个工程项目分解为若干单位工程，一个单位工程可以分解为若干分部工程，一个分部工程可以分解为若干分项工程的成本计划。可以说，成本计划是目标成本的一种形式。

（3）施工项目成本控制

施工项目成本控制是指在施工过程中，对影响施工项目成本的各种因素加强管理，并采用各种有效措施加以纠正，将施工中实际发生的各种消耗和支出严格控制在成本计划范围内，随时揭示并及时反馈，严格审查各项费用是否符合标准，计算实际成本和计划成本（目标成本）之间的差异并进行分析，消除施工中的损失和浪费现象，发现和总结先进经验。

施工项目成本控制应贯穿于施工项目从投标阶段开始直到项目竣工验收的全过程，它是企业全面成本管理的重要环节。因此，必须明确各级管理组织和各级人员的责任和权限，这是成本控制的基础之一，必须给以足够的重视。施工成本控制可分为事先控制、事中控制（过程控制）和事后控制。

（4）施工项目成本核算

施工项目成本核算是指按照规定开支范围对施工费用进行归集，计算出施工费用的实际发生额，并根据成本核算对象，采用适当的方法，计算出该施工项目的总成本和单位成本。施工项目成本核算所提供的各种成本信息是成本预测、成本计划、成本控制、成本分析和成本考核等各个环节的依据。施工成本一般以单位工程为成本核算对象，但也可以按照承包工程项目的规模、工期、结构类型、施工组织和施工现场等情况，结合成本管理要求，灵活划分成本核算对象。

（5）施工项目成本分析

施工项目成本分析是在成本形成过程中，对施工项目成本进行的对比评价和总结工作。它贯穿于施工成本管理的全过程，主要利用施工项目的成本核算资料，与目标成本、预算成本以及类似施工项目的实际成本等进行比较，了解成本的变动情况，同时也要分析主要技术经济指标对成本的影响，系统地研究成本变动原因，检查成本计划的合理性，深入揭示成本变动的规律，以便有效地进行成本管理。成本偏差的控制，分析是关键，纠偏是核心，要针对分析得出的偏差发生原因，采取切实措施，加以纠正。

1）成本分析的基本方法包括：比较法、因素分析法、差额计算法和比率法。成本分析的方法可以单独使用，也可结合使用。尤其是在进行成本综合分析时，必须使用基本方法。为了更好地说明成本升降的具体原因，必须依据定量分析的结果进行定性分析。

2）竣工成本的综合分析内容

凡是有几个单位工程而且是单独进行成本核算（即成本核算对象）的施工项目，其竣工成本分析应以各单位工程竣工成本分析资料为基础，再加上项目经理部的经营效益（如资金调度、对外分包等所产生的效益）进行综合分析。如果施工项目只有一个成本核算对象（单位工程），就以该成本核算对象的竣工成本资料作为成本分析的依据。

单位工程竣工成本分析，应包括以下三方面的内容：

① 竣工成本分析；

② 主要资源节超对比分析；

③ 主要技术节约措施及经济效果分析。

3）成本偏差分为局部成本偏差和累计成本偏差。局部成本偏差包括项目的月度（或周、天等）核算成本偏差、专业核算成本偏差以及分部分项作业成本偏差等；累计成本偏差是指已完工程在某一时间点上实际总成本与相应的计划总成本的差异。对成本偏差的原因分析，应采取定量和定性相结合的方法。

（6）施工项目成本考核

施工项目成本考核是指施工项目完成后，对施工项目成本形成中的各责任者，按施工项目成本目标责任制的有关规定，将成本的实际指标与计划、定额、预算进行对比和考核，评定施工项目成本计划的完成情况和各责任者的业绩，并以此给予相应的奖励和处罚。通过成本考核，做到有奖有惩，赏罚分明，才能有效地调动企业的每一个职工在各自的施工岗位上努力完成目标成本的积极性，为降低施工项目成本和增加企业的积累，做出自己的贡献。施工成本考核是衡量成本降低的实际成果，也是对成本指标完成情况的总结和评价。

施工成本管理的每一个环节都是相互联系和相互作用的。成本预测是成本决策的前提，成本计划是成本决策所确定目标的具体化。成本计划控制则是对成本计划的实施进行控制和监督，保证决策的成本目标的实现，而成本核算又是对成本计划是否实现的最后检验，它所提供的成本信息又对下一个施工项目成本预测和决策提供基础资料。成本考核是实现成本目标责任制的保证和实现决策目标的重要手段。

**3. 施工项目成本管理的措施**

（1）组织措施。组织措施是其他各类措施的前提和保障，而且一般不需要增加什么费用，运用得当可以收到良好的效果。组织措施有效的方法是从施工成本管理的组织方面采取的措施，如实行项目经理责任制，落实施工成本管理的组织机构和人员，明确各级施工成本管理人员的任务和职能分工、权利和责任，编制本阶段施工成本控制工作计划和详细的工作流程图；要做好施工采购规划，通过生产要素的优化配置、合理使用、动态管理，有效控制实际成本；加强施工定额管理和施工任务单管理，控制活劳动和物化劳动的消耗；加强施工调度，避免因施工计划不周和盲目调度，造成窝工损失、机械利用率降低、物料积压等而使施工成本增加。施工成本管理不仅是专业成本管理人员的工作，各级项目管理人员都负有成本控制责任。

（2）技术措施。技术措施不仅对解决施工成本管理过程中的技术问题是不可缺少的，而且对纠正施工成本管理目标偏差也有相当重要的作用。因此，运用技术纠偏措施的关键，一是要能提出多个不同的技术方案，二是要对不同的技术方案进行技术经济分析。在实践中，要避免仅从技术角度选定方案而忽视对其经济效果的分析论证。主要的技术措施有：

1）进行技术经济分析，确定最佳的施工方案。

2）结合施工方法，进行材料使用的比选，在满足功能要求的前提下，通过代用、改变配合比、使用添加剂等方法降低材料消耗的费用。

3）确定最合适的施工机械、设备使用方案。

4）结合项目的施工组织设计及自然地理条件，降低材料的库存成本和运输成本。

5）先进的施工技术的应用，新材料的运用，新开发机械设备的使用。

（3）经济措施。经济措施是最易为人接受和采用的措施。如管理人员应编制资金使用计划，确定、分解施工成本管理目标。对施工成本管理目标进行风险分析，并制定防范性对策。通过偏差原因分析和未完工程施工成本预测，可发现一些潜在的问题将引起未完工程施工成本的增加，对这些问题应以主动控制为出发点，及时采取预防措施。

（4）合同措施。成本管理要以合同为依据，因此合同措施就显得尤为重要。采用合同措施控制施工成本，应贯穿整个合同周期，包括从合同谈判开始到合同终结的全过程。首先是选用合适的合同结构，对各种合同结构模式进行分析、比较，在合同谈判时，要争取选用适合于工程规模、性质和特点的合同结构模式。其次，在合同的条款中应仔细考虑一切影响成本和效益的因素，特别是潜在的风险因素。通过对引起成本变动的风险因素的识别和分析，采取必要的风险对策，如通过合理的方式，增加承担风险的个体数量，降低损失发生的比例，并最终使这些策略反映在合同的具体条款中。在合同执行期间，合同管理的措施既要密切注视对方合同执行的情况，以寻求合同索赔的机会；同时，也要密切关注自己履行合同的情况，以防止被对方索赔。

### 6.2.2 施工成本控制的基本要求

（1）施工项目成本预测是施工项目成本决策与计划的依据。

（2）施工成本计划应满足以下要求：

1）合同规定的项目质量和工期要求；

2）组织对施工成本管理目标的要求；

3）以经济合理的项目实施方案为基础的要求；

4）有关定额及市场价格的要求。

（3）成本控制应满足下列要求：

1）要按照计划成本目标值来控制生产要素的采购价格，并认真做好材料、设备进场数量和质量的检查、验收与保管。

2）要控制生产要素的利用效率和消耗定额，如任务单管理、限额领料、验工报告审核等。同时要做好不可预见成本风险的分析和预控，包括编制相应的应急措施等。

3）控制影响效率和消耗量的其他因素（如工程变更等）所引起的成本增加。

4）把施工成本管理责任制度与对项目管理者的激励机制结合起来，以增强管理人员的成本意识和控制能力。

5）承包人必须有一套健全的项目财务管理制度，按规定的权限和程序对项目资金的使用和费用的结算支付进行审核、审批，使其成为施工成本控制的一个重要手段。

6）按时间进度的施工成本计划，通常可利用控制项目进度的网络图进一步扩充而得。

（4）施工成本核算的基本内容包括：

1）人工费核算；

2）材料费核算；

3）周转材料费核算；

4）结构构件费核算；

5）机械使用费核算；

6）其他措施费核算；

7）分包工程成本核算；

8）间接费核算；

9）项目月度施工成本报告编制。

施工成本管理的每一个环节都是相互联系和相互作用的。成本预测是成本决策的前提，成本计划是成本决策所确定目标的具体化。成本计划控制则是对成本计划的实施进行控制和监督，保证决策的成本目标的实现，而成本核算又是对成本计划是否实现的最后检验，它所提供的成本信息又对下一个施工项目成本预测和决策提供基础资料。成本考核是实现成本目标责任制的保证和实现决策目标的重要手段。

# 6.3 施工过程成本控制的步骤和措施

## 6.3.1 施工过程成本控制的步骤

### 1. 施工成本计划的内容

施工成本计划的具体内容如下：

（1）编制说明。指对工程的范围、投标竞争过程及合同条件、承包人对项目经理提出的责任成本目标、施工成本计划编制的指导思想和依据等的具体说明。

（2）施工成本计划的指标。施工成本计划的指标应经过科学的分析预测确定，可以采用对比法、因素分析法等进行测定。施工成本计划一般情况下有三类指标，成本计划的数量指标、成本计划的质量指标和成本计划的效益指标。

（3）按工程量清单列出的单位工程计划成本汇总表。

（4）按成本性质划分的单位工程成本汇总表。根据清单项目的造价分析，分别对人工费、材料费、机械费、措施费、企业管理费和税费进行汇总，形成单位工程成本计划表。施工项目计划成本应在项目实施方案确定和不断优化的前提下进行编制，因为不同的实施方案将导致直接工程费、措施费和企业管理费的差异。成本计划的编制是施工成本预控的重要手段。因此，应在工程开工前编制完成，以便将计划成本目标分解落实，为各项成本的执行提供明确的目标、控制手段和管理措施。

### 2. 施工项目成本计划的编制依据

施工项目计划成本应在项目实施方案确定和不断优化的前提下进行编制，因为不同的实施方案将导致直接工程费、措施费和企业管理费的差异。成本计划的编制是施工成本预控的重要手段。因此，应在工程开工前编制完成，以便将计划成本目标分解落实，为各项成本的执行提供明确的目标、控制手段和管理措施。编制施工成本计划，需要广泛收集相关资料并进行整理，以作为施工成本计划编制的依据。施工项目成本计划一般由施工项目降低直接成本计划和间接成本计划及技术组织措施组成。施工成本计划的编制依据包括：

（1）投标报价文件；

（2）企业定额、施工预算；

（3）施工组织设计或施工方案；

（4）人工、材料、机械台班的市场价；

（5）企业颁布的材料指导价、企业内部机械台班价格、劳动力内部挂牌价格；

（6）周转设备内部租赁价格、摊销损耗标准；

（7）已签订的工程合同、分包合同（或估价书）；

（8）结构件外加工计划和合同；

（9）有关财务成本核算制度和财务历史资料；

（10）施工成本预测资料；

（11）拟采取的降低施工成本的措施；

（12）其他相关资料。

### 3. 施工项目成本计划的编制方法

（1）按施工项目成本组成编制施工项目成本计划。施工项目成本可以按成本构成分解为人工费、材料费、施工机械使用费、措施费和间接费。

（2）按子项目组成编制施工项目成本计划。大中型的工程项目通常是由若干单项工程构成的，而每个单项工程包括了多个单位工程，每个单位工程又是由若干个分部分项工程构成。因此，首先要把项目总施工成本分解到单项工程和单位工程中，再进一步分解为分部工程和分项工程。

（3）按工程进度编制施工项目成本计划。编制按时间进度的施工成本计划，通常可利用控制项目进度的网络图进一步扩充而得。即在建立网络图时，一方面确定完成各项工作所需花费的时间，另一方面确定完成这一工作的合适的施工成本支出计划。在编制网络计划时，应在充分考虑进度控制对项目划分要求的同时，还要考虑确定施工成本支出计划对项目划分的要求，做到二者兼顾。施工过程中施工成本的实际开支与计划不符，最有可能的原因是某道工序的施工进度与计划不符。通过对施工成本目标按时间进行分解，在网络计划基础上，可获得项目进度计划的横道图。并在此基础上编制成本计划。其表示方式有两种：一种是在时标网络图上按月编制的成本计划；另一种是利用时间-成本曲线（S形曲线）表示。

### 4. 施工过程成本控制的步骤

在确定了项目施工成本计划之后，必须定期地进行施工成本计划值与实际值的比较，当实际值偏离计划值时，分析产生偏差的原因，采取适当的纠偏措施，以确保施工成本控制目标的实现，共有五个步骤。

（1）比较。按照某种确定的方式将施工成本计划值与实际值逐项进行比较，以发现施工成本是否已超支。

（2）分析。在比较的基础上，对比较的结果进行分析，以确定偏差的严重性及偏差产生的原因。这一步是施工成本控制工作的核心，其主要目的在于找出产生偏差的原因，从而采取有针对性的措施，减少或避免相同原因的再次发生或减少由此造成的损失。

（3）预测。根据项目实施情况估算整个项目完成时的施工成本。预测的目的在于为决策提供支持。

（4）纠偏。当工程项目的实际施工成本出现了偏差，应当根据工程的具体情况、偏差分析和预测的结果，采取适当的措施，以期达到使施工成本偏差尽可能小的目的。纠偏是施工成本控制中最具实质性的一步。只有通过纠偏，才能最终达到有效控制施工成本的目的。

（5）检查。指对工程的进展进行跟踪和检查，及时了解工程进展状况以及纠偏措施的执行情况和效果，为今后的工作积累经验。

**5. 施工成本的过程控制方法**

成本的过程控制是指控制实际成本的发生，包括实际采购费用发生过程的控制、劳动力和生产资料使用过程的消耗控制、质量成本及管理费用的支出控制等。施工阶段是控制建设工程项目成本发生的主要阶段，它通过确定成本目标并按计划成本进行施工资源配置，对施工现场发生的各种成本费用进行有效控制，其具体的控制方法如下。

（1）人工费的控制。人工费的控制实行"量价分离"的方法，将作业用工及零星用工按定额工日的一定比例综合确定用工数量与单价，通过劳务合同进行控制。

（2）材料费的控制。材料费控制同样按照"量价分离"原则，控制材料用量和材料价格。

① 材料用量的控制。在保证符合设计要求和质量标准的前提下，合理使用材料，通过定额管理、计量管理等手段有效控制材料物资的消耗。在进行施工成本的控制时，对水泥、木材等材料用量的控制，适宜采用的方法是限额发料。

② 材料价格的控制。材料价格主要由材料采购部门控制。由于材料价格是由买价、运杂费、运输中的合理损耗等所组成，因此控制材料价格，主要是通过掌握市场信息，应用招标和询价等方式控制材料、设备的采购价格。施工项目的材料物资，包括构成工程实体的主要材料和结构构件，以及有助于工程实体形成的周转使用材料和低值易耗品。从价值角度看，材料物资的价值，约占建筑安装工程造价的60%～70%以上，其重要程度自然是不言而喻。由于材料物资的供应渠道和管理方式各不相同，所以控制的内容和所采取的控制方法也将有所不同。

（3）施工机械使用费的控制。合理选择施工机械设备，合理使用施工机械设备对成本控制具有十分重要的意义，尤其是高层建筑施工。据某些工程实例统计，高层建筑地面以上部分的总费用中，垂直运输机械费用约占6%～10%。由于不同的起重运输机械各有不同的用途和特点，因此在选择起重运输机械时，首先应根据工程特点和施工条件确定采取何种不同起重运输机械的组合方式。在确定采用何种组合方式时，首先应满足施工需要，同时还要考虑到费用的高低和综合经济效益。施工机械使用费主要由台班数量和台班单价两方面决定。

（4）施工分包费用的控制。分包工程价格的高低，必然对项目经理部的施工项目成本产生一定的影响。因此，施工项目成本控制的重要工作之一是对分包价格的控制。项目经理部应在确定施工方案的初期就要确定需要分包的工程范围。决定分包范围的因素主要是施工项目的专业性和项目规模。对分包费用的控制，主要是要做好分包工程的询价、订立平等互利的分包合同、建立稳定的分包关系网络、加强施工验收和分包结算等工作。

**6. 施工项目综合成本的分析方法**

所谓综合成本，是指涉及多种生产要素，并受多种因素影响的成本费用，如分部分项工程成本、月（季）度成本、年度成本、竣工成本等。这些成本部是随着项目施工的进展而逐步形成的，与生产经营有着密切的关系。因此，做好上述成本的分析工作，无疑将促进项目的生产经营管理，提高项目的经济效益。

（1）分部分项工程成本分析。分部分项工程成本分析是施工项目成本分析的基础。分部分项工程成本分析的对象为已完成分部分项工程，分析的方法是：进行预算成本、目标成本和实际成本的"三算"对比，分别计算实际偏差和目标偏差，分析偏差产生的原因，为今后的分部分项工程成本寻求节约途径。分部分项工程成本分析的资料来源（依据）是：预算成本来自投标报价成本，目标成本来自施工预算，实际成本来自施工任务单的实际工程量、实耗人工和限额领料单的实耗材料。由于施工项目包括很多分部分项工程，不可能也没有必要对每一个分部分项工程都进行成本分析。特别是一些工程量小、成本费用微不足道的零星工程。但是，对于那些主要分部分项工程则必须进行成本分析，而且要做到从开工到竣工进行系统的成本分析。这是一项很有意义的工作，因为通过主要分部分项工程成本的系统分析，可以基本上了解项目成本形成的全过程，为竣工成本分析和今后的项目成本管理提供一份宝贵的参考资料。

（2）月（季）度成本分析。月（季）度成本分析，是施工项目定期的、经常性的中间成本分析。对于具有一次性特点的施工项目来说，有着特别重要的意义。因为通过月（季）度成本分析，可以及时发现问题，以便按照成本目标指定的方向进行监督和控制，保证项目成本目标的实现。月（季）度成本分析的依据是当月（季）的成本报表。

（3）年度成本分析。企业成本要求一年结算一次，不得将本年成本转入下一年度。而项目成本则以项目的寿命周期为结算期，要求从开工、竣工到保修期结束连续计算，最后结算出成本总量及其盈亏。由于项目的施工周期一般较长，除进行月（季）度成本核算和分析外，还要进行年度成本的核算和分析。这不仅是为了满足企业汇编年度成本报表的需要，同时也是项目成本管理的需要。因为通过年度成本的综合分析，可以总结一年来成本管理的成绩和不足，为今后的成本管理提供经验和教训，从而可对项目成本进行更有效的管理。年度成本分析的依据是年度成本报表。年度成本分析的内容，除了月（季）度成本分析的6个方面以外，重点是针对下一年度的施工进展情况规划提出切实可行的成本管理措施，以保证施工项目成本目标的实现。

（4）竣工成本的综合分析。凡是有几个单位工程而且是单独进行成本核算（即成本核算对象）的施工项目，其竣工成本分析应以各单位工程竣工成本分析资料为基础，再加上项目经理部的经营效益（如资金调度、对外分包等所产生的效益）进行综合分析。如果施工项目只有一个成本核算对象（单位工程），就以该成本核算对象的竣工成本资料作为成本分析的依据。

单位工程竣工成本分析，应包括以下三方面的内容：

① 竣工成本分析；

② 主要资源节超对比分析；

③ 主要技术节约措施及经济效果分析。

通过以上分析，可以全面了解单位工程的成本构成和降低成本的来源，对今后同类工程的成本管理很有参考价值。

**7. 施工项目成本核算**

在工程项目实施过程中，对各项成本进行动态跟踪核算，发现实际成本与目标成本有差异时，应采取纠偏控制措施。索赔费用的主要组成部分，同工程款的计价内容相似。按我国现行规定（参见建标［2013］44号《建筑安装工程费用项目组成》），建安工程合同价包括直接费、间接费、利润及税金，我国的这种规定，同国际上通行的做法还不完全一致。按国际惯例，建安工程直接费包括人工费、材料费和机械使用费；间接费包括现场管理费、保险费、利息等。从原则上说，承包商有索赔权利的工程成本增加，都是可以索赔的费用。但是，对于不同原因引起的索赔，承包商可索赔的具体费用内容是不完全一样的。哪些内容可索赔，要按照各项费用的特点、条件进行分析论证，现概述如下。

（1）人工费。人工费包括施工人员的基本工资、工资性质的津贴、加班费、奖金以及法定的安全福利的费用。对于索赔费用中的人工费部分而言，人工费是指完成合同之外的额外工作所花费的人工费用；由于非承包商责任的工效降低所增加的人工费用；超过法定工作时间加班劳动；法定人工费增长以及非承包商责任工程延期导致的人员窝工费和工资上涨费等。

（2）材料费。材料费的索赔包括：由于索赔事项材料实际用量超过计划用量而增加的材料费；由于客观原因材料价格大幅度上涨；由于非承包商责任工程延期导致的材料价格上涨和超期储存费用。材料费中应包括运输费、仓储费以及合理的损耗费用。如果由于承包商管理不善，造成材料损坏失效，则不能列入索赔计价。承包商应该建立健全的物资管理制度，记录建筑材料的进货日期和价格，建立领料耗用制度，以便索赔时能准确地分离出索赔事项所引起的材料额外耗用量。为了证明材料单价的上涨，承包商应提供可靠的订货单、采购单，或官方公布的材料价格调整指数。

（3）施工机械使用费。施工机械使用费的索赔包括：由于完成额外工作增加的机械使用费；非承包商责任工效降低增加的机械使用费；由于业主或监理工程师原因导致机械停工的窝工费。窝工费的计算，如系租赁设备，一般按实际租金和调进调出费的分摊计算；如系承包商自有设备，一般按台班折旧费计算，而不能按台班费计算，因台班费中包括了设备使用费。

（4）分包费用。分包费用索赔指的是分包商的索赔费，一般也包括人工、材料、机械使用费的索赔。分包商的索赔应如数列入总承包商的索赔款总额以内。

（5）现场管理费。索赔款中的现场管理费是指承包商完成额外工程、索赔事项工作以及工期延长期间的现场管理费，包括管理人员工资、办公费、通信费、交通费等。

（6）利息。在索赔款额的计算中，经常包括利息。利息的索赔通常发生于下列情况：拖期付款的利息；由于工程变更和工程延期增加投资的利息；索赔款的利息；错误扣款的利息。

（7）总部（企业）管理费。索赔款中的总部管理费主要指的是工程延期期间所增加的管理费。包括总部职工工资、办公大楼、办公用品、财务管理、通信设施以及总部领导人员赴工地检查指导工作等开支。这项索赔款的计算，目前没有统一的方法。

（8）利润。一般来说，由于工程范围的变更、文件有缺陷或技术性错误、业主未能提供现场等引起的索赔，承包商可以列入利润。但对于工程暂停的索赔，由于利润通常是包括在每项实施工程内容的价格之内的，而延长工期并未影响削减某些项目的实施，也未导致利润减少。所以，一般监理工程师很难同意在工程暂停的费用索赔中加进利润损失。索赔利润的款额计算通常是与原报价单中的利润百分率保持一致。

## 6.3.2 施工过程成本控制的措施

**1. 偏差分析的方法**

偏差分析可采用不同的方法，常用的有横道图法、表格法和曲线法。

（1）横道图法。用横道图法进行施工成本偏差分析，是用不同的横道标识已完工程计划施工成本、拟完工程计划施工成本和已完工程实际施工成本，横道的长度与其金额成正比。

横道图法具有形象、直观、一目了然等优点，它能够准确表达出施工成本的绝对偏差，而且能一眼感受到偏差的严重性，但这种方法反映的信息量少，一般在项目的较高管理层应用。

（2）表格法。表格法是进行偏差分析最常用的一种方法，它将项目编号、名称、各施工成本参数以及施工成本偏差数综合归纳入一张表格中，并且直接在表格中进行比较。由于各偏差参数都在表中列出，使得施工成本管理者能够综合地了解并处理这些数据。用表格法进行偏差分析具有如下优点：

① 灵活、适用性强，可根据实际需要设计表格，进行增减项；

② 信息量大。可以反映偏差分析所需的资料，从而有利于施工成本控制人员及时采取针对性措施，加强控制；

③ 表格处理可借助于计算机，从而节约大量数据处理所需的人力，并大大提高速度。

（3）曲线法。曲线法是用施工成本累计曲线（S形曲线）来进行施工成本偏差分析的一种方法。用曲线法进行偏差分析同样具有形象、直观的特点，但这种方法很难直接用于定量分析，只能对定量分析起一定的指导作用。

**2. 施工项目成本分析的依据**

施工项目成本分析，就是根据会计核算、业务核算和统计核算提供的资料，对施工成本的形成过程和影响成本升降的因素进行分析，以寻求进一步降低成本的途径。

（1）会计核算。会计核算主要是价值核算。会计是对一定单位的经济业务进行计量、记录、分析和检查已做出预测，参与决策，实行监督，旨在实现最优经济效益的一种管理活动。资产、负债、所有者权益、营业收入、成本和利润会计六要素指标，主要是通过会计来核算。至于其他指标，会计核算的记录中也可以有所反映，但在反映的广度和深度上有很大的局限性，一般不用会计核算来反映。由于会计记录具有连续性、系统性、综合性等特点，所以它是施工成本分析的重要依据。

（2）业务核算。业务核算是各业务部门根据业务工作的需要而建立的核算制度，它包括原始记录和计算登记表，如单位工程及分部分项工程进度登记，质量登记，工效、定额计算登记，物资消耗定额记录，测试记录等。业务核算的范围比会计、统计核算要广，会计和统计核算一般是对已经发生的经济活动进行核算，而业务核算不但可以对已经发生的，而且还可以对尚未发生或正在发生的或尚在构思中的经济活动进行核算，看是否可以做，是否有经济效果。业务核算的目的在于迅速取得资料，在经济活动中及时采取措施进行调整。

（3）统计核算。统计核算是利用会计核算资料和业务核算资料，把企业生产经营活动客观现状的大量数据，按统计方法加以系统整理，表明其规律性。它的计量尺度比会计宽，可以用货币计算，也可以用实物或劳动量计量。它通过全面调查和抽样调查等特有的方法，不仅能提供绝对数指标，还能提供相对数和平均数指标，可以计算当前的实际水平，确定变动速度，可以预测发展的趋势。统计除了主要研究大量的经济现象以外，也很重视个别先进事例与典型事例的研究。有时，为了使研究的对象更有典型性和代表性，还把一些偶然性的因素或次要的枝节问题予以剔除。为了对主要问题进行深入分析，不一定要求对企业的全部经济活动做出完整、全面的反映。

**3. 成本分析的基本方法**

施工成本分析的方法包括比较法、因素分析法、差额计算法、比率法等基本方法。

（1）比较法。又称"指标对比分析法"，就是通过技术经济指标的对比，检查目标的完成情况，分析产生差异的原因，进而挖掘内部潜力的方法。这种方法，具有通俗易懂、简单易行、便于掌握的特点，因而得到了广泛的应用，但在应用时必须注意各技术经济指标的可比性。比较法的应用，通常有下列形式。

① 将实际指标与目标指标对比。以此检查目标完成情况，分析影响目标完成的积极因素和消极因素，以便及时采取措施，保证成本目标的实现。在进行实际指标与目标指标对比时，还应注意目标本身有无问题。如果目标本身出现问题，则应调整目标，重新正确评价实际工作的成绩。

② 本期实际指标与上期实际指标对比。通过这种对比，可以看出各项技术经济指标的变动情况，反映施工管理水平的提高程度。

③ 与本行业平均水平、先进水平对比。通过这种对比，可以反映本项目的技术管理和经济管理与行业的平均水平和先进水平的差距，进而采取措施赶超先进水平。

（2）因素分析法，又称连环置换法。这种方法可用来分析各种因素对成本的影响程度。在进行分析时，首先要假定众多因素中的一个因素发生了变化，而其他因素不变，然后逐个替换，分别比较其计算结果，以确定各个因素的变化对成本的影响程度。因素分析法的计算步骤如下：

① 确定分析对象，并计算出实际数与目标数的差异；

② 确定该指标是由哪几个因素组成的，并按其相互关系进行排序；

③ 以目标数为基础，将各因素的目标数相乘，作为分析替代的基数；

④ 将各个因素的实际数按照上面的排列顺序进行替换计算，并将替换后的实际数保留下来；

⑤ 将每次替换计算所得的结果，与前一次的计算结果相比较，两者的差异即为该因素对成本的影响程度；

⑥ 各个因素的影响程度之和，应与分析对象的总差异相等。

（3）差额计算法。差额计算法是因素分析法的一种简化形式，它利用各个因素的目标值与实际值的差额来计算其对成本的影响程度。

（4）比率法。比率法是指用两个以上的指标的比例进行分析的方法。它的基本特点是：先把对比分析的数值变成相对数，再观察其相互之间的关系。常用的比率法有以下几种。

① 相关比率法。由于项目经济活动的各个方面是相互联系、相互依存又相互影响的，因而可以将两个性质不同而又相关的指标加以对比，求出比率，并以此来考察经营成果的好坏。例如：产值和工资是两个不同的概念，但它们的关系又是投入与产出的关系。在一

般情况下，都希望以最少的工资支出完成最大的产值。因此，用产值工资率指标来考核人工费的支出水平，就很能说明问题。

② 构成比率法。又称比重分析法或结构对比分析法。通过构成比率，可以考察成本总量的构成情况及各成本项目占成本总量的比重，同时也可看出量、本、利的比例关系（即预算成本、实际成本和降低成本的比例关系），从而为寻求降低成本的途径指明方向。

③ 动态比率法。动态比率法，就是将同类指标不同时期的数值进行对比，求出比率，以分析该项指标的发展方向和发展速度。动态比率的计算，通常采用基期指数和环比指数两种方法。

**4. 工程变更价款的确定方法**

《建设工程施工合同（示范文本）》约定的工程变更价款的确定方法如下：

（1）合同中已有适用于变更工程的价格，按合同已有的价格变更合同价款；

（2）合同中只有类似于变更工程的价格，可以参照类似价格变更合同价款；

（3）合同中没有适用或类似于变更工程的价格，由承包人提出适当的变更价格，经工程师确认后执行。

采用合同中工程量清单的单价和价格：合同中工程量清单的单价和价格由承包商投标时提供，用于变更工程，容易被业主、承包商及监理工程师所接受，从合同意义上讲也是比较公平的。采用合同中工程量清单的单价或价格有几种情况：一是直接套用，即从工程量清单上直接拿来使用；二是间接套用，即依据工程量清单，通过换算后采用；三是部分套用，即依据工程量清单，取其价格中的某一部分使用。协商单价和价格：协商单价和价格是基于合同中没有（适用或类似）或者有但不合适的情况而采取的一种方法。

# 第7章 常用施工机械机具的性能

## 7.1 土石打夯常用机械

### 7.1.1 蛙式夯实机的性能与注意事项

**1. 压实机械**

按压实原理不同，可分为冲击式、碾压式和振动式三大类。冲击式压实机械主要有蛙式打夯机和振动冲击夯机两类；碾压式压实机械按行走方式分自行式压路机（光轮和轮胎）和牵引式（推土机或拖拉机牵引）压路机两类；振动压实机械按行走方式分为手扶平板式和振动式两类。

**2. 蛙式夯实机的性能**

蛙式打夯机轻巧灵活、构造简单、操作方便，在小型土方工程中应用最广（图7-1）。夯打遍数依据填土的类别和含水量确定。

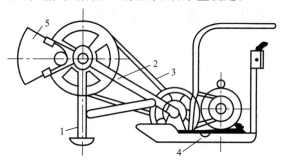

图 7-1 蛙式打夯机

1—夯头；2—夯架；3—三角胶带；4—拖盘；5—偏心块

（1）蛙式夯实机应适用于夯实灰土和素土的地基、地坪及场地平整，不得夯实坚硬或软硬不一的地面、冻土及混有砖石碎块的杂土。

（2）蛙式夯实机作业注意事项应符合下列要求。

1）除接零或接地外，应设置漏电保护器，电缆线接头绝缘良好。

2）传动皮带松紧度合适，皮带轮与偏心块安装牢固。

3）转动部分有防护装置，并进行试运转，确认正常后，方可作业。

4）作业时夯实机扶手上的按钮开关和电动机的接线均应绝缘良好。当发现有漏电现象时，应立即切断电源，进行检修。

5）夯实机作业时，应一人扶夯，一人传递电缆线，且必须戴绝缘手套和穿绝缘鞋。递线人员应跟随夯机后或两侧调顺电缆线，蛙式夯实机的电缆线不宜长于50m，电缆线不得扭结或缠绕，且不得张拉过紧，应保持有3～4m的余量。

6）作业时，应防止电缆线被夯击。移动时，应将电缆线移至夯机后方，不得隔机抢扔电缆线，当转向倒线困难时，应停机调整。

7）作业时，手握扶手应保持机身平衡，不得用力向后压，并应随时调整行进方向。转弯时不得用力过猛，不得急转弯。

8）夯实填高土方时，应在边缘以内 100～150mm 夯实 2～3 遍后，再夯实边缘。

9）在较大基坑作业时，不得在斜坡上夯行，应避免造成夯头后折。

10）夯实房心土时，夯板应避开房心内地下构筑物、钢筋混凝土基桩、机座及地下管道等。

11）在建筑物内部作业时，夯板或偏心块不得打在墙壁上。

12）多机作业时，其并列间距不得小于 5m，前后间距不得小于 10m。

13）夯机前进方向和夯机四周 1m 范围内，不得站立非操作人员。

14）夯机连续作业时间不应过长，当电动机超过额定温升时，应停机降温。

15）夯机发生故障时，应先切断电源，然后排除故障。

16）作业后，应切断电源，卷好电缆线，清除夯机上的泥土，并妥善保管。

### 7.1.2 振动冲击夯的性能与注意事项

**1. 振动冲击夯的性能**

振动冲击夯依据 JG/T 5014 标准生产。其具有体积小，质量轻，夯量轻，夯实能力大，生产效率高，贴边性能好，操作灵活、简便、安全可靠等特点，较我国使用的蛙夯、爆炸夯、平板夯等具有更多的优点。该机不仅适用于砂、三合土和各种砂性土类的压实，也适用于对沥青砂石、贫混凝土和黏土等散状物料的压实，特别适用于室内地板面、庭院和沟槽等狭窄地的施工，可以胜任大中型压实机械无法完成的施工任务，不得在水泥路面和其他坚硬地面作业。

**2. 振动冲击夯作业的注意事项**

（1）各部件连接良好，无松动；

（2）内燃冲击夯有足够的润滑油，油门控制器转动灵活；

（3）电动冲击夯有可靠的接零或接地，电缆线表面绝缘完好。

（4）为了使机件得到润滑，并提高机温，以利正常作业，内燃冲击夯起动后，内燃机应怠速运转 3～5min，然后逐渐加大油门，待夯机跳动稳定后，方可作业。

（5）电动冲击夯在接通电源启动后，应检查电动机旋转方向，有错误时应倒换相线。

（6）作业时应正确掌握夯机，不得倾斜，为了减少对人体的振动，手把不宜握得过紧，能控制夯机前进速度即可。

（7）正常作业时，不得使劲往下压手把，影响夯机跳起高度。在较松的填料上作业或上坡时，可将手把稍向下压，并应能增加夯机前进速度。

（8）在需要增加密实度的地方，可通过手把控制夯机在原地反复夯实。

（9）根据作业要求，内燃冲击夯应通过调整油门的大小，在一定范围内改变夯机振动频率。

（10）内燃冲击夯不宜在高速下连续作业，冲击夯的内燃机系风冷二冲程高速（4000r/min）汽油机，如在高速下作业时间过长，将因温度过高而损坏。在内燃机高速运转时不得突然停车。

（11）电动冲击夯应装有漏电保护装置，操作人员必须戴绝缘手套，穿绝缘鞋。作业时，电缆线不应拉得过紧，应经常检查线头安装，不得松动及引起漏电。严禁冒雨作业。

（12）作业中，当冲击夯有异常的响声，应立即停机检查。

（13）当短距离转移时，应先将冲击夯手把稍向上抬起，将运输轮装入冲击夯的挂钩内，再压下手把，使重心后倾，方可推动手把转移冲击夯。

（14）作业后，应清除夯板上的泥沙和附着物，保持夯机清洁，并妥善保管。

# 7.2 钢筋加工常用机械

## 7.2.1 钢筋调直切断机的性能与注意事项

### 1. 钢筋调直切断机的性能

钢筋调直切断机是钢筋调直加工机械之一，用于调直和切断直径 14mm 以下的钢筋，它具有自动调直、定位切断、除锈、清垢等多种功能。由调直筒，牵行机构，切断机构，钢筋定长架、机架和驱动装置等组成。

### 2. 钢筋调直切断机作业注意事项

（1）钢筋调直机应安装在平坦、坚实的地面上。料架、料槽应安装平直，并应对准导向筒、调直筒和下切刀孔的中心线。

（2）必须注意调整调直模。调直筒内一般设有 5 个调直模，第 1、5 两个调直模须放在中心线上，中间 3 个可偏离中心线。先使钢筋偏移 3mm 左右的偏移量，经过试调直，如钢筋仍有宏观弯曲，可逐渐加大偏移量；如钢筋存在微观弯曲，应逐渐减少偏移量，直到调直为止。

（3）切断 3~4 根钢筋后，停机检查其长度是否合适。如有偏差，可调整限位开关或定尺板。

（4）钢筋调直切断机工作时，为了保证钢筋能够保持水平状态进入调直前端的导孔内，在导向套前部应安装一根长度为 1m 左右的钢管。需调直的钢筋应先穿过该钢管，然后穿入导向套和调直筒，以防止每盘钢筋接近调直完毕时，其端头弹出伤人。

（5）在调直过程中不应任意调整传送压辊的水平装置，如调整不当，阻力增大，会造成机内断筋，损坏设备。

（6）盘条放在放盘架上要平稳。放盘架与调直机之间应架设环形导向装置，避免断筋、乱筋时出现意外。

（7）已调直的钢筋应按级别、直径、长短、根数分别堆放。

（8）按所需调直钢筋的直径选用适当的调直模、送料、牵引轮槽及速度，调直模的孔径应比钢筋直径大 2~5mm，调直模的大口应面向钢筋进入的方向。曳引轮槽宽和所需调直钢筋的直径相符合。

（9）钢筋调直切断机在调直块未固定或防护罩未盖好前不得送料，当运行中发生故障时，应先切断电源，保证安全的情况下才能打开防护罩进行修理。

## 7.2.2 钢筋弯曲机的性能与注意事项

### 1. 钢筋弯曲机的性能

钢筋弯曲机，是钢筋加工机械之一，如图 7-2 所示。工作机构是一个在垂直轴上旋转的水平工作圆盘，把钢筋置于图中虚线位置，支承销轴固定在机床上，中心销轴和压弯销轴装在工作圆盘上，圆盘回转时便将钢筋弯曲。为了弯曲各种直径的钢筋，在工作盘上有几个孔，用以插压弯销轴，也可相应地更换不同直径的中心销轴。

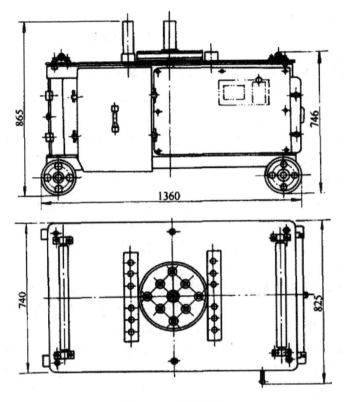

图 7-2 钢筋弯曲机

**2. 钢筋弯曲机注意事项**

（1）为保证钢筋弯曲机的正常工作，钢筋弯曲机的工作台和弯曲机台面应保持水平。作业前应准备好各种芯轴及工具。

（2）应按加工钢筋的直径和弯曲半径的要求，装好相应规格的芯轴和成型轴、挡铁轴。芯轴的直径应为钢筋直径的 2.5 倍。挡铁轴应有轴套。

（3）挡铁轴的直径和强度不得小于被弯曲钢筋的直径和强度。不直的钢筋，不得在弯曲机上弯曲。

（4）应检查并确认芯轴、挡铁轴、转盘等无裂纹和损伤，防护罩坚固、可靠，空载运转正常后方可作业。

（5）作业时，应将钢筋需弯的一端插入在转盘固定销的间隙内，另一端紧靠机身固定销，并用手压紧；应检查机身固定销并确认安放在挡住钢筋的一侧，方可开动。

（6）作业中，严禁更换芯轴、销子和变换角度以及调速，也不得进行清扫和加油。

（7）对超过机械铭牌规定直径的钢筋禁止进行弯曲。在弯曲未经冷拉或带有锈皮的钢筋时，应戴防护镜。

（8）弯曲高强度或低合金钢筋时，应按机械铭牌规定换算最大允许直径并应调换相应芯轴。

（9）在弯曲钢筋的作业半径内和机身不设固定销的一侧严禁站人。弯曲好的半成品，应堆放整齐，弯钩不得朝上。

（10）转盘换向时，应待停稳后进行。

（11）作业后，应及时清除转盘及孔内的铁锈、杂物等。

### 7.2.3 钢筋冷拉机、冷拔机的性能与注意事项

**1. 钢筋冷拉机性能**

钢筋冷拉机为钢筋加工机械之一。钢筋冷拉是钢筋强化的主要方法，在常温下用冷拉机对各级热轧钢进行强力拉伸，使其拉应力超过钢筋的屈服点而又不大于抗拉强度，使钢筋产生塑性变形，然后放松钢筋。

**2. 钢筋冷拔机注意事项**

（1）根据冷拉钢筋的直径，合理选用卷扬机，卷扬钢丝绳应经封闭式导向滑轮，卷扬机的位置必须使操作人员能见到全部冷拉场地，距离冷拉中心线不少于 5m。

（2）冷拉卷扬机前设防护挡板，操作时要站在防护挡板后面，没有挡板时，应将卷扬机与冷拉方向成直角。

（3）钢筋冷拉时，冷拉场地必须设置警戒区，并应安装防护栏及警告标志，非操作人员不得进入警戒区，作业时操作人员应与受拉钢筋至少有 2m 以上的距离。

（4）用配重控制的设备必须与滑轮匹配，并有指示起落的记号，没有指示记号时应有专人指挥。配重框提升时高度应限制在离地 300mm 以内，配重架四周应有栏杆及警告标志。

（5）作业前，应检查冷拉夹具，夹齿必须完好，滑轮、拖拉小车应润滑灵活，拉钩、地锚及防护装置均应齐全、牢固，确认良好后方可作业，凡过硬或不匀质的钢材不宜冷拉。

（6）卷扬机操作人员必须看到指挥人员发出信号，并待所有人员离开危险区后，方可作业。冷拉应缓慢、均匀地进行，随时注意停机信号或见到有人进入危险区时应立即停拉，并稍稍放松卷扬钢丝绳。

（7）采用延伸率控制的冷拉机，应设置明显的限位标志，并应有专人负责指挥。

（8）夜间工作照明设施应设在张拉危险区外，如必须装置在场地上空时，其高度应超过 5m，灯泡应加防护罩，导线应绝缘良好。

（9）电器设备必须安全可靠，导线绝缘必须良好，电动机和启动器外壳必须接地。

（10）地锚的设置和抗拉强度的计算，应由使用单位确定。

（11）作业后，应放松卷扬钢丝绳，落下配重，切断电源，锁好电闸箱。

**3. 钢筋冷拔机性能**

钢筋冷拔机，钢筋加工机械之一，使直径 6～10mm 的 HPB300 级钢筋强制通过直径小于 0.5～1mm 的硬质合金或碳化钨拔丝模进行冷拔。冷拔时，钢筋同时经受张拉和挤压而发生塑性变形，拔出的钢筋截面积减小，产生冷作强化，抗拉强度可提高 40%～90%。

**4. 钢筋冷拔机注意事项**

（1）应检查并确认机械各连接件牢固，模具无裂纹，轧头和模具的规格配套，然后启动主机空运转，确认正常后，方可作业。

（2）在冷拔钢筋时，每道工序的冷拔直径应按机械出厂说明书的规定进行，不得超量缩减模具孔径，无资料时可按每次缩减孔径 0.5～1.0mm 进行。

（3）钢筋冷拔时必须进行轧头处理，应先将钢筋的一端穿过模具，为保证夹具能够夹牢，一般要求钢筋穿过模具的长度宜为 100～150mm。

（4）作业时，操作人员的手和轧辊应保持 300～500mm 的距离。不得用手直接接触钢筋和滚筒。

（5）冷拔模架中应随时加足润滑剂，润滑剂应采用石灰和肥皂水调和晒干后的粉末。钢筋通过冷拔模前，应抹少量润滑脂。

（6）当钢筋的末端通过冷拔模后，应立即脱开离合器，同时用手闸挡住钢筋末端。拔丝过程中，当出现断丝或钢筋打结乱盘时，应立即停机；在处理完毕后，方可开机。

# 7.3 混凝土常用机械

## 7.3.1 混凝土振捣机具的性能与注意事项

用混凝土拌合机拌合好的混凝土浇筑构件时，必须排除其中气泡，进行捣固，使混凝土密实结合，消除混凝土的蜂窝、麻面等现象，以提高其强度，保证混凝土构件的质量。混凝土振捣器就是机械化捣实混凝土的机具。

**1. 混凝土附着式、平板式振捣器注意事项**

（1）作业前应检查电动机、电源线、控制开关等完好无破损，附着式振捣器的安装位置正确，连接牢固并应安装减振装置。

（2）平板式振捣器操作人员必须穿戴符合要求的绝缘胶鞋和绝缘手套。

（3）平板式振捣器应采用耐气候型橡皮护套铜芯软电缆，并不得有接头和承受任何外力，其长度不得超过 30m。

（4）附着式、平板式振捣器在使用时，应保持振捣器电动机轴线在水平状态，目的是保证其轴承不承受轴向力。

（5）附着式振捣器的安全使用要求，振捣器不得在初凝的混凝土和干硬的地面上进行试振；附着式振捣器的安装位置应正确，连接应牢固；附着式振捣器应安装减振装置；安装在混凝土模板上的附着式振捣器，每次作业时间应根据施工方案确定；在同一块混凝土模板上同时使用多台附着式振捣器时，各振动器的振频应一致。

（6）平板式振捣器作业时应使用牵引绳控制移动速度，不得牵拉电缆

（7）安装在同一混凝土模板上的多台附着式振捣器，在模板上的安装位置宜交错设置。

（8）安装在混凝土模板上的附着式振捣器，每次振动作业时间应根据方案执行。

（9）作业后应切断电源，做好清洗、保养工作。振捣器要放在干燥处。

**2. 插入式振捣器注意事项**

（1）插入式振动器的电动机电源上，应安装漏电保护装置，接地或接零应安全可靠。作业前应检查电动机、软管、电缆线、控制开关等完好、无破损。电缆线连接正确。

（2）操作人员应经过用电教育，作业时应穿戴绝缘胶鞋和绝缘手套。

（3）电缆线应满足操作所需的长度。电缆线上不得堆压物品或让车辆挤压，严禁用电缆线拖出或吊挂振动器。电缆线应采用耐候型橡皮护套铜芯软电缆，并不得有接头。

（4）使用前，应检查各部并确认连接牢固，旋转方向正确。振动器不得在初凝的混凝土、地板、脚手架和干硬的地面上进行试振。在检修或作业间断时，应断开电源。

（5）作业时，插入式振捣器软管的弯曲半径不得小于500m，否则会增大传动件的摩擦发热，影响使用寿命。并不得多于两个弯，操作时应将振动棒垂直地沉入混凝土，不得用力硬插、斜推或让钢筋夹住棒头，也不得全部插入混凝土中，插入深度不应超过棒长的3/4，不宜触及钢筋、芯管及预埋件。

（6）振动棒软管不得出现断裂，当软管使用过久使长度增长时，应及时修复或更换。

（7）作业停止需移动振动器时，应先关闭电动机，再切断电源。不得用软管拖拉电动机。

（8）作业完毕，应将电动机、软管、振动棒清理干净，并应按规定要求进行保养作业。振动器存放时不得堆压软管，应平直放好，并应对电动机采取防潮措施。

**3. 混凝土振动台注意事项**

（1）混凝土振动台的安全操作要求，作业前应检查电动机、传动及防护装置，并确认完好有效；轴承座、偏心块及机座螺栓应紧固牢靠；振动台应设有可靠的锁紧夹，振动时应将混凝土槽锁紧；在作业过程中，不得调节预置拨码开关。

（2）混凝土振动台连接电缆线应穿在电管内，埋设牢固。

（3）在振动过程中不得调节预置拨码开关，检修作业时应切断电源。

（4）混凝土模板在振动台上不可以直接放置，在振动台上要锁紧，不得进行无约束振动。

（5）振动台面应经常保持清洁、平整，发现裂纹及时修补。

（6）混凝土搅拌输送车运输途中，搅拌筒应不得停转。

## 7.3.2 混凝土泵的性能与注意事项

**1. 混凝土泵的性能**

混凝土泵应安放在平整、坚实的地面上，周围不得有障碍物，在放下支腿并调整后应使机身保持水平和稳定，轮胎应楔紧。

**2. 混凝土泵注意事项**

（1）为保证混凝土泵车的安全工作，在作业前应重点检查的项目有安全装置应齐全、有效，仪表应指示正常；液压系统、工作机构应运转正常；料斗网格应完好、牢固；软管安全链与臂架连接应牢固。

（2）混凝土输送管道中的新管或磨损量较小的管道应敷设在混凝土输送管道的出口处，因为该处承受的混凝土压力最大。

（3）为保证混凝土输送泵安全和正常地工作，混凝土输送管道的敷设应符合下列规定：管道敷设前应检查并确认管壁的磨损量应符合使用说明书的要求；管道应使用支架或与建筑结构固定牢固；敷设垂直向上的管道时，垂直管不得直接与泵的输出口连接；底部弯管应依据泵送高度、混凝土排量等设置独立的基础，并能承受最大荷载。

（4）要将商品混凝土往楼上浇筑层进行输送，混凝土泵和管道之间需要加装逆止阀。

（5）敷设垂直向上的混凝土输送管道时，垂直管不得直接与泵的输送口连接，应在泵与垂直管之间敷设一端水平管，其长度不小于15m，并加装逆止阀。

（6）敷设向下倾斜的混凝土输送管道时，应在泵与斜管之间敷设水平管，其长度不应小于落差的5倍。

（7）敷设向下倾斜的混凝土输送管道时，当倾斜度大于7°时，应加装排气阀。

# 7.4 垂直运输常用机械

建筑工程施工中，建筑材料的垂直运输和施工人员的上下，需要依靠垂直运输设施。垂直运输机械是指承担垂直运输建筑材料或供施工人员上下的机械设备和设施。塔式起重机、施工升降机和龙门架及井架物料提升机是建筑施工中最为常见的垂直运输设备。随着我国经济的快速增长，建设工程规模的不断扩大，垂直运输机械越来越广泛的应用于建筑施工活动。垂直运输机械对提高工程质量、缩短工期起了非常重要的作用。

**1. 常用施工电梯的性能**

施工升降机又叫建筑用室外电梯，是建筑中经常使用的载人载货施工机械，由于其独特的箱体结构使其乘坐起来既舒适又安全，施工升降机在工地上通常是配合塔吊使用，一般载重量在1~3t，运行速度为1~60m/min。施工升降机的种类很多，按起运行方式有无对重和有对重两种，按其控制方式分为手动控制式和自动控制式。按需要还可以添加变频装置和PLC控制模块，另外还可以添加楼层呼叫装置和平层装置。

常见的施工升降机主要有以下几类：

（1）固定式升降机。此升降机是一种升降稳定性好，适用范围广的货物举升设备主要用于生产流水线高度差之间货物运送；物料上线、下线；工件装配时调节工件高度；高处给料机送料；大型设备装配时部件举升；大型机床上料、下料；仓储装卸场所与叉车等搬运车辆配套进行货物快速装卸等。根据使用要求可配置附属装置，进行任意组合。

（2）车载式升降机。它是为提高升降机的机动性，将升降机固定在电瓶搬运车或货车上，它接取汽车引擎动力，实现车载式升降机的升降功能。以适应厂区内外的高空作业。广泛应用于宾馆、大厦、机场、车站、体育场、车间、仓库等场所的高空作业；也可作为临时性的高空照明、广告宣传等。

（3）液压升降机。这种升降机广泛适用于汽车、集装箱、模具制造，木材加工，化工灌装等各类工业企业及生产流水线，满足不同作业高度的升降需求，同时可配装各类台面形式（如滚珠、滚筒、转盘、转向、倾翻、伸缩），配合各种控制方式（分动、联动、防爆），具有升降平稳、准确、频繁启动、载重量大等特点，有效解决工业企业中各类升降作业难点，使生产作业轻松自如。

（4）套缸式液压升降机。此款升降机为多级液压缸直立上升，液压缸高强度的材质和良好的机械性能，塔形梯状护架，使升降机有更高的稳定性。即使身处20m高空，也能感受其优越的平稳性能。适用场合：厂房、宾馆、大厦、商场、车站、机场、体育场等。主要用途：电力线路、照明电器、高架管道等安装维护，高空清洁等单人工作的高空作业。

（5）曲臂式升降机。曲臂式升降机的广泛用途：曲臂式高空作业升降车能悬伸作业、跨越一定的障碍或在一处升降可进行多点作业；平台载重量大，可供两人或多人同时作业并可搭载一定的设备；升降平台移动性好，转移场地方便；外形美观，适于室内外作业和存放。适用于车站、码头、商场、体育场馆、小区物业、厂矿车间等大范围作业。

(6) 导轨式升降机。这是一种非剪叉式液压升降台，适用于二三层工业厂房、餐厅、酒楼楼层间的货物传输。台面最低高度为150～300mm，最适合于不能开挖地坑的工作场所安装使用。该平台无须上部吊点，形式多样（单柱，双柱，四柱），运行平稳，操作简单、可靠，楼层间货物传输经济便捷。

**2. 常用施工电梯注意事项**

(1) 施工升降机在安装导轨架时，为保证其垂直度，可行的测量校准方法是用两台经纬仪在两个方向进行测量校准。

(2) 施工升降机的防坠安全器应在标定期内使用，标定期限不应超过1年。

(3) 垂直运输机械中，既可以运输材料，又可以运输人员的机械是施工升降机，龙门架和井架只能运输材料，卷扬机是为垂直运输机械提供动力的装置；

(4) 施工升降机应设置专用开关箱，馈电容量应满足升降机直接启动的要求，生产厂家配置的电气箱内应安装的保护装置有短路、过载、错相、断相及零位保护装置。

(5) 施工升降机当需要在吊笼外面进行检修时，另一个吊笼应停机配合，检修时应切断电源，并有专人监护。

(6) 施工升降机启动前，应检查并确认电缆、接地线完整无损，控制开关在零位。

(7) 施工升降机在运行中发现电气失控时，应立即按下的是急停按钮。

(8) 施工外用电梯安装和拆卸工作必须由取得建设行政主管部门颁发的拆装资质证书的专业队负责，并必须由经过专业培训，取得操作证的专业人员进行操作和维修。

(9) 施工外用电梯安装后，应经企业技术负责人会同有关部门对基础和附壁支架以及外用电梯架设安装的质量、精度等进行全面检查，并应按规定程序进行技术试验（包括坠落试验），经试验合格签证后，方可投入运行。

(10) 施工外用电梯在投入使用前，必须经过坠落试验，使用中每隔三个月应做一次坠落试验，对防坠安全器进行调整，切实保证坠落制动距离不超过1.2m，试验后以及正常操作中每发生一次防坠动作，均必须对防坠安全器进行复位。防坠安全器的调整、检修或鉴定均应由生产厂家或指定的认可单位进行，防坠试验时应由专业人员进行操作。

(11) 电梯操作人员必须遵守安全操作规程，并持特种作业证上岗。

(12) 作业前应重点作好例行保养并检查。启动前依次检查，接零接地线、电缆线、电缆线导向架、缓冲弹簧应完好无损。地线无松动，电缆完好无损、无障碍，机件无漏电，安全装置、电气仪表灵敏、有效。电梯标准节、吊笼（梯笼）整体等结构表面应无变形、锈蚀；标准节连接螺栓无松动及缺少螺栓情况。动力部分工作应平稳无异声，齿轮箱无漏油现象。各部结构应无变形，连接螺栓无松动，节点无开（脱）焊现象，钢丝绳固定和润滑良好，运行范围内无障碍，装配准确，附墙牢固符合设计要求。卸料台（通道口）平整，安全门齐全，两侧边防护严密良好。齿轮、齿条、导轨、导向滚轮及各润滑点保持润滑良好。安全制动器的使用必须在有效期内，超过标志上日期要及时更换（无标志应有记录备案），电梯制动器调节松紧要适度，过松吊笼载重停车时会产生滑移，过紧会加快制动片磨损。电梯上下运行行程内无障碍物，超高限位灵敏、可靠。吊笼四周围护的钢丝网上，不准用板围起来挡风，特别是在冬天。采用板挡风会增加轿厢摇晃，对电梯不利。

（13）控制器（开关）手柄应在零位。电源接通后，检查电压是否正常；机件无漏电现象；电器仪表有效，指示准确；然后空车升降试运行，试验各限位装置、轿厢门、围护门等处电器连锁限位良好、可靠；测定传动机构制动器的效能。确认无误、无损、无异常后，再运行作业。

（14）作业中操作技术和安全注意事项。

1）合上地面电源单独的电源开关，关门，合上吊笼内的三相开关，然后揿按欲去方向的按钮，电梯启动（操纵杆式应把操纵杆推向欲去的方向位置并保持在这一位置上）。按钮式开关按"零"号位电梯停车（操纵杆式手一松自动停车），在顶部和底部电梯停靠站时不准有限位撞板来自动停车。

2）对于变速电梯，电梯停靠前，要把开关转到低速挡后再停车。

3）电梯在每班首次运行时，必须从最低层上开，严禁自上而下。当吊笼升离地面1～2m时，要停车试验制动器性能。如发生不正常，及时修复后方准使用。

4）轿厢内乘人、装物时，载荷要均匀分布，防止偏重，严禁超载运行；乘人不载物时，额定载重每吨不得超过12人；轿厢顶上不得载人或货物（安装除外）。

5）电梯应装有可靠的通信装置，与指挥联系密切，根据信号操作。开车前必须响铃鸣声示警，在电梯停在高处或在地面未切断电源开关前，操作人员不得离开操作岗位，严禁无证开机。

6）电梯在运行中如发现机械有异常情况，应立即停机并采取有效措施装梯笼降到底层，排除故障后方可继续运行。在运行中发现电气失控时，应立即按下急停按钮，在未排除故障前，不得打开急停按钮。检修均应由专业人员进行，不准擅自检修。如暂时维修不好，在乘人时应设法将人先送出轿厢（通过轿厢顶部天窗出入口爬到脚手架或楼层内）。

7）电梯运行中不准开启轿厢门，乘人不应倚靠轿厢门。施工升降机运行到最上层或最下层时，不得使用行程限位开关作为停止运行的控制开关。如果以限位开关代替控制开关，将失去安全防护，容易出事故。

（15）吊笼内乘人可载物时，应使载荷均匀分布，防止偏重，严禁超载运行，严禁人货混载运行，乘人不得超过产品说明中的规定。

（16）遇有大雨、大雾、六级及以上大风以及导轨架、电缆等结冰时，必须立即停止运行，并将梯笼降到底层，拉闸切断电源。暴风雨后，应对电梯的电气线路和各种安全装置及架体连接等进行全面检查，发现问题及时维修加固，确认正常后方可运行。

（17）上班人多的时间，地面应有专人维持秩序。

（18）对于变速电梯，电梯停靠前，要把开关转到低速挡后再停车。

（19）作业后，将轿厢（梯笼）降到底层，各操纵器（开关）转到零位，依次切断电源，锁好电源箱，闭锁轿厢和围护门，做好清洁保养工作。

（20）填写好台班工作日志和交接班记录。

（21）严格执行施工电梯定期检查维修保养制度。

# 7.5 常用自行式起重机的性能

**1. 自行式起重机的性能**

自行式起重机是指自带动力并依靠自身的运行机构沿有轨或无轨通道运移的臂架型起重机。分为汽车起重机、轮胎起重机、履带起重机、铁路起重机和随车起重机等几种。工作中机动性能最好的自行式起重机械是履带式起重机。履带式起重机械应在平坦坚实的地面上作业、行走和停放，作业时，工作坡度不得大于 5%。汽车式起重机械吊装中的安全限制器主要包括超载限制器、力矩限制器、上升极限位置限制器、下降极限位置限制器、运行极限位置限制器等。自行式起重机臂长一定时，随着起重仰角的增大，起重高度也增大，起重半径减小与起重量没关系。

**2. 常用自行式起重机注意事项**

（1）履带式起重机启动前应将主离合器分离，启动时，各操纵杆应放在空挡位置。

（2）履带式起重机在作业时，起重臂的最大仰角不得超过使用说明书的规定，起重臂的仰角当无资料可查时不得超过 78°，以防止起重臂后倾，造成重大事故。

（3）履带式起重机工作时，在起升、回转、变幅三种动作中，只允许同时进行其中两种动作的复合操作。

（4）履带式起重机的臂长一定时，随着起重仰角的增大，起重量增大，起重半径减小，起重高度增大。

（5）建筑起重机械使用的钢丝绳，其结构形式、强度等规格应符合起重机使用说明书的要求，钢丝绳与卷筒应连接牢固，放出钢丝绳时，卷筒上应至少保留 3 圈。

（6）起重机的拆装必须由持有拆装资质的专业队伍进行，并应有技术和安全人员在场监护。起重机械搬运工属于配合工种，不需要持证上岗。

（7）起重机械不宜长距离负载行驶，如确需负载行驶，应缓慢且起重量不得超过相应工况额定起重量的 70%，起重臂应位于行驶方向的正前方。

（8）为保证起重机的安全，起重机应无载上下坡，在上坡时起重臂仰角适当放小，下坡时适当放大。

（9）当重物在空中需要停留较长时间时，应将起升卷筒制动锁住，操作人员不得离开操作室。

（10）建筑起重机的变幅限制器、力矩限制器、重量限制器以及各种行程限位开关等安全保护装置，应完好、齐全、灵敏、可靠，不得随意调整或拆除。

（11）起重机械吊装作业时，不能在吊装重物上再堆放或悬挂零星物件，不能吊装凝固在地面上的重物，严禁用起重机载运人员。

（12）建筑起重机械进入施工现场应具备特种设备制造许可证、产品合格证、特种设备制造监督检验证明、备案证明、安装使用说明书和自检合格证明。

（13）建筑起重机械使用时，每班都应对制动器进行检查，当制动器的零件出现裂纹、制动器摩擦片厚度磨损达原厚度 50%、弹簧出现塑形变形、小轴或轴孔直径磨损达原直径的 5%、挂绳处断面磨损超过高度 10%、危险断面及钩颈有永久变形等情况之一时，应作报废处理。

（14）如果建筑起重机械具备下列超过安全技术标准或制造厂规定的使用年限、属国家明令淘汰或禁止使用的品种、型号、经检验达不到安全技术标准规定、没有完整安全技术档案、没有齐全有效的安装保护装置等情形之一时，设备不得出租和使用。

（15）用于结构吊装中的钢丝绳采用绳卡固接时，绳卡滑鞍（夹板）应在钢丝绳承载受力的一侧，U形螺栓应在钢丝绳的尾端，不得正反交错。

（16）建筑起重机械的安全保护装置必须齐全、有效，严禁随意调整或拆除，严禁利用限位器和限位装置代替操纵机构。

（17）为了减少迎风面，降低起重机受到的风压，起重机械作业结束后，起重臂应转至顺风方向，并应降至 $40°\sim60°$，吊钩应提升到接近顶端的位置，应关停内燃机，将各操纵杆放在空挡位置，各制动器加保险固定，操纵室和机棚应关门加锁。

# 第8章 建筑工程专项施工方案的编制要点

## 8.1 专项施工方案编制的一般规定

专项施工方案是以分部分项工程或专项工程为主要对象编制的施工技术与组织方案，用以具体指导其施工过程。危险性较大的分部分项工程安全专项施工方案，是指施工单位在编制施工组织（总）设计的基础上，针对危险性较大的分部分项工程单独编制的安全技术措施文件。专项施工方案应在分部分项工程或专项工程施工前完成编制和审批。危险性较大的分部分项工程范围和超过一定规模的危险性较大的分部分项工程范围，详见本教材第1章的介绍。专项施工方案编制的一般规定如下：

（1）国家现行有关法规、标准规范及《危险性较大的分部分项工程安全管理办法》等规定应编制施工方案的分部分项工程和专项工程，应单独编制施工方案。专项施工方案由项目技术负责人组织相关专业技术人员结合工程实际编制。专项方案编制前应认真熟悉工程设计图纸、工程建设相关法律法规和标准规范，了解工程场地及周边情况、掌握工程地质条件和地下管线情况；荷载清理应全面、正确无遗漏或重复，结构受力分析应正确，结构计算要正确可靠，措施要针对性强，要切实可行，要经济合理，又要安全可靠，全面完整。

（2）施工单位应当在危险性较大的分部分项工程施工前编制专项方案；对于超过一定规模的危险性较大分部分项工程，应当由施工单位组织专家组对已编制的专项施工方案进行论证审查。专家组成员应由5名及以上符合相关专业要求的专家组成。专家组应当对论证的内容提出明确的意见，形成论证报告，并在论证报告上签字。论证审查报告作为安全专项施工方案的附件。本项目参建各方人员不得以专家身份参加专家论证会。

（3）建筑工程实行施工总承包的，专项方案应当由施工总承包单位组织编制。其中，起重机械安装拆卸工程、深基坑工程、附着式升降脚手架等专业工程实行分包的，其专项方案可由专业承包单位组织编制，专项方案应当由施工总承包单位、相关专业分包单位技术负责人签字。

（4）专项施工方案应当由施工单位技术部门组织本单位施工技术、安全、质量部门的专业技术人员进行审核。经审核合格的，由施工单位技术负责人签字。实行施工总承包的，专项方案应当由总承包单位技术负责人及相关专业承包单位技术负责人签字。经审核合格后报监理单位，由项目总监理工程师审查签字。

（5）施工单位应根据论证报告修改完善专项方案，报专家组组长认可后，经施工单位技术负责人、项目总监理工程师、建设单位项目负责人签字后，方可组织实施。施工单位应严格按批准的专项方案组织实施，任何人无权私自修改、调整已经批准实施的安全专项方案。若随意更改，将改变实际受力情况，使理论计算和实际施工产生大的偏差，容易造成事故。这就需要加强对方案执行力的监督检查，发现问题立即纠正解决。同时，要加强变形监测，发现问题及时研究处理，把隐患消灭在萌芽状态。若施工中施工条件发生重大变化，需修改调整专项方案时，应按原程序进行修改调整并履行相应的审核审批手续即该审批的要审批，该论证的要论证才有效。

（6）施工单位在专项方案实施前，应分级进行安全技术交底即公司或分公司技术部门或编制人员向项目部施工管理人员进行安全技术交底，项目部技术负责人再向操作人员进行安全技术交底。安全技术交底的主要内容至少应包括：准备施工项目的作业特点和危险点、针对危险点的具体预防措施、应注意的安全事项、相应的安全操作规程和标准、发生事故后应及时采取的避难和急救措施等。

（7）在实施中应指定专人对专项方案实施情况进行现场监督和按规定进行监测。发现不按照专项方案施工的，应当要求立即整改；发现有危及人身安全紧急情况的，应当立即组织作业人员撤离危险区域。施工单位技术部门和技术负责人应当定期巡查专项方案实施情况。

（8）如因设计、结构、外部环境等因素发生变化确需修改的，修改后的专项方案应当重新履行审核批准手续。对于超过一定规模的危险性较大工程的专项方案，施工单位应当重新组织专家进行论证。

（9）对于按规定需要验收确认的危险性较大的分部分项工程，施工单位、监理单位应当组织有关人员进行现场验收确认。验收合格的，经施工单位项目技术负责人及项目总监理工程师签字后，方可进入下道工序。这里的有关人员是指施工单位技术负责人或技术安全部门负责人、方案编制人员、项目负责人、项目技术负责人、项目专业施工员、项目专职安全员、专业质量员参加（有分包的，分包单位相应人员应参加），监理单位专业监理工程师、总监理工程师参加，设计单位现场负责人或设计人员参加（有危险性较大的分部分项工程设计时），建设单位现场负责人、现场代表参加。对于需要验收的危险性较大的分部分项工程的理解，指该分部分项工程的施工周期较长，后续工程的施工必须利用它，它对后续工程的施工有较大影响的分部分项工程，如深基坑开挖和支护工程、工具式模板工程和高支模工程、脚手架工程等。

（10）应加强对新标准和规范的学习应用，适时淘汰老标准、老规范，使计算和施工更加符合要求。

## 8.2　专项施工方案编制的主要内容

专项方案编制应当包括的内容有：工程概况、编制依据、施工计划、施工工艺技术、施工安全保证措施、劳动力计划、计算书及相关图纸等七项内容，每一项内容均有明确的要点。

**1. 工程概况**

工程概况说明应明确要点，明确为危险性较大的分部分项工程概况、施工平面布置、施工要求和技术保证条件。对于超过一定规模的危险性较大分部分项工程，有时候，它的范围可能是局部的，如高大模板支撑；有时候，它的范围可能要超出工程施工范围，如基坑施工。这部分内容一般需要通过图纸，才能作出详细说明。如土方的开挖，需要说明周边环境情况，相邻建筑及地下管线的位置、间距，机械、设备的布置，混凝土模板支撑工程的部位，脚手架布置的位置等，均需要结合图纸才能加以说明，有的需要按不同施工状态进行图示说明。图示一般以平面图为主，结合必要的立面、剖面及文字说明、尺寸、标高等以建筑图形式表示。工程主体的概况说明，可以简单扼要，或者参见单位工程施工组织设计。

此外，工程概况还要求说明施工要求和技术保证条件。施工要求一般是依据设计要求提出，也可结合危险性较大的分部分项工程施工环境、工程特点等特殊因素提出。技术保证条件是针对施工要求应当满足的技术保证措施，如管理制度、管理人员配置、机械设备及材料供应条件、施工技术条件等情况。

**2. 编制依据**

编制依据应完整齐全，针对性强。编制依据的内容包括相关法律、法规、规范性文件、标准、规范及图纸（国标图集）、施工组织设计等。方案编制中引用的相关法律、法规、规范性文件、标准、规范名称及编号应具体正确，应注意防止出现名称及编号有误，或引用的规范、标准已废止，或图纸（国标图集）、施工组织设计遗漏等情况，以及注意防止出现与本危险性较大的分部分项工程有关的规范、标准引用不全，无关的规范、标准加以引用，这样很容易出现编制依据不完整、编制依据针对性不强等问题。超过一定规模的危险性较大分部分项工程的编制依据与普通危险性较大分部分项工程的编制依据在一般工程中基本类同，对于大型工程（如超高层建筑）才会有差异。最容易出现的问题是引用的施工组织设计、设计文件无名称，缺少专业设计规范。

**3. 施工计划**

施工计划应当包含施工进度计划、材料与设备计划，内容应当全面、可行，并与单位工程施工计划相衔接。

（1）施工进度计划的编制应内容全面、安排合理、科学实用，在进度计划中应反映出各施工区段或各工序之间的搭接关系、施工期限和开始、结束时间。同时，施工进度计划应能体现和落实总体进度计划的目标控制与要求；通过编制专项工程进度计划进而体现总进度计划的合理性。可以采用网络图或横道图表示，并附必要文字说明。

（2）材料与设备计划应当明确使用材料和周转材料的品种、规格、型号、数量和施工机具配置及计量、测量和检验仪器等配置情况。可以采用图表形式说明。

**4. 施工工艺技术**

施工工艺技术包括技术参数、工艺流程、施工方法、检查验收（高大模板支撑系统的基础处理、主要搭设方法、工艺要求、材料的力学性能指标、构造设置以及检查、验收要求等），施工工艺技术是专项方案的主要内容之一，它直接影响施工进度、质量、安全以及工程成本。要针对危险性较大的分部分项工程的质量安全要求进行展开，将施工组织总设计和单位工程施工组织设计的相关内容进行细化；对容易发生质量通病、容易出现安全问题、施工难度大、技术含量高的分项工程或工序等做出重点说明。可以按照施工方法、工艺流程、技术参数、检查验收等顺序进行编写。

对于工程中推广应用的新技术、新工艺、新材料和新设备，可以采用目前国家和地方推广的，也可以根据工程具体情况由企业创新；对于企业创新的技术和工艺，要制定理论和试验研究实施方案，并组织鉴定评价。

根据施工地点的实际气候特点，提出具有针对性的施工措施。在施工过程中，还应根据气象部门的预报资料，对具体措施进行细化。施工内容与气候影响要有明确的对应性，如台风影响时的施工部位，冬期施工的部位等明确说明。

施工工艺技术的内容编制，要注意避免与一般施工方案基本类同、重点不突出的问题；一些技术参数的应用要避免直接引用规范的原文，没有明确的数值；如剪刀撑设置的间距、夹角、位置等规范给出的是一个区间值，专项方案应当给予具体明确，否则方案的可操作性难以保证，即各方在检查或验收时没有了统一具体的标准尺度，从而导致施工工艺技术针对性不强。

**5. 施工安全保证措施**

施工安全保证措施是专项施工方案的重要内容之一，包括组织保障、技术措施、应急预案、监测监控等要点（模板支撑体系搭设及混凝土浇筑区域管理人员组织机构、施工技术措施、模板安装和拆除的安全技术措施、施工应急救援预案，模板支撑系统在搭设、钢筋安装、混凝土浇捣过程中及混凝土终凝前后模板支撑体系位移的监测监控措施等）。属于安全管理计划的范畴，应针对项目具体情况进行编制。

（1）组织保障

是针对每项工程在施工过程中可能发生的事故隐患和可能发生安全问题的环节进行预测，从而建立管理人员组织机构。建立安全管理组织，可以用图表加以说明；工程管理的组织机构及岗位职责应在施工安排中确定，并应符合总承包单位的要求。

（2）技术措施

是针对每项工程在施工过程中可能发生的事故隐患和可能发生安全问题的环节进行预测，从而在技术上采取措施，消除或控制施工过程中的不安全因素，防范发生事故。施工安全技术措施主要包括：

1）进入施工现场的安全规定。

2）地面及深坑作业的防护。

3）高处及立体交叉作业的防护。

4）施工用电安全。

5）机械设备的安全使用。

6）为确保安全，对于采用的新工艺、新材料、新技术和新结构，制定有针对性的、行之有效的专门安全技术措施。

7）预防因自然灾害（防台风、防雷击、防洪水、防地震、防暑降温、防冻、防寒、防滑等）促成事故的措施。

8）防火防爆措施。

技术措施编制中，当引用相应的规范、标准时，要注意针对性，特别要注意规范、标准中规定的区间值引用，必须明确为具体数值，否则就会出现针对性问题。

（3）应急预案

应急预案又称应急计划，是针对可能的重大事故（件）或灾害，为保证迅速、有序、有效地开展应急与救援行动、降低事故损失而预先制定的有关计划或方案。它是在辨识和评估潜在的重大危险、事故类型、发生的可能性及发生过程、事故后果及影响严重程度的基础上，对应急机构职责、人员、技术、装备、设施（备）、物资、救援行动及其指挥与协调等方面预先做出的具体安排。应急预案明确了在突发事故发生之前、发生过程中以及刚刚结束之后，谁负责做什么，何时做，以及相应的策略和资源准备等。

建筑施工安全事故（危害）通常分为高处坠落、机械伤害、物体打击、坍塌倒塌、火灾爆炸、触电、窒息中毒等，应急预案应针对项目具体情况制定。应急预案在编制的要求上，要做到"三个明确"，即：明确职责、明确程序、明确能力和资源。

1）明确职责。就是必须在应急预案中明确现场总指挥、副总指挥、应急指挥中心以及各应急行动小组在应急救援整个过程中所担负的职责。

2）明确程序。包含两个方面的含义：一是要尽可能详细地明确完成应急救援任务应该包含的所有应急程序，以及对各应急程序能否安全可靠地完成对应的某项应急救援任务进行确认；二是这些程序实施的顺序及各程序之间的衔接和配合。

3）明确能力与资源。能力与资源包含两层含义：一是明确项目部现有的可用于应急救援的设施设备的数量及其分布位置；二是明确项目部应急救援队伍的应急救援能力及外部救援资源（如医院、消防单位及通讯联络方式）。

（4）监测监控

是指针对涉及专项施工安全相关数据或信息的监测监控措施。如模板支撑系统在搭设、钢筋安装、混凝土浇捣过程中及混凝土终凝前后模板支撑体系位移的监测监控措施。编制内容应明确监测目的、监测要求、监测仪器及方法等，并有相应的图示及说明。

**6. 劳动力计划**

劳动力计划主要针对专职安全生产管理人员、特种作业人员等。要求确定工程用工量并编制专业工种劳动力计划表；要注意不同施工阶段劳动力需求的变化及施工组织设计的协调以及应急预案的人员要求。

**7. 计算书及相关图纸**

计算内容主要是针对施工工艺技术中的技术参数进行验算，而附图包括工程概况示意图，危险分部分项施工工艺技术和安全措施的平面图、立面图、剖面图、大样图以及与周边环境的关联图示及说明。此外，计算内容还应当与图纸内容一一对应。

# 8.3 分部分项工程专项方案编制要点

## 8.3.1 基坑支护、降水工程施工方案编制要点

**1. 编制说明及依据**

简述安全专项施工方案的编制目的，以及方案编制所依据的相关法律、法规、规范性文件、标准、规范及图纸（国标图集）、施工组织设计，编制依据的版本、编号等。采用电算软件的，应说明方案计算使用的软件名称、版本。

**2. 工程概况与施工难点分析**

（1）工程地质、工程地质情况、水文地质情况、气候条件（极端天气状况，最低温度、最高温度、暴雨）。

（2）施工区域内建筑基坑的工程地质勘察报告中，要有土的常规物理试验指标，必须提供土的固结块内剪内摩擦角 $\varphi$、内聚力 $c$、渗透系数 $K$ 等数据。

（3）施工区域内及邻近地区地下水情况。

（4）场地内和邻近地区地下管道、管线图和有关资料，如位置、深度、直径、构造及埋设年份等。

（5）邻近的原有建筑、构筑物的结构类型、层数、基础类型、埋深、基础荷载及上部结构现状，如果有裂缝、倾斜等情况，需作标记、拍片或绘图，形成原始资料文件。

（6）基坑四周道路的距离及车辆载重情况。基坑周边的围墙、临时设施、塔吊位置、出土口、施工道路、河流和池塘等情况。

（7）施工要求和技术保证条件。

（8）施工难点、重点部位、工序的分析

施工的重点难点描述非常重要，如砂性土中的土钉墙支护，基坑降水的处理就是一个关键点。对井点降水等要有详细的叙述，要有确保降水成功的措施，还要有备用井点、备用发电机等。在软黏土中的挖土也是一个关键点，应有详细的措施，确保工程桩不歪斜、不断裂，确保支护结构的安全性等。

**3. 方案选择与总体施工安排**

支护（降水）结构选型依据，支护（降水）系统的构造的总体安排。支护工程的使用时间，降水工程的持续时间。基坑围护的设计单位应具有相应资质条件，其中深基坑设计方案应经专家论证取得专家意见书，设计单位再根据专家论证意见出设计变更联系单，连同设计方案一起报建设行政主管部门办理备案手续。

**4. 施工部署**

（1）管理机构及劳动力组织。要描述质量、安全管理机构的组成，给出质量、安全管理机构网络图。简单描述劳动力组织。

（2）阐述施工目标、施工准备、施工劳动力投入计划、主要材料设备计划及进场时间、材料工艺的试验计划、施工现场平面布置、施工进度计划和施工总体流程。

（3）分析和说明施工的难点和重点，特别是支护和降水工程对周围建筑的影响，并简要说明采取的保证措施。

（4）总体的施工流程和进度计划安排，各工序开始时间、交叉时间、结束时间，总进度计划表。安排的管理力量、劳动力、机械设备能否满足总进度计划的要求等。

**5. 主要施工方法及技术措施**

（1）描述施工技术参数、工艺流程（设计的基坑开挖工况）施工顺序、施工测量、土石方工程施工、基坑支护的施工工艺、变形观测、基坑周边的建筑物（地下管网）的监测和保护措施。

（2）方案中应绘制相应的基坑支护平面图、立面图、剖面图及节点大样施工图、降水井点布置图和构造图。应有相应的基坑水平、竖向和相邻建筑（构）物沉降变形的监测技术措施和基坑周边的地下管网的监测和保护措施。

（3）各类桩墙施工技术措施（钻孔桩、搅拌桩、旋喷桩、振动灌注桩、人工挖孔桩、预制桩、咬合桩、地下连续墙等）、土钉墙施工技术措施、压顶梁（围檩）、内支撑、锚杆施工技术措施、格构柱施工技术措施、土方开挖施工技术措施，这是关键施工措施（特别是软黏土）。降水与排水措施（轻型井点、深井、明排等），砂性土层中是关键施工措施。传力带施工（拆除）、支撑拆除、土方回填等施工技术措施。

（4）冬季、雨季、台风和夏季高温季节的施工措施。

**6. 质量保证措施**

描述施工质量标准和要求，保证施工质量的技术措施及施工质量标准。

**7. 安全文明施工保证措施**

描述安全生产组织措施、施工安全技术措施。措施应包括：

（1）坑壁支护方法及控制坍塌的安全措施。

（2）基坑周边环境及防护措施。

（3）施工作业人员安全防护措施。

（4）基坑临边防护及坑边载荷安全要求、进行危险源辨识、施工用电安全措施等。

（5）现场安全文明施工、环境因素辨识及保护措施。

**8. 施工应急处置措施**

方案中应有应急救援处置措施，内容应包括：各方主体的职责、针对各种突发情况的应急处理方案、应急物资储备、应急演练、报警救援及联络电话、异常情况报告制度等，针对每项安全事故的应急措施。

**9. 支护结构的设计计算书（降水或截水计算书）**

依据《建筑基坑支护技术规程》、工程地质勘察报告进行支护方案选择及设计，内容包括设计原则、支护结构选型、荷载标准、支护设计计算、降水措施、降水系统设计计算、质量检测等。

**10. 各种附件与技术资料**

施工材料机械设备表、施工进度计划表、质量安全环境因素辨识表、施工布置平面图、支护结构的施工图、节点图、降（排）水或截水施工图（井点布置平面图、井点详图）、基坑安全防护做法图、基坑内外排水图节点及示意图、基坑监测点平面布置图，基坑围护设计平面图、典型剖面图及节点大样图，土方开挖平面流向图、剖面图、工况图、运输组织图，典型地质剖面图及土工指标一览表，基坑围护设计专家论证意见书和设计院对论证意见的回复，基坑支护专项施工方案专家论证意见书等。

## 8.3.2 土方开挖工程施工方案编制要点

**1. 编制说明及依据**

简述安全专项施工方案的编制目的，以及方案编制所依据的相关法律、法规、规范性文件、标准、规范及图纸（国标图集）、施工组织设计，编制依据的版本、编号等。采用电算软件的，应说明方案计算使用的软件名称、版本。

**2. 工程概况与施工难点分析**

（1）工程地址、施工场地地形，地貌情况，施工环境（运输道路、卸土点位置、邻近建筑物、地下基础、管线、电缆坑基、防空洞、地面上施工范围内的障碍物和堆积物状况，供水、供电）情况。

（2）工程（基坑平面尺寸、基坑开挖深度与坡度、地下水位标高、工程地质、水文地质）情况，测量控制点位置。

（3）邻近的原有建筑、构筑物的结构类型、层数、基础类型、埋深、基础荷载及上部结构现状，如有裂缝、倾斜等情况，需作标记、拍片或绘图，形成原始资料文件。

（4）场地内和邻近地区地下管道、管线图和有关资料，如位置、深度、直径、构造及埋设年份等。

（5）基坑四周道路的距离及车辆载重情况。基坑周边的围墙、临时设施、塔吊位置、出土口、施工道路、河流和池塘等情况。

（6）施工重点与难点分析，主要施工要求和自身技术保证条件等。

**3. 方案选择与总体施工安排**

选择确定土方开挖采取的方式，描述施工进度计划、材料与设备计划（列表描述材料名称、力学性能、计算数据等参数）。劳动力计划（含专职安全生产管理人员、特种作业人员等）。

**4. 施工方法与技术保证措施**

（1）勘察测量、场地平整，清除地面及地上障碍物；排降水设计、支护结构体系选择和设计情况。做好施工场地防洪排水工作，全面规划场地，平整各部分的标高，保证施工场地排水通畅不积水，场地周围设置必要的截水沟、排水沟；保护测量基准桩，以保证土方开挖标高位置与尺寸准确无误；备好施工用电、用水、道路及其他设施。

（2）土方开挖设计包括基坑开挖工况、开挖顺序与工艺流程、测量放线、开挖路线、范围、各层底部标高，机械和运输车辆行驶路线，地面和坑内排水措施，冬期、雨期、汛期施工措施，边坡坡度，排水沟、集水井位置及流向，弃土堆放位置等。特别是对定位放线的控制，内容主要为复核建筑物的定位桩、轴线、方位和几何尺寸。开挖应根据边坡形式、降排水要求，确定开挖方案。施工边界周围地面应设排水沟，且应避免漏水、渗水进入坑内；放坡开挖时，应对坡顶、坡面、坡脚采取降排水措施。基坑周边严禁超堆荷载。

（3）对土方开挖的控制，内容主要为检查挖土标高、截面尺寸、放坡和排水；基坑（槽）验收。

（4）监测监控。基坑及周围建筑物、构筑物道路管线的监测方案及保护措施，土方开挖变形监测措施。挖前应作出系统的开挖监控方案，监控方案应包括监控目的、监测项目、监控报警值、监测方法及精度要求、监测点的布置、监测周期、工序管理和记录制度以及信息反馈系统等。

（5）施工注意事项

1）根据土方工程开挖深度和工程量的大小，选择机械和人工挖土或机械挖土方案。

2）如开挖的深度比邻近建筑物基础深时，开挖应保持一定的距离和坡度，以免在施工时影响邻近建筑物的稳定，如不满足要求，应采取坡支撑加固措施。并在施工中进行沉降和位移观测。

3）弃土应及时运出，如需要临时堆土，或留作回填土，堆土坡脚至坑边距离应开挖深度、边坡坡度和土的类别确定（应考虑堆土附加侧压力）。

4）人工挖土方时，操作人员之间要保持安全距离，一般大于 2.5m；多台机械开挖，挖土机间距应大于 10m，挖土要自上而下，逐层进行，严禁先挖坡脚的危险作业。

5）挖土方前对于周围环境要认真检查，不能在危险岩石或建筑物下面进行作业。

6）开挖应严格按要求放坡，操作时应随时注意边坡的稳定情况，发现问题及时进行加固处理。

7）开挖土方时，应验算边坡的稳定，并根据相关规定和验算结果确定挖土机离边坡的安全距离。

8）边坡四周设置防护栏杆，人员上下应有专用爬梯。

**5. 安全文明施工与环境保证措施**

组织保障、技术措施包括：避免基坑漏水、渗水措施；边坡放坡坡度及控制避免坍塌的安全措施；机械化联合作业时的安全措施；施工作业人员安全防护措施；临边防护及坑边荷载安全要求等；环境保护措施（防止扬尘、遗洒）等安全保证措施。

**6. 应急处置措施**

说明对土方工程施工过程中可能发生的各种紧急情况（包括坍塌、涌水、流砂等）进行处置的方案，报警救援及联络电话、异常情况报告制度等，及针对每项安全事故的应急措施。

**7. 计算书及相关图纸**

主要包括土方平衡计算、边坡稳定分析、开挖平面图、土方开挖路线图、土方开挖剖面图、基坑安全防护做法图、基坑内外降排水图等计算成果与技术资料。

### 8.3.3 模板工程施工方案编制要点

**1. 编制说明及依据**

简述安全专项施工方案的编制目的，以及方案编制所依据的相关法律、法规、规范性文件、标准、规范及图纸（国标图集）、施工组织设计，编制依据的版本、编号等。采用电算软件的，应说明方案计算使用的软件名称、版本。

**2. 工程概况、施工重点、难点与施工方案说明**

（1）模板工程概况与特点、施工平面及立面。具体明确支模区域、支模标高、高度、支模范围内的梁截面尺寸、跨度、板厚、支撑的地基情况等。梁、板、柱的混凝土强度等级。

（2）依据上述所采用的模板与支撑体系的材料选择与构造设计的总体安排。

（3）施工进度、质量、安全控制重点与难点分析，据此所提出的施工要求和技术保证条件。

**3. 施工部署**

（1）模板工程与支撑体系选择的具体描述（材料确定、配模、组模方法、支撑体系构造设计）等。对于工具式模板应具体描述辅助材料确定、配模、组模方法与工艺、滑、爬施工附着支撑体系、滑升系统、工作机构、防护装置、用电系统的等安装、使用与构造要求。

（2）施工安排。施工进度、材料与设备计划（列表描述材料名称，自重，力学性能，计算数据）等，施工流水段划分、模板支设与拆除顺序及区域划分，模板支设与拆除条件，滑升爬升与拆除顺序及区域划分，支设与拆除安全保证措施。说明模板加工区域、周转料具堆放场地及模板堆放场地。

**4. 施工方法与技术保证措施**

（1）模板支撑系统的基础处理。工具式模板（滑模、爬模等）附着的方法与特殊情况处理措施。

（2）模板与支撑体系的主要搭设方法、工艺要求、对主要材料的使用与验收要求、构造设置以及检查、验收要求等。

（3）模板体系的搭设安装流程，主要辅助周转材料的使用与验收要求、爬、滑升模板系统的工序检查、验收标准等。

（4）明确混凝土的施工方法：为保证施工质量与模板支撑体系稳定，明确混凝土浇筑的顺序、混凝土卸料点的布置、堆料高度、振捣要求，布料设备与振捣机械的选择及使用规定等。

(5) 模板施工养护、拆除要求，模板的各项验收标准与程序要求。

**5. 劳动力与管理人员配备计划**

包括专职安全生产管理人员、特种作业人员的配置等，宜用列表的形式。

**6. 施工质量安全保证措施**

(1) 模板及支撑系统的安装质量要求。包括模板的几何尺寸、平整度、连接方式，支撑系统安装的各项质量标准与施工过程控制要求。对于工具式模板系统应包括附着、工作机构、架体、安全装置与防护设施。

(2) 模板支撑体系搭设及混凝土浇筑区域管理人员组织机构、施工技术措施、模板安装、使用和拆除等施工过程控制的安全技术措施。

(3) 模板与支撑系统在搭设、钢筋安装、混凝土浇捣过程中及混凝土终凝前后模板支撑体系位移的监测监控措施等。

(4) 模板应支撑在坚实的地基上，并应有足够的支撑面积，严禁受力后地基产生下沉，支撑柱下应用有一定强度和刚度的材料作为垫板。

(5) 模板在荷载作用下，应具有必要的强度、刚度和稳定性；并应保证结构的各部分形状、尺寸和位置的正确性。

(6) 模板设计时应考虑便于安装和拆除，同时还要考虑便于安装钢筋和浇捣混凝土。

(7) 跨度不小于 4m 的现浇钢筋混凝土梁、板，安装模板时应按设计要求起拱；如设计无要求时，起拱高度宜为跨度的 $1/1000 \sim 3/1000$。

(8) 设计模板时应优先采用桁架支模、架空支模、工具式支模等先进的施工方法，便于加速模板的周转。

**7. 施工应急处置措施**

应包括各相关人员的职责、针对此种施工各种突发情况的应急处理方案，包括：应急人员、物资、应急方式，报警救援及联络电话、检测中异常情况报告制度与处置方法等。

**8. 计算书及相关图纸**

(1) 验算项目及计算。内容包括模板、模板支撑系统的主要结构强度、截面特征、各项荷载设计值及荷载组合，梁、板模板支撑系统的强度和刚度计算，梁、板下立杆稳定性计算，立杆基础承载力验算，支撑系统支撑层承载力验算，转换层下支撑层承载力验算等。每项计算列出计算简图和截面构造大样图，注明材料尺寸、规格、纵横支撑方法及构造间距。

(2) 对于工具式模板系统，应进行模板系统与结构附着的验算，包括混凝土结构强度、截面特征，各项荷载设计值及荷载组合最不利的情况下的抗倾覆验算。

(3) 对于计算大模板、立体组装模的脱模荷载时，应计算脱模吸力；

(4) 滑、爬模板施工区域平面布置图、立面图和必要的剖面图。

(5) 支模区域立杆、纵横水平杆平面布置图、立面图和必要的剖面图。

(6) 水平剪刀撑布置平面图、竖向剪刀撑布置投影图，架体与结构拉结点（连墙点）平面、立面布置图与节点详图。

(7) 梁下、板下支撑详图、立杆下垫板、底座做法详图。

(8) 施工流水平面布置示意图。

（9）支撑体系监测平面布置示意图。

### 8.3.4 起重吊装工程施工方案编制要点

**1. 编制依据**

相关法律、法规、规范性文件、标准、规范及图纸（国标图集）、施工组织设计、起重吊装设备的使用说明等。

**2. 工程概况**

（1）工程名称、结构形式、层高与其他相关的建筑设计情况。

（2）起重吊装部位、主要构件的重量与尺寸、构件形状。

（3）明确进度要求、施工平面布置、施工难点分析和施工技术保证条件。

**3. 施工部署**

（1）明确吊装的内容，安排吊装步骤和确定吊装设备。

（2）施工进度计划、材料与设备计划。

（3）劳动力计划：专职安全生产管理人员、特种作业人员（司机、信号指挥、司索工）等。

**4. 施工方法与技术保证措施**

（1）运输与吊装设备选型、吊装设备性能与运输架安排、验算构件强度。

（2）运输、堆放和拼装、吊装顺序，构件的绑扎、起吊、就位、临时固定、校正、最后固定。

（3）工序质量控制要点，检查验收标准及方法等。

**5. 施工质量与安全保证措施**

根据现场情况分析吊装安拆过程应重点注意的质量安全问题，描述组织保障、技术措施、监测监控等安全保证措施。

**6. 应急措施**

分析安装过程中可能遇到的紧急情况和事故类型，从组织机构、物资设备、应急联络、险情与事故处置等方面应采取的应对措施。

**7. 计算书及相关图纸**

（1）构件的吊装吊点位置、强度、验算。

（2）吊具的验算、校正和临时固定的稳定验算。

（3）承重结构的强度验算。

（4）起重设备地基承载力验算。

（5）吊装的平面布置图。

（6）构件卸载顺序示意图。

### 8.3.5 起重设备安拆施工方案编制要点

**1. 塔吊安装、拆卸方案**

（1）编制依据

有关塔吊的技术标准和施工安装规范、规程；随机的使用、拆装说明书；随机的整机、部件的装配图、电气原理图及接线图；已有的拆装工艺及过去拆装作业中积累的技术资料等。采用电算软件的，应说明方案计算使用的软件名称、版本。

（2）工程概况

工程名称、地点、结构类型、建筑面积、高度、层数、标准层高。安装位置平面和立面图。

（3）塔吊主要技术参数及进场安装条件

1）塔吊的基本性能与工作数据。包括塔吊的型号、规格、回转半径、起重力矩、起重量、扭矩、起升高度（安装高度）、附墙道数、整机（主要零部件）重量和尺寸、塔吊基础受力、用电负荷等。

2）塔吊进场前对塔吊进行验收的要求：对塔吊的结构、工作机构、保护装置、电气系统等进行全面检查的要求。

3）基础处理设计施工要求和附着装置设置的安排，爬升工况分析确认及附着点安排。

（4）安装顺序、工艺要求和质量安全规定

1）详细描述塔吊安装的程序、方法及安全技术；顶升的程序、方法及安全技术；附着锚固作业的程序、方法及安全技术；内爬升的程序、方法及安全技术；塔吊拆除的程序、方法及安全技术。

2）主要安装部件的重量和吊点位置的分析确定，安装、顶升、附着、拆除等各个作业工序的质量控制要点、质量标准及保证措施。

3）对施工电源的要求，安装气候、场地等环境条件的要求等。

4）塔吊工作机构和安全装置调试的内容、方法、质量标准等

5）安装、顶升、附着锚固、拆除危险源分析与施工应急处置措施。

（5）基础承载及有关节点的受力计算

1）描述塔吊基础的选型与结构设计要求。

2）根据塔吊地基（如灰土地基、原状土或地下室底板）及其承载力，进行塔吊基础承载能力计算，确定塔吊基础几何尺寸、钢筋配置、混凝土强度等级等。

3）描述辅助机械设备支承点承载能力（如汽车式起重机在地下室顶板上支承点承载能力验算，以确定地下室顶板是否采取加固措施）。

（6）附件及图表

1）吊索具和专用工具配备清单。

2）塔机各主要部件尺寸和重量表。

3）塔吊安装场地总平面布置图（包括离建筑物、高压线的距离）。

4）群塔工作时的各塔吊间相互关系平面图。

5）塔吊基础定位详图，基础施工图（图上须有塔吊基础配筋、混凝土强度等级、基础尺寸）。

6）立面布置图、附墙杆标高及位置图。

7）附墙件结点详图、塔吊与结构间的上人通道详图。

8）塔吊拆卸场地布置图。

**2. 施工升降机的安装拆除方案**

（1）工程概况

工程名称、地点、结构类型、建筑面积、建筑高度、层数、标准层高、计划工期等。

设备选择有关的参数，确定设备安装位置、数量。明确设备的使用时间，分析现场安装、使用、拆除的环境条件。

（2）基础施工要求

详细描述基础的位置、尺寸、对地基的要求、防排水措施等。如在地下室顶板作为地基需进行承载力计算或楼板加固。

（3）施工升降机的装拆工艺

1）装拆组织机构、机具设备、装拆顺序、顶升和附着的程序等，特别是拆卸前应对升降机的金属结构、工作机构、安全装置、电气系统等进行全面检查的要求。

2）附着及做法。描述附着道数、附墙架的间距和导轨架最大自由端的高度；每次附着道数、标准节节数，升降机最终安装高度，建筑物最高点标高等。

（4）装拆质量标准与安全措施

1）描述装拆工艺要求，质量安全控制要点。

2）劳动防护用品和安全装置的使用要求，禁止作业的情况，现场警戒的安排，容易出现误操作和避免方法等。

3）验收和试运转的规定。根据设备安装、使用、拆卸说明书和有关技术标准，安装后进行质量验收和试运转试验的要求。

（5）应急处置措施

安装与顶升、使用、拆除过程中可能遇到的紧急情况、事故类型，从人员组织、物资设备、应急联络、现场处置等方面应采取的应对措施。

（6）附图及技术资料

1）施工升降机总平面布置图。

2）施工升降机基础定位图、基础施工图（须含基础配筋、混凝土强度等级、基础尺寸）。

3）施工升降机立面图、附墙件标高。

4）附墙件节点详图。

5）接料平台与防护装置平、立、剖面图。

**3. 物料提升机安装（拆除）施工方案**

（1）工程概况

工程概况，特别是与设备选择有关的参数要叙述清楚。描述设备名称、性能参数、安装位置、使用高度、使用时间等。分析现场安装、使用、拆除的环境条件。

（2）基础选型与做法

描述基础的型式、尺寸、地基承载力要求、接地装置的埋设、基础埋件做法、设备安装前的基础强度要求等。

（3）准备工作与管理安排

1）作业场地、人员、工具及材料的准备要求。

2）安装管理组织机构。对安装施工的现场负责人、安装作业指导书（安全技术交底）、作业班组人员、安全员的配置要求，明确负责人和各工种、岗位的相应职责。

（4）安装（拆除）施工及质量安全措施

1）安装（拆除）顺序、附墙件的安装（拆除）操作步骤和质量标准。

2）安装（拆除）的组织、技术、经济等施工质量与安全措施及施工过程中的注意事项。

（5）应急处置措施

安装过程中可能遇到的紧急情况和应采取的应对措施。包括人员、物资、通信等应急准备和相应的处置程序、方法、要点和恢复条件等。

（6）附图及技术资料

1）物料提升机总平面布置图（包括离建筑物、高压线的距离）。

2）物料提升机基础定位详图、基础施工图（如需要的话，须含基础配筋、混凝土强度等级、基础尺寸）。

3）物料提升机立面布置图、附墙杆标高及位置图。

4）物料提升机附墙件结点详图。

5）物料提升机接料平台与安全防护设施的平、立、剖面图。

### 8.3.6 脚手架工程施工方案编制要点

**1. 落地式或悬挑式钢管扣件式脚手架施工方案**

（1）编制依据

相关法律、法规、规范性文件、标准、规范及图纸（国标图集）、施工组织设计等，及编制依据的版本、编号等。采用电算软件的，应说明方案计算使用的软件名称、版本。

（2）工程概况

1）描述建筑物的建筑设计与结构设计情况，包括：平面尺寸、层数、层高、总高度、建筑面积、结构形式、地质情况。

2）脚手架的使用时间与工作内容。施工难点分析，方案比选与架体选型确定。

（3）脚手架设计

1）架体材料要求。描述脚手架钢管、扣件、脚手板及连墙件材料。

2）架体构造设计。确定脚手架基本结构尺寸、搭设高度（悬挑架为分段搭设，落地架为一次搭设）及基础处理方案（悬挑架为悬挑梁的设置）；确定脚手架步距、立杆纵、横距、杆件相对位置；确定剪刀撑的搭设位置及要求；确定连墙件连接方式、布置间距。

3）确定上、下施工作业面通道设置方式及位置；挡脚板的设置、安全杆、安全网的设置。

4）对于悬挑脚手架，应明确悬挑梁（工字钢或槽钢）的规格型号、悬挑和锚固长度、锚固点位置、锚固环详细做法和安装要求，阳台、阴阳角部或核心筒等特殊部位的架体设计及节点的详细做法。卸载钢丝绳规格（需要的话）。明确拉结点位置与钢丝绳连接做法。

（4）施工工艺与技术措施

1）描述脚手架基础的施工要求与质量控制标准（悬挑架为悬挑梁设置）。

2）架体搭设、拆除工艺流程，施工方法，质量控制要点与检查验收（质量标准）要求等。特别是对脚手架杆配件的质量和允许缺陷的规定；脚手架的结构要求及对控制误差的规定。

3）构造设施。连墙点和剪刀撑的设置方式、布点间距，对支承物的加固要求（需要时）以及某些部位不能设置时的弥补措施；在工程体形和施工要求变化部位的特殊加强构架措施。

4）作业面与防护设施。作业层铺板和防护的设置要求；对脚手架中荷载大、跨度大、高空间部位的加固措施。

（5）施工质量标准及验收

脚手架搭设、使用、拆除的质量控制要点、控制标准和技术要求、允许偏差与检查验收内容与方法。

（6）脚手架搭设、使用、拆除的安全措施

1）制定有针对性的搭设、使用、拆除的安全措施，脚手架安全控制要点，包括日常定期检查的内容与标准、特殊情况和停工复工后的检查要求等。

2）对实际使用荷载（包括架上人员、材料机具以及多层同时作业）的限制；对施工过程中需要临时拆除杆部件和拉结件的限制以及在恢复前的安全弥补措施；

3）安全网、防护杆及其他防（围）护措施的设置要求；

（7）应急处置措施

根据脚手架搭设、使用、拆除等各阶段危险因素制定有针对性的应急处置方案，包括危险源分析，应急物资设备、人员联络、处置方法、监测监控要求等。

（8）计算书

1）明确脚手架设计计算依据；确定脚手架设计荷载组合与计算的内容，包括：纵向、横向水平杆等受弯构件的强度及连接扣件的抗滑承载力计算；立杆稳定性及立杆段轴向力计算；基础承载力计算；连墙件的强度、稳定性和连接强度计算。

2）脚手架底部如安放在结构上，要论证下部结构的承载能力，否则应采取的加固措施。

3）悬挑脚手架的相关计算：除要进行上述一般架体的计算内容外，要进行悬挑梁的强度、抗弯、抗剪和锚固环的强度与抗拔验算等。

4）架体均应进行风荷载的验算。局部特殊部位按照规范规定，如大阳台、阴阳角、较大跨度处等亦应进行相应内容的验算。

（9）图表及技术资料

1）材料明细表、进度计划表、人员配置表。

2）脚手架平、立面面图。

3）剪刀撑布置图。

4）连墙件布置图与详图。

5）悬挑脚手架悬挑梁布置平面图、剖面图、悬挑或锚固节点大样图。

6）安全通道、上人坡道、卸料平台位置图及详图。

7）塔吊、施工电梯、物料提升机处架体搭设节点详图。

**2. 附着式（整体和分片）提升脚手架施工方案**

附着式提升脚手架按提升方式分整体提升和分片提升，按工作性能分为电动提升、液压顶升和手动提升，它们有一个共同的特点，即架体的导座与建筑结构进行刚性附着，架体滑轨与导座连接提供架体升降的轨道，使架体在稳定的状态下工作，它兼有施工工作面和施工防护的作用，是一种整体稳定性、施工操作性、安全性均佳的施工设施。

（1）编制依据

相关标准、规范及图纸（国标图集）、施工组织设计、安装使用说明书、检验检测报告、产品形式鉴定报告等。

（2）工程概况

建筑物的平面尺寸、层数、层高、总高度、建筑面积、结构形式、工期；脚手架的使用时间、工作内容，安装工况等。

（3）施工总体安排

1）根据施工对象安排架体品数、布置方式，据此安排所需的劳力、设备工具和施工时间。

2）针对具体施工对象，描述架体高度、宽度、直线布置的架体支承跨度、折线或曲线布置的架体支承跨度、架体的悬挑长度、升降和使用工况下，架体悬臂高度、架体全高与支承跨度的乘积等参数。

（4）安装与提升规定

附着升降脚手架的安装要求。附着升降脚手架组装完毕，进行检查验收的要求，附着升降脚手架的升降操作的规定。附着升降脚手架升降到位架体固定后，应进行检查验收的项目。

（5）使用要求

1）附着升降脚手架的使用时的性能指标，架体上的施工荷载的规定。

2）附着升降脚手架在使用过程中严禁进行的作业内容。

3）附着升降脚手架在使用过程中的检查要求。说明附着升降脚手架停用和恢复使用中的加固和检查要求。使用过程中对螺栓连接件、升降动力设备、防倾装置、防坠落装置、电控设备等的维修保养要求。

（6）拆除

说明附着升降脚手架的拆卸程序、安全控制要点以及拆除时的防止人员与物料坠落的措施。

（7）特殊部位的处理措施

1）说明与附着支承结构的连接处；架体上升降机构的设置处；架体上防倾、防坠装置的设置处；架体吊拉点设置处；架体平面的转角处；架体因碰到塔吊、施工电梯、物料平台等设施而需要断开或开洞处；其他有加强要求的部位的处理措施。

2）说明物料平台、防倾防坠装置、安全维护装置的设置、检查和验收的要求。

3）说明对架体进行分阶段和整体验收的内容、方法、程序。

（8）附图及技术资料

1）脚手架平面布置图（标明提升机位、塔吊、电梯、物料提升机位）。

2）架体总装配剖面图、架体装配图。

3）升降机构、防坠机构详图。

4）预埋件（安装预留孔）详图、洞口处架体详图（阳台、窗台等）。

5）卸料平台位置及架体处理做法图。

**3. 吊篮脚手架工程**

（1）工程概况

建筑物的平面尺寸、层数、层高、总高度、建筑面积、结构形式、工期；脚手架的使用时间、工作内容。

（2）吊篮的进场验收内容与标准

吊篮进场前检查吊篮的安全情况，如安全锁标定记录、安全保护装置是否有效、电气系统是否正常、钢丝绳是否老化等。

（3）施工部署

1）根据施工对象的安装工况安排吊篮数量、（最大、最小伸出量、配重计划）和安装位置。

2）施工进度计划、材料与设备计划，劳动力计划：专职安全生产管理人员、特种作业人员等。

（4）施工工艺与技术措施

1）说明结构安全系数、提升机构、安全保护装置、钢丝绳直径、悬挂机构、配重、电气系统、建筑物（构筑物）的支承等技术参数。明确配重采用的形式、数量及固定的要求等。

2）描述包括配重、悬挂机构、穿绕钢丝绳等工艺流程、施工方法、检查验收内容要求等。

（5）安装、使用、拆除质量安全保证措施

按照安装工艺确定各个过程的质量安全控制要点、方法和程序，监测监控及使用过程中的注意事项等。

（6）计算书及相关图纸

1）吊篮使用说明书。

2）吊篮产品结构验算书、产品鉴定报告或形式鉴定报告、出厂合格证、设备定期验收报告。

3）架体装配图、架体节点构造与安装节点详图。

4）吊篮布置平面图。

5）特殊部位吊篮安装图。

**4. 碗扣式（承插式）脚手架施工方案**

碗扣式（承插式）脚手架多用于工业与民用建筑、桥梁及其他构筑物的高净空、大面积、大体积混凝土结构的水平支撑系统和外围施工作业平台，它稳定性好，经济适用，施工方便，从而得到广泛采用。

（1）编制依据

相关法规、标准、规范及图纸（国标图集）、施工组织设计、安装使用说明等，及编制依据的版本、编号等。采用电算软件的，应说明方案计算使用的软件名称、版本。

（2）工程概况

描述建筑物的建筑设计与结构设计情况，包括：平面尺寸、层数、层高、总高度、建筑面积、结构形式、地质情况；脚手架的使用时间与工作内容，施工难点分析，方案比选与架体选型确定。

（3）架体设计

1）根据施工对象的荷载组合、平面立面特征和其他施工要求，说明架体构造设计（模数选择）。确定脚手架基本结构尺寸、搭设高度及基础处理方案。

2）确定脚手架步距、立杆纵、横距、杆件相对位置；确定剪刀撑的搭设位置及要求；确定连墙件连接方式、布置间距。

3）确定上、下施工作业面通道设置方式及位置；挡脚板的设置、安全杆、安全网的设置。

4）特殊部位的安装要求，如阳台、阴阳角部、挑檐或核心筒等特殊部位的架体设计及节点的详细做法。

5）架体基础的要求与处理方法，检验标准与方法。

（4）施工工艺与技术措施

1）脚手架搭设与拆除工艺流程、施工方法、检查验收（质量标准）等。特别是对脚手架杆配件的质量和允许缺陷的规定；脚手架的结构要求及对控制误差的规定。

2）连墙点和剪刀撑（需要的话）的设置方式、布点间距，某些部位不能设置时的弥补措施；在工程体形和施工要求变化部位的构架措施。

3）作业层铺板和防护的设置要求；对脚手架中荷载大、跨度大、高空间部位的加固措施。

4）脚手架地基或其他支承物的技术要求和处理措施。

5）混凝土施工工艺、施工顺序、质量安全控制要点及程序。

（5）脚手架质量标准及验收规定

脚手架搭设、使用、拆除的质量控制要点、控制标准和技术要求、允许偏差与检查验收内容与方法。

（6）脚手架安全措施与使用管理

1）制定有针对性的搭设、使用、拆除的安全措施。包括日常定期检查的内容与标准、特殊情况和停工复工后的检查要求等。

2）对实际使用荷载（包括架上人员、材料机具以及多层同时作业）的限制；对施工过程中需要临时拆除杆部件和拉结件的限制以及在恢复前的安全弥补措施。

3）安全防（围）护措施的设置要求。

（7）应急处置措施

根据脚手架搭设、使用、拆除等各阶段危险因素制定有针对性的应急处置方案，包括危险源分析，应急物资设备、人员联络、处置方法、监测监控要求等。

（8）计算书

说明脚手架设计计算依据，确定脚手架设计荷载组合与计算内容，包括：

1）立杆稳定性及立杆段轴向力计算；立杆基础承载力计算；连墙件的强度、稳定性和连接强度计算。

2）脚手架底部如安放在结构上，要论证下部结构的承载能力，否则应采取的加固措施。

3）按照规范规定，如有必要，应对架体进行风荷载的验算。局部特殊部位（大阳台、阴阳角、较大跨度处、荷载变化处）亦应进行相应内容的验算。

（9）图表及技术资料

1）材料明细表进度计划表、人员配置表。

2）脚手架平、立面面图。

3）剪刀撑、连墙件布置图与详图。

4）安全通道、上人坡道、卸料平台位置图及详图。

**5. 门式脚手架施工方案**

门式脚手架构、配件轻便灵活，装拆方便，施工机动性强，用于多层建筑的内、外作业和建筑物、构筑物的内、外装饰装修施工并兼作施工防护架体，是一种用途较为广泛的工具式施工架体。

（1）编制依据

相关法规、标准规范及图纸（国标图集）、施工组织设计、安装使用说明等，及编制依据的版本、编号等。

（2）工程概况

描述建筑物的建筑设计与结构设计情况，包括：平面尺寸、层数、层高、总高度、建筑面积、结构形式；脚手架的使用时间与工作内容。施工难点分析，方案比选与架体选型确定等。

（3）架体设计

1）根据施工对象的荷载组合、平面立面特征和其他施工要求，说明架体构造设计（模数选择）。确定脚手架基本结构尺寸、搭设高度及基础处理方案；确定脚手架步距、立杆纵、横距、杆件相对位置。

2）特殊部位的安装要求，如阳台、挑檐、荷载变化处等特殊部位的架体模数设计及节点的详细做法。

3）架体基础的要求与处理方法，检验标准与方法。

4）架体防护设施的搭设与使用要求。

（4）施工工艺与技术措施

1）脚手架搭设与拆除工艺流程、施工方法、检查验收（质量标准）等。特别是对脚手架杆配件的质量和允许缺陷的规定；

2）连墙点和剪刀撑的设置方式、布点间距，对支承物的加固要求（需要时）以及某些部位不能设置时的弥补措施；在工程体形和施工要求变化部位的构架措施；

3）作业层铺板和防护的设置要求；对脚手架中荷载大、跨度大、高空间部位的加固措施（如有的话）；

4）脚手架地基或其他支承物的技术要求和处理措施。

（5）施工质量标准及验收规定

脚手架搭设、使用、拆除的质量控制要点、控制标准和技术要求、检查验收内容与方法。

（6）安全措施与使用管理

1）制定有针对性的搭设、使用、拆除安全措施。包括日常定期检查的内容与标准、特殊情况和停工复工后的检查要求等。

2）对实际使用荷载（包括架上人员、材料机具以及多层同时作业）的限制；对施工过程中需要临时拆除杆部件和拉结件的限制以及在恢复前的安全弥补措施。

3）安全防（围）护措施的设置要求。

（7）应急处置措施

根据架体搭设、使用、拆除等各阶段危险因素制定有针对性的应急处置方案，包括危险源分析，应急物资设备、人员联络、处置方法、监测监控要求等。

（8）计算书

1）脚手架设计荷载组合与计算内容，包括：纵向、横向水平杆等受弯构件的强度及连接扣件的抗滑承载力计算；立杆稳定性计算；架体基础承载力计算；连墙件的强度、稳定性和连接强度计算。

2）脚手架底部如安放在结构上，要论证下部结构的承载能力，否则应采取的加固措施。

3）按照规范规定，如有必要，应对架体进行风荷载的验算。局部特殊部位（大阳台、阴阳角、较大跨度处、荷载变化处）亦应进行相应内容的验算。

（9）图表及技术资料

同碗扣式（承插式）脚手架施工方案。

### 8.3.7 卸料与操作平台安拆方案编制要点

**1. 工程概况**

建筑物的建筑设计与结构设计的有关情况；卸料平台、移动操作平台的使用位置，结构形式等、使用时间；卸料平台上主要放置材料的种类，平台安装、拆除使用机械选型。

**2. 施工计划**

根据使用荷载、安装部位及用途，安排所用材料，包括材料与设备计划，主要指制作、安装主材与辅助材料选型规格，如主、次梁的规格、受力板和钢丝绳于结构连接的方式。使用劳动力计划。

**3. 施工工艺**

自制卸料平台、移动操作平台的制作、搭设、拆除工艺与质量要求，制作、安装、移动拆除程序，使用的容许荷载值，使用中移动的操作步骤与要点、施工过程中的定期检查验收内容和程序等。

**4. 质量安全保证措施**

制作、搭设、使用和拆除的质量安全控制要点、方法和程序，重点是制作、安装、移动拆除和承重节点详细构造要求；施工安全保障措施及有关的防护注意事项。

**5. 应急处置措施**

施工可能发生的险情与事故类型，应急人员、物资、联络安排，应急启动、处置与恢复的方法及程序。

**6. 计算书及相关图纸**

（1）自制卸料平台、移动操作平台的设计计算书。

（2）自制卸料平台、移动操作平台的平面布置图、立面图。

（3）自制卸料平台、移动操作平台的安装节点构造详图或剖面图（挑梁锚固点大样、斜拉钢丝绳锚固点大样）。

### 8.3.8 建筑幕墙安装工程施工方案编制要点

**1. 编制依据**

相关法规、规范性文件、标准、规范及图纸（国标图集）、施工组织设计与专项施工方案、产品使用说明等，编制依据的版本、编号等。

**2. 工程概况**

工程建筑与设计概况、幕墙部分的工程概况、施工平面立面特点、形状，高度、宽度，施工工况，施工环境和技术保证条件。

**3. 施工计划**

（1）施工进度安排。根据幕墙安装采用的设备和脚手架等情况，主要是结合总包的要求配合进行自身工序、人员、设备材料的安排。

（2）材料与设备计划。主材、附材、设备、工器具的需求数量与保证计划。

（3）劳动力计划：施工人员，专职安全生产管理人员、特种作业人员等。

**4. 施工工艺**

（1）搬运起重方法、测量方法、安装方法、顺序、检查验收内容程序等。

（2）单元式玻璃幕墙的安装施工方案包括以下内容：吊具的类型和移动方法，单元组件起吊地点、垂直运输与楼层水平运输方法和机具选用；收口单元位置、收口闭合工艺及操作方法；单元组件吊装顺序以及吊装、调整、定位固定方法措施。

（3）在施工工艺的安排上，幕墙施工方案应与主体工程施工组织设计相衔接，单元幕墙收口部位应与总施工平面图中施工机具的布置协调，如果采用吊车直接吊装单元组件时，应使吊车臂覆盖全部安装位置。

（4）点支承玻璃幕墙的安装施工方案包括以下内容：支承钢结构的运输、现场拼装和吊装规定；拉杆、拉索体系预拉力施加要求和标准，测量、调整方案以及索杆的定位、固定方法；玻璃的运输、就位、调整和固定方法；胶缝的充填及分部（工序）质量保证措施。

**5. 协调配合方案**

在幕墙施工期间与主体结构施工、设备安装、装饰装修的协调配合、交叉作业的配合等内容。

**6. 质量安全控制要点与现场应急处置措施**

（1）安全施工的控制要点、程序，安全防护设施的搭设、使用要求，各工序安全操作注意事项。

（2）结合整个施工过程，规定质量控制要点、方法步骤和定期检测的内容和质量标准

（3）安装过程中可能遇到的紧急情况和应采取的应对措施，包括人员组织、物资器具、通信联络、即时处置等方面的规定。此规定应与施工总包的现场应急预案相协调。

**7. 计算书及相关图纸**

（1）施工平面布置图。

（2）施工立面或剖面节点详图。

（3）外脚手架设计计算书或吊篮结构验算书（使用外脚手架或外用吊篮需有专项方案）。

（4）特殊部位架体、吊篮安装图。

（5）施工防护布置图与详图（有此必要的话）。

## 8.3.9　人工挖扩孔桩工程施工方案

**1. 工程概况**

桩基工程的数量、承重方式、断面形状、桩下持力层以及所处地理位置的相应地质资料（土质、埋深、地下水位高低、有无淤泥、流砂等特殊土层）等。施工现场周围环境情

况。如：所处地段状况、桩孔离周边建（构）筑物的距离、挖桩施工时降低地下水位会否对建（构）筑物产生不利影响、建议采取什么保障措施等。按合同要求施工中需要采取的措施。如：工期要求、施工程序要求与其他分部分项工程的交叉作业状况等。

**2. 施工组织与准备**

场地平整、熟悉桩基础工程设计图纸、准备挖孔施工机具、气体检测仪、模板、通风机、水泵、照明及动力电器以及土建钢筋混凝土工程的施工机具等。开工前的现场准备、资源准备、技术准备，现场组织管理机构和质量、安全、特种作业人员安排与工作制作要求等。

**3. 施工工艺与技术措施**

挖孔桩的施工工艺，包括作业流程、人员、材料、设备要求、操作工艺、质量标准及验收等。

**4. 安全防护和保护环境措施**

针对项目特点、现场环境、施工方法、劳动组织、作业使用的机械设备、变配电设施、架设工具以及各项安全防护设施等制定确保安全施工、保护环境，防止工伤事故和职业病危害的针对性措施，重点是从技术上采取的预防措施。

**5. 应急处置措施**

针对施工可能发生的险情和事故类型，从人员组织、应急联络、物质准备、应急方式与处置措施等方面做出具体安排。

**6. 附图与技术资料**

（1）施工现场平面图。

（2）桩孔口的防护做法图。

（3）提升设备安装图。

（4）护壁做法施工图或详图。

（5）照明用电平面图，通风机安装图。

## 8.3.10 其他危险性较大工程专项施工方案编制要点

采用新技术、新工艺、新材料、新设备、经行政许可、尚无相关技术标准的其他危险性较大的分部分项工程的专项施工方案的编制，可按照上述各专项施工方案编制的思路、目录和框架结构参考进行编制。方案的编制一定要主题清晰、按照相关标准规范，结合施工实际，有针对性的制订，起到指导施工、规范作业的作用。切不可：①照抄规范和现成的东西，笼统模糊，篇幅过长，无针对性；②不结合工程实际，无的放矢、与管理脱节；③方案的专业性不强，执行人不知所云。

对于其他危险性较大的分部分项工程，其安全专项施工方案可参考下列目录进行有选择的编制：

（1）编制依据

相关法律、法规、规范性文件、标准、规范及图纸（国标图集）、施工组织设计等，及编制依据的版本、编号等。采用电算软件的，应说明方案计算使用的软件名称、版本。

（2）工程概况

分部分项工程概况、施工平面布置、施工要求和技术保证条件。

（3）方案比选与施工部署

方案选择确定，施工总体安排，施工进度计划、材料与设备计划，劳动力计划。

（4）施工工艺与要求

施工顺序、技术参数与要点、工艺流程、施工方法与质量标准、工序质量控制与检查验收内容、要点、程序等。

（5）施工质量安全保证措施

组织机构人员保障，质量技术措施，安全技术措施，安全控制要点与施工注意事项，监测监控内容、时点、程序等。

（6）现场应急处置措施。

（7）计算书及相关图纸。

# 8.4 专项施工方案常见问题和解决办法

## 1. 高支模分部分项工程

（1）计算时容易忽略立杆垫板（底座）、地基承载力和楼面支承结构的承载能力（抗弯、抗剪、局部承压等）计算，荷载清理易遗漏，扣件的抗滑承载力未计算。在实际施工中，许多项目都将小木块用于立杆垫板，由于抓工期和为了施工方便，基础一完成即进行回填，由于未分层回填夯实，土的密实度未达到设计要求或高支模架立杆承载力的需要，而在进行计算和施工时容易忽略此问题，造成基础下沉或坍塌。在进行计算时，要根据传到立杆的荷载计算垫板的大小，可采用木架板通长支垫、通长槽钢支垫或混凝土垫块等；要根据已确定的垫板大小反算出地基承载力，如不能满足要求，则应采取不回填，立杆支承在老土或混凝土垫层上，也可分层碾压夯实并检测其密实度，达到设计要求，也可增大底座承力面积或改变地基形式进行解决。

（2）在高支模架的计算中还应注意：许多施工人员图工作方便，梁、板及柱、墙的木龙骨平放而未立放，这对承载力的影响是非常大的，且市场的龙骨尺寸与理论尺寸有一定偏差，在计算时，应按材料实际尺寸计算，在施工时，木龙骨尽量立放，以增大其刚度和承载能力。如某工程的高支模方案中采用工字型钢梁支承上部荷载，而型钢梁的荷载传给砖柱承担，在计算时，只计算了型钢梁的强度、挠度和砖柱的强度、稳定性，而未计算型钢梁支承处的抗剪强度，未考虑设置梁垫，同时也未计算钢管立柱垫板强度和地基承载力。

（3）规范规定扣件拧紧力矩 $45\sim60N\cdot m$，但实际施工中，一般都没有达到此要求，由于此情况的出现，扣件抗滑移极限承载力不能达到规范要求。在检查验收时，主要承力杆件扣件螺栓拧紧力矩须满足规范要求；对于扣件抗滑承载力不能满足的应采用双扣件或顶托的方式进行解决。

（4）在实施中，许多工程都不按要求设置扫地杆，而剪刀撑基本上没有，顶端水平杆基本未纵横连通。同时，由于旧扣件较多，考虑其变形因素及每根立杆传递荷载不均匀性影响、钢管损伤影响、个别扣件可能退出工作影响、钢管壁厚影响、立杆安装垂直度影响、剪刀撑和扫地杆的影响等，高支模架的安全性大大降低。据权威资料介绍，若不设置纵横向扫地杆和梁下纵横向水平杆，立杆极限承载力将下降11%左右。剪刀撑承的水平力较大，应引起高度重视。高支模架的坍塌，不完全是扣件承载力不足造成的，许多是由于水平力的影响导致立杆弯曲，立柱节点受力形式发生变化，从而造成架体失稳破坏。

（5）高支模事故一般均发生在混凝土浇筑阶段，且混凝土快要浇注完成时，造成的事故原因主要有：方案粗糙，计算存在缺陷，实际操作与方案严重不符合，如扣件螺栓拧紧力矩不足、缺少剪刀撑与扫地杆、步距超高、立杆顶部自由端过大、横杆随意缺失、钢管和扣件等材料自身质量缺陷、管理上的缺陷和漏洞等。

（6）施工中应注意的问题：立杆的纵、横向间距及纵横向水平杆的步距和剪刀撑的搭设直接关系到架体的整体稳定，必须按技术规范和方案要求搭设；扫地杆不仅仅是把模架组成一个整体，从计算上看，它还起到约束立柱端部的作用，大大地缩短了第一步立柱的计算长度，因而提高了架体的整体稳定性，必须要搭设。

（7）剪刀撑能和立杆、水平杆组成一个三角形，这些三角形在力学上称为"几何不变体系"，据相关试验表明：设置剪刀撑的支撑体系，其极限承载能力可提高 17%，因此，我们一定要重视剪刀撑的搭设。剪刀撑应架体四周满设，中间每隔四排立柱设置一道纵向剪刀撑，并由底到顶连续设置，剪刀撑跨越立杆的根数不小于 4 跨且不小于 6m，与地面或楼面的夹角 45°～60° 为宜。高支模架较高时，或者高宽比大于或等于 6 时，为提高架体的整体刚度，必须在架体的顶部、底部设扫地杆处和中间每隔 4～6m 设置满堂水平剪刀撑，剪刀撑必须与立杆相连接。立杆接长必须对接且相邻接长应相互错开 500mm，严禁采用搭接接长，立柱垫板要有足够的承压传力面积，地基承载力必须满足要求，扣件螺栓拧紧力矩须满足要求。

（8）工程施工中，混凝土普遍采用商品混凝土，在浇筑时，楼面荷载较集中且超过理论计算，加之泵管直接放置在楼面上，对支模架的水平推力较大，因此，在高支模工程混凝土施工中还需注意：混凝土不能一次堆料太高，要分散堆放，不要某处集中力太大，尽量减少水平推力，尽量对称浇筑减少不均衡受力。一般情况下，宜从中间向两边浇筑，并宜先浇好柱子，待柱混凝土有一定强度后再浇筑板混凝土，以便柱子作连墙件连接。

（9）由于转换层梁比较大，一般情况下本层支承结构不能承受其结构施工荷载，此时应将其支承力向下层楼面传递，但要设通长垫板且上下立杆尽量对齐。

（10）主要预防措施：严格按规范要求执行，认真编制好高支模专项方案和专家论证工作，荷载计算和力学计算要正确不能凭经验办事，认真做好安全技术交底，严格按方案组织实施，选用合格的架设材料，要及时进行检查验收报告，搞好安全监督检查，要编制好应急救援预案。

**2. 脚手架分部分项工程**

（1）若工程采用型钢梁悬挑脚手架，在进行计算时，只进行了型钢梁的强度和锚拉环的强度计算，往往忽略了主体结构相应位置的承载力验算和拉环的抗拔承载力。型钢梁固定在主体结构上，脚手架的荷载通过型钢梁传到支承的结构构件上，如果外脚手架挑太高或型钢梁悬挑太长，该荷载超过了支承构件的承载能力，将会引起构件的损伤或破坏，且导致外架的失稳和垮塌。型钢梁支承在梁、板或墙上，对于墙，一般认为可不进行验算；对于梁、板，则需要验算其强度和刚度。验算内容包括：支承点混凝土的抗剪、抗弯、抗扭、局部承压承载力，如果采用钢筋拉环，还应验算混凝土的抗拔承载力。型钢梁的固定：采用预埋螺栓固定和钢筋拉环锚固，不得采用扣件连接，连接强度应经计算确定。拉环应锚入楼板 $30d$（$d$ 为钢筋直径），并压在楼板下层钢筋下面。若压在下层钢筋上面，同时在拉环上部两侧各附加两根 14～16 的钢筋，并与楼板筋扎牢，以防被拔出。

（2）钢管壁厚。《规范》中对脚手架钢管列出了两种规格：$\phi 48 \times 3.5$ 和 $\phi 51 \times 3.0$，推荐采用 $\phi 48 \times 3.5$ 的钢管，逐步淘汰 $\phi 51 \times 3.0$ 的钢管。但目前市场上的钢管和扣件都采用租赁形式，其钢管壁厚一般在 3.0～3.2mm，钢管壁厚甚至有 2.8mm 的，远达不到规范要求的 3.5mm，且许多钢管经多次周转使用，钢管锈蚀严重，壁厚减薄，钢管截面惯性矩还要减少，因此，在进行受力计算时，不能按 3.5mm 厚计算，建议按实际厚度计算，以确保安全。

（3）每段搭设高度。方案编制时一般先根据经验初步拟定每段悬挑脚手架的高度及各项参数，再核算外脚手架本身的力学性能，如不能通过验算，再逐个调整参数，继续验算直至强度、刚度、稳定性、节点强度等各项要求均满足为止。建筑外挑脚手架的高度除应通过理论计算核算本身的刚度、强度和稳定性等力学性能外，还应重点核算其支承结构-外框架梁的强度和刚度，也许悬挑梁本身能承受的外架高度远不止规定要求，但外框架梁在正常使用条件下的承载力限制了外挑脚手架的搭设高度。所以，在确定每段搭设高度时，应先满足支承梁的承载能力，再核算挑梁，两者必须有机地统一。

（4）悬挑梁截面的选择。悬挑梁应采用型钢制作的悬挑梁、悬挑桁架或附着式型钢三脚架，不得采用钢管。目前，悬挑梁多采用普通工字钢或槽钢，由于普通工字钢具有双轴对称截面，受力明确，传力直接，得到广泛采用。对于型钢梁型号规格的选择，有的工程一般仅选择危险性较大的有代表性的几根梁进行验算，通常选择凸阳台、飘窗等悬挑较长处，而忽略了建筑物的阳角、阴角等部位。虽然这些部位型钢梁挑出长度不是最长，但此处是两立杆交汇处，其承受的荷载最大，且不易固定。但很多编制人员忽略了此处的计算，仍按普通位置设置，造成一定的安全隐患。

（5）斜拉钢丝绳。在悬挑脚手架施工中经常发现一个现象，不同高度的建筑，不同施工单位在不同高度悬挑高度相同，挑拉方式相同，而采用的悬挑梁却不相同，有的相差很大。究其原因是各施工单位对钢丝绳是否考虑受力的理解不一致。悬挑脚手架按其形式分为斜撑式、悬臂式和斜拉式，目前使用最多的是斜拉式即普通型钢悬挑、钢丝绳斜拉。而钢丝绳是否受力，直接影响到受力模型，也直接影响到型钢梁的选择。如钢丝绳按受力考虑，则型钢梁的力学模型为简支结构；如钢丝绳不考虑受力，仅作为一种安全储备，则型钢梁的力学模型为悬挑结构。从目前来看，多数专家的意见是钢丝绳作为柔性材料，承担荷载的多少不易确定，计算时应按以下两种情况共同确定型钢与钢丝绳的规格：一是型钢梁完全受力，钢丝绳不考虑受力，仅作为一种安全储备，按悬挑结构核算型钢的承载能力，从而选择型钢；二是钢丝绳完全受力，以钢丝绳的破断拉力作为极限荷载，按简支结构核算钢丝绳的承载能力从而选择钢丝绳。如果按模型一计算，则选择的型钢偏小，如果按模型二计算，选择的型钢又很大，造成了很大的浪费。当悬挑梁截面较大时，一般可不用反拉绳，但必须考虑悬挑梁的锚固端对梁、板的受力要求必须可靠，应通过计算确定。如不足时，仍需反拉绳。能否将两种模型有机结合起来综合考虑，这还需要进行试验确定。

（6）风荷载和涡流效应。在悬挑脚手架的计算时还应考虑风荷载的影响和增加抗风涡流的措施，但实际上，因风流产生的原因很复杂，在不同建筑中各不相同，在不易定量分析的情况下建议采取如下措施：在与连墙件对应的外立杆处设置刚性斜拉杆与上层主体结构的预埋件相连拉，或将连墙件改为双扣件，间距加密。

（7）悬挑脚手架的拉接应采用刚性连接即焊接或螺栓连接，拉结点的位置和间距严格按规范和计算设置，水平隔离层和首层硬防护按规范要求设置，挑梁外端要略高于内端，挑梁上应焊立柱定位桩，如用槽钢时，立柱处无腹板侧应用钢板焊接连接将上、下翼缘连接成整体，剪刀撑应支垫到悬挑台梁上。

（8）附着式升降脚手架工程。该脚手架属侧向支撑结构，架体荷载通过框架、斜拉杆及附墙架传给建筑结构，一般采用专业分包方式。但总包单位往往忽视其管理，专项方案未报总包审批就实施，由分包单位自行其是，常出现超越资质承包，异地安拆未备案，有的无生产许可证，无部级鉴定证书或新研制的试用手续，作业人员持证上岗差，升降时只一个附着支撑、水平隔离和首层防护不严，拉结点偏少，防坠装置不全，未检查验收就投入使用等。在实施中要严把方案关，各种手续要齐全，作好交底工作，监管要到位，工人要持证上岗，严格操作规程。支座要牢固，支撑点不少于三个，在升降时，支撑附着点不少于两处，防坠装置要灵敏齐全完整，要按准备、组装、升降、使用和维护三个阶段进行安全管理。设计计算书一般包括：脚手架的强度、稳定性、变形和抗倾覆；提升机构和附着支承结构的强度和变形；连接件包括螺栓和焊缝的计算；杆件节点连接强度的计算；吊索具验算；防倾覆装置的计算；附着支承部位工程结构的验算（尤其注意阳台、窗口等部位）；架体过塔吊附墙、设置钢卸料平台、施工升降机平台等开洞处加固。

（9）对于落地式脚手架，要按规范和设计要求做好基础的处理，通长连续设置剪刀撑，刚性连通墙件按规范和设计布设。在施工中，常出现回填土未夯实，或基础严重不平，未设置通长垫板，无排水坡和排水沟，立杆无底座，剪刀撑不连续设置或组数不够，连墙件数量偏少，拉结点偏离主结点大于 300mm，未采用刚性连接，高低跨和门洞等处未按要求加强处理，纵横向扫地杆缺失或搭设方向不对，未设置双立杆等。

**3. 基坑支护主要常用方法及技术**

（1）复合土钉墙支护技术（土钉墙与水泥土搅拌桩、土钉与灌注桩、土钉与预制桩等）、预应力锚杆施工技术、组合内支撑施工技术（桩与混凝土支撑或钢管支撑结合）、型钢水泥土复合搅拌桩支护结构技术（主要是工字钢或 H 型钢）、SMW 工法桩、拉森钢板桩、冻结排桩法进行特大型深基坑施工技术等。基坑支护工程中为了确保安全，要加强变形监测工作，及时发现隐患，及早处理。基坑支护体系变形监测需设水平位移监测点、深层位移监测点、四周设沉降观测点、内支撑轴力监测点、四角设倾斜观测点，同时应观测基底是否隆起或沉陷等变形。变形观测应按《建筑基坑工程监测技术规范》GB 50497 和基坑支护设计参数进行。

（2）常见问题。锚杆长度不足，倾角不对，不按要求设置倒刺，锚杆无注浆孔，预加应力不够或无预加应力，边坡坡度不按要求，混凝土面层厚度严重不够，钢筋网上下端不到边到位，固定不好，泄水孔设置不合理，坑上口防水不严，喷锚与开挖不协调。降水不到位、不及时，基坑周边无排水措施或坑角处理不好，变形监测点缺少，监测不及时，基坑上口周边堆料堆物较多等。

（3）基坑支护及工程施工中应注意的事项。详细研读地勘报告，弄清楚各层次土的力学性能，因土的内摩擦角、黏聚力、土体压缩模量和土的重度对支护设计有直接的影响。同时，要结合周边情况和地质条件合理选择适当的支护方案。对于开挖深度不深，周边场地较开阔的，可采用放阶开挖和喷锚支护技术，对于开挖较深或周边场地狭窄无放坡可能时，可采用组合内支撑及其他桩支护技术。施工应严格按方案执行，发现与设计情况不符合的要及时采取措施，要加强变形监测，发现问题及时处理，使其处于安全状态。要边挖边喷，边挖边撑不要全部挖完了再喷或加支撑，边坡及坑底土不宜长时间暴露在外，基坑上口周边 1.5m 范围内禁止堆载。

**4. 卸料平台**

一般采用悬挂式和悬挑式，以悬挂式居多，要根据实际需要的平台尺寸、荷载大小进行计算后确定各结构件的尺寸或对已初步确定的尺寸进行复核。一般宽 2～4m，超出建筑物 3～6 米，主次梁采用焊接连接，面板为木架板或花纹钢板。应经过受力计算确定槽钢的大小和钢丝绳的大小，周边应设不小于 1200mm 高的栏杆和 180mm 高的挡脚板，栏杆与主梁及前边次梁连接宜采用承插式并用开口销固定。防护栏杆任意位置应能承受不少于 1000N 的水平力。两边各设前后两道钢丝绳，钢丝绳水平投影与平台边的距离以 300mm 为宜，过大则对平台的水平分力较大，如较小则平台稳定性差易左右摇摆，两道中的每一道均应按与水平钢梁呈 45～60°角作单独受力计算，安全系数符合规范要求，钢平台前端应略高于后端。固定拉索的锚固可采用柱箍、预埋钢结构件等方式。主梁不能直接放在阳台梁或悬挑板上，搭设完成后应进行验收并限载使用，使用过程中应加强检查和维护保养。

**5. 起重吊装工程**

对于起重吊装工程，应做好安全技术交底，严格执行安全操作规程，要设置安全警戒区域，实行持证上岗，不能超越资质分包，起重设备应到当地建设行政主管部门进行设备备案（初始备案）和使用备案，经检测验收合格才能投入使用，对超过八年的起重设备，必须经法定检测机构进行安全性能检测合格才能使用。

**6. 人工挖孔桩工程**

对于超过 16m 的人工挖孔桩工程，应根据土质情况和设计要求作好混凝土护壁施工，防止塌孔，人员上下要有专用梯子（软梯或爬梯），每天上班前要对孔内是否有毒气进行检测，同时要做好送新鲜空气工作，井口要用盖板遮盖。

# 第9章　施工图及其他工程文件的识读要点

## 9.1　识读建筑施工图的基础知识

### 9.1.1　正确识读建筑施工图的重要性

施工图是按一定的规则和方法绘制的，它能准确地表示出房屋的构配件和形状，施工时不可缺少的尺寸和相关技术要求，将建筑物按着正投影的方法和国家统一绘制标准表达在图纸上，被称为"工程图样"，简称"工程图"或"施工图"，又叫图纸。在设计阶段，设计人员用工程图来表达设计思想与要求，在审批设计方案时，工程图是研究和审批的对象；在生产施工阶段，工程图既是施工的依据，也是编制施工计划、工程项目预算、准备施工所需材料及组织管理施工所必须依据的技术资料。因此，建筑工程图是建筑设计人员把将要建造的房屋造型和构造情况，经过合理布置、计算以及各专业工种之间进行协调配合而画出的施工图纸。工程图被誉为工程界的"语言"。识读工程图是每个工程技术人员必备的基本素质和基本能力。

### 9.1.2　常用建筑名词

施工图中常用的名词初步归纳如下：

（1）建筑物：直接供人们生活、生产服务的房屋。

（2）构筑物：间接为人们生活、生产服务的设施，如水塔、烟囱、桥梁等。

（3）地貌：地面上自然起伏的情况。

（4）地物：指地面上已有的建筑物、构筑物、河流、森林、道路、桥等。

（5）地形：地球表面上地物和地貌的总称。

（6）地坪：多指室外自然地面。

（7）横向：指建筑物的宽度方向（垂直于纵向）。

（8）纵向：指建筑物的长度方向（垂直于横向）。

（9）定位轴线：确定建筑物结构或构件的位置及其"标志尺寸"的基线。

（10）横向轴线：平行于建筑物宽度方向而设置的轴线，即水平方向定位轴线，用阿拉伯数字自左向右顺序编号。

（11）纵向轴线：平行于建筑物长度方向而设置的轴线，即垂直方向定位轴线，用大写拉丁字母自上而下顺序编号。

（12）开间：指一间房屋的面宽，即两条横向轴线之间的距离。

（13）进深：指一间房屋的深度，即两条纵向轴线之间的距离。

（14）层高：指本层楼（地）面到一层楼面的高度。

（15）净高：房屋内楼（面）到顶棚或其他构件的高度。

（16）建筑总高度：指室外地坪至檐口顶部的高度。

（17）红线：规划部门审批给建设单位的建筑面积，一般用红笔圈在图纸上，具有法律效力，不可越线操作。

### 9.1.3 民用建筑的组成与作用

建筑物自下而上第一层称底层或首层，最上一层称顶层，底层和顶层之间的若干层可依次称为二层、三层……或统称为"标准层"，也可称为"中间层"，其组成通常包括：基础、墙或柱、楼地面、楼梯、屋顶和门窗等六大主要成分。它们分别处在同一房间中不同位置，发挥着各自应有的作用：

（1）基础：是房屋埋在地面以下，地基以上的承重构件。其作用是承受房屋的全部荷载，并将这些荷载传递到地基上。

（2）墙或柱：基础之上的墙体或立柱，是建筑物垂直方向的承重构件，其主要作用有：

① 承重作用。承受屋顶和楼地层等构件传来的荷载，并传给基础。

② 围护作用。抵御风、雨、雪、寒、暑等自然界及外界对房屋室内的侵害。

③ 分隔作用。根据房屋的用途，将房屋分隔成各种不同的空间。

（3）楼面及地面。楼面和地面时房屋中水平方向的承重构件，并对墙体或立柱起着水平支撑作用，进而增强了建筑物的整体刚度和稳定性，同时也是房屋分隔水平空间的构件，即将房屋分成若干层。

（4）楼梯。楼梯是房屋垂直方向的交通设施，通常由梯段、楼梯平台板和平台梁、踏步、栏杆与扶手组成。根据建筑物功能需要，还可设置电梯、坡道、自动楼梯等垂直通道设施。

（5）屋顶。屋顶既是房屋最上部的承重构件，又是房屋上部的围护部件。主要起覆盖，排除雨水和积雪，以及保温、隔热的作用。屋顶通常由支承构件（结构层）、屋面层和附加层组成。

（6）门窗。是房屋的重要配件。门是提供人们出入交通和内外联系的要道；窗是提供室内采光、通风和向外眺望的。门窗也是围护部件，对房屋同时起分隔、保温、隔热、防风、防水及防火作用。

上述房屋组成六大重要部分与构造要求，是建筑施工人员阅读图纸，读懂图纸的基本知识，也是必须熟练掌握的基本内容。

除此之外，还应了解和掌握建筑物各种配件的名称、作用和构造，包括过梁、挑梁、台阶、阳台、雨篷、勒脚、散水、明沟、天沟、女儿墙、雨水口、水斗、雨水管、顶棚、花格、通风道、垃圾道、盥洗室等建筑细部构件和相关建筑构件。可通过参观民用建筑物，实地考察各种房间的墙体、楼地层、楼梯、门窗等六部分组成构造及各种形式，通过观察分析后，建立感性认识。

## 9.2 建筑施工图的种类与编排

### 9.2.1 建筑施工图的设计

建筑工程图纸是设计单位根据建设单位提供的设计任务书和有关设计资料，如房屋用途，规模，房屋所在地域的自然环境条件，地理情况等，按照设计方案，规划要求，建筑艺术风格，结构计算数据等来设计绘制成图。一般设计绘制成可以施工的图纸，要经过三个阶段，一是初步设计阶段；二是技术设计阶段；三是施工图设计阶段。

施工图设计阶段是在前两个阶段的基础上进行详细的、具体的设计。它主要是为了满足工程施工中的各项技术要求，提供一切准确可靠的施工依据。因此，必须根据工程与设备各构成部分的尺寸，布置和主要施工做法等，绘制出正确、完整、详细的建筑和安装详图，以及提供必要的文字说明和工程概算。整套施工图是技术人员的最终成果，也是施工单位进行施工的主要依据。

### 9.2.2 施工图的种类

由于专业分工不同，建筑工程图一般分为建筑施工图、结构施工图和设备施工图。各专业的图纸又分为基本图纸和详图，其中：基本图纸描述全局性内容，如建筑平面图；而详图则是描述某些构件或局部详细尺寸和材料构成等，如外墙详图。

**1. 建筑施工图**

建筑施工图（简称建施图）是在总体规划前提下，根据建设任务要求和工程技术要求，表达"房屋建筑的总体布局、房屋的空间组合设计、内部房间布置情况、外部的形状、建筑各部分的构造做法及施工要求"等。建筑施工图包括基本图和详图，其中基本图表达建筑物的全局性设计内容，主要有：总平面图，建筑平面图，建筑立面图，建筑剖面图（合称建筑平，立，剖，又称三大基本图纸），详图则表达了局部构造或构、配件本身构造等详细内容，主要包括有：墙身、楼梯、天窗、圈梁、过梁、阳台、雨篷、勒脚、散水、女儿墙、天沟、雨水管、雨水口、顶棚、烟囱、通风道以及各种装修构造的详图做法等。建筑详图可分为构造节点详图和构配件详图两类，凡表达建筑物某一局部构造尺寸和材料详图称为构造节点详图，如墙身、檐口、窗台、勒脚、明沟等；凡表明构配件本身构造的详图称为构件详图或配件详图，如门、窗、楼梯、雨水管等。

**2. 结构施工图**

结构施工图（简称结施图）是配合建筑设计而选择切实可行的结构方案，进行结构构件计算与设计，并用结构设计图表示的图纸。它主要表示承重结构布置情况、构件类型、构造与做法等。它也分基本图和详图，其中基本图纸表达了承重结构类型与构件技术要求，主要有：基础平面图、柱网平面布置图、楼层结构平面布置图、屋顶结构平面布置图等；详图则表达了构件内部设计情况，主要包括有：基础、柱、梁、楼板、楼梯、阳台、雨篷、圈梁、构造柱等内部构造或配筋图和模块图。

**3. 设备施工图**

建筑物的给水、排水、采暖、通风、电气照明的设计图纸，通称为设备施工图（简称设施图，分别为水施图、暖施图、电施图等）。它主要表达各种管道或电气线路与设备的布置及走向、其构件做法和设备安装要求等。各专业设备施工图的共同点是：基本图都是由平面图、轴测系统图或系统图所组成；详图有构件图、配件制作图或安装图。

**4. 建筑构件、配件标准图**

标准图是为提高设计和施工的速度与质量而设计编制的，通常各种常见的或多用的建筑物以及它们的构件、配件，按照统一的模数，根据各种不同的标准、规格、设计并绘制出成套的施工图，经有关部门审查批准后，供设计和施工中直接选用。这种图样叫作标准图或通用图，把它们编号装订成册，即为标准图集。

标准图有两种，一种是建筑物的标准设计，又叫定型设计，如住宅楼、中小学教学楼、单层工业厂房系列；另一种是当前大量使用的建筑物构件标准图和建筑配件标准图。

建筑物构件标准图是指与结构设计有关的结构详图，如屋架、梁、板、楼梯、阳台等，国家规定其代号为"G"或"结"表示；建筑配件标准图是指与建筑物设计有关的建筑详图，如屋面、楼地面、水池、门窗等详图，国家规定其代号为"J"或"建"表示。

凡是经住建部批准的全国通用构配件图集可在全国范围内使用，经省市区地方批准的标准图可在相应地区范围内使用。

### 9.2.3 施工图的编排次序

建筑工程图一般按专业顺序编排装订，一般的顺序是：图纸目录→总图及说明→建筑施工图→结构施工图→给排水施工图→采暖通风施工图→电气施工图→动力图……。

各专业的图纸编排顺序原则是：表达全局性图纸在前、表达局部性的图纸在后；先施工部分的图纸在前、后施工部分的图纸在后；重要图纸在前、次要图纸在后；以某专业为主的工程，应突出该专业的图纸。

图纸目录主要说明本工程是由哪几个专业的图纸所组成，各专业图纸名称、张数、图号顺序。技术说明主要介绍本工程概貌和总体要求，包括工程设计依据、设计标准、施工要求等。一般中小型工程，常把图纸目录、设计说明和总平面图放在同一张图上。

# 9.3 建筑施工图的读图方法和步骤

### 9.3.1 读图方法

看图纸时应首先弄清是什么图纸，根据图纸的特点来看一般要求有一定的看图顺序和规律：从上往下看、从左往右看；由外向里看、由大向小看、由粗向细看；图样说明对照看、建施结施结合看、设备图纸参照看；先看全局性基本图、后看局部性详图。

**1. 施工图识读相关规定**

（1）比例

采用比例的目的是为了把图形表达清楚，整体建筑物表达一般采用小比例（1：100、1：150、1：200）制图；局部构造用大比例（1：50、1：20、1：10……）制图；对某些尺寸小的细部可用放大的比例（1：2或1：1）制图。

（2）图线

图线是图样表达的"语言"，制图时必须按规定的线型表达，读图时也必须按规定的线型认识和理解。

（3）定位轴线和编号

建筑施工图中的定位轴线是建筑物承重系统的定位、放线的重要依据。凡是主要承重构件均以轴线（纵向和横向）来确定其位置；对于非承重次要构件，则用主轴线以外的附加中心线予以确定。读图时必须明确各类定位轴线的表达方式，特别注意附加定位轴线使用和详图定位轴线的运用。

（4）尺寸和标高

尺寸是构成图样的一个重要的组成部分，建筑制图标准规定图样中尺寸包括：尺寸界线、尺寸线、尺寸起止符号和尺寸数字四部分。这是建筑施工的重要依据，因此尺寸标注要准确、完整、清晰。读图时，首先要明确所注尺寸与位置的关系；其次是尺寸与尺寸之间的关系。施工图纸上平、立、剖面图（建施、结施）一般均标注三道尺寸，即总尺寸、轴线尺寸（或层高尺寸）和细部尺寸。

标高是标注建筑物高度的一种尺寸示意。单体建筑工程施工图纸中标高数字注写到小数点后3位。总平面图中则注写到小数点后2位。标高有绝对标高和相对标高两种，除总平面图外，其他图纸均为相对标高，即把底层室内主要地坪的标高定为相对标高的零点，即±0.000，其余各层面标高都以此为基准确定。注意零点标高应注写±0.000，正数标高不注写"＋"号、负数标高应注写"－"号。

（5）剖面图与断面图

剖（断）面图能直接表示建筑物或建筑物构配件内部形状、组成构造和使用材料等细部内容。它能减少图中的虚线，并能使虚线变成实线，使不可见轮廓线变成可见轮廓线，所以工程中通常采用剖切的方法来表达内部构造与要求。

剖面图的剖切符号由剖切位置线和投射方向线组成，其编号采用阿拉伯数字按顺序由左至右由下至上连续编排，并注写在剖视方向线的端部；断面图的剖切符号只用剖切位置线表示，其编号采用阿拉伯数字按顺序连续编排并注写在剖切位置线的一侧，编号注写一侧应为该断面的投射方向。

（6）索引符号与详图符号、对称符号与引出线、指北针与风向频率玫瑰图等，必须严格遵守国家标准中的相关规定。

（7）建筑制图国家标准

我国现行建筑制图国家标准是住房城乡建设部主编和批准的，主要有《房屋建筑制图统一标准》、《总图制图标准》、《建筑制图标准》、《建筑结构制图标准》以及现行的其他有关标准和规范规定。这些相关标准规定明确了建筑施工图的绘制基本规定和标准以及各种表达方法。

**2. 各种图例的表达方法**

所谓图例是指运用图形符号代表建筑构配件、设备设施及其所用建筑材料等，这种图形符号就是图例。其主要作用是：绘图简便、表达清楚、易看易懂。为此，国家标准规定了一系列图例的图形符号，与房屋施工图有关的图例主要有总平面图图例、绿化图例、建材图例、构造与配件图例、卫生设备及水池图例及给排水、采暖通风、电气等设备图例。对于复杂建筑物中的特殊图例，设计单位或设计者可自定，但图纸中一定要说明表达清楚。

## 9.3.2　读图步骤

建筑施工图的编排顺序是按专业次序编排，即："图纸目录→总图及说明→建筑施工图→结构施工图→给排水施工图→采暖通风施工图→电气施工图→动力图……"的装订顺序；而各专业的图纸遵守"基本图纸在先、局部详图在后"的编排原则。因此我们读图顺序也必须符合图纸编排顺序与原则。坚持"先全局性、后局部性；先基本、后详图；先施工先看、后施工后看；先看主体结构图、后看围护装饰图"的看图规律。基本步骤如下：

**1. 看查目录、核对图纸、查标准图集**

拿到图纸后，先细看一遍目录，对这一待建工程图纸的建筑类型、用途和设计依据有一个全方位初步了解，并按图纸目录检查图纸是否齐全，图纸编号与图名是否符合。

如果采用相匹配的标准图集时，则要了解标准图是哪一类的、图集编制单位和审批单位与图集编号及其本工程所用该图集中的哪些图号与页码等。并把它们存放在手边案头，以便随时查看。待图纸齐全后就可以按图纸顺序阅读图纸。

**2. 识读图纸总说明和总平面图**

总说明使我们了解建筑概况、技术要求等。看图时，一般按目录的排列或图纸编号顺序逐张阅读。在识读建筑总平面图中，应掌握待建建筑物的地理位置、高程、坐标、朝向及其与待建建筑物四周相关的一些情况。施工技术人员通过查看总平面图，可进一步考虑施工时如何进行"施工现场平面布置"，如垂直施工机械、搅拌机械、建材、半成品加工场地、水电源路线、施工现场道路走向等。

**3. 识读建筑施工图**

在识读建筑施工图时，应先看基本图后看详图。

（1）识读建筑平面图：应按"底层平面图→标准层平面图→顶层平面图→屋顶平面图"的顺序阅读。主要掌握房屋长度、宽度、定位轴线尺寸、开间尺寸、进深尺寸、房间布局及门窗宽度与种类、数量等。

（2）识读建筑立面图和剖面图：应按"正立面图→背、侧立面图→剖面图Ⅰ→剖面图Ⅱ→……"顺序阅读。主要掌握建筑物总高度、层高、细部高度、各层标高、室内外标高差、立面装饰等。通过识读"建筑平、立、剖面图"之后，综合运用自己的生产实践经验、经历和三维想象能力，在头脑中形成待建房屋的立体形象，想象出它的规模或轮廓。

（3）识读建筑详图：建筑详图都是以断面图形式将建筑物的细部构造表达出来。一栋建筑物的施工图中，通常有以下几种详图：外墙详图、楼梯详图、门窗详图及室内外的构配件的详图，如台阶、散水等。外墙详图重点阅读墙身大样的外墙底部节点，外墙中间节点和外墙檐口节点三部分构造与尺寸要求；其次，还应了解墙体内部、外部构造，圈梁与构造柱内部构造与做法，及其散水、勒脚、雨棚、屋檐及女儿墙构造做法。楼梯详图除了解楼梯类型外，重点掌握楼梯间、楼梯段、楼梯井休息平台的平面形式和尺寸与标高，楼梯间墙、柱、门窗的平面位置及尺寸与标高，其他楼梯的细部构造等。其他门窗详图等阅读。

（4）查阅建筑构件，配件标准图集建筑构件配件标准图是经过有关部门审查批准后，供设计单位和施工单位在工作中直接选用。标准图集有两种：第一种是建筑物的标准设计，又称定型设计。如住宅楼、教学楼等；第二种是建筑构件标准图（代号为G或结）与建筑配件标准图（代号为J或建），这是目前建筑业使用量很大的图纸。分国家和地区（省、市、区）两级设计编制和审核使用。阅读图纸时必须注意标准图的来源、代号与页码与待建建筑物施工图纸的标注标准图引用代号页码是否相符。

**4. 识读结构施工图**

应按"结构设计说明→基础平面布置图→柱网平面布置图→楼层结构平面布置图→屋顶结构平面布置图→构件详图"的顺序识读。识读图纸前先要明确是装配式结构还是现浇结构。

（1）基础平面布置图：重点识读基础类型、基坑挖土深度、基础埋深、基础宽度、构造、定位轴线尺寸与基础圈梁标高和走向等。

（2）柱网平面布置图：柱网平面布置图主要出现在框架结构和单层工业厂房建筑工程图中，在这张结构平面布置图上，重点了解结构类型，明确纵向和横向定位轴线的位置及其距离，因为定位轴线是确定主要承重构件标志尺寸及其相互关系的基准线，也是设备定位、安装与施工放线的依据。主要掌握跨度和柱距的尺寸、墙柱梁与定位轴线的关系，结构安装要求等。

（3）楼层、屋顶结构平面布置图：识读结构平面布置图首先核对定位轴线位置编号、尺寸与建筑平面图的轴向编号、尺寸是否完全一致。其次，主要明确楼板结构类型、构件种类与布置情况、圈梁标高位置与走向、构件之间搭接的具体要求等。

（4）详图：重点识读楼梯详图和起关键作用的构件详图。了解楼梯类型、结构形式、楼梯尺寸等。关键作用构件是指位置重要、断面大与数量多、而起主要承受作用的构件，重点掌握这些构件的种类形式、数量与位置、内部结构要求等。

（5）依"结施图"索引查找建筑构件标准图集。

**5. 细读施工图**

识读全局性基本图和重点详图之后，可按分项工程或不同工种有关施工部分，将图纸一张不漏地读深、读全、读懂。识读顺序应按"先地下图纸后地上图纸、先主体结构图纸后围护装饰图纸、先土建图纸后设备图纸"的规律。在识图中还要坚持"基本图纸和局部详图结合看对照看；图纸、说明与相关资料结合看参照看"的方法。

施工图纸细读要点如下：

（1）细小到个位数尺寸、仔细到细线条或虚线条的表示、清楚明白每一句说明与要求、明确各图纸之间的关系。

（2）细到边读图边发现问题边记录。以便在继续读图中得到解决，或到设计交底时提出解决。

（3）达到能保质保量安全施工的程度。如砌砖工程要了解墙体厚度和高度；门窗种类部位、规格大小、数量；清水墙还是混水墙；门窗洞口使用什么过梁；圈梁标高和水平走向；构造柱设置位置与构造要求等。对于现浇钢筋混凝土工程中要了解梁、柱的断面尺寸、标高、长度（跨度）、高度等。各种不同工程都应明确本工种的相关内容。

（4）分部分项工程间衔接问题。施工技术人员在熟悉图纸中，还要考虑按图纸技术要求如何保证各工程、工序的衔接以及工程质量和安全作业等。

（5）查找图纸间的矛盾。在阅读图纸过程中，要特别注意"建筑图"与"结施图"有无矛盾，构造上能否施工，如支模标高与砖墙砌筑高度能不能"对口"（俗称交圈）……

（6）牢记图纸的关键内容。在识读图纸过程中，必须牢记关键内容备查。这些关键内容是：轴线尺寸、开间尺寸、进深尺寸、层高、建筑物总高度、总长、总宽；圈梁标高、构造走向、构造柱位置、构造；关键梁和柱的位置、截面尺寸、长度（跨度）、高度；主要建筑材料的质量等级标准，如混凝土强度级别、砂浆强度级别、钢筋品种级别等。

# 9.4 施工图的识读要点

## 9.4.1 图纸目录与设计说明识读要点

图纸目录起到组织编排图纸的作用，从中可以看到工程设计是由哪些专业图纸组成，每张图纸的图别编号顺序和所在页码，以便查阅。从设计说明中可看到待建工程的性质、用途、设计年限、设计依据、选用规范标准和对施工提出的总要求。主要识读要点如下：

（1）看目录核对图纸：由图纸目录明确本工程施工图的组成专业顺序与图纸数量。按组成专业顺序检查各专业图纸的起止序号，是否与目录相符。从图纸内容上看到每个专业图纸基本上都是由基本图纸和详图所组成，看详图与基本图的连锁关系，识别详图与基本图是否相符。

（2）看设计说明掌握工程结构性质：文字设计说明可了解待建工程性质、用途、使用年限，掌握待建工程的主体结构性质、建筑总高度、房间的种类与布置、不同房间的不同设计内容（如开间、进深、层高等）。此外，设计说明还对建筑物的主体结构、内外装修、门窗等所用材料规格、强度等级、做法等，提出一系列的说明和要求。

## 9.4.2 建筑总平面图的识读要点

### 1. 建筑总平面图的概念与布置特点

建筑总平面图是表明待建工程所在位置的平面状况的布置图。建筑总平面图根据具体条件，情况的不同，布置也各有差异。

（1）建筑群的总平面图的绘制及其位置确定。应由城市规划部门先把用地范围规定下来后，设计单位才能在其规定区域布置建筑平面图。

（2）当在城市中布置待建工程房屋的总平面图时，一般以城市道路中心线为基准，再由此向需建房的一方定出一条该建筑物或建筑群的"红线"（所谓红线是指限制建筑物的界限线），从而确定建筑物的边界位置，然后设计人员再以它为准，设计布置待建建筑群的相对位置，绘制出建筑总平面图。

（3）待建单独一栋工程时，若在城市中心交通干道附近，则它一定受"红线"的限制；若待建房屋在原有建筑群中建造，那么它要受原有建筑群的限制。

### 2. 建筑总平面图的识读要点

（1）看图名、比例及相关说明。

（2）熟悉总平面图的绘制常用图例。

（3）了解待建工程的性质与总体布局。主要了解新建工程及构筑物的位置、道路、场地、绿化、层数等布置情况；了解待建工程与场内道路、与原建筑物、与永久性构筑物的关系。

（4）明确新建工程或扩建工程的具体位置进行定位。建筑物的位置在设计图纸中都是固定的，新建或扩建工程的定位方法有两种：一是根据原有建筑物或道路来定位，并以"米"为单位标注定位尺寸；二是新建工程为建筑群与构筑物同时定位时，往往用坐标网来确定每一新建房屋及道路转折点等位置。施工放线也采用这两种方法。

（5）了解新建建筑物室内外地面标高。在总平面图上标注的通常均是绝对标高，它常注写在建筑物的室外地面和室内房屋地面处，用于表明室内外地面高差及正负零与绝对标高的关系。

（6）看风向频率玫瑰图。该图表示出新建房屋的朝向和该地区的常年风向频率，箭头表示方向。

（7）看水、电、暖管网布置图。需要时，在总平面图上还画出给水排水采暖电气等管网布置图，表明这些管网的来源方位和新建工程的入口部位。

### 9.4.3 建筑平面图的识图要点

建筑平面图只反映房屋平面形状、大小和各部分水平方向的组合关系的图样，共有底层平面图、二、三层或标准层平面图、顶层平面图，它们主要表示房屋布置与功能，墙、柱位置和尺寸、楼梯、走廊的设置，门窗类型和位置等情况；一般还要绘制出屋顶平面图，反映出屋顶部女儿墙、天窗、水箱间、屋顶检修孔、排烟道等位置与排水情况。建筑平面图识读方法与要点如下：

（1）看图名、比例，了解是哪一层平面图。

（2）看底层平面图的指北针，了解房屋的朝向，以与总平面图玫瑰图相核对。

（3）看房屋外形和内部墙的分隔情况，了解房屋平面形状和房间布置、用途、数量及相互间的联系等，如入口、走廊、楼梯和各房间位置。

（4）在底层平面图中看出室外台阶、花池、散水坡或明沟（暗沟）、及雨水管的大小与位置。

（5）看图中的定位轴线的编号及其轴线间距离，从中了解各承重墙或柱（或承重构件）的位置及房间规格，以便于施工时定位放线和查阅图样。

（6）看平面图的各部尺寸（内部尺寸、外部尺寸）。从各部分尺寸的标注中可知房间的开间、进深、门窗及室内设备的大小、位置。

（7）看底层地面标高和楼层楼面标高，可知层高。

（8）看门窗的分布与其编号，了解门窗的位置、类型、数量。其中窗代号用"C"表示、门代号用"M"表示。对于门窗规格大小、材料组成不相同的门窗，还需在代号后面加写上编号顺序，如窗 C—1、C—2……和门 M—1、M—2……。

（9）在底层平面图上看剖面图的剖切符号，了解剖切位置、剖切方向和剖切编号Ⅰ、Ⅱ……。

（10）查看平面图中的索引符号和所使用的标准图集代号与页码。

建筑平面图识读时应该根据施工顺序抓住主要部位。如房屋的总长、总宽、几道纵横轴线、轴线间尺寸、墙厚、门窗尺寸与编号，门窗还可以列出表来提请外加工；其次是楼梯平台标高、踏步走向、室内台阶及其与墙体砌筑施工有关的部位；同时需仔细识读下一步的施工部分图纸。在施工全过程中，往往一张平面图要看上多遍，多次重复识读的目的是"看细、看透、看通"，保质保量以防"万一"失误。看图时应该抓住总体、抓住关键一步步的仔细看下去，熟悉图纸内容。

### 9.4.4 建筑立面图的识读要点

建筑立面图是房屋各个方向外墙的视图。有依两端定位轴线编号来命名、按建筑物的朝向来命名和反映房屋主要出入口或主要外貌特征为正立面图，其余为背立面图、侧立面图的三种命名方法。立面图是反映房屋的形体和外貌、门窗形式与位置、墙面装修材料和色彩做法、房屋总高度和立面各配件标高等情况。是建筑设计师表达立面设计效果的重要图样，为三大基本图纸之一。

建筑立面图的识读方法与要点如下：

（1）看立面图图名、比例，了解是哪一部分立面图和朝向。

（2）看房屋立面的外形，以及门窗、台阶、勒脚、散水、阳台、屋檐、女儿墙、烟囱、雨水管等形状处理、高度与位置。

（3）看立面图总高度与标高尺寸，了解室外地坪、出入口地面、勒脚、窗口、大门口及檐口等标高。

（4）看房屋外墙表面装饰材料、做法及其分格等艺术处理形式等。

（5）查看立面图上的索引符号和标准图集代号与页码。

（6）与平面图核对立面图两端轴线间建筑物长度总尺寸。

（7）重点掌握正立面图的出入口大门、雨篷、台阶的形式、窗口的形式与种类、墙面装饰材料做法与要求。

（8）看各立面图的标高尺寸，要记住室内外标高差、门口雨篷标高、各层窗口标高、窗高度、窗间墙高度、屋顶配件高度。

### 9.4.5　建筑剖面图识读要点

建筑剖面图主要表示房屋内部在高度方向的结构形式、楼层分层、垂直方向的高度尺寸以及各部分的联系等情况的图样，如：楼层标高、房间和门窗高度、屋顶形式、屋面坡度、楼板结构类型与搁置方式等。它是与建筑平面图、建筑立面图相互配合的不可缺少的三大基本图纸之一。

剖面图的剖切符号在底层平面图中，若剖切符号垂直纵墙平行于横墙所绘制的剖面图称横向剖面图；若剖切符号垂直于横墙平行于纵墙所绘制的剖面图称纵向剖面图。剖切的位置一般选择在室内结构比较复杂的位置或该建筑物具有代表性的部位，并应通过门窗洞口及主要出入口、楼梯间或高度等有特殊变化的部位。通常选用全剖面，必要时可选用阶梯剖面。剖面数量视房屋的具体结构或考虑施工的实际需要而定。

建筑剖面图的识读方法与要点如下：

（1）看图名、轴线编号和绘制比例。与底层平面图对照，明确剖切平面的位置与投射影方向，从中了解本剖面图所绘制的是房屋的哪一部分投影，如有地下室则应含地下室剖面。

（2）从剖面图中看房屋内部主体结构。明确了解墙体、柱位置构造；明确各层梁板、楼梯、屋面的结构形式、位置及其与墙柱的相互关系等。

（3）看各部分标高与高度。了解房屋总高、室外地坪、底层室内地坪、窗台、门窗顶、檐口、女儿墙等标高；各层楼面与楼梯平台面标高。

（4）从剖面图上看楼地面与屋面构造。在剖面图上表示楼地面和屋面的构造时，经常使用引出线的方法，将需要说明的部位，按其构造层次顺序列出材料做法等说明。但也有时将部分内容放在墙身剖面详图中表示，读图时注意分清。

（5）看剖面图中有关部位的坡度标注。对于屋面、散水、排水沟、坡道或卫生间、厨房等地面需要做成坡道时，都有坡度符号，即坡度数字下加注"→"。

（6）查看图中索引符号和标准图集代号与页码。剖面图中尚不能表达清楚的地方或使用的标准图集构配件图纸的，均注有详图索引，表明另有详图，必须查清细看。

（7）必须明确各剖面图的具体剖切位置和投射方向，并核对剖面图所画各轴线编号与平面图被剖切到得轴线编号是否相符。

（8）注意识读各剖面图的构、配件标高和高度尺寸，如室内、外地坪、层高、楼层、楼梯间底层地面和平台、门窗洞口（过梁、窗台）、屋顶、屋檐、女儿墙等标高及其相对应高度尺寸，同时，剖面图各标高与高度尺寸都应与建筑立面图相关尺寸相核对是否相符。

（9）通过剖面图的识读，掌握待建工程垂直方向的主体结构类型及其构造。

### 9.4.6　建筑详图识读要点

建筑物的施工通常有下面几种详图：外墙详图、楼梯详图、门窗详图以及室内外一些构配件详图，如台阶、散水、明沟、阳台等。因为是详图，识读顺序在后，所以必须"细读、详读"，详图图纸的每一条线、每一尺寸、每一材料、每一做法都不能漏掉。

**1. 外墙详图**

外墙详图实际上是剖面图中外墙墙身的局部放大样。主要表达了墙身内部构造、地面构造、楼面构造、楼板与墙身的关系、顶棚构造、屋面构造、檐口构造及其门窗顶、窗台、墙裙、勒脚、散水、明沟等节点尺寸、材料、做法等构造情况的详图。

（1）识图方法

1）看图名，明确详图所表示的外墙在建筑物中的位置、墙厚与定位轴线的关系，及其详图所代表的范围。

2）看地面、楼面、屋面的构造层次和做法。一般多用引出线表示。

3）看檐口、屋顶结构层次与做法及其屋顶排水方式。

4）看楼板、圈梁、过梁、墙体位置标高、构造层次及其与墙身的关系。

5）看内外墙面装修做法。

6）看墙身总高度、细部高度及其标高。

（2）读图要点

外墙详图读图时，除明确其轴线位置及其所代表的范围外，需重点注意三个节点：

1）外墙底部节点，看基础墙、防潮层、室外地面与外墙脚各种配件构造做法技术要求。

2）中间节点（或标准层节点），看墙厚及其轴线位于墙身的位置，内外窗台构造，变形截面的雨篷、圈梁、过梁标高与高度，楼板结构类型、与墙搭接方式与结构尺寸。

3）檐口节点（或屋顶节点）看屋顶承重层结构组成与做法、屋面组成与坡度做法。

也要注意各节点的引用标准图集代号与页码，以便与剖面图相核对和查找。

**2. 楼梯详图**

楼梯详图一般包括楼梯平面图、楼梯剖面图和踏步、栏杆、扶手等节点详图。一般楼梯的建施图和结施图分别绘制，较简单的楼梯有时合并绘制，或编入建施图中或编入结施图中。读图前要明确是现浇结构还是装配式预制构件。

（1）识图方法

1）楼梯平面图

① 核查楼梯在建筑平面图中的位置和有关轴线布置。

② 查看楼梯间、楼梯段、楼梯井和休息平台的平面形式和尺寸，踏步宽度和级数。

③ 查看上下行方向，用细实箭头线表示，箭头表示"上或下"方向。箭尾标注"上或下"字样和级数。

④ 查看楼梯间各楼层平台和休息平台标高。

⑤ 查看一楼休息平台下的空间处理，是过道还是小房间。

⑥ 查看楼梯间墙、柱、门窗的平面位置和尺寸。

⑦ 查看栏杆、扶手、护窗栏杆等的位置。

⑧ 查看楼梯一层平面图中楼梯剖切符号。

2）楼梯剖面图

① 与建施平面图核查楼梯间墙身定位轴线编号和轴线间尺寸。

② 看楼梯结构形式、梯段数、踏步级数及其宽度高度尺寸、栏杆高度。

③ 看踏步、栏杆、扶手等细部详图的索引符号。

3）楼梯节点详图

① 一般包括梯段起步节点、止步节点、转弯节点的详图。

② 楼梯踏步、栏杆、扶手详图，表明他们的断面形式、细部尺寸、材料、构件连接及面层装饰做法要求。

（2）识图要点

① 明确楼梯详图在建筑平面图中的位置，轴线编号与平面尺寸。

② 掌握楼梯平面布置形式，明确梯段宽度、梯井宽度、踏步宽度等平面尺寸；查清标准图集代号和页码。

③ 从剖面图中可明确掌握楼梯的结构形式、各层梯段板、梯梁、平台板的连接位置与方法、踏步高度与踏步级数、栏杆扶手高度。

④ 无论楼梯平面图或剖面图都要注意底层和顶层的阅读，因为是楼梯的起点和终点构造处理不一样。其底层楼梯往往要照顾进出门入口处净高而设计成长短跑楼梯段，顶层尽端安全栏杆的高度与底中层也不同。

**3. 门窗详图**

在施工图纸中，若是采用标准图集时，则只需在门窗统计表中注明图样所在标准图集的编号页码即可查找，不必另画详图。若采用非标准门窗时，则需有门窗详图。门窗详图阅读前要首先核对首页图中的门窗统计表的门窗代号种类、数量及所用建材要求标准，当前铝合金、塑钢等门窗材料的型材规格、种类标准众多，读图时一定应该注意图纸说明与要求。

门窗详图表示门窗外形、尺寸、开启方式和方向、构造、用料情况，由立面图、节点大样、五金配件与说明组成。

（1）识读方法

1）门窗立面图

① 看立面形式、骨架形式与材料。

② 看门窗主要尺寸。门窗平面图常注有三道外尺寸，其中最外一道尺寸是门窗洞口尺寸，也是建施平、立、剖面图上的洞口尺寸；中间一道是门窗框尺寸和灰缝尺寸；最里一道是门窗扇尺寸。

③ 看门窗开启方式，并与建施平面图相核对，掌握内开、外开还是其他形式。

④ 看门窗节点详图的剖切位置和索引符号。

2）门窗节点详图

① 与立面图核对节点详图位置。

② 主要查看框料扇料的断面形状、尺寸及其相互构造关系，门窗框与墙体的相互位置和连接方式要求，五金零件等。

（2）读图要点

明确图纸对门窗材料的要求，重点掌握门窗种类、规格尺寸、数量、位置、开启方式及其安装要求。

### 9.4.7 结构施工图识读要点

结施图主要包括基础施工图、楼层结构平面布置图、屋顶结构平面布置图和构件结构详图等几类。

**1. 基础结构施工图**

基础结构施工图一般包括基础平面图、基础剖（断）面详图和文字说明三部分。基础的样式很多，而且所用材料不同和基础构件的构造形式也不同，民用建筑物比较常用的是条形基础、独立基础、筏板基础和桩基础等。

（1）基础平面图识读方法：

1）审图。看基础平面图的定位轴线编号及轴线间尺寸是否与建施图的平面图一致。

2）基础平面布置与尺寸。看基础中的垫层、基础墙、柱、基础梁等平面布置、形式、宽度尺寸及暖气沟布置构造等。

3）尺寸标注。基础平面图中应该注明的尺寸有：轴线间尺寸、基础垫层宽尺寸、基础底宽尺寸、基础墙宽尺寸、轴线到基础墙边和基础底边的尺寸，独立基础和柱的外形尺寸。

4）详图剖切符号位置与编号。在基础平面图中，凡是基础宽度、墙厚、大放脚形式、基础底面标高、宽度尺寸不同或做法不同时，常常用不同的剖（断）面详图和编号予以标明。看图时应特别"细读"。

5）文字说明。在基础平面图中，常用文字来表明基础用料与要求、基础埋置深度、基础施工时相关技术做法要求等。

（2）基础详图识读方法：

1）明确图名意义。基础详图图名是根据基础平面图中的断面剖切符号的编号命名的。它代表着基础平面图中一定范围的构造，必须根据剖切符号在平面图中找到相应的平面位置。

2）看基础组成部分的结构构造。由不同断面形式组成的基础，其基础垫层、大放脚、基础墙、基础梁、圈梁、防潮层、暖气沟等构造形式、截面形状、配筋等不同；各部使用材料与做法也不尽相同。

3）看尺寸与标高。在基础详图中，要标注剖（断）面各部分尺寸与标高。如基础墙厚度、大放脚细部与垫层的宽度高度尺寸、基础梁或圈梁截面尺寸、基础宽度与轴线位置的关系；基础垫层底至室外地坪的基础埋置深度及其标高、室内地坪与防潮层标高位置。

(3) 基础结构施工图的读图要点：

1) 识读基础施工图时，一定要结合建设地址的"地质报告"情况一起识读。看地质报告中的土壤结构变化、地下构筑物、地下水位的高低和冰冻情况，研究图纸处理结果是否安全。

2) 识图时，应特别注意基础埋置深度不同而构成的不同标高断面，其结构类型代表范围的大小。

3) 明确定位轴线与基础宽度的关系。

4) 注意各种设备管线进入建筑物的位置及其地沟的走向布置与要求。

**2. 楼（层）盖结构平面布置图**

结构平面布置图由楼层结构平面布置图、屋顶结构布置图和柱网平面结构布置图及其构件与节点详图组成。在民用建筑物中由于楼层结构平面布置图与屋顶结构平面布置图的结构类型布置基本相同，所以两者图示内容和图示方法也基本相同。

(1) 识读方法

1) 楼层（屋顶）结构平面布置图

主要表示楼层（屋顶）的梁、板、墙、柱、圈梁、过梁等承重构件布置、构件代号及构造做法的图纸。

① 核对楼层图名和定位轴线。楼层结构平面图是分层绘制，所以楼层应与建筑平面图完全一致。定位轴线是确定承重构件位置的依据，所以应与建筑平面图定位轴线位置编号一致。

② 看结构构件平面布置组合与编号。楼板布置，若为预制板时，无论哪种表示方法（一是按实际布置注明、二是按对角线表示）明确预制板种类型号、规格、数量、安装方向。若为现浇板时，一般用细实线给出板的平面形状，并用中粗虚线画出板下的墙、梁、柱位置，板内钢筋一般等距排列。读图时注意板钢筋的配筋方向、弯起筋形状、径级、间距、位置、数量。梁的布置与编号，在结构平面图中，读图时注意梁平法施工图中表示的种类型号、位置、数量。

③ 屋顶结构平面图，由于层面排水需要，屋面板可根据一定坡度布置，并设置挑檐板或天沟板。识读屋顶结构平面图时，应清楚挑檐板的位置、数量等，并清楚屋顶爬人孔、烟道等处预留孔洞位置。

④ 看尺寸标注。一般只标注墙厚、轴线间尺寸。

⑤ 看构件统计表和文字说明。

⑥ 对现浇结构还应清楚模板图相关情况，如柱、梁、板模板位置、规格、数量等。

2) 楼层结构节点详图

楼层结构断面节点详图，主要反映梁、板、圈梁与墙体间的连接关系和构造处理做法。要明确楼板与墙的位置关系，楼板在墙上或梁上搭接长度、施工方法、圈梁断面形状、规格、配筋等。

(2) 楼层（屋顶）结构平面图识图要点

1) 查清各定位轴线编号尺寸与建筑平面图相符情况。

2）掌握柱、梁、板的种类、位置、数量、配筋情况。

3）梁、板、柱、墙节点连接搭接长度与做法要求。

4）预制构件安装的缝隙填充方法与要求。

5）注意钢筋表内容与建材质量等级要求，如钢筋、混凝土强度等级等。

总之，通过识读图纸，详细了解要施工的建筑物，熟悉待建建筑物的全部内容，达到能按图施工，保质保量按期交付使用安全作业的程度。

# 9.5 勘察报告、设计变更与图纸会审纪要识读

## 9.5.1 工程地质勘探报告识读要点

工程地质勘探报告内容一般包括文字和图标两大部分。文字部分有工程概况、勘察目的与任务，勘察方法及完成工作量，依据的规范标准，工程地质与水文条件，岩土特征及参数，场地地震效应等，最后对地基做出一个综合的评价，提高承载力的措施等。图标部分包括平面图、剖面图、钻孔柱状图、土工试验成果表、物理力学性能指标统计表、分层土工试验报告表等。报告中的预警语句如"施工时应注意，在降水时应采取有效措施，避免影响相邻建筑物。建议对本楼沉降变形进行长期观测"、"严禁扰动基地持力层土……"等，一定要重点标识出来，并将他们写入基础说明中，这样做是为了突出矛盾，告诫自己这些地方日后挖土时可能存在安全隐患，可能会出现一些非结构自身问题，另一方面也加深施工单位对这些问题的重视。如"持力层以下埋藏有砂层，且有承压水的条件下，施工时应注意不宜钎探，以免造成涌砂，降低地基承载力和加大基础沉降量"这样的警告，如果设计人员不写在图纸中，施工单位不可能钎探时注意，有可能造成安全隐患。

## 9.5.2 设计变更的程序与要求

**1. 施工单位提出变更申请**

（1）施工单位提出变更申请报总监理工程师。

（2）总监理工程师审核技术是否可行、审计工程师核算造价影响，报建设单位工程师。

（3）建设单位工程师按规定报相关领导审核同意后，通知设计院，设计院若认可变更方案，则进行设计变更，出变更图纸或变更说明。

（4）变更图纸或变更说明由建设单位发监理公司，监理公司发给施工单位和造价公司等单位。

**2. 建设单位提出变更申请**

（1）建设单位工程师组织总监理工程师、审计工程师论证变更是否技术可行以及对造价影响。

（2）建设单位工程师将论证结果报相关领导审核同意后，通知设计院，设计院若认可变更方案，则进行设计变更，出变更图纸或变更说明。

（3）变更图纸或变更说明由建设单位发监理公司，监理公司发给施工单位和造价公司等单位。

**3. 设计院发出变更**

（1）设计院发出变更通知。

（2）建设单位项目工程师组织总监理工程师、审计工程师论证变更影响。

（3）建设单位工程师将论证结果报相关领导审核同意后，变更图纸或变更说明由建设单位发监理公司，监理公司发给施工单位和造价公司等单位。

### 9.5.3　图纸会审纪要的内容及程序

**1. 图纸会审纪要的内容**

审查或识读设计图纸及其他技术资料时，应包括以下内容：

（1）设计是否符合国家有关方针、政策和规定。

（2）设计规模、内容是否符合国家有关的技术规范要求，尤其是强制性标准的要求，是否符合环境保护和消防安全的要求。

（3）建筑设计是否符合国家有关的技术规范要求，尤其是强制性标准的要求，是否符合环境保护和消防安全的要求。

（4）建筑平面布置是否符合核准的按建筑红线划定的详图和现场实际情况，是否提供符合要求的永久性水准点或临时性水准点位置。

（5）图纸及说明是否齐全、清楚、明确。

（6）结构、建筑、设备等图纸本身及相互之间有否矛盾和错误，图纸与说明之间有否矛盾。

（7）有无特殊材料（包括新材料）要求，其品种、规格、数量能否满足要求。

（8）设计是否符合施工技术装备条件。如需采取特殊技术措施时，技术上有无困难，能否保证安全施工。

（9）地基处理及基础设计有无问题，建筑物与地下构筑物、管线之间有无矛盾。

（10）建（构）筑物及设备的各部位尺寸、轴线位置、标高、预留孔洞及预埋件，大样图及做法说明有无错误和矛盾。

**2. 图纸会审的程序**

一般工程由建设单位组织，并主持会议，设计单位交底，施工单位、监理单位参加。重点工程或规模较大及结构、装修复杂的工程，如有必要可邀请各主管部门、消防、防疫与协作单位参加，会审的程序是：设计单位作设计交底；施工单位对图纸提出问题，有关单位发表意见，与会者讨论、研究、逐条解决问题达成共识，组织会审的单位汇总成文，各单位会签，形成图纸会审纪要，会审纪要作为与施工图纸具有同等法律效力的技术文件使用。

# 第 10 章　分部分项工程施工技术要点分析

## 10.1　基础工程施工技术要点

### 10.1.1　土方工程施工技术要点

土方工程施工的主要内容包括：场地平整，基坑（槽）与管沟的开挖与回填；人防工程、地下建筑物或构筑物的开挖与回填；地坪填土与碾压；路基的填筑等。土方工程的施工过程主要包括土的开挖或爆破、运输、填筑、平整和压实，以及排水、降水和墙壁支撑等准备工作与辅助工作等。

**1. 土的工程分类与性质**

（1）土的工程分类

建筑施工过程中一般按照土的开挖难易程度，将土分为松软土、普通土、坚土、砂砾坚土、软石、次坚石、坚石、特坚石八类。

（2）土的工程性质

土的工程性质对土方工程的施工方法及工程量大小有直接影响，其基本的工程性质有：

1）土的可松性

自然状态下的土，经过开挖后，其体积因松散而增加，以后虽经回填压实，仍不能恢复到原来的体积，这种性质称为土的可松性，土的可松性程度用可松性系数来表示。自然状态土经开挖后的松散体积与原自然状态下的体积之比，称为最初可松性系数（$K_s$）；土经回填压实后的体积与原自然状态下的体积之比，称为最后可松性系数（$K'_s$）。土方施工过程中，进行土方的平衡调配、计算填方所需挖方体积、确定开挖时的留弃土量、计算运土机具数量等均需考虑土的可松性影响。

2）土的含水量

土的含水量是指土中所含的水与土的固体颗粒之间的质量比，以百分数表示。

3）土的渗透性

土的渗透性是指土体被水透过的性质。土的渗透性用渗透系数 $K$ 表示。渗透系数 $K$ 值反映出土的透水性强弱，它直接影响降水方案的选择和涌水量计算的准确性，一般可通过室内渗透试验或现场抽水试验确定。

**2. 土方工程量计算与土方调配**

（1）基坑与基槽土方量计算

基坑土方量的计算可近似地按拟柱体（由两个平行的平面做上下底的多面体）体积计算，基槽或路堤的土方量可以沿长度方向分段后，再按拟柱体的计算方法计算。

（2）场地平整土方量的计算

场地平整的步骤：确定场地设计标高→计算挖、填土方工程量→确定土方平整调配方案→选择土方机械、拟定施工方案。

1）确定场地设计标高

① 确定场地设计标高应考虑的主要因素：建筑规划、生产工艺、运输、尽量利用地形、排水等。

② 确定场地设计标高常用的原则：场地内挖、填方量平衡原则。

③ 确定场地设计标高的主要步骤：划分网格（一般每方格网边长 10～40m）→利用等高线内插求得角点标高（有地形图时）或测量角点木桩高度（无地形图时）→初步确定场地的设计标高（$H_0$）→场地初步设计标高的调整。

④ 场地初步设计标高的调整。场地标高调整的原因：土的可松性影响；借土或弃土的影响；泄水坡度的影响等。按计算的场地初步设计标高，平整后场地是一个平面，但实际上由于排水的要求，场地表面需要有一定的泄水坡度，其大小应符合设计规定。

2）场地土方量的计算

场地平整土方量的计算方法，通常有方格网法和断面法两种。当场地地形较为平坦时宜采用方格网法；当场地地形起伏较大、断面不规则时，宜采用断面法。场地平整时，场地土方量的计算方法采用较多的是方格网法。

① 方格网法

方格边长一般取 10m、20m、30m、40m 等。根据每个方格角点的自然地面标高和设计标高，算出相应的角点挖填高度，然后计算出每一个方格的土方量，并算出场地边坡的土方量，这样即可求得整个场地的填、挖土方量。其具体步骤如下：将场地按确定的方格边长进行网格划分→计算场地各角点的施工高度→计算每个方格的挖、填方量→计算场地边坡的挖、填方量→累计求场地挖、填方总量。

在场地平整的方格网上，各方格角点的施工高度为该角点的设计标高与自然地面标高的差值。场地平整土方量计算时，挖方区与填方区的分界线，通常称为场地的零线。

② 断面法

沿场地取若干个相互平行的断面，将所取的每个断面划分为若干个三角形和梯形，分段求出每一段的体积再累加，用断面法计算土方量时，边坡土方量已包括在内。

（3）土方调配

1）土方调配：就是指对挖土的弃和填的综合协调。

2）土方调配的原则：挖方和填方基本平衡就近调配；考虑施工与后期利用；合理布置挖、填分区线，选择恰当的调配方向、运输路线；好土用在回填质量高的地区。

3）土方调配图表的编制方法：划分调配区→计算土方量→计算调配区之间的平均运距→确定土方最优调配方案→在场地地形图上绘制土方调配图、调配平衡表。

**3. 土方工程施工准备与辅助工作**

（1）施工准备工作

土方开挖前的主要准备工作有：场地清理（清理房屋、古墓、通讯电缆、水道、树木等）；排出地面水（尽量利用自然地形来排水，设置排水沟）；修筑临时设施（道路、水、电、机棚）。

（2）土方边坡与土壁支撑

1）土方边坡与边坡稳定

① 土方边坡

开挖基坑（槽）时，为了防止塌方，保证施工安全及边坡的稳定，其边沿应考虑放坡。当地质条件良好、土质均匀、地下水位低于基坑或基槽底面标高且敞开时间不长时，挖方边坡可以做成直立的形状（不放坡）。但是开挖深度不得超过当地规定的不放坡开挖的最大挖土深度要求。当挖土深度超过了当地规定的最大挖土深度时，应考虑放坡，放坡时应按不同土层设置不同的放坡坡度，土方边坡的坡度一般以挖方深度 $h$（或填方深度）与边坡水平投影宽度 $b$ 之比表示。影响土方边坡大小的因素：土质、开挖深度、开挖方法、地下水位高低、边坡留置时间、边坡附近的荷载状况、排水情况、工期长短等。

基坑（槽）挖好后，应及时进行基础工程施工。当挖基坑较深或晾槽时间较长时，应根据实际情况采取防护措施，防止基底土体反鼓，降低地基土承载力。

② 边坡稳定

开挖基坑（槽）时，必须保证土方边坡的稳定，才能保证土方工程施工的安全。影响土方边坡的主要因素是由于外部因素的作用下造成土方边坡的土体内摩擦阻力和粘结力失去平衡，土体的抗剪强度降低。造成边坡塌方的常见原因有：①土质差且边坡过陡；②雨水、地下水渗入基坑，使边坡土体的重量增大，抗剪能力低；③基坑边缘附近大量堆土或停放机具材料，使土体产生剪应力超过土体强度等。

为了保证土方边坡的稳定，防止塌方，确保土方施工的安全，土方开挖达到一定深度时，应按规定进行放坡或进行土壁支撑。

2）土壁支撑技术

开挖基坑或基槽时，采用放坡开挖，往往是比较经济的。但当在建筑稠密地区或场地狭窄地段施工时，没有足够的场地来按规定进行放坡开挖；有防止地下水渗入基坑要求；深基坑（槽）放坡开挖所增加的土方量过大等情况时，就需要用土壁支护结构来支撑土壁，以保证土方施工的安全顺利地进行，并减少对邻近建筑物和地下设施的不利影响。

常用的土壁支护结构有：横撑式支撑、钢（木）板桩支撑、钢筋混凝土排桩支撑、水泥土搅拌桩支撑、土层锚杆支撑、土钉支护和地下连续墙等。钢筋混凝土排桩的挡土效果较好，但挡水效果较差；地下连续墙既可以作为深基础的支护还可以作为建筑物的深基础；用灌注桩作为深基坑开挖时的土壁支护结构，具有布置灵活、施工简便、成桩快、价格低等优点；排桩的布置情况与土质、土压力大小及地下水位高低有关；有一字相间排列、一字相接排列、一字搭接、交错相接、交错相间排列几种形式；能保持直立壁的干土或天然湿度的黏土类土，且地下水很少、深度在 2m 以内的，其基坑支撑适宜采用间断式水平挡土板支撑；土层锚杆是一种埋入土层深处的受拉杆件；土钉支护适用于地下水位以上或经过降水措施后的砂土、粉土、黏土中。

**4. 人工降低地下水位**

主要的降水方法有：集水坑降水法和井点降水法。

（1）集水坑降水法

集水坑降水法是在基坑开挖过程中，在坑底设置集水坑，并沿坑底的周围或中央开挖排水沟，使基坑内的水经排水沟流向集水井，然后用水泵抽走的降水法，主要适用于开挖深度不宜太大，地下水位不宜太高，土质宜较好的基坑降水。集水坑降水法具有设备简单和排水方便的优点，采用较为普遍，但当开挖深度大、地下水位较高而土质又不好时，容易出现"流砂"或"管涌"现象，导致工程事故。

1）流砂：基坑底部的土成流动状态，随地下水涌入基坑的现象。

① 流砂的特点：土完全丧失承载能力。

② 流砂的成因：高低水位间的压力差使得水在其间的土体内发生渗流，当压力差达到一定程度时，使土粒处于悬浮流动状态。

③ 流砂的受力分析：当动水压力 $G_D \geq \gamma'$ 时，土粒处于悬浮状态，土的抗剪强度等于零，土粒随着渗流的水一起流动，发生"流砂现象"。

④ 流砂现象易在粉土、细砂、粉砂及淤泥土中发生。但是否会发生流砂现象，还与动水压力的大小有关。当基坑内外水位差较大时，动水压力就较大，易发生流砂现象。一般工程经验是：在可能发生流砂的土质处，当基坑挖深超过地下水位线 0.5m 左右时，就要注意流砂的发生。

⑤ 流砂的治理办法，主要途径是消除、减少或平衡动水压力，具体措施有抢挖法、打板桩法、水下挖土法、人工降低地下水位（轻型井点降水）等。

2）管涌：坑底位于不透水层，不透水层下面为承压蓄水层，坑底不透水层的覆盖厚度的重量小于承压水的顶托力时，发生的管状涌水现象。

（2）井点降水法

井点降水法就是在基坑开挖前，预先在基坑四周埋设一定数量的井点管，利用抽水设备抽水，使地下水位降落在坑底以下，直到施工结束为止的降水方法，井点降水法一般宜用于降水深度较大，土层为细砂或粉砂，或是软土地区。井点降水法主要井点有：轻型井点、喷射井点、电渗井点、管井井点和深井井点等。轻型井点设备由管路系统和抽水设备组成。管路系统包括：滤管、井点管、弯联管（连接管）及集水总管等。抽水设备是由真空泵、离心泵和水气分离器（又叫集水箱）等组成。

**5. 土方机械化施工**

土方工程的施工过程主要包括：土方开挖、运输、填筑与压实等。常用的施工机械有：推土机、铲运机、单斗挖土机、装载机和土方压实机械等，施工时应正确选用。

（1）常用土方施工机械

1）推土机施工

① 使用范围：场地清理、场地平整、开挖深度 1.5m 以内的基坑，填平沟坑，以及配合铲运机、挖土机工作等。

② 特点：操作灵活、运转方便，所需工作面较小、行驶速度快、易于转移，经济运距 100m，效率最高为 60m。

③ 提高生产率的作业方法有：下坡推土、并列推土、多刀送土和槽形推土四种。

2）铲运机施工

构成：牵引机械和土斗。

① 分类：按行走方式分为拖式和自行式两种；按操纵机构分油压式和索式两种。

② 使用范围：适合大面积场地平整，开挖大基坑、沟槽以及填筑路基、堤坝等工程。

③ 特点：能综合完成挖土、运土、平土和填土等全部土方施工工序，自行式经济运

距 800～1500m，拖式经济运距 600m。

④ 提高生产率的作业方法：合理的行走路线——环形路线、8 字形路线。施工方法主要包括下坡铲土、跨铲法、助铲法等。

3）单斗挖土机施工

按其行走装置的不同，分为履带式和轮胎式两类；按其工作装置的不同，分为正铲、反铲、拉铲和抓铲等。按其操纵机械的不同，可分为机械式和液压式两类，但机械式现在很少用。

① 正铲挖土机

特点：向前向上，强制切土，挖掘能力大，生产率高。

适用范围：适用于开挖停机面以上的一～三类土。

开挖方式：正向挖土，侧向卸土；正向挖土，后方卸土。

工作面：一次开行中进行挖土的工作范围，由挖土机技术指标及挖、卸土的方式决定。

工作面的布置原则：保证挖土机生产效率最高，而土方的欠挖数量最少。

② 反铲挖土机

特点：后退向下，强制切土，挖掘能力比正铲小。

适用范围：能开挖停机面以下的一～三类土；适用于挖基坑、基槽和管沟、有地下水的土或泥泞土。

开挖方式：沟端开挖、沟侧开挖。

③ 拉铲挖掘机

特点：后退向下、自重（土斗自重）切土，其挖土半径和挖土深度较大，但不如反铲灵活，开挖精确性差。

适用范围：适用于开挖停机面以下的一、二类土。可用于开挖大而深的基坑或水下挖土。

开挖方式：与反铲相似，可沟侧开挖，也可沟端开挖。

④ 抓铲挖土机

特点：直上直下、自重（土斗自重）切土；

适用范围：适用于开挖停机面以下的一、二类土，如挖窄而深的基坑疏通旧有渠道以及挖取水中淤泥，或用于装卸碎石、矿渣等松散材料。在软土地基的地区，常用于开挖基坑等。

4）装载机

分类：按行走方式分履带式和轮胎式两种，按工作方式分单斗式和轮斗式两种。

特点：操作轻便、灵活、转运方便、快速。

适用范围：适用于装卸土方和散料，也可用于松散土的表层剥离、地面平整和场地清理等工作。

5）压实机械

按压实原理不同，可分为冲击式、碾压式和振动式三大类。冲击式压实机械主要有蛙式打夯机和内燃式打夯机两类；碾压式压实机械按行走方式分自行式压路机（光轮和轮胎）和牵引式（推土机或拖拉机牵引）压路机两类；振动压实机械按行走方式分为手扶平板式和振动式两类。

（2）土方挖运机械的选择

土方机械选择，通常先根据工程特点和技术条件提出几种可行方案，然后进行技术经济比较，选择效率高、费用低的机械进行施工，一般可选用土方单价最小的机械。

### 6. 土方开挖施工

（1）建筑物定位放线

建筑物定位是在基础施工以前，根据建筑总平面图给定的坐标，将拟建建筑物的平面位置和±0.000标高在地面上确定下来。定位一般用经纬仪、水准仪、钢尺等根据轴线控制点将外墙轴线的四个角点用木桩标设在地面上。建筑物定位后，根据基础的宽度、土质情况、基础埋深及施工方法，计算基槽的上口挖土宽度，拉线后用石灰在地面上画出基坑（槽）开挖的边线为放线。

（2）基坑（槽）土方开挖

基坑（槽）开挖有人工开挖和机械开挖两种形式。当深度和土方量不大或无法用机械开挖的桩间土等可以采用人工开挖的方法。人工开挖可以保证放坡和坑底尺寸的精度要求，但是人工开挖劳动强度大，作业时间长。当基坑较深，土方量大时一般采用机械开挖的方式。即使采用机械开挖，在接近基底设计标高时通常也用人工来清底，以免超挖和机械扰动基底。

开挖较深基坑时，土方施工必须遵循"开槽支撑，先撑后挖，严禁超挖，分层开挖"的原则。

### 7. 验槽

基坑（槽）开挖完毕并清理好后，在垫层施工前，承包商应会同勘察设计、监理、业主、质量监督部门一起进行现场检查并验收。验收的主要内容为：

（1）核对基坑（槽）的位置、平面尺寸、坑底标高。

（2）核对基坑土质和地下水情况。不需考虑降水方法与效益。

（3）孔穴、古井、防空掩体及地下埋设物的位置、形状、深度等。遇到持力层明显不均匀或软弱下卧层者，应在基坑底进行轻型动力触探，会同有关部门进行处理。

（4）验槽的重点应选择在柱基、墙角的承重墙或其他受力较大部位。

（5）打钎时，同一工程应钎径一致、锤重一致、用力（落距）一致。

（6）验槽后应填写验槽记录或隐蔽工程验收报告。

### 8. 土方填筑与压实

（1）土料的选用与填筑要求

土料的选用与填筑要求详见本书第15章的相关内容。

（2）填土压实方法

填土压实的方法一般有碾压、夯实、振动压实等几种。

1）碾压法

碾压机械有平碾（压路机）、羊足碾、振动碾等。砂类土和黏性土用平碾的压实效果好；羊足碾只适宜压实黏性土；振动碾是一种振动和碾压同时作用的高效能压实机械，适用于碾压爆破石碴、碎石类土等。用碾压机械进行大面积填方碾压时，宜采用"薄填、低速、多遍"的方法。碾压应从填土两侧逐渐压向中心，并应至少有15～20cm的重叠宽度。机械的开行速度不宜过快，一般不应超过下列规定：平碾、振动碾2km/h，羊足碾3km/h。除了按规定的速度行驶，还应有一定的压实遍数才能保证压实质量。为了保证填土压实的均匀和密实度的要求，提高碾压效率，宜先用轻型机械碾压，使其表面平整后，再用重型机械碾压。

2）夯实法

夯实法是用夯锤自由下落的冲击力来夯实土壤，主要用于小面积回填土。其优点是可以夯实较厚的黏性土层和非黏性土层，使地基原土的承载力加强。方法有人工和机械夯实两种。

3）振动压实法

振动压实法是借助振动机令压实机振动，使土颗粒发生相对位移而达到密实状态。振动压路机是一种振动和碾压同时作用的高效能压实机械，比一般压路机提高功效 1～2 倍。这种方法更适用于填方为爆破石碴、碎石类土、杂填土等。

（3）影响填土压实的因素

填土压实的影响因素为压实功、土的含水量及每层铺土厚度。

1）压实功的影响

填土压实后的密度与压实机械所施加的功有关，当土的含水量一定，开始压实时，土的密度急剧增加。当接近土的最大密度时，虽经反复压实，压实功增加很多，而土的密度变化很小。因此，在实际施工中，不要盲目地增加填土压实遍数。

2）含水量的影响

填土含水量的大小直接影响碾压（或夯实）遍数和质量。

较为干燥的土，由于摩阻力较大，而不易压实。当土具有适当含水量时，土的颗粒之间因水的润滑作用使摩阻力减小，在同样压实功作用下，得到最大的密实度，这时土的含水量称作最佳含水量。为了保证填土在压实过程中具有最佳含水量，土的含水量偏高时，可采取翻松、晾晒、掺干土等措施。如含水量偏低，可采用预先洒水湿润、增加压实遍数等措施。

3）铺土厚度的影响

在压实功作用下，土中的应力随深度增加而逐渐减小。其影响深度与压实机械、土的性质及含水量有关。铺土厚度应小于压实机械的有效作用深度。铺得过厚，要增加压实遍数才能达到规定的密实度。铺得过薄，机械的总压实遍数也要增加。恰当的铺土厚度能使土方压实而机械的耗能最少。对于重要填方工程，达到规定密实度所需的压实遍数、铺土厚度等应根据土质和压实机械在施工现场的压实试验来决定。填土施工时，人工打夯的分层铺土厚度宜小于 200mm。

（4）填土压实的质量控制与检查

1）填土压实的质量控制

填土经压实后必须达到要求的密实度，以避免建筑物产生不均匀沉陷。填土密实度以设计规定的控制干密度 $\rho_d$ 作为检验标准。

2）填土压实的质量检验

① 填土施工过程中应检查排水措施、每层填筑厚度、含水量控制和压实程序。

② 填土经夯实或压实后，要对每层回填土的质量进行检验，一般采用环刀法（或灌砂法）取样测定土的干密度，符合要求后才能填筑上层。

③ 按填土对象不同，规范规定了不同的抽取标准：基坑回填，每 100～500m² 取样一

组（每个基坑不少于一组）；基槽或管沟，每层按长度 20～50m 取样一组；室内填土，每层按 100～500m² 取样一组；场地平整填方每层按 400～900m² 取样一组。取样部位在每层压实后的下半部，用灌砂法取样应为每层压实后的全部深度。

④ 每项抽检之实际干密度应有 90% 以上符合设计要求，其余 10% 的最低值与设计值的差不得大于 0.08g/cm³，且应分散，不得集中。

⑤ 填土施工结束后应检查标高、边坡坡高、压实程度等，均应符合规范标准。

### 10.1.2　砖石基础施工技术要点

砖、石基础主要指由烧结普通砖和毛石砌筑而成的基础，均属于刚性基础范畴。这种基础的特点是抗压性能好，整体性、抗拉、抗弯、抗剪性能较差，材料易得，施工操作简便，造价较低。适用于地基坚实、均匀，上部荷载较小，7 层及 7 层以下的一般民用建筑和承重墙的轻型厂房基础工程。

**1. 施工准备工作要点**

（1）砖基础施工前，砖应提前 1～2d 浇水湿润。清楚砌筑部位所残存的砂浆、杂物等。

（2）在砖砌体转角处、交接处应设置皮数杆，皮数杆上标明砖皮数、灰缝厚度以及竖向构造的变化部位。皮数杆间距不应大于 15m。在相对两皮数杆上砖上边线处拉准线。

（3）根据皮数杆最下面一层砖或毛石的标高，拉线检查基础垫层表面标高是否合适，如第一层砖的水平灰缝大于 20mm，毛石大于 30mm 时，应用细石混凝土找平，不得用砂浆或在砂浆中掺细砖或碎石处理。

**2. 砖基础施工技术要求**

（1）先用干砖试摆，以确定排砖方法和错缝位置，使砌体平面尺寸符合要求；基础上预留孔洞时应按施工图纸要求的位置和标高留设。砌基础时可依皮数杆先砌几皮转角及交接处部分的砖，然后在其间拉准线砌中间部分。若砖基础不在同一深度，则应先由底往上砌筑。在砖基础高低台阶接头处，下台面台阶要砌一定长度（一般不小于 500mm）实砌体，砌到上面后和上面的砖一起退台。

（2）砖基础大放脚一般采用一顺一丁砌筑形式，即一皮顺砖与一皮丁砖相间。

（3）砖基础砌筑施工时，基础深度不同，应由底往上砌筑；先砌转角和交接处，再拉线砌中间；先立皮数杆再砌筑；抗震设防地区，基础墙的水平防潮层不能铺油毡。

（4）等高式大放脚的砌筑方法是每砌两皮砖高，每边各收进 1/4 砖长（60mm）。

（5）基础墙的防潮层，当设计无具体要求时，宜用 1:2 水泥砂浆加适量防水剂铺设，厚度为 20mm。

（6）基础墙的防潮层位置宜在室内地面标高以下一皮砖处。

（7）砖基础的转角处，交接处，为错缝需要加砌 3/4 砖、半砖或 1/4 砖。

（8）砖砌条形基础，当基底标高不同时，从低处砌起，由高处向低处搭接；搭接长度范围内下层基础应扩大砌筑；搭砌长度不应小于砖基础大放脚的高度。

（9）砖基础的转角处和交接处应同时砌筑，不能同时砌筑时，应留斜槎。

（10）砖基础的下部为大放脚，上部为基础墙。

（11）砖基础的施工工艺流程包括测量放线、基坑开挖，验槽、混凝土垫层施工、砖基础砌筑。

（12）砖基础采用台阶式逐级向下放大的做法，一般为每2皮砖挑出1/4砖长的砌筑方法。

（13）基础上预留洞口及预埋管道，其位臵、标高应准确，避免凿打墙洞；管道上部应预留沉降空隙。基础上铺放地沟盖板的出檐砖，应同时砌筑，并应用丁砖砌筑，立缝碰头灰应打严实。

**3. 石基础施工技术要求**

根据石材加工后的外形规则程度，石基础分为毛石基础、料石基础。

（1）毛石基础截面形状有矩形、阶梯形、梯形等。基础上部宽一般比墙厚大20cm以上。

（2）为保证毛石基础的整体刚度和传力均匀，每一台阶应不少于2~3皮毛石，每阶宽度应不小于20cm，每阶高度不小于40cm。

（3）毛石基础的扩大部分做成阶梯形时，上级阶梯的石块应至少压砌下级阶梯石块的1/2，相邻阶梯的毛石应相互错缝搭。

（4）砌筑毛石基础的第一皮石块坐浆，并将石块的大面向下。

（5）石基础砌筑时应双挂线，分层砌筑，每层高度为30~40cm，大体砌平。

（6）大、中、小毛石应搭配使用，使砌体平稳。形状不规则的石块，应将其直棱角适当加工后使用，灰缝要饱满密实，厚度一般控制在30~40mm之间，石块上下皮竖缝必须错开（不少于10cm，角石不少于15cm），做到丁顺交错排列。

（7）毛石基础必须设置拉结石，应按同皮内每隔2m左右设置一块。

（8）墙基需留槎时，不得留在外墙转角或纵墙与横墙的交接处，至少应离开1.0~1.5m的距离。接槎应做成阶梯式，不得留直槎或斜槎。沉降缝应分成两段砌筑，不得搭接。

（9）石砌体的组砌形式应内外搭砌，上下错缝，拉结石、丁砌石交错设置。

## 10.1.3　混凝土基础施工技术要点

混凝土基础的主要形式有条形基础、独立基础、筏形基础和箱形基础等。混凝土基础工程中，分项工程主要有钢筋、模板、混凝土、后浇带混凝土和混凝土结构缝处理。基础混凝土的组成材料应采用同一品种水泥、掺合料、外加剂、同一配合比。

**1. 独立基础浇筑**

（1）浇筑钢筋混凝土阶梯形独立基础时，每一台阶高度内应整层作为一个浇筑层，不允许留设施工缝，每层混凝土要一次灌足，顺序是先边角后中间，务必使混凝土充满模板。每浇灌完一台阶应稍停30~60min，使其初步获得沉实，再浇筑上层。

（2）浇筑台阶式柱基础时，为防止垂直交角处出现吊脚（上台阶与下口混凝土脱空），可在第一级混凝土捣固下沉20~30mm暂不填平，再继续分层浇筑第二级混凝土时，沿第二级模板底圈将混凝土做成内外坡，外圈边坡的混凝土在第二级混凝土振捣过程中自动摊平，待第二级混凝土浇筑后，将第一级混凝土齐模板顶边拍实抹平。

（3）为保证杯形基础杯口底标高的正确性，宜先将杯底混凝土振实并稍停片刻，再浇筑振捣杯口模四周的混凝土，振动时间尽可能缩短。同时，还应特别注意杯口模板的位置，应在两侧对称浇筑，以免杯口模挤向上一侧或由于混凝土泛起而使芯模上升。

（4）高杯口基础，由于这一级台阶较高且配置钢筋较多，可采用后安装杯口模的方法，即当混凝土浇捣到接近杯口底时，再安杯口模板后继续浇捣。

（5）锥式基础，应注意斜坡部位混凝土的捣固质量，在振捣器振捣完毕后，用人工将斜坡表面拍平，使其符合设计要求。

（6）为提高杯口芯模周转利用率，可在混凝土初凝后、终凝前将芯模拔出，并将杯壁划毛。

（7）现浇柱下基础时，要特别注意连接钢筋的位置，防止移位和倾斜发生偏差时及时纠正。

**2. 条形基础浇筑**

浇筑前，应根据混凝土基础顶面的标高在两侧木模上弹出标高线；如采用原槽土模时，应在基槽两侧的土壁上交错打入长 100mm 左右的标杆，并露出 20～30mm，标杆面与基础顶面标高平，标杆之间的距离约 3m。根据基础深度宜分段、分层连续浇筑混凝土，一般不留施工缝。各段层间应相互衔接，每段间浇筑长度控制在 2～3m 距离，每层厚度不超过 500mm，做到逐段逐层呈阶梯形向前推进。

**3. 设备基础浇筑**

（1）一般应分层浇筑，并保证上下层之间不留施工缝，每层混凝土的厚度为 200～300mm。每层浇筑顺序应从低处开始，沿长边方向自一端向另一端浇筑，也可采取中间向两端或两端向中间浇筑的顺序。

（2）对特殊部位，如地脚螺栓、预留螺栓孔、预埋管等，浇筑混凝土时要控制好混凝土上升速度，使其均匀上升；同时要防止碰撞，以免发生位移或歪斜。对于大直径地脚螺栓，在混凝土浇筑过程中，应用经纬仪随时观测，发现偏差及时纠正。

**4. 筏形基础大体积混凝土施工**

（1）大体积混凝土的浇筑方案

大体积混凝土浇筑时，为保证结构的整体性和施工的连续性，采用分层浇筑时，应保证在下层混凝土初凝前将上层混凝土浇筑完毕。浇筑方案根据整体性要求、结构大小、钢筋疏密及混凝土供应等情况，可选择全面分层、分段分层、斜面分层等方式之一，最常用的方法为斜面分层。

1）全面分层。在第一层全面浇筑完毕回来浇筑第二层时，第一层浇筑的混凝土还未初凝，如此逐层进行，直至浇筑好。这种方案适用于结构和平面尺寸大的场合，施工时从短边开始、沿长边进行较适宜。必要时也可分两段，从中间向两端或从两端向中间同时进行。

2）分段分层，此法适用于厚度不太大而面积或长度较长的结构。混凝土从底层开始浇筑，进行一定距离后回来浇筑第二层，如此依次向前浇筑以上各分层。

3）斜面分层，此法适用于结构的长度超过厚度的 3 倍。振捣工作应从浇筑层的下端开始，逐渐上移，以保证混凝土施工质量。分层的厚度决定于振捣器的棒长和振动力的大小，也要考虑混凝土的供应量大小和可能浇筑量的多少，一般为 200～300mm。

（2）大体积混凝土的振捣

1）振捣方法

混凝土的振捣工作是伴随浇筑过程而进行的。根据常采用的斜面分层浇筑方法，振捣时应从坡脚处开始，以确保混凝土的质量。根据泵送混凝土的特点，浇筑后会自然流淌形成平缓的坡度，也可布设前、后两道振捣器振捣。第一道振捣器布置在混凝土坡脚处，保证下部混凝土的密实；第二道振捣器布置在混凝土卸料点，解决上部混凝土的密实。随着混凝土浇筑工作的向前推进表，振捣器也相应跟进，保证不漏振并保证整个高度混凝土的质量。

2）二次振捣

考虑提高混凝土的极限拉伸值，提高混凝土的抗裂性，二次振捣方法是防止混凝土裂缝的一项技术措施。大量现场试验证明，对浇筑后的混凝土在初凝前进行二次振捣，能排除混凝土由于泌水在骨料、水平钢筋下部生成的水分和空隙，提高混凝土与钢筋的握裹力，避免由于混凝土沉落而出现的裂缝，减小混凝土内部微裂，增加混凝土的密实度，使混凝土的抗压强度提高 10％～20％，从而可提高混凝土的抗裂性。

掌握二次振捣恰当的时间的方法一般是将运转着的振捣棒以其自身的重力逐渐插入混凝土中进行振捣，混凝土在振捣棒慢慢拔出时能自行闭合，不会在混凝土中留下孔穴，则可认为此时施工二次振捣是适宜的。由于采用二次振捣的最佳时间与水泥品种、水灰比、坍落度、气温和振捣条件等有关，因此，在实际工程正式采用前必须经试验确定。同时，在最后确定二次振捣时间时，既要考虑技术上的合理性，又要满足分层浇筑与循环周期的安排，在操作时间上要留有余地。

（3）混凝土的泌水处理和表面处理

1）泌水处理

混凝土的泌水处理。大体积混凝土施工，由于采用大流动性混凝土分层浇筑，上下层施工的间隔时间较长（一般为 1.5～3h），经过振捣后上涌的泌水和浮浆易顺混凝土坡面滑到坡底。当采用泵送混凝土时，泌水现象特别严重。解决的办法是在混凝土垫层施工时，预先在横向上做出 2cm 的坡度；在结构四周侧模的底部开设排水孔，使泌水从孔中自然流出；少量来不及排出的泌水，随着混凝土浇筑向前推进被赶至基坑顶部，由该处模板下部的预留孔排出坑外。当混凝土大坡面的坡脚接近顶端模板时，应改变混凝土的浇筑方向，即从顶端往回浇筑，与原斜坡相交成一个集水坑。另外，有意识地加强两侧混凝土浇筑强度，这样集水坑逐步在中间缩成小水潭，然后用软轴泵及时将泌水排除。采用这种方法适用于排除最后阶段的所有泌水。

2）表面处理

混凝土的表面处理。大体积混凝土，特别是泵送混凝土，其表面水泥浆较厚，不仅会引起混凝土的表面收缩干裂，而且会影响混凝土的表面强度，因此，在混凝土浇筑 4～5h 左右，先初步按设计标高用长刮尺刮平，在初凝前（由于混凝土中外加剂作用，初凝时间延长 6～8h）用铁滚筒碾压数遍，再用木楔打磨压实，以闭合收水裂缝。

（4）混凝土养护

大体积混凝土浇筑后，加强表面的保湿、保温养护，是控制混凝土温差裂缝的一项工艺技术措施，对避免混凝土产生裂缝具有重大作用。通过对混凝土表面的保湿、保温工作，可减小混凝土的内外温差，避免出现表面裂缝；另外，也可防止混凝土过冷，避免产生贯穿裂缝。一般应在完成浇筑混凝土后的 12～18h 内洒水，如果在炎热、干燥的气候条件下，应提前养护，并且应延长养护时间。混凝土的养护时间，主要根据水泥品种而定，一般规定养护时间为 14～21d。大体积混凝土应采用蓄热养护法养护，其内外温差不宜大于 25℃。

（5）混凝土温度监测工作

为了控制裂缝的产生，不仅要对混凝土成型之后的内部温度进行监测，而且应在一开始，就对原材料、混凝土的拌合，入模和浇筑温度系统进行实测。监测混凝土内部的温度，可采用在混凝土内不同部位埋设铜热传感器，用混凝土温度测定记录仪进行施工全过程的跟踪和监测。测温点的布置应便于绘制温度变化梯度图，可布置在基础平面的对称轴和对角线上。测温点应设在混凝土结构厚度的 1/2、1/4 和表面处，离钢筋的间距应大于 30mm。

**5. 箱形基础混凝土浇筑**

（1）施工缝的预设

箱型基础底板，内、外墙和顶板施工缝的预设。外墙水平施工缝应在底板面上部 300～500mm 范围内和无梁顶板下部 30～50mm 处，并应做成企口式，有严格防水要求时，应在企口中部设镀锌钢板（或塑料）止水带，外墙的垂直施工缝多采用平缝，内墙与外墙之间可留垂直缝。在继续浇筑混凝土前必须清除杂物，将表面冲洗干净，注意接浆质量，然后浇筑混凝土。

（2）后浇缝（带）

当箱形基础长度超过 40m 时，为防止出现温度收缩缝或降低浇筑强度，宜在中部设置贯通后浇缝带，缝（带）宽度不宜小于 800mm，并从两侧混凝土内伸出贯通主筋，主筋按原设计连续安装而不切断，经 2～4 周，再在预留的中间缝带用高一强度等级的半干硬性混凝土或微膨胀混凝土（掺水泥用量 12% 的 U 型膨胀剂，简称 U.E.A）浇筑密实，使其连成整体并加强养护，但后浇缝（带）必须是在底板、墙壁和顶板的同一位置上部留设，使其形成环形，以便于释放早期、中期温度应力。

（3）浇筑方案

混凝土浇筑要合理选择浇筑方案，根据每次浇筑量，确定搅拌、运输、振捣能力，配备机械人员，保证混凝土浇筑均匀、连续，防止出现过多的施工缝和薄弱层面。

1）底板

底板混凝土浇筑，可沿长度方向分 2～3 个区，由一端向另一端分层推进，分层均匀下料。当底面积大或底板呈正方向，宜分段分组浇筑，当底板厚度小于 50cm 时可不分层，采用斜面赶浇法浇筑，表面及时平整，当底板厚度不小于 50cm 时，宜水平分层或斜面分层浇筑，每层厚 25～30cm，分层用插入式或平板式振捣器捣固密实，同时应注意各区、组搭连接处的振捣，避免漏振，每层应在水泥初凝时间内浇筑完成，以确保混凝土的整体性和强度，提高抗裂性。

2）墙

一般先浇外墙，后浇内墙，或内、外墙同时浇筑。分支流向轴线前进，各组兼顾横墙左右宽度各半范围。外墙浇筑可采取分层分段循环浇筑法，即将外墙沿周边分成若干段，分段的长度应由混凝土的搅拌运输能力、浇筑强度、分层厚度和水泥初凝时间而定，一般分 3～4 个小组，绕周长循环转圈进行，周而复始，直至外墙体浇筑完成。当周长较长、工程量较大时，也可采取分层分段一次浇筑法，即由 2～6 个浇筑小组从一点开始，混凝土分层浇筑。每两组相对应向后延伸浇筑，直至同时闭合。

3）顶板

箱形基础顶板（带梁）混凝土浇筑方法与基础底板浇筑基本相同。

4）养护

箱型基础混凝土浇筑完后，要加强覆盖，浇水养护；冬期要保温，避免温差过大出现裂缝，以确保结构使用和防水性能。

**6. 大体积混凝土裂缝的控制措施**

（1）优先选用低水化热的矿渣水泥拌制混凝土，并适当使用缓凝减水剂。

（2）在保证混凝土设计强度等级前提下，适当降低水灰比，减少水泥用量。

（3）降低混凝土的入模温度，控制混凝土内外的温差（当设计无要求时，控制在25℃以内）。如降低拌合水温度（拌合水中加冰屑或用地下水）；骨料用水冲洗降温，避免暴晒。

（4）及时对混凝土覆盖保温、保湿材料。

（5）可在基础内预埋冷却水管，通入循环水，强制降低混凝土水化热产生的温度。

（6）在拌合混凝土时，还可掺入适量的微膨胀剂或膨胀水泥，使混凝土得到补偿收缩，减少混凝土的收缩变形。

（7）设置后浇缝。当大体积混凝土平面尺寸过大时，可以适当设置后浇缝，以减小外应力和温度应力；同时，也有利于散热，降低混凝土的内部温度。

（8）大体积混凝土可采用二次抹面工艺，减少表面收缩裂缝。

**7. 混凝土基础工程施工其他注意要点**

（1）筏板基础混凝土浇筑完毕后，表面应覆盖和洒水养护的时间不少于7d。

（2）已浇筑的大体积混凝土基础，其浇筑体表面以内40～100mm位置处的温度与浇筑体表面温度差值不应大于25度。

（3）当筏形与箱形基础的长度超过40m时，应设置永久性的沉降缝、温度收缩缝。当不设置永久性的沉降缝和温度收缩缝时，应采取设置沉降后浇带、温度后浇带、诱导缝或用微膨胀混凝土、纤维混凝土浇筑基础等措施。后浇带的宽度不宜小于800mm，在后浇带处，钢筋应贯通，后浇带的保留时间应根据设计确定，如无设计要求时，一般至少保留28d以上。

（4）箱形基础混凝土浇筑完毕后，必须进行二次抹面工作，以减少混凝土表面的收缩裂缝。

（5）钢筋混凝土扩展基础宜分段分层浇筑，每层厚度不超过500mm。

（6）钢筋混凝土独立基础与条形基础在混凝土垫层施工前均应先验槽，基坑尺寸及轴线定位应符合设计要求、对局部软弱土层应挖去，用灰土或砂砾回填夯实与基底相平。

（7）筏形基础混凝土施工时，二次振捣是防止混凝土裂缝，提高混凝土抗裂性的一项技术措施。

（8）混凝土筏形基础分为梁板式、平板式两种类型。

（9）钢筋混凝土独立基础验槽合格后，垫层混凝土应立即浇筑，以保护地基。

（10）大体积混凝土基础的浇筑方法宜先浇筑深坑部分再浇筑大面积基础部分。

（11）基础大体积混凝土浇筑完毕，在初凝前和终凝前分别对混凝土裸露表面进行抹面处理。基础大体积混凝土裸露表面应采用覆盖养护方式。

（12）大体积混凝土可采用掺合料和外加剂改善混凝土和易性，减少水泥用量，降低水化热。应选用中、低热硅酸盐水泥或低热矿渣硅酸盐水泥。

（13）基础混凝土浇筑，自高处倾落时，其自由倾落高度不宜超过2m。如高度超过3m，应设料斗、漏斗、串筒、斜槽、溜管，防止混凝土产生分层离析。

### 10.1.4 桩基础施工技术要点

（1）按桩的承载性质可分为端承桩和摩擦桩两种类型。

（2）预应力高强混凝土管桩的混凝土强度等级不低于 C80。

（3）人工挖孔灌注桩是以硬土层作持力层，以端承力为主的一种桩基础形式。

（4）钻孔灌注桩根据钻孔机械的钻头是否在土壤含水层中施工，分为泥浆护壁成孔与干作业成孔两种施工方法。

（5）静力压桩施工一般采用分段压入、分段接长的方法。

（6）在预制桩打桩过程中，如发现贯入度一直骤减，说明可能桩下有障碍物。

（7）在泥浆护壁成孔灌注桩施工中，确保成桩质量的关键工序是灌注水下混凝土。

（8）钻孔灌注桩在成孔过程、终孔后要对钻孔进行阶段性的成孔质量检查，用专用检孔器进行检验。

（9）端承桩桩管入土深度的控制以贯入度为主，并以持力层标高对照作参考。

（10）能有效预防预制桩沉桩对周围环境造成影响的措施包括采取预钻孔沉桩、设置防震沟、控制沉桩速率等。

（11）桩间距小且较密集的群桩沉设，可选用由中央向四周施打的顺序打桩。

（12）预应力混凝土管桩压桩应采取先深后浅的施工顺序。

（13）桩的静荷载试验根数应不少于总桩数的 1%，且不少于 3 根，当总桩数少于 50 根时，桩的静荷载试验根数应不少于 2 根。

（14）预制桩打桩质量的控制主要包括贯入度控制、桩尖标高控制、打桩后的偏差控制等。

（15）预制桩按沉桩设备和沉桩方法，可分为锤击沉桩、振动沉桩、静力压桩、射水沉桩等种类。

（16）振动沉管灌注桩可采用单打法、复打法、反插法施工方法。

（17）人工挖孔灌注桩护壁的常用方法有现浇混凝土护壁、砖砌体护壁、钢套管护壁、混凝土沉井护壁、喷射混凝土护壁、型钢、木板桩工具式护壁方法。

（18）预制桩应在混凝土达到设计强度的 70% 后方可起吊，在桩身混凝土达到设计强度 100% 后可进行运输和沉桩。

（19）振动沉桩较适用于砂石黏土、砂土和软土地区施工，不适用于砾石和密实的黏土层中施工。

（20）人工挖孔灌注桩挖至设计深度时，应清除虚土，检查土质情况。

（21）桩承台筏式基础施工必须在无水情况下进行，如地下水位较高，应提前进行降低地下水位至基坑底面以下 500mm。

（22）人工挖孔灌注桩在施工时应保证钢筋笼钢筋的最小保护层厚度及混凝土的浇筑质量。

（23）预制桩打桩施工有"轻锤高击"、"重锤低击"两种方式，优先选用"重锤低击"打桩方式。

（24）成桩的质量检验有静载试验法与动测法。

## 10.2 主体结构工程施工技术要点

### 10.2.1 混凝土结构施工技术要点

混凝土结构工程包括钢筋、模板、混凝土等三个分项工程。

**1. 模板工程施工要点**

模板工程主要包括模板和支架两部分。模板及支架是施工过程中的临时结构，应根据结构形式、荷载大小等结合施工过程的安装、使用和拆除等主要工况进行设计。保证其安全可靠，具有足够的承载力和刚度，并保证其整体稳固性。

模板是指直接接触新浇混凝土的模板面板、支承面板的次楞和主楞以及对拉螺栓等组件统称为模板。其中，面板的种类有钢、木、胶合板、塑料板等。通常按面板的种类来定义模板体系的分类。支架是指模板背侧的支承（撑）架和连接件等，统称为支架或模板支架。

模板工程应编制专项施工方案，专项施工方案一般包括下列内容：模板及支架的类型；模板及支架的材料要求；模板及支架的计算书和施工图；模板及支架安装、拆除相关技术措施；施工安全和应急措施（预案）；文明施工、环境保护等技术要求。滑模、爬模等工具式模板工程及高大模板支架工程的专项施工方案，应进行技术论证。

（1）常见模板体系

常见的模板体系主要包括木模板、组合钢模板、钢框木（竹）胶合板模板、大模板、散支散拆胶合板模板、早拆模板等体系。其他还有滑升模板、爬升模板、飞模、模壳模板、胎膜及永久性压型钢板模板和各种配筋的混凝土薄板模板等。

（2）模板工程设计的主要原则

1）实用性。模板要保证构件形状尺寸和相互位置的正确，且构造简单、支拆方便、表面平整、接缝严密不漏浆。

2）安全性。模板及其支架要具有足够的强度、刚度和稳定性，保证施工中不变形、不破坏、不倒塌。

3）经济性。在确保工程质量、安全和工期的前提下，尽量减少一次性投入，增加模板周转次数，减少支拆用工，实现文明施工。

（3）模板工程安装要点

1）模板安装应按设计和施工说明书顺序拼装。木杆、钢管、门架等支架立柱不得混用。

2）在基土上安装竖向模板和支架立柱支承部分时，基土应坚实，并有排水措施；并设置具有足够强度和支撑面积的垫板，且应中心承载；对冻胀性土，应有防冻融措施；对软土地基；当需要时，可采取堆载预压的方法调整模板面安装高度。

3）竖向模板安装时，应在安装基层面上测量放线，并应采取保证模板位置准确的定位措施。对竖向模板及支架安装时应有临时稳定措施。安装位于高空的模板时，应有可靠的防倾覆措施。应根据混凝土一次浇筑高度和浇筑速度，采取合理的竖向模板抗侧移、抗浮和抗倾覆措施。

4）对跨度不小于 4m 的梁、板，其模板起拱高度宜为梁、板跨度的 1/1000～3/1000。

起拱不得减小构件截面的高度。

5）采用扣件式钢管作高大模板支架的立杆时，支架搭设应完整。钢管规格、间距和扣件应符合设计要求；立杆底部宜设置底座或垫板；立杆接长除顶层步距可采用搭接外，其余各层步距接头应采用对接扣件连接，两个相邻立杆的接头不应设置在同一步距内；立杆步距的上下两端应设置双向水平杆，水平杆与立杆的交错点应采用扣件连接。

6）安装现浇结构的上层模板及其支架时，下层楼板应具有承受上层荷载的承载能力，或加设支架；上、下层支架的立柱应对准，并铺设垫板；模板及支架杆件等应分散堆放。

7）模板安装应保证混凝土结构构件各部分形状、尺寸和相对位置准确；模板的接缝不应漏浆；在浇筑混凝土前，木模板应浇水湿润，但模板内不应有积水。

8）模板与混凝土的接触面应清理干净并涂刷隔离剂，但不得采用影响结构性能或妨碍装饰工程施工的隔离剂；隔离剂不得沾污钢筋和混凝土接槎处。

9）模板安装应与钢筋安装配合进行，梁柱节点的模板宜在钢筋安装后安装。

10）浇筑混凝土前，模板内的杂物应清理干净。

11）对清水混凝土工程及装饰混凝土工程，应使用能达到设计效果的模板。

12）用作模板的地坪、胎模等应平整光洁，不得产生影响构件质量的下沉、裂缝、起砂或起鼓。

13）固定在模板上的预埋件、预留孔和预留洞均不得遗漏，且应安装牢固准确。

14）后浇带的模板及支架应独立设置。

15）在进行模板及其支架系统的设计计算时，应考虑模板及支架自重、浇筑混凝土的重量、钢筋的重量、施工人员及设备重量、振捣混凝土时产生的荷载、新浇混凝土对模板的侧压力、倾倒混凝土时对垂直面模板产生的水平荷载、风荷载等因素的影响。

16）模板工程的支撑系统中，垂直支撑系统用来支承梁与板等水平构件。

（4）模板的拆除

1）模板拆除时，拆模顺序和方法应按模板的设计规定进行。当设计无规定时，可采取先支的后拆、后支的先拆，先拆非承重模板、后拆承重模板的顺序，并应从上而下进行拆除。

2）当混凝土强度达到设计要求时，方可拆除底模及支架，当设计无具体要求时，应按规范规定执行。按现浇结构单层模板支撑拆模时的混凝土强度要求，悬臂构件的混凝土强度必须达到100%方可拆模。

3）当混凝土强度能保证其表面及棱角不受损伤时，方可拆除侧模。

4）快拆支架体系的支架间距不应大于2m。拆模时应保留立杆并顶托支承楼板，拆模时的混凝土强度可取构件跨度为2m的规定确定。

5）安装与拆除5m以上的模板，应搭设脚手架，设置防护栏，防止上下在同一垂直面操作。

**2. 钢筋工程施工要点**

（1）原材料进场

钢筋进场时，应按规范要求检查产品合格证、出厂检验报告，并按规定抽取试件作力学性能检验，合格后方准使用。

（2）钢筋代换

钢筋代换时，应征得设计单位的同意并办理相应设计变更文件。代换后钢筋的间距、锚固长度、最小钢筋直径、数量等构造要求和受力、变形情况均应符合相应规范要求。代换原则分等强度代换和等面积代换两种。

（3）钢筋连接

1）钢筋的连接方法。分为焊接、机械连接和绑扎连接三种。

2）钢筋的焊接。常用的焊接方法有电阻电焊、闪光对焊、电弧焊、电渣压力焊、气压焊、埋弧压力焊等。其中电渣压力焊适用于现浇钢筋混凝土结构中竖向或斜向钢筋的连接，直接承受动力荷载的结构构件中，纵向钢筋不宜采用焊接接头。电渣压力焊的焊接过程包括引弧过程、电弧过程、电渣过程、顶压过程等四个阶段。

3）钢筋机械连接。有钢筋套筒挤压连接、钢筋直螺纹套筒连接等方法。

4）钢筋绑扎连接或搭接。当受拉钢筋直径大于 25mm、受压钢筋直径大于 28mm 时，不宜采用绑扎搭接接头。轴心受拉及小偏心受拉杆件的纵向受力钢筋均不得采用绑扎搭接接头。

5）钢筋接头位置。钢筋接头位置宜设在受力较小处。同一纵向钢筋不宜设置两个或两个以上接头。接头末端至钢筋弯起点的距离不应小于钢筋直径的 10 倍。

（4）钢筋加工

钢筋加工的主要形式有除锈、调直、下料切断、接长、弯折成型等。钢筋宜采用无延伸功能的机械设备进行调直，也可采用冷拉调直。

（5）钢筋安装要点

1）墙、柱钢筋的绑扎应在墙、柱模板安装前进行。

2）每层柱第一个钢筋接头位置距楼地面高度不宜小于 500mm、柱高的 1/6 及柱截面长边（或直径）中的较大值。

3）框架梁、牛腿及柱帽等钢筋，应放在柱子纵向钢筋内侧。

4）柱中的竖向钢筋搭接时，角部钢筋的弯钩应与模板成 45°（多边形柱为模板内角的平分角，圆形柱应与模板切线垂直），中间钢筋的弯钩应与模板成 90°。

5）箍筋的接头（弯钩叠合处）应交错布置在四角纵向钢筋上；箍筋转角与纵向钢筋交叉点均应扎牢（箍筋平直部分与纵向钢筋交叉点可间隔扎牢），绑扎箍筋时绑扣相互间应成八字形。

6）纵向受力钢筋有接头时，设置在同一构件内的接头宜相互错开。

7）如设计无特殊要求，当柱中纵向受力钢筋直径大于 25mm 时，应在搭接接头两个端面外 100mm 范围内各设置二个箍筋，其间距宜为 50mm。

8）墙的垂直钢筋每段长度不宜超过 4m（钢筋直径不大于 12mm）或 6m（钢筋直径大于 12mm）或层高加搭接长度。水平钢筋每段长度不宜大于 8m，以利绑扎。钢筋的弯钩应朝向混凝土内。

9）连续梁、板的上部钢筋接头位置宜设置在跨中 1/3 跨度范围内，下部钢筋接头位置宜设置在梁端 1/3 跨度范围内。

10）当梁的高度较小时，梁的钢筋架空在梁模板顶上绑扎，然后再落位；当梁的高度较大（≥1.0m）时，梁的钢筋宜在梁底模上绑扎，其两侧模板或一侧模板后装。板的钢筋在模板安装后绑扎。

11）板的钢筋网绑扎，四周两行钢筋交叉点应每点扎牢，中间部分交叉点可相隔交错扎牢，但必须保证受力钢筋不位移。双向主筋和钢筋网，则须将全部钢筋相交点扎牢。绑扎时应注意相邻绑扎点的铁丝扣要成八字形，以免网片歪斜变形。

12）板的下层180°弯钩的钢筋弯钩向上，上层钢筋90°弯钩朝下布置。为保证上下层钢筋位置的正确和两层间距离，上下层筋之间用马凳筋架立。

13）板上部负筋要防止被踩下，特别是雨篷、挑檐、阳台等悬臂板，要严格控制负筋位置，以免拆模后断裂。

14）板、次梁、主梁交叉处，板的钢筋在上，次梁的钢筋居中，主梁的钢筋在下。当有圈梁或梁垫时，主梁的钢筋在上。

15）梁及柱中箍筋、墙中水平分布钢筋及暗柱箍筋距构件边缘的距离宜为50mm。

16）当设计无要求时，应先保证主要受力构件和构件中主要受力方向的钢筋位置。框架节点处梁纵向受力钢筋宜置于柱纵向钢筋内侧；次梁钢筋宜放在主梁钢筋内侧；剪力墙中水平分布钢筋宜放在外部，并在墙边弯折锚固。

17）箍筋弯折后的平直部分长度，对于有抗震等级要求的结构，不应小于箍筋直径的10倍。钢筋弯钩和弯折的一般规定，箍筋弯折后的平直部分长度，对于一般结构，不宜小于箍筋直径的5倍；对于有抗震等级要求的结构，不应小于箍筋直径的10倍。

18）钢筋安装中，受力钢筋接头的位置应相互错开，接头距钢筋弯折处不应小于钢筋直径的10倍，也不宜位于构件最大弯矩处。

**3. 混凝土工程施工要点**

（1）混凝土所用原材料、外加剂、掺和料等必须按国家现行标准进行检验，合格后方可使用。为严格控制混凝土配合比，保证计量准确，原材料均应按重量比称量。

（2）水泥品种与强度等级应根据设计、施工要求以及工程所处环境条件确定；普通混凝土结构宜选用通用硅酸盐水泥；有特殊需要时，也可选用其他品种水泥；有抗渗、抗冻融要求的混凝土，宜选用硅酸盐水泥或普通硅酸盐水泥；处于潮湿环境的混凝土结构，当使用碱活性骨料时，宜采用低碱水泥。

（3）混凝土外加剂应根据设计和施工要求选择，并通过试验及技术经济比较确定。应检查外加剂与水泥的适应性，符合要求方可使用。高温季节混凝土工程主要掺入的外加剂是缓凝剂。

（4）当采用搅拌运输车运输的混凝土，当运输时间可能较长时，试配时应控制混凝土坍落度经时损失值。

（5）混凝土在运输中不应发生分层、离析现象，否则在浇筑前应进行二次搅拌。尽量减少混凝土的运输时间和转运次数，确保混凝土在初凝前运至现场并浇筑完毕。

（6）采用搅拌运输车运送混凝土，接料前搅拌运输车应排净罐内积水；运输途中及等候卸料时，不得停转；卸料前，搅拌运输车罐体宜快速旋转搅拌20s以上再卸料。当坍落度损失较大不能满足施工要求时，可在运输罐内加入适量的与配合比相同成分的减水剂。减水剂加入量应事先由试验确定，并应做出记录。加入减水剂后，混凝土罐车应快速旋转搅拌均匀，并应达到要求的工作性能后再泵送或浇筑。

（7）泵送混凝土配合比设计要求

1）泵送混凝土的入泵坍落度不低于100mm。

2）用水量与胶凝材料总量之比不宜大于0.6。

3）泵送混凝土的胶凝材料总量不宜小于 300kg/m³。

（8）泵送混凝土搅拌时，应按规定进行投料，并且粉煤灰宜与水泥同步，外加剂的添加宜滞后于水和水泥。

（9）混凝土供应要保证泵能连续工作。输送管线宜直、转弯宜缓、接头应严密，并要注意预防输送管线堵塞。

（10）混凝土浇筑前应根据施工方案认真交底，并做好浇筑前的各项准备工作，尤其应对模板、支撑、钢筋、预埋件等认真细致检查，合格并做好相关隐蔽验收和记录后，才可浇筑混凝土。

（11）浇筑混凝土前，应清除模板内或垫层上的杂物。表面干燥的地基、垫层、模板上应洒水湿润；现场环境温度高于 35℃时宜对金属模板进行洒水降温；洒水后不得留有积水。

（12）混凝土为防止在浇筑过程中产生离析，在竖向结构中限制自由倾落高度不宜超过 3m（粗骨料粒径大于 25mm）或 6m（粗骨料粒径不大于 25mm）。否则，应加设串筒、溜管、溜槽等装置。

（13）浇筑混凝土应连续进行。当必须间歇时，其间歇时间宜尽量缩短，并应在前层混凝土初凝之前，将次层混凝土浇筑完毕，否则应留置施工缝。

（14）混凝土宜分层浇筑，分层振捣。每一个振点的振捣延续时间，应使混凝土不再往上冒气泡，表面呈现浮浆和不再沉落时为止。当采用插入式振捣器振捣普通混凝土时，应快插慢拔，移动间距不宜大于振捣器作用半径的 1.4 倍，与模板的距离不应大于其作用半径的 0.5 倍，并应避免碰撞钢筋、模板、芯管、吊环、预埋件等，振捣器插入下层混凝土内的深度应不小于 50mm。当采用表面平板振动器时，其移动间距应保证捣动器的平板能覆盖已振实部分的边缘。

（15）混凝土浇筑过程中，应经常观察模板、支架、钢筋、预埋件和预留孔洞的情况；当发现有变形、移位时，应及时采取措施进行处理。

（16）在浇筑与柱和墙连成整体的梁和板时，应在柱和墙浇筑完毕后停歇 1～1.5h，再继续浇筑。梁、柱混凝土浇筑时应采用内部振动器振捣。

（17）梁和板宜同时浇筑混凝土，有主次梁的楼板宜顺着次梁方向浇筑，单向板宜沿着板的长边方向浇筑；拱和高度大于 1m 的梁等结构，可单独浇筑混凝土。

（18）混凝土浇筑后，在混凝土初凝前和终凝前，宜分别对混凝土裸露表面进行抹面处理。

（19）当混凝土不能连续浇筑时，且停顿时间有可能超过混凝土的初凝时间，则应在适当位置留置施工缝。混凝土施工缝的位置应在混凝土浇筑前确定，并宜留在结构受剪力较小且便于施工的部位。施工缝的留置位置应符合下列规定：

1）柱子宜留置在基础、楼板、梁的顶面，梁和吊车梁牛腿、无梁楼板柱帽的下面。

2）与板连成整体的大截面梁（高超过 1m），留置在板底面以下 20-30mm 处。当板下有梁托时，留置在梁托下部。

3）单向板留置在平行于板的短边的任何位置。

4）有主次梁的楼板，施工缝应留置在次梁跨中 1/3 范围内。

5）墙留置在门洞口过梁跨中 1/3 范围内，也可留在纵横墙的交接处。

6）双向受力板、大体积混凝土结构、拱、弯拱、薄壳、蓄水池、斗仓、多层钢架及其他结构复杂的工程，施工缝的位置应按设计要求留置。

（20）在施工缝处继续浇筑混凝土时，应符合下列规定：

1）先浇筑的混凝土强度必须达到 $1.2N/mm^2$ 后方可继续浇筑。

2）在已经硬化的混凝土上继续浇筑之前，应先把表面上松动的石子及软弱的混凝土层凿掉，把硬化的水泥薄膜也凿掉，使其露出新槎，并清理干净浇水湿润，但不能有积水。

3）在水平施工缝上浇筑混凝土前应先铺一层水泥浆（可掺适量界面剂）或与混凝土中的砂浆成分相同的水泥砂浆。

4）继续浇筑时，不能在施工缝边直接投料，应离开一段距离，振捣时由外侧往施工缝推进，混凝土应细致捣实，使新旧混凝土紧密结合。

（21）填充后浇带，可采用微膨胀混凝土或无收缩混凝土，强度等级比原结构强度提高一级，以保证新旧混凝土结合牢固。并保持至少 14d 的湿润养护。

（22）对已浇筑完毕的混凝土，应在混凝土终凝前（通常为混凝土浇筑完毕后 8～12h内）开始进行自然养护。现浇构件大多采用自然养护，预制构件主要采用人工养护。

（23）大体积混凝土浇筑体的入模温度不宜大于 30℃，最大温升值不宜大于 50℃；浇筑块体的里表温差不宜大于 25℃。

（24）配制大体积混凝土所用水泥应选用中、低热硅酸盐水泥或低热矿渣硅酸盐水泥。当采用非泵送施工时，粗骨料的粒径可适当增大。

（25）混凝土在运输过程中出现离析或使用外加剂进行调整时，搅拌运输车应进行快速搅拌，搅拌时间不应小于 120s，运输过程中严禁向拌合物中加水。

（26）大体积混凝土工程的施工宜采用整体分层连续浇筑施工或推移式连续建筑施工。混凝土的浇筑厚度应根据所用振捣器的作用深度及混凝土的和易性确定，整体连续浇筑时宜为 300～500mm。整体分层连续浇筑或推移式连续浇筑，应缩短间歇时间，并在前层混凝土初凝之前将次层混凝土浇筑完毕。层间最长的间歇时间不应大于混凝土的初凝时间。混凝土的初凝时间应通过试验确定。当层间间隔时间超过混凝土的初凝时间时，层面应按施工缝处理。混凝土浇筑宜从低处开始，沿长边方向自一端向另一端进行。当混凝土供应量有保证时，亦可多点同时浇筑。混凝土宜采用二次振捣工艺。

（27）大体积混凝土浇筑面应及时进行二次抹压处理。

（28）混凝土的质量检验，主要包括混凝土的强度、外观质量和结构构件的轴线、标高等。混凝土强度的检验，主要指抗压强度的检查。对某些小批量零星混凝土的生产，因其试件数量有限，则采用非统计方法评定混凝土结构强度。

（29）混凝土搅拌时间是指原材料全部投入到开始卸出的时间。

（30）在梁、板、柱等结构的接缝和施工缝处产生烂根的原因之一是接缝处模板拼缝不严、漏浆。

（31）混凝土质量缺陷的修整方法根据具体情况，采用表面抹浆修补法、细石混凝土填补法、灌浆法。

### 10.2.2 砌体结构施工技术要点

（1）砌体结构房屋中，混凝土梁端下设置垫块的目的是防止局部压应力过大导致砌体被压坏。

（2）砌体结构质量标准及保证措施要求，砖砌体的水平及竖向灰缝应平直，按净面积计算的砂浆饱满度不小于 80%。

（3）钢筋砖过梁其底部配置 3$\phi$6～3$\phi$8 钢筋，两端伸入墙内不应少于 240mm。

（4）填充墙砌筑施工宜从顶层向下层砌筑，防止因结构变形量向下传递而造成早期下层先砌筑的墙体产生裂缝。

（5）每层承重墙的最上一皮砖，在梁或梁垫的下面，应用丁砖砌筑。

（6）砖砌体墙体施工时，其分段位置宜设在墙体门窗洞口处。

（7）砌筑砖墙前，先在基础防潮层或楼面上定出各层标高，并用水泥砂浆或 C15 细石混凝土抄平。

（8）设有钢筋混凝土构造柱的抗震多层砌体结构，墙砌体与构造柱应沿高度方向每隔 500mm 设不少于 2$\phi$6 拉结钢筋，每边伸入墙内不应少于 1m。

（9）承重空心砖墙体的孔洞应呈垂直方向砌筑。

（10）空心砌块用于外墙面涉及防水问题，主要发生在灰缝处。

（11）砖墙面出现数皮砖通缝、直缝、里外两张皮现象，属于砖砌体的组砌方法错误问题。

（12）水泥砂浆的最小水泥用量不宜小于 200kg/m³，宜采用中砂。

（13）施工时需在砖墙中留置的临时洞口，其侧边离交接处的墙面不应小于 500mm。

（14）砌体结构的特点：耐火性能好、抗弯性能差、施工方便等。

（15）设有钢筋混凝土构造柱的抗震多层砖房，应先绑扎钢筋，然后砌砖墙，最后浇筑混凝土。

（16）墙体砌筑时，应经常检查墙体的垂直度，若存在偏差，在砂浆初凝前进行修正。

（17）砖在砌筑前应提前完成 1～2d 浇水湿润。

（18）在潮湿环境中砖墙砌体的砌筑砂浆宜采用水泥砂浆。

（19）砌体结构房屋墙体的稳定性要求用高厚比控制。

（20）砌筑砂浆的分层度不得大于 30mm，确保砂浆具有良好的保水性。

（21）施工中不应采用强度等级小于 M5 的水泥砂浆替代同强度等级水泥混合砂浆，如需替代，应将水泥砂浆提高一个等级。

（22）砌筑砂浆现场拌制时，各组分材料应采用重量计量。现场拌制的砂浆应随拌随用，拌制的砂浆应在 3h 内使用完毕；当施工期间最高气温超过 30℃时，应在 3h 内使用完毕。

（23）砌筑方法有"三一"砌筑法、挤浆法（铺浆法）、刮浆法和满口灰法四种。通常宜采用"三一"砌筑法，即一铲灰、一块砖、一揉压的砌筑方法。当采用铺浆法砌筑时，铺浆长度不得超过 750mm，施工期间气温超过 30℃时，铺浆长度不得超过 500mm。

（24）在砖砌体转角处、交接处应设置皮数杆，皮数杆上标明砖皮数、灰缝厚度以及竖向构造的变化部位，皮数杆的间距不应大于 15m。在相对两皮数杆上砖上边线处拉水准线。

（25）砖过梁底部的模板及其支架拆除时，灰缝砂浆强度不应低于设计强度的 75%。

（26）砖柱的水平灰缝和竖向灰缝饱满度不应小于 90%，不得用水冲浆灌缝。砖柱砌筑应保证砖柱外表面上下皮垂直灰缝相互错开 1/4 砖长，且不得采用包心砌法。

### 10.2.3　钢结构施工技术要点

（1）承重结构的钢材应具有抗拉强度、伸长率、屈服强度和硫、磷含量的合格保证，对焊接结构尚应有碳含量的合格保证。焊接承重结构以及重要的非焊接结构的钢材，还应具有冷弯试验的合格保证。对于需要进行疲劳验算的焊接结构，应具有常温冲击韧性的合格保证。

（2）钢材可堆放在有顶棚的仓库里，不宜露天堆放。必须露天堆放时，时间不应超过6个月；且场地要平整，并应高于周围地面，四周留有排水沟。堆放时要尽量使钢材截面的背面向上或向外，以免积雪、积水，两端应有高差，以利排水。堆放在有顶棚的仓库内时，可直接堆放在地坪上，下垫楞木。

（3）安装环境气温不宜低于−10℃，当摩擦面潮湿或暴露于雨雪中时，应停止作业。

（4）高强度大六角头螺栓连接副由一个螺栓、一个螺母和两个垫圈组成，扭剪型高强度螺栓连接副由一个螺栓、一个螺母和一个垫圈组成。

（5）钢结构中使用的连接螺栓一般分为普通螺栓和高强度螺栓两种。高强度螺栓按连接形式通常分为摩擦连接、张拉连接和承压连接等，其中摩擦连接是目前广泛采用的基本连接形式。

（6）高强度螺栓安装时应先使用安装螺栓和冲钉。安装螺栓和冲钉的数量要保证能承受构件的自重和连接校正时外力的作用，规定每个节点安装的最少个数是为了防止连接后构件位置偏移，同时限制冲钉用量。高强度螺栓不得兼做安装螺栓。

（7）高强度螺栓现场安装时应能自由穿入螺栓孔，不得强行穿入。若螺栓不能自由穿入时，可采用铰刀或锉刀修整螺栓孔，不得采用气割扩孔，扩孔数量应征得设计同意，修整后或扩孔后的孔径不应超过1.2倍螺栓直径。

（8）高强度螺栓超拧应更换，并废弃换下的螺栓，不得重复使用。严禁用火焰或电焊切割高强度螺栓梅花头。

（9）高强度螺栓长度应以螺栓连接副终拧后外露2～3扣丝为标准计算，应在构件安装精度调整后进行拧紧。扭剪型高强度螺栓终拧检查，以目测尾部梅花头拧断为合格。

（10）普通螺栓的紧固次序应从中间开始，对称向两边进行。对大型接头应采用复拧，即两次紧固方法，保证接头内各个螺栓能均匀受力。

（11）高强度大六角头螺栓连接副施拧可采用扭矩法或转角法。同一接头中，高强度螺栓连接副的初拧、复拧、终拧应在24h内完成。高强度螺栓连接副初拧、复拧和终拧的顺序原则上是从接头刚度较大的部位向约束较小的部位、从螺栓群中央向四周进行。

（12）高强度螺栓和焊接并用的连接节点，当设计文件无规定时，宜按先螺栓紧固后焊接的施工顺序。

（13）螺栓球节点网架总拼完成后，高强度螺栓与球节点应紧固连接，螺栓拧入螺栓球内的螺纹长度不应小于1.1$d$（$d$为螺栓直径），连接处不应出现有间隙、松动等未拧紧情况。

（14）高强度螺栓连接处的摩擦面的处理方法通常有喷砂（丸）法、酸洗法、砂轮打磨法和钢丝刷人工除锈法等，严格按设计要求和有关规定进行施工。可根据设计抗滑移系数的要求选择处理工艺，抗滑移系数必须满足设计要求。

（15）钢结构构件生产的工艺流程主要包括：放样→号料→切割下料→平直矫正→边缘及端部加工→滚圆→煨弯→制孔→钢结构组装→焊接→摩擦面的处理→涂装。

（16）钢结构构件的连接方法有焊接、普通螺栓连接、高强度螺栓连接和铆接等。目前最常用的连接方法主要是焊接和高强度螺栓连接。

（17）根据焊接接头的连接部位，可以将熔化焊接头分为：对接接头、角接接头、T形及十字接头、搭接接头和塞焊接头等。

（18）钢结构组装：可采用地样法、仿形复制装配法、专用设备装配法、胎模装配法等。

（19）焊缝缺陷的分类及产生原因和处理方法：

1）裂纹：通常有热裂纹和冷裂纹之分。产生热裂纹的主要原因是母材抗裂性能差、焊接材料质量不好、焊接工艺参数选择不当、焊接内应力过大等；产生冷裂纹的主要原因是焊接结构设计不合理、焊缝布置不当、焊接工艺措施不合理，如焊前未预热、焊后冷却快等。处理办法是在裂纹两端钻止裂孔或铲除裂纹处的焊缝金属，进行补焊。

2）孔穴：通常分为气孔和弧坑缩孔两种。产生气孔的主要原因是焊条药皮损坏严重、焊条和焊剂未烘烤、母材有油污或锈和氧化物、焊接电流过小、弧长过长、焊接速度太快等，其处理方法是铲去气孔处的焊缝金属，然后补焊。产生弧坑缩孔的主要原因是焊接电流太大且焊接速度太快、熄弧太快，未反复向熄弧处补充填充金属等，其处理方法是在弧坑处补焊。

3）固体夹杂：有夹渣和夹钨两种缺陷。产生夹渣的主要原因是焊接材料质量不好、焊接电流太小、焊接速度太快、熔渣密度太大、阻碍熔渣上浮、多层焊时熔渣未清除干净等，其处理方法是铲除夹渣处的焊缝金属，然后焊补。产生夹钨的主要原因是氩弧缝金属，重新焊补。

4）未熔合、未焊透：产生的主要原因是焊接电流太小、焊接速度太快、坡口角度间隙太小、操作技术不佳等。对于未熔合的处理方法是铲除未熔合处的焊缝金属后补焊。对于未焊透的处理方法是对开敞性好的结构的单面未焊透，可在焊缝背面直接补焊。对于不能直接焊补的重要焊件，应铲去未焊透的焊缝金属，重新焊接。

5）形状缺陷：包括咬边、焊瘤、下塌、根部收缩、错边、角度偏差、焊缝超高、表面不规则等。

6）其他缺陷：主要有电弧擦伤、飞溅、表面撕裂等。

（20）钢结构防腐涂料涂装施工要点

1）施工流程：基面处理→底漆涂装→中间漆涂装→面漆涂装→检查验收。

2）防腐涂装施工前，钢材应按相关规范和设计文件要求进行表面处理。当设计文件未提出要求时，可根据涂料产品对钢材表面的要求，采用适当的处理方法。

3）钢构件采用涂料防腐涂装时，可采用机械除锈和手工除锈方法进行处理。经处理的钢材表面不应有焊渣、焊疤、灰尘、油污、水和毛刺等；对于镀锌构件，酸洗除锈后，钢材表面应露出金属色泽，无污渍、锈迹和残留任何酸液。油漆防腐涂装可采用涂刷法、手工滚涂法、空气喷涂法和高压无气喷涂法。最常用的施工方法有刷涂法和喷涂法两种。

4）钢结构防腐涂装施工宜在钢构件组装和预拼装工程检验批的施工质量验收合格后进行。涂装完毕后，宜在构件上标注构件编号；大型构件应标明重量、重心位置和定位标记。

（21）钢结构防火涂料涂装施工要点

1）钢结构防火涂料涂装施工应在钢结构安装工程和防腐涂装工程检验批施工质量验收合格后进行。

2）防火涂料按涂层厚度可分为 CB、B 和 H 三类：CB 类属于超薄型钢结构防火涂料，涂层厚度小于或等于 3mm；B 类属于薄型钢结构防火涂料，涂层厚度一般为 3～7mm；H 类属于厚型钢结构防火涂料，涂层厚度一般为 7～45mm。

3）施工流程：基层处理→调配涂料→涂装施工→检查验收。

4）防火涂料施工可采用喷涂、抹涂或滚涂等方法。涂装施工通常采用喷涂方法施涂，对于薄型钢结构防火涂料的面层装饰涂装也可采用刷涂或滚涂等方法施涂。

5）防火涂料可按产品说明在现场进行搅拌或调配。当天配置的涂料应在产品说明书规定的时间内用完。

6）厚型防火涂料，在下列情况之一时，宜在涂层内设置与钢构件相连的钢丝网或其他相应的措施：承受冲击、振动荷载的钢梁；涂层厚度等于或大于 40mm 的钢梁和桁架；涂料粘结强度小于或等于 0.05MPa 的钢构件；钢板墙和腹板高度超过 1.5m 的钢梁。

（22）一般设计院提供的设计图，不能直接用来加工制作钢结构，而是要考虑加工工艺，在原设计图的基础上绘制加工制作施工详图。钢结构的施工详图设计一般由加工单位根据结构设计文件和有关技术文件进行编制，并应经原设计单位确认；当需进行节点设计时，节点设计文件也应经原设计单位确认。负责进行。

（23）钢结构柱安装前应设置标高观测点及中心线标志，并且与土建工程相一致。钢柱安装前，基础混凝土强度应达到设计强度的 75% 以上。

（24）钢柱安装前设置的标高观测点，应设在柱上便于观测处。多层及高层钢结构中，柱子定位轴线的允许偏差为 1mm。钢屋架的安装应在柱子校正符合规定后进行。

（25）多层及高层钢结构安装工程中，为减少和消除焊接的误差，简体结构的安装顺序应该为先内简后外简。

（26）轻型门式刚架结构的主刚架，一般采用变截面或等截面的焊接或轧制的 H 型钢。

（27）楼层压型钢板安装工艺流程是：弹线→清板→吊运→布板→切割→压合→侧焊→端焊→封堵→验收→栓钉焊接。

（28）钢结构材料正式入库前必须经过检验，检验的内容包括钢材的数量、品种与订货合同相符、钢材的质量保证书与钢材上的记号符合、核对钢材的规格尺寸、钢材表面质量检验。

（29）钢结构吊车轨道的安装应在吊车梁安装符合规定后进行。钢结构吊车梁的安装顺序应从有柱间支撑的跨间开始，吊装后的吊车梁应进行临时固定。

（30）多层及高层钢结构安装工程中，首节钢柱的安装与校正应包括柱顶标高调整、纵横十字线对正、垂直度调整。多层及高层钢结构安装过程中，上节钢柱就位后，应按照先调整标高，再调整位移，最后调整垂直度的顺序进行校正。

（31）钢材的矫正平直方法中，冷矫是利用辊式型钢矫正机、机械顶直矫正机直接矫正。

（32）防止钢结构焊缝产生冷裂纹的预防措施

1）选择合理的焊接规范和线能，改善焊缝及热影响区组织状态，如焊前预热、控制层间温度、焊后缓冷或后热等以加快氢分子逸出。

2）采用碱性焊条或焊剂，以降低焊缝中的扩散氧含量。

3）焊条和焊剂在使用前应严格按照规定的要求进行烘干，认真清理坡口和焊丝，汰除油污、水分和锈斑等脏物，以减少氢的来源。

4）焊后及时进行热处理。一种是进行退火处理，以消除内应力，使淬火组织回火，改善其韧性；二是进行消氢处理，使氢从焊接接头中充分逸出。

5）选材上提高钢材质量，减少钢材中的层状夹杂物，工艺上采取可降低焊接应力的各种措施。

# 10.3　防水工程施工技术要点

## 10.3.1　屋面防水施工技术要点

### 1. 屋面防水等级和设防要求

屋面防水工程应根据建筑物的类别、重要程度、使用功能要求确定防水等级，共分为两个等级，并应按相应等级进行防水设防；对有特殊要求的建筑屋面，应进行专项防水设计。一般建筑的屋面防水设防要求为一道防水设防，重要建筑与高层建筑的屋面设防要求为两道防水设防。

### 2. 防水材料选择的基本原则

（1）外露使用的防水层，应选用耐紫外线、耐老化、耐候性好的防水材料。

（2）上人屋面，应选用耐霉变、拉伸强度高的防水材料

（3）长期处于潮湿环境的屋面，应选用耐腐蚀，耐霉变，耐穿刺，耐长期水浸等性能的防水材料。

（4）薄壳、装配式结构、钢结构及大跨度建筑屋面，应选用耐候性好、适应变形能力强的防水材料。

（5）倒置式屋面应选用适应变形能力强、接缝密封保证率高的防水材料。

（6）坡屋面应选用与基层粘结力强、感温性小的防水材料。

（7）屋面接缝密封防水，应选用与基材粘结力强和耐候性好、适应位移能力强的密封材料。

（8）基层处理剂、胶粘剂和涂料，应符合现行的行业标准《建筑防水涂料中有害物质限量》JC 1066 的有关规定。

（9）防水材料及制品均应具有质量合格证明，进入施工现场前应按规范要求进行抽样复检，严禁使用不合格产品。

### 3. 屋面防水基本要求

（1）屋面防水应以防为主，以排为辅。在完成设防的基础上，应选择正确的排水坡度，将水迅速排走，以减少渗水的机会。混凝土结构层宜采用结构找坡，坡道不应小于3%；当采用材料找坡时，宜采用质量轻、吸水率低和有一定强度的材料，坡度宜为2%。找坡应按屋面排水方向和设计坡度要求进行，找坡层最薄处厚度不宜小于20mm。

（2）保温层上的找平层应在水泥初凝前压实抹平，并应留设分格缝。水泥终凝前完成收水后应二次压光，并应及时取出分格条。养护时间不得少于7d。卷材防水层的基层与突

出屋面结构的交接处，以及基层的转角处，找平层均应做成圆弧形，且应整齐平顺。

（3）涂膜防水层的胎体增强材料宜采用聚酯无纺布或化纤与无纺布；胎体增强材料长边搭接宽度不应小于 50mm，短边搭接宽度不应小于 70mm；上下层胎体增强材料的长边搭接缝应错开，且不得小于幅宽的 1/3；上下层胎体增强材料不得相互垂直铺设。

（4）排气屋面施工，用水泥砂浆、块体材料或细石混凝土作保护层时，应设置隔离层与防水层分开。

**4. 卷材防水层屋面施工要点**

（1）卷材防水层铺贴顺序和方向应符合下列规定：

1）卷材防水层施工时，应先进行细部构造处理，然后由屋面最低标高向上铺贴。

2）檐沟、天沟卷材施工时，宜顺檐沟、天沟方向铺贴，搭接缝应顺水流方向。

3）卷材宜平行屋脊铺贴，上下层卷材不得相互垂直铺贴。

（2）立面或大坡面铺贴卷材时，应采用满粘法，并宜减少卷材短边搭接。

（3）卷材搭接缝应符合下列规定：

1）平行屋脊的搭接缝应顺流水方向，搭接缝宽度应符合《屋面工程质量验收规范》GB 50207 的规定。

2）同一层相邻两幅卷材短边搭接缝错开不应小于 500mm。

3）上下层卷材长边搭接缝应错开，且不应小于幅宽的 1/3。

4）叠层铺贴的各层卷材，在天沟与屋面交接处，应采用叉接法搭接，搭接缝应错开；搭接缝宜留在屋面与天沟侧面，不宜留在沟底。

（4）合成高分子卷材搭接部位采用胶粘带粘结时，粘结面应清理干净，必要时可涂刷与卷材及胶粘带材性相容的基层胶黏剂，撕去胶粘带隔离纸后应及时粘合接缝部位的卷材，并应碾压黏贴牢固；低温施工时，宜采用热风加热。搭接缝口用密封材料封严。

（5）热粘法铺贴卷材应符合下列规定：

1）熔化热熔型改性沥青胶结材料时，宜采用专用的导热油炉加热，加热温度不应高于 200℃，使用温度不应低于 180℃。

2）粘贴卷材的热熔型改性沥青胶厚度宜为 1～1.5mm。

（6）卷材防水屋面施工中，厚度小于 3mm 的高聚物改性沥青防水卷材，严禁采用热熔法施工。热熔法施工时，待卷材底面热熔后立即滚铺，并进行排气滚压等工序。

（7）当屋面坡度小于 3% 时，防水卷材的铺设方向宜平行于屋脊铺贴；屋面坡度在 3%～15% 时，卷材可平行或垂直屋脊铺贴；大于 15% 或受震动时，防水卷材的铺设方向应垂直于屋脊铺贴。

（8）对屋面是同一坡面的防水卷材施工，最后铺贴的部位应为大屋面。铺贴卷材采用搭接法时，上下层及相邻两幅卷材搭接缝应错开。

（9）卷材屋面防水产生"开裂"的原因主要是屋面板板端或屋架变形，找平层开裂。

（10）立面或大坡面铺贴高聚物改性沥青防水卷材时，应采用满粘法，并宜减少短边搭接。

（11）屋面防水层施工时，应先做好节点、附加层和屋面排水比较集中部位的处理，然后由屋面最低标高处向上施工。防水屋面找平层宜留 20mm 宽的分格缝并嵌填密封材料。屋面防水找平层按所用材料不同，可分为水泥砂浆、细石混凝土、沥青砂浆找平层。

**5. 涂膜防水层屋面施工**

（1）涂膜防水层的基层应见识、平整、干净，应无孔隙、起砂和裂缝。基层的干燥程度应根据所选用的防水涂料特性确定；当采用溶剂型、热熔型和反应固化型防水涂料时，基层应干燥。

（2）涂膜防水层施工应符合下列规定：

1）防水涂料应多遍均匀涂布，涂膜总厚度应符合设计要求。

2）涂膜间夹铺胎体增强材料时，宜边涂布边铺胎体；胎体应铺贴平整，应排除气泡，并应与涂料粘结牢固。在胎体上涂布涂料时，应使涂料浸透胎体，并应覆盖完全，不得有胎体外露现象。最上面的涂膜厚度不应小于1.0mm。

3）涂膜施工应先做好细部处理，再进行大面积涂布。

4）屋面转角及立面的涂膜应薄涂多遍，不得流淌和堆积。

（3）涂膜防水层施工工艺应符合下列规定：

1）水乳型及溶剂型防水涂料宜选用滚涂或喷涂施工。

2）反应固化型防水涂料宜选用刮涂或喷涂施工。

3）热熔型防水涂料宜选用刮涂施工。

4）聚合物水泥防水涂料宜选用刮涂法施工。

5）所有防水涂料用于细部构造时，宜选用刷涂或喷涂施工。

（4）屋面防水涂膜严禁在雨天天气进行施工。

（5）涂膜防水屋面施工时，涂膜防水施工必须由两层以上涂层组成，每层应刷2～3遍。

（6）涂膜防水层的涂刷方式按顺序应为先高跨后低跨、先远后近、先立面后平面。

（7）在涂膜防水屋面施工的工艺流程中，基层处理剂干燥后的第一项工作是节点部位增强处理。

**6. 保护层和隔离层施工**

（1）施工完的防水层应进行雨后观察、淋水或蓄水试验，并在合格后再进行保护层和隔离层施工。

（2）块体材料、水泥砂浆、细石混凝土保护层表面的坡度应符合设计要求，不得有积水现象。块体材料保护层铺设应符合下列规定：

1）在砂结合层上铺设块体时，砂结合层应平整，块体间应预留10mm的缝隙，缝内应填砂，并应用1：2水泥砂浆勾缝。

2）在水泥砂浆结合层上铺设块体时，应先在防水层上做隔离层，块体间应预留10mm的缝隙，缝内应用1：2水泥砂浆勾缝。

## 10.3.2　地下室防水施工技术要点

（1）地下防水工程施工期间，地下水位应降至防水工程底部最低标高以下至少300mm，以防止地表水注入基坑内。

（2）地下室墙体防水混凝土一般不应留垂直施工缝，如必须留则留在变形缝处。

（3）地下室防水混凝土浇筑的自由落下高度不得超过1.5m。

（4）地下结构中，利用不同配合比的水泥浆和水泥砂浆分层交叉抹压密实而成的具有多层防线的整体防水层，称为刚性多层抹面的水泥砂浆防水层。

（5）地下结构中，水泥砂浆防水层的平均厚度应符合设计要求，最小厚度不得小于设计值的85%。

（6）地下结构中，侧墙卷材防水层的保护层与防水层应粘结牢固、结合紧密，厚度均匀一致。

（7）涂料防水层的施工缝（甩槎）应注意保护，搭接缝宽度应大于100mm，接涂前应将其甩在表面处理干净。

（8）地下室防水卷材的施工工艺流程为找平层施工→防水层施工→保护层施工→质量检查。

（9）普通钢板止水带应在钢筋绑扎完毕后，浇筑混凝土前，将钢板用锚固筋进行焊接，固定在设计的预留施工缝处，安装应居中。

（10）变形缝处防水层的施工，在缝表面粘贴卷材或涂刷涂料前，应在缝上设置隔离层。

（11）地下室底板防水混凝土应连续浇筑完成，不得留设施工缝。

（12）防水混凝土的变形缝、施工缝、后浇带、穿墙管道、埋设件等设置和构造，均须符合设计要求，严禁有渗漏。

（13）外防水卷材防水层的铺贴方法，按其与地下结构施工的先后顺序分为外防外贴法和外防内贴法。

（14）防水混凝土施工时，尽量不留或少留施工缝。

（15）水泥砂浆防水层是一种刚性防水层，主要依靠特定的施工工艺要求或掺加防水剂来提高水泥砂浆的密实性，从而达到防水抗渗的目的。

（16）地下工程的防水涂料分为外防外涂与内防内涂两种做法。

（17）地下结构卷材防水中的外防内贴法是指混凝土墙体未施工前，先砌筑保护墙，然后将卷材防水层铺贴在保护墙上，再进行墙体施工。

# 第 11 章　建筑工程施工测量技术

## 11.1　使用测量仪器进行施工定位放线

### 11.1.1　测量施工定位放线的基本原则与要求

各种工程建设都要经过规划设计、建筑施工、运营管理等几个阶段，每个阶段都要进行有关的测量工作。各种工程在施工过程中所进行的测量工作称为施工测量。施工测量是工程施工的先导，贯穿于整个施工过程中。内容包括从施工前的场地平整，施工控制网的建立，到建（构）筑物的定位和基础放线；以及工程施工中各道工序的细部测设，构件与设备安装的测设工作；在工程竣工后，为了便于管理、维护、维修和扩建，还需进行竣工测量，测绘竣工平面图；有些高大和特殊的建（构）筑物在施工和运营（使用）期间还需进行变形观测，以便积累资料，掌握变形规律，为工程设计、维护和使用提供资料。不管什么工程，在施工前都要做一些准备工作，施工测量准备工作应包括：施工图审核、测量定位依据点的交接与检测、测量方案的编制与数据准备、测量仪器和工具的检验校正、施工场地测量等内容。

施工测量工作与工程质量及施工进度有着密切的联系。各种测量标志必须埋设稳固且在不易破坏的位置。施工测量的主要任务，是将图纸上设计好的建筑物或构筑物，按其设计的平面位置和高程，通过测量的手段和方法，用线、条、桩点等可见的标志，在现场标定出来，作为施工的依据，这种由图纸到现场的测量工作称为测设，也称为放样。

施工测量的特点如下：

（1）施工测量是直接为工程施工服务的，因此它必须与施工组织计划相协调。测量人员必须了解设计的内容、性质及其对测量工作的精度要求，随时掌握工程进度及现场变动，使测设精度和速度满足施工的需要。

（2）施工测量的精度主要取决于建（构）筑物的大小、性质、用途、材料、施工方法等因素。一般高层建筑施工测量精度应高于低层建筑，装配式建筑施工测量精度应高于非装配式，钢结构建筑施工测量精度应高于钢筋混凝土结构建筑。一般来说，局部精度高于整体定位精度。

（3）由于施工现场各工序交叉作业、材料堆放、运输频繁、场地变动及施工机械的振动，使测量标志易遭破坏，因此，测量标志从形式、选点到埋设均应考虑便于使用、保管和检查，如有破坏，应及时恢复。

施工测量应遵循"从整体到局部，先控制后碎部"的原则。施工测量与地形测量一样，也必须遵循"从整体到局部，先控制后碎部"的原则。因此，在施工之前，应在施工场地上，建立统一的施工平面控制网和高程控制网，作为施工放样各种建筑物和构筑物位置的依据。这一原则能使分布较广的建筑物、构筑物保持同等精度进行测设，以保证各建筑物、构筑物之间的位置关系正确。

施工测量应遵循"步步有校核"的原则。施工测量的检核工作也很重要，因此，必须加强外业和内业的检核工作，以防止差、错、漏的发生。

为了保证建筑物、构筑物放样的正确性和准确性，施工测量必须达到一定的精度要求。施工控制网的精度，由建筑物、构筑物的定位精度和控制网的范围大小等决定。当点位精度较高、施工场地较大时，施工控制网应具有较高的精度。具体要求可参照不同工程的有关规范。

总之，施工测量应根据具体的测设对象，制造切实可行且必须满足工程要求的精度标准，保证工程的施工质量。如果制定的标准偏低，将影响施工质量，这是不容许的；如果太高，则会造成不必要的人力、物力浪费。概括起来讲，对于精度问题，因具体工程而异，既要满足工程标准，又要经济合理。一般高层建筑物的测设精度应高于低层建筑物，钢结构厂房的测设精度应高于钢筋混凝土结构厂房，装配式建筑物的测设精度应高于非装配式建筑物。

在施工测量之前，应建立健全的测量组织和检查制度，并核对设计图纸，检查总尺寸和分尺寸是否一致，总平面图和大样详图尺寸是否一致，不符之处要向设计单位提出，进行修正。然后对施工现场进行实地踏勘，根据实际情况编制测设详图，计算测设数据。对施工测量所使用的仪器、工具应进行检验、校正，否则不能使用。工作中必须注意人身和仪器的安全，特别是在高空和危险地区进行测量时，必须采取防护措施。

## 11.1.2 平面定位放线

### 1. 测设的基本工作

测设（也称放样）是指在地面上还没有标志，而只有设计数据的情况下，根据设计数据及有关条件要求做出符合一定精度要求的实地标定标志的工作，即在建筑场地上根据设计图纸上所给定的数据将建筑物、构筑物的平面位置、高程在实地标定出来。测设主要是定出建筑物（构筑物）特征点的平面和高程位置，测定点的平面坐标的主要工作是测量水平距离和水平角。而点的平面和高程位置的测设是在测设已知水平距离、已知水平角和已知高程三项工作的基础上完成的。

（1）测设已知水平距离

在施工过程中，经常需要将图上设计的水平距离在实地标定出来，也就是按给定的方向和起点将设计长度的另一端点标定在实地上，即距离放样，也称距离测设。距离放样一般采用钢尺丈量和电磁波测距仪测距。

1）一般放样法

① 钢尺放样距离。

一般放样法测设距离采用钢尺放样，用钢尺零点对准给定的起点，沿给定方向伸展尺子，根据钢尺读数将待测线段的另一端在实地标定出。

② 电磁波测距仪测设距离。

目前，水平距离的测设尤其是长距离的测设多采用电磁波测距仪。如图 11-1 所示，先将测距仪安置于 $A$ 点，瞄准 $AB$ 方向，指挥装在对中杆上的棱镜前后移动，使仪器显示值略大于测设的距离，定出 $B'$ 点。在 $B'$ 点安置反光棱镜，测出竖直角 $\alpha$ 及斜距 $L$（必要时加气象改正），计算水平距离 $D'$。

$$D' = L\cos\alpha$$

求出 $D'$ 与应测设的水平距离 $D$ 之差 $\Delta D$（$\Delta D = D - D'$）。再根据 $\Delta D$ 的符号在实地用钢尺沿测设方向将 $B'$ 改正至 $B$ 点，并用木桩标定其点位。然后对 $B$ 进行检核，即将反光棱镜安置于 $B$ 点，再实测 $AB$ 距离，其不符值应在限差之内，否则应再次进行改正，直至符合限差要求。若用全站仪测设，因仪器可直接显示水平距离，测设时，反光棱镜在已知方向上前后移动使仪器显示值等于测设距离即可。

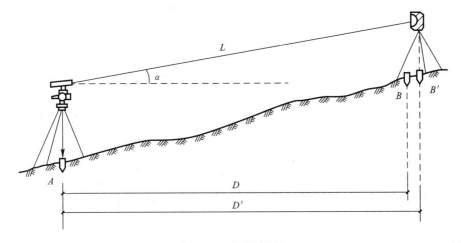

图 11-1　电磁波测距

2）精确法放样距离

设 $A$ 点为已知点，待放样距离为 $L$。先设置一个过渡点 $B$，选用适当的丈量仪器及测回数精确丈量 $AB$ 的距离，经加上各项改正数后可得 $AB$ 的精确长度 $L'$。

把 $L'$ 与设计距离 $L$ 相比较，得差数 $\Delta L$（$\Delta L = L - L'$）。从 $B'$ 点向后（当 $\Delta L > 0$ 时）或向前（当 $\Delta L < 0$ 时）修正 $\Delta L$ 值就得所求之 $B$ 点，$AB$ 的长度即精确地等于要放样的设计距离 $L$。

（2）测设已知水平角

1）直接测设法

当测设水平角的精度要求不高时，可用盘左、盘右取平均值的方法获得欲测设的角度。如图 11-2 所示，设地面上已有 $OA$ 方向线，测设水平角 $\angle AOC$ 等于已知角值 $\beta$。测设时将经纬仪安置在 $O$ 点，用盘左位置照准 $A$ 点，读取度盘读数为 $\alpha$，松开水平制动螺旋，旋转照准部，当度盘读数增加到 $\alpha + \beta$ 角值时，在视线方向上定出 $C'$ 点。用盘右位置照准 $A$ 点，然后重复上述步骤，测设 $\beta$ 角得另一点 $C''$，取 $C'$ 和 $C''$ 两点连线的中点 $C$，则 $\angle AOC$ 就是要测设的 $\beta$ 角，$OC$ 方向线就是所要测设的方向。这种测设角度的方法通常称为正倒镜分中法。

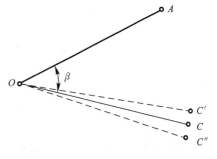

图 11-2　直接测设水平角

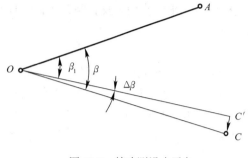

图 11-3　精确测设水平角

2）归化法测设角度

直接测设法精度较低，为提高角度测设的精度，通常采用归化法。如图 11-3 所示，在 $O$ 点安置经纬仪，先用一般方法测设 $\beta$ 角值，在地面上定出 $C'$ 点，再用测回法观测 $\angle AOC'$ 多个测回（测回数由精度要求或按有关规范），取各测回平均值 $\beta_1$，即 $\angle AOC' = \beta_1$，当 $\beta$ 和 $\beta_1$ 的差值 $\Delta\beta$ 超过限差（$\pm 10''$）时，需要进行改正。

（3）测设已知高程

高程放样工作主要采用几何水准的方法，有时采用三角高程测量来代替，在高层建筑物和井下坑道高程放样时还要借助钢尺来完成高程放样。应用几何水准的方法放样高程时，在作业区域附近应有已知高程点，若没有，应从已知高程点处引测一个高程点到作业区域，并埋设固定标志。该点应有利于保存和放样，且应满足支架一次仪器就能放出所需要的高程的条件。

1）视线高法

在建筑工程设计和施工的过程中，为了使用和计算方便，一般将建筑物的室内地坪假设为 $\pm 0.000$ m，建筑物各部分的高程都是相对于 $\pm 0.000$ m 测设的，测设时一般采用视线高法。如图 11-4 所示，欲根据某已知高程为 $H_R$ 的水准点 $R$ 测设 $A$ 点，使其高程为设计高程 $H_A$。测设时，将水准仪安置于 $R$ 与 $A$ 的中间，整平仪器；后视水准点 $R$ 上的水准尺，读得后视读数为 $a$，则仪器的视线高 $H_i = H_R + a$，则 $A$ 点水准尺上应读的前视读数 $b$ 应为

$$b = (H_R + a) - H_A \tag{11-1}$$

将水准尺贴紧 $A$ 点木桩侧面上下移动，直至前视读数为 $B$ 应，再在木桩侧面沿尺子底部画一横线，此线即为室内地坪 $\pm 0.000$ m 的位置。

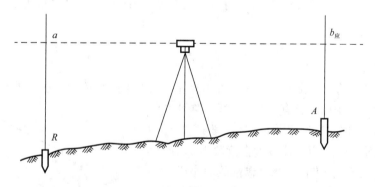

图 11-4　视线高法

2）高程传递法

当开挖较深的基槽需要将高程引测到建筑物的上部时，由于测设点与水准点之间的高差很大，无法用水准尺测定点位的高程，此时应采用高程传递法。即用钢尺和水准仪将地

面水准点的高程传递到低处或高处上所设置的临时水准点，然后再根据临时水准点测设所需的各点高程。

深基坑的高程传递如图 11-5 所示，将钢尺悬挂在坑边的木杆上，下端挂 10kg 的重锤，在地面上和坑内各安置一台水准仪，分别读取地面水准点 $A$ 和坑内水准点 $B$ 的水准尺读数 $a$ 和 $d$，并读取钢尺读数 $b$ 和 $c$，则可根据地面已知水准点 $A$ 的高程 $H_A$ 求得临时水准点 $B$ 的高程 $H_B$ 为

$$H_B = H_A + a - (b - c) - d \tag{11-2}$$

为了进行检核，可将钢尺位置变动 $10 \sim 20\text{cm}$，同法再次读取这 4 个数，两次求得的高程相差不得大于 3mm。当需要将高程由低处传递至高处时，可采用同样方法进行，此时高处 $A$ 的高程 $H_A$ 为

$$H_A = H_B + d + (b - c) - a \tag{11-3}$$

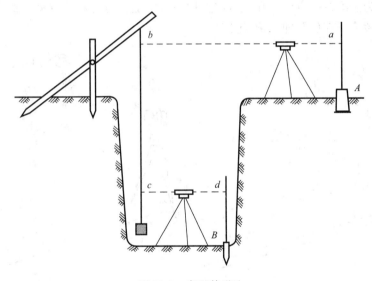

图 11-5  高程传递法

（4）测设已知点位

建筑物放样主要是通过标定建筑物或构筑物的特征点来实现的，根据所采用的放样仪器和实地条件不同，通常采用极坐标法、直角坐标法、方向线交会法、角度交会法和距离交会法等来完成点位放样。放样时，应根据控制网的形式、控制点的分布情况、地形条件以及放样精度，合理选用适当的测设方法。

① 极坐标法

极坐标法是在控制点上测设一个角度和一段距离来确定点的平面位置。此法适用于测设点离控制点较近且便于量距的情况，若用全站仪测设则不受这些条件限制。如图 11-6 所示，$A$、$B$ 为控制点，其坐标 $(x_A，y_A)$、$(x_B，y_B)$ 为已知，$P$ 为设计的待定点，其坐标 $(x_P，y_P)$ 可在设计图上查得。现欲将 $P$ 点测设于实地，先按下列公式计算出测设数据水平角 $\beta$ 和水平距离 $D_{AP}$。

$$\alpha_{AB} = \tan^{-1}\frac{y_B - y_A}{x_B - x_A}$$

$$\alpha_{AP} = \tan^{-1}\frac{y_P - y_A}{x_P - x_A}$$

$$\beta = \alpha_{AB} - \alpha_{AP}$$

$$D_{AP} = \sqrt{(x_P - x_A)^2 + (y_P - y_A)^2} \tag{11-4}$$

测设时，在 $A$ 点安置经纬仪，瞄准 $B$ 点，采用正倒镜分中法测设出 $\beta$ 角，以定出 $AP$ 方向，沿此方向上用钢尺测设距离 $D_{AP}$，即定出 $P$ 点。

如果用全站仪按极坐标法测设点的平面位置，则更为方便，甚至不须预先计算放样数据。如图 11-7 所示，$A$、$B$ 为已知控制点，$P$ 点为待测设的点。将全站仪安置在 $A$ 点，瞄准 $B$ 点，按仪器上的提示分别输入测站点 $A$、后视点 $B$ 及待测设点 $P$ 的坐标后，仪器即自动显示水平角 $\rho$ 及水平距离 $D$ 的测设数据。水平转动仪器直至角度显示为 $0°00'00''$，此时视线方向即为需测设的方向。在该方向上指挥持棱镜者前后移动棱镜，直到距离改正值显示为零，则棱镜所在位置即为 $P$ 点。

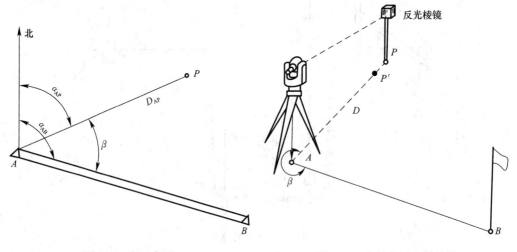

图 11-6 极坐标法　　　　　　　图 11-7 全站仪极坐标放样

② 直角坐标法

直角坐标法是根据直角坐标原理进行点位的测设。当建筑施工场地有彼此垂直的主轴线或建筑方格网，待测设的建（构）筑物的轴线平行而又靠近基线或方格网边线时，则可用直角坐标来放样待定点位。直角坐标法，计算简单，测设方便，精度较高，应用广泛。

【例 11-1】 如图 11-8 ($a$)、($b$) 所示，$N_1$、$N_2$、$N_3$、$N_4$ 点是建筑方格网的顶点，其坐标值已知，1、2、3、4 为拟测设的建筑物的四个角点，在设计图纸上已给定四个角点的坐标，请测设建筑物的四个角桩。

【解】 采用直角坐标法，测设步骤如下：

（1）根据方格顶点和建筑物角点的坐标计算出测设数据。

（2）在 $N_4$ 点安置经纬仪，瞄准 $N_3$ 点，在 $N_4N_3$ 方向上以 $N_4$ 点为起点分别测设 $D_{N4A}=30.00\text{m}$，$D_{AB}=50.00\text{m}$，定出 $A$、$B$ 点。搬仪器至 $A$ 点瞄准 $N_3$ 点，用盘左、盘右

测设 90°角，定出 A-1 方向线，在此方向上由 A 点测设 $D_{A4}=30.00\text{m}$，$D_{41}=30.00\text{m}$，定出 4、1 点。

（3）搬仪器至 B 点，瞄准 $N_4$ 点，同法定出角点 3、2。这样建筑物的四个角点位置便确定了。

（4）检查 $D_{12}$ 的长度是否为 50.00m，房角 1 和 2 是否为 90°，误差是否在允许范围内。

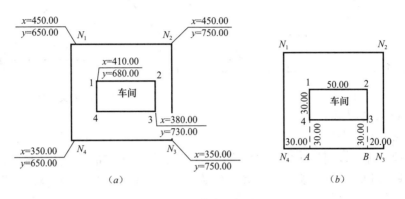

图 11-8　直角坐标法

（a）直角坐标法设计图纸；（b）直角坐标法测设数据

③ 方向线交会法

方向线交会法是根据两条互相垂直的方向线交会来进行点位的测设，主要是应用格网控制点来设置两条相互垂直的直线。此方法适用于建立了厂区控制网或厂房控制网的大型厂矿工地施工中的点位恢复。

【例 11-2】　如图 11-9 所示，$N_1$、$N_2$、$N_3$、$N_4$ 为控制点，测设 P 点。

【解】　采用方向线交会法，测设步骤如下：

（1）确定方向线端点的位置，并在实地标定出来。如图 11-9 所示，沿 $N_1N_2$ 和 $N_4N_3$ 方向线量取 $S_1$ 距离，定出 E、F 点，沿 $N_1N_4$ 和 $N_2N_3$ 方向线量取 $d_1$ 距离，定出 C、D 点。

（2）沿 EF 和 CD 方向线画线，便可交出 P 点。

④ 角度交会法

在量距不方便的场合常用角度交会法测设定位，如当待测点离控制点较远，而且中间有

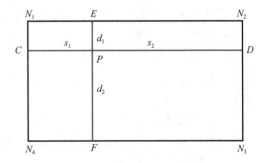

图 11-9　方向线交会法

低矮的灌木丛或小河等障碍物，不便于量距，又无全站仪等先进测距仪器时可选用角度交会法确定点的平面位置，采用此方法的测设元素为两个相交的角度，其值可用已知的三个点的坐标算出，如图 11-10 所示。现场测设时在两已知点上架设两台经纬仪，分别测设相应的角度方向线，两方向线的交点即为测设点。

⑤距离交会法

当场地平坦便于量距，且当待定点与两已知点的距离在一个尺段内时，可采用距离交会法。如图 11-11 所示，A、B 为两已知点，P 为待定点，分别以 A、B 点为圆心，$D_{AP}$、

$D_{BP}$为半径画弧，两弧相交点即为所求点 $P$。实际作业时应先判断 $P$ 点在 $AB$ 的左边还是右边。

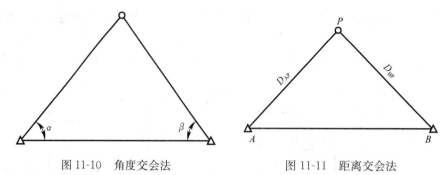

图 11-10　角度交会法　　　　　　图 11-11　距离交会法

**2. 建筑基线的放样**

（1）建筑基线的布置

建筑场地的施工控制基准线，称为建筑基线。建筑基线的布置，主要根据建筑物的分布、场地的地形和原有测图控制点的情况而定。建筑基线的布置形式如图 11-12 所示。

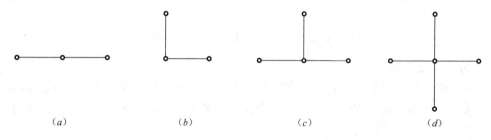

　（a）　　　　　　　（b）　　　　　　　（c）　　　　　　　（d）

图 11-12　建筑基线的形式

（a）三点"一"形；（b）三点"L"形；（c）四点"T"字形；（d）五点"十"字交叉形

建筑基线布设的位置，应尽量临近建筑场地中的主要建筑物，且与其轴线相平行，以便采用直角坐标法进行放样。为了便于检查建筑基线点位有无变动，基线点不得少于 3 个。基线点位应选在通视良好而未受施工干扰的地方。为能点位长期保存，要建立永久性标志。建筑基线采用"T"字形时，需要布设 4 个基点。建筑基线采用"十"字形时，需要布设 5 个基点。

（2）测设建筑基线的方法

根据场地的不同情况，测设建筑基线的方法有以下两种：

① 用建筑红线测设。

在城市建设中，建筑用地的界址是由规划部门确定的，并由拨地单位在现场直接标定出用地的边界点，边界点的连线通常是正交的直线，称为建筑红线。建筑红线与拟建的主要建筑物或构筑物群中的多数建筑物的主轴线平行。因此，可根据建筑红线用平行线推移法测设建筑基线。

如图 11-13 所示，ⅠⅡ和ⅡⅢ是两条互相垂直的建筑红线，$A$、$O$、$B$ 三点是欲测设的建筑基线点。其测设过程为：以Ⅱ点出发，沿ⅡⅢ和ⅡⅠ方向分别量取 $d$ 长度得出 $A'$、$B'$ 点；再过ⅠⅢ两点分别作建筑红线的垂线，并沿垂线方向分别量取 $d$ 的长度得出 $A$ 点和 $B$ 点；然后将 $AA'$ 与 $BB'$ 连线，则交会出 $O$ 点。$A$、$O$、$B$ 三点即为建筑基线点。

当把 $A$、$O$、$B$ 三点在地面上作好标志后，将经纬仪或全站仪安置在 $O$ 点上精确观测，若 $\angle AOB$ 与 90°之差不在容许值以内，应进一步检查测设数据和测设方法，并应对 $\angle AOB$ 进行点位调整，使其等于 90°。

如果建筑红线完全符合作为建筑基线的条件，可将其作为建筑基线使用，即直接用建筑红线进行建筑物的放样，既简便又快捷。

② 用附近的控制点测设。

在非建筑区，没有建筑红线作依据时，就要在建筑设计平面图上，根据建筑物的设计坐标和附近已有的测图控制点来选定建筑基线的位置并在实地采用极坐标法或角度交会法把基线点在地面上标定出来。

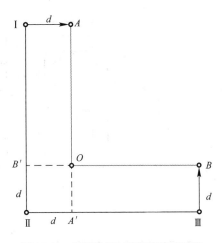

图 11-13　根据建筑红线测设建筑基线

如图 11-14 所示，Ⅰ、Ⅱ 两点为附近已有的测图控制点，$A$、$O$、$B$ 三点为欲测设的建筑基线点。测设可用经纬仪或全站仪采用极坐标或角度交会法进行测设。

测设完成后，还要进行检查，用经纬仪或全站仪测量 $\angle AOB$ 的角度值，丈量 $OA$、$OB$ 的距离，若检查的角度误差和距离的相对误差超出容许范围，就要调整 $A$、$B$ 两点，使其满足规定的精度要求。

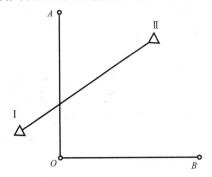

图 11-14　用附近的控制点测设建筑基线

除此之外，还可以利用已有的建筑物或道路中心线进行测设，其测设方法与利用建筑基线测设基本相同。

### 3. 建筑方格网的放样

（1）建筑方格网的布置

由正方形或矩形的格网组成的建筑场地的施工控制网，称为建筑方格网，其适应于大型的建筑场地。建筑方格网的布置，应根据建筑设计总平面图上各种建筑物、道路、管线的分布情况，并结合现场地形情况而拟定。布置建筑方格网时，先要选定两条相互垂直的主轴线，如图 11-15 所示中的 $AOB$ 和 $COD$，再全面布置格网。格网的形式可布置成正方形或矩形。当建筑场地占地面积较大时，通常是分两级布设，首级为基本网，测设十字形、口字形或田字形的主轴线，然后再加密次级的方格网。当场地面积不大时，尽量布置成全面方格网。

方格网的主轴线，应布设在建筑场地的中央，其方向应与主要建筑物的轴线平行或垂直，并且长轴线上的定位点不得少于 3 个。主轴线的各端点应延伸到场地的边缘，以便控制整个场地。主轴线上的点位必须建立永久性标志，以便长期保存。

当方格网的主轴线选定后，就可根据建筑物的大小和分布情况而加密格网。在选定格网点时，应以简单、实用为原则，在满足测角、量距的前提下，格网点的点数应尽量少。方格网的转折角应严格为 90°，相邻格网点要保持通视，点位要能长期保存。建筑方格网的主要技术要求见表 11-1。

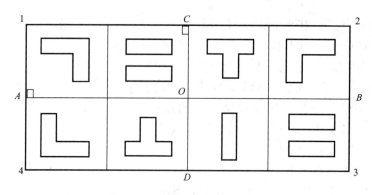

图 11-15　建筑方格网

建筑方格网的主要技术要求　　　　　　　　　　　　表 11-1

| 等级 | 边长（m） | 测角中误差（°） | 边长相对中误差 |
|---|---|---|---|
| Ⅰ级 | 100～300 | 5 | ≤1/30000 |
| Ⅱ级 | 100～300 | 8 | ≤1/20000 |

（2）方格网的测设

① 主轴线的测设。

由于方格网是根据场地主轴线布置的，因此在测设时，应首先根据原有的测图控制点，测设出主轴线的 3 个主点。

如图 11-16 所示，Ⅰ、Ⅱ、Ⅲ三点为附近已有的测图控制点，其坐标已知；A、O、B 三点为选定的主轴线上的主点，其坐标可计算出，则根据 3 个测图控制点Ⅰ、Ⅱ、Ⅲ，采用极坐标法就可测设出 A、O、B 三个主点。

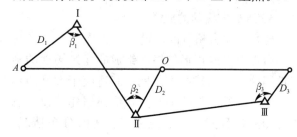

图 11-16　主轴线的测设

当 3 个主点的概略位置在地面上标定出来以后，要检查 3 个主点是否在一条直线上。由于测量误差的存在使测设的 3 个主点 $A'$、$O'$、$C'$ 不在一条直线上，要用仪器精确测定 $\angle A'O'C'$ 的角值，如果角值与 180°之差，超过规定的容许值，则需要对点位进行调整。

② 方格网点的测设。

主轴线确定后，进行主方格网的测设，然后在主方格网内进行方格网的加密。

主方格网的测设，采用角度交会法定出格网点。如图 11-5 所示，用两台经纬仪分别安置在 A、C 两点上，均以 O 点为起始方向，分别向左、向右精确地测设出 90°的角，在测设方向上交会出 1 点，交点 1 的位置确定后，进行交角的检测和调整，同法测设出主方格网点 2、3、4，这样就构成了田字形的主方格网。

当主方格网测定后，以主方格网点为基础，进行其余各格网点。

建筑方格网缺点就是必须按照总平面图布置、其点位易被破坏、测设工作量较大。

### 11.1.3　高程定位放线

由于测图高程控制网在点位分布和密度方面均不能满足施工测量的需要，因此在施工场地建立平面控制网的同时还必须重新建立施工高程控制网。

施工高程控制网的建立，与施工平面控制网一样。当建筑场地面积不大时，一般按四等水准测量或等外水准测量来布设。当建筑场地面积较大时，可分为两级布设，即首级高程控制网和加密高程控制网。首级高程控制网采用三等水准测量测设，在此基础上，采用四等水准测量测设加密高程控制网。而对连续生产的车间或下水管道等，则需采用三等水准测量的方法测定各水准点的高程。为了便于检核和提高测量精度，施工场地高程控制网应布设成闭合水准路线或附合水准路线。

首级高程控制网应在原有测图高程控制网的基础上，单独增设水准点，并建立永久性标志。场地水准点的间距宜小于1km。距离建筑物、构筑物不宜小于25m；距离振动影响范围以外不宜小于5m；距离回填土边线不宜小于15m。凡是重要的建筑物附近均应设水准点。整个建筑场地至少要设3个永久性的水准点，并应布设成闭合水准路线或附合水准路线，以控制整个场地。高程测量精度不宜低于三等水准测量。其点位要选择恰当，不受施工影响既便于施测，又能永久保存。

加密高程控制网是在首级控制网的基础上进一步加密而得的，一般不能单独埋设。在一般情况下，建筑方格网点也可兼作高程控制点。要与建筑方格网合并，即在各格网点的标志上加设一突出的半球状标志，各点间距宜在200m左右，以便施工时安置一次仪器即可测出所需高程。加密高程控制网要按四等水准测量进行观测，并要附合在首级水准点上，作为推算高程的依据。

高程测设就是根据附近的水准点或高程标志，在现场标定出设计高程的位置。高程测设主要在平整场地、开挖基坑、定路线坡度和定桥台桥墩的设计标高等场合使用。

为了测设方便，减少计算，通常在较大的建筑物附近建立专用的水准点，即±0.000标高水准点，其位置多选在较稳定的建筑物墙与柱的侧面，用红色油漆绘成倒三角形。但必须注意，在设计中各建筑物的±0.000高程不是相等的，应严格加以区分，防止用错高程。

已知高程的测设，就是利用水准测量的方法根据施工现场已有的水准点，将已知的设计高程测设于实地。它与水准测量不同之处在于：不是测定两固定点之间的高差，而是根据一个已知高程的水准点，测设设计所给定点的高程。在建筑设计和施工的过程中，为了计算方便，一般把建筑物的室内地坪用±0.000标高表示，基础、门窗等的标高都是以±0.000为依据，相对于±0.000测设的。

高程测设所用仪器主要有水准仪、经纬仪和全站仪等。下面主要介绍用水准仪测设高程。

**1. 视线高法**

如图11-17所示，已知水准点 $A$ 的高程为 $H_A = 15.670$m，欲在 $B$ 点测设出某建筑物的室内地坪高程（建筑物的±0.000），其高程 $H_B = 15.820$m。测设方法如下所述。

（1）将仪器安置在 $A$、$B$ 两点的中间位置，后视已知点 $A$ 所立水准尺，读取尺子上的读数，假设为 $a = 1.050$m，则水准仪的视线高程为

$$H_i = H_A + a = 15.670 + 1.050 = 16.720\text{m}$$

（2）在 $B$ 点立上水准尺，设水准仪瞄准 $B$ 尺的读数为 $b$，则 $b$ 应满足

$$b = H_i - H_B = 16.720\text{m} - 15.820 = 0.900\text{m}$$

（3）操作仪器的人员指挥立尺的人员上下移动水准尺，直到水准尺上的读数为0.900m时，沿着尺子的底端在 $B$ 点的木柱上画线，线标出的位置，即为 $B$ 点设计高程的位置。

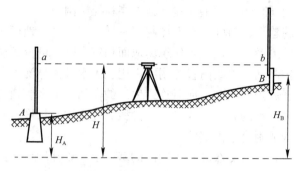

图 11-17　视线高法测设高程

**2. 高程传递法**

当需要向深坑底或高楼面测设高程时，因水准尺长度有限，中间又不便安置水准仪转站观测，可以借助于钢尺用高程传递的方法进行测设。

如图 11-18 所示，水准点 $A$ 的高程已知，为了在深坑内测设出设计高程 $H_B$，在深坑一侧悬挂钢尺（钢尺的零点在下，挂一个重量约等于钢尺检定时拉力的重锤），在地面上图示位置安置水准仪，读取 $A$ 点水准尺上的读数 $a_1$，读取钢尺上的读数 $b_1$；将水准仪移至基坑内安置在图示位置，读取钢尺上的读数 $a_1$，假设 $B$ 点水准尺上的读数为 $b_2$，则有

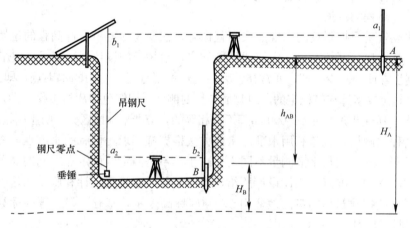

图 11-18　高程传递法测设高程

$$H_B = H_A + a_1 - (b_1 - a_2) - b_2 \tag{11-5}$$

由此可以求出 $b_2$ 为

$$b_2 = a_2 + (a_1 - b_1) - (H_B - H_A) \tag{11-6}$$

操作仪器的人员指挥立尺的人员上下移动水准尺，直到水准尺土的读数为 $b_2$ 时，沿着尺子的底端在 $B$ 点的木柱上画线，线标出的位置，即为 $B$ 点设计高程的位置。

用同样的方法可以测设出高楼层面上的设计高程。

**3. 简易高程测设法**

在施工现场，当距离较短，精度要求不太高时，施工人员常利用连通原理，用一条装了水的透明胶管，代替水准仪进行高程测设，方法如下所述。

如图 11-19 所示，设墙上有一高程标志 $A$，其高程为 $H_A$，从附近的另一面墙上测设

另一高程标志 $P$，其设计高程为 $H_P$。将装了水的透明胶管的一端放在 $A$ 点处，另一端放在 $P$ 点处，两端同时抬高或降低水管，使 $A$ 端水管水面与高程标志对齐，在 $P$ 处与水管水面对齐的高度作一临时标志 $P'$，则 $P'$ 的高程等于 $H_A$，然后根据设计高程与已知高程 $H_A$ 的差值 $d_h=H_P-H_A$，以 $P'$ 为起点垂直往上（$d_h$ 大于 0 时）或往下（$d_h$ 大于 0 时）量取 $d_h$，作标志 $P$，则此标志的高程即为设计高程。

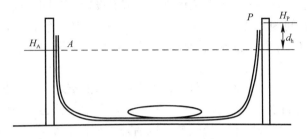

图 11-19　简易方法测设高程

例如，若 $H_A=78，368m$、$H_P=78.500m$，则 $d_h=78.500-78.368=0.132m$，按上述方法标出与 $H_A$ 同高的 $P'$ 点后，再往上量 0.132m 即为设计高程位置。使用这种方法时，应注意水管内不能有气泡，在观察管内水面与标志是否同高时，应使眼睛与水面高度一致。此外，不宜连续用此法往远处传递和测设高程。

# 11.2　使用测量仪器进行施工质量校核

施工放样前，对建筑物施工平面控制网、高程控制点进行检核，主要检核业主提供的平面、高程控制桩的坐标、角度、距离、高差等几何关系是否符合设计要求。目的是防止和避免点位误差给施工放样带来误差。

## 11.2.1　校核仪器选择与校核方式

仪器检核，即要求将准备投入使用的仪器依照规范进行全面（至少是重要项目）的检验与校正。可根据仪器的特点、使用的频率、作业的特点等分别进行年度检核（年检）、投入工期前检验（期检）、出收测检验（日检）3 种。对测距仪、全站仪等精密仪器可以年检，对普通仪器如经纬仪、普通钢尺、水准仪可年检，而对普通水准仪等常规仪器则应每天出测后第一站及收测前一站检验其 $i$ 角大小，即日检。年检是在开工前送国家有关部门、正规测绘仪器检定机构或正规测绘院所进行，都应参照国家或行业规范进行系统全面的检验与校正，并提供完整的检定参数，如测距仪的加、乘常数等。期检是在本期工程投入前进行重要项目的检验，可以找有经验的老测工或测绘类专业毕业生进行，以保证仪器能正常工作，如经纬仪的视准轴误差、横轴误差等。日检是对仪器的一些重要的、易变的项目参数进行简单测定，如水准仪的 $i$ 角大小直接影响其准确性，可在每天早晚用搬站再次测定两站高差的方法粗略测定其 $i$ 角。另外，对各工地已普遍使用的自动安平水准仪、电子经纬仪、全站仪等，应不定期进行日测，而不要过分依赖年检和期检资料，最有效的方法是重复放样。

## 11.2.2 平面控制网的校核

在建筑工程施工测量过程中，要按照整个项目的平面形状，确定好平面控制网，并采用测量仪器将坐标点引至施工现场，埋设好控制测量坐标点。在坐标点测量时，要反复测量几次，这样才能更准确地测量出项目平面控制点的位置。在保存控制点时，需要在钢板控制标桩上做好标记。另外，要结合工程自身的特点设置控制网，同时要充分考虑到平面控制网的设置及传递问题。同时，在实际工程测量施工中，除了考虑到结合工程特点以外，并且要采用内控法进行上部平面轴线的投测。因此，应选择在底层室内地面上进行平面控制点设置。与此同时，还要考虑到建筑结构的特点，在各段施工分区中按照直角三角形的连接方式，分别设置三个平面控制点。在建筑平面浇筑之前，要先埋设好钢板。在埋设时要结合事先设置好的控制点进行埋设。完工后，测量人员还要做好放样处理工作，确保各个控制点投测至预埋铁件上。通过校准以后，如校准满足要求，应刻画出 0.2mm 宽的十字定点，同时要在线交叉处打样冲眼，以确保测线的长久性。

要提高建筑工程施工进度和质量，需要建立合理的平面控制网。为此，在进行平面控制网选择时，应合理分析工程的类型，以使得建网方法满足工程的实际需求。同时，考虑到网点设置的重要性，不仅是工程施工的参考依据，而且是发挥工程预期的价值的关键点，为此，在建设建筑平面控制网过程中，需要综合考虑各个因素的作用，从技术层面发挥其控制网的优越性。

不同的项目对工程对象和施工要求也有所不同，为此，其对限差的要求也存在较大的差异。因此，在平面控制网控制的过程中，我们需要把握好建筑各项限差，按照设计要求对最高建筑限差进行全面的分析，并根据放样测量的要求以及标准，确定好控制网点的精度和平面的等级。在建筑施工测量之前，要及时核对好设计图纸上和平面控制网上的坐标，对坐标之间的衔接情况，看是否满足规范要求；与此同时，结合项目实际情况对照好设计图纸，看设计坐标能否满足施工要求；另外，对坐标基点和标高起算点的文件进行完善，以提高平面控制网的精度。

## 11.2.3 高程控制网的校核

在建筑高程控制点测量过程中，我们需要注意以下问题：①在施工测量时，要以设计单位提供的水准基点为主，并在项目附近布置三等水准网，提高项目测量的精度。②在三等水准点布置过程中，要控制好水准点与建筑之间的距离，通常情况下，两者之间的间距至少要控制在 25m，护坡至少控制在 15m，以确保水准测量的闭合差满足相关规范的要求。③在建设单位复核和评定好水准测量的精度范围后才能使用三等水准点。检查施工现场的测量标桩、建筑物的定位放线及高程水准点是属于事前质量控制。

## 11.2.4 垂直度控制要点

施工测量是高层建筑建设时的先导工序，而测量中的核心问题是垂直度的控制，其控制的准确程度，将直接影响高层建筑的施工质量。所谓垂直度控制就是将建筑物的基础轴线准确地向高层引测，并保证各层相应轴线位于同一竖直面内，控制竖向偏差，使轴线向上投测的偏差值不超限。通常情况下垂直度控制的要求主要有：

**1. 传递孔设置时**

在上投控制点上层混凝土顶板内应预留 200mm×200mm 孔洞，在孔洞四周做好上翻 50mm 的防水圈（可砌砖），平时在孔洞处需要盖好板，保证安全。

**2. 投测时技术要领**

初次投射时，对中整平激光经纬仪，通电后，使激光器发射激光束。在需要测设的楼层楼板上预留一个孔，使激光铅垂仪发出的激光束在预先放置的 300mm 的有机玻璃板上形成一个圆形光斑，调整焦距，使有机玻璃上的激光光斑达到最小。激光经纬仪由于本身质量问题可能会对测量精度有所影响，投射完成时，要把激光经纬仪在原地做 360°旋转，使光斑做出圆形轨迹，如果光斑重合，则仪器本身的精密度可以忽略不计。移动激光接受靶标，使激光束对准靶标的十字线交点，用细铅笔跟踪在靶标上描绘出圆形轨迹图，此时圆形轨迹图的圆心即为竖向传递点。

**3. 分段测量**

考虑到仪器本身质量性能以及施工环境的好坏，提高测量效率降低激光束点的误差，需要使用到分段测量，目的是为了缩短投影测程。具体做法是要分段控制分段投点。标准为竖向 60～120m 为一段。将第一段施工完毕，第二段的首层控制点投影在上段起始楼层，检测校正控制网确保准确无误后重新埋点。即是直接将下层控制网升到这层并锁定，以上各段测定均可使用其作为依据。

**4. 垂直度校核**

1）分段垂直度校核。每次投测段施工结束后，运用标准为 1mm 的钢丝、15kg 的铅锤人工投点进行对比校核。

2）校核总垂直度。投测结束后，首级控制点使用电子经纬仪使用外投法，将轴线引至最高层，与控制线相校核。

# 11.3 使用测量仪器进行变形观测

## 11.3.1 变形及变形监测的基础知识

高层建筑、重要厂房和大型设备基础在施工期间和使用初期，由于建筑物基础的地质构造不均匀、土壤的力学性质不同、大气温度变化、地基的塑性变形、地下水位季节性和周期性的变化、建筑物本身的荷重、建筑物结构及动荷载的作用，引起基础及其四周地面变形；建筑物本身因基础变形及外部荷载与内部应力的作用，也要发生变形。这种变形在一定限度内应视为正常的现象，但如果超过了规定的限度，则会导致建筑物结构变形或开裂，影响正常使用，严重的还会危及建筑物的安全。为了建筑物的安全使用，研究变形的原因和规律，为建筑物的设计、施工、管理和科学研究提供可靠的资料，在建筑物的施工和使用初期，必须进行建筑物变形观测。变形监测分静态变形监测和动态变形监测，静态变形通过周期性测量得到，动态变形通过连续监测得到。

建筑物的变形包括沉降、倾斜、裂缝和位移等。建筑物变形观测的任务是周期性地对设置在建筑物上的观测点进行重复观测，求得观测点位置的变化量。建筑物变形观测能否达到预定的目的受很多因素的影响，其中最基本的因素是变形测量点的布设、变形观测的精度与频率。变形测量点分为控制点与观测点，控制点一般包括基准点、工作基点、检核点等工作点。高程基准点应选设在变形影响范围以外且稳定、易于长期保存的地方。在建筑区内，其点位与邻近建筑的距离应大于建筑基础最大宽度的 2 倍，其标石埋深应大于邻近建筑基础的深度。建筑物变形观测的精度，视变形观测的目的及变形值的大小而异，很难有一个明确的规定，国内外对此有各种不同的看法。原则上，如果观测的目的是为了监视建筑物的安全精度要求稍低，只要满足预警需要即可，在 1971 年的国际测量师联合会（FIG）上，建议观测的中误差应小于允许变形值的 $1/20 \sim 1/10$；如果目的是为了研究变形的规律，则精度应尽可能高些，因为精度的高低会影响观测成果的可靠性。当然，在确定精度时，还要考虑设备条件的可能，在设备条件具备且增加工作量不大的情况下，以尽可能高些为宜。

地基基础设计等级为甲级的建筑在施工和使用期间应进行变形测量。观测频率的确定，随载荷的变化及变形速率而异。例如，高层建筑在施工过程中的变形观测，通常楼层加高 1~2 层即应观测一次；大坝的变形观测，则随着水位的高低来确定观测周期。对于已经建成的建筑物，在建成初期，因为变形值大，观测的频率宜高。如果变形逐步趋于稳定，则周期逐渐加长，直至完全稳定后，即可停止观测。对于濒临破坏的建筑物，或者是即将产生滑坡、崩塌的地面，变形速率会逐渐加快，观测周期也要相应地逐渐缩短。观测的精度和频率两者是相关的，只有在一个周期内的变形值远大于观测误差，所得结果才是可靠的。

## 11.3.2　变形监测项目及内容

### 1. 建筑物沉降观测

建筑物沉降观测是用水准测量的方法，周期性地观测建筑物上的沉降观测点和水准基点之间的高差变化值。

（1）沉降产生的主要原因

建筑物沉降产生的原因主要有两方面：一是自然条件及其变化，即建筑物地基的工程地质、水文地质、大气温度、土壤的物理性质等；二是与建筑物本身相联系的因素，即建筑物本身的荷重、建筑物的结构形式及动荷载（如风力、振动等）的作用。

（2）沉降观测的目的

沉降观测是监测建筑物在竖直方向上的位移（沉降），以确保建筑物及其周围环境的安全。建筑物沉降观测应测定建筑物地基的沉降量、沉降差及沉降速度并计算基础倾斜、局部倾斜、相对弯曲及构件倾斜。

（3）沉降观测的原理

定期地测量观测点相对于稳定的水准点的高差以计算观测点的高程，并将不同时间所得同一观测点的高程加以比较，从而得出观测点在该时间段内的沉降量。

（4）沉降观测的实施

沉降变形观测的实施应符合下列程序和要求。

应按测定沉降的要求分别选定沉降测量点，埋设相应的标石标志，建立高程网。高程测量宜采用原有高程系统。

应按确定的观测周期与总次数对监测网进行观测。新建的大型和重要建筑应从施工开始时就进行系统的观测，直至变形达到规定的稳定程度为止。

对各周期的观测成果应及时处理。对重要的监测成果应进行变形分析，并对变形趋势作出预报。

（1）水准基点的设置

建筑物的沉降观测是根据建筑物附近的水准基点进行的，所以这些水准基点必须坚固稳定。为了对水准基点进行相互校核，防止其本身产生变化，水准基点的数目应尽量不少于三个，成组埋设，以形成水准网。特级沉降观测的高程基准点数不应少于4个。通常每组三个点，并形成一个边长约100m的等边三角形。对水准基点要定期进行高程检测，以保证沉降观测成果的正确性，如图11-20所示。在三角形的中心与三点等距的地方设置固定测站，由此测站以经常观测三点间的高差，这样就可设判断出水准基点的高程有无变动。

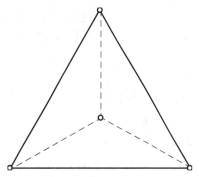

图11-20 水准基点高程检测

在布设水准基点时应考虑下列因素：水准基点应尽量与观测点接近，其距离不应超过100m，以保证观测的精度。水准基点应布设在受振区域以外的安全地点，以防止突到振动的影响。离开公路、铁路、地下管道和滑坡至少5m。避免埋设在低洼易积水处及松软土地带。防止水准基点受到冻胀的影响，水准点的埋设深度至少要在冰冻线下0.5m。一般设置在稳定的永久性建筑物墙体或基础上。

在一般情况下，可以利用工程施工时使用的水准点作为沉降观测的水准基点。如果由于施工场地的水准点离建筑物较远或条件不好，为了便于进行沉降观测和提高精度，可在建筑物附近埋设水准基点。基准点不应少于3个，距建筑物距离应大于建筑物基础宽度的3倍，可选用深埋钢筋水准基点标石或混凝土基本水准标石。标石埋设后，应达到稳定后方可开始观测，一般不少于15d。

（2）沉降观测点的设置

① 沉降观测点的选点要求

在进行沉降观测的建筑物上应埋设沉降观测点。沉降观测点的位置和数量取决于基础的构造、荷重以及地质情况，应能全面反映建筑物的沉降情况。沉降观测点应布设在最有代表性的地点，本身应牢固稳定，且能长期保存。对于电视塔、烟囱等高耸建筑，其沉降观测的观测点应布设在沿周边与基础轴线相交的对称位置上，点数不少于4个。

② 沉降观测点的形式与埋设

沉降观测点的标志，可根据不同的建筑结构类型和建筑材料采用墙（柱）标志、基础标志和隐蔽式标志（用于宾馆等高级建筑物）等形式。各类标志的立尺部位应加工成半球形或有明显的突出点，并涂上防腐剂。

标志的埋设位置应避开雨水管、窗台线、暖气片、暖水管、电气开关等有碍设标与观测的障碍物，并应考虑立尺需要离开墙（柱）面和地面一定距离。

③ 沉降观测周期的确定

建筑物施工阶段的沉降观测应随施工进度及时进行。一般建筑，可在基础完工后或地下室砌完后开始观测，大型、高层建筑可在基础垫层或基础底部完成后开始观测。对于深基础建筑或高层、超高层建筑，沉降观测应从基础施工时开始。沉降观测次数与间隔时间应视地基与加载情况而定：民用建筑可每加高 1～2 层观测一次；工业建筑可按不同施工阶段（如回填基坑、安装柱子和屋架、砌筑墙体、设备安装等）分别进行观测；如建筑物均匀增高，应至少在增加荷载的 25％、50％、75％，和 100％时各测一次。施工过程中如暂时停工，在停工时、重新开工时应各观测一次；停工期间，可每隔 2～3 月观测一次。

建筑物的使用阶段的沉降观测次数应视地基土质类型和沉降速度大小而定。除有特殊要求者外，一般情况下，要在第一年观测 3～4 次，第二年观测 2～3 次，第三年后每年 1 次，直至稳定为止。

在观测过程中，如有基础附近地面荷载突然增减、基础四周大量积水、长时间降雨等情况应及时增加观测次数。当建筑物突然发生大量沉降、不均匀沉降或严重裂缝时，应立即进行几天一次或逐日或一天几次的连续观测。

④ 建筑物沉降观测外业实施

a. 确定沉降观测路线并绘制观测路线图

在进行沉降观测时，因施工或生产的影响，通视常遇到困难，从而在为寻找设置仪器的适当位置方面花费不少时间。因此对观测点较多的建筑物、构筑物进行沉降观测前，应到现场进行规划，确定安置仪器的位置，选定若干较稳定的沉降观测点或其他固定点作为临时水准点（转点），并与永久水准点组成环路。

对于一般精度要求的沉降观测，要求仪器的望远镜放大率不得小于 24 倍，气泡灵敏度不得大于 15mm（有符合水准器的可放宽一倍），可以采用适合四等水准测量的水准仪。但精度要求较高的沉降观测，应采用相当于 S1 或 S0、5 级的精密水准仪。高层建筑的沉降观测所用的仪器要求较高，一般都采用二等水准测量的精密水准仪和因瓦水准尺。

b. 确定观测的时间和次数

沉降观测的时间和次数，应根据建筑物的基础构造、工程进度、地基土质情况等决定。

c. 沉降观测的工作方式

作为建筑物沉降观测的水准点一定要有足够的稳定性，水准点必须设置在受压、受振的范围以外。同时，水准点与观测点相距不能太近，但水准点和观测点相距太远会影响精度。为了解决这个矛盾，沉降观测一般采用分级观测方式。将沉降观测的布点分为三级：水准基点、工作基点和沉降观测点。而将沉降观测分两级进行：水准基点—工作基点；工作基点—沉降观测点。

工作基点相当于临时水准点，其点位也应为求坚固稳定。应定期由水准基点复测工作基点，由工作基点观测沉降点。

如果建筑物施工场地不大，则可不必分级观测，但水准点应至少布设三个，并选择其中最稳定的一个点作为水准基点。

d. 沉降观测数据处理与成果整理

每周期观测后，应及时对观测数据进行处理：计算观测点的沉降量、沉降差以及本周期平均沉降量和沉降速度。沉降观测资料整理的主要内容有校核各项原始记录，检查各次沉降观测值的计算是否正确，对各种变形值按时间逐点填写观测数值表，绘制变形过程线、建筑变形分析图等。

e. 原始资料整理

每次观测结束后，应检查数据的记录和计算是否正确，发现问题应及时纠正。计算各观测点的高程，列入观测成果表中。

f. 计算沉降量

对各沉降观测点，通过观测计算此次沉降量和累积沉降量，并将观测及荷载情况记入观测表中（表11-2）。

g. 绘制沉降曲线

以沉降量 $s$ 为纵轴，时间 $t$ 为横轴，根据每次观测日期及每次沉降量按比例画出各点位置，然后将各点连接起来，并在曲线一端注明观测点号码，便得到建筑物沉降（$s$）-时间（$t$）的关系曲线。以荷重 $P$ 为纵轴，时间 $t$ 为横轴，根据每次观测日期及每次荷重按比例画出各点位置，然后将各点连接起来，便得到荷重（$P$）-时间（$t$）的关系曲线。将两种关系曲线画在同一图上，如图11-19所示，以便更清楚地表明每个观测点在一定时间内所受到的荷重及沉降量。

沉降观测成果表　　　　　　　　　　　　　　　　　　　　表 11-2

| 观测次数 | 观测日期（年、月、日） | 各观测点沉降情况 | | | | | | 工程施工进展情况 | 荷载情况（kN/m²） |
|---|---|---|---|---|---|---|---|---|---|
| | | CJ1 | | | CJ2 | | | | |
| | | 高程（m） | 本次下沉（mm） | 累计下沉（mm） | 高程（m） | 本次下沉（mm） | 累计下沉（mm） | | |
| 1 | 2003年9月5日 | 40.134 | | | 40.132 | | | 安装底层楼板 | 4.5 |
| 2 | 2003年10月5日 | 40.124 | −10 | −10 | 40.117 | −15 | −15 | 安装二层楼板 | 8.0 |
| 3 | 2003年11月3日 | 40.114 | −10 | −20 | 40.103 | −14 | −29 | 安装三层楼板 | 11.5 |
| 4 | 2003年12月4日 | 40.106 | −8 | −28 | 40.091 | −12 | −41 | 安装四层楼板 | 15.0 |
| 5 | 2004年1月6日 | 40.100 | −6 | −34 | 40.080 | −11 | −52 | 安装屋面板 | 19.0 |
| 6 | 2004年4月5日 | 40.097 | −3 | −37 | 40.074 | −6 | −58 | 竣工 | 19.5 |
| 7 | 2004年7月3日 | 40.096 | −1 | −38 | 40.070 | −4 | −62 | 使用 | 20.0 |
| 8 | 2005年1月5日 | 40.094 | −2 | −40 | 40.068 | −2 | −64 | | |
| 9 | 2005年7月6日 | 40.093 | −1 | −41 | 40.066 | −2 | −66 | | |
| 10 | 2006年7月5日 | 40.093 | −0 | −40 | 40.065 | −1 | −67 | | |
| 备注 | | | | | | | | | |

注：备注栏应说明水准基点号码及高程、点位草图、基础地面土壤等相关信息。

h. 提交成果资料

沉降观测工作结束后，应提交下列成果：①沉降观测成果表；②沉降观测点位分布图及各周期沉降展开图；③以 $v$-$t$-$s$（沉降速度、时间、沉降量）曲线图；④$p$-$t$-$s$（荷载、时间、沉降量）曲线图（视需要提交），如图11-21所示；⑤建筑物等沉降曲线图（如观测点数量较少可不提交）；⑥沉降观测分析报告。

**2. 建筑物倾斜观测**

用测量仪器来测定建筑物的基础和主体结构倾斜变化的工作，称为倾斜观测。一般建筑物主体的倾斜观测，应测定建筑物顶部观测点相对于底部观测点的偏移值。建筑物产生倾斜的原因主要有：地基承载力不均匀；建筑物体形复杂，形成不同载荷；施工未达到设

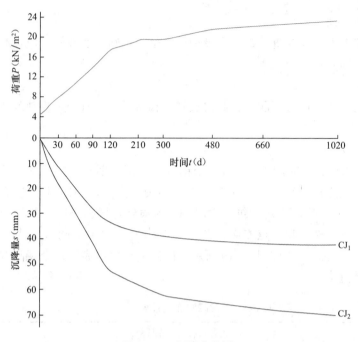

图 11-21　沉降曲线图

计要求，承载力不够；受外力作用结果等。一般用水准仪、经纬仪或其他专用仪器来测量建筑物的倾斜度。

（1）倾斜观测的方法

根据倾斜观测原理，利用仪器测量出建筑物顶部或底部的倾斜位移值 $\Delta s$，再计算出建筑物的倾斜度，即

$$i = \frac{\Delta s}{H} \tag{11-7}$$

式中，$i$ 为建筑物倾斜度；$H$ 为建筑物高度。

由式（11-7）可知倾斜测量主要是测定建筑物主体的偏移值 $\Delta s$，具体有如下几种方法。

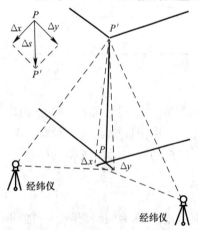

图 11-22　经纬仪投点法倾斜观测

1）经纬仪观测法

利用经纬仪在两个互相垂直的方向上进行交会投点，将建筑物向外倾斜的一个上部角点投影至平地，直接量取其与下部角点的倾斜位移值分量 $\Delta x$、$\Delta y$，则倾斜位移值 $\Delta s = \sqrt{\Delta x^2 + \Delta y^2}$，如图 11-22 所示。

2）铅垂观测法

当利用建筑物或构件的顶部与底部之间一定竖向通视条件进行观测时，宜选用铅垂观测方法。其又分为吊垂球法，正、倒垂线法，激光铅直仪观测法，激光位移计自动测记法等。

① 吊垂球法

吊垂球法是测量建筑物上部倾斜的最简单方法，适

合于内部有垂直通道的建筑物。在顶部或需要高度处的位置上，直接或支出一点悬挂适当重量的垂球，在垂线下的底部固定读数设备（如毫米格网读数板），直接读取或量出上部观测点相对底部观测点的倾斜位移值和位移方向，再计算倾斜度 $i$。

② 正、倒垂线法

垂线宜选用直径 0.6～1.2mm 的不锈钢丝或因瓦合金丝，并采用无缝钢管保护。采用正垂线法时，垂线上端可锚固在通道顶部或在所需高度处设置的支点上。采用倒垂线法时，垂线下端可固定在锚块上，上端设浮筒。用来稳定重锤和浮子的油箱中应装有阻尼液。观测时，由观测墩上安置的坐标仪、光学垂线仪、电感式垂线仪等量测设备，按一定周期测出各测点的水平位移量。

③ 激光铅直仪观测法

在顶部适当位置安置接收靶，在其垂线下的地面或地板上安置激光铅直仪或激光经纬仪，按一定周期观测，在接收靶上直接读取或量出顶部的水平位移量和位移方向，计算倾斜度 $i$。作业中仪器应严格置平、对中，应旋转 $180°$ 观测两次取其中数。对超高层建筑，当仪器设在楼体内部时，应考虑大气湍流影响。

④ 激光位移计自动测记法

用该法观测时，位移计安置在建筑物底层或地下室地板上，接收装置可设声顶层或需要观测的楼层，激光通道可利用楼梯间梯井，测试室宜选在靠近顶部的楼层内。当位移计发射激光时，从测试室的光线示波器上可直接获取位移图像及有关参数，并自动记录成果。

（2）倾斜观测的实施

1）测站点和观测点的布设

当从建筑物外部观测时，测站点或工作基点的点位应选在与照准目标中心连线呈接近正交或呈等分角的方向线上、距照准目标 1.5～2 倍目标高度的固定位置处。当利用建筑物内竖向通道观测时，可将通道底部中心点作为测站点。

按纵横轴线或前方交会布设的测站点，每点应选设 1～2 个定向点；基线端点的选设应顾及其测距或丈量的要求。按方向线水平角法布设的测站点，应设置好定向点。

观测点应沿对应测站点的某主体竖直线，对整体倾斜按顶部、底部对应布设，对分层倾斜按分层部位、底部上下对应布设。

2）倾斜观测点位的标志设置

建筑物顶部和墙体上的观测点标志，可采用埋入式照准标志形式；有特殊要求时，应专门设计。

不便埋设标志的塔形、圆形建筑物以及竖直构件，可以以照准视线所切同高边缘认定的位置或用高度角控制的位置作为观测点位。

位于地面的测站点和定向点，可根据不同的观测要求，采角带有强制对中设备的观测墩或混凝土标石。

对于一次性倾斜观测项目，观测点标志可来用标记形式或直接利用符合位置与照准要求的建筑物特征部位；测站点可采用小标石或临时性标志。

3）观测周期的确定

主体倾斜观测的周期，可视倾斜速度每 1～3 个月观测一次。当基础附近因大量堆载或卸载、场地降雨长期积水等而导致倾斜速度加快时，应及时增加观测次数。

施工期间的观测周期应符合下列规定：

① 普通建筑可在基础完工后或地下室砌完后开始观测，大型、高层建筑可在基础垫层或基础底部完成后开始观测。

观测次数与间隔时应视地基与加荷情况而定。民用高层建筑可每加高 1～5 层观测一次，工业建筑可按回填基坑、安装柱子和屋架、砌筑墙体、设备安装等不同施工阶段分别进行观测。若建筑施工均匀增高，至少在增加荷载的 25％、50％、75％和 100％时各测一次。

② 施工过程中若暂停工，在停工时及重新开工时应各观测一次。停工期间可每隔 2～3 个月观测一次。倾斜观测应避开强日照和风荷载影响大的时间段。

4）成果提交

倾斜观测工作结束后，应提交下列成果：①倾斜观测点布置图；②倾斜观测成果表；③主体倾斜曲线图；④观测成果分析资料。

**3. 建筑物的裂缝观测**

裂缝观测是测定建筑物上的裂缝分布位置，裂缝的走向、长度、宽度及其变化程度。观测的裂缝数量应视需要而定，对主要的或变化大的裂缝应进行观测。

（1）裂缝观测点的布设和观测标志

发现建筑物有裂缝，除了要增加沉降观测的次数外，还应立即进行裂缝变化的观测。为了观测裂缝的发展情况，首先要对需要观测的裂缝进行统一编号，并在裂缝处设置观测标志。每条裂缝至少应布设两组观测标志：一组在裂缝最宽处，另一组在裂缝末端。每组标志由裂缝两侧各一个标志组成。

裂缝观测标志应具有可供量测的明晰端或中心。观测期较长时，可采用镶嵌式或埋入墙面的金属标志、金属杆标志或楔形板标志；观测期较短或要求不高时，可采用油漆平行线标志或用建筑胶粘贴的金属片标志；要求较高、需要测出裂缝纵横向变化值时，可采用坐标方格网板标志；使用专用仪器设备观测的标志，可按具体要求另行设计。

设置标志的基本要求是，当裂缝开展时标志能相应地开裂或变化，以正确地反映建筑物裂缝的发展情况。

1）石膏板标志。

用厚 10mm、宽约 50～80mm 的石膏板（长度视裂缝大小而定），在裂缝两边固定牢固。当裂缝继续发展时，石膏板也随之开裂，从而观察裂缝继续发展的情况。

2）白铁片标志。

如图 11-23 所示，用两块白铁片，一片取 150mm×150mm 的正方形，固定在裂缝的一侧，并使其一边和裂缝的边缘对齐。另一片为 50mm×200mm 的长条形，固定在裂缝的另一侧，并使其中一部分紧贴相邻的正方形白铁片。当两块白铁片固定好以后，其表面均涂上红色油漆。如果裂缝继续发展，两白铁片将逐渐拉开，露出正方形白铁上原被覆盖没有涂油漆的部分，其宽度即为裂缝加大的宽度，可用尺子量出。

3）金属棒标志。

如图 11-24 为所示，在裂缝两边凿孔，将长约 10cm、直径 10mm 以上的钢筋头插入（在两钢筋头埋设前，应先把钢筋一端锉平，在上面刻画十字线或中心点，作为量取其间距的依据），并使其露出墙外约 2cm 左右，用水泥砂浆填灌牢固。待水泥砂浆凝固后，量出两金属棒之间的距离，并记录下来。以后如裂缝继续发展，金属棒的间距也就不断加大，定期测量两棒的间距并进行比较，即可掌握裂缝开展情况。

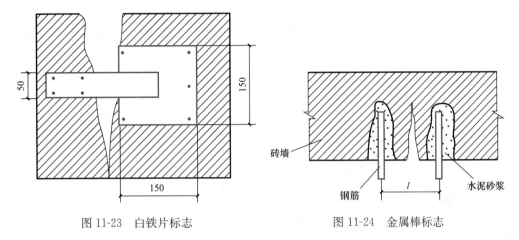

图 11-23　白铁片标志　　　　　图 11-24　金属棒标志

（2）裂缝观测的方法

对于数量不多、易于量测的裂缝，可视标志形式不同，用比例尺、小钢尺或游标卡尺等工具定期量出标志间距离，以求得裂缝变位值，或用方格网板定期读取坐标差以计算裂缝变化值；对于较大面积且不便于人工量测的众多裂缝宜采用近景摄影测量方法；当需连续监测裂缝变化时，还可采用裂缝计或传感器自动测记方法观测。

裂缝观测中，裂缝宽度数据应量取至 0.1mm，每次观测应绘出裂缝的位置、形态和尺寸，注明日期，附必要的照片资料。

（3）裂缝观测的周期

裂缝观测的周期应视裂缝变化速度而定。通常情况下，开始时可半月测一次，以后一月左右测一次。当发现裂缝加大时，应增加观测次数，可以几天一次或每天一次连续观测。

（4）提交成果

观测工作结束后，应提交下列成果：裂缝分布位置图；裂缝观测成果表；观测成果分析说明资料。当同时观测建筑物裂缝和基础沉降时，可选择典型剖面绘制两者的曲线关系。

**4. 建筑物的挠度观测**

所谓挠度，是指建（构）筑物或其构件在水平方向或竖直方向上的弯曲值。例如桥的梁部在中间会产生向下弯曲，高耸建筑物会产生侧向弯曲。测定建筑物构件受力后产生弯曲变形的工作称为挠度观测。

挠度是通过测量观测点的沉降量来计算的。如图 11-25 所示，对水平放置的梁进行挠度观测，首先需要在梁的两端及中部设置 3 个变形观测点 $A$、$B$ 及 $C$，定期对这 3 个 4 进行沉降观测，根据式（11-8）计算各期相对于首期的挠度值：

$$F_e = (S_C - S_B) - \frac{L_A}{L_A + L_B}(S_B - S_A)$$

（11-8）

式中　$L_A$，$L_B$——观测点间的距离；
　　　$S_A$，$S_B$，$S_C$——观测点的沉降量。

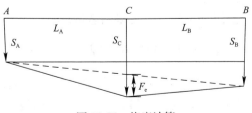

图 11-25　挠度计算

对于直立的构件，至少要设上、中、下三个位移观测点进行位移观测，利用三点的位移量可算出挠度。

对高层建筑物的主体挠度观测，可采用垂线法，测出各点相对于铅垂线的偏离值，利用多点观测值可以画出构件的挠度曲线。

### 11.3.3 位移监测的主要内容与要求

建筑物水平位移观测包括位于特殊土质地区的建筑物地基基础水平位移观测，受高层建筑基础施工影响的建筑物及工程设施水平位移观测，以及挡土墙、大面积堆载等工程中所需的地基土深层侧向位移观测等，应测定在规定平面位置上随时间变化的位移量和位移速度。根据场地条件，可采用基准线法、全站仪坐标法等测量水平位移。

**1. 基准线法**

基准线法的原理是在与水平位移垂直的方向上建立一个固定不变的铅垂面，测定各观测点相对该铅垂面的距离变化，从而求得水平位移。基准线法适用于直线形建筑物。

在深基坑监测中，主要是对锁口梁的水平位移进行监测。如图 11-26 所示，在锁口梁轴线两端基坑的外侧分别设立两个稳定的工作基点 $A$ 和 $B$，两工作基点的连线即为基准线方向。锁口梁上的观测点应埋设在基准线的铅垂面上，偏离的距离应小于 2cm。观测点标志可埋设直径 16～18mm 的钢筋头，顶部锉平后，做出"＋"字标志，一般每 8～10m 设

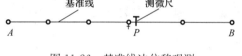

图 11-26　基准线法位移观测

置一点。观测时，将经纬仪安置于一端工作基点 $A$ 上，瞄准另一端工作基点 $B$（后视点），此视线方向即为基准线方向，通过测量观测点 $P$ 偏离视线的距离变化，即可得到水平位移。

**2. 全站仪坐标测量法**

当工程场地受环境限制，不能采用基准线法时，可用其他类似控制测量的方法测定水平位移。首先在场地上建立水平位移监测控制网，然后用控制测量的方法测出各测点的坐标，将每次测出的坐标值与前一次坐标值进行比较，即可得到水平位移在 $x$ 轴、$y$ 轴方向的位移分量（$\Delta x$，$\Delta y$），则水平位移量为 $\Delta s = \sqrt{\Delta x^2 + \Delta y^2}$，位移的方向根据 $\Delta x$、$\Delta y$ 求出的坐标方位角来确定。$x$ 轴、$y$ 轴最好与建筑物轴线垂直或平行，这样便于以 $\Delta x$、$\Delta y$ 来判定位移方向。

**3. GPS 与三维激光扫描**

当需要动态监测建筑物的水平位移时，可用 GPS 卫星定位测量的方法来观测点位坐标的变化情况，从而求出水平位移。还可用三维激光扫描测量仪对建筑物进行全方位扫描，以获得建筑物的空间位置分布情况，并生成三维景观图。将不同时刻的建筑物三维景观图进行对比，即可得到建筑物全息变形值。

### 11.3.4 变形观测成果数据的处理

每次变形观测结束后，均应及时进行测量资料的整理，保证各项资料完整性。整个项目完成后，应对资料分类合并，整理装订。自动记录器记录的数据应注意观测时间和变形点号等的正确性。

为了保证变形测量成果的质量和可靠性，有关观测记录、计算资料和技术成果必须有有关责任人签字，并加盖成果章。这里的技术成果包括阶段性成果和综合成果。

建筑变形测量周期一般较长，很多情况下需要向委托方提交阶段性成果。变形测量任务全部完成后，或委托方需要时，则应提交综合成果。需要说明的是，变形测量过程中提交的阶段性成果实际上是综合成果的重要组成部分，必须切实保证阶段性成果的质量以及与综合成果之间的一致性。

建筑变形测量的各项记录、计算资料以及阶段性成果和综合成果应按照档案管理的规定及时进行完整的归档。

建筑变形测量手段和处理方法的自动化程度正在不断提高。在条件允许的情况下，建立变形测量数据处理和信息管理系统，实现变形观测、记录、处理、分析和管理的一体化，方便资源共享，是非常必要的。

建筑变形测量成果资料的正确无误，要依靠完善的质量保证体系来实现，两级检查、一级验收制度是多年来形成的行之有效的质量保证制度，检查验收人员应具备建筑变形测量的有关知识和经验，具有必要的数据处理分析能力。需要特别强调的是，变形测量的阶段性成果和综合成果一样重要，都需要经过严格的检查验收才能提交给委托方。

质量检查验收主要依据项目委托书、合同书及技术设计书等进行，因一般建筑变形测量周期较长，且对成果的时效性要求高，观测条件变化不可预计，对于成果的录用标准可能发生变化，所以对在作业中形成的文字记录可能变成成果录用的标准，从而成为检查验收的依据。

变形测量时效性决定了测量过程的不可完全重复性的特点，因此，应保证现场检验的及时性和正确性，后续检查验收的时间要缩短。当质量检查不合格时，反馈渠道要畅通，应在分析造成不合格的原因后，立即进行必要的现场复测和纠正。纠正后的成果应重新进行质量检查验收。

# 第 12 章 划分施工区段、确定施工顺序

## 12.1 划分施工区段

### 12.1.1 施工区段及其划分原则

**1. 施工区段**

施工区段是指工程对象在组织流水施工中划分的施工区域，包括施工段和施工层。一般把平面上划分的若干个劳动量大致相等的施工区段称为施工段，用符号 $m$ 表示。把建筑物垂直方向划分的施工区段称为施工层，用符号 $r$ 表示。

**2. 划分施工区段的目的**

划分施工区段的目的是为组织流水施工提供足够的空间，有利于各专业队在各施工段组织流水施工，充分利用工作面，避免窝工，有利于缩短工期。划分施工段与增加专业队无直接关系。

**3. 划分施工段的基本原则**

（1）施工段数量要合理；

（2）同一施工过程在各流水段上的劳动量或工程量大致相等（其相差幅度不宜超过 15%）；

（3）要有足够的工作面；

（4）要有利于结构的整体性；

（5）以主导施工过程为依据进行划分；

（6）当组织流水施工的工程对象有层间关系，分层分段施工时，应使各施工段能连续施工。

对于多层建筑，不仅在平面上划分施工区段，还在垂直方向划分施工区段。为形成流水施工，分层又分段时，每层施工段数应大于施工过程数。如果施工区段划分过少，将不利于充分利用工作面。

### 12.1.2 多层混合结构工程施工区段划分

划分施工流水段就是把一个体态庞大的"单件产品"划分成具有若干个施工段、施工层的"批量产品"，使其满足流水施工的基本条件。正确合理地划分施工流水段是组织流水施工的关键。

多层混合结构房屋的主要缺点是抗震性能差，因此一般在 6 层以下。多层混合结构工程应根据单位工程的规模、平面形状及施工条件等因素，来分析考虑各分部工程流水段的划分。按房屋单元来划分施工区段，是多层混合结构住宅楼施工组织过程中常常用到的方法。

多层混合结构工程施工流水段划分依据包括伸缩缝、沉降缝、单元分界、门窗洞口处，一般不设置在转角处。施工段的分界同施工对象的结构界限尽量一致，要有足够的工作面，各施工段上所消耗的劳动量尽量相近。

基础工程一般按 2～4 个单元为一段，这样工作面比较合适。

主体工程空间上可以按结构层划或一定高度划分施工层。砖墙砌筑工作段的划分位置，宜设在变形缝、构造柱、门窗洞口等处，不宜在墙转角、交接处。

屋面工程一般不划分施工段，若有高低层、伸缩缝，则应在高低层或伸缩缝处划分流水段。

外装饰工程，以每层楼为一个或两个流水段划分，也可以按单元或墙面为界划分流水段。

水电工程一般以垂直单元为一个流水段划分。对于规模小且属于群体建筑中的一个单位工程，则可以组织幢号流水，一幢为一个流水段。

## 12.2　确定施工顺序

### 12.2.1　施工顺序及其确定原则和要求

施工顺序是指一个建设项目（包括生产、生活、主体、配套、庭园、绿化、道路以及各种管道等）或单位工程，在施工过程中应遵循的施工次序。确定合理的施工顺序是选择施工方案首先应考虑的问题。工程项目施工组织设计中，一般将施工顺序的安排写入施工部署和施工方案部分。

在实际工程施工中，施工顺序可以有多种。建筑物在建造过程中各分部分项工程之间存在一定的工艺顺序关系，它随建筑物结构和构造的不同而变化。不仅不同类型建筑物的建造过程有着不同的施工顺序，在同一类型的建筑工程中，甚至同一幢房屋的施工，也会有不同的施工顺序。

**1. 确定施工顺序应遵循的基本原则**

（1）先地下，后地上

先地下，后地上指的是首先完成管道、管线等地下设施、土方工程和基础工程，然后开始地上工程施工；对于地下工程也应按先深后浅的顺序进行，以免造成施工返工或对上部工程的干扰，使施工不便，影响质量，造成浪费。

（2）先主体，后维护

先主体，后维护指的是框架结构建筑和装配式单层工业厂房施工中，先上主体结构，后上围护工程。同时框架结构和围护工程在总的施工顺序上要合理搭接，一般来说，多层建筑以少搭接为宜，而高层建筑则应尽量搭接施工，以缩短施工工期；而装配式单层工业厂房主体结构与围护工程一般不搭接。

（3）先结构，后装修

一般情况而言，先结构，后装修指的是先施工结构部分，后施工装修部分。有时为了缩短施工工期，也可以部分合理搭接。

（4）先土建，后设备

先土建，后设备指的是不论是民用建筑还是工业建筑，一般来说，土建施工应先于建筑设备的施工。但它们之间更多的是穿插配合关系，尤其在装修阶段，要从保证施工质量、降低施工成本的角度，处理好相互之间的关系。

以上原则并不是一成不变的，在特殊情况下，如在冬期施工之前，应尽可能地完成土建和围护工程，以利于施工中的防寒和室内作业的开展，从而达到改善工人的劳动环境、缩短工期的目的。

**2. 确定施工顺序的基本要求**

（1）必须符合施工工艺的要求

建筑物在建造过程中各分部分项工程之间存在着一定的工艺顺序关系，它随着建筑物结构和构造的不同而变化，应在分析建筑物各分部分项工程之间的工艺关系的基础上确定施工工艺。例如基础工程未做完，其上部结构就不能进行，垫层需在土方开挖后才能施工；采用混合结构时，下层的墙体砌筑完成后方能施工上层楼面；但在框架结构工程中，墙体作为围护或隔断，则可安排在框架施工全部或部分完成后进行。

（2）必须与施工方法协调一致

例如在装配式单层工业厂房施工中，如采用分件吊装法，正确的施工顺序是：吊柱→吊梁→吊各节点间的屋架→屋面板；如采用综合吊装法，则施工顺序为一个节间全部构件吊完后，再依次吊装下一个节间，直至构件吊完。

（3）必须考虑施工组织的要求

例如有地下室的高层建筑，其地下室地面工程可以安排在地下室顶板施工前进行，也可以安排在地下室顶板施工后进行。从施工组织方面考虑，前者较为方便，上部空间宽敞，可以利用吊装机械直接将地面施工用的材料吊到地下室。而后者，地面材料运输和施工就比较困难。

（4）必须考虑施工质量的要求

在安排施工顺序时，要以保证和提高工程质量为前提，影响工程质量时，要重新安排施工顺序或采取必要的技术措施。例如屋面防水层施工，必须等找平层干燥后才能进行，否则将影响防水工程的质量，特别是柔性防水层的施工。

（5）必须考虑当地气候条件

例如在冬期和雨期施工到来之前，应尽量先做基础工程、室外工程、门窗玻璃工程，为地上和室内工程施工创造条件。这样有利于改善工人的劳动环境，有利于保证工程质量。

（6）必须考虑安全施工的要求

在立体交叉、平行搭接施工时，一定要注意安全问题。例如在主体结构施工时，水、暖、煤、卫、电的安装与构件、模板、钢筋等的吊装和安装不能在同一个工作面上，必要时采取一定的安全保护措施。

## 12.2.2　多层混合结构工程施工顺序确定

**1. 总体施工顺序**

多层混合结构房屋可行的总体施工顺序为基础工程→主体工程→屋面及装修工程。

**2. 基础工程施工顺序**

建筑物基础部分施工时，一般先平整场地，再按照放线、开挖土方、验槽、垫层、基础的顺序施工，然后验收基础并回填。

（1）多层混合结构房屋基础工程可行的施工顺序是挖土方→垫层→基础→回填土。

（2）多层混合结构工程地下室施工可行的顺序为挖土方→地下室底板→地下室墙板、柱结构→地下室顶板→防水层及保护层→回填土。挖土方和做垫层这两道工序，施工安排要紧凑，时间间隔不宜太长，必要时可合并成一个施工过程。在施工中，可以采取集中兵力，分段流水进行施工。

（3）砖砌体基础施工流程是拌制砂浆→确定组砌方法→排砖摞底→砌筑→抹防潮层。砖基础砌筑施工时，基础深度不同，应由低往高砌筑；先砌转角和交接处，再拉线砌中间；抗震设防地区，基础墙的水平防潮层不应铺油毡；先立皮数杆再砌筑。

（4）回填土一般在基础完工后一次分层夯填完毕，以便为后续施工创造条件。

**3. 主体工程施工顺序**

多层混合结构主体工程阶段施工的主导过程是砌墙和现浇楼板。两者在各楼层中交替进行，应注意使它们在施工中保持均衡、连续、有节奏地进行。并以它们为主组织流水施工，根据每个施工段的砌墙和现浇楼板工程量、工人人数、吊装机械的效率、施工组织的安排等计算确定流水节拍大小，而其他施工过程则应配合砌墙和现浇楼板组织流水，搭接进行施工。

（1）主体结构施工顺序为：抄平放线→立皮数杆→构造柱钢筋绑扎→墙体砌筑→支构造柱支模板→构造柱浇筑混凝土→构造柱拆模→圈梁、现浇板等支模板→圈梁、现浇板等钢筋绑扎→圈梁、现浇板混凝土浇筑→现浇板拆模。

（2）设有钢筋混凝土构造柱的抗震多层砖房，应先绑扎钢筋，而后砌砖墙，最后浇筑混凝土。需在构造柱混凝土浇筑完后，才能进行上一层的施工。

构造柱最小截面尺寸 240mm×180mm，箍筋间距不宜大于 250mm。构造柱可以不单独设置基础，其应与圈梁连接，砖墙应砌成马牙槎，马牙槎沿高度方向的尺寸不超过300mm，墙与柱应沿高度方向每 500mm 设 2φ6 钢筋。

（3）砖墙的砌筑施工工艺按顺序排列是：抄平→放线→摆砖→立皮数杆→砌筑→清理。砖墙的转角处和交接处应同时砌筑，严禁无可靠措施的内外墙分砌施工。墙体的高厚比验算与墙体的稳定性、开洞及洞口大小、是否承重墙等因素有关，与承载力大小无关。承重墙体的高厚比稍有不满足要求时，最有效的措施为提高砂浆的强度等级。

**4. 屋面及装饰工程施工顺序**

（1）屋面工程施工顺序

屋面工程的施工，应根据屋面的设计要求逐层进行。屋面防水层施工时，必须等找平层干燥后才能进行，这种做法主要是考虑施工质量的要求。多层混合结构工程的屋面卷材防水层施工时，应先进行细部构造处理，然后由屋面最低标高向上铺贴。

（2）室外装修工程施工顺序

装修工程的施工可分为室外装修和室内装修两个方面的内容。其中内、外墙及楼地面的饰面是整个装修工程施工的主导施工过程。抹灰工程应遵循的施工顺序是先室外后室内，墙面抹灰的施工顺序是：基层处理→浇水湿润→抹灰饼→墙面充筋→分层抹灰→设置分格缝→保护成品。

1）室外装修工程施工顺序。室外装修工程一般采用自上而下的施工顺序，是在屋面工程全部完工后室外抹灰从顶层至底层依次逐层向下进行。其施工流向一般为水平向下。

采用这种顺序可以使房屋在主体结构完成后，有足够的沉降和收缩期，从而可以保证装修工程质量，同时便于脚手架及时拆除。

2) 室内装修工程施工顺序。室内装修整体顺序自上而下的施工顺序是指主体工程及屋面防水层完工后，室内抹灰从顶层往底层依次逐层向下进行。其施工流向又可分为水平向下和垂直向下两种，通常采用水平向下的施工流向。采用这种施工顺序可以使房屋主体结构完成后，有足够的沉降和收缩期，沉降变化趋向稳定，这样可保证屋面防水工程质量，不易产生屋面渗漏水，也能保证室内装修质量，可以减少或避免各工种操作相互交叉，便于组织施工，有利于施工安全，而且楼层清理也很方便。但不能与主体及屋面工程施工搭接，故总工期相应拖长。

(3) 室内装修时，同一楼层内顶棚、墙面与楼地面之间的施工顺序一般有楼地面→顶棚→墙面和顶棚→墙面→楼地面等几种。这两种施工顺序各有利弊。前者便于清理地面基层，楼地面质量易保证，而且便于收集墙面和顶棚的落地灰，从而节约材料，但要注意楼地面成品保护，否则后道工序不能及时进行。后者则在楼地面施工之前，必须将落地灰清理干净，否则会影响面层和结构层间的粘结，引起楼地面起壳，而且楼地面施工用水的渗漏可能影响下层墙面、顶棚的施工质量。底层地面通常在最后进行。

(4) 楼梯间和楼梯踏步，由于在施工期间易受损坏，为了保证装修工程质量，楼梯间和踏步装修往往安排在整个室内其他装修完工之后，自上而下统一进行。门窗的安装可在抹灰之前或之后进行。主要视气候和施工条件而定，但通常是安排在抹灰之后进行的。而油漆和安装玻璃次序是应先油漆门窗扇，后安装玻璃，以免油漆时弄脏玻璃，塑钢及铝合金门窗不受此限制。

在装修工程阶段，还需考虑室内、外装修的先后顺序，这与施工条件和天气变化有关。通常有先内后外、先外后内、内外同时进行这三个施工顺序。当室内有水磨石楼面时，应先做水磨石楼面，再做室内装修，以免施工时渗漏水影响室外装修质量；当采用单排脚手架砌墙时，由于留有脚手眼需要填补，应先做室外装修，拆除脚手架，同时填补脚手眼，再做室内装修；当装饰工人较少时，则不宜采用内外同时施工的装修施工顺序。一般说来，采用先外后内的施工顺序较为有利。

### 12.2.3　框架结构工程施工顺序确定

框架结构工程施工也可分为基础工程、主体工程、屋面及装修工程三个阶段。它在主体工程施工时与多层混合结构房屋有所区别，即框架柱、梁、板交替进行，也可采用框架柱、梁、板同时进行，墙体工程则与框架柱、梁、板搭接施工。其他工程的施工顺序与多层混合结构工程施工相同。

#### 1. 基础工程的施工顺序

当框架结构工程采用桩基础时，若采用静力压桩施工，正确的打桩顺序宜采用从中央向四周打。其施工顺序是：桩基础→土方开挖→钎探验槽→垫层→地下卷材防水→地下室底板→地下室墙、柱→地下室顶板、墙体防水卷材、保护墙→回填土。

基坑（槽）开挖时，当挖到设计标高（基底）以上应预留 15～30cm 的土层，待下道工序开始时再行挖去。回填土一般在基础工程完工后一次性分层、对称夯填，以避免基础浸泡和为后道工序创造条件。当回填土工程量较大且工期较紧时，也可将回填土分段与主体结构搭接进行，室内回填土可安排在室内装修前进行。

**2. 主体结构工程的施工顺序**

框架结构主体工程可行的施工顺序为：绑扎柱钢筋→支柱模板→支梁板模板→绑扎梁板钢筋→浇注柱、梁、板混凝土。

现浇钢筋混凝土框架柱施工时，其施工顺序是：柱钢筋绑扎→柱模板安装（包括模板支护）→柱混凝土浇筑→混凝土养护。一施工段内每排柱子的浇筑顺序为由外向内对称地顺序浇筑。

现浇梁板施工顺序是：铺设梁底模板→梁钢筋绑扎→支梁侧模板并加固→铺设顶板模板→铺设顶板钢筋→浇筑梁板混凝土→混凝土养护。

（1）模板工程施工

钢筋混凝土工程模板施工时，混凝土浇筑前模板内的杂物应清理干净。对跨度不小于4m的现浇钢筋混凝土梁、板，其底部模板应按设计要求起拱；当设计无具体要求时，应按梁跨长度的1/1000～3/1000起拱。梁柱节点的模板宜在钢筋安装后安装，混凝土后浇带处的模板及支架需独立设置。框架结构工程模板的拆除一般按先支后拆、后支先拆，先拆非承重部分，后拆除承重部分的拆模顺序进行。

（2）钢筋工程施工

框架结构中，板、次梁与主梁交叉处钢筋的顺序是：板的在上，次梁的居中，主梁的在下。当采用后张法预应力（无粘结）钢筋时，应先张拉楼板、后张拉楼面梁。张拉板中的无粘结预应力可依次张拉，梁中的无粘结筋可对称张拉。当曲面无粘结预应力筋长度超过35m，宜采用两端张拉。当长度超过70m时，宜采用分段张拉。

（3）混凝土工程施工

1）泵送混凝土搅拌时，应按规定顺序进行投料，并且粉煤灰宜与水泥同步，外加剂的添加宜滞后于水和水泥。混凝土搅拌时，一次投料法的装料顺序是：石子→水泥→砂→水。

2）浇筑竖向结构混凝土前，应先在底部填以50～100mm厚与混凝土成分相同的水泥砂浆。

3）在浇筑与柱和墙连成整体的梁和板时，应在柱和墙浇筑完毕后停歇1～1.5h，再继续浇筑。梁和板宜同时浇筑混凝土，单向板宜沿着板的长边方向浇筑，有主次梁的楼板宜顺着次梁方向浇筑。高度大于1m时的梁可单独浇筑混凝土。

4）混凝土施工缝宜留置在结构受剪力比较小且便于施工的部位，柱的施工缝留设位置宜在基础的顶面、吊车梁的上面、无梁楼盖柱帽的下面；单向板应留置在平行于板的短边的任何位置；有主次梁的楼板，施工缝应留置在次梁跨中的1/3范围内；墙上留置在门洞口过梁跨中1/3范围内，也可留在纵横墙的交接处。

5）对已浇筑完毕的混凝土，应在混凝土终凝前（通常为混凝土浇筑完毕后8～12h内），开始进行自然养护。

## 12.2.4　钢结构工程施工顺序确定

**1. 钢结构构件生产工艺流程**

钢结构构件生产工艺流程为：放样→号料→切割下料→平直矫正→边缘及端部加工→

滚圆→煨弯→制孔→钢结构组装→焊接→摩擦面的处理→涂装。

放样是根据钢结构施工详图或构件加工图，以1：1的比例把产品或零部件的实形画在放样台上，核对图纸的安装尺寸和孔距，根据实样制作样板和样杆，作为号料、切割和制孔的依据。

检查核对钢结构材料，在材料上划出切割、铣、刨、制孔等加工位置，打冲孔，标出零件编号等的操作称为号料。

**2. 钢结构构件安装工艺流程**

（1）安装方法

多层及高层钢结构吊装，在分片区的基础上，多采用综合吊装法。具体吊装程序是：平面从中间或某一对称节间开始，垂直方向由下至上组成稳定结构，同节柱范围内的横向构件，通常由上向下逐层安装。高层钢结构吊装采取对称安装、对称固定的工艺，有利于将安装误差积累和节点焊接变形降低到最小。

（2）安装工艺

在钢结构工程的柱子安装时，每节柱的定位轴线应从地面控制轴线直接引上。吊装前首先确定构件吊点位置，确定绑扎方法，吊装时做好防护措施。钢柱起吊后，当柱脚距地脚螺栓约30～40cm时扶正，使柱脚的安装孔对准螺栓，缓慢落钩就位。经过初校待垂直偏差在20mm内，拧紧螺栓，临时固定即可脱钩。

钢梁吊装在柱子复核完成后进行，钢梁吊装时采用两点对称绑扎起吊就位安装。钢梁起吊后距柱基准面100mm时徐徐就位，待钢梁吊装就位后进行对接调整校正，然后固定连接。钢梁吊装时随吊随用经纬仪校正，有偏差随时纠正。钢结构工程斜梁的安装顺序是：先从靠近山墙的有柱间支撑的两榀钢架开始，刚架安装完毕后将其间的檩条、支撑、隅撑等全部装好，并检查其垂直度。然后以这两榀刚架为起点，向建筑物另一端顺序安装。钢结构厂房吊车梁的安装应先从有柱间支撑的跨间。

钢结构工程压型板工序流程有：搭设支顶板、压型板安装焊接、堵头板和封边板安装、压型板锁口、栓钉焊等。

（3）螺栓连接

钢构件的连接接头，应经检查合格后方可紧固。

钢结构工程采用普通螺栓连接紧固时，紧固次序是从中间开始，对称向两边进行。

高强度螺栓的安装应按一定顺序施拧，同一连接面上的螺栓应由接缝中部向两端进行紧固，工字形构件顺序是上翼缘→下翼缘→腹板。当天安装的高强度螺栓应于当天终拧完毕，外露丝扣不少于2扣。施工前，高强度大六角头螺栓连接副应按出厂批号复验扭矩系数，其平均值和标准偏差应符合现行行业标准《钢结构高强度螺栓连接技术规程》JGJ 82的规定；扭剪型高强度螺栓连接副应按出厂批号复验预拉力，其平均和变异系数应符合国家现行标准《钢结构高强度螺栓连接的技术规程》的规定。高强度螺栓不得作为临时安装螺栓。高强度螺栓的拧紧，应分初拧和终拧。对于大型节点就分初拧、复拧和终拧。复拧扭矩应等于初拧扭矩。扭剪型高强度螺栓的终拧应采用专用扳手将尾部梅花头拧掉。

（4）涂装工程

钢结构涂装工程通常分为防腐涂料和防火涂料涂装两类。通常情况下，先进行防腐涂料涂装，后进行防火涂料涂装。

采用刷涂法进行钢结构构件防腐涂装时，施涂顺序一般为：先上后下，先难后易。

钢结构工程防腐涂层的施工流程为：基面处理→底漆涂装→中间漆涂装→面漆涂装→检查验收。

钢结构工程防火涂料的施工流程为：基面处理→调配涂料→涂装施工→检查验收。

# 第 13 章　建筑工程施工进度控制管理与资源配置

## 13.1　建筑工程施工进度计划的编制

建筑工程施工进度计划是在施工方案的基础上，根据规定工期和技术物资供应条件，遵循工程的施工顺序，用图表形式表示各分部分项工程搭接关系及工程开竣工时间的一种计划安排。施工进度计划按编制对象的不同可分为施工总进度计划、单位工程进度计划、分阶段（或专项工程）工程进度计划、分部分项工程进度计划四种。项目施工进度计划属于工程项目管理的范畴，不需考虑监理机构人员的进场计划。

### 13.1.1　施工进度计划编制的依据

**1. 施工总进度计划的编制依据**

（1）工程项目承包合同及招标投标书。

（2）工程项目全部设计施工图纸及变更洽商。

（3）工程项目所在地区位置的自然条件和技术经济条件。

（4）工程项目设计概算和预算资料、劳动定额及机械台班定额等。

（5）工程项目拟采用的主要施工方案及措施、施工顺序、流水段划分等。

（6）工程项目需用的主要资源。主要包括：劳动力状况、机具设备能力、物资供应来源条件等。

（7）建设方及上级主管部门对施工的要求。

（8）现行规范、规程和技术经济指标等有关技术规定。

**2. 单位工程进度计划的编制依据**

（1）主管部门的批示文件及建设单位的要求。

（2）施工图纸及设计单位对施工的要求。

（3）施工企业年度计划对该工程的安排和规定的有关指标。

（4）施工组织总设计或大纲对该工程的有关部门规定和安排。

（5）资源配备情况，如：施工中需要的劳动力、施工机具和设备、材料、预制构件和加工品的供应能力及来源情况。

（6）建设单位可能提供的条件和水电供应情况。

（7）施工现场条件和勘察资料。

（8）预算文件和国家及地方规范等资料。

### 13.1.2　施工进度计划的编制方法

施工总进度计划主要可采用横道图进度计划和网络计划编制，并附必要说明，宜优先采用网络计划。单位工程施工进度计划一般用横道图表示即可，对于工程规模较大、工序比较复杂的工程宜采用网络图表示，通过对各类参数的计算，找出关键线路，选择最优方案。横道图、网络图的表示方法和要求详见本书第3章。

### 13.1.3 施工进度计划的编制内容

**1. 施工总进度计划的内容**

施工总进度计划的内容应包括：编制说明，施工总进度计划表（图），分期（分批）实施工程的开、竣工日期及工期一览表，资源需要量及供应平衡表等。施工、进度计划表（图）为最主要内容，用来安排各单项工程和单位工程的计划开、竣工日期；工期、搭接关系及其实施步骤。资源需要量及供应平衡表是根据施工总进度计划表编制的保证计划，可包括劳动力、材料、预制构件和施工机械等资源的计划。编制说明的内容包括：编制的依据，假设条件，指标说明，实施重点和难点，风险估计及应对措施等。由于建设项目的规模、性质、建筑结构复杂程度和特点的不同，以及建筑施工场地条件差异和施工复杂程度的不同，其内容也不一样。

**2. 单位工程进度计划的内容**

单位工程进度计划根据工程性质、规模、繁简程度的不同，其内容和深广度要求的不同，不强求一致，但内容必须简明扼要，使其真正起到指导现场施工的作用。单位工程进度计划的内容一般应包括：

（1）工程建设概况：拟建工程的建设单位，工程名称、性质、用途、工程投资额，开竣工日期，施工合同要求，主管部门和有关部门的文件和要求以及组织施工的指导思想等。

（2）工程施工情况：拟建工程的建筑面积、层数、层高、总高、总宽、总长、平面形状和平面组合情况，基础、结构类型，室内外装修情况等。

（3）单位工程进度计划，分阶段进度计划，单位工程准备工作计划，劳动力需用量计划，主要材料、设备及加工计划，主要施工机械和机具需要量计划，主要施工方案及流水段划分，各项经济技术指标要求等。

### 13.1.4 合理施工程序和施工顺序安排的原则

施工程序和施工顺序随着施工规模、性质、设计要求、施工条件和使用功能的不同而变化，但仍有可供遵循的共同规律，在施工进度计划编制过程中，需注意如下基本原则：

（1）安排施工程序的同时，首先安排其相应的准备工作。

（2）首先进行全场性工程的施工，然后按照工程排队的顺序，逐个进行单位工程的施工。

（3）三通工程应先场外后场内，由远而近，先主干后分支，排水工程要先下游后上游。

（4）施工进度计划编制的原则是先地下后地上、先深后浅、先结构后装修。

（5）主体结构施工在前，装饰工程施工在后，随着建筑产品生产工厂化程度的提高，它们之间的先后时间间隔的长短也将发生变化。

（6）既要考虑施工组织要求的空间顺序，又要考虑施工工艺要求的工种顺序；必须在满足施工工艺要求的条件下，尽可能地利用工作面，使相邻两个工种在时间上合理且最大限度地搭接起来。

### 13.1.5　施工进度计划的编制步骤

**1. 施工总进度计划的编制步骤**

（1）根据独立交工系统的先后顺序，明确划分建设工程项目的施工阶段，按照施工部署要求，合理确定各阶段各个单项工程的开、竣工日期。

（2）分解单项工程，列出每个单项工程的单位工程和每个单位工程的分部工程。

（3）计算每个单项工程、单位工程和分部工程的工程量。

（4）确定单项工程、单位工程和分部工程的持续时间。

（5）编制初始施工总进度计划；为了使施工总进度计划清楚明了，可分级编制，例如：按单项工程编制一级计划；按各单项工程中的单位工程和分部工程编制二级计划；按单位工程的分部工程和分项工程编制三级计划；大的分部工程可编制四级计划，具体到分项工程。

（6）进行综合平衡后，绘制正式施工总进度计划图。

**2. 单位工程进度计划的编制步骤**

（1）收集编制依据；

（2）划分施工过程、施工段和施工层；

（3）确定施工顺序；

（4）计算工程量；

（5）计算劳动量或机械台班需用量；

（6）确定持续时间；

（7）绘制可行的施工进度计划图；

（8）优化并绘制正式施工进度计划图。

## 13.2　施工进度计划的控制与实施

在项目实施过程中，必须对进展过程实施动态监测，随时监控项目的进展情况，收集实际进度数据，并与进度计划进行对比分析，若出现偏差，找出原因并评估对工期的影响程度，采取有效的措施做必要调整，使项目按预定的进度目标进行，这一不断循环的过程称之为进度控制。项目进度控制的目标就是确保项目按既定工期目标实现，或在实现项目目标的前提下适当缩短工期。在施工进度计划编制准备阶段，需要确定的进度计划目标包含时间目标、时间—资源目标、时间—成本目标，安全目标不是需要确定的进度目标计划。

### 13.2.1　施工进度计划控制程序

施工进度控制是各项目标实现的重要工作，其任务是实现项目的工期或进度目标。主要分为进度的事前控制、事中控制和事后控制。

**1. 进度事前控制内容**

（1）编制项目实施总进度计划，确定工期目标。

（2）将总目标分解为分目标，制定相应细部计划，将工程项目由粗到细进行分解，是编制进度计划的前提，工作划分的粗细程度，应根据实际需要来确定。

（3）制定完成计划的相应施工方案和保障措施。

**2. 进度事中控制内容**

（1）检查工程进度，一是审核计划进度与实际进度的差异；二是审核形象进度、实物工程量与工作量指标完成情况的一致性。

（2）进行工程进度的动态管理，即分析进度差异的原因，提出调整的措施和方案，相应调整施工进度计划、资源供应计划。

**3. 进度事后控制内容**

当实际进度与计划进度发生偏差时，在分析原因的基础上应采取以下措施：

（1）制定保证总工期不突破的对策措施。

（2）制定总工期突破后的补救措施。

（3）调整相应的施工计划，并组织协调相应的配套设施和保障措施。

## 13.2.2　施工进度控制的任务和措施

**1. 施工进度控制的任务**

施工方进度控制的任务是依据施工任务委托合同对施工进度的要求控制施工工作进度，这是施工方履行合同的义务。施工方进度控制的主要环节包括：组织施工进度计划的实施、施工进度计划的检查与调整、编制施工进度计划及相关的资源需求计划。

（1）编制施工进度计划及相关的资源需求计划

施工方应视项目的特点和施工进度控制的需要，编制深度不同的控制性和直接指导项目施工的进度计划，以及按不同计划周期的计划等。为确保施工进度计划能得以实施，施工方还应编制劳动力需求计划、物资需求计划以及资金需求计划等。

（2）组织施工进度计划的实施

施工进度计划的实施指的是按进度计划的要求组织人力、物力和财力进行施工。在进度计划实施过程中，应进行以下工作：

1）跟踪检查，收集实际进度数据。

2）将实际数据与进度计划对比。

3）分析计划执行的情况。

4）对产生的进度变化与偏差，采取措施予以纠正或调整计划。

5）检查措施的落实情况。

6）进度计划的变更必须与有关单位和部门及时沟通。

（3）施工进度计划的检查与调整

1）施工进度计划检查的内容

施工进度计划的检查应按统计周期的规定定期进行，并应根据需要进行不定期的检查。施工进度计划检查后应编制进度报告。施工进度计划检查的内容包括：

① 检查工程量的完成情况。

② 检查工作时间的执行情况。

③ 检查资源使用及与进度保证的情况。

④ 前一次进度计划检查提出问题的整改情况。

2）施工进度报告

施工进度检查后应按下列内容编制进度报告：

① 进度计划的实施情况的综合描述。

② 实际工程进度与计划进度的比较。

③ 进度计划在实施过程中存在的问题及其原因分析。

④ 进度执行情况对工程质量、安全和施工成本的影响情况。

⑤ 将采取的措施。

⑥ 进度的预测。

3）施工进度计划的调整内容

施工进度计划的调整应包括：

① 工程量的调整。

② 工作（工序）起止时间的调整。

③ 工作关系的调整。

④ 资源提供条件的调整。

⑤ 必要的目标的调整。

**2. 施工进度控制的措施**

施工进度控制的措施主要包括组织措施、管理措施、经济措施和技术措施。

（1）施工方进度控制的组织措施

施工方进度控制的组织措施如下：

1）组织是目标能否实现的决定性因素，因此，为实现项目的进度目标，应充分重视建立健全项目管理的组织体系。

2）在项目组织结构中应有专门的工作部门和符合进度控制岗位资格的专人负责进度控制工作。

3）进度控制的主要工作环节包括进度目标的分析与论证、编制进度计划、定期跟踪进度计划的执行情况、采取纠偏措施，以及调整进度计划。这些工作任务和相应的管理职能应在项目管理组织设计的任务分工表和管理职能分工表中标示并落实。

4）应编制项目施工进度控制的工作流程。如：

① 定义施工进度计划系统（由多个相互关联的施工进度计划组成的系统）的组成。

② 各类进度计划的编制程序、审批程序和计划调整程序等。

5）进度控制工作包含了大量的组织和协调工作，而会议是组织和协调的重要手段，应进行有关进度控制会议的组织设计，以明确：

① 会议的类型。

② 各类会议的主持人和参加单位及人员。

③ 各类会议的召开时间。

④ 各类会议文件的整理、分发和确认等。

（2）施工方进度控制的管理措施

1）施工进度控制在管理观念方面存在的主要问题是：

① 缺乏进度计划系统的观念。往往分别编制各种独立而互不关联的计划，这样就形成不了计划系统。

② 缺乏动态控制的观念。只重视计划的编制，而不重视及时地进行计划的动态调整。

③ 缺乏进度计划多方案比较和选优的观念。合理的进度计划应体现资源的合理使用、工作面的合理安排、有利于提高建设质量、有利于文明施工和有利于合理地缩短建设周期。

2）施工方进度控制的管理措施如下：

① 施工进度控制的管理措施涉及管理的思想、管理的方法、管理的手段，承发包模式、合同管理和风险管理等。在理顺组织的前提下，科学和严谨的管理十分重要。

② 用工程网络计划的方法编制进度计划时，必须很严谨地分析和考虑工作之间的逻辑关系，通过工程网络的计算可发现关键工作和关键路线，也可知道非关键工作可使用的时差，工程网络计划的方法有利于实现进度控制的科学化。

③ 承发包模式的选择直接关系到工程实施的组织和协调。为了实现进度目标，应选择合理的合同结构，以避免过多的合同交界面而影响工程的进展。工程物资的采购模式对进度也有直接的影响，对此应作比较分析。

④ 为实现进度目标，不但应进行进度控制，还应注意分析影响工程进度的风险，并在分析的基础上采取风险管理措施，以减少进度失控的风险量。常见的影响工程进度的风险，如组织风险、管理风险、合同风险、资源（人力、物力和财力）风险和技术风险等。

⑤ 应重视信息技术（包括相应的软件、局域网、互联网以及数据处理设备等）在进度控制中的应用。虽然信息技术对进度控制而言只是一种管理手段，但它的应用有利于提高进度信息处理的效率、有利于提高进度信息的透明度、有利于促进进度信息的交流和项目各参与方的协同工作。

（3）施工方进度控制的经济措施

施工进度控制的经济措施涉及工程资金需求计划和加快施工进度的经济激励措施等。

1）为确保进度目标的实现，应编制与进度计划相适应的资源需求计划（资源进度计划），包括资金需求计划和其他资源（人力和物力资源）需求计划，以反映工程施工的各个时段所需要的资源。通过资源需求的分析，可发现所编制的进度计划实现的可能性，若资源条件不具备，则应调整进度计划。

2）在编制工程成本计划时，应考虑加快工程进度所需要的资金，其中包括为实现施工进度目标将要采取的经济激励措施所需要的费用。

（4）施工方进度控制的技术措施

建设工程项目进度控制的技术措施涉及对实现进度目标有利的设计技术和施工技术的选用。设计工作前期，应对设计技术与工程进度的关系作分析比较；工程进度受阻时，应分析有无设计变更的可能性。施工方案在决策选用时，应考虑其对进度的影响。

1）施工进度控制的技术措施涉及对实现施工进度目标有利的设计技术和施工技术选用。

2）不同的设计理念、设计技术路线、设计方案对工程进度会产生不同的影响，在工程进度受阻时，应分析是否存在设计技术的影响因素，为实现进度目标有无设计变更的必要和是否可能变更。

3）施工方案对工程进度有直接的影响，在决策其选用时，不仅应分析技术的先进性和经济合理性，还应考虑其对进度的影响。在工程进度受阻时，应分析是否存在施工技术的影响因素，为实现进度目标有无改变施工技术、施工方法和施工机械的可能性。

总之，上述措施主要是以提高预控能力、加强主动控制的办法来达到加快施工进度的目的。在项目实施过程中，要将被动控制与主动控制紧密地结合起来。只有认真分析各种因素对工程进度目标的影响程度，及时将实际进度与计划进度进行对比，制定纠正偏差的方案，并采取赶工措施，才能使实际进度与计划进度保持一致。

### 13.2.3 施工进度计划的实施与监测

施工进度控制的总目标应进行层层分解，形成实施进度控制、相互制约的目标体系。目标分解，可按单项工程分解为交工分目标；按承包的专业或施工阶段分解为完工分目标；按年、季、月计划分解为时间分目标。月、旬（周）施工进度计划以明确的任务直接下达给执行者，是基层施工单位进行施工的依据。月、旬（周）施工进度计划也是实施性的作业计划，应分别在每月、旬（周）末，由项目经理部提出目标和作业项目，通过工地例会协调之后编制。

**1. 施工进度计划实施监测的方法**

施工进度计划实施监测的方法主要有横道计划比较法、网络计划法、实际进度前锋线法、S型曲线法、香蕉型曲线比较法等。

**2. 施工进度计划监测的内容**

1）随着项目进展，不断观测每一项工作的实际开始时间、实际完成时间、实际持续时间、目前现状等内容，并加以记录。

2）定期观测关键工作的进度和关键线路的变化情况，并相应采取措施进行调整。

3）观测检查非关键工作的进度，以便更好地发掘潜力，调整或优化资源，以保证关键工作按计划实施。

4）定期检查工作之间的逻辑关系变化情况，以便适时进行调整。

5）收集有关项目范围、进度目标、保障措施变更的信息等，并加以记录。项目进度计划监测后，应形成书面进度报告。项目进度报告的内容主要包括：进度执行情况的综合描述；实际施工进度；资源供应进度；工程变更、价格调整、索赔及工程款收支情况；进度偏差状况及导致偏差的原因分析；解决问题的措施；计划调整意见。

### 13.2.4 建筑工程施工进度计划的调整

施工进度计划的调整依据进度计划检查结果。调整的内容包括：施工内容、工程量、起止时间、持续时间、工作关系、资源供应等。调整施工进度计划采用的原理、方法与施工进度计划的优化相同。调整施工进度计划的步骤如下：分析进度计划检查结果；分析进度偏差的影响并确定调整的对象和目标；选择适当的调整方法；编制调整方案；对调整方案进行评价和决策；调整进度计划方案；确定调整后付诸实施的新施工进度计划。

进度计划的调整，一般有以下几种方法：

（1）关键工作的调整。本方法是进度计划调整的重点，也是最常用的方法之一。

（2）改变某些工作间的逻辑关系。此种方法效果明显，但应在允许改变关系的前提之下才能进行。

（3）剩余工作重新编制进度计划，当采用其他方法不能解决时，应根据工期要求，将剩余工作重新编制进度计划。

（4）非关键工作调整，为了更充分地利用资源，降低成本，必要时可对非关键工作的时差作适当调整。

(5) 资源调整。若资源供应发生异常，或某些工作只能由某特殊资源来完成命，应进行资源调整，在条件允许的前提下将优势资源用于关键工作的实施，资源调整的方法实际上也就是进行资源优化。

## 13.3　施工进度控制与管理需要注意的问题

### 13.3.1　施工进度计划编制问题

施工进度计划是整个工程项目进度管理的依据，施工进度计划的编制是否科学合理，是保证施工进度控制能否有效进行的关键。在编制施工进度计划时，必须注意工作排序和各单项工作的逻辑关系，合理安排资源，避免工作安排在某一短暂时间内过于集中，出现资源配置不合理现象。此外，尤其要避免出现漏项过多现象，要尽量全盘考虑使施工计划编制遍及整个工程各个环节各项工作，以免造成施工过程中产生过多编外工作、突发性工作，从而对施工产生冲击影响施工计划的正常实行，如排污、排废、道路交通、场地平整等辅助性工程的计划与实施。项目进度管理系统在部分企业编制施工进度计划时，还普遍存在控制目标不科学现象，在一开始就没能按照工程实际情况进行系统性编制，如施工前准备阶段缺乏控制耗用过多时间，不顾项目大小、工艺条件、地质气候、装备情况等盲目确定工期，最后使得工期计划存在先天性缺陷难以实现，造成一系列施工问题。

### 13.3.2　资源配备计划未能与施工进度计划相协调

施工进度计划的实施和完成，实际上是取决于资源的合理配置，包括人力资源、动力资源、设备资源、材料供应、机械配置、环境条件、施工方法等。施工进度计划应当同资源配备计划一同出台，协调编排，以使施工进度计划的实施和完成在资源配置上有保证，缺乏资源配置基础的施工计划只能是一纸空文，根本无法实施。但我国目前很多施工企业项目管理还受到传统体制的影响，通常将施工进度计划和资源配置计划分割开来，先制定施工进度计划，再根据经验积累进行资源配置，最终导致施工过程中资源配置难以满足施工进度计划的需要，严重制约着施工进度计划的实现。

### 13.3.3　施工进度计划执行不力

目前，我国建筑工程施工进度管理中，还存在着施工进度执行力度不够的问题，不少企业在施工进程中，尤其是一些中小型施工企业，施工进度计划与实际实施完全不一致，计划同实施脱节，完全失去了编制施工进度计划的意义，计划是计划，工作是工作，最终使施工过程完全放任自流无序运行，施工进度计划控制一片混乱，导致工程施工进度控制目标无法完成，工期拖延现象十分严重。

### 13.3.4　施工进度计划调整能力欠佳

施工进度计划在编制完成之后，在施工过程中，经常会因为各种原因，对施工进度计划的实现造成冲击，如计划编制缺陷、施工过程环境变化、现场情况调整、资源供应影响等, 此时必须按照实际情况对施工进度计划进行调整。实际上施工进度计划在实施过程中是一个不断发现问题、不断调整计划的过程, 真正一成不变顺利完成的施工进度计划是很难制定的。但当前我国不少施工企业所编制的施工进度计划调整适应能力欠佳, 要么难以根据实际情况进行调整变得死板机械, 要么调整后也无法符合工程实际需要反而使工期管理更为混乱, 导致施工进度失控。

# 13.4 资源配置计划与平衡计算

## 13.4.1 资源配置计划

施工进度计划编制确定后, 便可编制劳动力配置计划; 编制主要材料、预制构件、门窗等的配置和加工计划; 编制施工机具及周转材料的配置和进场计划。它们是做好劳动力与物资的供应、平衡、调度、落实的依据, 也是施工单位编制施工作业计划的主要依据之一。

（1）劳动力配置计划。单位工程施工中所需要的各种技术工人、普工人数, 一般要求按月分旬编制计划, 主要根据确定的施工进度计划提出, 其方法是按进度表上每天需要的施工人数, 分工种进行统计, 得出每天所需工种及人数、按时间进度要求汇总编出。

（2）主要材料配置计划。这种计划是根据施工预算、材料消耗定额和施工进度计划编制的, 主要反映施工过程中各种主要材料的需要量, 作为备料、供料和确定仓库、堆场面积及运输量的依据。

（3）施工机具配置计划。这种计划是根据施工预算、施工方案、施工进度计划和机械台班定额编制的, 主要反映施工所需机械和器具的名称、型号、数量和使用时间。

（4）构配件配置计划。这种计划是根据施工图、施工方案及施工进度计划要求编制的。主要反映施工中各种构配件的需要量及供应日期, 并作为落实加工单位以及按所需规格、数量和使用时间组织构件进场的依据。

（5）当某一施工过程是由同一工种、不同做法、不同材料的若干个分项工程合并组成时, 应先计算综合产量定额, 再求其劳动量。

（6）单位工程施工进度计划确定后, 就可编制劳动力、主要材料、构件与半成品、施工机具等各项资源需要量计划。

## 13.4.2 资源平衡计算

资源平衡计算时资源优化的基础。所谓资源优化是指通过改变工作的开始时间, 使资源按时间的分布符合优化目标, 达到均衡施工。对工程网络计划进行优化, 其目的是使该工程总费用最低; 资源需用量尽可能均衡; 计算工期满足要求工期。

均衡施工可以使各种资源的动态曲线尽可能不出现短期的高峰和低谷, 因而可大大减少施工现场各种临时设施的规模, 从而节省施工费用。

资源平衡是在不影响工期的条件下, 利用关键工作的时差资源需求进行的调整。资源平衡计算的最终目的是均衡施工。

# 第14章 工程计量与计价

## 14.1 工 程 计 价

### 14.1.1 人工、材料及机械台班定额消耗量

**1. 施工过程分解及其分类**

（1）施工过程

建筑安装施工过程与其物质生产过程一样，也包括生产力要素，即：劳务者、劳务对象、劳务工具，也就是说，施工过程是由不同工种、不同技术等级的建筑安装工人完成的，并且必须有一定的劳务对象；建筑材料、半成品、构件、配件等；使用一定的劳务工具，手动工具、小型机具和机械等。

施工过程就是在建设工地范围内所进行的生产过程。其最终的目的是要建造、恢复、改建、移动或拆除工业、民用建筑物和构造物的全部或一部分。每一个施工过程的结束，均完成一定量的产品，这种产品或者是改变了劳动对象的外表形态、内部结构或性质（由于制作和加工的结果），或者是改变劳务对象在空间的位置（由于运输和安装的结果），对施工过程的细致分类，使我们能够更深入的确定施工过程各个工序组成的必要性及其顺序的合理性，从而正确的制定各个工序所需要的工时消耗。

（2）施工过程分类

根据施工过程组织上的复杂程度，可以将其分解为工序、工作过程和综合工作过程。

1）工序是在组织上不可分割的，在操作过程中技术上属于同类的施工过程。工序的特征是：工作者不变，劳务对象、劳务工具和工作地点也不变。在工作中如有一项改变，那就说明已经有一项工序转入另一项工序了。如钢筋制作，它由平直钢筋、钢筋除锈、切割钢筋、弯曲钢筋等工序组成。

从施工的技术操作和组织观点看，工序是工艺方面最简单的施工过程。但是如果从劳动过程的观点看，工序又可以分解为更小的组成部分——操作和动作。例如，弯曲钢筋的工序可分为下列操作：把钢筋放在工作台上，将旋钮旋紧。弯曲钢筋，放松旋钮，将弯曲好的钢筋搁在一边。操作本身又包括了最小的组成部分——动作，如把"钢筋放在工作台上"这个操作，可以分解为以下"动作"：走向钢筋堆放处，拿起钢筋，返回工作台，将钢筋移到支座前面。而动作又是许多要素组成，要素是人体动作的分解，每一个操作和动作都是施工工序的一部分。施工过程、工序、操作、动作的关系如图14-1所示。

在编制施工定额时，工序是基本的施工过程，是主要的研究对象。测定定额时只需分解和标定到工序为止。如果进行某项先进技术或新技术的工时研究，就要分解单操作甚至动作为止，从中研究可加以改进操作或节约工时。工序可以由一个人来完成，也可以由小

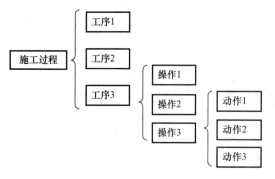

图 14-1　施工过程、工序、操作和动作的关系图

组或施工队内的几名工人协同完成：可以手动完成，也可以由机械操作完成。在机械化的施工工序中，还可以包括由工人自己完成的各项操作和由机械完成的工作两部分。

2）工作过程是由同一个人或同一小组所完成的在技术操作上互相有机联系的工序的总和体。其特点是人员编制不变，工作地点不变，而材料和工具则可以变换。例如，砌墙和勾缝，抹灰和粉刷。

3）综合工作过程是同时进行的，在组织上有机联系在一起的，并且最终能够获得一种产品的施工过程的综合。例如：砌砖墙这一综合工作过程，由调制砂浆、运砂浆、运砖、砌墙等工作过程构成，它们在不同的空间同时进行，在组织上有直接联系，并最终形成的共同产品是一定数量的砌墙。

（3）施工过程的影响因素

对施工过程的影响因素进行研究，可以正确确定单位产品所需要的时间消耗。施工工程的影响因素包括技术因素、组织因素和自然因素。

1）技术因素。包括产品的种类和质量要求，所用材料、半产品、构配件的类型、规则和性能。所用工具和机械设备的类别、型号、性能及完好情况等。

2）组织因素。包括施工组织与施工方法、劳动组织、工人技术水平、操作方法和劳务态度、工资分配方式、劳务竞赛等。

3）自然因素。包括酷暑、大风、雨、冰冻等。

**2. 工作时间分类**

研究施工中的时间最主要的目的是确定施工的时间定额和产量定额，其前提是对工作时间按其消耗性质进行分类，以便研究工时消耗的数量及其特点。

工作时间，指的是工作班延续时间。例如 8h 工作制的工作时间就是 8h，午休时间不包括在内。

工人在工作班时间消耗的分类，工人在工作班内消耗的工作时间，按其消耗的性质，基本可以分为两大类：必需消耗的时间和损失时间。工人工作时间的分类一般如图 14-2 所示。

（1）必需消耗的工作时间是工人在正常施工条件下，为完成一定合格产品（工作任务）所消耗掉时间，是制定定额的主要依据，包括有效工作时间、休息时间和不可避免中断时间的消耗。

1）有效工作时间是从生产效果来看产品直接有关的时间消耗。其中包括基本工作时间、辅助工作时间、准备与结束工作时间的消耗。

① 基本工作时间是工人完成能生产一定产品的施工工艺过程所消耗的时间。通过这些工艺过程可以使材料改变外形，如钢筋煨弯等；也可以改变产品外部及表面的性质，如粉刷、油漆等。基本工作时间所包含的内容依工作性质各不相同，基本工作时间的长短和工作量大小成正比例。

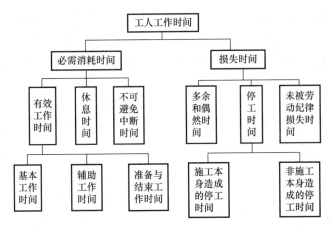

图 14-2　工人工作时间分类图

② 辅助工作时间是为保证基本工作能顺利完成所消耗的时间。在辅助工作时间里，不能使产品的形状大小、性质或位置发生变化。辅助时间的结束，往往就是基本工作时间的开始。辅助工作一般是手工操作，但如果在机手并动的情况下，辅助工作是在机械运转过程中进行的，为避免重复则不应再计辅助时间的消耗。辅助工作时间长短与工作量大小有关。

③ 准备与结束工作时间是执行任务前或任务完成后所消耗的工作时间。如工作地点、劳务工具和劳务对象的准备工作时间；工作任务后的整理工作时间等。准备和结束工作时间的长短与担负的工作量大小无关，但往往和工作内容有关。这项时间消耗可以分为班内的准备与结束工作时间和任务的准备与结束工作时间。其中任务的准备和结束时间是在一批任务的开始于结束时产生的，如熟悉图纸、准备相关的工具、事后清理场地等，通常不反应在每一个工作班里。

2) 休息时间是工人在工作过程中为恢复体力所需要的短暂休息和生理需要的时间消耗。这种时间是为了保证工人精力充沛的进行工作，所以在定额时间中进行计算。休息时间的长短和劳务条件、劳动强度有关，劳动越繁重紧张、劳动条件越差（如高温），则休息时间需越长。

3) 不可避免的中断时间所消耗的时间是由施工工艺特点引起的工作中断所需要的时间，与施工过程工艺特点有关的工作中断时间，应包括在定额时间内，但应尽量缩短此项时间消耗。

(2) 工人损失时间中包括多余和偶然工作、停工、违背劳动纪律所引起的损失时间。

1) 多余工作是指工人进行了任务以外而又不能增加产品数量的工作。多余工作的工时损失，一般都是由于工程技术人员和工人的差错而引起的，因此，不应计入定额时间。偶然工作也是工人在任务外进行的工作，但能够获得一定产品。如抹灰工不得不补上偶然遗留的墙洞等。由于偶然工作能获得一定产品，拟定定额时要适当考虑它的影响。

2) 停工时间是工作班内停止工作造成的工时损失。停工时间按其性质可分为施工本身造成的停工时间和非施工本身造成的停工时间两种。施工本身造成的停工时间，是由于施工组织不善、材料供应不及时、工作面准备工作做得不好、工作地点组织不良等情况引起的停工时间。非施工本身造成的停工时间，是由于水源、电源中断引起的停工时间。前一种情况在拟定定额时不应该计算，后一种情况定额中则应给予合理的考虑。

3）违背劳动纪律造成的工作时间损失。是指工人在工作班开始和午休后的迟到、午饭前和工作班结束前的早退、擅自离开工作岗位、工作时间内聊天或办私事等造成的工时损失。此项工时损失不应允许存在。因此，在定额中是不能考虑的。

（3）机械工作时间的消耗也分为必需消耗的时间和损失时间（图14-3）。

1）机械必须消耗的工作时间。机械必需消耗的工作时间，包括有效工作、不可避免的无负荷工作和不可避免的中断三项时间消耗。

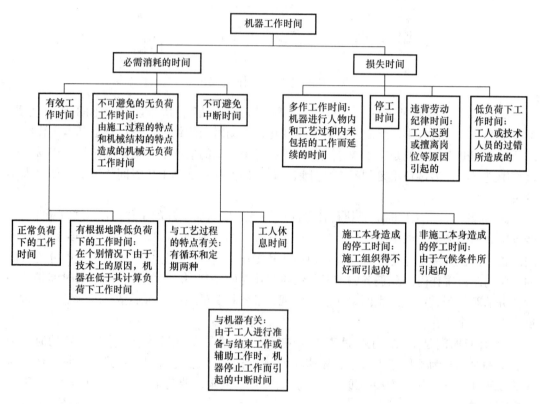

图 14-3　机械工作时间分类图

① 有效工作时间包括正常负荷下、有根据地降低负荷下和低负荷下工作的工时消耗。正常负荷下的工作时间，是机械在与机械说明书规定的计算负荷相符的情况下进行工作的时间。有根据地降低负荷下的工作时间，是在个别情况下机械由于技术上的原因在低于其计算负荷下工作的时间。例如，汽车运输重量轻而体积大的货物时，不能充分利用汽车的载重吨位；起重机吊装轻型结构时，不能充分利用其起重能力，因而低于其计算负荷。低负荷下的工作时间，是由于工人或技术人员的过错所造成的施工机械在降低负荷的情况下工作的时间。例如，工人装车的砂石数量不足、工人装入碎石机轧料口中的石块数量不够引起的汽车和碎石机在降低负荷的情况下工作所延续的时间。此项工作时间不能完全作为必需消耗时间。

② 不可避免的无负荷工作时间，是由施工过程的特点和机械结构的特点造成的机械无负荷工作时间。例如，载重汽车在工作班时间的单程"放空车"；筑路机在工作区末端

调头等。

③ 不可避免的中断工作时间，是与工艺过程的特点、机械的使用和保养、工人休息有关的不可避免的中断时间。与工艺过程的特点有关的不可避免中断工作时间，有循环的和定期的两种。循环的不可避免中断，是在机械工作的每一个循环中重复一次，如汽车装货和卸货时的停车；定期的不可避免中断，是经过一定时期重复一次，如把灰浆泵由一个工作地点转移到另一工作地点时的工作中断。与机械有关的不可避免中断工作时间，是由于工人进行准备与结束工作或辅助工作时，机械停止工作而引起的中断工作时间。它是与机械的使用与保养有关的不可避免中断时间。工人休息时间。要注意的是，应尽量利用与工艺过程有关的和与机械有关的不可避免中断时间进行休息，以充分利用工作时间。

2）损失的工作时间。在损失的工作时间中，包括多余工作、停工和违反劳动纪律所消耗的工作时间。

① 机械的多余工作时间，是机械进行任务内和工艺过程内未包括的工作而延续的时间。如搅拌机搅拌灰浆超过规定而多延续的时间；工人没有及时供料而使机械空运转的时间。

② 机械的停工时间，按其性质也可分为施工本身造成和非施工本身造成的停工。前者是由于施工组织的不好而引起的停工现象，如由于未及时供给机器水、电、燃料而引起的停工。后者是由于气候条件所引起的停工现象，如暴雨时压路机的停工。

③ 违反劳动纪律引起的机械时间损失，是指由于工人迟到早退或擅离岗位等原因引起的机械停工时间。

### 3. 人工定额消耗量

（1）人工定额的概念

人工定额也称劳动定额，是指在正常的施工技术组织条件下，为完成一定数量的合格产品或完成一定量的工作所必需的劳动消耗量标准。这个标准是国家和企业对生产工人在单位时间内的劳动数量和质量的综合要求，也是建筑施工企业内部组织生产，编制施工作业计划、签发施工任务单、考核工效、计算报酬的依据。

现行的《全国建筑安装工程劳动定额》是供各地区主管部门和企业编制施工定额的参考定额，是以建筑安装工程产品为对象，以合理组织现场施工为条件，按"实"计算。因此，定额规定的劳动时间或劳动量一般不变，其劳动工资单价可根据各地工资水平进行调整。

（2）确定人工定额消耗量的基本方法

时间定额和产量定额是人工定额的两种表现形式。拟定出时间定额，也就可以计算出产量定额。时间定额是在拟定基本工作时间、辅助工作时间、不可避免中断时间、准备与结束的工作时间，以及休息时间的基础上制定的。

1）确定工序作业时间。工序作业时间由基本工作时间和辅助工作时间组成。基本工作时间消耗一般应根据计时观察资料来确定。其做法是，首先确定工作过程每一组成部分的工时消耗，然后再综合出工作过程的工时消耗。如果组成部分的产品计量单位和工作过程的产品计量单位不符，就需先求出不同计量单位的换算系数，进行产品计量单位的换算，然后再相加，求得工作过程的工时消耗，计算见式（14-1）。辅助工作时间可以直接利用工时规范中规定的辅助工作时间的百分比来计算。

$$T_1 = \sum_{i=1}^{n} k_i \times t_i \tag{14-1}$$

式中 $T_1$——单位产品基本工作时间；

  $t_1$——各组成部分的基本工作时间；

  $n$——各组成部分的个数。

2）确定规范时间。规范时间内容包括工序作业时间以外的准备与结束时间、不可避免中断时间以及休息时间。规范时间可以通过及时观察资料的整理分析获得，也可以根据检验数据或工时规范来确定。

3）拟订定额时间。利用工时规范计算时间定额用式（14-2）～式（14-5）。

工序作业时间＝基本工作时间＋辅助工作时间 (14-2)

规范时间＝准备与结束工作时间＋不可避免的中断时间＋休息时间 (14-3)

工序作业时间＝基本工作时间＋辅助工作时间

＝基本工作时间 $/（1-$ 辅助时间 %） (14-4)

定额时间 $= \dfrac{\text{工序作业时间}}{1-\text{规范时间} \%}$ (14-5)

（3）人工定额的表现形式

人工定额按其表现形式的不同，分为时间定额和产量定额。

1）时间定额

时间定额也称工时定额，是指在一定的生产技术和生产组织条件下，完成单位合格产品或完成一定工作任务所必须消耗的时间。定额包括基本工作时间、辅助工作时间、准备与结束时间、必须休息时间以及不可避免的中断时间。由于劳动组织的缺点而停工、缺乏材料停工、工作地点未准备好而停工、机具设备不正常而停工、产品质量不符合标准而停工、偶然停工（停水、停电、暴风雨）、违反劳动纪律造成的工作时间损失、其他损失时间，都不属于劳动定额时间。时间定额以"工日"为单位，即单位产品的工日，如：工日/m、工日/$m^2$、工日/$m^3$、工日/t 等。每一个工日工作时间按 8 小时计算，用式（14-6）表示。

单位产品时间定额（工日）＝工作人数×工作时间÷工作时间内完成的产品数量

＝消耗的总工日数÷产品数量

(14-6)

2）产量定额

产量定额是指在合理的劳动组织、合理的使用材料以及施工机械同时配合的条件下，某种专业、技术等级的工人或班组，在单位时间内所完成的质量合格产品的数量。产量定额的计量单位是以产品的单位计算即单位产品的工日，如：m/工日、$m^2$/工日、$m^3$/工日、t/工日等，用式（14-7）表示。

产量定额（每日产量）＝工作时间内完成的产品数÷完成的产品数工作人数×工作时间

＝产品数量÷消耗的总工日数

(14-7)

3）时间定额和产量定额的关系

时间定额和产量定额互为倒数关系，即

时间定额＝1÷产量定额 (14-8)

$$\text{产量定额} \times \text{时间定额} = 1 \tag{14-9}$$

**4. 材料消耗定额**

（1）材料消耗定额的概念

建筑材料是建筑安装企业进行生产活动完成建筑产品的物质条件。建筑工程的原材料（包括半成品、成品等）品种繁多、耗用量大。在一般工业与民用建筑工程中，材料消耗占工程成本的 60%~70%，材料消耗定额的任务，就在于利用定额这个经济杠杆，对材料消耗进行控制和监督，以达到降低物资消耗和工程成本的目的。建筑工程材料消耗定额是企业推行经济承包、编制材料计划、进行单位工程核算不可缺少的基础，是促进企业合理使用材料，实行限额领料和材料核算，正确核定材料需要量和储备量，考核、分析材料消耗，反映建筑安装生产技术管理水平的重要依据。

材料消耗定额是指在合理和节约使用材料的前提下，生产单位合格产品所必须消耗的建筑材料（半成品、配件、燃料、水、电）的数量标准。材料的消耗量由材料的净用量和损耗量两部分组成。直接构成建筑安装工程实体的材料数量称为材料净用量；不可避免的施工废料和施工操作损耗称为材料损耗量。其关系见式（14-10）~式（14-12）。

$$\text{材料消耗量} = \text{材料净用量} + \text{材料损耗量} \tag{14-10}$$

$$\text{材料损耗率} = \text{材料损耗量} \div \text{材料净用量} \times 100\% \tag{14-11}$$

$$\text{材料消耗量} = \text{材料净用量} \times (1 + \text{材料损耗率}) \tag{14-12}$$

（2）施工中的材料的分类

合理确定材料消耗定额，必须研究和区分材料在施工过程中的类别。

1）根据材料消耗的性质划分。施工中材料的消耗可分为必须消耗的材料和损失的材料两类性质。必须消耗的材料是指在合理用料的情况下，生产合格产品所需消耗的材料。它包括：直接用于建筑和安装工程的材料；不可避免的施工废料；不可避免的材料损耗。必须消耗的材料属于施工正常消耗，是指确定材料消耗定额的基本数据。其中，直接用于建筑和安装工程的材料，编制材料净用量定额。

2）根据材料消耗与工程实体的关系划分。施工中材料的可分为实体材料和非实体材料两类。

① 施工中的材料可分为实体材料，是指直接构成工程实体的材料。它包括工程直接性材料和辅助材料。工程直接性材料主要是指一次性消耗、直接用于工程上构成建筑物或结构本体的材料，如钢筋混凝土柱中的钢筋、水泥、砂、碎石等；辅助性材料主要是指虽也是施工过程中所必需，却并不构成建筑物或本体的材料。如土石方爆破工程中所需的炸药、引信、雷管等。主要材料用量大，辅助材料用量少。

② 非实体材料，是指在施工中必须使用但又不能构成工程实体的施工措施性材料。非实体材料主要是指周转性材料，如模板、脚手架等。

（3）确定材料消耗量的基本方法

根据材料使用次数的不同，建筑安装材料分为非周转性材料和周转性材料。非周转性材料也称为直接性材料。它是指施工中一次性消耗并直接构成工程实体的材料，如砖、瓦、灰、砂、石、钢筋、水泥、工程用木材等。周转性材料是指在施工过程中能多次使用，反复周转但并不构成工程实体的工具性材料。如：模板、活动支架、脚手架、支撑、挡土板等。

1) 直接性材料消耗定额的制定。常用的制定方法有：观测法、试验法、统计法和计算法。

① 利用现场技术测定法，主要是编制材料损耗定额。在合理使用材料条件下，对施工中实际完成的建筑产品数量与所消耗的各种材料量进行现场观察测定的方法。通过现场的观察，获得必要的现场资料，才能测定出哪些是施工过程中不可避免的损耗，应该计入定额内；哪些材料是施工过程中可以避免的损耗，不应计入定额内，在现场观测中，同时测出合理的材料损耗量，即可据此制定出相应的、材料消耗定额。

② 利用实验室试验法，主要是编制材料净用量定额。是专业材料实验人员，通过实验仪器设备确定材料消耗定额的一种方法。它只适用于在试验室条件下测定混凝土、沥青、砂浆、油漆涂料等材料的消耗定额。由于试验室工作条件与现场施工条件存在一定的差别，施工中的某些因素对材料消耗量的影响不一定能充分考虑到，因此，对测出的数据还要用观察法进行校核修正。

③ 采用现场统计法。这种方法由于不能分清材料消耗的性质，因而不能作为确定材料净用量定额和材料损耗定额的依据。是指在现场施工中，对分部分项工程发出的材料数量、完成建筑产品的数量、竣工后剩余材料的数量等资料，进行统计、整理和分析，从而编制材料消耗定额的方法。这种方法主要是通过工地的工程任务单、限额领料单等有关记录取得所需要的资料，因而不能将施工过程中材料的合理损耗和不合理损耗区别开来，得出的材料消耗量准确性也不高。

④ 理论计算法，是运用一定的数学公式计算材料消耗定额。是根据设计图纸、施工规范及材料规格，运用一定的理论计算公式制定材料消耗定额的方法。它主要适用于计算按件论块的现成制品材料。例如砖石砌体、装饰材料中的砖石、镶贴材料等。其方法比较简单，先计算出材料的净用量、材料的损耗量，然后两者相加，即为材料消耗定额。这种方法主要适用于计算按件论块的现成制品材料和砂浆混凝土等半成品。例如，砌砖工程中的砖、块料镶贴中的块料，如瓷砖、面砖、大理石、花岗石等。这种方法比较简单，先按一定公式计算出材料净用量，再根据损耗率计算出损耗量，然后将两者相加即为材料消耗定额。

（a）标准砖用量的计算。如每立方米砖墙的用砖数和砌筑砂浆的用量可用下列理论计算公式计算各自的净用量，用砖数见式（14-13）。

$$A = \frac{1}{墙厚 \times (砖长 + 灰缝) \times (砖厚 + 灰缝)} \times k \qquad (14\text{-}13)$$

式中，$k$ 为墙厚的砖数×2。

砂浆用量见式（14-14）。

$$B = 1 - 砖数 \times 砖块体积 \qquad (14\text{-}14)$$

（b）块料面层的材料用量计算

每 $100m^2$ 面层块料数量、灰缝及结合层材料用量见式（14-15）～式（14-17）。

$$100m^2 块料净用量 = \frac{100}{(块料长 + 灰缝宽) \times (块料宽 + 灰缝宽)}（块） \qquad (14\text{-}15)$$

$$100m^2 灰缝材料净用量 = [100 - (块料长 \times 块料宽 \times 100m^2 块料用量)] \times 灰缝深$$

$$(14\text{-}16)$$

$$结合层材料用量 = 100m^2 \times 结合层厚度 \tag{14-17}$$

**例 14-1：** 用 1∶1 水泥砂浆贴 150mm×150mm×5mm 瓷砖墙面，结合层厚度为 10mm，试计算每 100m² 瓷砖墙面中瓷砖和砂浆的消耗量（灰缝宽为 2mm）。假设瓷砖损耗率为 1.5%，砂浆损耗率为 1%。

**解：** 每 100m² 瓷砖墙面中瓷砖的净用量 $= 100/[(0.15+0.002)\times(0.15+0.002)] = 4328.25$(块)

每 100m² 瓷砖墙面中瓷砖的总消耗量 $= 4328.25\times(1+1.5\%) = 4393.17$（块）

每 100m² 瓷砖墙面中结合层砂浆净用量 $= 100\times0.01 = 1$（m³）

每 100m² 瓷砖墙面中灰缝砂浆净用量 $= [100-(4328.25\times0.15\times0.15)]\times0.005 = 0.013$（m³）

每 100m² 瓷砖墙面中水泥砂浆总消耗量 $= (1+0.013)\times(1+1\%) = 1.02$（m³）

2）周转性材料消耗定额的制定

周转材料的消耗定额，应该按照多次使用，分次摊销的方法确定。摊销量是指周转材料使用一次在单位产品上的消耗量，即应分摊到每一单位分项工程或结构构件上的周转材料消耗量。周转性材料消耗定额一般与四个因素有关。

① 一次使用量。第一次投入使用时的材料数量。根据构件施工图与施工验收规范计算。一次使用量供建设单位和施工单位申请备料和编制施工作业计划使用。

② 损耗率。在第二次和以后各次周转中，每周转一次因损坏不能复用，必须另作补充的数量占一次使用量的百分比，又称平均每次周转补损率。用统计法和观测法来确定。

③ 周转次数。按施工情况和过去经验确定。材料周转使用量，是指周转性材料在周转使用和补损条件下，每周转使用一次平均所需材料数量。一般应按材料周转次数和每次周转发生的补损量等因素计算生产一定计算单位结构构件的材料周转使用量。

④ 回收量。平均每周转一次平均可以回收材料的数量，这部分数量应从摊销量中扣除。

**5. 机械台班消耗定额**

（1）机械台班消耗定额的概念

机械台班消耗定额，是指在正常的施工、合理的劳动组合和合理使用施工机械的条件下，生产单位合格产品所必需的一定品种、规格施工机械作业时间的消耗标准。机械台班消耗定额以台班为单位，每一台班按 8h 计算。

（2）机械台班消耗定额的表现形式

机械台班消耗定额的表现形式，有时间定额和产量定额两种。

1）机械时间定额。机械时间定额是指在正常的施工条件下，某种机械生产合格单位产品所必须消耗的台班数量见式（14-18）。

$$机械时间定额 = 1\div机械台班产量 \tag{14-18}$$

2）机械台班产量定额。机械台班产量定额是指某种机械在合理的施工组织和正常施工的条件下，单位时间内完成合格产品的数量见式（14-19）。

$$机械台班产量定额 = 1/机械时间定额 \tag{14-19}$$

3）时间定额和产量定额的关系。机械时间定额和机械台班产量定额互为倒数关系，即

$$机械时间定额 \times 机械台班产量定额 = 1 \tag{14-20}$$

4）机械台班配合人工定额。由于机械必须由工人小组配合，机械台班人工配合定额是指机械台班配合用工部分，即机械台班劳动定额。表现形式为机械台班配合工人小组的人工时间定额和完成合格产品数量见式（14-21-1）、式（14-21-2）。

$$单位产品的时间定额（工日）= 小组成员总工日数 \div 每台班产量 \quad (14\text{-}21\text{-}1)$$

$$机械台班产量定额 = 每台班产量 \div 班组总工日数 \quad (14\text{-}21\text{-}2)$$

### 14.1.2 预算定额

**1. 预算定额的概念**

预算定额是规定消耗在单位工程基本结构要素上的劳动力、材料和机械数量上的标准，是计算建筑安装产品价格的基础。预算定额属于计价定额。预算定额是工程建设中一项重要的技术经济指标，反映了在完成单位分项工程消耗的活劳动和物化劳动的数量限制。这种限度最终决定着单项工程和单位工程的成本和造价。

**2. 预算定额人工工日消耗量的计算**

人工的工日数有两种确定方法。一种是以劳动定额为基础确定；一种是以现场观察测定资料为基础计算。遇到劳动定额缺项时，采用现场工作日写实等测定方法确定和计算定额的人工消耗用量。采用以劳动定额为基础的测定方法时，预算定额中人工工日消耗量是指在正常施工条件下，生产单位合格产品所必需消耗的人工工日数量，是由分项工程所综合的各个工序劳动定额包括的基本用工和其他用工两部分组成的。

$$定额人工费 = 定额人工消耗指标 \times 人工工日单价 \quad (14\text{-}22\text{-}1)$$

$$预算定额人工费 = 预算定额人工消耗指标 \times 地区人工工日单价 \quad (14\text{-}22\text{-}2)$$

（1）基本用工是指完成一定计量单位的分项工程或结构构件的各项工作过程的施工任务所必须消耗的技术工种用工。按技术工种相应劳动定额工时定额计算，以不同工种列出定额工日。基本用工等于劳动定额，也等于时间定额。基本用工包括下面几项。

1）完成定额计量单位的主要用工。按综合取定的工程量和相应的劳动定额进行计算。计算公式见式（14-23）。例如：在完成混凝土柱工程中的混凝土搅拌、水平运输、浇筑、捣制和养护所需的工日数量根据劳动定额进行汇总之后，形成混凝土柱预算定额中的基本用工消耗量。

$$基本用工消耗量 = \sum（综合取定的工程量 \times 劳动定额） \quad (14\text{-}23)$$

2）根据劳动定额规定应增（减）计算的工程量。由于预算定额是以施工定额子目综合扩大的，包括的工作内容较多，施工的效果、具体部位不一样，需要另外增加用工，这种人工消耗也应列入基本用工内。

（2）其他用工是指预算定额中没有包含的而在预算定额中又必须考虑进去的工时消耗，其他用工是辅助基本用工消耗的工日，通常包括材料及半成品超运距用工、辅助用工和人工幅度差。

1）超运距用工是指劳动定额中已包括的材料、半成品场内水平搬运距离与预算定额所考虑的现场材料半成品堆放地点到操作地点的水平搬运距离之差。需要指出，实际工程现场运距超过预算定额取定运距时，可另行计算现场二次搬运费。

$$超运距 = 预算定额取定运距 - 劳动定额已包括的运距 \quad (14\text{-}24\text{-}1)$$

$$超运距用工消耗量 = \sum(超运距材料数量 \times 相应的劳动定额) \quad (14\text{-}24\text{-}2)$$

2）辅助用工是指技术工种劳动定额内不包括而在预算定额内又必须考虑的用工。例如，机械土方工程配合用工、材料加工（筛砂、洗石、淋化石膏）、电焊点火工等，计算公式见式（14-25）。

$$辅助用工 = \sum(材料加工数量 \times 相应的加工劳动定额) \quad (14\text{-}25)$$

3）人工幅度差。即预算定额与劳动定额的差额，主要是指在劳动定额中未包括而在正常施工情况下不可避免但又很难准确计量的用工和各种工时损失。内容包括下面几项。

① 各种工种的工序搭接及交叉作业互相配合发生的停歇用工；

② 施工机械在单位工程之间转移及临时水电线路移动所造成的停工；

③ 质量检查和隐蔽工程验收工作的用工；

④ 班组操作地点转移用工；

⑤ 工序交接时对前一工序不可避免的修整用工；

⑥ 施工中不可避免的其他零星用工。

计算见式（14-26）。人工幅度差是预算定额与施工定额最明显的差额，人工幅度差一般为 10%～15%。

$$人工幅度差 = (基本用工 + 辅助用工 + 超运距用工) \times 人工幅度差系数 \quad (14\text{-}26)$$

综上所述：

$$
\begin{aligned}
人工消耗量指标 &= 基本用工 + 其他用工\\
&= 基本用工 + 辅助用工 + 超运距用工 + 人工幅度差\\
&= (基本用工 + 辅助用工 + 超运距用工) \times (1 + 人工幅度差系数)
\end{aligned}
$$

$$(14\text{-}27)$$

**3. 预算定额材料消耗量的计算**

预算定额材料消耗量的计算方法主要有四种。

（1）按标准规格及规范要求计算。这是一种常用的方法。

（2）按设计图纸尺寸计算。

（3）对于配合比用料，可采用换算法。

（4）对于不能用其他方法确定定额消耗量的新材料、新结构，可采用测定法。

**4. 预算定额机械消耗量的计算**

预算定额中的机械台班消耗量是指在正常施工条件下，生产单位合格产品（分部分项工程或结构构件）必须消耗的某种型号施工机械的台班数量。根据施工定额确定机械台班消耗量的计算。这种方法是指用施工定额中机械台班产量加机械幅度差计算预算定额的机械台班消耗量。机械台班幅度差是指在施工定额中所规定的范围内没有包括，而在实际施工中又不可避免产生的影响机械或使机械停歇的时间。其内容包括六项。

（1）施工机械转移工作面及配套机械相互影响损失的时间。

（2）在正常施工条件下，机械在施工中不可避免的工序间歇。

（3）工程开工或收尾时工作量不饱满所损失的时间。

（4）检查工程质量影响机械操作的时间。

（5）临时停机、停电影响机械操作的时间。

（6）机械维修引起的停歇时间。

大型机械幅度差系数为：土方机械 25％，打桩机械 33％，吊装机械 30％。砂浆、混凝土搅拌机由于按小组配用，以小组产量计算机械台班产量，不另增加机械幅度差。其他分部工程中如钢筋加工、木材、水磨石等各项专用机械的幅度差为 10％。

综上所述，预算定额的机械台班消耗量见式（14-28）。

$$预算定额机械耗用台班 = 施工定额机械耗用台班 \times (1 + 机械幅度差系数)$$

（14-28）

### 14.1.3 工程量清单的综合单价确定

#### 1. 工程量清单计价概述

工程量清单计价方式是在建设工程招投标中，招标人自行或委托具有资质的中介机构编制反映工程实体消耗和措施性消耗的工程量清单，并作为招标文件的一部分提供给投标人，由投标人依据工程量清单自主报价的计价方式。在工程招标中采用工程量清单计价是国际上较为通行的做法。工程量清单计价活动涵盖施工招标、合同管理以及竣工交付全过程，主要包括：编制招标工程量清单、招标控制价、投标报价，确定合同价，进行工程计量与价款支付、合同价款的调整、工程结算和工程计价纠纷处理等活动。

#### 2. 工程量清单计价特征

工程量清单报价是指在建设工程投标时，招标人依据工程施工图纸，按照招标文件的要求，按现行的工程量计算规则为投标人提供事物工程量项目和技术措施项目的数量清单，供投标单位逐项填写单价，并计算出总价，再通过评标，最后确定合同价。工程量清单报价作为一种全新的较为客观合理的计价方式，它有如下特征，能够消除以往计价模式的一些弊端。

（1）工程量清单均采用综合单价形式，综合单价中包括了工程直接费、间接费、管理费、风险费、利润、国家规定的各种规费等，一目了然，更适合工程的招投标。

（2）工程量清单报价要求投标单位根据市场行情，自身实力报价，这就要求投标人注重工程单价的分析，在报价中反映出本投标单位的实际能力，从而能在招投标工作中体现公平竞争的原则，选择最优秀的承包商。

（3）工程量清单具有合同化的法定性，本质上是单价合同的计价模式，中标后的单价一经合同确认，在竣工结算时是不能调整的，即量变价不变。

（4）工程量清单报价详细地反映了工程的实物消耗和有关费用，因此易于结合建设项目的具体情况，变以预算定额为基础的静态计价模式为将各种因素考虑在单价内的动态计价模式。

（5）工程量清单报价有利于招投标工作，避免招投标过程中有盲目压价、弄虚作假、暗箱操作等不规范行为。

（6）工程量清单报价有利于项目的实施和控制，报价的项目构成、单价组成必须符合项目实施要求，工程量清单报价增加了报价的可靠性，有利于工程款的拨付和工程造价的最终确定。

（7）工程量清单报价有利于加强工程合同的管理，明确承发包双方的责任，实现风险的合理分担，即量由发包方或招标方确定，工程量的误差由发包方承担，工程报价的风险由投标方承担。

（8）工程量清单报价将推动计价依据的改革发展，推动企业编制自己的企业定额，提高自己的工程技术水平和经营管理能力。

**3. 综合单价**

是指完成一个规定清单项目所需的人工费、材料和工程设备费、施工机具使用费和企业管理费、利润以及一定范围内的风险费用。风险费用是隐含于已标价工程量清单综合单价中，用于化解发承包双方在工程合同中约定内容和范围内的市场价格波动风险的费用。

## 14.2 工程量清单

### 14.2.1 分部分项工程项目清单

分部分项工程是"分部工程"和"分项工程"的总称。"分部工程"是单位工程的组成部分，系按结构部位、路段长度及施工特点或施工任务将单位工程划分为若干分部的工程。例如，砌筑工程分为砖砌体、砌块砌体、石砌体、垫层分部工程。"分项工程"是分部工程的组成部分，系按不同施工方法、材料、工序及路段长度等分部工程划分为若干个分项或项目的工程。例如砖砌体分为砖基础、砖砌挖孔桩护壁、实心砖墙、多孔砖墙、空心砖墙、空斗墙、空花墙、填充墙、实心砖柱、多孔砖柱、砖检查井、零星砌砖、砖散水地坪、砖地沟明沟等分项工程。

**1. 项目编码**

分部分项工程量清单项目编码以五级编码设置，用 12 位阿拉伯数字表示。其中，1～9 位为统一编码；

1、2 位为附录顺序码（例如，建筑工程 01，装饰装修工程 02，安装工程 03，市政工程 04，园林绿化工程 05）；

3、4 位为专业工程顺序码；

5、6 位为分部工程顺序码；

7～9 位为分项工程项目名称顺序码；

10～12 位清单项目名称顺序码。

例：01 03 02 001 001

第 1 级附录顺序码，1、2 位 01—附录 A 建筑工程；

第 2 级专业工程顺序码，3、4 位 03—附录 A 第 3 章砌筑工程；

第 3 级分部工程顺序码，5、6 位 02—砌筑工程的第 2 节砖砌体；

第 4 级分项工程项目名称顺序码，7～9 位 001—砖砌体中的"实心砖墙"；

第 5 级清单项目顺序码，10～12 位 001～999—顺序码。

**2. 项目名称**

分部分项工程量清单的项目名称应按计价规范附录的项目名称结合拟建工程的实际确定。

**3. 项目特征**

项目特征是构成分部分项工程项目、措施项目自身价值的本质特征。项目特征是对项目的准确描述，是确定一个清单项目综合单价不可缺少的重要依据，是区分清单项目的依据，是履行合同义务的基础。分部分项工程量清单的项目特征应按"清单计价规范"附录中规定的项目特征，结合技术规范、标准图集、施工图纸，按照工程结构、使用材质及规格或安装位置等，予以详细而准确的表述和说明。

**4. 计量单位**

计量单位应采用基本单位。

**5. 工程数量的计算**

工程数量主要通过工程量计算规则计算得到。工程量计算规则是指对清单项目工程量的计算规定。除另有说明外，所有清单项目的工程量应以实体工程量为准，并以完成后的净值计算；投标人投标报价时，应在单价中考虑施工中的各种损耗和需要增加的工程量。

## 14.2.2 措施项目清单

**1. 措施项目清单的类别**

措施项目费用的发生与使用时间、施工方法或者两个以上的工序相关，如安全文明施工费，夜间施工，非夜间施工照明，二次搬运，冬雨期施工，地上地下设施、建筑物的临时保护设施，已完工程及设备保护等，宜编制总价措施项目清单与计价表。但是有些措施项目则是可以计算工程量的项目，如脚手架工程，混凝土模板及支架（撑），垂直运输、超高施工增加，大型机械设备进出场及安拆，施工排水、降水等，这类措施项目按照分部分项工程量清单的方式采用综合单价计价，更有利于措施费的确定和调整，宜采用分部分项工程量清单的方式编制。

**2. 措施项目清单的编制依据**

（1）施工现场情况、地勘水文资料、工程特点；

（2）常规施工方案；

（3）与建设工程有关的标准、规范、技术资料；

（4）拟定的招标文件；

（5）建设工程设计文件及相关资料。

## 14.2.3 其他项目清单

**1. 暂列金额**

暂列金额是指招标人暂定并包括在合同中的一笔款项。工程建设自身的特性决定了工程的设计需要根据工程进展不断地进行优化和调整，业主需求可能会随工程建设进展出现变化，工程建设过程可能会存在一些不能预见、不能确定的因素，消化这些因素必然会影响合同价格的调整，暂列金额正是因这类不可避免的价格调整而设立，以便达到合理确定和有效控制工程造价的目标。由招标人填写，如不能详列，也可只列暂定金额总额，投标人将上述暂列金额计入投标总价中。

**2. 暂估价**

暂估价是指招标人在工程量清单中提供的用于支付必然发生但暂时不能确定价格的材料、工程设备的单价以及专业工程的金额，包括材料暂估单价、工程设备暂估单价和专业工程暂估价。

（1）招标人提供的材料、工程设备暂估价需要纳入分部分项工程量清单项目综合单价，应只是材料、工程设备暂估单价，以方便投标人组价。

（2）专业工程的暂估价一般应是综合暂估价，同样包括人工费、材料费、施工机具使用费、企业管理费和利润，不包括规费和税金。编制"材料（工程设备）暂估单价及调整表"时，由招标人填写"暂估单价"，并在备注栏说明暂估价的材料、工程设备拟用在哪些清单项目上，投标人应将上述材料、工程设备暂估价计入工程量清单综合单价报价中。

**3. 计日工**

计日工对完成零星工作所消耗的人工工时、材料数量、施工机械台班进行计量，并按照计日工表中填报的适用项目的单价进行计价支付。计日工适用的所谓零星工作一般是指合同约定之外的或者因变更而产生的、工程量清单中没有相应项目的额外工作，尤其是那些难以事先商定价格的额外工作。编制"计日工表"时，项目名称、暂定数量由招标人填写，编制招标控制价时，单价由招标人按有关计价规定确定；投标时，单价由投标人自主报价，按暂定数量计算合价计入投标总价中。结算时，按发承包双方确认的实际数量计算合价。

**4. 总承包服务费**

总承包服务费是指总承包人为配合协调发包人进行的专业工程发包，对发包人自行采购的材料、工程设备等进行保管以及施工现场管理、竣工资料汇总整理等服务所需的费用。招标人应预计该项费用并按投标人的投标报价向投标人支付该项费用。编制"总承包服务费计价表"时，项目名称、服务内容由招标人填写，编写招标控制价时，费率及金额由招标人按有关计价规定确定；投标时，费率及金额由投标人自主报价，计入投标总价中。

## 14.2.4 规费、税金项目清单

出现计价规范中未列的项目，应根据省级政府或省级有关权力部门的规定列项。

# 14.3 工 程 计 量

## 14.3.1 工程计量概述

工程量计算是编制工程量清单的重要内容，也是进行工程估价的重要依据。本章依据中华人民共和国住房和城乡建设部批准发布的《房屋建筑与装饰工程工程量计算规范》GB 50854 的要求对一般土建工程的工程量计算加以介绍。

**1. 工程量的含义**

工程量是以物理计量单位或自然计量单位所表示的分部分项工程项目或措施项目的数量，物理单位是以公制度量表示的，如 m、$m^2$、$m^3$ 等，自然计量单位是以建筑成品表现在自然状态下的简单点数，如个、条、块。

**2. 工程量计算的依据**

（1）经审定的施工设计图纸及其说明。

（2）工程施工的和合同、招标文件和商务条款。

（3）经审定的施工组织设计或施工技术措施方案。

（4）工程量的计算规则。工程量计算规则是规定在计算工程实物数量时，从设计文件和图纸中摘取数值的取定原则的方法。

### 14.3.2 工程量计算规范

工程量计算有9个规范，我们这一部分就是按照《房屋建筑与装饰工程工程量计算规范》GB 50854。这个规范包括了正文、附录和条文说明三部分，第二部分附录包括分部分项工程量项目或（实体项目）和措施项目（非实体项目）的项目设置和工程量计算规则。

**1. 分部分项工程项目的内容**

例如房屋建筑与装饰工程分为：土石方工程、桩基工程、砌筑工程、混凝土及钢筋混凝土工程、楼地面装饰工程、天棚工程等分部工程。分项工程是分部工程的组成部分，按照不同的施工方法、材料、工序及路段长度来划分的。现浇混凝土基础分为带形基础、独立基础、满堂基础、桩承台基础、设备基础等分项工程。GB 50854规范房屋建筑和装饰，附录中的分部分项工程内容包括：项目编码、项目名称、项目特征、计量单位、工程量的计算规则和工作内容等六个部分。

（1）项目编码：采用的是12位的阿拉伯数字。1、2位作为专业工程代码。3、4位为附录分类顺序码。5、6位是分部工程顺序码。7、8、9位是分项工程项目名称顺序码。10～12位是清单项目名称顺序码。

（2）项目名称：分部分项的工程项目名称的设置和划分一般是以形成工程实体为原则命名的。

（3）项目特征：体现的是对分部分项工程的质量要求，是确定一个清单项目综合单价不可缺少的重要依据。必须描述的内容有：涉及正确计量的内容必须描述、涉及结构要求的内容必须描述、涉及材质要求的内容必须描述、涉及安装方式的内容必须描述。

（4）计量单位：规范中规定和定额是不一样的，规范中的计量单位均为基本单位，与定额中所采用基本单位扩大一定倍数不同。一般要求，以t为单位的，保留小数点后三位，第四位四舍五入。以m、m²、m³、kg为单位保留小数点后两位，小数点第三位四舍五入。以个、件、根等为单位取整。

（5）计量规则：是按施工图图示尺寸计算工程实体工程数量的净值。

（6）工作内容：是指为了完成分部分项工程项目或措施项目所需要发生的具体施工作业内容，工作内容确定了其工程成本。

**2. 措施项目的内容**

"措施项目"是相对于工程实体的分部分项工程项目而言，对实际施工中必须发生的施工准备和施工过程中技术、生活、安全、环境保护等方面的非工程实体项目的总称。例如：安全文明施工、模板工程、脚手架工程等。

**3. 工程量清单项目补充方法**

在编制工程量清单时，当出现规范附录中未包括的清单项目时，编制人应作补充，并报省级或行业工程造价管理机构备案，省级或行业工程造价管理机构应汇总报住房和城乡建设部标准定额研究所。

### 14.3.3 工程量计算的方法

**1. 工程计量的原则**

（1）列项要正确，严格按照规范或有关定额规定的工程量计算规则计算工程量，避免错算。

（2）工程量计量单位必须与工程量计算规范或有关定额中规定的计量单位相一致。

（3）计算口径要一致。根据施工图列出的工程量清单项目的口径必须与工程量计算规范中相应清单项目的口径相一致。

（4）按图纸，结合建筑物的具体情况进行计算。

（5）工程量计算精度要统一，要满足规范要求。

**2. 工程量计算顺序**

为了避免漏算或重算，提高计算的准确程度，工程量的计算应按照一定的顺序进行。

（1）单位工程计算顺序。

（2）单个分部分项工程计算顺序。

1）按照顺时针方向计算法。

2）按"先横后竖、先上后下、先左后右"计算法。

3）按图纸分项编号顺序计算法。

**3. 用统筹法计算工程量**

运用统筹法计算工程量，就是分析工程量计算中各分部分项工程量计算之间的固有规律和相互之间的依赖关系，运用统筹法原理和统筹图图解来合理安排工程量的计算程序，以达到节约时间、简化计算、提高工效、为及时准确地编制工程预算提供科学数据的目的。统筹法计算工程量的基本要点。

（1）统筹程序，合理安排。

（2）利用基数，连续计算。就是以"线"或"面"为基数，利用连乘或加减，算出与它有关的分部分项工程量。这里的"线"和"面"指的是长度和面积，常用的基数为"三线一面"，"三线"是指建筑物的外墙中心线、外墙外边线和内墙净长线；"一面"是指建筑物的底层建筑面积。

（3）一次算出，多次使用。

（4）结合实际，灵活机动。

### 14.3.4 清单工程量的计算

**1. 土石方工程**

土石方工程包括土方工程、石方工程及回填三部分。不仅适用于建筑与装饰工程，也适用于其他专业工程。

（1）土方工程

1）平整场地。按设计图示尺寸以建筑物首层建筑面积计算，单位：$m^2$。建筑物场地厚度≤±300mm的挖、填、运、找平，应按平整场地项目编码列项。厚度>±300mm的竖向布置挖土或山坡切土应按一般土方项目编码列项。项目特征包括土壤类别、弃土运距、取土运距。在平整场地若需要外运土方或取土回填时，在清单项目特征中应描述弃土运距或取土运距，其报价应包括在平整场地项目中；当清单中没有描述弃、取土运距时，应注明由投标人根据施工现场实际情况自行考虑到投标报价中。

2）挖一般土方。按设计图示尺寸以体积计算，单位：$m^3$。挖土方平均厚度应按自然地面测量标高至设计地坪标高间的平均厚度确定。土石方体积应按挖掘前的天然密实体积计算，如需按天然密实体积折算时，应按土方体积折算系数表计算。挖土方如需截桩头时，应按桩基工程相关项目列项。桩间挖土不扣除桩的体积，并在项目特征中加以描述。土壤的不同类型决定了土方工程施工的难易程度、施工方法、功效及工程成本，所以应掌握土壤类别的确定，如土壤类别不能准确划分时，招标人可注明为综合，由投标人根据地勘报告决定报价。

3）挖沟槽土方及挖基坑土方

按设计图示尺寸以基础垫层底面积乘以挖土深度计算，单位：m³。基础土方开挖深度应按基础垫层底表面标高至交付施工场地标高确定、无交付施工场地标高时，应按自然地面标高确定。沟槽、基坑、一般土方的划分为：底宽≤7m且底长＞3倍底宽为沟槽；底长≤3倍底宽且底面积≤150m² 为基坑；超出上述范围则为一般土方。挖沟槽、基坑、一般土方因工作面和放坡增加的工程量（管沟工作面增加的工程量），是否并入各土方工程量中，按各省、自治区、直辖市或行业建设主管部门的规定实施，如并入各土方工程量中，办理工程结算时，按经发包人认可的施工组织设计规定计算。计算放坡时，在交接处的重复工程量不予扣除，原槽、坑作基础垫层时，放坡自垫层上表面开始计算。

4）管沟土方

按设计图示以管道中心线长度计算，单位：m，或按设计图示管底垫层面积乘以挖土深度计算以体积计算，单位：m³。无管底垫层按管外径的水平投影面积乘以挖土深度计算。不扣除各类井的长度，井的土方并入。管沟上方项目适用于管道（给排水、工业、电力、通信）、光（电）缆沟［包括：人（手）孔、接口坑］及连接井（检查井）等。有管沟设计时，平均深度以沟垫层底面标高至交付施工场地标高计算；无管沟设计时，直埋管深度应按管底外表面标高至交付施工场地标高的平均高度计算。

（2）回填

1）回填方。按设计图示尺寸以体积计算，单位：m³。

① 场地回填：回填面积乘以平均回填厚度。

② 室内回填：主墙间净面积乘以回填厚度，不扣除间隔墙。

③ 基础回填：挖方清单项目工程量减去自然地坪以下埋设的基础体积（包括基础垫层及其他构筑物）。

2）余方弃置。按挖方清单项目工程量减利用回填方体积（正数）计算，单位：m³。

**2. 桩基础工程**

桩基础工程的包括打桩、灌注桩。项目特征中涉及"地层情况"和"桩长"的，地层情况和桩长描述与"地基处理与边坡支护工程"一致；项目特征中涉及"桩截面、混凝土强度等级、桩类型等"可直接用标准图代号或设计桩型进行描述。

（1）预制钢筋混凝土方桩、预制钢筋混凝土管桩。预制钢筋混凝土方桩、预制钢筋混凝土管桩以米计量，按设计图示尺寸以桩长（包括桩尖）计算；或以"立方米"计量。按设计图示截面积乘以桩长（包括桩尖）以实体积计算；或以"根"计量，按设计图示数量计算。预制钢筋混凝土方桩、预制钢筋混凝土管桩项目以成品桩考虑，应包括成品桩购置费。如果用现场预制，应包括现场预制桩的所有费用。打试验桩和打斜桩应按相应项目单独列项，并应在项目特征中注明试验桩或斜桩（斜率）。

（2）钢管桩

钢管桩按设计图示尺寸以质量计算，单位：t，或按设计图示数量计算，单位：根。

3. 截（凿）桩头。截（凿）桩头按设计桩截面乘以桩头长度以体积计算，单位：m³；或按设计图示数量计算，单位：根。截（凿）桩头项目适用于地基处理与边坡支护工程、桩基础工程所列桩的桩头截（凿）。

（3）灌注桩

1）泥浆护壁成孔灌注桩、沉管灌注桩、干作业成孔灌注桩。泥浆护壁成孔灌注桩、沉管灌注桩、干作业成孔灌注桩工程量按设计图示尺寸以桩长（包括桩尖）计算，单位：m；或按不同截面在桩上范围内以体积计算，单位：m³；或按设计图示数量计算，单位：根。泥浆护壁成孔灌注桩是指在泥浆护壁条件下成孔，采用水下灌注混凝土的桩。其成孔方法包括冲击钻成孔、冲抓锥成孔、回旋钻成孔、潜水钻成孔、泥浆护壁的旋挖成孔等；沉管灌注桩的沉管方法包括锤击沉管法、振动沉管法、振动冲击沉管法、内夯沉管法等；干作业成孔灌注桩是指不用泥浆护壁和套管护壁的情况下，用钻机成孔后，下钢筋笼，灌注混凝土的桩，适用于地下水位以上的土层使用。其成孔方法包括螺旋钻成孔、螺旋钻成孔扩底、干作业的旋挖成孔等。

2）挖孔桩土（石）方。挖孔桩土（石）方按设计图示尺寸（含护壁）截面积乘以挖孔深度以体积计算，单位：m³。混凝土灌注桩的钢筋笼制作、安装，按混凝土与钢筋混凝土工程中相关项目编码列项。

3）人工挖孔灌注桩。人工挖孔灌注桩按桩芯混凝土体积计算，单位：m³；或按设计图示数量计算，单位：根。

4）压浆桩。钻孔压浆桩按设计图示尺寸以桩长计算，单位：m；或按设计图示数量计算，单位：根。灌注桩后压浆按设计图示以注浆孔数计算。

**3. 砌筑工程**

砌筑工程包括砖砌体、砌块砌体、石砌体、垫层。在砌筑工程中若施工图设计标注做法见标准图集时，在项目特征描述中采用注明标注图集的编码、页号及节点大样的方式。

（1）砖砌体

1）砖基础。砖基础项目适用于各种类型砖基础：柱基础、墙基础、管道基础等。其工程量按设计图示尺寸以体积计算，单位：m³。

① 包括附墙垛基础宽出部分体积，扣除地梁（圈梁）、构造柱所占体积，不扣除基础大放脚 T 形接头处的重叠部分及嵌入基础内的钢筋、铁件、管道、基础砂浆防潮层和单个面积≤0.3m² 的孔洞所占体积，靠墙暖气沟的挑檐不增加。

② 基础长度：外墙基础按外墙中心线，内墙基础按内墙净长线计算。

③ 基础与墙（柱）身使用同一种材料时，以设计室内地面为界（有地下室者，以地下室室内设计地面为界），以下为基础，以上为墙（柱）身。基础与墙身使用不同材料时，位于设计室内地面高度≤±300mm 时，以不同材料为分界线，高度＞±300mm 时，以设计室内地面为分界线。砖围墙应以设计室外地坪为界，以下为基础，以上为墙身。

2）实心砖墙、多孔砖墙、空心砖墙

① 按设计图示尺寸以体积计算，单位：m³。扣除门窗洞口、过人洞、空圈、嵌入墙内的钢筋混凝土柱、梁、圈梁、挑梁、过梁及凹进墙内的壁龛、管槽、暖气槽、消火栓箱

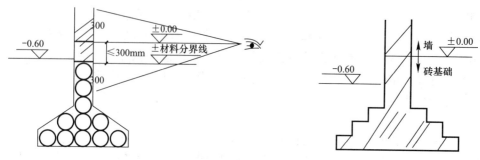

图 14-4　基础与墙（柱）身使用不同材料分界图　　图 14-5　基础与墙（柱）身使用同一种材料分界图

所占体积。不扣除梁头、板头、檩头、垫木、木楞头、沿椽木、木砖、门窗走头、砖墙内加固钢筋、木筋、铁件、钢管及单个面积≤0.3m² 的孔洞所占体积。凸出墙面的腰线、挑檐、压顶、窗台线、虎头砖、门窗套的体积亦不增加。凸出墙面的砖垛并入墙体体积内计算。附墙烟囱、通风道、垃圾道、应按设计图示尺寸以体积（扣除孔洞所占体积）计算并入所依附的墙体体积内。当设计规定孔洞内需抹灰时，应按"墙、柱面装饰与隔断、幕墙工程"中零星抹灰项目编码列项。

② 墙长度。外墙按中心线，内墙按净长线。

③ 墙高度。外墙按斜（坡）屋面无檐口天棚者算至屋面板底；有屋架且室内外均有天棚者算至屋架下弦底另加 200mm；无天棚者算至屋架下弦底另加 300mm，出檐宽度超过 600mm 时按实砌高度计算；有钢筋混凝土楼板隔层者算至板顶；平屋面算至钢筋混凝土板底。内墙按位于屋架下弦者，算至屋架下弦底；无屋架者算至天棚底另加 100mm；有钢筋混凝土楼板隔层者算至楼板顶；有框架梁时算至梁底。女儿墙按从屋面板上表面算至女儿墙顶面（如有混凝土压顶时算至压顶下表面）。内、外山墙按其平均高度计算。

④ 围墙。高度算至压顶上表面（如有混凝土压顶时算至压顶下表面），围墙柱并入围墙体积内。框架间墙：不分内外墙按墙净尺寸以体积计算。标准砖尺寸应为 240mm×115mm×53mm。标准砖墙厚度应按表 14-1 计算。

**标准砖墙厚度表**　　　　　　　　　　　　表 14-1

| 砖数（厚度） | $\frac{1}{4}$ | $\frac{1}{2}$ | $\frac{3}{4}$ | 1 | $1\frac{1}{2}$ | 2 | $2\frac{1}{2}$ | 3 |
|---|---|---|---|---|---|---|---|---|
| 计算厚度（mm） | 53 | 115 | 180 | 240 | 365 | 490 | 615 | 740 |

3）其他墙体

① 空斗墙。按设计图示尺寸以空斗墙外形体积计算，单位：m³。墙角、内外墙交接处、门窗洞口立边、窗台砖、屋檐处的实砌部分体积并入空斗墙体积内。

② 空花墙。按设计图示尺寸以空花部分外形体积计算，单位：m³。不扣除空洞部分体积。

③ 填充墙。按设计图示尺寸以填充墙外形体积计算，单位：m³。

④ 实心砖柱、多孔砖柱。按设计图示尺寸以体积计算，扣除混凝土及钢筋混凝土梁垫、梁头、板头所占体积，单位：m³。

4）零星砌砖。按零星项目列项的有，框架外表面的镶贴砖部分，空斗墙的窗间墙、窗台下、楼板下、梁头下等的实砌部分，台阶、台阶挡墙、梯带、锅台、炉灶、蹲台、池槽、池槽腿、砖胎模、花台、花池、楼梯栏板、阳台栏板、地垄墙、≤0.3m² 的孔洞填塞等。以上项目中砖砌锅台与炉灶可按外形尺寸以设计图示数量计算，单位：个；砖砌台阶可按图示尺寸水平投影面积计算，单位：m²；小便槽、地垄墙可按图示尺寸以长度计算，单位：m；其他工程按图示尺寸截面积乘以长度以体积计算，单位：m³。

5) 砖检查井、散水、地坪、地沟、明沟、砖砌挖孔桩护壁。

① 砖检查井以座为单位，按设计图示数量计算。

② 砖散水、地坪以"m²"为单位，按设计图示尺寸以面积计算。

③ 砖地沟、明沟以"m"为单位，按设计图示以中心线长度计算。

④ 砖砌挖孔桩护壁以"m³"按设计图示尺寸以体积计算。

（2）砌块砌体

1) 砌块墙。砌块墙按设计图示尺寸以体积计算，单位：m³。扣除门窗洞口、过人洞、空圈、嵌入墙内的钢筋混凝土柱、梁、圈梁、挑梁、过梁及凹进墙内的壁龛、管槽、暖气槽、消火栓箱所占体积。不扣除梁头、板头、檩头、垫木、木楞头、沿椽木、木砖、门窗走头、砖墙内加固钢筋、木筋、铁件、钢管及单个面积≤0.3m² 的孔洞所占体积。凸出墙面的腰线、挑檐、压顶、窗台线、虎头砖、门窗套的体积不增加。凸出墙面的砖垛并入墙体体积内。

① 墙长度。外墙按中心线，内墙按净长计算。

② 墙高度。外墙按斜（坡）屋面无檐口天棚者算至屋面板底；有屋架且室内外均有天棚者算至屋架下弦底另加 200mm；无天棚者算至屋架下弦底另加 300mm，出檐宽度超过 600mm 时按实砌高度计算；平屋面算至钢筋混凝土板底。内墙按位于屋架下弦者，算至屋架下弦底，无屋架者算至天棚底另加 100mm；有钢筋混凝土楼板隔层者算至楼板顶；有框架梁时算至梁底。女儿墙按从屋面板上表面算至女儿墙顶面（如有压顶时算至压顶下表面）。内、外山墙：按其平均高度计算。

2) 围墙。高度算至压顶上表面（如有混凝土压顶时算至压顶下表面），围墙柱并入围墙体积内。

3) 框架间墙。不分内外墙按净尺寸以体积计算。

4) 砌块柱。按设计图示尺寸以体积计算，单位：m³。扣除混凝土及钢筋混凝土梁垫、梁头、板头所占体积。

（3）石砌体

1) 石基础。石基础项目适用于各种规格（粗料石、细料石等）、各种材质（砂石、青石等）和各种类型（柱基、墙基、直形、弧形等）基础。其工程量按设计图示尺寸以体积计算，单位：m³。包括附墙垛基础宽出部分体积，不扣除基础砂浆防潮层及单个面积≤0.3m² 的孔洞所占体积，靠墙暖气沟的挑檐不增加。

① 基础长度。外墙按中心线，内墙按净长计算。

② 石基础、石勒脚、石墙身的划分：基础与勒脚应以设计室外地坪为界，勒脚与墙身应以设计室内地坪为界。石围墙内外地坪标高不同时，应以较低地坪标高为界，以下为基础；内外标高之差为挡土墙时，挡土墙以上为墙身。基础垫层包括在基础项目内，不计算工程量。

2）石勒脚。石勒脚项目适用于各种规格（粗料石、细料石等）、各种材质（砂石、青石、大理石、花岗石等）和各种类型（直形、弧形等）勒脚。其工程量按设计图示尺寸以体积计算，单位：m³。扣除单个面积＞0.3m² 的孔洞所占体积。

3）石墙。石墙项目适用于各种规格（粗料石、细料石等）、各种材质（砂石、青石、大理石、花岗石等）和各种类型（直形、弧形等）墙体。其工程量按设计图示尺寸以体积计算，单位：m³。扣除门窗洞口、过人洞、空圈、嵌入墙内的钢筋混凝土柱、梁、圈梁、挑梁、过梁及凹进墙内的壁龛、管槽、暖气槽、消火栓箱所占体积。不扣除梁头、板头、檩头、垫木、木楞头、沿椽木、木砖、门窗走头、砖墙内加固钢筋、木筋、铁件、钢管及单个面积≤0.3m² 的孔洞所占体积。凸出墙面的腰线、挑檐、压顶、窗台线、虎头砖、门窗套的体积亦不增加。凸出墙面的砖垛并入墙体体积内计算。

① 墙长度。外墙按中心线，内墙按净长计算。

② 墙高度。外墙按斜（坡）屋面无檐口天棚者算至屋面板底；有屋架且室内外均有天棚者算至屋架下弦底另加 200mm；无天棚者算至屋架下弦底另加 300mm，出檐宽度超过 600mm 时按实砌高度计算；有钢筋混凝土楼板隔层者算至板顶；平屋面算至钢筋混凝土板底。内墙按位于屋架下弦者，算至屋架下弦；无屋架者算至天棚底另加100mm；有钢筋混凝土楼板隔层者算至楼板顶；有框架梁时算至梁底。女儿墙按从屋面板上表面算至女儿墙顶面（如有混凝土压顶时算至压顶下表面）。内、外山墙：按其平均高度计算。

4）围墙。高度算至压顶上表面（如有混凝土压顶时算至压顶下表面），围墙柱并入围墙体积内。

5）石挡土墙。石挡土墙项目适用于各种规格（粗料石、细料石、块石、毛石、卵石等）、各种材质（砂石、青石、石灰石等）和各种类型（直形、弧形、台阶形等）挡土墙。其工程量按设计图示尺寸以体积计算，单位：m³。石梯膀应按石挡土墙项目编码列项。

6）石柱。石柱项目适用于各种规格、各种石质、各种类型的石柱。其工程量按设计图示尺寸以体积计算，单位：m³。

7）石栏杆。石栏杆项目适用于无雕饰的一般石栏杆。其工程量按设计图示以长度计算，单位：m。

8）石护坡。石护坡项目适用于各种石质和各种石料（粗料石、细料石、片石、块石、毛石、卵石等），其工程量按设计图示尺寸以体积计算，单位：m³。

9）石台阶石台阶项目包括石梯带（垂带），不包括石梯膀，其工程量按设计图示尺寸以体积计算，单位：m³。

① 石坡道。按设计图示尺寸以水平投影面积计算，单位：m²。

② 石地沟、石明沟。按设计图示以中心线长度计算，单位：m。

（4）垫层。除混凝土垫层外，没有包括垫层要求的清单项目应按该垫层项目编码列项。垫层按设计图示尺寸以体积计算，单位：m³。

**4. 混凝土及钢筋混凝土工程**

（1）现浇混凝土基础，包括垫层、带形基础、独立基础、满堂基础、设备基础、桩承台基础。现浇钢筋混凝土框架结构中，常用的独立基础类型。按设计图示尺寸以体积计算，单位：m³。不扣除构件内钢筋、预埋铁件和伸入承台基础的桩头所占体积。项目特征包括混凝土种类、混凝土的强度等级，其中混凝土的种类指清水混凝土、彩色混凝土等，如在同一地区既使用预拌（商品）混凝土、又允许现场搅拌混凝土时，也应注明（下同）。有肋带形基础、无肋带形基础应分别编码列项，并注明肋高；箱式满堂基础及框架式设备基础中柱、梁、墙、板按现浇混凝土柱、梁、墙、板分别编码列项；箱式满堂基础底板按满堂基础项目列项，框架设备基础的基础部分按设备基础列项。

（2）现浇混凝土柱。现浇混凝土包括矩形柱、构造柱、异形柱。按设计图示尺寸以体积计算，单位：m³。不扣除构件内钢筋、预埋铁件所占体积。柱高按以下规定计算。

1）有梁板的柱高，应自柱基上表面（或楼板上表面）至上一层楼板上表面之间的高度计算，如图 14-6 所示。

2）无梁板的柱高，应自柱基上表面（或楼板上表面）至柱帽下表面之间的高度计算，如图 14-7 所示。

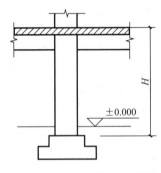 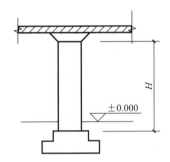

图 14-6　有梁板柱高示意图　　　　　图 14-7　无梁板柱高示意图

3）框架柱的柱高应自柱基上表面至柱顶高度计算，如图 14-8 所示。

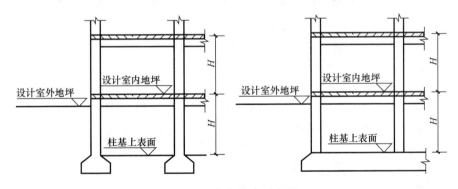

图 14-8　框架柱高示意图

4）构造柱按全高计算，嵌接墙体部分（马牙槎）并入柱身体积，如图 14-9 所示。

5）依附柱上的牛腿和升板的柱帽，并入柱身体积计算，如图 14-10 所示。

（3）现浇混凝土梁，包括基础梁、矩形梁、异形梁、圈梁、过梁、弧形梁、拱形梁。按设计图示尺寸以体积计算，单位：m³。不扣除构件内钢筋、预埋铁件所占体积，伸入墙内的梁头、梁垫并入梁体积内。梁长按梁与柱连接时，梁长算至柱侧面；主梁与次梁连接时，次梁长算至主梁侧面。见图 14-11 和图 14-12。

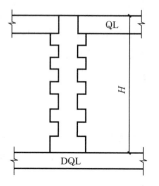

图 14-9　构造柱柱高示意图

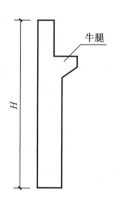

图 14-10　带牛腿现浇混凝土柱高示意图

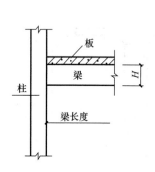

图 14-11　梁与柱连接示意图

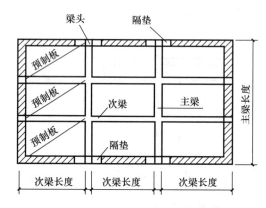

图 14-12　主梁与次梁连接示意图

（4）现浇混凝土墙。包括直形墙、弧形墙、短肢剪力墙、挡土墙。按设计图示尺寸以体积计算，单位：$m^3$。不扣除构件内钢筋，预埋铁件所占体积，扣除门窗洞口及单个面积$>0.3m^2$的孔洞所占体积；墙垛及突出墙面部分并入墙体体积内计算。短肢剪力墙是指截面厚度不大于300mm，各肢截面高度与厚度之比的最大值大于4但不大于8的剪力墙；各肢截面高度与厚度之比的最大值不大于4的剪力墙按柱项目列项。

（5）现浇混凝土板

1）有梁板、无梁板、平板、拱板、薄壳板、栏板。按设计图示尺寸以体积计算，单位：$m^3$。不扣除构件内钢筋、预埋铁件及单个面积$\leqslant 0.3m^2$的柱、垛以及孔洞所占体积；压形钢板混凝土楼板扣除构件内压形钢板所占体积。有梁板（包括主、次梁与板）按梁、板体积之和计算，见图14-13；无梁板按板和柱帽体积之和计算，见图14-14；各类板伸入墙内的板头并入板体积内计算；薄壳板的肋、基梁并入薄壳体积内计算。

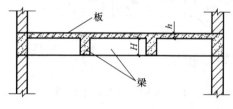

图 14-13　有梁板

2）天沟（檐沟）、挑檐板。按设计图示尺寸以体积计算，单位：$m^3$。

3）雨篷、悬挑板、阳台板，按设计图示以墙外部分体积计算，单位：$m^3$。包括伸出墙外的牛腿和雨篷反挑檐的体积。现浇挑檐、天沟板、雨篷、阳台与板（包括屋面板、楼板）连接时，以外墙外边线为分界线；与圈梁（包括其他梁）连接时，以梁外边线为分界线。外边线以外为挑檐、天沟、雨篷或阳台。见图 14-15。

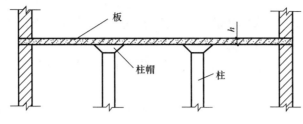

图 14-14 无梁板

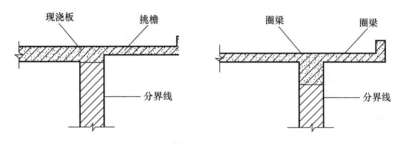

图 14-15 现浇混凝土挑檐板分界线示意图

4）空心板。按设计图示尺寸以体积计算，单位：$m^3$。空心板（GBF 高强薄壁蜂巢芯板等）应扣除空心部分体积。

5）其他板，按设计图示尺寸以体积计算，单位：$m^3$。

（6）现浇混凝土楼梯，包括直形楼梯、弧形楼梯。按设计图示尺寸以水平投影面积计算，单位：$m^2$，不扣除宽度≤500mm 的楼梯井，伸入墙内部分不计算；或者以"立方米"计量，按设计图示尺寸以体积计算。见图 14-16。整体楼梯（包括直形楼梯、弧形楼梯）水平投影面积包括休息平台、平台梁、斜梁和楼梯的连接梁。当整体楼梯与现浇楼板无梯梁连接时，以楼梯的最后一个踏步边缘加 300mm 为界。

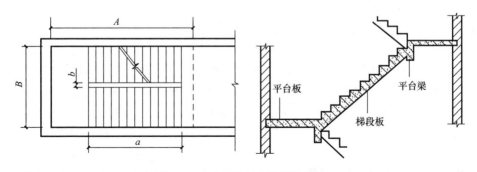

图 14-16 现浇混凝土楼梯示意图

（7）现浇混凝土其他构件

1）散水、坡道、室外地坪，按设计图示尺寸以面积计算，单位：$m^2$。不扣除单个面积≤0.3$m^2$ 的孔洞所占面积。不扣除构件内钢筋、预埋铁件所占体积。

2）电缆沟、地沟，按设计图示以中心线长度计算，单位：m。

3）台阶。以"平方米"计量，按设计图示尺寸水平投影面积计算；或者以"m³"计量，按设计图示尺寸以体积计算。架空式混凝土台阶，按现浇楼梯计算。

4）扶手、压顶。以"米"计量，按设计图示的中心线延长米计算；或者以"m³"计量，按设计图示尺寸以体积计算。

5）化粪池、检查井。按设计图示尺寸以体积计算；以"座"计量，按设计图示数量计算。

6）其他构件，主要包括现浇混凝土小型池槽、垫块、门框等，按设计图示尺寸以体积计算，单位：m³。

（8）后浇带。按设计图示尺寸以体积计算，单位：m³。

（9）过梁

1）过梁工程量计算。按照《建设工程工程量清单计价规范》GB 50500 的规定，过梁的工程量计算应按实际体积考虑，计量单位 m³。过梁在工程量清单中的项目特征描述中应注明的项目有过梁的混凝土种类和使用混凝土的强度等级。

① 过梁的体积　　过梁的体积 ＝ 过梁截面面积×过梁的长度　　　　　（14-29-1）
② 过梁的模板　　过梁模板面积 ＝ 过梁的底模＋过梁的侧模　　　　　（14-29-2）
　　　　　　　　过梁底模 ＝ 洞口净长度×过梁宽度　　　　　　　　（14-29-3）
　　　　　　　　过梁侧模 ＝ 过梁侧面长度之和×过梁高度　　　　　（14-29-4）
③ 挑出部分装修　挑出部分装修 ＝ 过梁侧面长度×过梁外露宽度　　（14-29-5）

2）过梁工程量计算难点

① 矩形、异形过梁计算时必须考虑过梁与墙相交的情况，计算嵌墙体积；

② 矩形、异形过梁计算时必须注意过梁的标高和圈梁的标高，考虑过梁与圈梁相交的扣减；

③ 计算过梁混凝土体积时，不需要扣除里面钢筋的用量。

注：过梁的工程量清单中的项目特征应注明过量的混凝土种类和使用的混凝土强度等级。

（10）预制混凝土构件

预制混凝土构件项目特征包括图代号、单件体积、安装高度、混凝土强度等级、砂浆（细石混凝土）强度等级及配合比。若引用标准图集可以直接用图代号的方式描述，若工程量按数量以单位"根"、"块"、"榀"、"套"、"段"计量，必须描述单件体积。

1）预制混凝土柱、梁。预制混凝土柱包括矩形柱、异形柱；预制混凝土梁包括矩形梁、异形梁、过梁、拱形梁、鱼腹式吊车梁等。均按设计图示尺寸以体积计算，单位：m³，不扣除构件内钢筋、预埋铁件所占体积，或按设计图示尺寸以数量计算，单位：根。

2）预制混凝土屋架。包括折线型屋架、组合屋架、薄腹屋架、门式刚架屋架、天窗架屋架，均按设计图示尺寸以体积计算，单位：m³。不扣除构件内钢筋、预埋铁件所占体积；或按设计图示尺寸以数量计算，单位：榀。三角形屋架应按折线型屋架项目编码列项。

3）预制混凝土板。平板、空心板、槽形板、网架板、折线板、带肋板、大型板。按设计图示尺寸以体积计算，单位：m³。不扣除构件内钢筋、预埋铁件及单个尺寸≤300mm×300mm 的孔洞所占体积，扣除空心板空洞体积；或按设计图示尺寸以数量计算，单位：块。不带肋的预制遮阳板、雨篷板、挑檐板、栏板等，应按平板项目编码列项。预制 F 形板、双 T 形板、单肋板和带反挑檐的雨篷板、挑檐板、遮阳板等，应按带肋板项目编码列项。预制大型墙板、大型楼板、大型屋面板等，应按大型板项目编码列项。沟盖板、井盖板、井圈，按设计图示尺寸以体积计算，单位：m³；或按设计图示尺寸以数量计算，单位：块。

4）预制混凝土楼梯。以"m³"计量，按设计图示尺寸以体积计算，扣除空心踏步板空洞体积；或以"段"计量，按设计图示数量计。

5）其他预制构件。包括烟道、垃圾道、通风道及其他构件（预制钢筋混凝土小型池槽、压顶、扶手、垫块、隔热板、花格等，按其他构件项目编码列项）。其工程量计算以"m³"计量，按设计图示尺寸以体积计算，不扣除单个面积≤300mm×300mm 的孔洞所占体积，扣除烟道、垃圾道、通风道的孔洞所占体积；或以"m²"计量，按设计图示尺寸以面积计算，扣除单个面积≤300mm×300mm 的孔洞所占面积；或以"根"计量，按设计图示尺寸以数量计算。

**5. 钢筋工程**

（1）现浇混凝土钢筋、预制构件钢筋、钢筋网片、钢筋笼。均按设计图示钢筋（网）长度（面积）乘以单位理论质量计算，单位：t。现浇构件中伸出构件的锚固钢筋应并入钢筋工程量内。除设计（包括规范规定）标明的搭接外，其他施工搭接不计算工程量，在综合单价中综合考虑。现浇构件中固定位置的支撑钢筋、双层钢筋用的"铁马"在编制工程量清单时，如果设计未明确，其工程数量可为暂估量，结算时按现场签证数量计算。

（2）先张法预应力钢筋，按设计图示钢筋长度乘以单位理论质量计算，单位：t。

（3）后张法预应力钢筋、预应力钢丝、预应力钢绞线，按设计图示钢筋（丝束、绞线）长度乘以单位理论质量计算，单位：t。其长度应按以下规定计算。

1）低合金钢筋两端均采用螺杆锚具时，钢筋长度按孔道长度减 0.35m 计算，螺杆另行计算。

2）低合金钢筋一端采用镦头插片，另一端采用螺杆锚具时，钢筋长度按孔道长度计算，螺杆另行计算。

3）低合金钢筋一端采用镦头插片，另一端采用帮条锚具时，钢筋增加 0.15m 计算；两端均采用帮条锚具时，钢筋长度按孔道长度增加 0.3m 计算。

4）低合金钢筋采用后张混凝土自锚时，钢筋长度按孔道长度增加 0.35m 计算。

5）低合金钢筋（钢绞线）采用 JM，XM，QM 型锚具，孔道长度在 20m 以内时，钢筋长度增加 1m 计算；孔道长度在 20m 以外时，钢筋（钢绞线）长度按孔道长度增加 1.8m 计算。

6）碳素钢丝采用锥形锚具，孔道长度在 20m 以内时，钢丝束长度按孔道长度增加 1m 计算；孔道长在 20m 以上时，钢丝束长度按孔道长度增加 1.8m 计算。

7）碳素钢丝束采用镦头锚具时，钢丝束长度按孔道长度增加 0.35m 计算。

（4）钢筋的工程量计算方法。

$$钢筋工程量 = 图示钢筋长度 \times 单位理论质量 \qquad (14\text{-}30\text{-}1)$$

$$图示钢筋长度 = 构件尺寸 - 保护层厚度 + 弯起钢筋增加长度 + 两端弯钩长度$$
$$+ 图纸注明(或规范规定)的搭接长度 \qquad (14\text{-}30\text{-}2)$$

有关计算参数确定如下：

1）钢筋的单位质量。钢筋单位质量可以查表，也可根据钢筋直径计算理论质量，钢筋的容重可按 $7850kg/m^3$ 计算。

2）钢筋的混凝土保护层厚度。根据《混凝土结构设计规范》GB 50010 规定，结构中最外层钢筋的混凝土保护层厚度（钢筋外边缘至混凝土表面的距离）应不小于钢筋的公称直径。设计使用年限为 50 年的混凝土结构，其保护层厚度尚应符合规定。

3）弯起钢筋增加长度。如图 14-17 弯起钢筋增加的长度为 S-L。不同弯起角度的 S-L 值计算见表 14-2。

4）两端弯钩长度。采用Ⅰ级钢筋作受力筋时，两端需设弯钩，弯钩形式有 180°、90°、135°三种。如图 14-18 图中 $d$ 为钢筋的直径，三种形式的弯钩增加长度分别为 $6.25d$、$3.5d$、$4.9d$。

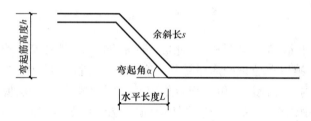

图 14-17　弯起钢筋增加长度示意图

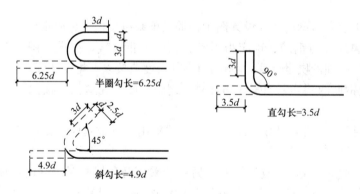

图 14-18　钢筋弯钩长度示意图

**弯起钢筋增加长度计算表**　　　　　　　　　　　　　　　　表 14-2

| 弯起角度 | S | L | S-L |
|---|---|---|---|
| 30° | 2.000h | 1.732h | 0.268h |
| 45° | 1.414h | 1.000h | 0.414h |
| 60° | 1.15h | 0.577h | 0.573h |

注：弯起钢筋高度 $h$＝构件高度－保护层厚度。

5）钢筋的锚固及搭接长度。纵向受拉钢筋抗震锚固长度见平法图集 11G101-1。

6）纵向受拉钢筋抗震绑扎搭接长度。按锚固长度乘以修正系数计算，修正系数见表 14-3。

| 纵向钢筋搭接接头面积百分率 | ≤25 | ≤50 | ≤100 |
|---|---|---|---|
| 修正系数 | 1.2 | 1.4 | 1.6 |

7）箍筋长度的计算。矩形梁、柱的箍筋长度应按图纸规定计算。无规定时，箍筋长度按式（14-31）计算。箍筋两个弯钩增加长度的经验参考值见表 14-4。

$$箍筋长度 = 构件截面周长 - 8 \times 保护层厚 - 4 \times 箍筋直径 + 2 \times 钩长 \quad (14\text{-}31)$$

箍筋两个弯钩增加长度经验参考值表       表 14-4

| $\phi4\sim\phi5$ | $\phi6$ | $\phi8$ | $\phi10\sim\phi12$ |
|---|---|---|---|
| 80 | 100 | 120 | 150~170 |

8）箍筋（或其他分布钢筋）的根数按公式 14-32 计算。注意：式中在计算根数时取整加 1；箍筋分布长度一般为构件长度减去两端保护层厚度。

$$箍筋根数 = 箍筋分布长度 / 箍筋间距 + 1 \quad (14\text{-}32)$$

（5）矩形独立基础钢筋根数计算示例。矩形独立基础钢筋构造详见图 14-19。$s$ 是钢筋间距，第一根钢筋布置的位置距构件边缘的距离是"起步距离"，独立基础底部钢筋的起步距离不大于 75mm 且不大于 $s/2$。

钢筋计算公式（以 $X$ 向钢筋为例）

$$钢筋长度 = x - 2c \quad (14\text{-}33)$$

$$钢筋根数 = [y - 2 \times \min(75, s/2)]/s + 1 \quad (14\text{-}34)$$

### 6. 门窗工程

门窗工程包括木门、金属门、金属卷帘（闸）门、厂库房大门及特种门、其他门；木窗、金属窗、门窗套、窗台板及窗帘、窗帘盒、轨等。木质门应区分镶板木门、企口

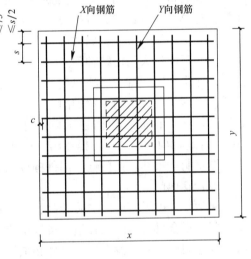

图 14-19 矩形独立基础钢筋构造图

木板门、实木装饰门、胶合板门、夹板装饰门、木纱门、全玻门（带木质扇框）、木质半玻门（带木质扇框）等项目，分别编码列项。金属门应区分金属平开门、金属推拉门、金属地弹门、全玻门（带金属扇框）、金属半玻门（带扇框）等项目，分别编码列项。特种门应区分冷藏门、冷冻间门、保温门、变电室门、隔声门、防射线门、人防门、金库门等项目，分别编码列项。

（1）木门

1）木质门、木质门带套、木质连窗门、木质防火门，工程量可以按设计图示数量计算，单位：樘；或按设计图示洞口尺寸以面积计算，单位：m²。木门五金应包括：折页、插销、门碰珠、弓背拉手、搭机、木螺丝、弹簧折页（自动门）、管子拉手（自由门、地弹门）、地弹簧（地弹门）、角铁、门轨头（地弹门、自由门）等。木质门带套计量按洞口尺寸以面积计算，不包括门套的面积，但门套应计算在综合单价中。木门项目特征描述

时，当工程量是按图示数量以"樘"计量的，项目特征必须描述洞口尺寸，以"m²"计量的，项目特征可不描述洞口尺寸。

2）木门框以"樘"计量，按设计图示数量计算；以"m"计量，按设计图示框的中心线以延长米计算。木门框项目特征除了描述门代号及洞口尺寸、防护材料的种类，还需描述框截面尺寸。

3）门锁安装按设计图示数量计算，单位：个或套。

（2）金属门

金属门包括金属（塑钢）门、彩板门、钢质防火门、防盗门，按设计图示数量计算，单位：樘；或按设计图示洞口尺寸以面积计算（无设计图示洞口尺寸，按门框、扇外围以面积计算），单位：m²。金属门项目特征描述时，当以"樘"计量，项目特征必须描述洞口尺寸，没有洞口尺寸必须描述门框或扇外围尺寸，当以"m²"计量，项目特征可不描述洞口尺寸及框、扇的外围尺寸。

（3）金属卷帘（闸）门

金属卷帘（闸）门项目包括金属卷帘（闸）门、防火卷帘（闸）门，工程量按设计图示数量计算，单位：樘；或按设计图示洞口尺寸以面积计算，单位：m²。以樘计量。项目特征必须描述洞口尺寸，以"m²"计量，项目特征可不描述洞口尺寸。

（4）厂库房大门、特种门

厂库房大门、特种门项目包括木板大门、钢木大门、全钢板大门、防护铁丝门、金属格栅门、钢质花饰大门、特种门。工程量可以数量或面积进行计算，当按数量以樘为单位计算时，项目特征必须描述洞口尺寸，没有洞口尺寸必须描述门框或扇外围尺寸，以"m²"计量，项目特征可不描述洞口尺寸及框、扇的外围尺寸。工程量以"m²"计量，无设计图示洞口尺寸，按门框、扇外围以面积计算。

（5）其他门

包括平开电子感应门、旋转门、电子对讲门、电动伸缩门、全玻自由门、镜面不锈钢饰面门、复合材料门。工程量可按数量或面积计算，当按数量以"樘"计量时，项目特征必须描述洞口尺寸，没有洞口尺寸必须描述门框或扇外围尺寸，以"m²"计量，项目特征可不描述洞口尺寸及框、扇的外围尺寸；工程量以"m²"计量的，无设计图示洞口尺寸，按门框、扇外围以面积计算。其他门工程量按设计图示数量计算，单位：樘；或按设计图示洞口尺寸以面积计算，单位：m²。

（6）木窗

包括木质窗、木飘（凸）窗、木橱窗、木纱窗。木质窗应区分木百叶窗、木组合窗、木天窗、木固定窗、木装饰空花窗等项目，分别编码列项。

1）木质窗工程量按设计图示数量计算，单位：樘；或按设计图示洞口尺寸以面积计算，单位：m²。

2）木飘（凸）窗、木橱窗工程量按设计图示数量计算，单位：樘；或按设计图示尺寸以框外围展开面积计算，单位：m²。

3）木纱窗工程量按设计图示数量计算，单位：樘；或按框的外围尺寸以面积计算，单位：m²。

（7）金属窗

金属窗应区分金属组合窗、防盗窗等项目，分别编码列项。在项目特征描述中，当金属窗工程量以"樘"计量，项目特征必须描述洞口尺寸，没有洞口尺寸必须描述窗框外围尺寸，以"m²"计量，项目特征可不描述洞口尺寸及框的外围尺寸；对于金属橱窗、飘（凸）窗以樘计量，项目特征必须描述框外围展开面积。在工程量计算时，当以"m²"计量，无设计图示洞口尺寸，按窗框外围以面积计算。

1）金属（塑钢、断桥）窗、金属防火窗、金属百叶窗、金属搁栅窗工程量按设计图示数量计算，单位：樘；或按设计图示洞口尺寸以面积计算，单位：m²。

2）金属纱窗工程量按设计图示数量计算，单位：樘；或按框的外围尺寸以面积计算，单位：m²。

3）金属（塑钢、断桥）橱窗、金属（塑钢、断桥）飘（凸）窗工程量按设计图示数量计算，单位：樘；或按设计图示尺寸以框外围展开面积计算，单位：m²。

4）彩板窗、复合材料窗工程量按设计图示数量计算，单位：樘；或按设计图示洞口尺寸或框外围以面积计算，单位：m²。

（8）门窗套

包括木门窗套、金属门窗套、石材门窗套、门窗木贴脸、硬木筒子板、饰面夹板筒子板。木门窗套适用于单独门窗套的制作、安装。在项目特征描述时，当以"樘"计量时，项目特征必须描述洞口尺寸、门窗套展开宽度；当以"m²"计量时，项目特征可不描述洞口尺寸、门窗。

（9）窗台板

包括木窗台板、铝塑窗台板、石材窗台板、金属窗台板。按设计图示尺寸以展开面积计算，单位：m²。

（10）窗帘、窗帘盒、轨

在项目特征描述中，当窗帘若是双层，项目特征必须描述每层材质；当窗帘以"m"计量，项目特征必须描述窗帘高度和宽。

1）窗帘工程量按设计图示尺寸以成活后长度计算，单位：m；或按图示尺寸以成活后展开面积计算，单位：m²。

2）木窗帘盒，饰面夹板、塑料窗帘盒，铝合金属窗帘盒，窗帘轨。按设计图示尺寸以长度计算，单位：m。

**7. 屋面及防水工程**

（1）瓦、型材屋面

1）瓦屋面、型材屋面。按设计图示尺寸以斜面积计算，单位：m²。不扣除房上烟囱、风帽底座、风道、小气窗、斜沟等所占面积，小气窗的出檐部分不增加面积。瓦屋面斜面积按屋面水平投影面积乘以屋面延尺系数。延尺系数可根据屋面坡度的大小确定，详见图14-20。

2）阳光板、玻璃钢屋面。按设计图示尺寸以斜面积计算。不扣除屋面面积≤0.3m²孔洞所占面积。型材屋面、阳光板屋面、玻璃钢屋面的柱、梁、屋架，按金属结构工程、木结构工程中相关项目编码列项。

3）膜结构屋面。按设计图示尺寸以需要覆盖的水平投影面积计算，单位：m²。

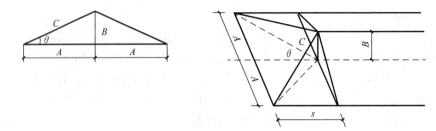

图 14-20　两坡水及四坡水屋面示意图

（2）屋面防水

1）屋面卷材防水、屋面涂膜防水。按设计图示尺寸以面积计算，单位：m²。斜屋顶（不包括平屋顶找坡）按斜面积计算；平屋顶按水平投影面积计算。不扣除房上烟囱、风帽底座、风道、屋面小气窗和斜沟所占面积。屋面的女儿墙、伸缩缝和天窗等处的弯起部分，并入屋面工程量内。屋面找平层按楼地面装饰工程平面砂浆找平层项目编码列项。屋面防水搭接及附加层用量不另行计算，在综合单价中考虑。

2）屋面刚性防水，按设计图示尺寸以面积计算，单位：m²。不扣除房上烟囱、风帽底座、风道等所占的面积。

3）屋面排水管，按设计图示尺寸以长度计算，单位：m。如设计未标注尺寸，以檐口至设计室外散水上表面垂直距离计算。

4）屋面排（透）气管，按设计图示尺寸以长度计算，单位：m。

5）屋面（廊、阳台）泄（吐）水管，按设计图示数量计算，单位：根或个。

6）屋面天沟、檐沟，按设计图示尺寸以展开面积计算，单位：m²。

7）屋面变形缝，按设计图示以长度计算，单位：m。

（3）墙面防水、防潮

1）墙面卷材防水、墙面涂膜防水、墙面砂浆防水（潮）。按设计图示尺寸以面积计算，单位：m²。

2）墙面变形缝。按设计图示尺寸以长度计算，单位：m。墙面变形缝，若做双面，工程量乘系数2。

（4）楼（地）面防水、防潮

1）楼（地）面卷材防水、楼（地）面涂膜防水、楼（地）面砂浆防水（潮），按设计图示尺寸以面积计算，单位：m²，楼（地）面防水搭接及附加层用量不另行计算，在综合单价中考虑。

① 楼（地）面防水按主墙间净空面积计算，扣除凸出地面的构筑物、设备基础等所占面积，不扣除间壁墙及单个面积≤0.3m² 柱、垛、烟囱和孔洞所占面积。

② 楼（地）面防水反边高度≤300mm 算作地面防水，反边高度>300mm 按墙面防水计算。

2）楼（地）面变形缝。按设计图示尺寸以长度计算，单位：m。

**8. 楼地面装饰工程**

（1）整体面层及找平层

1）水泥砂浆楼地面、现浇水磨石楼地面、细石混凝土楼地面、菱苦土楼地面、自流坪楼地面。按设计图示尺寸以面积计算，单位：m²。扣除凸出地面构筑物、设备基础、室内铁道、地沟等所占面积，不扣除间壁墙及≤0.3m²柱、垛、附墙烟囱及孔洞所占面积。门洞、空圈、暖气包槽、壁龛的开口部分不增加面积。间壁墙指墙厚≤120mm的墙。

2）平面砂浆找平层。按设计图示尺寸以面积计算，单位：m²。平面砂浆找平层只适用于仅做找平层的平面抹灰。楼地面混凝土垫层另按现浇混凝土基础中垫层项目编码列项，除混凝土外的其他材料垫层按砌筑工程中垫层项目编码列项。

（2）块料面层

包括石材楼地面、碎石材楼地面、块料楼地面。按设计图示尺寸以面积计算，单位：m²。门洞、空圈、暖气包槽、壁龛的开口部分并入相应的工程量。在描述碎石材项目的面层材料特征时可不用描述规格、品牌、颜色；石材、块料与粘结材料的结合面刷防渗材料的种类在防护层材料种类中描述（下同）。为便于施工，用于块材地面敷设的水泥砂浆的结合层的配合比通常采用体积比。瓷砖之间的缝隙应该用白水泥砂浆或专用勾缝材料擦缝，不应用水泥砂浆或水泥混合砂浆擦缝。瓷砖之间的缝隙为伸缩缝，不能粘结牢固，只能封闭，故不能使用水泥砂浆或水泥混合砂浆擦缝。

块料面层的项目特征包括下面六项。

1）找平层厚度、砂浆配合比。

2）结合层厚度、砂浆配合比。

3）面层材料品种、规格、颜色。

4）嵌缝材料种类。

5）防护层材料种类。

6）酸洗、打蜡要求。

（3）橡塑面层

包括橡胶板楼地面、橡胶卷材楼地面、塑料板楼地面、塑料卷材楼地面。按设计图示尺寸以面积计算，单位：m²。门洞、空圈、暖气包槽、壁龛的开口部分并入相应的工程量内。

（4）其他材料面层

包括楼地面地毯、竹木（复合）地板、金属复合地板、防静电活动地板。按设计图示尺寸以面积计算，单位：m²。门洞、空圈、暖气包槽、壁龛的开口部分并入相应的工程量内。

（5）踢脚线

包括水泥砂浆踢脚线、石材踢脚线、块料踢脚线、塑料板踢脚线、木质踢脚线、金属踢脚线、现浇水磨石踢脚线、防静电踢脚线。按设计图示长度乘高度以面积计算，单位：m²；或按延长米计算，单位：m。

（6）楼梯面层

包括石材楼梯面层、块料楼梯面层、拼碎块料面层、水泥砂浆楼梯面、现浇水磨石楼梯面、地毯楼梯面、木板楼梯面、橡胶（塑料）板楼梯面。按设计图示尺寸以楼梯（包括踏步、休息平台及≤500mm的楼梯井）水平投影面积计算，单位：m²。楼梯与楼地面相连时，算至梯口梁内侧边沿；无梯口梁者，算至最上一层踏步边沿加300mm。

（7）台阶装饰

包括石材台阶面、块料台阶面、拼碎块料台阶面、水泥砂浆台阶面、现浇水磨石台阶面、剁假石台阶面。按设计图示尺寸以台阶（包括最上层踏步边沿加 300mm）水平投影面积计算，单位：m²。

（8）零星装饰项目

包括石材零星项目、碎拼石材零星项目、块料零星项目、水泥砂浆零星项目。按设计图示尺寸以面积计算，单位：m²。楼梯、台阶侧面装饰，不大于 0.5m² 少量分散的楼地面装修，应按零星装饰项目编码列项。

**9. 墙、柱面装饰与隔断、幕墙工程**

（1）墙面抹灰

包括墙面一般抹灰、墙面装饰抹灰、墙面勾缝、立面砂浆找平层。工程量按设计图示尺寸以面积计算，单位：m²。扣除墙裙、门窗洞口及单个 ＞0.3m² 的孔洞面积，不扣除踢脚线、挂镜线和墙与构件交接处的面积，门窗洞口和孔洞的侧壁及顶面不增加面积。附墙柱、梁、垛、烟囱侧壁并入相应的墙面面积内。飘窗凸出外墙面增加的抹灰并入外墙工程量内。

1）外墙抹灰面积按外墙垂直投影面积计算。

2）外墙裙抹灰面积按其长度乘以高度计算。

3）内墙抹灰面积按主墙间的净长乘以高度计算。无墙裙的内墙高度按室内楼地面至天棚底面计算；有墙裙的内墙高度按墙裙顶至天棚底面计算。有吊顶天棚抹灰，高度算至天棚底，但有吊顶天棚的内墙面抹灰，抹至吊顶以上部分在综合单价中考虑。

4）内墙裙抹灰面积按内墙净长乘以高度计算。

5）立面砂浆找平项目适用于仅做找平层的立面抹灰。墙面抹石灰砂浆、水泥砂浆、混合砂浆、聚合物水泥砂浆、麻刀石灰浆、石膏灰浆等按墙面一般抹灰列项；墙面水刷石、斩假石、干粘石、假面砖等按墙面装饰抹灰列项。

（2）柱（梁）面抹灰

包括柱（梁）面一般抹灰、柱（梁）面装饰抹灰、柱（梁）面砂浆找平层、柱面勾缝。按设计图示柱（梁）断面周长乘以高度以面积计算，单位：m²。柱（梁）面抹石灰砂浆、水泥砂浆、混合砂浆、聚合物水泥砂浆、麻刀石灰浆、石膏灰浆等按柱（梁）面一般抹灰编码列项；柱（梁）面水刷石、斩假石、于粘石、假面砖等按柱（梁）面装饰抹灰项目编码列项。

（3）零星抹灰

墙、柱（梁）面≤0.5m² 的少量分散的抹灰按零星抹灰项目编码列项，包括零星项目一般抹灰、零星项目装饰抹灰、零星砂浆找平层。按设计图示尺寸以面积计算，单位：m²。

（4）墙面块料面层

1）石材墙面、碎拼石材、块料墙面。按镶贴表面积计算，单位：m²。项目特征中，"安装的方式"可描述为砂浆或胶粘剂粘贴、挂贴、干挂等，不论哪种安装方式，都要详细描述与组价相关的内容。

2）干挂石材钢骨架按设计图示尺寸以质量计算，单位：t。

（5）柱（梁）面镶贴块料

1）石材柱（梁）面、块料柱（梁）面、拼碎块柱面。按设计图示镶贴表面积计算，单位：m²。

2）柱（梁）面干挂石材的钢骨架按"墙面块料面层"中的"干挂石材钢骨架"列项。

310

（6）零星镶贴块料

墙柱面 0.5m² 的少量分散的镶贴块料面层按零星项目执行。包括石材零星项目、块料零星项目、拼碎块零星项目。按设计图示尺寸以镶贴表面积计算，单位：m²。

（7）墙饰面

1）饰面板工程量按设计图示墙净长乘以净高以面积计算，单位：m²。扣除门窗洞口及单个＞0.3m² 的孔洞所占面积。

2）墙面装饰浮雕。按设计图示尺寸以面积计算，单位：m²。

（8）柱（梁）饰面

1）柱（梁）面装饰。按设计图示饰面外围尺寸以面积计算，单位：m²。柱帽、柱墩并入相应柱饰面工程量内。

2）成品装饰柱。设计数量以"根"计算；或按设计长度以"m"计算。

**10. 天棚工程**

（1）天棚抹灰

按设计图示尺寸以水平投影面积计算，单位：m²。不扣除间壁墙、垛、柱、附墙烟囱、检查口和管道所占的面积，带梁天棚、梁两侧抹灰面积并入天棚面积内，板式楼梯底面抹灰按斜面积计算，锯齿形楼梯底板抹灰按展开面积计算。

（2）天棚吊顶

1）吊顶天棚。按设计图示尺寸以水平投影面积计算，单位：m²。天棚面中的灯槽及跌级、锯齿形、吊挂式、藻井式天棚面积不展开计算。不扣除间壁墙、检查口、附墙烟囱、柱垛和管道所占面积，扣除单个＞0.3m² 的孔洞、独立柱及与天棚相连的窗帘盒所占的面积。

2）格栅吊顶、吊筒吊顶、藤条造型悬挂吊顶、织物软雕吊顶、装饰网架吊顶。按设计图示尺寸以水平投影面积计算，单位：m²。

（3）采光天棚

采光天棚骨架应单独按金属结构工程相关项目编码列项。其工程量计算按框外围展开面积计算，单位：m²。

（4）天棚其他装饰。

1）灯带（槽）按设计图示尺寸以框外围面积计算，单位：m²。

2）送风口、回风口按设计图示数量计算，单位：个。

**11. 油漆、涂料、裱糊工程**

（1）门油漆

包括木门油漆、金属门油漆，其工程量计算按设计图示数量或设计图示单面洞口面积计算，单位：樘/m²。木门油漆应区分单层木门、双层（一玻一纱）木门、双层（单裁口）木门、全玻自由门、半玻自由门、装饰门及有框门或无框门等，分别编码列项。金属门油漆应区分平开门、推拉门、钢制防火门等项目，分别编码列项。

（2）窗油漆

包括木窗油漆、金属窗油漆，其工程量计算按设计图示数量或设计图示单面洞口面积计算，单位：樘/m²。木窗油漆应区分单层玻璃窗、双层（一玻一纱）木窗、双层框扇（单裁口）木窗、双层框三层（二玻一纱）木窗、单层组合窗、双层组合窗、木百叶窗、木推拉窗等，分别编码列项。金属窗油漆应区分平开窗、推拉窗、固定窗、组合窗、金属隔栅窗等项目，分别编码列项。

（3）木扶手及其他板条、线条油漆

包括木扶手油漆，窗帘盒油漆，封檐板、顺水板油漆，挂衣板、黑板框油漆，挂镜线、窗帘棍、单独木线油漆。按设计图示尺寸以长度计算，单位：m。木扶手应区分带托板与不带托板，分别编码列项。

（4）木材面油漆

1）木护墙、木墙裙油漆，窗台板、筒子板、盖板、门窗套、踢脚线油漆，清水板条天棚、檐口油漆，木方格吊顶天棚油漆，吸声板墙面、天棚面油漆，暖气罩油漆及其他木材面油漆。其工程量均按设计图示尺寸以面积计算，单位：m²。

2）木间壁、木隔断油漆，玻璃间壁露明墙筋油漆，木栅栏、木栏杆（带扶手）油漆。按设计图示尺寸以单面外围面积计算，单位：m²。

3）衣柜、壁柜油漆，梁柱饰面油漆，零星木装修油漆。按设计图示尺寸以油漆部分展开面积计算，单位：m²。

4）木地板油漆、木地板烫硬蜡面。按设计图示尺寸以面积计算，单位：m²。空洞、空圈、暖气包槽、壁龛的开口部分并入相应的工程量内。

（5）金属面油漆

其工程量可按设计图示尺寸以质量计算，单位：t；或按设计展开面积计算，单位：m²。

（6）抹灰面油漆

1）抹灰面油漆。按设计图示尺寸以面积计算，单位：m²。

2）抹灰线条油漆。按设计图示尺寸以长度计算，单位：m。

3）满刮腻子。按设计图示尺寸以面积计算，单位：m²。

（7）刷喷涂料

1）墙面喷刷涂料、天棚喷刷涂料。按设计图示尺寸以面积计算，单位：m²。

2）空花格、栏杆刷涂料。按设计图示尺寸以单面外围面积计算，单位：m²。

3）线条刷涂料。按设计图示尺寸以长度计算，单位：m。

4）金属构件刷防火涂料。可按设计图示尺寸以质量计算，单位：t；或按设计展开面积计算，单位 m²。

5）木材构件喷刷防火涂料。工程量按设计图示以面积计算，单位：m²。

（8）裱糊

包括墙纸裱糊、织锦缎裱糊。按设计图示尺寸以面积计算，单位：m²。

**12. 措施项目**

工程量计算规范中给出了脚手架、混凝土模板及支架、垂直运输、超高施工增加、大型机械设备进出场及安拆、施工降水及排水、安全文明施工及其他措施项目的计算规则或应包含范围。除安全文明施工及其他措施项目外，前6项都详细列出了项目编码、项目名称、项目特征、工程量计算规则、工作内容，其清单的编制与分部分项工程一致。

（1）脚手架

1）综合脚手架，按建筑面积计算，单位：m²。用综合脚手架时，不再使用外脚手架、里脚手架等单项脚手架；综合脚手架适用于能够按"建筑面积计算规则"计算建筑面积的建筑工程脚手架，不适用于房屋加层、构筑物及附属工程脚手架。综合脚手架项目特征包括建设结构形式、檐口高度，同一建筑物有不同的檐高时，按建筑物竖向切面分别按不同檐高编列清单项目。脚手架的材质可以不作为项目特征内容，但需要注明由投标人根据工程实际情况按照有关规范自行确定。

2）外脚手架、里脚手架、整体提升架、外装饰吊篮，按所服务对象的垂直投影面积计算，单位：$m^2$。整体提升架包括 $m^2$ 高的防护架体设施。

3）悬空脚手架、满堂脚手架，按搭设的水平投影面积计算，单位：$m^2$。

4）挑脚手架，按搭设长度乘以搭设层数以延长米计算，单位：m。

（2）混凝土模板及支架

混凝土模板及支撑（架）项目，只适用于以"$m^2$"计量，按模板与混凝土构件的接触面积计算，采用清水模板时应在项目特征中说明。以"$m^2$"计量的模板及支撑（架），按混凝土及钢筋混凝土实体项目执行，其综合单价应包括模板及支撑（架）。以下仅规定了按接触面积计算的规则与方法：

1）混凝土基础、柱、梁、墙板等主要构件模板及支架工程量按模板与现浇混凝土构件的接触面积计算，单位：$m^2$。原槽浇灌的混凝土基础不计算模板工程量。若现浇混凝土梁、板支撑高度超过 3.6m 时，项目特征应描述支撑高度。

① 现浇钢筋混凝土墙、板单孔面积≤$0.3m^2$ 的孔洞不予扣除，洞侧壁模板亦不增加；单孔面积＞$0.3m^2$ 时应予扣除，洞侧壁模板面积并入墙、板工程量内计算。

② 现浇框架分别按梁、板、柱有关规定计算；附墙柱、暗梁、暗柱并入墙内工程量内计算。

③ 柱、梁、墙、板相互连接的重叠部分，均不计算模板面积。

④ 构造柱按图示外露部分计算模板面积。

2）天沟、檐沟、电缆沟、地沟、散水、扶手、后浇带、化粪池、检查井按模板与现浇混凝土构件的接触面积计算。

3）雨篷、悬挑板、阳台板，按图示外挑部分尺寸的水平投影面积计算，挑出墙外的悬臂梁及板边不另计算。

4）楼梯，按楼梯（包括休息平台、平台梁、斜梁和楼层板的连接梁）的水平投影面积计算，不扣除宽度≤500mm 的楼梯井所占面积，楼梯踏步、踏步板、平台梁等侧面模板不另计算，伸入墙内部分亦不增加。

（3）垂直运输

垂直运输指施工工程在合理工期内所需垂直运输机械。垂直运输可按建筑面积计算也可以按施工工期日历天数计算．单位：$m^2$ 或 d。

（4）超高施工增加

单层建筑物檐口高度超过 20m，多层建筑物超过 6 层时（不包括地下室层数），可按超高部分的建筑面积计算超高施工增加。其工程量计算按建筑物超高部分的建筑面积计算，单位：$m^2$。同一建筑物有不同檐高时，可按不同高度的建筑面积分别计算建筑面积，以不同檐高分别编码列项。

超高施工包括三方面工作内容。

① 由超高引起的人工工效降低以及由于人工工效降低引起的机械降效；

② 高层施工用水加压水泵的安装、拆除及工作台班；

③ 通信联络设备的使用及摊销。

（5）大型机械设备进出场及安拆

安拆费包括施工机械、设备在现场进行安装拆卸所需人工、材料、机械和试运转费用以及机械辅助设施的折旧、搭设、拆除等费用；进出场费包括施工机械、设备整体或分体自停放地点运至施工现场或由一施工地点运至另一施工地点所发生的运输、装卸、辅助材料等费用。工程量按使用机械设备的数量计算，单位：台次。

（6）施工排水、降水

1）成井，按设计图示尺寸以钻孔深度计算，单位：m。

2）排水、降水，按排、降水日历天数计算，单位：昼夜。

# 第15章　建筑工程施工质量控制与管理

## 15.1　土方工程施工质量控制与管理

### 15.1.1　一般规定

（1）当土方工程开挖较深时，施工单位应采取措施，防治基坑底部土的隆起并避免危害周边环境。

（2）在挖方前，应做好地面排水和降低地下水位工作。

（3）平整场地的表面坡度应符合设计要求，如设计无要求时，排水沟方向的坡度不应小于 2‰。平整后的场地表面应逐点检查。检查点为每 $100\sim400m^2$ 取 1 点，但不应少于 10 点；长度、宽度和边坡均为每 20m 取 1 点，每边不应少于 1 点。

（4）土方工程施工，应经常测量和校核其平面位置、水平标高和边坡坡度。平面控制桩和水准控制点应采取可靠的保护措施，定期复测和检查。土方不应堆在基坑边缘。

（5）挖土前，应预先设置轴线控制桩及水准点桩，并要定期进行复测和校验控制桩的位置和水准点标高，避免施工中出现差错。工程轴线控制桩设置离建造物的距离一般应大于 2S（S 为挖土深度）。水准点标高可引放在已有的建筑物或构筑物上（已稳定无变化），也可在离建造物稍远的地方设置水准点，并设有明显的围护标志。

（6）施工区域内及施工区域周围的上下障碍物，应做好拆迁处理或防护措施。

### 15.1.2　土方开挖质量控制要点

（1）根据住房和城乡建设部下发的《危险性较大的分部分项工程安全管理办法》（建质〔2009〕87 号）规定，以下土方开挖、支护、降水工程为超过一定规模的危险性较大的分部分项工程，施工方案需组织专家论证。

1）开挖深度超过 5m（含 5m）的基坑（槽）的土方开挖、支护、降水工程。

2）开挖深度虽未超过 5m，但地质条件、周围环境和地下管线复杂，或影响毗邻建筑（构筑）物安全的基坑（槽）的土方开挖、支护、降水工程。

（2）土方开挖前应检查定位放线、排水和降低地下水位情况，合理安排土方运输船的行走路线及弃土场。

（3）土方开挖一般从上往下分层分段依次进行，随时做成一定的坡度，

土方开挖一般从上往下分层分段依次进行，随时做成一定坡度，以利泄水及边坡稳定。机械挖土时，如果深度在 5m 内时，可一次开挖，在接近设计坑底高程或边坡边界时应预留 $20\sim30cm$ 厚的土层，改用人工开挖和修坡，边挖边修坡，保证高程符合设计要求。超挖时，不准用松土回填到设计高程，应用碎石或低强度混凝土填实至

设计高程。

（4）挖土必须做好地表和坑内排水、地面截水和地下降水，地下水位应保持低于开挖面 500mm 以下。基坑边缘堆置土方和建筑材料，一般应距基坑上部边缘不小于 2m，堆置高度不超过 1.5m。

（5）土方开挖过程中应检查平面位置、高程、边坡坡度、压实度、排水和降低地下水位情况，并随时观测周围的环境变化。

（6）基坑开挖完毕，应由总监理工程师或建设单位项目负责人组织施工单位、设计单位、勘察单位等有关人员共同到现场进行检查、验槽，核对地质资料，检查地基土与工程地质勘察报告、设计图纸要求是否相符合，有无破坏原状土或发生较大扰动的现象。经检查合格，填写基坑（槽）验收、隐蔽工程验收记录，及时办理交接手续。

（7）验槽时，应做好验槽记录。对柱基、墙角、承重墙等沉降灵敏部位和受力较大的部位，应作出详细记录。如有异常部位，应会同设计等有关单位进行处理。

### 15.1.3　土方回填质量控制要点

（1）回填材料的粒径、含水率等应符合设计要求和规范规定。

（2）土方回填前应清除基底的垃圾、树根等杂物，抽除积水，挖出淤泥，验收基底标高。

（3）填筑厚底及压实遍数应根据土质、压实系数及所用机具经试验确定。填方应按设计要求预留沉降量，一般不超过填方高度的 3%。冬季填方每层铺土厚度应比常温施工时减少 20%～25%，预留沉降量比常温时适当增加，土方中不得含冻土块及填土层受冻。

（4）土方回填时，填土应在相对两侧或周围同时进行回填和夯实。

（5）土料的选用与填筑要求

1）土料的选用

为了保证填方工程的强度和稳定性要求，必须正确地选择土料和填筑方法。填土的土料应符合设计要求。如设计无要求可按下列规定：

① 级配良好的碎石类土、砂土和爆破石渣可作表层以下填料，但其最大粒径不得超过每层铺垫厚度的 2/3。

② 含水量符合压实要求的黏性土，可用作各层填料。

③ 以砾石、卵石或块石作填料时，分层夯实最大料径不宜大于 400mm，分层压实不得大于 200mm，尽量选用同类土填筑。

④ 碎块草皮类土，仅用于无压实要求的填方。

不能作为填土的土料：含有大量有机物、石膏和水溶性硫酸盐（含量大于 5%）的土以及淤泥、冻土、膨胀土等；含水量大的黏土也不宜作填土用。

2）填筑要求

土方填筑前，要对填方的基底进行处理，使之符合设计要求。如设计无要求，应符合下列规定：

① 基底上的树墩及主根应清除，坑穴应清除积水、淤泥和杂物等，并分层回填夯实。基底为杂填土或有软弱土层时，应按设计要求加固地基，并妥善处理基底的空洞、旧基、

暗塘等。

② 如填方厚度小于 0.5m，还应清除基底的草皮和垃圾。当填方基底为耕植土或松土时，应将基底碾压密实。

③ 在水田、沟渠或池塘填方前，应根据具体情况采用排水疏干、挖出淤泥、抛填石块、砂砾等方法处理后，再进行填土。

④ 应根据工程特点、填料种类、设计压实系数，施工条件等合理选择压实机具，并确定填料含水量的控制范围、铺土厚度和压实遍数等参数。

⑤ 填土应分层进行，并尽量采用同类土填筑。当选用不同类别的土料时，上层宜填筑透水性较小的填料，下层宜填筑透水性较大的土料。不能将各类土混杂使用，以免形成水囊。压实填土的施工缝应错开搭接，在施工缝的搭接处应适当增加压实遍数。

⑥ 当填方位于倾斜的地面时，应先将基底斜坡挖成阶梯状，阶宽不小于 1m，然后分层回填，以防填土侧向移动。

⑦ 填方土层应接近水平地分层压实。在测定压实后土的干密度，并检验其压实系数和压实范围符合设计要求后，才能填筑上层。由于土的可松性，回填高度应预留一定的下沉高度，以备行车碾压和自然因素作用下，土体逐渐沉落密实。其预留下沉高度（以填方高度为基数）：砂土为 1.5%，亚黏土为 3%～3.5%。

⑧ 如果回填土湿度大，又不能采用其他土换填，可以将湿土翻晒晾干、均匀掺入干土后再回填。

⑨ 冬雨期进行填土施工时，应采取防雨、防冻措施，防止填料（粉质黏土、粉土）受雨水淋湿或冻结，并防止出现"橡皮土"。

# 15.2 地基基础工程施工质量控制与管理

## 15.2.1 一般规定

(1) 施工单位必须具备相应的专业资质，并建立完善的质量管理体系和质量检验制度。

(2) 施工单位应根据施工需要，编制地基处理、桩基、大体积混凝土等分部（子分部）、分项工程施工组织设计或方案。

(3) 地基施工结束，宜在一个间歇期后，进行质量验收，间歇期由设计确定。

(4) 采用换填垫层法加固地基时，垫层的施工方法、分层铺垫厚度、每层压实遍数等宜通过试验确定。换填垫层的施工质量检验必须分层进行，应在每层压实系数符合设计要求后铺填上层土。

(5) 灌注桩成孔的控制深度应符合下列要求：

1) 摩擦型桩：摩擦桩应以设计桩长控制成孔深度；端承摩擦型桩必须保证设计桩长及桩端进入持力层深度。当采用锤击沉管法成孔时，桩管入土深度控制应以高程为主，以贯入度控制为辅。

2) 端承型桩：当采用钻（冲）、人工挖掘成孔时，必须保证桩端进入持力层的设计深度；当采用锤击沉管法成孔时，桩管入土深度控制应以贯入度为主，以高程控制为辅。

### 15.2.2 地基工程质量控制要点

**1. 灰土地基施工质量要点**

（1）土料：应采用就地挖掘的黏性土及塑性指数大于 4 的粉质黏土，土内不得含有松软杂质和耕植土；土料应过筛，基颗粒不应大于 15mm。

（2）石灰：应用Ⅲ级以上新鲜的块灰，含氮化钙、氧化镁越高越好，使用前 1～2d 水解并过筛，其颗粒不得大于 5mm，且不应夹有未熟化的生石灰块粒及其他杂质，也不得含有过多水分。

（3）铺设灰土前，对基槽（坑）应先验槽，清除松土，并打两遍底夯，要求平整干净。基槽内不得有积水，灰土施工前应将积水、淤泥清除干净，待干燥后再铺灰土。局部有软弱土层或孔洞，应及时挖除后用灰土分层回填夯实。

（4）灰土配合比应符合设计规定，用人工翻拌，不少于 3 遍，使拌合均匀，颜色一致，并适当控制含水量，现场以手握成团，两指轻捏即散为宜，一般最佳含水量为 14%～18%，如土料水分过多，须晾干。

（5）灰土分段施工时，不得在墙角、柱基及承重窗间墙下接缝；上下两层的接缝距不得小于 500mm，接缝处应夯压密实，并作成直槎。当灰土地基高度不同时，应作成阶梯形，每阶宽不少于 500mm；对作辅助防渗层的灰土应将水位以下结构包围，并处理好接缝，同时注意接缝质量，每层灰土应从留缝处往前延伸 500mm，夯实时应夯过接缝 300mm 以上；接缝时用铁锹在留缝处垂直切齐，再铺下段夯实。

（6）灰土应当天铺填夯实，入槽（坑）灰土不得隔日打夯。夯实后的灰土 30d 内不得受水浸泡，并及时进行基础施工与基坑回填，或在灰土表面作临时性覆盖，避免日晒雨淋。雨季施工时，应采取适当防雨、排水措施，以保证灰土基槽（坑）在无积水的状态下进行。刚打完的灰土，如突然遇雨，应将松软灰土除去，并补填夯实；稍受湿的灰土可在晾干后补夯。

（7）冬期施工，必须在基层不冻的状态下进行，土料应覆盖保温，冻土及夹有冻块的土料不得使用；已熟化的石灰应在次日用完，以充分利用石灰熟化时的热量，当天拌的灰土当天铺填夯完，表面应用塑料布或草袋覆盖保温，以防灰土垫层早期受冻降低强度。

（8）灰土应分层夯实。预先在槽（坑）底或槽壁处用竹钎每隔 3m 处设一标准点，加以控制灰土虚铺厚度及平整度。

**2. 砂和砂石地基施工质量要点**

（1）砂宜选用颗粒级配良好、质地坚硬的中砂或粗砂，当选用细砂或粉砂时应掺加 20～50mm 的卵石（或碎石），但要分布均匀。砂中有机质含量不超过 5%，含泥量应小于 5%，兼作排水垫层时，含泥量不得超过 3%。

（2）铺筑前，先验槽并清除浮土及杂物，地基孔洞、沟等已填实，基槽内无积水；

（3）人工制作的砂石地基应拌合均匀，施工施工时，接头处应做成斜坡，每层错开 0.5～1m。在铺筑时，如地基地面深度不同，应预先挖成阶梯形式或斜坡形式，以先深后浅的顺序进行施工。

**3. 强夯地基和重锤夯实地基施工质量要点**

（1）施工前应进行试夯，选定夯锤重量、底面直径和落距，以便确定最后下沉量及相应的夯实遍数和总下沉量等施工参数。试夯的密实度和夯实深度必须达到设计要求。

（2）基坑（槽）的夯实范围应大于基础底面。开挖时，基坑（槽）每边比设计宽度加宽不宜小于0.3m，以便于夯实工作的进行，基坑（槽）边坡适当放缓，夯实前，基坑（槽）底面应高出标高，预留土层的厚度可为试夯时的总下沉量加50～100mm。夯实完毕，将坑（槽）表面拍实至设计标高。

（3）做好施工过程中的监测和记录工作，包括检查夯锤重和落距，对夯点放线进行复核，检查夯坑位置，按要求检查每个夯点的夯击次数、每夯的夯沉量等，对各项施工参数、施工过程实施情况做好详细记录，作为质量控制的依据。

（4）场地应做好排水工作，地下水位高时应采取降低水位措施，冬期施工要采取防冻措施。

（5）夯点的布置应根据基础底面形状确定，施工时按由内向外，隔行跳打原则进行。夯实范围应大于基础边缘3m。

### 15.2.3 桩基工程质量控制要点

**1. 材料质量控制**

（1）粗骨料：应采用质地坚硬的卵石、碎石，粒径15～25mm。卵石不宜大于50mm，碎石不宜大于40mm，含泥量不大于2%。

（2）细骨料：应选用质地坚硬的中砂，含泥量不大于5%，无垃圾、泥块等杂物。

（3）水泥：宜用42.5级的普通硅酸盐水泥或硅酸盐水泥，使用前必须查明品种、强度等级、出厂日期，应有出厂合格证明，复试合格后方准使用；严禁使用快硬水泥浇筑水下混凝土。

（4）水：宜采用饮用水，当采用其他水源时，水质应符合《混凝土用水标准》JGJ 63的规定。

（5）钢筋：应由出厂质量证明书，分配随机抽样、见证复试合格后方可使用。

**2. 钢筋笼制作与安装质量控制**

（1）钢筋笼宜分段制作，分段长度视成笼的整体刚度、材料长度、起重设备的有效高度三因素综合考虑。

（2）加箍宜设在主筋外侧，主筋一般不设弯钩。为避免弯钩妨碍导管工作，根据施工工艺要求所设弯钩不得向内圆伸露。

（3）钢筋笼的内径应比导管接头处外径大100mm以上。

（4）为保证保护层厚度，钢筋笼上应设有保护层垫块，设置数量每节钢筋笼不应小于2组，长度大于12m的中间加设1组。每组块数不得小于3块，且均匀分布在同一截面的主筋上。

（5）钢筋搭接焊缝宽度不应小于0.7$d$，厚度不应小于0.3$d$。搭接焊缝长度HPB300级钢筋单面焊8$d$，双面焊4$d$；HRB335级钢筋单面焊10$d$，双面焊5$d$。

（6）环形箍筋与主筋的连接应采用点焊连接，螺旋箍筋与主筋的连接可采用绑扎并相隔点焊，或直接点焊。

（7）钢筋笼起吊吊点宜设在加强箍筋部位，运输、安装时采取措施防止变形。

**3. 泥浆护壁钻孔灌注桩施工过程质量控制**

（1）成孔：机具就位平整垂直，护筒埋设牢固垂直，保证桩孔成孔的垂直。应防止地下水位高引起坍孔，应防桩孔出现严重偏斜、位移等。

（2）护筒埋设：护筒内径要求：回转钻孔宜大于100mm；冲击钻宜大于200mm。护筒中心与桩位中心线偏差不得大于20mm。

（3）护壁泥浆和清孔：用泥浆循环清孔时，清孔后的泥浆相对密度控制在1.15～1.25。第一次清孔在提钻前，第二次清孔在沉放钢筋笼、下导管后。

（4）水下混凝土浇筑：第一次浇筑混凝土必须保证底端能埋入混凝土中0.8～1.3m，以后的浇筑中导管埋深宜为2～6m；灌注桩桩顶标高至少要比设计标高高出0.8～1.0m。

## 15.2.4 基坑工程质量控制要点

（1）当基坑开挖面上方的锚杆、土钉、支撑未达到设计要求时，严禁向下超挖土方。

（2）采用锚杆或支撑的支付结构，在未达到设计规定的拆除条件时，严禁拆除锚杆或支撑。

（3）基坑周边施工材料、设施或车辆荷载严禁超过设计要求的地面荷载限值。

（4）基坑开挖应坚持开槽支撑、先撑后挖、分层开挖、严禁超挖的原则。

（5）安全等级为一级、二级的支护结构，在基坑开挖过程与支护结构使用期内，必须进行支护结构的监测和基坑开挖影响范围内建（构）筑物、地面的水平位移和沉降监测。

（6）开挖深度大于等于5m或开挖深度未达到此数但现场地质情况和周围环境较复杂的基坑工程以及其他需要检测的基坑工程应实施基坑工程监测。

（7）有支护的深基坑工程的挖土方案主要有中心岛式挖土，盆式挖土，逆作法挖土。

## 15.2.5 地基基础工程质量验收

地基基础分项工程、分部（子分部）工程的质量验收，均应在施工单位自检合格的基础上进行。施工单位确认自认为合格后提出工程验收申请，然后由总监理工程师或建设单位项目负责人组织勘察、设计及施工单位的项目负责人、技术质量负责人，共同按设计要求和有关规范规定进行验收。

（1）工程验收时应提供下列技术文件和记录：

1）原材料的质量合格证和质量鉴定文件；

2）半成品如预制桩、钢桩、钢筋笼等产品合格证书；

3）施工记录及隐蔽工程验收文件；

4）检测试验及见证取样文件；

5）其他必须提供的文件或记录。

（2）验收工作应按下列规定进行：

1）分项工程的质量验收应分别按主控项目和一般项目验收；

2）隐蔽工程应在施工单位自检合格后，于隐蔽前通知有关人员检查验收，并形成中间验收文件；

3）分部（子分部）工程的验收，应在分项工程通过验收的基础上，对必要的部位进行见证检验；

4) 主控项目必须符合验收标准规定，发现问题应立即处理直至符合要求，一般项目应有80%合格。混凝土试件强度评定不合格或对试件的代表性有怀疑时，应采用钻芯取样，检测结果符合设计要求可按合格验收。对隐蔽工程应进行中间验收；

5) 基槽采用钎探时，钢钎每贯入300mm，记录一次锤击数。

# 15.3　混凝土结构工程施工质量控制与管理

## 15.3.1　模板工程施工质量控制要点

（1）模板及支架应根据安装、使用和拆除工况进行设计，并应满足承载力、刚度和整体稳固性的要求，其安装的标高、尺寸、位置正确。

（2）控制模板起拱高度，消除在施工中因结构自重、施工荷载作用引起的挠度。对不小于4m的现浇钢筋混凝土梁、板，其模板应按设计要求起拱。设计无要求时，起拱高度宜为跨度的1/1000～3/1000。

（3）当层间高度大于5m时，应选用桁架支模或钢管立柱支模。当层间高度小于或等于5m时，可采用木立柱支模。

（4）采用扣件式钢管作高大模板支架的立杆时，应符合以下规定：

1) 钢管规格、间距和扣件应符合设计要求。

2) 立杆上应每步设置双向水平杆，水平杆应与立杆扣接。

3) 立柱接长严禁搭接，必须采用对接扣件连接，相邻两立柱的对接接头不得在同步内，且对接接头沿竖向错开的距离不宜小于500mm。

4) 立杆底部应设置垫板，在立杆底部的水平方向上应按纵下横上的次序设置扫地杆。

5) 满堂支撑架的可调底座、可调托撑螺杆伸出长度不宜超过300mm，插入立杆内的长度不得小于150mm。

6) 立杆的纵、横向间距应满足设计要求，立杆的步距不应大于1.8m；顶层立杆步距应适当减小，且不应大于1.5m；支架立杆的搭设垂直偏差不宜大于5/1000，且不应大于100mm。上下楼层模板支架的竖杆宜对准。

7) 承受模板荷载的水平杆与支架立杆连接的扣件，其拧紧力矩不应小于40N·m，且不应大于65N·m。

（5）底模及其支架拆除时，同条件养护试块的抗压强度应符合设计要求；设计无要求时，应符合规范要求。

（6）模板及其支架的拆除时间和顺序必须按施工技术方案确定的顺序进行，一般是后支的先拆，先支的后拆；先拆非承重部分，后拆承重部分。

（7）对于后张预应力混凝土结构构件，侧模宜在预应力张拉前拆除；底模支架不应在结构构件建立预应力前拆除。

（8）大体积混凝土的拆模时间除应满足混凝土强度要求外，还应使混凝土内外温差降低到25℃以下时方可拆模。

（9）对碗扣式、门式、插接式和盘销式钢管支架，应对下列安装偏差进行全数检查：插入立杆顶端可调托撑伸出顶层水平杆的悬臂长度；水平杆杆端与立杆连接的碗扣、插接和盘销的连接状况，不应松脱；按规定设置的垂直和水平斜撑。

（10）模板及其支架应具有足够的承载能力、刚度和稳定性，能可靠地承受浇筑混凝土的重量、侧压力以及施工荷载。

（11）安装现浇结构的上层模板及其支架时，下层楼板应具有承受上层荷载的承载能力，或加设支架；上、下层支架的立柱应对准，并铺设垫板；模板与混凝土的接触面应清理干净并涂刷隔离剂，但不得采用影响结构性能或妨碍装饰工程施工的隔离剂；在涂刷模板隔离剂时，不得影响钢筋和混凝土接槎处；对清水混凝土工程及装饰混凝土工程，应使用能达到设计效果的模板。

（12）扣件式钢管作高大模板支架时，立杆上每步设置双向水平杆且与立杆扣接；相邻两立柱接头不得在同步内；上段的钢管与下段钢管立柱严禁错开固定在水平拉杆上。

### 15.3.2 钢筋工程施工质量控制要点

（1）钢筋进场时，应按下列规定检查钢筋的性能及重量：

1）检查生产企业的生产许可证证书及钢筋的质量证明书。

2）按国家现行有关标准抽样检验屈服强度、抗拉强度、伸长率及单位长度重量偏差。

3）经产品认证符合要求的钢筋，其检验批量可扩大一倍。在同一工程项目中，同一厂家、同一牌号、同一规格的钢筋连续三次进场检验均合格时，其后的检验批量可扩大一倍。

4）钢筋的外观质量应符合国家现行有关标准的规定。

5）当无法准确判断钢筋品种、牌号时，应增加化学成分、晶粒度等检验项目。

（2）钢筋的表面应清洁、无损伤，油渍、漆污和铁锈应在加工前清除干净。带有颗粒状或片状老锈的钢筋不得使用。钢筋除锈后如有严重的表面缺陷，应重新检验该批钢筋的力学性能及其他相关性能指标。

（3）成型钢筋进场时，应检查成型钢筋的质量证明文件、成型钢筋所用材料质量证明文件及检验报告，并应抽样检验成型钢筋的屈服强度、抗拉强度、伸长率和重量偏差。检验批量可由合同约定，同一工程、同一原料来源、同一组生产设备生产的成型钢筋，检验批量不宜大于30t。

（4）钢筋调直后，应检查力学性能和单位长度重量偏差。但采用无延伸功能的机械设备调直的钢筋，可不进行此项检查。

（5）当发现钢筋脆断、焊接性能不良或力学性能显著不正常等现象时，应停止使用该批钢筋，并对该批钢筋进行化学成分检验或其他专项检验。

（6）受力钢筋的弯折应符合下列规定：

1）光圆钢筋末端应作180°弯钩，弯钩的弯后平直部分长度不应小于钢筋直径的3倍。光圆钢筋作受压钢筋使用时，光圆钢筋末端可不作弯钩。

2）光圆钢筋的弯弧内直径不应小于钢筋直径的2.5倍。

3）335MPa级、400MPa级带肋钢筋的弯弧内直径不应小于钢筋直径的5倍。

4）直径为28mm以下的500MPa级带肋钢筋的弯弧内直径不应小于钢筋直径的6倍，直径为28mm及以上的500MPa级带肋钢筋的弯弧内直径不应小于钢筋直径的7倍。

5）框架结构的顶层端节点，对梁上部纵向钢筋、柱外侧纵向钢筋在节点角部弯折处；当钢筋直径为28mm以下时，弯弧内直径不应小于钢筋直径的6倍；钢筋直径为28mm及以上时，弯弧内直径不应小于钢筋直径的 7 倍。

6）箍筋弯折处的弯弧内直径尚不应小于纵向受力钢筋直径。

（7）在工程开工正式焊接之前，参与该项施焊的焊工应进行现场条件下的焊接工艺试验，并经试验合格后，方可正式生产。

（8）直径 12mm 钢筋电渣压力焊时，应采用小型焊接夹具，上下两钢筋对正，不偏歪，多做焊接工艺试验，确保焊接质量。

（9）钢筋的混凝土保护层厚度应符合设计要求；当设计无要求时，不应小于受力钢筋直径。

（10）钢筋的接头宜设置在受力较小处。楼板中间部分的钢筋可相隔交叉绑扎。

（11）当纵向受力钢筋采用机械连接接头或焊接接头时，设置在同一构件内的接头宜相互错开。

（12）纵向受力钢筋机械连接接头及焊接接头连接区段的长度应为 35d（d 为纵向受力钢筋的较大直径）且不应小于 500mm，凡接头中点位于该连接区段长度内的接头均应属于同一连接区段。同一连接区段内，纵向受力钢筋接头面积百分率为该区段内有接头的纵向受力钢筋截面面积与全部纵向受力钢筋截面面积的比值。

（13）构件交接处的钢筋放置位置，当设计无要求时，应优先保证主要受力构件和构件中主要受力方向的钢筋位置；框架节点处梁纵向受力钢筋宜置于柱纵向钢筋内侧；次梁钢筋宜放在主梁钢筋内侧。板、次梁与主梁交叉处，板的钢筋在上，次梁的钢筋居中，主梁的钢筋在下。

（14）当需要进行钢筋代换时，应办理设计变更文件。

### 15.3.3 混凝土工程施工质量控制要点

（1）混凝土结构施工宜采用预拌混凝土，预拌混凝土应符合现行国家标准《预拌混凝土》GB/T 14902 的有关规定。混凝土宜采用搅拌运输车运输，运输过程中应保证混凝土拌合物的均匀性和工作性，应采取保证连续供应的措施，并应满足现场施工的需要。

（2）混凝土所用原材料进场复验应符合下列规定：

1）对水泥的强度、安定性、凝结时间及其他必要指标进行检验。同一生产厂家、同一品种、同一等级且连续进场的水泥袋装不超过 200t 为一检验批，散装不超过 500t 为一检验批。当在使用中对水泥质量有怀疑或水泥出厂超过 3 个月（快硬硅酸盐水泥超过 1 个月）时，应进行复验，并应按复验结果使用。

2）对粗骨料的颗粒级配、含泥量、泥块含量、针片状含量指标进行检验；压碎指标可根据工程需要进行检验，不属于必须检验指标。应对细骨料颗粒级配、含泥量、泥块含量指标进行检验。

3）应对矿物掺合料细度（比表面积）、需水量比（流动度比）、活性指数（抗压强度比）、烧失量指标进行检验。粉煤灰、矿渣粉、沸石粉不超过 200t 为一检验批，硅灰不超过 30t 为一检验批。

4）应按外加剂产品标准规定对其主要匀质性指标和掺外加剂混凝土性能指标进行检验，同一品种外加剂不超过 50t 为一检验批。

5）当采用饮用水作为混凝土用水时，可不检验。当采用中水、搅拌站清洗水或施工循环水等其他来源水时，应对其成分进行检验。未经处理的海水严禁用于钢筋混凝土和预应力混凝土的拌制和养护。

6）预应力混凝土构件的孔道灌浆用水泥应采用普通硅酸盐水泥。

（3）采用预拌混凝土时，供方应提供混凝土配合比通知单、混凝土抗压强度报告、混凝土质量合格证和混凝土运输单。

（4）预应力混凝土结构、钢筋混凝土结构中，严禁使用含氧化物的水泥。预应力混凝土结构中严禁使用含氯化物的外加剂；钢筋混凝土结构中，当使用含氯化物的外加剂时，混凝土中氯化物的总含量必须符合现行国家标准的规定。

（5）混凝土浇筑前应先检查验收下列工作：隐蔽工程验收和技术复核；对操作人员进行技术交底；根据施工方案中的技术要求，检查并确认施工现场具备实施条件；应填报浇筑申请单，并经监理工程师签认。

（6）对首次使用的配合比应进行开盘鉴定，开盘鉴定的内容应包括：混凝土的原材料与配合比设计所采用原材料的一致性；出机混凝土工作性与配合比设计要求的一致性；混凝土强度；混凝土凝结时间；工程有要求时，尚应包括混凝土耐久性能等。

（7）浇筑前应检查混凝土运输单，核对混凝土配合比，确认混凝土强度等级，检查混凝土运输时间，测定混凝土坍落度，必要时还应测定混凝土扩展度，在确认无误后再进行混凝土浇筑。

（8）混凝土拌合物入模温度不应低于 5℃，且不应高于 35℃。

（9）混凝土运输、输送、浇筑过程中严禁加水；混凝土运输、输送、浇筑过程中散落的混凝土严禁用于结构浇筑。

（10）柱、墙混凝土设计强度等级高于梁、板混凝土设计强度等级时，混凝土浇筑应符合下列规定：

1）柱、墙混凝土设计强度比梁、板混凝土设计强度高一个等级时，柱、墙位置梁、板高度范围内的混凝土经设计单位同意，可采用与梁、板混凝土设计强度等级相同的混凝土进行浇筑。

2）柱、墙混凝土设计强度比梁、板混凝土设计强度高两个等级及以上时，应在交界区域采取分隔措施。分隔位置应在低强度等级的构件中，且距高强度等级构件边缘不应小于 500mm。

3）宜先浇筑高强度等级混凝土，后浇筑低强度等级混凝土。

（11）混凝土振捣应能使模板内各个部位混凝土密实、均匀，不应漏振、欠振、过振。位保证特殊部位的混凝土成型质量，还应采取下列加强振捣措施：

1）宽度大于 0.3m 的预留洞底部区域应在洞口两侧进行振捣，并应适当延长振捣时间；宽度大于 0.8m 的洞口底部，应采取特殊的技术措施。

2）后浇带及施工缝边角处应加密振捣点，并应适当延长振捣时间。

3）钢筋密集区域或型钢与钢筋结合区域应选择小型振捣棒辅助振捣、加密振捣点，并应适当延长振捣时间。

4）基础大体积混凝土浇筑流淌形成的坡顶和坡脚应适时振捣，不得漏振。

（12）在已浇筑的混凝土强度未达到 1.2N/mm² 以前，不得在其上踩踏、堆放荷载或安装模板及支架。

（13）施工现场应具备混凝土标准试件制作条件，并应设置标准试件养护室或养护箱。同条件养护试件的养护条件应与实体结构部位养护条件相同，并应采取措施妥善保管。

（14）混凝土出机后、入模前必须对混凝土坍落度、含气量、温度等进行现场检测。混凝土工作性能不能满足设计及施工工艺要求的，不得用于结构内。

（15）对已经浇筑完毕的混凝土，应在混凝土终凝前（通常为混凝土浇筑完毕后8～12h内）对混凝土加以覆盖并保湿养护；混凝土养护用水应与拌制用水相同；混凝土强度达到1.2N/mm² 前，不得在其上踩踏或安装模板及支架。混凝土初凝后方可覆盖（可采用篷布、塑料布等），初凝前可用覆盖物遮蔽，但不得直接接触混凝土面，以减少表面水分蒸发。带模养护期间，应采取带模包裹、浇水、喷淋洒水进行保湿养护，或通蒸汽进行保温养护。混凝土终凝后方可洒水，日平均气温低于5℃时不得浇水。拆模后，混凝土表面覆盖蓄水、保水材料后洒水，使混凝土在养护期间始终处于湿润状态。蓄水、保水材料应覆盖或包裹完整，内表面应具有凝结水珠。

（16）混凝土养护期间应注意采取保温措施，防止混凝土表面温度受环境因素影响（如暴晒、气温骤降等）而产生过大的温差应力，使表面产生裂纹。养护期间混凝土的芯部与表层、表层与环境之间的温差不宜超过20℃（截面较为复杂时，不宜超过15℃）。大体积混凝土施工前应制定严格的养护方案，控制混凝土内外温差满足设计要求。混凝土终凝后的持续保湿养护时间一般应不少于14d。后浇带混凝土养护期不应少于28d。

（17）当大体积混凝土平面尺寸过大时，可以适当设置后浇带，以减小外应力和温度应力。

（18）对于掺用缓凝型外加剂、矿物掺和料或有抗渗性要求的混凝土，覆盖浇水养护的时间不得少于14d。

（19）混凝土宜一次连续浇筑，当不能一次连续浇筑时，可留设施工缝或后浇带分块浇筑。混凝土泵送输送管宜直，转弯宜缓。

（20）浇筑混凝土时，应对模板及其支架进行观察和维护。

（21）现浇结构的外观质量不得有严重缺陷，对已经出现的严重缺陷，应由施工单位提出技术处理方案，并经监理单位认可后进行处理。

（22）钢筋混凝土构件实体检测的内容包含混凝土强度和钢筋保护层厚度。

（23）混凝土施工缝宜留在结构受剪力较小且便于施工的部位。

# 15.4  砌体结构工程施工质量控制与管理

## 15.4.1  材料要求

（1）砌体结构工程所用的材料应由产品合格证书、产品性能型式检验报告，质量应符合国家现行有关标准的要求。块体、水泥、钢筋、外加剂尚应有材料主要性能的进场复验报告，并应符合设计要求。严禁使用国家明令淘汰的材料。

（2）当在使用中对水泥质量有怀疑或水泥出厂超过三个月（快硬硅酸盐水泥超过一个月）时，应复查试验，并按复验结果使用。不同品种的水泥，不得混合使用。

（3）应检查砂中的含泥量、泥块含量、石粉含量、云母、轻物质、有机物、硫化物、硫酸盐及氯盐含量（配筋砌体砌筑用砂）等指标，应符合现行行业标准《普通混凝土用砂、石质量及检验方法标准》JGJ 52 的有关规定。

（4）砌筑砂浆应在砌筑前按设计要求申请配合比，施工中要严格按砂浆配合比通知单对材料进行计量，并充分搅拌。

（5）施工现场砌块应按品种、规格堆放整齐，堆置高度不宜超过 2m，有防雨要求的（如蒸压加气混凝土砌块）要防止雨淋，并做好排水，砌块保持干净。

（6）施工采用的小砌块的产品龄期不应小于 28d。

### 15.4.2　施工过程质量控制要点

（1）砌筑砂浆搅拌后的稠度以 30～90mm 为宜，砌筑砂浆的稠度可根据块体溪水特性及气候条件确定。

（2）湿拌砂浆，除直接使用外，必须储存在不吸水的专用容器内，并根据气候条件采取遮阳、保温、防雨雪等措施，砂浆在储存过程中严禁随意加水。

（3）现场拌制的砂浆应随拌随用，拌制的砂浆应在 3h 内使用完毕；当施工期间最高气温超过 30℃时，应在 2h 内使用完毕。预拌砂浆及蒸压加气混凝土砌块专用砂浆的使用时间按照厂家提供的说明书确定。

（4）砌筑砂浆应按要求随机取样，留置试块送试验室做抗压强度试验。每一检验批且不超过 250m³ 砌体、各类、各强度等级的砌筑砂浆，每台搅拌机应至少抽检一次。试块标养 28d 后作强度试验。预拌砂浆中的湿拌砂浆稠度应在进场时取样检验。

（5）砌筑砖砌体时，砖应提前 1～2d，浇水湿润。烧结类块体的相对含水率宜为 60%～70%；混凝土多孔砖及混凝土实心砖不需浇水湿润；其他非烧结类块体相对含水率宜为40%～50%；蒸压加气混凝土砌块砌筑施工时，砌块合适的含水率可以取 25%。施工现场抽查砖含水率的简化方法可采用现场断砖，砖截面四周融水深度为 15～20mm 视为符合要求。

（6）施工采用的小砌块的产品龄期不少于 28d，砌筑小砌块时，应清除表面污物，剔除外观质量不合格的小砌块。承重墙使用的小砌块应完整、无破损、无裂缝。

（7）墙体砌筑前应先在现场进行试排块，排块的原则是上下错缝，砌块搭接长度不宜小于砌块长度的 1/3。若砌块长度小于等于 300mm，其搭接长度不小于砖长的 1/2。搭接长度不足时，应在灰缝中放置拉结钢筋。

（8）砌块排列应尽可能采用主规格，除必要部位外，尽量少镶嵌实心砖砌体，局部需镶砖的位置易分散、对称，以使砌体受力均匀。砌筑外墙时，不得留脚手眼，可采用里脚手或双排外脚手。设计规定的洞口、沟槽、管道和预埋件应随砌随留和预埋，不得后凿。

（9）砌筑前设立皮数杆，皮数杆应立于房屋四角及内外墙交接处，间距以 10～15m 为宜，砌块应按皮数杆拉线砌筑。

（10）砖砌体组砌方法应正确，内外搭砌，上下错缝。清水墙、窗间墙无通缝；混水墙中不得有长度大于 300mm 的通缝，长度 200～300mm 的通缝每间不超过 3 处，且不得位于同一面墙体上。砖柱不得采用包心砌法。

（11）砖砌体的灰缝应横平竖直，厚薄均匀。水平灰缝厚度和竖直灰缝宽度宜为 10mm，但不应小于 8mm，也不应大于 12mm。砌筑方法宜采用"三一"砌筑法，既"一铲灰、一块砖、一揉挤"，竖向灰缝宜采用挤浆法或加浆法，使其砂浆饱满，严禁用水冲浆灌缝。如采用铺浆法，长度不得超过750mm，施工气温超过30度时，长度不得超过500mm。

（12）填充墙砌体砌筑，应待承重主体结构检验批验收合格后进行。填充墙于承重主体结果见得空（缝）隙部位施工，应在填充墙砌筑14d后进行。

（13）混凝土小型空心砌块墙体转角处和纵横交接处应同时砌筑。临时间断处应砌成斜槎，斜槎水平投影长度不应小于斜槎高度。施工洞口可预留直槎，但在洞口砌筑和补砌时，应在直槎上下搭砌的小砌块空洞内用强度等级不低于C20（或Cb20）的混凝土灌实。

（14）窗台处和因安装门窗需要，在门窗洞口处两侧填充墙上、中、下部可采用其他块体局部嵌砌。对与框架柱、梁不脱开方法的填充墙，填塞填充墙顶部与梁之间缝隙可采用其他块体。

（15）在厨房、卫生间、浴室等处，当采用轻骨料混凝土小型空心砌块或蒸压加气混凝土砌块砌筑填充墙时，墙底部宜现浇混凝土坎台，其高度宜为150mm。

（16）在散热器、厨房和卫生间等设置的卡具安装处砌筑的小砌块，宜在施工前用强度等级不低于C20（Cb20）的混凝土将其孔洞灌实。

（17）小型混凝土空心砌块芯柱混凝土，每次连续浇筑的高度宜为半个楼层，但不应大于1.8m；每浇筑400～500mm高度捣实一次，或边浇筑边捣实。

（18）当检查砌体砂浆饱满度时，用百格网检测小砌块与砂浆粘结痕迹，每处检测3块小砌块，取其平均值。水平灰缝厚度检验方法用尺量5皮小砌块的高度折算，竖向灰缝宽度用尺量2m砌体长度折算。

（19）混凝土小型空心砌块砌体的水平灰缝厚度和竖向灰缝宽度宜为10mm，但不应大于12mm，也不应小于8mm。

（20）小砌块应将生产时的底面朝上反砌于墙上；潮湿环境采用蒸压加气混凝土砌块砌筑墙体时，墙底部现浇混凝土坎台的高度宜为150mm；蒸压加气混凝土砌块、轻骨料混凝土小型空心砌块不应与其他块体混砌。

（21）在砂浆中掺入的砌筑砂浆增塑剂、早强剂、缓凝剂、防冻剂、防水剂等砂浆外加剂，其品种和用量应经有资质的检测单位检验和试配确定；现场拌制的砂浆应随拌随用，当施工期间最高气温不超过30℃时，拌制的砂浆应3h内使用完毕；配制砌筑砂浆时，各组分材料应采用质量计量；砌筑砂浆应采用机械搅拌，水泥砂浆和水泥混合砂浆搅拌时间自投料完算起应不得少于120s。

（22）砌体结构施工的其他质量技术要求：

1）砖基础

砖基础砌筑前，应先检查垫层施工是否符合质量要求，然后清扫垫层表面，将浮土及垃圾清除干净。砌基础时可依皮数杆先砌几皮转角及交接处部分的砖，然后在其间拉准线砌中间部分。若砖基础不在同一深度，则应先由底往上砌筑。在砖基础高低台阶接头处，下台面台阶要砌一定长度（一般不小于500mm）实砌体，砌到上面后和上面的砖一起退台。基础墙的防潮层，如设计无具体要求，宜用1：2.5的水泥砂浆加适量的防水剂铺设，其厚度一般为20mm。抗震设防地区的建筑物，不用油毡做基础墙的水平防潮层。

2）砖墙

① 全墙砌砖应平行砌起，砖层必须水平，砖层正确位置除用皮数杆控制外，每楼层砌完后必须校对一次水平、轴线和标高，在允许偏差范围内，其偏差值应在基础或楼板顶面调整。

② 砖砌体接槎时，必须将接槎处的表面清理干净，浇水湿润，并应填实砂浆，保持灰缝平直。

③ 不得在下列墙体或部位留设脚手眼：半砖墙和砖柱，过梁上与过梁成 60°角的三角形范围及过梁净跨度 1/2 的高度范围内，宽度小于 1m 的窗间墙，梁或梁垫下及其左右各 500mm 的范围内，砖砌体的门窗洞口两侧 200mm（石砌体为 300mm）和转角处 450mm（石砌体为 600mm）的范围内。

④ 施工时需在砖墙中留置的临时洞口，其侧边离交接处的墙面不应小于 500mm，洞口净宽度不应超过 1m。洞口顶部宜设置过梁。抗震设防烈度为 9 度地区的建筑物，临时洞口的留置应会同设计单位研究决定。临时施工洞口应做好补砌。

⑤ 每层承重墙的最上一皮砖，在梁或梁垫的下面，应用丁砖砌筑。隔墙与填充墙的顶面与上层结构的接触处，宜用侧砖或立砖斜砌挤紧。

⑥ 设有钢筋混凝土构造柱的抗震多层砖房，应先绑扎钢筋，而后砌砖墙，最后浇筑混凝土。墙与柱应沿高度方向每 500mm 设 2$\phi$6 钢筋（一砖墙），每边伸入墙内不应少于 1m。构造柱应与圈梁连接，砖墙应砌成马牙槎，每一马牙槎沿高度方向的尺寸不超过 300mm，马牙槎从每层柱脚开始，应先退后进。该层构造柱混凝土浇完之后，才能进行上一层的施工。

⑦ 砖墙每天砌筑高度以不超过 1.5m 为宜，雨期施工时，每天砌筑高度不宜超过 1.2m。

⑧ 当室外日平均气温连续 5 天稳定低于 5℃时，砌筑工程应采取冬期施工措施。冬期施工的砖砌体应按"三一"砌砖法施工，并采用一顺一丁或梅花丁的排砖方法。砂浆使用时的温度不应低于 5℃。在负温条件下，砖可不浇水，但必须适当增大砂浆的稠度。砌体的每日砌筑高度不超过 1.2m。

⑨ 每一砌体填充墙与柱的拉结筋的位置超过一皮块体高度的数量不得多于 1 处。

3）空心砖墙

空心砖墙砌筑前应试摆，在不够整砖处，如无半砖规格，可用普通黏土砖补砌。承重空心砖的孔洞应呈垂直方向砌筑，且长圆孔应顺墙方向。非承重空心砖的孔洞应呈水平方向砌筑。非承重空心砖墙，其底部应至少砌三皮实心砖，在门口两侧一砖长范围内，也应用实心砖砌筑。半砖厚的空心砖隔墙，如墙较高，应在墙的水平灰缝中加设 2$\Phi$8 钢筋或每隔一定高度砌几皮实心砖带。

4）砖过梁

砖平拱过梁应用不低于 MU10 的砖和不低于 M5.0 砂浆砌筑。砌筑时，在过梁底部支设模板，模板中应有 1% 的起拱，过梁底部的模板在灰缝砂浆强度达到设计强度标准值的 50% 以上时，方可拆除。砌筑时，应从两边往中间砌筑。

# 15.5 钢结构工程施工质量控制与管理

## 15.5.1 原材料及成品进场

（1）钢结构工程所用的材料应符合设计文件和现行有关标准的规定，并具有质量合格证明文件，经进场检验合格后方能使用。

（2）钢材的进场验收，除遵守《钢结构工程施工规范》GB 50755 外，尚应符合现行国家标准《钢结构工程施工质量验收规范》GB 50205 的规定。对属于下列情况之一的钢材，应进行全数抽样复验：

1）国外进口钢材。

2）钢材混批。

3）板厚等于或大于 40mm，且设计有 Z 向性能要求的厚板。

4）建筑结构安全等级为一级，大跨度钢结构中主要受力构件所用的钢材。

5）设计有复验要求的钢材。

6）对质量有疑义的钢材。钢材复验内容应包括力学性能试验和化学成分分析，其取样，制样及试验方法可按相关试验标准或其他现行有关标执行。

（3）有厚度方向要求的钢板，Z15 级钢板每个检验批由同一牌号、同一炉号、同一厚度、同一交货状的钢板组成，每批重量不大于 25t；Z25、Z35 级钢板逐张复验。

（4）进口钢材复验的取样，制样及试验方法应按设计文件和合同规定的标准执行。海关商检结果应经监理工程师认可，认可后可作为有效的材料复验结果。

（5）用于重要焊接材料，或对质量合格证明文件有疑义的焊接材料，应进行抽样复验，复验时焊丝宜按五个批（相当炉批）取样一组试验，焊条宜按三个批（相当炉批）取样一组试验。

（6）普通螺栓作为永久性连接螺栓时，当设计文件要求或对其质量有疑义时，应进行螺栓实物最小拉力载荷复验，复验时每一规格螺栓抽取 8 个。

（7）高强度大六角头螺栓连接副和扭剪型高强度螺栓连接副应分别具有扭矩系数和紧固轴力（预接力）的出厂合格检验报告，并随箱附带。当高强度螺栓连接副保管时间超过 6 个月后使用时，应按相关要求重新进行扭矩系数或紧固轴力试验，合格后方可使用。

（8）高强度大六角头螺栓连接副和扭剪型高强度螺栓连接副应分别具有扭矩系数和紧固轴力（预接力）复验，试验螺栓应从施工现场待安装的螺栓批中随机抽取。每批抽取 8 套连接副进行复验。

## 15.5.2 钢结构焊接工程质量控制要点

### 1. 材料质量要求

（1）钢结构工程所用的焊条、焊丝、焊剂、电渣焊熔嘴、焊钉、焊接瓷环及施焊用的保护气体等必须有出厂质量合格证、检验报告等质量证明文件。

（2）钢结构焊接工程中，一般采用焊缝金属与每材等强度的原则选择用焊条、焊丝、焊剂等焊接材料。

（3）焊条、焊剂、药芯焊丝，电渣焊熔嘴电和焊钉用的瓷环等在使用前，必须按照产品说明书及有关焊接工艺的规定进行烘焙。

**2. 施工过程质量控制要点**

（1）当焊接作业环境温度低于0℃但不低于−10℃时，应将焊接接头和焊接表面各方向大于或等于2倍钢板厚度且不小于100mm的范围加热到不低于20℃以上和规定的最低预热温度后方可施焊，且在焊接过程中均不应低于此温度。

（2）预热和道间温度控制宜采用电加热、火焰加热和红外线加热等方法，并采用专用的测温仪器测量。预热的加热区应在焊接坡口两侧，宽度为焊件施焊厚度的1.5倍以上，且不小于100mm处。当工艺选择用的预热温度低于要求时，应通知工艺评定试验确定。

（3）严禁在焊缝区以外的母材上打火引弧。在坡口弧的局部面积应焊接一次，不得留下弧坑。当引弧板、引出板和衬垫板为钢材时，应选用屈服强度不大于被焊钢材标称强度的钢材，且焊接性相近。

（4）多层焊缝应连续施焊，每一层焊完后及时清理。

（5）如设计文件或合同文件对焊后消除应力有要求时，对结构疲劳验算中承受拉力的对接接头或焊缝密集的节点、构件，宜采用电加热器局部退火和加热炉整体退火等方法进行应力消除处理，若仅为稳定结构尺寸可采用振动法消除应力。

（6）用锤击法消除中间焊层应力时，应使用圆头小锤或小型振动工具进行，不应对根部焊缝、盖面焊缝或坡口边缘的母材进行锤击。

（7）碳素结构钢应在焊缝冷却到环境温度后，低合金钢应在完成24h后进行焊缝无损检测检验。

（8）栓钉焊焊后应进行弯曲试验抽查，栓钉弯曲30°后焊缝和热影响区不得有肉眼可见裂纹。

（9）焊缝返修部位应连续焊成，若中断焊接时应采取后热、保温措施，防止产生裂纹，焊缝同一部位的缺陷返修次数不宜超过两次，返修后的焊接接头区域应增加磁粉或着色检查。

## 15.5.3　钢结构紧固件工程质量控制要点

**1. 材料质量要求**

（1）钢结构连接用高强度大六角螺栓连接副，扭剪型高强度螺栓连接副、钢网架用高强度螺栓、普通螺栓、铆钉、自攻钉、射钉、锚栓、地脚螺栓等紧固标准件及螺母、垫圈等标准配件应具有质量证明书或合格证。

（2）高强度大六角螺栓连接副和扭剪型高强度螺栓连接副出厂时应随箱带有扭矩系数和紧固轴力（预接力）的检验报告，并应在施工现场随机抽样检验其扭矩系数和预应力。

**2. 施工过程质量控制要点**

（1）钢结构制作和安装单位应按现行国家标准《钢结构工程施工质量验收规范》GB 50205的规定分别进行高强度螺栓连接摩擦面的抗滑移系数试验和复验；安装现场加工处理摩擦面应单独进行摩擦面抗滑移系数试验，其结果应符合设计要求。当高强度连接点按承压型连接或张拉型连接进行强度设计时，可不进行摩擦面抗滑移系数的试验和复验。

（2）高强度螺栓连接，必须对构件摩擦面进行加工处理。处理后的抗滑移系数应符合设计要求，方法有喷砂、喷（抛）丸、酸洗、砂轮打磨。采用手工砂轮打磨时，打磨方向应与构件受力方向垂直，且打磨范围不小于螺栓孔的 4 倍。经处理后的摩擦面采取保护措施，不得在摩擦面上作标记。摩擦面抗滑移系数复验应由制作单位和安单位分别按制造批为单位进行见证送样试验。

（3）普通螺栓连接紧固要求：

1）普通螺栓紧固应从中间开始，对称向两边进行，大型接头宜采用复拧。

2）普通螺栓作为永久性连接螺栓时，紧固时螺栓头和螺母侧应分别放置平垫圈。螺栓头侧放置的垫圈不多于 2 个，螺母侧放置的垫圈不多于 1 个。

3）永久性普通螺栓紧固应牢固、可靠、外紧丝扣不应少于 2 扣。对于承受动力荷载或者重要部位的螺栓连接，设计有防松动要求时，应采取防松动装置的螺母或弹簧垫圈，弹簧垫圈放置在螺母侧。紧固质量检验可采用锤敲检验。

（4）高强度螺栓应自由穿入螺孔，不应气割扩孔，其最大扩孔量不超过 1.2$d$（$d$ 为螺栓直径）。

（5）高强度螺栓安装时应先使用安装螺栓和冲钉，不得用高强度螺栓兼作安装螺栓。

（6）高强度螺栓紧固要求：

1）高强度螺栓应在构件安装精度调整后进行拧紧。

2）扭剪型高强度螺栓安装时，螺帽带圆台面的一侧应朝向垫圈有倒角的一侧。

3）大六角头高强度螺栓安装时，螺栓头下垫圈有倒角的一侧应向螺栓头，螺母带圆台的一侧应朝向垫圈有倒角的一侧。

4）施拧及检验用的扭矩扳手在班前应进行校正标定，班后校验，施拧扳手扭矩精度误差不应超过 ±5%，检验用扳手扭矩精度误差不超过 ±3%。

5）施拧时，应在螺母上施加扭矩。

6）高强度螺栓的紧固顺序应使螺栓都均匀受力，从节点中间向边缘施拧，初拧和终拧都应按一定顺序进行，当天安装的螺栓应在当天拧完毕，外露丝扣应为 2~3 扣。

7）扭剪型高强度螺栓，以拧掉尾部梅花卡头为终拧结束。初拧或复拧后应对螺母涂画颜色标记。

8）高强度大六角头螺栓连接副的初拧、复拧和终拧宜在 24h 内完成。扭矩检查或转角检查均宜在螺栓终拧 1h 以后、24h 之前完成。

### 15.5.4　钢结构安装工程质量控制要点

（1）钢结构工程施工单位应具备相应的钢结构工程施工资质，并有安全、质量和环境管理体系。

（2）钢结构工程实施前，应有经施工单位技术负责人审批的施工组织设计、与其配套的专项施工方案等技术文件，并按有关规定报送监理工程师或业主代表；对于重要钢结构工程的施工技术和安全应急预案，应组织专家论证。

（3）钢结构在进场时应有产品质量证明书，其焊接连接、紧固件连接、钢构件制作等分项工程验收应合格。

（4）验算构件吊装的稳定性，合理选择吊装机械确定经济、可行的吊装方案。

（5）钢结构应符合设计要求及规范规定。运输、堆放、吊装等造成的钢结构变形及涂层脱落，必须进行矫正和修补。

（6）多层或高层框架构件的安装，在每一层吊装完成后，应根据中间验收记录、测量资料进行校正，必要时通知制造厂调查整构件长度。吊车梁和轨道的调整应在主要构件固定后进行。

（7）钢结构安装校正时应考虑温度、日照和焊接变形等因素对结构的影响。施工单位和监理单位宜在相同的天气条件和时间段进行测量验收。

（8）钢结构工程施工及质量验收时，应使用经计量检验合格且在有效期内的计量器具，并按规定操作和正确使用。各专业施工单位和监理单位统一计量标准。

（9）用于大六角头高强度螺栓施工终拧值检测，以及校正施工扭矩扳手的标准须经过计量单位的标定，并在有效期内使用，检测与校核用的扳手应为同一把扳手。

（10）钢柱脚采用钢垫板作支承时，垫板应设置在靠近地脚螺栓（锚栓）的柱脚底板加劲或柱肢上，垫板与其基础面和柱底面的接触应平整、紧密。柱底二次浇灌混凝土前垫板间应焊接固定。

（11）柱脚安装时，锚栓宜使用导入器或护套。首节钢柱安装后应及时进行垂直度、标高和轴线位置校正，钢柱的垂直度可采用经纬仪或线锤测量。校正合格后钢柱必须可靠固定并进行柱底二次灌浆，灌浆前应清除柱底板与基础之间的杂物。首节以上的钢柱定位轴线应从地面控制轴线直接引上，不得从下层柱的轴线引上，钢柱校正垂直度时，应考虑钢梁接头的收缩量，预留焊缝变形值。

（12）钢梁可采用一机一吊或一机串吊的方式吊装，就位后应立即临时固定连接，由多个构件在地面组拼的重型组合构件吊装，吊点位置和数量应经计算确定。

（13）单跨结构宜从跨端一侧向另一侧、中间向两端或两端向中间的顺序进行吊装，多跨结构，宜先吊主跨后吊副跨，当有多台起重机共同作业时，也可多跨同时吊装。

### 15.5.5 钢结构涂装工程质量控制要点

**1. 材料质量要求**

（1）钢结构用防腐涂料稀释剂和固化剂等材料出厂时应有产品证明书，其品种、规格、性能应符合国家和行业标准及设计要求；钢结构用防火涂料应有产品证明书，其品种、规格、性能应符合设计要求，并应经过具有资质的检测机构检测证明其符合国家现得有关标准的规定，还应有生产该产品的生产许可证。

（2）防火涂料按其性能特点分为钢结构膨胀防火涂料（薄型防火涂料）和钢结构非膨胀型防火涂料（厚型防火涂料）。选用的防火涂料应符合设计文件和国家现行标准的要求，具有一定抗冲击能力，能牢固地附着在构件上不腐蚀钢材。

**2. 防腐涂料施工过程的质量控制要点**

（1）在涂刷涂料前必须对钢结构表面进行除锈，经过处理的钢材表面不应有焊渣、焊疤、灰尘、油污、水和毛刺等，对于镀锌构件，酸洗除锈后，钢材表面应露出金属色泽，无污渍锈迹和残留任何酸液。

（2）在表面达到清洁程度后，油漆防腐涂装与表面除锈之间的间隔时间一般宜在 4h 之内，车间内作业或温度较低的晴天不应超过 12h。

（3）参照涂料产品说明书，确定不同涂层间的施工应留有的适当重涂间隔时间，钢构件表面涂有工厂底漆的钢构件，因焊接、火焰校正、暴晒和擦伤等造成重新锈蚀或附近有白锌盐时，应经表面处理后再按原涂装规定予以补漆，运输、安装过程的涂层碰损、焊接烧伤等应根据原涂装配套进行补涂。

（4）钢结构表面处理与热喷涂施工的间隔时间，晴天或湿度不大的气候条件下应在12h，雨天、潮湿、有盐雾的气候条件下不超过2h。当大气温度低于5℃或钢结构表面温度低于露点3℃时应停止热喷涂操作。

（5）金属热喷涂层的封闭剂或首道封闭油漆施工要用涂刷方式施工，喷涂时喷薄欲出枪与表面宜成为直角，喷枪的移动速度应均匀，各喷涂层之间的喷枪应相互垂直，交叉覆盖。

（6）摩擦型高强度螺栓连接节点接触面，施工图中注明的不涂层部位，均不得涂刷。安装焊缝处应留出30～50mm宽的范围暂时不涂。

**3. 防火涂料施工过程的质量控制要点**

（1）钢结构表面应根据表面使用要求进行除锈处理。无防锈涂料的钢表面除等级不应低于St2。

（2）防火涂料基层表面应无油污，灰尘和泥砂等污垢，且防锈层完整、底漆无漏刷。钢构件连接处的缝隙应采用防火涂料或其他防火材料填平。

（3）防火涂料涂装施工应分层施工。上层涂层干燥或固化后，方可进行下道涂层施工。

（4）厚涂型防火涂料有下列情况之一时需重新喷涂或补涂：

1）涂层干燥固化不良，粘结不牢或粉化、脱落。

2）钢结构的接头、转角处的涂层有明显凹陷。

3）涂层厚度小于设计规定厚度的85％时，或涂层厚度虽大于设计规定厚度的85％，但未达到规定厚度的涂层其连续面积的长度超过1m。

（5）薄涂型防火涂料面层应在底层涂装基本干燥后开始涂装。

（6）承受冲击、振动荷载的钢梁，涂层厚度较大（不小于40mm）的钢或桁架，涂料粘结强度小于或等于0.05MPa的钢构件，板墙和腹板的高度超过1.5m的钢梁，宜在其厚涂型防火涂层内设置与钢构件相连的钢网或其他相应的加固措施。

# 15.6 建筑防水、保温工程施工质量控制与管理

## 15.6.1 建筑防水工程质量控制要点

**1. 屋面防水工程质量控制**

（1）防水基层质量控制要点

1）基层表面应平整牢固，有足够的强度、刚度，表层坡度准确，无起砂、起皮、空鼓等缺陷。

2）基层表面应清洁，干燥程度应根据所选防水卷材特性确定，阴阳角处应做成圆弧形。

3）基层阴阳角圆弧处、穿墙管、预埋件、变形缝、施工缝、后浇带等部位，应用密封材料及胎体增强材料进行密封和加强，然后再大面积施工。

4）防水层不宜在雨、雪、雾、霜、大风和气温低于5℃或高于35℃的天气条件下施工

（2）防水层所用材料进场时，必须有出厂合格证和质量检验报告，同时在现场使用

前，做见证抽样复验，合格后方可使用。进场的防水卷材应检验下列项目：

1）高聚物改性沥青防水卷材的可溶物含量、拉力、最大拉力时延伸率、耐热度、低温柔性和不透水性。

2）合成高分子防水卷材的断裂拉伸强度、扯断伸长率、低温弯折性和不透水性。

（3）防水卷材按不同品种、规格的卷材应分别堆放，应贮存在阴凉通风处，避免雨淋、日晒和受潮，严禁接近火源；并尽量避免与化学介质及有机溶剂等有害物质接触。

（4）卷材防水层的施工环境温度应符合下列规定：热熔法和焊接法不宜低于－10℃；冷粘法和热粘法不宜低于5℃；自粘法不宜低于10℃。

（5）卷材防水施工质量控制要点：

1）卷材防水施工要严格按照施工工艺标准等规范要求和施工工艺流程进行。

2）卷材冷粘施工时，胶接材料要根据卷材性能配套选用胶粘剂，胶粘剂调配要专人负责，不得错用、混用。

3）卷材防水层完成后经验收合格应及时做保护层。

4）屋面坡度大于25％时，卷材应采取满粘和钉压固定措施。卷材屋面坡度超过25％时，常发生下滑现象，故应采取防止卷材下滑措施。防止卷材下滑的措施除采取卷材满粘外，还有钉压固定等方法，固定点应封闭严密。

5）屋面卷材铺贴应采用搭接法，平行于屋脊的搭接缝应顺流水方向搭接。

（6）双组分或多组分防水涂料应按配合比准确计量，应采用电动机具搅拌均匀，已配制的涂料应及时使用。

（7）进场的防水涂料和胎体增强材料应检验下列项目：

1）高聚物改性沥青防水涂料的固体含量、耐热性、低温柔性、不透水性、断裂伸长率或抗裂性。

2）合成高分子防水涂料和聚合物水泥防水涂料的固体含量、低温柔性、不透水性、拉伸强度、断裂伸长率。

3）胎体增强材料的拉力、延伸率。

（8）防水涂料包装容器应密封，容器表面应标明涂料名称、生产厂家、执行标准号、生产日期和产品有效期，并应分类存放。反应型和水乳型涂料贮运和保管环境温度不宜低于5℃，溶剂型涂料贮运和保管环境温度不宜低于0℃，并不得日晒、碰撞和渗漏；保管环境应干燥、通风，并应远离火源、热源。胎体增强材料贮运、保管环境应干燥、通风，并应远离火源、热源。

（9）涂膜防水层的施工环境温度应符合下列规定：水乳型及反应型涂料宜为5～35℃；溶剂型涂料宜为－5～35℃；热熔型涂料不宜低于－10℃；聚合物水泥涂料宜为5～35℃。

（10）涂膜防水层施工质量控制要点：

1）涂料防水层分为有机防水涂料和无机防水涂料。有机防水涂料宜用于结构主体的迎水面，无机防水涂料宜用于结构主体的背水面。

2）涂料防水层不宜留设施工缝，如面积较大须留设施工缝时，接涂时缝处搭接应大于100mm，且对复涂处的接缝涂膜应处理干净。

3）胎体增强材料涂膜，胎体材料同层相邻的搭接宽度应大于100mm，上下层接缝应错开1/3幅宽。

4）涂料的配料温度、配料用量和顺序、搅拌时间和强度、施工环境温度、涂膜遍数和厚度应符合设计及规范要求。

5）涂料防水层完成后经验收合格应及时做保护层，以防涂膜损坏。

（11）进场的密封材料应检验下列项目：改性石油沥青密封材料的耐热性、低温柔性、拉伸粘结性、施工度；合成高分子密封材料的拉伸模量、断裂伸长率、定伸粘结性。

（12）密封材料应防止日晒、雨淋、撞击、挤压，保管环境应通风、干燥，防止日光直接照射，并应远离火源、热源；乳胶型密封材料在冬季时应采取防冻措施；密封材料应按类别、规格分别存放。

（13）接缝密封防水的施工环境温度应符合下列规定：改性沥青密封材料和溶剂型合成高分子密封材料宜为 0～35℃；乳胶型及反应型合成高分子密封材料宜为 5～35℃。

（14）屋面防水工程作业人员应持证上岗。

（15）平屋面采用结构找坡时，屋面防水找平层的排水坡度不应小于 3%。

（16）自粘法铺贴防水卷材，基层表面涂刷的处理剂干燥后应及时铺贴卷材；低温施工时，搭接部位应加热后再粘贴；搭接缝口应采用材性相容的密封材料封严。

**2. 室内防水施工工程质量控制**

（1）建筑室内工程使用的防水材料，应有产品合格证书和出厂检验报告，材料的品种、规格、性能应符合现行标准及设计要求。材料进场时应按规范规定见证取样检验，并出具检验报告。

（2）建筑室内防水工程的施工，应建立各道工序的自检、交接检和专职人员检查的"三检"制度，并有完整的检查记录。对上道工序未经检查确认，不得进行下道工序的施工。

（3）找平层表面应平整、坚固，不得有疏松、起砂、起皮现象，基层排水坡度、含水率应符合设计要求。

（4）厕浴间、厨房的墙体，宜设置高出楼地面 150mm 以上的现浇混凝土泛水。主体为装配式房屋结构的厕所、厨房等部位的楼板应采用现浇混凝土结构。

（5）厕浴间、厨房等室内小区域复杂部位楼地面防水，宜选用防水涂料或刚性防水材料做迎水面防水，也可选用柔性较好且易于与基层粘贴牢间的防水卷材。墙面防水层宜选用刚性防水材料或经表面处理后与粉刷层有较好结合性的其他防水材料。顶面防水层应选用刚性防水材料做防水层。

（6）穿楼板管道应设置止水套管或其他止水措施，套管直径应比管道大 1～2 级标准；套管高度应高出装饰地面 20～50mm。

（7）二次埋置的套管，其周围混凝土抗渗等级应比原混凝土提高一级（0.2MPa），并应掺膨胀剂。二次浇筑的混凝土结合面应清理干净后进行界面处理，混凝土应浇捣密实。加强防水层应覆盖施工缝，并超出边缘不小于 150mm。

（8）厕浴间、厨房四周墙根防水层泛水高度不应小于 250mm，其他墙面防水以可能溅到水的范围为基准向外延伸不应小于 250mm。浴室花洒所在及邻近墙面防水层高度不应小于 1.8m。

（9）防水砂浆施工前，设备预埋件和管线应安装固定完毕。基层表面应平整、坚实、清洁，并应充分湿润，无积水。砂浆防水层平均厚度不应小于设计厚度，最薄处不应小于设计厚度的 80%。

（10）铺贴墙（地）砖宜用专用粘贴材料或符合粘贴性能要求的防水砂浆。

（11）地漏与地面混凝土间应留置凹槽，用合成高分子密封胶进行密封防水处理。地漏四周应设置加强防水层，加强层宽度不应小于150mm。防水层在地漏收头处，应用合成高分子密封胶进行密封防水处理。

（12）墙面与楼地面交接部位、穿楼板（墙）的套管宜用防水涂料、密封材料或易粘贴的卷材进行加强防水处理。墙面与楼地面交接处、平面交接处、平面宽度与立面高度均不应小于100mm。穿过楼板的套管，在管体的粘结高度不应小于20mm，平面宽度不应小于150mm。

（13）卷材铺贴方法和搭接顺序应符合设计要求，搭接宽度正确，接缝严密，不得有皱折、鼓泡和翘边等现象。

（14）防水施工完毕后楼地面向地漏处的排水坡度不宜小于1‰，地面不得有积水现象。

（15）洗脸盆台板、浴盆与墙的支撑角应用合成高分子密封材料进行密封处理。密封材料嵌填严密，粘结牢固，表面平整，不得有开裂、鼓泡现象。

（16）防水层施工完后，应进行蓄水、淋水试验，观察无渗漏现象后交于下道工序。设备与饰面层施工完毕后还应进行第二次蓄水试验，达到最终无渗漏和排水畅通为合格，方可进行正式验收。

（17）楼地面防水层蓄水高度不应小于10mm，独立水容器应满池蓄水，地面和水池的蓄水试验时间均不应小于24h；墙面间歇淋水试验应达到30min以上进行检验不渗漏。

**3. 地下防水施工质量控制**

（1）施工方案控制要求

地下工程防水方案应根据工程规划、结构设计、材料选择、结构耐久性和施工工艺等因素确定。地下工程迎水面主体结构应采用防水混凝土，并应根据防水等级的要求采取其他防水措施。地下工程的排水管沟、地漏、出入口、窗井、风井等，应采取防倒灌措施；寒冷及严寒地区的排水沟应采取防冻措施。

（2）冻融侵蚀环境地下工程控制要点

处于冻融侵蚀环境中的地下防水工程，其混凝土抗冻融循环不得小于300次。结构刚度较差或受振动作用的工程，宜采用延伸率较大的卷材、涂料等柔性防水材料。

（3）防水混凝土质量控制要点

1）水泥品种宜采用硅酸盐水泥、普通硅酸盐水泥，采用其他品种水泥时应经试验确定。

2）防水混凝土施工前应做好降水工作，不得在有积水的环境中浇筑混凝土。

3）防水混凝土拌合物在运输后出现离析，必须进行二次搅拌。当坍落度损失后不能满足施工要求时，应加入原水胶比的水泥浆或二次掺加减水剂进行搅拌，严禁直接加水。

4）防水混凝土结构内部设置的各种钢筋和绑扎铁丝，不得接触模板。固定模板用的螺栓必须穿过混凝土结构时，可采用工具式螺栓或螺栓加堵头，螺栓上应加焊方形止水环。拆模后应将留下的凹槽用密封材料封堵密实，并应用聚合物水泥砂浆抹平。

5）在终凝后应立即进行养护，养护时间不得少于14d。

6）防水混凝土冬期施工时，混凝土入模温度不应低于5℃，应采取保温保湿养护措施，但不得采用电热法或蒸汽直接加热法。

（4）水泥砂浆防水层质量控制要点

1）水泥砂浆防水层可用于地下工程主体结构的迎水面或背水面，不应用于受持续振动或温度高于80℃的地下工程防水。

2）水泥砂浆应使用硅酸盐水泥、普通硅酸盐水泥或特种水泥。砂宜采用中砂，含泥量不应大于1%。拌制用水、聚合物乳液、外加剂等的质量要求应符合国家现行标准的有关规定。

3）水泥砂浆防水层施工的基层表面应平整、坚实、清洁，并应充分湿润、无明水。基层表面的孔洞、缝隙，应采用与防水层相同的防水砂浆堵塞并抹平。

4）水泥砂浆防水层应在基础垫层、初期支护、围护结构及内衬结构验收合格后施工。施工前应将预埋件、穿墙管预留凹槽内嵌填密封材料后，再施工水泥砂浆防水层。

5）防水砂浆宜采用多层抹压法施工。应分层铺抹或喷射，铺抹时应压实、抹平，最后一层表面应提浆压光。

6）水泥砂浆防水层各层应紧密粘合，每层宜连续施工；必须留设施工缝时，应采用阶梯坡形槎，但离阴阳角处的距离不得小于200mm。

7）水泥砂浆防水层不得在雨天、五级及以上大风中施工。冬期施工时，气温不应低于5℃。夏季不宜在30℃以上或烈日照射下施工。

8）水泥砂浆防水层终凝后，应及时进行养护，养护温度不宜低于5℃，并应保持砂浆表面湿润，养护时间不得少于14d。

9）聚合物水泥防水砂浆拌合后应在规定时间内用完，施工中不得任意加水。聚合物水泥防水砂浆未达到硬化状态时，不得浇水养护或直接受雨水冲刷，硬化后应采用干湿交替的养护方法。潮湿环境中，可在自然条件下养护。

（5）卷材防水层质量控制要点

1）卷材外观质量、品种规格应符合国家现行标准的规定，卷材及其胶粘剂应具有良好的耐水性、耐久性、耐穿刺性和耐菌性。

2）防水卷材施工前，基面应干净、干燥，并应涂刷基层处理剂。当基面潮湿时，应涂刷固化型胶粘剂或潮湿界面隔离剂。基层处理剂应与卷材及其粘结材料的材性相容，基层处理剂喷涂或涂刷应均匀一致，不露底，表面干燥后方可铺贴卷材。

3）卷材防水层基面阴阳角处应做成圆弧形或45°坡角，其尺寸应根据卷材品种确定，并应符合所用卷材的施工要求。

4）铺贴自粘聚合物改性沥青防水材料，应排除卷材下面的空气，应辊压粘贴牢固，卷材表面不得有扭曲、皱折和起泡现象。低温施工时，宜对卷材和基层适当加热，然后铺贴卷材。

5）铺贴三元一丙橡胶防水卷材应采用冷粘法施工，胶粘剂涂刷与卷材铺贴的间隔时间应根据胶粘剂的性能控制。

6）铺贴聚氯乙烯防水卷材，接缝采用焊接法施工时，应先焊长边搭接缝，后焊短边搭接缝。

7）铺贴聚乙烯丙纶符合防水卷材时，应采用配套的聚合物水泥防水粘结材料。固化后的粘结料厚度不应小于1.3mm，施工完的防水层应及时做保护层。

8）高分子自粘胶膜防水卷材宜采用预铺反粘法施工，卷材宜单层设置。在潮湿基面铺设时，基面应平整坚固、无明显积水。卷材长边应采用自粘边搭接，短边应采用粘结带搭接，卷材端部搭接区应相互错开。

9）地下防水卷材施工时，应先铺平面，后铺立面。

（6）涂料防水层质量控制要点

1）无机防水涂料可选用掺外加剂、掺合料的水泥基防水涂料、水泥基渗透结晶型防水涂料。有机防水涂料可选用反应型、水乳型、聚合物水泥等涂料。

2）无机防水涂料基层表面应干净、平整、无浮浆和明显积水。有机防水涂料基层表面应基本干燥，不应有气孔、凹凸不平、蜂窝麻面等缺陷。涂料施工前，基层阴阳角应做成圆弧形。

3）涂料防水层严禁在雨天、雾天、五级及以上大风时施工，不得在施工环境温度低于5℃及高于35℃或烈日暴晒时施工。涂膜固化前如有降雨可能时，应及时做好已完涂层的保护工作。

4）无机防水涂料宜用于结构主体的背水面，有机防水涂料宜用于地下工程主体结构的迎水面，用于背水面的有机防水涂料应具有较高的抗渗性，且与基层有较好的粘结性。

5）防水涂料品种的选择应符合下列规定：

① 潮湿基层宜选用与潮湿基面粘结力大的无机防水涂料或有机防水涂料，也可采用先涂无机防水涂料而后再涂有机防水涂料构成复合防水涂层；

② 冬期施工宜选用反应型涂料；

③ 埋置深度较深的重要工程、有振动或有较大变形的工程，宜选用高弹性防水涂料；

④ 有腐蚀性的地下环境宜选用耐腐蚀性较好的有机防水涂料，并应做刚性保护层；

⑤ 聚合物水泥防水涂料应选用Ⅱ型产品。

6）采用有机防水涂料时，基层阴阳角应做成圆弧形，阴角直径宜大于50mm，阳角直径宜大于10mm，在底板转角部位应增加胎体增强材料，并应增涂防水涂料。

### 15.6.2 建筑保温工程质量控制要点

**1. 屋面保温施工质量控制要点**

（1）严寒和寒冷地区屋面热桥部位，应按设计要求采取节能保温等隔断热桥措施。

（2）倒置式屋面保温层铺设前，应先对施工完的防水层进行淋水或蓄水试验，合格后才能进行保温层铺设。

（3）采用卷材做隔汽层时，卷材宜空铺，卷材搭接缝应满粘，其搭接宽度不应小于80mm。采用涂膜做隔汽层时，涂料涂刷应均匀，涂层不得有堆积、起泡和露底现象。穿过隔汽层的管道周围应进行密封处理。

（4）屋面纵横排气道的交叉处可埋设金属或塑料排气管，排气管宜设置在结构层上，穿过保温层及排气管道的管壁四周应打孔，排气管应做好防水处理。

（5）板状材料保温层的基层应平整、干燥、干净，相邻板块应错缝拼接。分层铺设的板块上下层接缝应相互错开，板缝间隙应采用同类材料嵌填密实。

（6）纤维保温材料施工时，应避免重压，并应采取防潮措施。纤维保温材料铺设时，平面拼接缝应贴紧，上下层拼接缝应相互错开。当屋面坡度较大时，纤维保温材料宜采用机械固定法施工。在铺设纤维保温材料时，应做好劳动保护工作。

（7）喷涂硬泡聚氨酯保温层的基层应平整、干燥、干净。施工前应对喷涂设备进行调试，并应喷涂试块进行材料性能检测。喷涂时喷嘴与施工基面的间距应由试验确定，喷嘴硬泡聚氨酯的配比应准确计量，发泡厚度应均匀一致。一个作业面应分遍喷涂完成，每遍喷涂厚度不宜大于 15mm，硬泡聚氨酯喷涂后 20min 内严禁上人。喷涂作业时，应采取防止污染的遮挡措施。

（8）现浇泡沫混凝土保温层基层应清理干净，不得有油污、浮尘和积水。泡沫混凝土应按设计要求的干密度和抗压强度进行配合比设计，拌制时应计量准确，并应搅拌均匀。泡沫混凝土应按设计的厚度设定浇筑面标高线，找坡时宜采取挡板辅助措施，泵送时应采取低压泵送。泡沫混凝土应分层浇筑，一次浇筑厚度不宜超过 200mm，终凝后应进行保温养护，养护时间不得少于 7d。

（9）保温层的施工环境温度应符合下列规定：干铺的保温材料可在负温度下施工；用水泥砂浆粘贴的板状保温材料不宜低于 5℃；喷涂硬泡聚氨酯宜为 15～35℃，空气相对湿度宜小于 85％，风速不宜大于三级；现浇泡沫混凝土宜为 5～35℃。

（10）架空隔热层预制混凝土板的强度等级不应低于 C20，板内宜加放钢筋网片。

**2. 外墙外保温施工质量控制要点**

（1）外墙外保温系统经耐候性试验后，不得出现饰面层起泡或剥落、保护层空鼓或脱落等破坏，不得产生渗水裂缝。

（2）外保温工程施工期间以及完工后 24h 内，基层及环境空气温度不应低于 5℃。夏季应避免阳光暴晒。在 5 级以上大风天气和雨天不得施工。

（3）基层表面应清洁，无油污、隔离剂等妨碍粘结的附着物。凸起、空鼓、疏松的部位应剔除并找平。

（4）聚苯板应按顺砌方式粘贴，竖缝应逐行错缝。聚苯板应粘贴牢固，不得有空鼓和松动，涂胶粘剂面积不得小于聚苯板面积的 40％。

（5）墙角处聚苯板应交错互锁。门窗洞口四角处聚苯板应采用整板切割成形，不得拼接，接缝应离开角部至少 200mm。

（6）聚苯板粘结牢固后，按要求安装锚固件，锚固深度不小于 25mm。

（7）底层距室外地面 2m 高的范围及装饰缝、门窗四角、阴阳角等可能遭受冲击力部位须铺设加强网。变形缝处应做好防水和保温构造处理。

# 第16章 建筑工程施工安全控制与管理

## 16.1 脚手架工程安全控制与防范重点

脚手架是土木工程施工的重要设施，是为保证高处作业安全、顺利进行施工而搭设的工作平台和作业通道。在结构施工、装修施工和设备管道的安装施工中，都需要按照操作要求搭设脚手架。脚手架搭设、使用、拆除等过程中存在安全隐患，因此在施工前，应确定脚手架安全防范重点，为编制安全技术文件并实施交底提供资料。

### 16.1.1 扣件式钢管脚手架作业安全防范重点

（1）脚手架搭设之前，应根据工程的特点和施工工艺确定搭设（包括拆除）施工方案。脚手架的施工方案应与施工现场搭设的脚手架类型相符，当现场因故改变脚手架类型时，必须重新修改脚手架方案并经审批后，方可施工。

（2）脚手架地基与基础的施工，应根据脚手架所受的荷载、搭设高度、搭设场地土质情况与现行国家标准有关规定进行。当脚手架下有设备基础、管沟时，在脚手架使用过程中不应开挖，否则必须采取加固措施。

（3）单、双排扣件式脚手架必须配合施工进度搭设，一次搭设高度不应超过相邻连墙件以上两步，否则应采取撑拉固定措施与建筑结构拉结。单排脚手架搭设高度不应超过24m；双排脚手架一次搭设高度不宜超过50m，高度超过50m的双排脚手架，应采用分段搭设的措施。

（4）每根立杆底部宜设置底座或垫板。单排、双排与满堂脚手架立杆接长除顶层顶步外，其余各层各步接头必须采用对接扣件连接。

（5）主节点处必须设置一根横向水平杆，用直角扣件扣接且严禁拆除。主节点处两个直角扣件的中心距不应大于150mm。在双排脚手架中，横向水平杆靠墙一端的外伸长度不应大于杆长的0.4倍，且不应大于500mm。

（6）脚手架必须设置纵、横向扫地杆。纵向扫地杆应采用直角扣件固定在距底座上皮部大于200mm处的立杆上，横向扫地杆亦应采用直角扣件固定在紧靠纵向扫地杆下方的立杆上。脚手架立杆基础不在同一高度时，必须将高处的纵向扫地杆向低处延长两跨与立杆固定，高低差不应大于1m。靠边坡上方的立杆轴线到边坡的距离不应小于500mm。

（7）脚手板应铺满、铺稳、铺实。脚手板的铺设应采用对接平铺或搭接铺设。脚手板对接平铺时，接头处应设两根横向水平杆，脚手板外伸长度应取130～150mm，两块脚手板外伸长度的和不应大于300mm；脚手板搭接铺设时，接头应支在横向水平杆上，搭接长度不应小于200mm，其伸出横向水平杆的长度不应小于100mm。作业层端部脚手板探头长度应取150mm，其板的两端均应固定于支承杆件上。凡脚手板伸出小横杆大于

200mm 的称为探头板，最有可能造成人员坠落事故发生，必须严禁出现探头板现象。

（8）连墙件必须采用可承受拉力和压力的构造。高度在 24m 以下的单、双排脚手架，宜采用刚性连墙件与建筑物可靠连接。高度 24m 及以上的单、双排脚手架，应采用刚性连墙件与建筑物可靠连接。50m 以下（含 50m）脚手架连墙件应按是 3 步 3 跨进行布置，50m 以上的脚手架连墙件应按 2 步 3 跨进行布置。开口型脚手架的两端必须设置连墙件，连墙件的垂直间距不应大于建筑物的高度，并不应大于 4m。

（9）双排脚手架应设置剪刀撑和横向斜撑，单排脚手架应设置剪刀撑。高度在 24m 以下单、双排脚手架，均必须在外侧两端、转角及中间间隔不超过 15m 的立面上，各设置一道剪刀撑，并应由底至顶连续设置。高度在 24m 及以上的双排脚手架应在外侧全立面连续设置剪刀撑。开口型双排脚手架的两端必须设置横向斜撑。剪刀撑、横向斜撑搭设应随立杆、纵向扫地杆和横向水平杆等同步搭设，各底层斜杆下端均必须支承在垫块或垫板上。

（10）脚手架在使用期间，严禁拆除主节点处的纵向横向水平杆、连墙件、纵横向扫地杆。拆除作业必须由上而下逐层进行，严禁上下同时作业。连墙件必须随脚手架逐层拆除，严禁先将连墙件整层拆除后再拆脚手架；分段拆除高差不应大于 2 步，如高差大于 2 步，应增设连墙件加固。各构配件严禁抛掷至地面。

## 16.1.2　扣件式钢管脚手架的检查验收

### 1. 检查验收的程序

脚手架的检查和验收应由项目经理组织，项目施工、技术、安全、作业班组负责人等有关人员参加，按照技术规范、施工方案、技术交底等有关技术文件，对脚手架进行分段验收，在确认符合要求后，方可投入使用。

### 2. 脚手架及其地基基础检查和验收阶段

脚手架及其地基基础应在下列阶段进行：

（1）基础完工后，架体搭设前；

（2）每搭设完 6～8m 高度后；

（3）作业层上施加荷载前；

（4）达到设计高度后；

（5）遇到六级及以上大风或大雨后；

（6）停用超过一个月的，再重新投入使用之前。

### 3. 脚手架定期检查的主要项目

（1）杆件的设置和连接，连墙件、支撑、门洞桁架等的构造是否符合要求；

（2）地基是否有积水，底座是否松动，立杆是否悬空；

（3）扣件螺栓是否有松动；

（4）高度在 24m 以上的脚手架，其立杆的沉降与垂直度的偏差是否符合技术规范的要求；

（5）架体的安全防护是否符合要求；

（6）是否有超载使用的现象等。

### 16.1.3 碗扣式钢管脚手架作业安全防范重点

（1）脚手架施工前必须制定施工设计或专项方案，保证其技术可靠和使用安全。经技术审查批准后方可实施。工程技术负责人应按脚手架施工设计或专项方案的要求对搭设和使用人员进行技术交底。

（2）对进入现场的脚手架构配件，使用前应对其质量进行复检。构配件应按品种、规格分类放置在堆料区内或码放在专用架上，清点好数量备用。脚手架堆放场地排水应畅通，不得有积水。连墙件如采用预埋方式，应提前与设计协商，并保证预埋件在混凝土浇筑前埋入。

（3）脚手架搭设场地必须平整、坚实、排水措施得当。脚手架地基基础必须按施工设计进行施工，按地基承载力要求进行验收。地基高低差较大时，可利用立杆0.6m节点位差调节。土壤地基上的立杆必须采用可调底座。

（4）脚手架搭设应按立杆、横杆、斜杆、连墙件的顺序逐层搭设，每次上升高度不大于3m。脚手架的搭设应分阶段进行，第一阶段的搭底高度一般为6m，搭设后必须经检查验收后方可正式投入使用。脚手架的搭设应与建筑物的施工同步上升，每次搭设高度必须高于即将施工楼层1.5m。脚手架内外侧加挑梁时，挑梁范围内只允许承受人行荷载，严禁堆放物料。

（5）连墙件必须随架子高度上升及时在规定位置处设置，严禁任意拆除。

（6）作业层设置应符合下列要求：

1）必须满铺脚手板，外侧应设挡脚板及护身栏杆；

2）护身栏杆可用横杆在立杆的0.6m和1.2m的碗扣接头处搭设两道；

3）作业层下的水平安全网应按规定设置。

（7）脚手架拆除前现场工程技术人员应对在岗操作工人进行有针对性的安全技术交底。应清理脚手架上的器具及多余的材料和杂物。脚手架拆除时必须划出安全区，设置警戒标志，派专人看管。拆除作业应从顶层开始，逐层向下进行，严禁上下层同时拆除。连墙件必须拆到该层时方可拆除，严禁提前拆除。脚手架采取分段、分立面拆除时，必须事先确定分界处的技术处理方案。

（8）模板支撑架搭设应与模板施工相配合，利用可调底座或可调托撑调整底模标高。按施工方案弹线定位，放置可调底座后分别按先立杆后横杆再斜杆的搭设顺序进行。建筑楼板多层连续施工时，应保证上下层支撑立杆在同一轴线上。搭设在结构的楼板、挑台上时，应对楼板或挑台等结构承载力进行验算。模板支撑架拆除应符合有关规定。

（9）作业层上的施工荷载应符合设计要求，不得超载，不得在脚手架上集中堆放模板、钢筋等物料。混凝土输送管、布料杆及塔架拉缆风绳不得固定在脚手架上。大模板不得直接堆放在脚手架上。遇6级及以上大风、雨雪、大雾天气时应停止脚手架的搭设与拆除作业。

（10）拆除的构配件应成捆用起重设备吊运或人工传递到地面，严禁抛掷。拆除的构配件应分类堆放，以便于运输、维护和保管。

### 16.1.4 附着式升降脚手架作业安全防范重点

（1）附着式升降脚手架（整体提升脚手架或爬架）作业要针对提升工艺和施工现场作

业条件编制专项施工方案。专项施工方案要包括设计、施工、检查、维护和管理等阶段全部内容。

（2）安装搭设必须严格按照设计要求和规定程序进行，安装后经验收并进行荷载试验，确认符合设计要求后，方可正式使用。

（3）升降前必须仔细检查附着连接和提升设备的状态是否良好，发现异常时应及时查找原因和采取措施解决。

（4）附着式升降脚手架必须按照设计性能指标进行使用，不得随意扩大使用范围；架体上的施工荷载必须符合设计规定，严禁超载，严禁放置影响局部杆件安全的集中荷载；升降作业应统一指挥、规范指令。升、降指令只能由总指挥一人下达，但当有异常情况出现时，任何人均可立即发出停止指令。

（5）在安装、升降、拆除作业时，应划定安全警戒范围并安排专人进行监护。拆除工作必须按专项施工方案及安全操作规程的有关要求进行。必须对拆除作业人员进行安全技术交底。拆除作业必须在白天进行。遇五级（含五级）以上大风和大雨、大雪、浓雾和雷雨等恶劣天气时，严禁进行拆卸作业。

### 16.1.5 门式钢管脚手架作业安全防范重点

（1）门式脚手架与模板支架搭拆施工应编制专项施工方案，搭设与拆除前，应向搭拆和使用人员进行安全技术交底。

（2）门架与配件、加固杆等在使用前应进行检查和验收。经检验合格的构配件及材料应按品种、规格分类堆放整齐、平稳。

（3）对搭设场地应进行清理、平整，并应做好排水。门式脚手架与模板支架的地基与基础施工，应符合相关规定和专项施工方案的要求。

（4）在搭设前，应先在基础上弹出门架立杆位置线，垫板、底座安放位置应准确，标高应一致。

（5）门式脚手架与模板支架的搭设程序应符合下列规定：

1）门式脚手架的搭设应与施工进度同步，一次搭设高度不宜超过最上层连墙件两步，且自由高度不应大于4m；

2）满堂脚手架和模板支架应采用逐列、逐排和逐层的方法搭设；

3）门架的组装应自一端向另一端延伸，应自下而上按步架设，并应逐层改变搭设方向；不应自两端相向搭设或自中间向两端搭设；

4）每搭设完两步门架后，应校验门架的水平度及立杆的垂直度。

（6）搭设门架及配件应符合下列要求：

1）交叉支撑、脚手板应与门架同时安装；

2）连接门架的锁臂、挂钩必须处于锁住状态；

3）钢梯的设置应符合专项施工方案组装布置图的要求，底层钢梯底部应加设钢管并应采用扣件扣紧在门架立杆上；

4）在施工作业层外侧周边应设置180mm高的挡脚板和两道栏杆，上道栏杆高度应为1.2m，下道栏杆应居中设置。挡脚板和栏杆均应设置在门架立杆的内侧。

（7）水平加固杆、剪刀撑等加固杆件必须与门架同步搭设；水平加固杆应设于门架立杆内侧，剪刀撑应设于门架立杆外侧。

（8）门式脚手架连墙件安装必须随脚手架搭设同步进行，严禁滞后安装；当脚手架操作层高出相邻连墙件以上两步时，在连墙件安装完毕前必须采用确保脚手架稳定的临时拉结措施。

（9）悬挑脚手架搭设前应检查预埋件和支承型钢悬挑梁的混凝土强度。门式脚手架斜撑杆、托架梁及通道口两侧的门架立杆加强杆件应与门架同步搭设，严禁滞后安装。

（10）拆除作业必须符合下列规定：

1）架体的拆除应从上而下逐层进行。严禁上下同时作业。

2）同一层的构配件和加固杆件必须按先上后下、先外后内的顺序进行拆除。

3）连墙件必须随脚手架逐层拆除。严禁先将连墙件整层或数层拆除后再拆架体。拆除作业过程中，当架体的自由高度大于两步时。必须加设临时拉结。

4）连接门架的剪刀撑等加固杆件必须在拆卸该门架时拆除。

（11）拆卸连接部件时，应先将止退装置旋转至开启位置，然后拆除，不得硬拉，严禁敲击。拆除作业中，严禁使用手锤等硬物击打、撬别。

（12）当门式脚手架需分段拆除时，架体不拆除部分的两端应按相关规定采取加固措施后再拆除。

（13）门架与配件应采用机械或人工运至地面，严禁抛投。拆卸的门架与配件、加固杆等不得集中堆放在未拆架体上，并应及时检查、整修与保养，并宜按品种、规格分别存放。

# 16.2 临边洞口安全控制与防范重点

## 16.2.1 洞口安全防范重点

进行洞口作业以及在因工程和工序需要而产生的，使人与物有坠落危险或危及人身安全的其他洞口进行高处作业时，必须按下列规定设置防护设施。

（1）坑槽、桩孔的上口，柱形、条形等基础的上口以及天窗等处，都要按洞口标准采取符合规范的防护措施。

（2）楼梯口、楼梯边应设置防护栏杆，或者用正式工程的楼梯扶手代替临时防护栏杆。

（3）电梯井口除设置固定的栅门外，还应在电梯井内每隔两层（不大于10m）设一道安全网。

（4）在建工程的地面入口处和施工现场人员流动密集的通道上方，应设置防护棚，防止因落物产生物体打击事故。

（5）施工现场大的坑槽、陡坡等处，除需设置防护设施与安全警示标牌外，夜间还应设红灯示警。

## 16.2.2 洞口的防护设施要求

（1）楼面、屋面和平台等面上短边尺寸在2.5～25cm范围内的孔口，必须用坚实的盖板盖严，盖板应要有防止挪动移位的固定措施。

（2）楼板面等处边长为25～50cm的洞口、安装预制构件时的洞口以及缺件临时形成的洞口，可用竹、木等作盖板，盖住洞口，盖板须能保持四周搁置均衡，并有固定其位置的不发生挪动移位的措施。

（3）边长为 50～150cm 的洞口，必须设置一层以扣件扣接钢管而成的网格栅，并在其上满铺竹笆或脚手板，也可采用贯穿于混凝土板内的钢筋构成防护网栅，钢筋网格间距不得大于 20cm。

（4）边长在 150cm 以上的洞口，四周必须设防护栏杆，洞口下张设安全平网防护。

（5）垃圾井道和烟道，应随楼层的砌筑或安装而逐一消除洞口，或按照预留洞口作防护。

（6）位于车辆行驶道旁的洞口、深沟与管道坑、槽，所加盖板应能承受不小于当地额定卡车后轮有效承载力 2 倍的荷载。

（7）墙面等处的竖向洞口，凡落地的洞口应加装开关式、工具式或固定式的防护门，门栅网格的间距不应大于 15cm，也可采用防护栏杆，下设挡脚板。

（8）下边沿至楼板或底面低于 80cm 的窗台等竖向洞口，如侧边落差大于 2m 时，应加设 1.2m 高的临时护栏。

（9）对邻近的人与物有坠落危险性的其他横、竖向的孔、洞口，均应予以盖没或加以防护，并有固定牢靠，防止挪动移位。

### 16.2.3 临边安全防范重点

（1）在进行临边作业时，必须设置安全警示标牌。

（2）基坑周边、尚未安装栏杆或栏板的阳台周边、无外脚手防护的楼面与屋面周边、分层施工的楼梯与楼梯段边、龙门架、井架、施工电梯或外脚手架等通向建筑物的通道的两侧边、斜道两侧边、料台与挑平台周边、雨篷与挑檐边、水箱与水塔周边等处必须设置防护栏杆，挡脚板，并封挂安全立网进行封闭。框架结构建筑的楼层周边设置防护栏杆和挡脚板时，可以不用安全立网封闭。

（3）建筑物临边外侧靠近街道时，除设防护栏杆、挡脚板、封挂立网外，立面还采取荆笆等硬封闭措施，防止施工中落物伤人。

### 16.2.4 防护栏杆的设置要求

（1）安全防护栏杆由上、下两道横杆及栏杆柱组成，上杆离地高度为 1.0～1.2m，下杆离地高度为 0.5～0.6m。除经设计计算外，横杆长度大于 2m 时，必须加设栏杆柱。

（2）当栏杆在在基坑四周固定时，可用钢管打入地面 50～70cm 深，钢管离基坑边口的距离应不小于 50cm。当基坑周边采用板桩时，钢管可打在板桩外侧。

（3）当栏杆在混凝土楼面、屋面或墙面固定时，可用预埋件与钢管或钢筋焊牢。

（4）当栏杆在砖或砌块等砌体上固定时，可预先砌入带预埋铁的混凝土块，再通过预埋铁与钢管或钢筋焊牢。

（5）栏杆柱的固定及其与横杆的连接，其整体构造应使防护栏杆在上杆任何处都能经受任何方向的 1000N 外力。

（6）防护栏杆必须自上而下用安全立网封闭，或在栏杆下边设置高度不低于 18cm 的挡脚板或 40cm 的挡脚笆子，板与笆下边距离底面的空隙距离不应大于 10cm。

# 16.3　模板工程安全控制与防范重点

## 16.3.1　模板工程安全防范重点

（1）安装和拆除模板时，操作人员应佩戴安全帽、系安全带、穿防滑鞋。安全帽和安全带应定期检查，不合格者严禁使用。

（2）模板及配件进场应有出厂合格证或当年的检验报告，安装前应对所用部件（立柱、楞梁、吊环、扣件等）进行认真检查，不符合要求者不得使用。

（3）模板工程应编制施工设计和安全技术措施，并应严格按施工设计与安全技术措施规定施工。满堂模板、建筑层高8m及以上和梁跨大于或等于15m的模板，在安装、拆除作业前，工程技术人员应以书面形式向作业班组进行施工操作的安全技术交底，作业班组应对照书面交底进行上下班的自检和互检。

（4）施工过程中应经常对下列项目进行检查：

1）立柱底部基土回填夯实的状况；

2）垫木应满足设计要求；

3）底座位置应正确，顶托螺杆伸出长度应符合规定；

4）立杆的规格尺寸和垂直度应符合要求，不得出现偏心荷载；

5）扫地杆、水平拉杆、剪刀撑等的设置应符合规定，固定应可靠；

6）安全网和各种安全设施应符合要求。

（5）在高处安装和拆除模板时，周围应设安全网或搭脚手架，并应加设防护栏杆。在临街面及交通要道地区，尚应设警示牌，派专人看管。

作业时，模板和配件不得随意堆放，模板应放平放稳，严防滑落。脚手架或操作平台上临时堆放的模板不宜超过3层，连接件应放在箱盒或工具袋中，不得散放在脚手板上。脚手架或操作平台上的施工总荷载不得超过其设计值。

（6）若遇恶劣天气，如大雨、大雾、沙尘、大雪及六级以上大风时，应停止露天高处作业。五级及以上风力时，应停止高空吊运作业。雨雪停止后，应及时清除模板和地面上的冰雪及积水。

（7）有关避雷、防触电和架空输电线路的安全距离应遵守现行行业标准《施工现场临时用电安全技术规范》JGJ 46 的有关规定。

（8）施工用的临时照明和动力线应用绝缘线和绝缘电缆线，且不得直接固定在钢模板上。施工用临时照明和机电设备线严禁非电工乱拉乱接。同时还应经常检查线路的完好情况，严防绝缘破损漏电伤人。

（9）夜间施工时，应有足够的照明，并应制定夜间施工的安全措施。

## 16.3.2　现浇混凝土工程模板支撑系统安装要求

（1）支撑系统的安装按设计要求进行，基土上的支撑点应牢固平整，支撑在安装过程中应考虑必要的临时固定措施，以保证稳定性。

（2）立柱底部支承结构必须具有支承上层荷载的能力。为合理传递荷载，立柱底部应设置木垫块板，禁止使用砖及脆性材料铺垫。当支承在地基土上时，应验算地基土的承载力。

（3）立柱接长严禁搭接，必须采用对接扣件连接，相邻两立柱的对接接头不得在同步内，且对接接头沿竖向错开的距离不宜小于500mm，各接头中心距主节点不宜大于步距的1/3。

（4）为保证立柱的整体稳定，在安装立柱的同时，应加设水平拉结和剪刀撑。

（5）立柱的间距应经过计算确定，按照施工方案要求进行施工。若采用多层支模，上下层立柱要保持垂直，并应在同一垂直线上。

（6）当层高在8～20m时，在最顶步距两水平拉杆中间应加设一道水平拉杆；当层高大于20m时，在最顶两步距水平拉杆中间应分别增加一道水平拉杆。所有水平拉杆的端部均应与四周建筑物顶紧顶牢。无处可顶时，应于水平拉杆端部和中部沿竖向设置连续式剪刀撑。

### 16.3.3 保证模板安装施工安全的基本要求

（1）模板工程安装高度超过3.0m，必须搭设脚手架，除操作人员外，脚手架下不得站其他人。

（2）模板工程作业高度在2m及2m以上时，要有安全可靠的操作架子或操作平台，并按要求进行防护。

（3）施工人员上下通行必须借助马道、施工电梯或上人扶梯等设施，不允许攀爬模板、斜撑杆、拉条或绳索等上下，不允许在高处的墙顶、独立梁或在其模板上行走。

（4）操作架子上、平台上不宜堆放模板，必须短时间堆放时，一定要码放平稳，数量控制在架子和平台允许荷载范围内。

（5）冬期施工，对于操作地点和人行通道上的冰雪应事先清除。雨期施工，高耸结构的模板作业，要安装避雷装置，沿海地区要考虑抗风和加固措施。

（6）五级以上大风天气，不宜进行大块模板拼装和吊装作业。

（7）在架空输电线路下方进行模板施工，如果不能停电作业，应采取隔离措施。

（8）夜间施工，必须有足够的照明。并应制定夜间施工的安全措施。

（9）高处支模作业人员所用工具和连接件应放在箱盒或工具袋中，不得散放在脚手板上，以免坠落伤人。

（10）模板安装时，上下应有人接应，随装随运，严禁抛掷。且不得将模板支搭在门窗框上，也不得将脚手板支搭在模板上，并严禁将模板与上料井架及有车辆运行的脚手架或操作平台支成一体。

（11）若进行模板支撑和拆卸时需悬空作业，严禁在上下同一垂直范围内装拆模板、不可借助连接和支撑攀登上下、支设临空构筑模板时应搭设支架或脚手架、模板留有预留洞时，应在安装后将洞口覆盖。

### 16.3.4 保证模板拆除施工安全的基本要求

（1）现浇混凝土结构模板及其支架拆除时的混凝土强度应符合设计要求。当设计无要求时，应符合下列规定：

1）不承重的侧模板，包括梁、柱、墙的侧模板，只要混凝土强度能保证其表面及棱角不因拆除模板而受损，即可进行拆除。

2）承重模板，应在与结构同条件养护的试块强度达到规定要求时，方可拆除。

3）后张法预应力混凝土结构底模必须在预应力钢筋张拉完毕后，才能进行拆除。

4）在拆模过程中，如发现实际混凝土强度并未达到要求，有影响结构安全的质量问题时，应暂停拆模，经妥善处理实际强度达到要求后，才可继续拆除。

5）已拆除模板及其支架的混凝土结构，应在混凝土强度达到设计的混凝土强度标准值后，才允许承受全部设计的使用荷载。

6）拆除芯模或预留孔的内模时，应在混凝土强度能保证不发生塌陷和裂缝时，方可拆除。

（2）拆模之前必须要办理拆模申请手续，在同条件养护试块强度记录达到规定要求时，技术负责人方可批准拆模。

（3）各类模板拆除的顺序和方法，应根据模板设计的要求进行。如果模板设计无具体要求时，可按先支的后拆，后支的先拆，先拆非承重的模板，后拆承重的模板及支架。

（4）模板不能采取猛撬以致大片塌落的方法拆除。

（5）拆模作业区应设安全警戒线，以防有人误入。拆除的模板必须随时清理。

（6）用起重机吊运拆除模板时，模板应堆码整齐并捆牢，才可吊运。吊运大块或整体模板时，竖向吊运不应少于两个吊点，水平吊运不应少于四个吊点。吊运必须使用卡环连接，并应稳起稳落，待模板就位连接牢固后，方可摘除卡环。

（7）冬期施工的模板拆除应遵守冬期施工的有关规定，其中主要是考虑混凝土模板拆除后的保温养护，如果不能进行保温养护，必须暴露在大气中，要考虑混凝土受冻临界强度。

（8）拆除的模板必须随时清理，以免钉子扎脚、阻碍通行。

### 16.3.5 使用后的木模、钢模、钢构件规定

（1）使用后的木模板应拔除铁钉，分类进库，堆放整齐。若为露天堆放，顶面应遮防雨篷布。

（2）使用后的钢模、桁架、钢楞和立柱应将粘结物清理洁净，清理时严禁采用铁锤敲击的方法。

（3）清理后的钢模、桁架、钢楞、立柱，应逐块、逐榀、逐根进行检查，发现翘曲、变形、扭曲、开焊等必须修理完善。

（4）清理整修好的钢模、桁架、钢楞、立柱应刷防锈漆，对立即待用钢模板的表面应刷隔离剂，而暂不用的钢模表面可涂防锈油一度。

（5）钢模板及配件，使用后必须进行严格清理检查，已损坏断裂的应剔除，不能修复的应报废。螺栓的螺纹部分应整修上油。然后应分别按规格分类装于箱笼内备用。

（6）钢模板及配件等修复后，应进行检查验收。凡检查不合格者应重新整修。待合格后方准应用。

（7）钢模板由拆模现场运至仓库或维修场地时，装车不宜超出车栏杆，少量高出部分必须拴牢，零配件应分类装箱，不得散装运输。装车时，应轻搬轻放，不得相互碰撞。卸车时，严禁成捆从车上推下和拆散抛掷。

（8）经过维修、刷油、整理合格的钢模板及配件，如需运往其他施工现场或入库，必

须分类装入集装箱内，杆应成捆、配件应成箱，清点数量，入库或接收单位验收。

（9）钢模板及配件应放入室内或敞棚内，若无条件需露天堆放时，则应装入集装箱内，底部垫高 100mm，顶面应遮盖防水篷布或塑料布，但集装箱堆放高度不宜超过 2 层。

## 16.4  施工用电安全控制与防范重点

（1）建筑施工现场临时用电工程专用的电源中性点直接接地的 220/380V 三相四线制低压电力系统，必须符合下列规定：

1）采用三级配电系统；

2）采用 TN-S 接零保护系统；

3）采用二级漏电保护系统。

（2）施工现场临时用电设备在 5 台及以上或设备总容量在 50kW 及以上者，应编制用电组织设计。施工现场临时用电设备在 5 台以下和设备总容量在 50kW 以下者，应制定安全用电和电气防火措施。临时用电组织设计及变更时，必须履行"编制、审核、批准"程序，由电气工程技术人员组织编制，经相关部门审核及具有法人资格企业的技术负责人批准后实施。变更用电组织设计时应补充有关图纸资料。

（3）电工必须经过按国家现行标准考核合格后，持证上岗工作；其他用电人员必须通过相关安全教育培训和技术交底，考核合格后方可上岗工作。

（4）在建工程（含脚手架）的周边与外电架空线路的边线之间的最小安全操作距离应符合表 16-1 规定。施工现场的机动车道与外电架空线路交叉时，架空线路的最低点与路面的最小垂直距离应符合表 16-2 规定。起重机严禁越过无防护设施的外电架空线路作业。在外电架空线路附近吊装时，起重机的任何部位或被吊物边缘在最大偏斜时与架空线路边线的最小安全距离应符合表 16-3 规定。

在建工程（含脚手架）的周边与架空线路的边线之间的最小安全操作距离　　表 16-1

| 外电线路电压等级（kV） | <1 | 1～10 | 35～110 | 220 | 330～550 |
| --- | --- | --- | --- | --- | --- |
| 最小安全操作距离（m） | 4.0 | 6.0 | 8.0 | 10 | 15 |

注：上、下脚手架的斜道不宜设在有外电线路的一侧。

施工现场的机动车道与架空线路交叉时的最小垂直距离　　表 16-2

| 外电线路电压等级（kV） | <1 | 1～10 | 35 |
| --- | --- | --- | --- |
| 最小垂直距离（m） | 6.0 | 7.0 | 7.0 |

起重机与架空线路边线的最小安全距离　　表 16-3

| 电压（kV）<br>安全距离（m） | <1 | 10 | 35 | 110 | 220 | 330 | 500 |
| --- | --- | --- | --- | --- | --- | --- | --- |
| 沿垂直方向 | 1.5 | 3.0 | 4.0 | 5.0 | 6.0 | 7.0 | 8.5 |
| 沿水平方向 | 1.5 | 2.0 | 3.5 | 4.0 | 6.0 | 7.0 | 8.5 |

（5）架设防护设施时，必须经有关部门批准，采用线路暂时停电或其他可靠的安全技

术措施，并应有电气工程技术人员和专职安全人员监护。防护设施与外电线路之间的安全距离不应小于表 16-4 所列数值。

防护设施与外电线路之间的最小安全距离 表 16-4

| 外电线路电压等级（kV） | ≤10 | 35 | 110 | 220 | 330 | 500 |
|---|---|---|---|---|---|---|
| 最小安全距离（m） | 1.7 | 2.0 | 2.5 | 4.0 | 5.0 | 6.0 |

(6) 在施工现场专用变压器的供电的 TN-S 接零保护系统中，电气设备的金属外壳必须与保护零线连接。保护零线应由工作接地线、配电室（总配电箱）电源侧零线或总漏电保护器电源侧零线处引出。

(7) 施工现场与外电线路共用同一供电系统时，电气设备的接地、接零保护应与原系统保持一致。不得一部分设备做保护接零，另一部分设备做保护接地。采用 TN 系统做保护接零时，工作零线（N 线）必须通过总漏电保护器，保护零线（PE 线）必须由电源进线零线重复接地处或总漏电保护器电源侧零线处，引出形成局部 TN-S 接零保护系统。PE 线上严禁装设开关或熔断器，严禁通过工作电流，且严禁断线。

(8) TN 系统中的保护零线除必须在配电室或总配电箱处做重复接地外，还必须在配电系统的中间处和末端处做重复接地。在 TN 系统中，保护零线每一处重复接地装置的接地电阻值不应大于 10Ω。在工作接地电阻值允许达到 10Ω 的电力系统中，所有重复接地的等效电阻值不应大于 10Ω。

(9) 多台用电设备的 PE 线应分别由 PE 接线排处引出，不得串联。做防雷接地机械上的电气设备，所连接的 PE 线必须同时做重复接地，同一台机械电气设备的重复接地和机械的防雷接地可共用同一接地体，但接地电阻应符合重复接地电阻值的要求。

(10) 配电柜应装设电源隔离开关及短路、过载、漏电保护电器。电源隔离开关分断时应有明显可见分断点。配电柜或配电线路停电维修时，应挂接地线，并应悬挂"禁止合闸、有人工作"停电标志牌。停送电必须由专人负责。

(11) 电缆线路应采用埋地或架空敷设，严禁沿地面明设，并应避免机械损伤和介质腐蚀。埋地电缆路径应设方位标志。电气设备或电气线路发生火灾时，通常首先要设法切断电源。

(12) 配电系统应设置配电柜或总配电箱、分配电箱、开关箱，实行三级配电。总配电箱以下可设若干分配电箱；分配电箱以下可设若干开关箱。总配电箱应设在靠近电源的区域，分配电箱应设在用电设备或负荷相对集中的区域。分配电箱与开关箱的距离不得超过 30m，开关箱与其控制的固定式用电设备的水平距离不宜超过 3m。

(13) 动力配电箱与照明配电箱宜分别设置。当合并设置为同一配电箱时，动力和照明应分路配电；动力开关箱与照明开关箱必须分设。每台用电设备必须有各自专用的开关箱，严禁用同一个开关箱直接控制 2 台及 2 台以上用电设备（含插座）。

(14) 各级配电箱的箱体和内部设置必须符合安全规定，开关电器应标明用途，箱体应统一编号。停止使用的配电箱应切断电源，箱门上锁。固定式配电箱应设围栏，并有防雨、防砸措施。

(15) 配电箱的电器安装板上必须分设 N 线端子板和 PE 线端子板。N 线端子板必须与金属电器安装板绝缘；PE 线端子板必须与金属电器安装板做电气连接。进出线中的 N

线必须通过 N 线端子板连接；PE 线必须通过 PE 线端子板连接。

（16）总配电箱中漏电保护器的额定漏电动作电流应大于 30mA，额定漏电动作时间应大于 0.1s，但其额定漏电动作电流与额定漏电动作时间的乘积不应大于 30mA·s。开关箱中漏电保护器的额定漏电动作电流不应大于 30mA，额定漏电动作时间不应大于 0.1s。使用于潮湿或有腐蚀介质场所的漏电保护器应采用防溅型产品，其额定漏电动作电流不应大于 15mA，额定漏电动作时间不应大于 0.1s。

（17）配电箱、开关箱的电源进线端严禁采用插头和插座做活动连接。对配电箱、开关箱进行定期维修、检查时，必须将其前一级相应的电源隔离开关分闸断电，并悬挂"禁止合闸、有人工作"停电标志牌，严禁带电作业。

（18）照明变压器必须使用双绕组型安全隔离变压器，严禁使用自耦变压器。一般场所宜选用额定电压为 220V 的照明器。下列特殊场所应使用安全特低电压照明器：

1）隧道、人防工程、高温、有导电灰尘、比较潮湿或灯具离地面高度低于 2.5m 等场所的照明，电源电压不应大于等场所的照明，电源电压不应大于 36V；

2）潮湿和易触及带电体场所的照明，电源电压不得大于 24V；

3）特别潮湿场所、导电良好的地面、锅炉或金属容器内的照明，电源电压不得大于 12V。

（19）室外 220V 灯具距地面不得低于 3m，室内 220V 灯具距地不得低于 2.5m。普通灯具与易燃物距离不宜小于 300mm；聚光灯、碘钨灯等高热灯具与易燃物距离不宜小于 500mm，且不得直接照射易燃物。达不到规定安全距离时，应采取隔热措施。碘钨灯及钠、铊、铟等金属卤化物灯具的安装高度宜在 3m 以上，灯线应固定在接线柱上，不得靠近灯具表面。

（20）对夜间影响飞机或车辆通行的在建工程及机械设备，必须设置醒目的红色信号灯，其电源应设在施工现场总电源开关的前侧，并应设置外电线路停止供电时的应急自备电源。

（21）对混凝土搅拌机、钢筋加工机械、木工机械、盾构机械等设备进行清理、检查、维修时，必须首先将其开关箱分闸断电，呈现可见电源分断点，并关门上锁。

# 16.5　垂直运输机械安全控制防范重点

## 16.5.1　物料提升机安全防范重点

（1）用于物料提升机的材料、钢丝绳及配套零部件产品应有出厂合格证。起重量限制器、防坠安全器应经型式检验合格。

（2）物料提升机的基础应能承受最不利工作条件下的全部荷载。30m 及以上物料提升机的基础应进行设计计算。对 30m 以下物料提升机的基础，当设计无要求时，应符合下列规定：

1）基础土层的承载力，不应小于 80kPa；

2）基础混凝土强度等级不应低于 C20，厚度不应小于 300mm；

3）基础表面应平整，水平度不应大于 10mm；

4）基础周边应有排水设施。

（3）物料提升机安装、拆除前，应根据工程实际情况编制专项安装、拆除方案，且应经安装、拆除单位技术负责人审批后实施。安装、拆除单位应具有起重机械安拆资质及安全生产许可证；安装、拆除作业人员必须经专门培训，取得特种作业资格证。物料提升机必须由取得特种作业操作证的人员操作。

（4）安装作业前的准备，应符合下列规定：

1）物料提升机安装前，安装负责人应依据专项安装方案对安装作业人员进行安全技术交底；

2）应确认物料提升机的结构、零部件和安全装置经出厂检验，并符合要求；

3）应确认物料提升机的基础已验收，并符合要求；

4）应确认辅助安装起重设备及工具经检验检测，并符合要求；

5）应明确作业警戒区，并设专人监护。

（5）物料提升机安装完毕后，应由工程负责人组织安装单位、使用单位、租赁单位和监理单位等对物料提升机安装质量进行验收，并应按规定填写验收记录。物料提升机验收合格后，应在导轨架明显处悬挂验收合格标志牌。

（6）物料提升机额定起重量不宜超过 160kN；安装高度不宜超过 30m。当安装高度超过 30m 时，物料提升机除应具有起重量限制、防坠保护、停层及限位功能外，尚应符合下列规定：

1）吊笼应有自动停层功能，停层后吊笼底板与停层平台的垂直高度偏差不应超过 30mm；

2）防坠安全器应为渐进式；

3）应具有自升降安拆功能；

4）应具有语音及影像信号。

（7）物料提升机自由端高度不宜大于 6m；附墙架间距不宜大于 6m。

（8）物料提升机严禁使用摩擦式卷扬机。

（9）当物料提升机安装条件受到限制不能使用附墙架时，可采用缆风绳，当物料提升机安装高度大于或等于 30m 时，不得使用缆风绳。缆风绳的设置应符合说明书的要求，并应符合下列规定：

1）每一组四根缆风绳与导轨架的连接点应在同一水平高度，且应对称设置；缆风绳与导轨架的连接处应采取防止钢丝绳受剪破坏的措施；

2）缆风绳宜设在导轨架的顶部；当中间设置缆风绳时，应采取增加导轨架刚度的措施；

3）缆风绳与水平面夹角宜在 45°～60°，并应采用与缆风绳等强度的花篮螺栓与地锚连接。

（10）物料提升机严禁载人。

（11）物料提升机地面进料口应设置防护围栏；围栏高度不应小于 1.8m，围栏立面可采用网板结构。

### 16.5.2 施工升降机安全防范重点

**1. 安装前具备的条件**

（1）施工升降机安装作业前，安装单位应编制施工升降机安装、拆卸工程专项施工方案，由安装单位技术负责人批准后，报送施工总承包单位或使用单位、监理单位审核，并告知工程所在地县级以上建设行政主管部门。专项施工方案应根据使用说明书的要求、作业场地及周边环境的实际情况、施工升降机使用要求等编制。当安装、拆卸过程中专项施工方案发生变更时，应按程序更新对方案进行审批，未经审批不得继续进行安装、拆卸作业。

（2）安装作业前，安装单位应根据施工升降机基础验收表、隐蔽工程验收单和混凝土强度报告等相关资料，确认所安装的施工升降机和辅助起重设备的基础、地基承载力、预埋件、基础排水措施等符合施工升降机安装、拆卸工程专项施工方案的要求。

（3）施工升降机安装前应对各部件进行检查。对有可见裂纹的构件应进行修复或更换，对有严重锈蚀、严重磨损、整体或局部变形的构件必须进行更换，符合产品标准的有关规定后方能进行安装。

（4）安装作业前，应对辅助起重设备和其他安装辅助用具的机械性能和安全性能进行检查，合格后方能投入作业。

（5）安装作业前，安装技术人员应根据施工升降机安装、拆卸工程专项施工方案和使用说明书的要求，对安装作业人员进行安全技术交底，并由安装作业人员在交底书上签字。在施工期间内，交底书应留存备查。

（6）施工升降机必须安装防坠安全器。防坠安全器应在一年有效标定期内使用。

**2. 施工升降机的安装**

（1）进入现场的安装作业人员应佩戴安全防护用品，高处作业人员应系安全带，穿防滑鞋。作业人员严禁酒后作业。安装作业人员应按施工安全技术交底内容进行作业。安装单位的专业技术人员、专职安全生产管理人员应进行现场监督。

（2）施工升降机的安装作业范围应设置警戒线及明显的警示标志。非作业人员不得进入警戒范围。任何人不得在悬吊物下方行走或停留。安装作业中应统一指挥，明确分工。危险部位安装时应采取可靠的防护措施。当指挥信号传递困难时，应使用对讲机等通信工具进行指挥。

（3）安装作业过程中安装作业人员和工具等总载荷不得超过施工升降机的额定安装载重量。当需安装导轨架加厚标准节时，应确保普通标准节和加厚标准节的安装部位正确，不得用普通标准节替代加厚标准节。

（4）当遇大雨、大雪、大雾或风速大于13m/s等恶劣天气时，应停止安装作业。当发现故障或危及安全的情况时，应立刻停止安装作业，采取必要的安全防护措施，应设置警示标志并报告技术负责人。在故障或危险情况未排除之前，不得继续安装作业。当遇意外情况不能继续安装作业时，应使已安装的部件达到稳定状态并固定牢靠，经确认合格后方能停止作业。作业人员下班离岗时，应采取必要的防护措施，并应设置明显的警示标志。

**3. 施工升降机的使用**

（1）施工升降机司机应持有建筑施工特种作业操作资格证书，不得无证操作。使用单位应对施工升降机司机进行书面安全技术交底，交底资料应留存备查。

（2）严禁施工升降机使用超过有效标定期的防坠安全器。施工升降机使用期间，每3个月应进行不少于一次的额定载重量坠落试验。坠落试验的方法、时间间隔及评定标准应符合使用说明书和现行国家标准《施工升降机》GB/T 10054 的有关要求。

（3）应在施工升降机作业范围内设置明显的安全警示标志，应在集中作业区做好安全防护。建筑物超过 2 层时，施工升降机地面通道上方应搭设防护棚。当建筑物高度超过 24m 时，应设置双层防护棚。

（4）当遇大雨、大雪、大雾、施工升降机顶部风速大于 20m/s 或导轨架、电缆表面结有冰层时，不得使用施工升降机。

（5）严禁用行程限位开关作为停止运行的控制开关。严禁在施工升降机运行中进行保养、维修作业。

（6）作业结束后应将施工升降机返回最底层停放，将各控制开关拨到零位，切断电源，锁好开关箱，吊笼门和地面防护围栏门。

**4. 施工升降机的拆卸**

（1）施工升降机拆卸作业应符合拆卸工程专项施工方案的要求。

（2）应有足够的工作面作为拆卸场地，应在拆卸场地周围设置警戒线和醒目的安全警示标志，并应派专人监护。拆卸施工升降机时，不得在拆卸作业区域内进行与拆卸无关的其他作业。

（3）夜间不得进行施工升降机的拆卸作业。

（4）拆卸附墙架时施工升降机导轨架的自由端高度应始终满足使用说明书的要求。

（5）应确保与基础相连的导轨架在最后一个附墙架拆除后，仍能保持各方向的稳定性。

（6）施工升降机拆卸应连续作业。当拆卸作业不能连续完成时，应根据拆卸状态采取相应的安全措施。

（7）吊笼未拆除之前，非拆卸作业人员不得在地面防护围栏内、施工升降机运行通道内、导轨架内以及附墙架上等区域活动。

### 16.5.3 塔式起重机安全防范重点

（1）塔式起重机在安装和拆卸之前，必须针对其类型特点，说明书的技术要求，结合作业条件制定详细的施工方案。塔式起重机的安装和拆卸作业必须由取得相应资质的专业队伍进行，安装完毕经验收合格，取得政府相关主管部门核发的《准用证》后方可使用。

（2）行走式塔式起重机和轨道的铺设，必须严格按照其说明书的规定进行；固定式塔式起重机的基础施工应按设计图纸进行，其设计计算和施工详图应作为塔吊专项施工方案内容之一。

（3）塔式起重机在操作、维修处应设置平台、走道、踢脚板和栏杆。平台和走道宽度不应小于 500mm，局部有妨碍处可以降至 400mm。平台或走道的边缘应设置不小于 100mm 高的踢脚板。在需要施工操作人员穿越的地方，踢脚板的高度可以降低。离地面 2m 以上的平台及走道应设置防止操作人员跌落的手扶栏杆。手扶栏杆的高度不应低于 lm，并能承受 1000N 的水平移动集中载荷。在栏杆一半高度处应设置中间手扶横杆。

（4）塔吊的重量限制器、力矩限制器、起升高度、变幅、回转、行走限位器，吊钩保险，卷筒保险，爬梯护圈等安全装置必须齐全、灵敏、可靠。钢丝绳在卷筒上的固定应安全可靠，且符合有关要求。钢丝绳在放出最大工作长度后，卷筒上的钢丝绳至少应保留 3 圈。

（5）施工现场多塔作业时，塔机间应保持安全距离，以免作业过程中发生碰撞。两台塔机之间的最小架设距离应保证处于低位塔机的起重臂端部与另一台塔机的塔身之间至少有 2m 的距离；处于高位塔机的最低位置的部件（吊钩升至最高点或平衡重的最低部位）

与低位塔机中处于最高位置部件之间的垂直距离不应小于 2m。

（6）安装、拆卸、加节或降节作业时，塔机的最大安装高度处的风速不应大于 13m/s，当有特殊要求时，按用户和制造厂的协议执行。遇六级及六级以上大风、大雨、雾等恶劣天气，应停止作业，将吊钩升起。行走式塔式起重机要夹好轨钳。雨雪过后，应先经过试吊，确认制动器灵敏可靠后方可进行作业。

### 16.5.4 外用电梯安全防范重点

（1）外用电梯在安装和拆卸之前必须针对其类型特点，说明书的技术要求，结合施工现场的实际情况制定详细的施工方案。

（2）外用电梯的安装和拆卸作业必须由取得相应资质的专业队伍进行，安装完毕经验收合格，取得政府相关主管部门核发的《准用证》后方可投入使用。

（3）外用电梯的制动器，限速器，门连锁装置，上、下限位装置，断绳保护装置，缓冲装置等安全装置必须齐全、灵敏、可靠。

（4）外用电梯底笼周围 2.5m 范围内必须设置牢固的防护栏杆，进出口处的上部应根据电梯高度搭设足够尺寸和强度的防护棚。

（5）外用电梯与各层站过桥和运输通道，除应在两侧设置安全防护栏杆、挡脚板并用安全立网封闭外，进出口处尚应设置常闭型的防护门。

（6）多层施工交叉作业同时使用外用电梯时，要明确联络信号。

（7）外用电梯梯笼乘人、载物时，应使载荷均匀分布，防止偏重，严禁超载使用。

（8）外用电梯在大雨、大雾和六级及六级以上大风天气时，应停止使用。暴风雨过后，应组织对电梯各有关安全装置进行一次全面检查。

# 16.6 高处作业安全控制与防范重点

### 16.6.1 高处作业的定义

《高处作业分级》GB/T 3608 规定，高处作业是指凡在坠落高度基准面 2m（含 2m）以上有可能坠落的高处进行的作业。

### 16.6.2 高处作业的分级

建筑施工高处作业分为四个等级：

（1）高处作业高度在 2~5m 时，划定为一级高处作业，其坠落半径为 2m。

（2）高处作业高度在 5~15m 时，划定为二级高处作业，其坠落半径为 3m。

（3）高处作业高度在 15~30m 时，划定为三级高处作业，其坠落半径为 4m。

（4）高处作业高度大于 30m 时，划定为四级高处作业，其坠落半径为 5m。

### 16.6.3 高处作业的基本安全要求

（1）攀登和悬空高处作业人员以及搭设高处作业安全设施的人员，必须经过专业技术培训及专业考试合格，持证上岗，并必须定期进行体格检查。

（2）施工单位应为从事高处作业的人员提供合格的安全帽、安全带、防滑鞋等必备的个人安全防护用具、用品。从事高处作业的人员应按规定正确佩戴和使用。

（3）在进行高处作业前，应认真检查所使用的安全设施是否安全可靠，脚手架、平台梯子、防护栏杆、挡脚板、安全网等设置应符合安全技术标准要求。

（4）高处作业危险部位应悬挂安全警示标牌。夜间施工时，应保证足够的照明并在危险部位设红灯示警。

（5）从事高处作业的人员不得攀爬脚手架或栏杆上下，所使用的工具、材料等严禁投掷。

（6）高处作业，上下应设联系信号或通信装置，并指定专人负责联络。

（7）在雨雪天从事高处作业，应采取防滑措施。在六级及六级以上强风和雷电、暴雨、大雾等恶劣天气条件下，不得进行露天高处作业。暴风雪及台风暴雨后，高处作业人员应对高处作业安全设施逐一加以检查，发现有松动、变形、损坏或脱落等现象，应立即修理完善。

（8）因作业必需，临时拆除或变动安全防护设施时，必须经施工负责人同意，并采取相应的可靠措施，作业后应立即恢复。

### 16.6.4 攀登与悬空作业安全防范重点

（1）攀登作业使用的梯子、高凳、脚手架和结构上的登高梯道等工具和设施，在使用前应进行全面的检查，符合安全要求的方可使用。

（2）攀登作业时，梯子如需接长使用，必须有可靠的连接措施，且接头不得超过1处。使用直爬梯进行攀登作业时，攀登高度以5m为宜，超过2m时，宜加设护笼；超过8m时，必须设置梯间平台。

（3）作业人员应从规定的通道上下，不允许在阳台间或非规定通道处进行登高、跨越，不允许在起重机臂架、脚手架杆件或其他施工设备上进行攀登上下。

（4）对在高空需要固定、连接、施焊的工作，应预先搭设操纵架或操纵平台，作业时采取必要的安全防护措施。

（5）在高空安装管道时，管道上不允许人员站立和行走。

（6）在绑扎钢筋及钢筋骨架安装作业时，施工人员不允许站在钢筋骨架上作业和沿骨架攀登上下。

（7）在进行框架、过梁、雨篷、小平台混凝土浇筑作业时，施工人员不允许站在模板上或模板支撑杆上操作。

（8）在高处外墙安装门窗时，应张挂安全网。无安全网时，操作人员应系好安全带，其保险钩应挂在操作人员上方的可靠物件上。

### 16.6.5 操纵平台作业安全防范重点

（1）移动式操纵平台台面不得超过10m²，高度不得超过5m，台面脚手板要展满钉牢，台面四周设置防护栏杆。平台移动时，作业人员必须下到地面，不应带人移动平台。

（2）悬挑式操纵平台的设计应符合相应的规范要求，四周安装防护栏杆。悬挑式操纵平台安装时不能与外围护脚手架进行拉结，应与建筑结构进行拉结。

（3）操纵平台上要严格控制荷载，应在平台上标明操纵人员和物料的总重量，使用过程中不允许超过设计的容许荷载。

（4）悬挑式钢平台吊运时应使用卡环，不得使吊钩直接钩挂吊环。

### 16.6.6　临边高处作业防护措施

（1）在进行临边作业时，必须设置安全警示标牌。

（2）基坑周边、尚未安装栏杆或栏板的阳台周边、无外脚手防护的楼面与屋面周边、分层施工的楼梯与楼梯段边、龙门架、井架、施工电梯或外脚手架等通向建筑物的通道的两侧边、斜道两侧边、料台与挑平台周边、雨篷与挑檐边、水箱与水塔周边等处必须设置防护栏杆、挡脚板，并封挂安全立网进行封闭。框架结构建筑的楼层周边设置防护栏杆和挡脚板时，可以不用安全立网封闭。

（3）建筑物临边外侧靠近街道时，除设防护栏杆、挡脚板、封挂立网外，立面还采取荆笆等硬封闭措施，防止施工中落物伤人。

### 16.6.7　交叉作业安全防范重点

（1）作业人员不允许在同一垂直方向上操纵，要做到上部与下部作业人员的位置错开，使下部作业人员的位置处在上部落物的可能坠落半径范围以外，当不能满足要求时，应设置防护棚，下方应设置警戒隔离区。

（2）在拆除模板、脚手架等作业时，作业点下方不得有其他作业人员，防止落物伤人。拆下的模板等堆放时，不能过于靠近楼层边沿，应与楼层边沿留出不小于 1m 的安全距离，码放高度也不宜超过 1m。

（3）结构施工自二层起，凡人员进出的通道口都应搭设符合规范要求的防护棚，当建筑物高度超过 24m、且采用木板搭设时，应搭设双层防护棚，两层防护棚的间距不应小于 700mm。

### 16.6.8　高处作业安全防护设施验收的主要项目

（1）所有临边、洞口等各类技术措施的设置情况。

（2）技术措施所用的配件、材料和工具的规格和材质。

（3）技术措施的节点构造及其与建筑物的固定情况。

（4）扣件和连接件的紧固程度。

（5）安全防护设施的用品及设备的性能与质量是否合格的验证。

# 16.7　基坑支护安全控制与防范重点

当基坑深度较大，且不具备自然放坡施工条件或地下土质较软，并有地下水或丰富的上层滞水或基坑开挖会危及邻近建（构）筑物、道路及地下管线的安全和使用时，应对基坑采取支护措施。

### 16.7.1　基坑支护形式

基坑支护主要有以下常用的形式：

（1）地下连续墙；

（2）水泥土桩；

（3）钢板桩：型钢桩横挡板支护，钢板桩支护；

（4）土钉支护；

（5）锚杆；

（6）逆作拱墙；

（7）原状土放坡；

（8）基坑内支撑；

（9）桩、墙加支撑系统；

（10）简单水平支撑；

（11）钢筋混凝土排桩；

（12）上述两种或者两种以上方式的合理组合等。

## 16.7.2 基坑支护破坏形式

基坑支护破坏主要有以下形式：

（1）由支护的强度、刚度和稳定性不足引起的破坏。

（2）由支护埋置深度不足导致基坑隆起引起的破坏。

（3）由止水帷幕处理不好导致管涌等引起的破坏。

（4）由人工降水处理不好引起的破坏。

## 16.7.3 基坑工程监测

基坑工程监测包括支护结构监测和周围环境监测。重点是做好支护结构水平位移、邻近建筑物沉降、挡土结构侧向变形、地下管线沉降、地下水位的监测。

## 16.7.4 基坑支护安全防范重点

（1）基坑支护与降水、土方开挖必须编制专项施工方案，并出具安全验算结果，经施工单位技术负责人、监理单位总监理工程师签字后实施。

（2）基坑支护结构必须有足够的强度、刚度和稳定性。

（3）基坑支护结构（包括支撑等）的实际水平位移和竖向位移，必须控制在设计允许范围内。

（4）控制好基坑支护与降水、止水帷幕等施工质量，并确保位置正确。

（5）控制好基坑支护、降水与土方开挖的顺序。

（6）控制好管涌、流沙、坑底隆起、坑外地下水位和地表的沉陷等。

（7）控制好坑外建筑物、道路和管线等的沉降、位移。

## 16.7.5 基坑施工应急处理措施

（1）在基坑开挖过程中，一旦出现渗水或漏水，应根据水量大小，采用坑底设沟排水、引流修补、密实混凝土封堵、压密注浆、高压喷射注浆等方法及时处理。

（2）水泥土墙等重力式支护结构如果位移超过设计估计值应予以高度重视，做好位移监测，掌握发展趋势。如位移持续发展，超过设计值较多，则应采用水泥土墙背后卸载，加快垫层施工及垫层厚度和加设支撑等方法及时处理。

（3）悬臂式支护结构发生位移时，应采取加设支撑或锚杆、支护墙背卸土等方法及时处理。悬臂式支护结构发生深层滑动应及时浇筑垫层，必要时也可加厚垫层，以形成下部水平支撑。

（4）支撑式支护结构如发生墙背土体沉陷，应采取增设坑内降水设备降低地下水、进行坑底加固、垫层随挖随浇、加厚垫层或采用配筋垫层、设置坑底支撑等方法及时处理。

（5）对轻微的流沙现象，在基坑开挖后可采用加快垫层浇筑或加厚垫层的方法"压住"流沙。对较严重的流沙，应增加坑内降水措施。

（6）如发生管涌，可在支护墙前再打设一排钢板桩，在钢板桩与支护墙间进行注浆。

（7）对邻近建筑物沉降的控制一般可采用跟踪注浆的方法。对沉降很大，而压密注浆又不能控制的建筑，如果基础是钢筋混凝土的，则可考虑静力锚杆压桩的方法。

（8）对基坑周围管线保护的应急措施一般包括打设封闭桩或开挖隔离沟、管线架空两种方法。

# 第 17 章 施工质量缺陷和危险源的识别与分析

## 17.1 施工质量缺陷及产生原因分析

### 17.1.1 基础工程质量缺陷原因分析及预防措施

**1. 浅基础工程质量缺陷现象、原因分析及预防措施**

（1）浅基础工程质量缺陷现象

1）基槽（坑）底标高不符合设计规定值，造成浅基础埋置深度不足或超挖。

2）基底持力层土质不符合设计要求，或被人工扰动，造成持力层承载能力降低。

（2）浅基础工程质量缺陷原因分析

1）测量放线错误，造成基底标高不足或过深。

2）地质勘察资料与实际情况不符，虽已挖至设计规定深度，但土质仍不符合设计要求。

3）选用的施工机械和施工方法不当，造成超挖。

（3）浅基础工程质量缺陷预防措施

1）当发现控制桩或标志板有被碰撞和移动迹象时，应复查校正，防止标高出现过大误差。

2）防止超挖。采用机械开挖基槽（坑）时，可在基底标高以上预留一层土用人工清理，其厚度应根据施工机械确定。

3）基槽（坑）挖至基底标高后，应会同设计单位、监理单位（或建设单位）检查基底土质是否符合要求，并作出隐蔽工程记录。

（4）浅基础工程质量缺陷治理方法

1）当开挖深度达到设计规定，而土质不符合设计要求时，应会同设计单位协商处理。

2）如个别地方超挖时，应用与基土相同的土料填补，并夯实至要求的密实度，或用碎石类土填补并夯实。在重要部位超挖时，可用低强度等级混凝土填补，并应取得设计单位同意。

**2. 深基础工程质量缺陷现象、原因分析及预防措施**

（1）桩基检测与验收。成桩的质量检验有两种基本方法：一种是静载试验法（或称破坏试验），另外一种是动测法（或称无破坏试验）。

1）静载试验。它是对单根桩进行的竖向抗压（抗拔或水平）试验，通过静载加压，确定单桩的极限承载力。在打桩后经过一定的时间，待桩身与土体的结合趋于稳定，才能进行试验。对于预制桩，土质为砂类土，打桩完后与试验的时间应不少于10d，如是粉土或黏性土，则不应少于15d，对于淤泥或淤泥质土，不应少于25d。灌注桩在桩身混凝土强度达到设计等级的前提下，对砂类土不少于10d，黏性土不少于20d，淤泥或淤泥质土不少于 30d。一般静荷载试验可直观地反映桩的承载力和混凝土的浇筑质量，数据可靠。但其装置较复杂笨重，装、卸操作费工费时，成本高，测试数量有限，并且易破坏桩基。

2）动测法（也称动力无损检测法）。它是检测桩基承载力及桩身质量的一项新技术，是作为静载试验的补充。动测法是相对于静载试验而言，它是对桩土体系进行适当的简化处理，建立起数学—力学模型，借助现代电子技术与量测设备采集桩、土体系在给定的动荷载作用下所产生的振动参数，结合实际桩土条件进行计算，所得结果与相应的静载试验结果进行比较，在积累一定数量的动静试验对比结果的基础上，找出两者之间的某种相关关系，并以此作为标准来确定桩基承载力。应用波在混凝土介质内的传播速度，传播时间和反射情况，用来检验、判定桩身是否存在断裂、夹层、颈缩、空洞等质量缺陷。

（2）深基础工程质量缺陷预防措施应符合下列要求

1）人工挖孔灌注桩施工过程中应对成孔清渣、放置钢筋笼、混凝土灌注、挖孔桩的孔底持力层土（岩）性等进行全过程检查。人工挖孔桩尚应复验孔底持力层土（岩）性。嵌岩桩必须有桩端持力层的岩性报告。

2）混凝土灌注桩的沉渣厚度，在放钢筋笼后，混凝土灌注前所测沉渣厚度应符合要求。灌注桩的桩顶标高至少要比设计标高高出 0.5m。桩底清孔质量按不同的成桩工艺有不同的要求，应按本章的各节要求执行。每浇注 50m² 必须有 1 组试件，小于 50m² 的桩，每个桩必须有 1 组试件。

3）人工挖孔灌注桩应逐孔进行终孔验收，终孔验收的重点是持力层的岩土特征。

4）重要工程的混凝土预制桩采用电焊接头时应对接头做 10% 的焊缝探伤检查。施工中应对桩体垂直度、沉桩情况、桩顶完状况、接桩质量等进行检查。

5）施工过程中出现异常情况时，应停止施工，由监理或建设单位组织勘察、设计、施工等有关单位共同分析情况，解决问题，消除质量隐患，并应形成文件资料。

6）地基施工结束，宜在一个间歇期后，进行质量验收，间歇期由设计确定。

## 17.1.2 砌体结构工程质量缺陷及原因分析

砖砌体砌筑时常见的质量通病有砂浆强度不稳定、砌体组砌方法错误、灰缝砂浆不饱满、墙面游丁走缝等。

**1. 砖缝砂浆不饱满，砂浆与砖粘结不良质量缺陷现象、原因分析及预防措施**

（1）砖缝砂浆不饱满，砂浆与砖粘结不良现象：砌体水平灰缝饱满度低于 80%，竖缝出现瞎缝。砖在砌筑前未浇水湿润，干砖上墙，或铺灰长度过长，致使砂浆与砖粘结不良。

（2）砖缝砂浆不饱满，砂浆与砖粘结不良的原因分析

1）低强度等级的砂浆，如使用水泥砂浆，因水泥砂浆和易性差，砌筑时挤浆费劲，操作者用大铲或瓦刀铺刮砂浆后，使底灰产生空穴，砂浆不饱满。

2）用干砖砌墙，使砂浆早期脱水而降低强度，且与砖的粘结力下降，而干砖表面的粉屑又起了隔离作用，减弱了砖与砂浆层的粘结。

3）用铺浆法砌筑，有时因铺浆过长，砌筑速度跟不上，砂浆中的水分被底砖吸收，使砌上的砖层与砂浆失去粘结。

（3）砖缝砂浆不饱满，砂浆与砖粘结不良的预防措施

1）改善砂浆和易性是确保灰缝砂浆饱满度和提高粘结强度的关键。砖墙水平灰缝的砂浆饱满度不得小于80%。砖柱水平灰缝和竖向灰缝饱满度不得低于90%。

2）改进砌筑方法，不宜采用铺浆法或摆砖砌筑，应推广："三一砌砖法"即使用大铲，一块砖、一铲灰。一挤揉的砌筑方法。

3）当采用铺浆法砌筑时，必须控制铺浆的长度，一般气温情况下不得超过750mm，当施工气温超过30℃时，不得超过500mm。

4）砌筑烧结普通砖、烧结多孔砖、蒸压灰砂砖、蒸压粉煤灰砖砌体时，砖应提前1～2d适度湿润，严禁采用干砖或处于吸水饱和状态的砖砌筑。烧结类块体的相对含水率60%～70%；混凝土多孔砖及混凝土实心砖不需浇水湿润，但在气候干燥炎热的情况下，宜在砌筑前对其喷水湿润。其他非烧结类块体的相对含水率40%～50%。煤矸石砌块严禁浇水，砌块含水率应控制在15%以内，并进行干砌。

**2. 墙身轴线位移质量缺陷原因分析及预防措施**

（1）墙身轴线位移质量缺陷的造成原因是，在砌筑操作过程中没有检查校核砌体的轴线与边线的关系，挂准线过长而未能达到平直、通顺的要求。

（2）防治墙身轴线位移质量缺陷的措施是，在砌筑操作过程中检查校核砌体的轴线与边线的关系，挂准线不准过长。

**3. 墙面游丁走缝质量缺陷原因分析及预防措施**

（1）墙面游丁走缝质量缺陷的造成原因是，砖的长、宽尺寸误差较大，砌筑前没有进行实测及挑选，排砖时没有把竖缝排列均匀，或未将窗口位置引出。在砌筑操作过程中，没有注意到丁砖的中线必须与下层条砖的中线相重合而造成丁砖游走，上下竖缝发生错位；没有在沿墙面每隔2m间距左右竖缝处用托线板吊直弹线向上引伸作为控制游丁走缝的基准。

（2）墙面游丁走缝质量缺陷的预防措施是，砌筑前进行实测及挑选，排砖时竖缝排列均匀。在砌筑操作过程中，丁砖的中线必须与下层条砖的中线相重合；在沿墙面每隔2m间距左右竖缝处用托线板吊直弹线向上引伸作为控制游丁走缝的基准。

**4. 墙体留槎、接槎不严质量缺陷的现象、原因分析及预防措施**

（1）墙体留槎、接槎不严质量缺陷的现象是，砌筑时不按规定规范执行，随意留直槎，且多留阴槎，槎口部位用砖渣填砌，留槎部位接槎砂浆不严，灰缝不顺直，使墙体拉结性能严重削弱。

（2）墙体留槎、接槎不严质量缺陷的原因分析

1）操作人员对留槎形式与抗震性能的关系缺乏认识，习惯于留直槎，认为留斜槎费事，技术要求高，不如留直槎方便，而且多数留阴槎。

2）施工组织不当，造成留槎过多。由于重视不够，留直槎时，漏放拉结筋。

3）后砌120mm墙留置的阳槎不正不直，接槎时由于咬槎深度较大，使接槎砖上部灰缝不易塞严。

4）构造柱的侧砖墙没砌成马牙槎，没设置好拉结筋及从柱脚开始先退后进；当齿深120mm时上口一皮没按进60mm后再上一皮进120mm；落入构造柱内的地灰、砖渣杂物没清理干净。

（3）墙体留槎、接槎不严质量缺陷的预防措施

1）在安排施工组织计划时，对施工留槎应作统一考虑。外墙大角尽量做到同步砌筑不留槎，以增强墙体的整体性。纵横墙交接处，有条件时尽量安排同步砌筑。

2）当留斜槎确有困难时，应留引出墙面120mm的直槎，并按规定设拉结筋，使咬槎砖缝便于接砌，以保证接槎质量，增强墙体的整体性。

3）构造柱的侧砖墙砌成马牙槎，设置好拉结筋及从柱脚开始先退后进；当齿深120mm时上口一皮按进60mm后再上一皮进120mm；落入构造柱内的地灰、砖渣杂物清理干净。

**5. 墙体顶部与梁、板底连接处出现裂缝质量缺陷原因分析及预防措施**

（1）墙体顶部与梁、板底连接处出现裂缝质量缺陷的造成原因是，砌筑时墙体顶部与梁板底连接处没有用侧砖或立砖斜砌（60°）顶贴挤紧。

（2）墙体顶部与梁、板底连接处出现裂缝质量缺陷的预防措施是，砌筑时墙体顶部与梁板底连接处用侧砖或立砖斜砌（60°）顶贴挤紧，塞缝采用砂浆里面加剁细稻草。

（3）填充墙砌至接近梁底时，应留有一定的空隙，填充墙砌筑完并间隔14d以后，方可将其补砌挤紧。弧拱式及平拱式过梁的灰缝应砌成楔形缝，拱底灰缝宽度不宜小于5mm，拱顶灰缝宽度不应大于15mm，拱体的纵向及横向灰缝应填实砂浆；平拱式过梁拱脚下面应伸入墙内不小于20mm；砖砌平拱过梁底应有1%的起拱。

**6. 砌体裂缝质量缺陷现象、原因分析及防治措施**

（1）砌体裂缝质量缺陷现象与原因分析是，由于填充墙体不均匀下沉和温度变化的影响，常使填充墙表面、墙体与框架梁交接处产生一些不同性质的裂缝。对于墙体因墙体下沉和温度变化引起的裂缝，必须高度重视，一旦裂缝出现，有可能导致墙体的倒塌破坏，后果相当严重。而由于砌块密实度差，灰缝砂浆不饱满；墙体存在贯通性裂缝；门窗框固定不牢，嵌缝不严等通病，这都是造成砌块砌体产生墙面渗水质量问题的主要原因。

（2）砌体裂缝质量缺陷防治措施

1）底层窗台在窗台标高处设置钢筋混凝土板带，板带的混凝土强度等级不应小于C20，厚度不小于80mm，纵向配筋不宜少于3$\phi$8，嵌入窗间墙内不小于600mm；房屋两端顶层砌体沿高度方向应设置间隔不大于500mm的配筋砌体，或墙体内适当增设构造柱。宽度小于1m的窗间墙，应选用整砖砌筑，半砖和破损的砖应分散使用于墙心或受力较小部位。

2）混凝土小型空心砌块、蒸压加气混凝土砌块等轻质墙体，应增设间距不大于3m的构造柱，每层墙高的中部增设厚度为120mm与墙体同宽的钢筋混凝土腰梁，砌体无约束的端部必须增设构造柱，预留的门窗洞口应采取钢筋混凝土框加强。

3）顶层砌筑砂浆的强度等级不应低于Mb7.5。

4）钢筋混凝土阳台栏板、扶手钢筋必须与结构墙体有可靠拉结措施，拉结筋必须预埋；金属栏杆、扶手，必须与结构墙体有可靠的锚固措施。

5）门垛或窗间墙小于360mm时必须采用钢筋混凝土浇筑。

6）内外墙体与混凝土柱、梁交接处，用1mm厚钢板网搭接宽度≥200mm（网眼尺寸不小于10mm×10mm）；抹灰或耐碱玻璃纤维网格布聚合物砂浆加强带进行处理，加强带与各基体的搭接宽度不应小于150mm。顶层粉刷砂浆中宜掺入抗裂纤维。

7）填充墙每次砌筑高度不应超过1.2m，待前次砂浆终凝后，再继续砌筑，一日砌筑

高度不宜大于1.8m。填充墙砌至接近梁底、板底时，应留有30～80mm的空隙，至少间隔10d后用细石混凝土加膨胀剂塞实。

### 17.1.3 混凝土结构工程质量缺陷原因分析及预防措施

在各种现浇混凝土结构外观质量缺陷中，属于严重缺陷的有纵向受力钢筋有露筋、构件主要受力部位有蜂窝孔洞、构件主要受力部位有夹渣。当混凝土结构构件拆模后发现缺陷，应查清原因，根据具体情况处理，严重影结构性能的，要会同设计和有关部门研究处理。拆除模板时的混凝土强度，当设计无要求时，应符合国家的规定。混凝土质量缺陷的常见处理方法有表面抹浆修补、敲掉混凝土重新浇筑、细石混凝土填补等。

**1. 混凝土结构工程露筋质量缺陷、原因分析及预防措施**

（1）露筋质量缺陷现象是，钢筋混凝土结构内部的主筋、副筋或箍筋等裸露在表面，没有被混凝土包裹。

（2）露筋质量缺陷原因分析

1）浇筑混凝土时，钢筋保护层垫块位移，或垫块太少甚至漏放，致使钢筋下附或外移紧贴模板面外露。

2）结构、构件截面小，钢筋过密，石子卡在钢筋上，使水泥砂浆不能充满钢筋周围，造成露筋。

3）混凝土配合比不当，产生离析，靠模板部位缺浆或模板严惩漏浆。

4）混凝土保护层太小或保护层处混凝土漏振，或振捣棒撞击钢筋或踩踏钢筋，使钢筋位移，造成露筋。

5）木模板未浇水湿润，吸水粘结或脱模过早，拆模时缺棱掉角，导致露筋。

（3）露筋质量缺陷预防措施

1）浇筑混凝土，应保证钢筋位置和保护层厚度正确，并加强检查，发现偏差，及时纠正。

2）钢筋密集时，应选用适当粒径的石子。石子最大颗粒尺寸不得超过结构截面最小尺寸的1/4，同时不大于钢筋间距的3/4。截面较小钢筋较密的部位，宜用细石混凝土浇筑。

3）混凝土应保证配合比准确和良好的和易性。

4）浇筑高度超过2m，应用串筒或溜槽下料，以防止离析。

5）模板应充分湿润并认真堵好缝隙。

6）混凝土振捣严禁撞击钢筋，在钢筋密集处，可采用直径较小或带刀片的振动棒进行振捣，保护层处混凝土要仔细振捣密实；避免踩踏钢筋，如有踩踏或脱扣等应及时调直纠正。

7）拆模时间要根据试块试压结果正确掌握，防止过早拆模，损坏棱角。

8）框架节点处梁纵向受力钢筋宜置于柱纵向钢筋内侧，次梁钢筋宜放在主梁钢筋内侧。

（4）露筋质量缺陷治理方法

1）对表面露筋，刷洗干净后，用1:2或1:2.5水泥砂浆将露筋部位抹压平整，并认真养护。

2）如露筋较深，应将薄弱混凝土和突出的颗粒凿去，洗刷干净后，用比原来高一强度等级的细石混凝土填塞压实，并认真养护。

**2. 混凝土结构工程孔洞质量缺陷、原因分析及预防措施**

（1）孔洞质量缺陷现象是，混凝土结构内部有尺寸较大的窟窿，局部或全部没有混凝土；或蜂窝空隙特别大，钢筋局部或全部裸露；孔穴深度和长度均超过保护层厚度。

（2）孔洞质量缺陷原因分析

1）在钢筋较密的部位或预留孔洞和埋设件处，混凝土下料被搁住，未振捣就继续浇筑上层混凝土，而在下部形成孔洞。

2）混凝土离析、砂浆分离，石子成堆，严重跑浆，又未进行振捣，从而形成特大的蜂窝。

3）混凝土一次下料过多、过厚或过高，振捣器振动不到，形成松散孔洞。

4）混凝土内掉入工具、木块、泥块等杂物，混凝土被卡住。

（3）孔洞质量缺陷预防措施

1）在钢筋密集处及复杂部位，采用细石混凝土浇筑，使混凝土易于充满模板，并仔细振捣密实，必要时，辅以人工捣实。

2）预留孔洞预埋铁件处应在两侧同时下料，下部浇筑应存在侧面加开浇灌口下料；振捣密实后再封好模板，继续往上浇筑，防止出现孔洞。

3）采用正确的振捣方法，防止漏振。插入式振捣器应采用垂直振捣方法，即振捣棒与混凝土表面垂直或成 $40°\sim45°$ 角斜向振捣。插点应均匀排列，可采用行列式或交错式顺序移动，不应混用，以免漏振。每次移动距离不应大于振捣棒作用半径（$R$）的 1.5 倍。一般振捣棒的作用半径为 $30\sim40$cm。振捣器操作时应快插慢拔。

4）控制好下料，混凝土自由倾落高度不应大于 2m（浇筑板时为 1.0m），大于 2m 时应采用串筒或溜槽下料，以保证混凝土浇筑时不产生离析。

5）砂石中混有黏土块、模板、工具等杂物掉入混凝土内，应及时清除干净。

6）加强施工技术管理和质量控制工作。

（4）孔洞质量缺陷治理方法

1）对混凝土孔洞的处理，应经有关单位共同研究，制定修补或补强方案，经批准后方可处理。

2）一般孔洞处理方法是：将孔洞周围的松散混凝土和软弱浆膜凿除，用压力水冲洗，支设带托盒的模板，洒水充分湿润后，用比结构高一强度等级的半干硬性细石混凝土仔细分层浇筑，强力捣实，并养护。突出结构面的混凝土，须待达到 50% 强度后再凿去，表面用 1：2 水泥砂浆抹光。

3）对面积大而深进的孔洞，按 2）项清理后，在内部埋压浆管、排气管，填清洁的碎石（粒径 $10\sim20$mm），表面抹砂浆或浇筑薄层混凝土，然后用水泥压力灌浆方法进行处理，使之密实。

**3. 混凝土结构工程裂缝质量缺陷、原因分析及预防措施**

（1）裂缝质量缺陷有表面裂缝和深度裂缝两种。

（2）裂缝质量缺陷原因分析是，施工过程中混凝土结构产生裂缝的主要原因有模板局部沉浆、拆模过早、养护时间过短、混凝土养护期间内部与表面温差过大、结构设计承载能力不够、施工荷载过重太集中、施工缝设置不当等。

（3）裂缝质量缺陷治理方法

1）表面抹浆修补法。对小蜂窝、麻面、露筋、露石的混凝土表面缺陷，可用水泥砂浆抹面修整。

2）细石混凝土填补法。对较大面积蜂窝、露筋、露石的混凝土，可用细石混凝土填塞。

3）灌浆法。对于影响承载力、防水、防渗性能的裂缝，应根据裂缝的宽度、结构性质等采用砂浆输送泵灌浆的方法予以修补。

**4. 混凝土结构工程烂根质量缺陷、原因分析及预防措施**

（1）在柱结构的接缝和施工缝处产生"烂根"质量缺陷原因分析是，接缝处模板拼缝不严，漏浆。

（2）烂根质量缺陷预防措施是，浇筑剪力墙混凝土时，其根部应先浇一层 50～100mm 厚同比例的水泥砂浆，是为了防止发生烂根质量缺陷。

**5. 拆除模板时的混凝土强度要求**

拆除模板时的混凝土强度，应符合设计要求，当设计无要求时，应符合国家的规定，与构件类型有关。混凝土结构模板的拆除日期取决于结构的性质、模板的用途和混凝土硬化速度，及时拆模，可提高模板的周转；过早拆模，过早承受荷载会产生变形甚至会造成重大的质量事故。

（1）模板拆除的规定

非承重模板（如侧板），应在混凝土强度能保证其表面及棱角不因拆除模板而受损坏时，方可拆除；承重模板应在达到规定的强度时方可拆除，见表 17-1。拆模时如发现混凝土质量问题时应暂停拆除，经过处理后方可继续。

现浇结构单层模板支撑拆模时的混凝土强度要求　　　　　　　　　　　　表 17-1

| 构件类型 | 构件跨度（m） | 按达到设计的混凝土立方体抗压强度标准值的百分率计（%） |
|---|---|---|
| 板 | ≤2 | ≥50 |
| | >2，≤8 | ≥75 |
| | >8 | ≥100 |
| 梁、拱、壳 | ≤8 | ≥75 |
| | >8 | ≥100 |
| 悬臂构件 | — | ≥100 |

（2）拆除模板的注意事项

1）拆模程序一般应是后支的先拆，先拆除非承重部分，后拆除承重部分。

2）拆除框架结构模板的顺序：首先是柱模板，然后是楼板底板，梁侧模板，最后梁底模板；拆除跨度较大的梁下支柱时，应先从跨中开始，分别拆向两端。

## 17.1.4　装饰装修工程质量缺陷原因分析及预防措施

**1. 抹灰空鼓、裂缝质量缺陷、原因分析及预防措施**

（1）抹灰空鼓、裂缝质量缺陷现象是，抹灰打底层与基层或面层粘结不牢甚至脱开形成空鼓，空鼓使底层和面层产生力，进而产生裂缝甚至脱落；有时由于砂浆整体收缩性较大，也会导致抹灰面产生裂缝。

（2）抹灰空鼓、裂缝质量缺陷原因分析

1）基层处理不当，表面杂质清扫不干净，浇水不透。

2）偏差太大，一次抹灰太厚。

3）砂浆配比中水泥或石灰量少，造成砂浆和易性、保水性差，粘结强度低；粒过细，砂中含泥量大。

4）泥砂浆面层直接做在石灰砂浆面层上，没有分层抹灰或各层抹灰间隔太近，压光面层时间掌握不准。

5）气温过高时，砂浆失水过快或抹灰后未适当浇水养护。

（3）抹灰空鼓、裂缝质量缺陷预防措施

1）抹灰前的基层处理是确保抹灰质量的关键之一，必须认真做好。有排水要求的部位应做滴水线（槽），滴水线（槽）应整齐顺直，滴水线应内高外低，滴水槽的宽度和深度均不应小于10mm。

2）抹灰前墙面应浇水。砖墙基层一般浇水二遍，砖面渗水深度约8~10mm，即可达到抹灰要求。加气混凝土表面孔隙率大，但该材料毛细管为封闭性和半封闭性，阻碍了水分渗透速度，它同砖墙相比，吸水速度降低75%~80%，因此，应提前两天进行浇水，每天两遍以上，使渗水深度达到8~10mm。混凝土墙体吸水率低，抹灰前浇水可以少一些。如果各层抹灰相隔时间较长，或抹上的砂浆已干燥，则抹上一层砂浆时应将底层浇水润湿，避免刚抹的砂浆中的水分被底层吸走，产生空鼓。此外，基层墙面浇水程度，还与施工季节、气候和室内外操作环境有关，应根据实际情况酌情掌握。

3）主体施工时应建立质量控制点，严格控制墙面的垂直和平整度，确保抹灰厚度基本一致。如果抹灰较厚时，应挂钢丝网分层进行抹灰，一般每次抹灰厚度应控制在8~10mm为宜。中层抹灰必须分若干次抹平。水泥砂浆应待前一层抹灰层凝固后，再涂抹后一层；石灰砂浆应待前一层发白后，或用大拇指用力压挤抹完的灰层，无指坑但有指纹（七八成干），再涂抹后一层。这样可防止已抹的砂浆内部产生松动或几层湿砂浆合在一起，造成收缩率过大，产生空鼓、裂缝。

4）全部墙面上接线盒的安装时间应在墙面找点冲筋后进行，并应进行技术交底，作为一道工序，由抹灰工配合电工安装，安装后线盒面同冲筋面平，牢固、方正，一次到位。

5）外墙内面抹保温砂浆应同内墙面或顶板的阴角处相交。方法一是先抹完保温墙面，再抹内墙或顶板砂浆，在阴角处砂浆层直接顶压在保温层平面上；方法二是先抹内墙和顶板砂浆，在阴角处槎出30°角斜面，保温砂浆压住砂浆斜面。

**2. 瓷砖空鼓、脱落质量缺陷、原因分析及预防措施**

（1）瓷砖空鼓一般是指房屋的地面、墙面、顶棚底装修层（抹灰及粘贴面砖）与结构层（混凝土或墙砖）之间因粘贴、结合不牢而出现的质量问题，由于粘贴、结合不牢处存在空气，用空鼓锤或硬物轻敲会发出"咚咚"声响，形象说成"空鼓"，又称"两层皮"。瓷砖脱落是指由于粘贴、结合不牢固，瓷砖在重力、外界施加的拉力、压力等作用下，脱离原粘贴基面的过程，一旦出现瓷砖脱落，意味着系统存在安全隐患，整个瓷砖饰面系统都存在脱落的可能。

（2）瓷砖空鼓、脱落质量缺陷原因分析

1）基层表面光滑，铺贴前基层没有湿水或湿水不透，水分被基层吸掉影响粘结力。

2）基层偏差大铺贴抹灰过厚而致干缩过大。

3）砖泡水时间不够或水膜没有晾干。

4）粘贴砂浆过稀，粘贴不密实；粘贴灰浆初凝后拨动瓷砖；门窗框边封堵不严，开启引起木砖松动，产生瓷砖空鼓。

（3）瓷砖空鼓、脱落质量缺陷预防措施

1）严格处理底层（垫层或基屋）。

2）注意结合层施工质量。

3）保证炉渣垫层和混凝土垫层的施工质量。

4）冬期施工如使用火炉采暖养护时，炉子下面要架高，上面要吊铁板，避免局部温度过高而使砂浆或混凝土失水过快，造成空鼓。

5）在高压缩性软土地基上施工地面前，应先进行地面加固处理。对局部设备荷载较大的部位，可采用桩基承台支承，以免除沉降后患。

**3. 门窗扇开启不灵质量缺陷、原因分析及预防措施**

（1）门窗扇开启不灵质量缺陷现象

1）门窗扇安装好以后，开关费力，不灵活，有时感到别劲，或扇与框摩擦。

2）门窗扇安好后不易打开，打开后不易关进门窗框的裁口内。

（2）门窗扇开启不灵质量缺陷原因分析

1）门窗扇上下两块合页的轴不在一个垂直线上，致使门窗扇开关费力。

2）门窗扇安装时，预留的缝隙过小，没门窗扇在使用中吸收空气中的水分，体积膨胀；或刷油漆过厚，缝隙变小，造成开关不灵。

（3）门窗扇开启不灵质量缺陷预防措施

1）金属门窗和塑料门窗安装应采用的方法施工是预留洞口。

2）建筑外门窗的安装必须牢固，在砌体上安装门窗不能采用射钉固定。

3）验扇前应检查框的立梃是否垂直。如有偏差，待修整后再安装。

4）保证合页的进出、深浅一致，使上、下合页轴保持在一个垂直线上。

5）选用五金要配套，螺丝安装要平直。

6）安装门窗时，扇与扇、扇与框之间要留适当的缝隙。

## 17.1.5 屋面与防水工程质量缺陷及原因分析

**1. 卷材屋面开裂质量缺陷、原因分析及预防措施**

（1）卷材屋面开裂质量缺陷现象是，卷材屋面开裂一般有两种情况：一种是装配式结构屋面上出现的有规则横向裂缝。当屋面无保温层时，这种横向裂缝往往是通长和笔直的，位置正对屋面板支座的上端；当屋面有保温层时，裂缝往往是断续的、弯曲的，位于屋面板支座两边 10～50cm 的范围内。这种有规则裂缝一般在屋面完工后 1～4 年的冬季出现，开始细如发丝，以后逐渐加剧，一直发展到 1～2mm 以至更宽。另一种是无规则裂缝，其位置、形状、长度各不相同，出现的时间也无规律，一般贴补后不再裂开。

（2）卷材屋面开裂质量缺陷原因分析

1）产生有规则横向裂缝的主要原因是基层温度变化产生收缩变形，屋面板产生胀缩，引起板端角变。此外，卷材质量低、老化或在低温度条件下产生冷脆，降低了其韧性和延伸度等原因也会产生横向裂缝。

2）产生无规则裂缝的原因，有卷材搭接太小，卷材收缩后接头开裂、翘起，卷材老化龟裂、鼓泡破裂或外伤等。此外，找平层的分格缝设置不当或处理不好，以及水泥砂浆不规则开裂等，也会引起卷材的无规则裂缝。

（3）卷材屋面开裂质量缺陷预防措施

1）在应力集中、基层变形较大的部位，如屋面板拼缝处等，先干铺一层卷材条作为缓冲层，使卷材能适应基层伸缩的变化。

2）找平层应设分格缝。防水卷材采用满粘法施工时，在分格缝处宜作空铺，宽为100mm。

3）选用合格的卷材，腐朽、变质者应剔除不用。沥青玛瑞脂事先经过试配，耐热度、柔韧性和粘结力三个指标必须全部符合质量标准。在寒冷地区施工，还应考虑玛瑞脂的冷脆问题。

4）沥青和玛瑞脂的熬制温度不应过高，熬制时间不能过长，以免影响沥青玛瑞脂的柔韧性，加速材料的老化。熬制脱水后的恒温加热时间以 3～4h 为宜。

5）卷材铺贴前，其表面应加以清理，并反卷过来。卷材搭接宽度应符合表 17-2 的要求。卷材铺贴后，不得有粘结不牢或翘边等缺。

6）砖混结构住宅的楼板与屋面板中，将预制空心板改为整体现浇板，对防止屋面开裂可收到实效。倒置式卷材防水屋面的保温层应做保护层。

7）卷材防水层上有重物覆盖或基层变形较大时，应优先采用空铺法、点粘法、条粘法或机械固定法（此法仅适用于 PVC 卷材）。但距屋面周边 800mm 内应满粘，卷材与卷材之间也应满粘。

卷材搭接宽度（mm） 表 17-2

| 卷材种类 | | 短边搭接 | | 长边搭接 | |
|---|---|---|---|---|---|
| | | 满粘法 | 空铺、点粘、条粘法 | 满粘法 | 空铺、点粘、条粘法 |
| 沥青防水卷材 | | 100 | 150 | 70 | 100 |
| 高聚物改性沥青防水卷材 | | 80 | 100 | 80 | 100 |
| 合成高分子防水卷材 | 胶粘剂 | 80 | 100 | 80 | 100 |
| | 胶粘带 | 50 | 60 | 50 | 60 |
| | 单缝焊 | 60，有效焊接宽度不小于 25 | | | |
| | 双缝焊 | 80，有效焊接宽度 10×2＋空腔宽 | | | |

**2. 屋面卷材起鼓质量缺陷、原因分析及预防措施**

（1）屋面卷材起鼓质量缺陷现象是，卷材起鼓一般在施工后不久产生。在高温季节，有时上午施工下午就起鼓。鼓泡一般由小到大，逐渐发展，大的直径可达 200～300mm，小的数十毫米，大小鼓泡还可能成片串联。起鼓一般从底层卷材开始。将鼓泡剖开后可见内部呈蜂窝状，玛瑞脂被拉成薄壁，鼓泡越大，"蜂窝壁"越高，甚至被拉断。"蜂窝孔"的基层，有时带小白点，有时呈深灰色，还有冷凝水珠。

（2）屋面卷材起鼓质量缺陷原因分析：屋面基层潮湿，未干就刷冷底子油或铺卷材，在卷材防水层中粘结不实的部位，窝有水分和气体，当其受到太阳照射或人工热源影响后，体积膨胀，造成鼓泡。

（3）屋面卷材起鼓质量缺陷预防措施

1）找平层应平整、干净、干燥，基层处理剂涂刷均匀，这是防止卷材起鼓的主要措施。

2）原材料在运输和贮存过程中，应避免水分侵入，尤其是要防止卷材受潮。卷材铺贴应先高后低，先远后近，分区段流水施工，并注意掌握天气变化，连续作业，一气呵成。

3）防水层施工前，应将卷材表面清刷干净；铺贴卷材时，玛琉脂应涂刷均匀，并认真做好压实工序，以增强卷材防水层与基层的粘结能力。

4）不得在雨天、大雾、大风或风沙天施工，防止基层受潮。

5）当屋面基层干燥确有困难，而又急需铺贴卷材时，应采用排汽屋面做法。

**3. 细石混凝土防水屋面起壳、起砂质量缺陷、原因分析及预防措施**

（1）细石混凝土防水屋面起壳、起砂孔洞质量缺陷现象是，施工后屋面表面出现不同颜色和分布不均的砂粒，用手一搓，砂子就会分层浮起；用手击拍，表面水泥砂浆会成片脱落或有起皮、起鼓现象；用木锤敲击，有时还会听到空鼓的哑声。

（2）细石混凝土防水屋面起壳、起砂孔洞质量缺陷原因分析

1）基层未清理干净，施工前未洒水湿润。

2）防水层施工质量差，未很好压光和养护；防水层表面发生碳化现象。

3）结构层或保温层高低不平，导致细石混凝土防水屋面施工厚度不均。

（3）细石混凝土防水屋面起壳、起砂孔洞质量缺陷预防措施

1）细石混凝土防水屋面摊铺前，屋面基层应清扫干净，并充分湿润，但不得有积水现象。摊铺时应用水泥净浆薄薄涂刷一层，确保细石混凝土防水屋面与基层粘结良好。

2）做好细石混凝土防水屋面的摊铺和压实工作。推荐采用木靠尺刮平，木抹子初压，并在初凝收水前再用铁抹子二次压实和收光的操作工艺。

3）细石混凝土防水屋面施工后应及时覆盖浇水养护（宜用薄膜塑料布或草袋），使其表面保持湿润，养护时间宜为7～10d。也可使用喷养护剂、涂刷冷底子油等方法进行养护，保证砂浆中的水泥能充分水化。

**4. 细石混凝土防水屋面产生开裂质量缺陷、原因分析及预防措施**

（1）细石混凝土防水屋面产生开裂质量缺陷现象比较普遍，主要发生在有保温层的细石混凝土防水屋面上。这些裂缝一般分为断续状和树枝状两种，裂缝宽度一般在0.2～0.3mm以下，个别达0.5mm以上，出现时间主要发生在水泥砂浆施工初期至20d左右龄期内。另一种是在细石混凝土防水屋面上出现横向有规则裂缝，这种裂缝往往是通长和笔直的，裂缝间距在4～6m。

（2）细石混凝土防水屋面产生开裂质量缺陷原因分析

1）温度分隔缝未按规定设置或设置不当。

2）找平层的开裂还与施工工艺有关，如抹压不实、养护不良等。细石混凝土防水屋面上出现横向规则裂缝，主要是因屋面温差变化较大所致。

（3）细石混凝土防水屋面产生开裂质量缺陷预防措施

1）对于保温屋面，在保温材料上必须设置35～40mm厚的C20细石混凝土找平层，内配φ4@200mm×200mm钢丝网片。

2）对于装配式钢筋混凝土结构板，应先将板缝用细石混凝土灌缝密实，板缝表面（深约20mm）宜嵌填密封材料。为了使基层表面平整，并有利于防水施工，此时也宜采用C20的细石混凝土防水屋面，厚度为30～35mm。

3）细石混凝土防水屋面应设分格缝，分格缝宜设在板端处，其纵横的最大间距：水

泥砂浆或细石混凝土防水屋面不宜大于 6m（根据实际观察最好控制在 5m 以下）；沥青砂浆找平层不宜大于 4m。细石混凝土防水屋面分格缝的缝宽小于 10mm，如分格缝兼作排汽屋面的排汽道时，可适当加宽为 20mm，并应与保温层相连通。

# 17.2　物的不安全状态有关的危险源及产生原因

施工现场存在着诸多不安全因素，大致可分为事故潜在的不安全因素，人的不安全因素，物的不安全状态和组织管理上的不安全因素等几大类，分析施工现场的不安全因素，事先落实相应的防范措施，对预防和杜绝事故的发生非常重要。

事故潜在的不安全因素是造成人的伤害、物的损失事故的先决条件，各种人身伤害事故均离不开物与人这两个因素。人的不安全行为和物的不安全状态，是造成绝大部分事故的两个方面潜在的不安全因素，通常也可称作事故隐患。在人与物两因素中，人的因素是最根本的，因为物的不安全状态的背后，实质上还是隐含着人的因素。人身伤害事故就是人与物之间产生的一种意外现象。分析大量事故的原因可以得知，单纯由于不安全状态或者单纯由于不安全行为导致的事故情况并不多，事故几乎都由多种原因交织而形成的，是由人的不安全因素和物的不安全状态结合而成的。

物的不安全状态是指能导致事故发生的物质条件，包括机械设备等物质或环境所存在的不安全因素，通常人们将此称为物的不安全状态或物的不安全条件，也有直接称其为不安全状态。物的不安全状态属于第二类危险源。

**1. 物的不安全状态的内容**

（1）防护保险方面的缺陷。

（2）物的放置方法的缺陷。

（3）作业环境场所的缺陷。

（4）外部的和自然界的不安全状态。

（5）作业方法导致的物的不安全状态。

（6）保护器具信号、标志和个体防护用品的缺陷。

（7）物（包括机器、设备、工具、物质等）本身存在的缺陷。

**2. 物的不安全状态的类型**

（1）防护等装置缺乏或有缺陷。

（2）生产（施工）场地环境不良。

（3）设备、设施、工具、附件有缺陷。比如，在施工现场，起重机械液压系统漏油、设备有缺陷属于物的不安全状态；梯子踏步结冰属于物的不安全状态。

（4）个人防护用品用具缺少或有缺陷。

（5）特种设备检验不及时。

# 17.3　人的不安全行为有关的危险源及产生原因

**1. 人的不安全因素**

是指影响安全的人的因素，即能够使系统发生故障或发生性能不良的事件的人员个人的不安全因素和违背设计和安全要求的错误行为。人的不安全因素可分为个人的不安全因素和人的不安全行为两个大类。人的不安全行为属于第二类危险源。

（1）生理上的不安全因素，大致有5个方面。

1）有不适合工作作业岗位要求的疾病。

2）疲劳和酒醉或刚睡过觉，感觉朦胧。

3）年龄不能适应工作作业岗位要求的因素。

4）体能不能适应工作、作业岗位要求的因素。

5）视觉、听觉等感觉器官不能适应工作、作业岗位要求的因素。

（2）心理上的不安全因素是指人在心理上具有影响安全的性格、气质和情绪（如急躁、懒散、粗心等）。

（3）能力上的不安全因素包括知识技能、应变能力、资格等不能适应工作和作业岗位要求的影响因素。

**2. 人的不安全行为**

人的不安全行为，通俗地讲，就是指能造成事故的人的失误，是指能造成事故的人为错误，是人为地使系统发生故障或发生性能不良事件，是违背设计和操作规程的错误行为。

（1）产生不安全行为的主要原因

1）工作上的原因。

2）系统、组织上的原因。

3）思想上责任性的原因。

（2）不安全行为在施工现场的类型

1）不安全装束。

2）物体存放不当。

3）使用不安全设备。

4）手代替工具操作。

5）攀坐不安全位置。

6）冒险进入危险场所。

7）造成安全装置失效。

8）有分散注意力行为。

9）在起吊物下作业、停留。

10）操作失误、忽视安全、忽视警告。

11）对易燃易爆等危险物品处理错误。

12）没有正确使用个人防护用品、用具。

13）在机器运转时进行检查、维修、保养等工作。


# 17.4 管理缺失有关的危险源及产生原因


## 17.4.1 施工现场与管理缺失有关的危险源识别

组织管理上的不安全因素，通常也可称为组织管理上的缺陷，它也是事故潜在的不安全因素，是间接的原因。管理缺失属于第二类危险源。

组织管理上的缺陷在施工现场的类型：

（1）安全教育培训不够或未经培训行为。

（2）不认真实施事故防范措施的行为。

（3）违反劳动纪律。

（4）技术上的缺陷。

（5）违反安全生产责任制。

（6）高空作业工人未经培训就上岗操作。

### 17.4.2 施工现场与管理缺失有关的危险源产生原因分析

组织管理上的不安全因素作为间接的原因共有六个方面：

（1）技术上的缺陷；

（2）教育上的缺陷；

（3）生理上的缺陷；

（4）心理上的缺陷；

（5）管理工作上的缺陷；

（6）学校教育和社会、历史上的原因造成的缺陷。

# 第 18 章　施工质量、职业健康安全与环境问题分析

## 18.1　施工质量问题的类别、原因和责任

### 18.1.1　施工质量问题的类别

建设工程质量问题通常分为工程质量缺陷、工程质量通病、工程质量事故三类。

**1. 工程质量缺陷**

工程质量缺陷是指建筑工程施工质量中不符合规定要求的检验项或检验点，按其程度可分为严重缺陷和一般缺陷。严重缺陷是指对结构构件的受力性能或安装使用性能有决定性影响的缺陷；一般缺陷是指对结构构件的受力性能或安装使用性能无决定性影响的缺陷。

**2. 工程质量通病**

工程质量通病是指各类影响工程结构、使用功能和外形观感的常见性质量损伤。犹如"多发病"一样，故称质量通病。

**3. 工程质量事故**

工程质量事故是指对工程结构安全、使用功能和外形观感影响较大、损失较大的质量损伤。

工程质量事故的分类：

由于建设管理、监理、勘测、设计、咨询、施工、材料、设备等原因造成工程质量不符合规程、规范和合同规定的质量标准，影响使用寿命和对工程安全运行造成隐患及危害的事件。由于工程质量事故具有复杂性、严重性、可变性和多发性的特点，所以建设工程质量事故的分类有多种方法。

1) 按事故造成损失严重程度划分

① 一般质量事故指经济损失在 5000 元（含 5000 元）以上，不满 5 万元的；或影响使用功能或工程结构安全，造成永久质量缺陷的。

② 严重质量事故指直接经济损失在 50000 元（含 50000 元）以上，不满 10 万元的；或严重影响使用功能或工程结构安全，存在重大质量隐患的；或事故性质恶劣或造成 2 人以下重伤的。

③ 重大质量事故指工程倒塌或报废；或由于质量事故，造成人员死亡或重伤 3 人以上；或直接经济损失 10 万元以上。

④ 特别重大事故凡具备国务院发布的《特别重大事故调查程序暂行规定》所列发生一次死亡 30 人及其以上，或直接经济损失达 500 万元及其以上，或其他性质特别严重的情况之一均属特别重大事故。

2）按事故责任分类

① 指导责任事故指由于在工程实施指导或领导失误而造成的质量事故。例如，由于施工技术方案未经分析论证，贸然组织施工等原因造成的施工质量事故属于指导责任事故。由于工程负责人片面追求施工进度，放松或不按质量标准进行控制和检验，降低施工质量标准等。

② 操作责任事故指在施工过程中，由于实施操作者不按规程和标准实施操作，而造成的质量事故。例如，浇筑混凝土时随意加水；混凝土拌合物产生离析现象仍浇筑入模等。

3）按质量事故产生的原因分类

① 技术原因引发的质量事故是指在工程项目实施中由于设计、施工作技术上的失误而造成的质量事故。例如，结构设计计算错误；地质情况估计错误；采用了不适宜的施上方法或施工工艺等。

② 管理原因引发的质量事故是指管理上的不完善或失误引发的质量事故。例如，施工单位或监理单位的质量体系不完善；检验制度不严密；质量控制不严格；质量管理措施落实不力；检测仪器设备管理不善而失准；进料检验不严等原因引起的质量问题。

③ 社会、经济原因引发的质量事故是指由于经济因素及社会上存在的弊端和不正之风引起建设中的错误行为，而导致出现质量事故。例如，某些施工企业盲目追求利润而不顾工程质量，在投标报价中随意压低标价，中标后则依靠违法的手段或修改方案追加工程款，或偷工减料等。这些因素往往会导致出现重大工程质量事故，必须予以重视。

## 18.1.2　施工质量问题的原因分析

工程质量问题的表现形式千差万别，类型多种多样，例如结构倒塌、倾斜、错位、不均匀或超量沉陷、变形、开裂、渗漏、强度不足、尺寸偏差过大等，但究其原因，归纳起来主要有以下几方面。

**1. 违背建设程序和法规**

（1）违反建设程序

建设程序是工程项目建设过程及其客观规律的反映，但有些工程不按建设程序办事，例如不经可行性论证，未做调查分析就拍板定案；没有搞清工程地质情况就仓促开工；无证设计、无图施工、边设计边施工；任意修改设计，不按图施工；工程未报建就开工，无施工许可证、施工单位资质不符合要求，工人不具备上岗技术资质；不经竣工验收就交付使用等，它常是导致重大工程质量事故的重要原因。

（2）违反有关法规和工程合同的规定

例如，无证设计；无证施工；越级设计；越级施工；工程招、投标中的不公平竞争；超常的低价中标；擅自转包或分包；多次转包；擅自修改设计等。

**2. 工程地质勘察失误或地基处理失误**

（1）工程地质勘察失误

诸如未认真进行地质勘察或勘探时钻孔深度、间距、范围不符合规定要求，地质勘察报告不详细、疏略、不准确、不能全面反映实际的地基情况等，从而使得或地下情况不清，或对基岩起伏、土层分布误判，或未查清地下软土层、墓穴、孔洞等，它们均会导致采用不恰当或错误的基础方案，造成地基不均匀沉陷、失稳，使上部结构或墙体开裂、破坏，或引发建筑物倾斜、倒塌等质量事故。

（2）地基处理失误

对软弱土、杂填土、冲填土、大孔性土或湿隐性黄土、膨胀土、红黏土、熔岩、土洞、岩层出露等不均匀地基未进行处理或处理不当也是导致重大事故的原因。必须根据不同地基的特点，从地基处理、结构措施、防水措施、施工措施等方面综合考虑，加以治理。

**3. 设计计算问题**

诸如盲目套用图纸，采用不正确的结构方案，计算简图与实际受力情况不符，荷载取值过小，内力分析有误，沉降缝或变形缝设置不当，悬挑结构未进行抗倾覆验算，以及计算错误等，都是引发质量事故的隐患。工程构造设计要求不符合规范。

**4. 建筑材料及制品不合格**

诸如，钢筋物理力学性能不良会导致钢筋混凝土结构产生裂缝或脆性破坏；骨料中活性氧化硅会导致碱骨料反应使混凝土产生裂缝；水泥安定性不良会造成混凝土爆裂；水泥受潮、过期、结块，砂石含泥量及有害物质含量、外加剂掺量等不符合要求时，会影响混凝土强度、和易性、密实性、抗渗性，从而导致混凝土结构强度不足、裂缝、渗漏、蜂窝等质量问题。此外，预制构件断面尺寸不足，支承锚固长度不足，未可靠地建立预应力值，漏放或少放钢筋，板面开裂等均可能出现断裂、坍塌事故。

**5. 施工与管理失控**

施工与管理失控是造成大量质量问题的常见原因。其主要表现为：

（1）图纸未经会审即仓促施工；或不熟悉图纸，盲目施工。

（2）未经设计部门同意，擅自修改设计；或不按图施工。例如将铰接做成刚接，将简支梁做成连续梁；用光圆钢筋代替异形钢筋等，导致结构破坏。挡土墙不按图设滤水层、排水导孔，导致压力增大，墙体破坏或倾覆。

（3）不按有关的施工质量验收规范和操作规程施工。例如浇筑混凝土时振捣不良，造成薄弱部位；砖砌体包心砌筑，上下通缝，灰浆不均匀饱满等均能导致砖墙或砖柱破坏。

（4）缺乏基本结构知识，蛮干施工，例如将钢筋混凝土预制梁倒置吊装；将悬挑结构钢筋放在受压区等均将导致结构破坏，造成严重后果。

（5）由于施工单位管理人员素质差造成的，该事故属于施工失误原因引发的事故。

（6）施工管理紊乱，施工方案考虑不周，施工顺序错误，技术交底不清，违章作业，疏于检查、验收等，均可能导致质量问题。

**6. 自然条件影响**

施工项目周期长，露天作业，受自然条件影响大，空气温度、湿度、暴雨、风、浪、洪水、雷电、日晒等均可能成为质量事故的诱因，施工中应特别注意并采取有效的措施预防。

**7. 建筑结构或设施的使用不当**

对建筑物或设施使用不当也易造成质量问题。例如未经校核验算就任意对建筑物加层；任意拆除承重结构部；任意在结构物上开槽、打洞、削弱承重结构截面等也会引起质量事故。

## 18.1.3 施工质量问题的责任处理

工程中的质量问题往往由多个主体的违约行为共同引起。此时，各违约主体损害赔偿责任的分担仍应视各方的违约行为是否符合违约损害赔偿责任的四个构成要件来决定。如果属于设计合同或监理合同双方的混合过错，或者属于合同一方设计单位或监理单位与合同以外的施工单位的共同过错，共同造成了建设单位的损失，应采取过错与责任相当的原则处理。比如，由于建设单位向设计单位提供了错误的基础性文件，同时设计单位的设计本身也有错误，共同造成了工程质量瑕疵，致使建设单位遭受损失，则设计单位对于建设单位仅承担因设计错误所造成的那一部分损失的赔偿责任。又如，在监理单位不按照监理合同的约定履行监理义务，出现工程质量瑕疵，给建设单位造成损失的情况下，建设单位所受到的损失，通常既与监理单位的违约行为有关，也与施工单位的有关施工项目本身不合格有关。在此情况下，监理单位与施工单位都应当向建设单位承担各自的赔偿责任。

**1. 发包人对工程质量缺陷承担过错责任**

发包人即指建设单位，也称为"业主"，它是依法设立的、对建设工程进行投资并享有权利的投资人。《合同法》、《建筑法》和《建设工程质量管理条例》规定了发包人有提供符合要求的建设工程技术资料、提供合格的建筑材料，依法分包的义务，《司法解释》更加明确列举了发包人应承担过错责任的三种情况，但按照现行法律法规，发包人对工程质量缺陷应承担过错责任的情况不止于此。

（1）不顾实际的降低造价、缩短工期。《建设工程质量管理条例》第 10 条第 1 款规定："建设工程发包单位不得迫使承包方以低于成本的价格竞标，不得任意压缩合理工期"。不顾客观实际的造价，不顾施工工艺要求，任意缩短工期，必然导致承包人偷工减料，导致工程质量的低劣。

（2）不按建设程序运作，不提供规范的建设工程技术资料。《建设工程质量管理条例》及《合同法》均规定了建设工程先勘查、后设计、再施工的原则，发包人（承揽人）有提供施工必要条件的义务。但有的发包人出于经济利益或其他需要，仍边勘察、边设计、边施工，甚至还造成等图施工的现象，图纸没有审核，设计与实际不符，这些都很容易给工程质量带来先天不足。《司法解释》第 12 条的第一种情况便是"提供的设计有缺陷"，这是发包人违反义务的一种结果。本案中，原告存在有指定打桩施工单位，提供的施工图纸边施工边修改的事实，所以如果工程质量因为没做搅拌桩存在缺陷，那也是由于原告变更设计所致，原告应对其变更行为承担责任。

（3）在设计或施工中提出违反法律、行政法规和建设工程质量、安全标准的要求。《建筑法》第 54 条规定"建设单位不得以任何理由，要求建筑设计单位或者建筑施工企业在工程设计或者施工作业中，违反法律、行政法规和建筑工程质量、安全标准，降低工程质量"。《建设工程质量管理条例》第 10 条第 2 款也做了类似规定。由于发包人是工程的建设单位，对设计单位、施工单位有着很大的支配权，发包人提出的要求设计单位、施工单位很少会予拒绝，甚至一些不合理的要求也会不顾法律法规的规定而照做不误。这时，发包人、设计单位、施工单位应对工程质量承担连带责任。

（4）将工程发包给没有资质的单位或将工程任意肢解分包。《建筑法》第 22 条规定"建筑工程实行招标发包的，发包单位应当将建筑工程发包给依法中标的承包单位。建筑工程实行直接发包的，发包单位应当将建筑工程发包给具有相应资质条件的承包单位。"该法第 24 条规定"提倡对建筑工程实行总承包、禁止将建筑工程肢解发包"。我国对建筑市场实行严格的行业准入制度，工程的勘察、设计和施工必须委托或分包给持有工商营业执照和相应资质等级证书的勘查、设计单位和施工企业。如果违反这些规定，无资质或超越资质承接工程将很有可能造成质量问题。肢解分包往往造成施工现场的混乱，不利于工程的统筹安排，所以这也是法律明文所禁止的。《司法解释》第12条第三种情况列举了其中的一点"直接指定分包人分包专业工程"，这也是实践中较为突出的问题。

（5）采购的建筑材料、建筑构配件和设备不合格或给施工单位指定厂家，明示、暗示使用不合格的材料、构配件和设备。《建设工程质量管理条例》第14条"按照合同约定，由建设单位采购建筑材料、建筑构配件和设备的，建设单位应当保证建筑材料、建筑构配件和设备符合设计文件和合同要求。建设单位不得明示或者暗示施工单位使用不合格的建筑材料、建筑构配件和设备"。《司法解释》第12条第二种情况便是"提供或者指定购买的建筑材料、建筑构配件、设备不符合强制性标准"。建筑材料、建筑构配件和设备是建设工程质量的根本保证，如果这道保证都不合格，更无从去谈建设工程的质量合格了。

综上，发包人应对自身的上述行为所造成的工程质量问题承担责任。需要指出的是，《司法解释》第13条还规定了发包人对工程质量承担的一种推定过错责任：如果发包人未经验收擅自使用建设工程的，发包人要承担除地基基础和主体结构质量之外的全部质量责任。也就是说即使发包人没有上述行为，但只要是未经验收擅自使用建设工程的，发包人也要对工程质量承担部分责任，这里承包人的部分责任就转移到发包人身上。所以实践操作中发包人应尽量避免未经验收擅自使用建设工程，以免遭受不必要的损失。

**2. 承包人对工程的施工质量承担责任**

承包人即指施工单位，是指经过建设行政主管部门的资格审查，从事房屋建筑、土木工程、设备安装、管线敷设及装修的单位。施工单位应当在其资质等级许可的范围内承揽工程，并对建设工程的施工质量负责。《司法解释》第12条列举的发包人承担责任的三种情况，如果承包人对此有过错的，也应承担过错责任，所以承包人应就下列的行为对施工质量承担责任：

（1）脱离设计图纸、违反技术规范以及在施工过程中偷工减料。《建筑法》第58条"建筑施工企业对工程的施工质量负责。建筑施工企业必须按照工程设计图纸和施工技术标准施工，不得偷工减料。工程设计的修改由原设计单位负责，建筑施工企业不得擅自修改工程设计"。《建设工程质量管理条例》第28条也做了相应规定。所以承包人应按照工程设计图纸和施工技术标准施工，严格执行每道工序的操作规范，检查建筑材料、构件的质量。本案原告即是以被告违反了此条义务，不按图施工而起诉被告的。

（2）不具备相应资质进行施工和其他违法活动。《建设工程质量管理条例》第25条"施工单位应当依法取得相应等级的资质证书，并在其资质等级许可的范围内承揽工程。禁止施工单位超越本单位资质等级许可的业务范围或者以其他施工单位的名义承揽工程。禁止施工单位允许其他单位或者个人以本单位的名义承揽工程。施工单位不得转包或者违法分包工程"。承包人应在资质许可的范围内施工，无资质与超出资质施工将会直接导致施工合同的无效。这条规定的义务主体不仅包括承包人，也包括有发包人，如果发包人明知承包人不具备相应资质进行施工的，那么因此造成工程质量问题的，发包人与承包人应承担责任；如果发包人将工程指定给无资质的分包人，承包人不反对的，发包人与承包人也都应对工程质量问题承担责任。

（3）未采用合格的建筑材料、建筑构配件和设备。《建筑法》第59条规定，建筑施工企业必须按照工程设计要求、施工技术标准和合同的约定，对建筑材料、建筑构配件和设备进行检验，不合格的不得使用。《建设工程质量管理条例》将上述检验的标的扩及到了商品混凝土。大部分的工程都是采用包工包料的承包方式，建筑材料、建筑构配件和设备的不合格是造成建筑施工质量问题最直接的原因之一，承包人不仅应对自身采购的材料，还应对工程使用的材料负责。如果发包人采购或指定的材料不符合工程质量要求，即发包人存在《司法解释》第12条第二种情况时，承包人未尽到足够的检验义务，未提出异议的，承包人还是对所造成的工程质量问题承担责任的。《建筑法》规定，建筑施工企业在施工中偷工减料的，使用不合格的建筑材料、建筑构配件和设备的，或者有其他不按照工程设计图纸或者施工技术标准施工的行为的，责令改正，处以罚款；情节严重的，责令停业整顿，降低资质等级或者吊销资质证书；造成建筑工程质量不符合规定的质量标准的，负责返工、修理，并赔偿因此造成的损失；构成犯罪的，依法追究刑事责任。《建设工程质量管理条例》规定，施工单位在施工中偷工减料的，使用不合格的建筑材料、建筑构配件和设备的，或者有不按照工程设计图纸或者施工技术标准施工的其他行为的，责令改正，处工程合同价款2％以上，4％以下的罚款；造成建设工程质量不符合规定质量标准的，负责返工、修理，并赔偿因此造成的损失；情节严重的，责令停业整顿，降低资质等级或者吊销资质证书。《建设工程质量管理条例》规定，施工单位未对建筑材料、建筑构配件、设备和商品混凝土进行检验，或者未对涉及结构安全的试块、试件以及有关材料取样检测的，责令改正，处10万元以上，20万元以下的罚款；情节严重的，责令停业整顿，降低资质等级或吊销资质证书；造成损失的，依法承担赔偿责任。

（4）对在质量保修期内出现的质量缺陷不履行质量保修义务的。《建筑法》第60条规定"建筑物在合理使用寿命内，必须确保地基基础工程和主体结构的质量。建筑工程竣工时，屋顶、墙面不得留有渗漏、开裂等质量缺陷。对已经发现的质量缺陷，建筑施工企业应当修复"。《建设工程质量管理条例》也分部分项规定了不同的保修期限。如果约定的保修期限低于法律规定，或者承包人在保修期限内不履行保修义务，承包人应按照法律规定承担责任，履行保修义务或对所造成的损失进行赔偿。

所以承包人是工程的施工者，对工程质量的最终形成起到关键作用，提供合格的产品是它的主要合同义务，对施工质量负有主要的责任。

**3. 监理单位对工程质量缺陷和工程安全承担责任**

监理单位，是指经过建设行政主管部门的资质审查，取得监理资质证书，具有法人资格的监理公司和兼承监理业务的工程设计、建设咨询的单位。监理单位应当根据监理合同，客观、公正地执行监理任务。《建筑法》第四章规定的就是建筑工程监理，其中第32条"建筑工程监理应当依照法律、行政法规及有关的技术标准、设计文件和建筑工程承包合同，对承包单位在施工质量、建设工期和建设资金使用等方面，代表建设单位实施监督"。监理单位虽然不直接实施建设行为，但它应当对下列行为造成的工程质量缺陷与质量安全与其他责任人共同承担责任。

（1）不按照法律、法规以及有关技术标准、设计文件和建设工程承包合同检查监督的项目。《建设工程质量管理条例》第36条"工程监理单位应当依照法律、法规以及有关技术标准、设计文件和建设工程承包合同，代表建设单位对施工质量实施监理，并对施工质量承担监理责任。"第37条及第38条规定了应采取的监理形式和方式。监理单位是代理建设单位对工程质量的进行控制，对工程最终质量的形成起到非常重要的作用。在缺乏必要监督的情况下，施工单位的施工质量就很容易出现问题，这时，监理单位应就自身的不合格监理行为与工程质量的其他责任人共同承担责任。《建筑法》规定，工程监理单位与建设单位或者建筑施工企业串通，弄虚作假、降低工程质量的，责令改正，处以罚款，降低资质等级或者吊销资质证书；有违法所得的，予以没收；造成损失的，承担连带赔偿责任；构成犯罪的，依法追究刑事责任。

（2）未在核定的监理范围内从事监理活动。《建设工程质量管理条例》第34条规定"工程监理单位应当依法取得相应等级的资质证书，并在其资质等级许可的范围内承担工程监理业务。禁止工程监理单位超越本单位资质等级许可的范围或者以其他工程监理单位的名义承担工程监理业务，禁止工程监理单位允许其他单位或者个人以本单位的名义承担工程监理业务。工程监理单位不得转让工程监理业务。"第35条规定了工程监理单位的回避义务。可见国家对监理的业务范围也是有着严格规定的，这是为了监理单位具有监督规范施工的能力和保证监督的公正性。《建设工程质量管理条例》规定，工程监理单位有下列行为之一的，责令改正，处50万元以上，100万元以下的罚款，降低资质等级或者吊销资质证书；有违法所得的，予以没收；造成损失的，承担连带赔偿责任。

1）与建设单位或者施工单位串通、弄虚作假、降低工程质量的；

2）将不合格的建设工程、建筑材料、建筑构配件和设备按照合格签字的。

综上，监理单位的工作内容决定了监理单位对工程建设承担的责任有两方面，第一是对工程质量缺陷承担的间接责任，如果监理单位不按上述规定执行监理义务，造成工程质量缺陷的，监理单位应与其他责任人共同承担责任。第二是必须对因工程质量事故引发的包括安全事故在内的其他事故承担直接责任。由于监理单位或监理人员的不作为、失职或者渎职行为造成工程质量事故或其他责任事故的，应依法承担相应的责任。

**4. 质量检测机构**

我们可能会遇到的一个问题是：如果对建筑材料质量状况的错误鉴定结论导致建筑物质量瑕疵，瑕疵责任由谁来承担？比如在我国，对商品混凝土的检测通常需要委托专门的检测机构进行、水泥制品使用前必须经过检测，按照我国的合同法和建筑法，使用该产品进行施工的一方仍应对建筑物瑕疵承担责任，然后由承担责任方再依据委托检测的合同向质量检测机构索赔。

**5. 供应商**

在国外，业主与供应商一般没有合同关系，供应商供应的材料、设备有质量缺陷时对业主的责任表现为"侵权责任"。在我国，建筑材料在用于施工以前，施工单位、监理单位有责任对该材料进行检验，或核实有关质保书和检测报告。施工单位、监理单位按照《建筑法》及配套法规的规定承担建筑物质量瑕疵的责任，而供货单位则按《产品质量法》、《消费者权益保护法》承担货物瑕疵的责任，两者并不矛盾。

《建设工程质量管理条例》规定，建设单位、设计单位、施工单位、工程监理单位违反国家规定，降低工程质量标准，造成重大安全事故，构成犯罪的，对直接责任人员依法追究刑事责任。建设、勘察、设计、施工、工程监理单位的工作人员因调动工作、退休等原因离开该单位后，被发现在该单位工作期间违反国家有关建设工程质量管理规定，造成重大工程质量事故的，仍应当依法追究法律责任。《刑法》第137条规定，建设单位、设计单位、施工单位、工程监理单位违反国家规定，降低工程质量标准，造成重大安全事故的，对直接责任人员处 5 年以下有期徒刑或者拘役，并处罚金；后果特别严重的，处 5 年以上，10 年以下有期徒刑，并处罚金。

## 18.2 安全问题的类别、原因和责任分析

### 18.2.1 施工安全问题的类别

我国现行国家标准《企业职工伤亡事故分类》GB 6441 中，将工伤事故类别划分成 20 项。

**1. 物体打击**

指失控物体的惯性力造成的人身伤害事故。适用于落下物、飞来物、滚石、崩块所造成的伤害。如林区伐木作业的"回头棒"、"挂枝"伤害，打桩作业锤击等，都属于此类伤害。但不包括因爆炸引起的物体打击。

**2. 车辆伤害**

指本企业机动车辆引起的机械伤害事故。适用于机动车辆在行驶中的挤、压、撞车或倾覆等事故；以及在行驶中上下车，搭乘矿车或放飞车，车辆运输挂钩事故，跑车事故。机动车辆是指汽车，如载重汽车、倾卸汽车、大客车、小汽车、客货两用汽车、内燃叉车等；电瓶车、如平板电瓶车、电瓶叉车等；拖拉机，如方向盘式拖拉机、手扶式拖拉机、操纵杆式拖拉机等；有轨车类，如有轨电动车、电瓶机车；挖掘机、推土机、电铲等。

**3. 机械伤害**

指机械设备与工具引起的绞、辗、碰、割戳、切等伤害。如工件或刀具飞出伤人；切屑伤人；手或身体被卷入；手或其他部位被刀具碰伤；被转动的机械缠压住等。但属于车辆、起重设备的情况除外。

**4. 起重伤害**

指从事起重作业时引起的机械伤害事故。适用各种起重作业。包括桥式类型起重机，如龙门起重机、缆索起重机等；臂架式类型起重机，如门座起重机、塔式起重机、悬臂起重机、桅杆起重机、铁路起重机、履带起重机、汽车和轮胎起重机等；升降机，如电梯、升船机、货物升降机等；轻小型起重设备，如千斤顶、滑车葫芦（手动、气动、电动）等作业。例如：起重作业时脱钩砸人，钢丝绳断裂抽人，移动吊物撞人，绞入钢丝绳或滑车等伤害。同时包括起重设备在使用、安装过程中的倾翻事故及提升设备过卷、蹲罐等事故。不适用于下列伤害：触电、检修时制动失灵引起的伤害和上下驾驶室时引起的坠落式跌倒。

**5. 触电**

指电流流经人体，造成生理伤害的事故。适用于触电、雷击伤害。如人体接触带电的设备金属外壳，裸露的临时线，漏电的手持电动工具；起重设备误触高压线，或感应带电；雷击伤害；触电坠落等事故。

**6. 淹溺**

指因大量水经口、鼻进入肺内，造成呼吸道阻塞，发生急性缺氧而窒息死亡的事故。适用于船舶、排筏、设施在航行、停泊、作业时发生的落水事故。"设施"是指水上、水

下各种浮动或固定的建筑、装置、管道、电缆和固定平台。"作业"是指在水域及其岸线进行装卸、勘探、开采、测量、建筑、疏浚、爆破、打捞、救助、捕捞、养殖、潜水、流放木材排除故障以及科学实验和其他水上、水下施工。

### 7. 灼烫

指强酸、强碱溅到身体引起的灼伤；或因火焰引起的烧伤；高温物体引起的烫伤；放射线引起的皮肤损伤等事故。适用于烧伤、烫伤、化学灼伤、放射性皮肤损伤等伤害。不包括电烧伤以及火灾事故引起的烧伤。

### 8. 火灾

指造成人身伤亡的企业火灾事故。不适用于非企业原因造成的火灾，比如，居民火灾蔓延到企业，此类事故属于消防部门统计的事故。

### 9. 高处坠落

指由于危险重力势能差引起的伤害事故。适用于脚手架、平台、陡壁施工等高于地面的坠落；也适用于由地面踏空失足坠入洞、坑、沟、升降口、漏斗等情况。但排除以其他类别为诱发条件的坠落。如高处作业时，因触电失足坠落应定为触电事故，不能按高处坠落划分。

### 10. 坍塌

指建筑物、构筑物、堆置物等倒塌以及土石塌方引起的事故。适用于因设计或施工不合理而造成的倒塌，以及土方、岩石发生的塌陷事故。如建筑物倒塌，脚手架倒塌；挖掘沟、坑、洞时土石的塌方等情况。不适用于矿山冒顶片帮事故，或因爆炸、爆破引起的坍塌事故。

### 11. 冒顶片帮

指矿井工作面、巷道侧壁由于支护不当、压力过大造成的坍塌，称为片帮；顶板垮落为冒顶。二者常同时发生，简称为冒顶片帮。适用于矿山、地下开采、掘进及其他坑道作业发生的坍塌事故。

### 12. 透水

指矿山、地下开采或其他坑道作业时，意外水源带来的伤亡事故。适用于井巷与含水岩层、地下含水带、溶洞或被淹巷道、地面水域相通时，涌水成灾的事故。不适用于地面水害事故。

### 13. 放炮

指施工时，放炮作业造成的伤亡事故。适用于各种爆破作业。如采石、采矿、采煤、开山、修路、拆除建筑物等工程进行的放炮作业引起的伤亡事故。

### 14. 瓦斯爆炸

是指可燃性气体瓦斯、煤尘与空气混合形成了浓度达到燃烧极限的混合物，接触火源时，引起的化学性爆炸事故。主要适用于煤矿，同时也适用于空气不流通，瓦斯、煤尘积聚的场合。

### 15. 火药爆炸

指火药与炸药在生产、运输、贮藏的过程中发生的爆炸事故。适用于火药与炸药生产在配料、运输、贮藏、加工过程中，由于震动、明火、摩擦、静电作用，或因炸药的热分解作用，贮藏时间过长或因存药过多发生的化学性爆炸事故；以及熔炼金属时，废料处理不净，残存火药或炸药引起的爆炸事故。

**16. 锅炉爆炸**

指锅炉发生的物理性爆炸事故。适用于使用工作压力大于 0.7 表大气压、以水为介质的蒸汽锅炉（以下简称锅炉），但不适用于铁路机车、船舶上的锅炉以及列车电站和船舶电站的锅炉。

**17. 容器爆炸**

容器（压力容器的简称）是指比较容易发生事故，且事故危害性较大的承受压力载荷的密闭装置。容器爆炸是压力容器破裂引起的气体爆炸，即物理性爆炸，包括容器内盛装的可燃性液化气，在容器破裂后，立即蒸发，与周围的空气混合形成爆炸性气体混合物，遇到火源时产生的化学爆炸，也称容器的二次爆炸。

**18. 其他爆炸**

凡不属于上述爆炸的事故均列为其他爆炸事故。例如，可燃性气体与空气混合形成的爆炸，可燃性气体如煤气、乙炔、氢气、液化石油气，在通风不良的条件下形成爆炸性气体混合物，引起的爆炸；可燃蒸气与空气混合形成的爆炸性气体混合物如汽油挥发气引起的爆炸；可燃性粉尘如铝粉、镁粉、锌粉、有机玻璃粉、聚乙烯塑料粉、面粉、谷物淀粉、糖粉、煤尘、木粉；以及可燃性纤维，如麻纤维、棉纤维、醋酸纤维、腈纶纤维、涤纶纤维、维纶纤维等与空气混合形成的爆炸性气体混合物引起的爆炸；间接形成的可燃气体与空气相混合，或者可燃蒸气与空气相混合（如可燃固体、自燃物品，当其受热、水、氧化剂的作用迅速反应，分解出可燃气体或蒸气与空气混合形成爆炸性气体），遇火源爆炸的事故。例如炉膛爆炸、钢水包爆炸、亚麻粉尘的爆炸，都属于上述爆炸方面的现象，亦均属于其他爆炸。

**19. 中毒和窒息**

指人接触有毒物质，如误吃有毒食物，呼吸有毒气体引起的人体急性中毒事故；或在废弃的坑道、竖井、涵洞、地下管道等不通风的地方工作，因为氧气缺乏，有时会发生突然晕倒，甚至死亡的事故称为窒息。两种现象合为一体，称为中毒和窒息事故。不适用于病理变化导致的中毒和窒息的事故，也不适用于慢性中毒的职业病导致的死亡。

**20. 其他伤害**

凡不属于上述伤害的事故均称为其他伤害。如扭伤、跌伤、冻伤、野兽咬伤、钉子扎伤等。

**21. 按事故造成损失工作日划分**

我国现行标准中进行事故类别划分时，也考虑到了事故往往由多因素导致的现象。在事故类别划分过程中，须参照标准中的起因物和致害物。当多原因共存时，应以先发的、诱导性原因作为分类依据，并在分类时突出事故的专业特征，以保证事故类别划分的统一性和正确性。按事故对受伤者造成损伤以致劳动能力丧失的程度分类。此种分类是按伤亡事故造成损失工作日的多少来衡量的，而损失工作日是指受伤者丧失劳动能力的工作日。

（1）轻伤，指损失工作日为 1 个工作日以上（含一个工作日），105 个工作日以下的失能伤害；

（2）重伤，指损失工作日为 105 个工作日以上（含 105 工作日）的失能伤害，重伤的损失工作日最多不能超过 6000 日；

（3）死亡，其损失工作日定为 6000 日，这是根据我国职工的平均退休年龄和平均死亡年龄计算出来的。

### 18.2.2 施工安全问题的原因分析

施工安全隐患包括人的不安全因素、物的不安全状态和组织管理上的不安全三个方面因素。物的不安全状态和人的不安全行为属于安全事故直接原因。施工和材料使用存在问题、事故隐患整改不力、劳动组织不合理属于安全事故间接原因。

**1. 人的不安全因素**

人的不安全因素是指会使系统发生故障或发生性能不良事件的个人的不安全因素和违背安全要求的错误行为。

（1）个人的不安全因素。个人的不安全因素包括人员的心理、生理、能力中所具有不能适应某项工作或作业岗位要求的影响因素。

（2）人的不安全行为。人的不安全行为是指可能造成事故的人为错误，是人为地使系统发生故障或发生性能，不良事件，是违背设计和操作规程的错误行为。人的不安全行为的类型有：

1）操作失误，忽视安全警告，比如在危险作业时接听手机；

2）造成安全装置失效的行为；

3）使用不安全设备；

4）以手代替工具操作；

5）物体存放不当；

6）冒险进入危险场所；

7）攀坐不安全位置；

8）在起吊物下作业、停留；

9）在机器运转时进行检查、维修、保养；

10）分散注意的行为；

11）未正确使用个人防护用品、用具；

12）不安全装束；

13）对易燃易爆等危险物品处理错误。

**2. 物的不安全状态**

物的不安全状态是指能导致事故发生的物质条件，包括机械设备或环境所存在的不安全因素。

（1）设备、设施本身存在的缺陷；

（2）防护保险装置的缺陷；

（3）物的放置方法的缺陷；

（4）作业场地环境的缺陷；如洞口、临边防护的做法要求，基坑周边设置防护栏杆，并对安全立网进行封闭；横杆长度大于 2m 时，加设栏杆柱；楼板上 20cm×20cm 的洞口，采用坚实的盖板盖严、钉牢；外用施工电梯出入口处，设置专用安全门。

（5）外部的和自然界的不安全状态；

（6）作业方法导致的物的不安全状态；

（7）保护器具信号、标志和个体防护用品的缺陷等。

**3. 组织管理上的不安全因素**

管理上的不安全因素主要指人、物、工作的管理不当。组织管理上的缺陷，也是潜在的不安全因素，是导致事故发生的间接的原因。

（1）组织机构上的缺陷，如劳动组织不合理；

（2）管理制度上的缺陷；

（3）职能分工上的缺陷；

（4）管理技术上的缺陷；

（5）安全教育上的缺陷，如安全操作规程不健全属于管理上的不安全因素；

（6）社会、历史上的原因造成的缺陷等。

## 18.2.3　施工安全问题的责任处理

**1. 建设单位违法行为应承担的法律责任**

《建设工程安全生产管理条例》规定，建设单位未提供建设工程安全生产作业环境及安全施工措施所需费用的，责令限期改正；逾期未改正的，责令该建设工程停止施工。建设单位未将保证安全施工的措施或者拆除工程的有关资料报送有关部门备案的，枣责令限期改正，给予警告。

建设单位有下列行为之一的，责令限期改正，处 20 万元以上 50 万元以下的罚款；成重大安全事故，构成犯罪的，对直接责任人员，依照刑法有关规定追究刑事责任；损失的，依法承担赔偿责任：（1）对勘察、设计、施工（工程监理等单位提出不符合安全生产法律、法规和强制性标准规定的要求的；（2）要求施工单位压缩合同约定的工期的；（3）将拆除工程发包给不具有相应资质等级的施工单位的。

**2. 监理单位违法行为应承担的法律责任**

监理工程师在实施监理过程中，发现存在重大事故隐患的，应立即要求施工单位停工整改；施工单位对重大事故隐患不及时整改的，应立即向建设行政主管部门报告。

**3. 施工单位违法行为应承担的法律责任**

施工单位挪用列入建设工程概算的安全防护、文明施工措施费用的，由县级以上建设主管部门依据《建设工程安全生产管理条例》第 63 条规定，责令限期整改，处挪用费用 20％以上 50％以下的罚款；造成损失的，依法承担赔偿责任。《建设工程安全生产管理条例》规定，施工单位有机械设备在进入施工现场前查验不合格即投入使用、使用未经验收的整体提升脚手架、委托不具有相应资质的单位承担施工起重机械的现场安拆工作、在施工组织设计中未编制安全技术措施等行为之一的，责令限期改正；逾期未改正的，责令停业整顿，并处一定数量的罚款。

**4. 工伤保险违法行为应承担的法律责任**

用人单位依照本条例规定应当参加工伤保险而未参加的，由社会保险行政部门责令限期参加，补缴应当缴纳的工伤保险费，并自欠缴之日起，按日加收万分之五的滞纳金；逾期仍不缴纳的，处欠缴数额 1 倍以上 3 倍以下的罚款。依照本条例规定应当参加工伤保险而未参加工伤保险的用人单位职工发生工伤的，由该用人单位按照本条例规定的工伤保险待遇项目和标准支付费用。用人单位参加工伤保险并补缴应当缴纳的工伤保险费、滞纳金后，由工伤保险基金和用人单位依照本条例的规定支付新发生的费用。用人单位违反本条例规定，拒不协助社会保险行政部门对事故进行调查核实的，由社会保险行政部门责令改正，处 2000 元以上，2 万元以下的罚款。《工伤保险条例》规定，用人单位、工伤职工或者其近亲属骗取工伤保险待遇，医疗机构、辅助器具配置机构骗取工伤保险基金支出的，由社会保险行政部门责令退还，处骗取金额 2 倍以上 5 倍以下的罚款；情节严重，构成犯罪的，依法追究刑事责任。

# 18.3  环境问题的类别、原因和责任

### 18.3.1  施工环境问题的类别

《建筑法》规定，建筑施工企业应当遵守有关环境保护和安全生产的法律、法规的规定，采取控制和处理施工现场的各种噪声、振动、粉尘、废气、废水、固体废物以及对环境的污染和危害的措施。

**1. 噪声污染**

在工程建设领域，环境噪声污染的防治主要包括施工现场和建设项目环境噪声污染防治两个方面。前者主要解决建设工程施工过程中产生的施工噪声污染问题，后者则是要解决建设项目建成后使用过程中可能产生的环境噪声污染问题。施工现场环境噪声污染防治主要解决建设工程施工过程中产生的施工噪声污染问题，包含下列噪声污染。

（1）噪声源。

（2）机械性噪声。

（3）空气动力性噪声。

（4）电磁性噪声。

（5）爆炸性噪声。

**2. 施工现场废水**

（1）搅拌机的废水排放。

（2）现制水磨石作业污水的排放。

（3）食堂污水的排放。

（4）油漆油料库的渗漏污染。

（5）有毒有害废弃物对土壤、地下水和环境污染。

**3. 建筑施工现场大气污染**

（1）施工现场灰尘污染。

（2）施工垃圾扬尘污染。

（3）旧建筑物拆除扬土污染。

（4）施工现场临时道路扬尘。

（5）散水泥和其他易飞扬的细颗粒散体材料扬尘污染。

### 18.3.2 施工环境问题的原因分析

**1. 施工现场环境噪声污染的防治**

（1）人为噪声的控制措施。施工现场要文明施工，建立健全控制人为噪声的管理制度。尽量减少人为的大声喧哗，增强全体施工人员防噪声扰民的自觉意识。

（2）强噪声作业时间的控制。凡在居民稠密区进行强噪声作业的，严格控制作业时间，晚间作业不超过22时。早晨作业不早于6时，特殊情况需连续作业或夜间作业的，应尽量采取降噪措施，事先做好周围群众的工作，并报工地所在的政府主管部门申报同意后方可施工。《环境噪声污染防治法》规定，在城市市区范围内向周围生活环境排放建筑施工噪声的，应当符合国家规定的建筑施工场界环境噪声排放标准。在城市市区范围内，建筑施工过程中使用机械设备，可能产生环境噪声污染的，施工单位必须在工程开工15日以前向工程所在地县级以上地方人民政府环境保护行政主管部门申报该工程的项目名称、施工场所和期限、可能产生的环境噪声值以及所采取的环境噪声污染防治措施的情况。

（3）强噪声机械的降噪措施。产生强噪声的成品、半成品加工、制作作业（如预制构件，木门窗制作等），应尽量放在工厂、车间完成，减少因施工现场加工制作产生的噪声；尽量选用低噪声或备有消声降噪设备的施工机械。施工现场的强噪声机械（搅拌机、电锯、电刨、砂轮机等）要设置封闭的降噪棚，以减少强噪声的扩散。国家对环境噪声污染严重的落后设备实行淘汰制度。国务院经济综合主管部门应当会同国务院有关部门公布限期禁止生产、禁止销售、禁止进口的环境噪声污染严重的设备名录。

（4）施工现场的噪声监测，加强施工现场环境噪声的长期监测，采取专人监测、专人管理的原则，根据测量结果填写建筑施工场地噪声测量记录表，凡超过现行国家标准《建筑施工场界环境噪声排放标准》GB 12523标准的，要及时对施工现场噪声超标的有关因素进行调整，达到施工噪声不扰民的目的。

（5）夜间施工作业法律规定。《环境噪声污染防治法》规定，在城市市区噪声敏感建筑物集中区域内，禁止夜间进行产生环境噪声污染的建筑施工作业，但抢修、抢险作业和因生产工艺上要求或者特殊需要必须连续作业的除外。因特殊需要必须连续作业的，必须有县级以上人民政府或者其有关主管部门的证明。以上规定的夜间作业，必须公告附近居民。所谓噪声敏感建筑物集中区域，是指医疗区、文教科研区和以机关或者居民住宅为主的区域。所谓噪声敏感建筑物，是指医院、学校、机关、科研单位、住宅等需要保持安静的建筑物。

**2. 大气污染的防治**

《大气污染防治法》规定，城市人民政府应当采取绿化责任制，加强建设施工管理、扩大地面铺装面积、控制渣土堆放和清洁运输等措施，提高人均占有绿地面积，减少市区裸露地面和地面尘土，防治城市扬尘污染。在城市市区进行建设施工或者从事其他产生扬尘污染活动的单位，必须按照当地环境保护的规定，采取防治扬尘污染的措施。运输、装卸、贮存能够散发有毒有害气体或者粉尘物质的，必须采取密闭措施或者其他防护措施。在人口集中地区存放煤炭、煤矸石、煤渣、煤灰、砂石、灰土等物料，必须采取防燃、防尘措施，防止污染大气。严格限制向大气排放含有毒物质的废气和粉尘；确需排放的，必须经过净化处理，不超过规定的排放标准。对于施工现场的大气污染防治，重点是防治扬尘污染。

（1）施工现场应对施工区域实行封闭或隔离，建筑主体、装饰装修施工时应从建筑物底层外围开始搭设防尘密目网并且封闭高度应高于施工作业面1.2m以上，同时采取有效防尘措施。

（2）高层或多层建筑清理施工垃圾，使用封闭的专用垃圾道或采用容器吊运，严禁随意凌空抛撒造成扬尘。施工垃圾要及时清运。清运时，适量洒水减少扬尘。

（3）拆除旧建筑物时，应采取封闭或隔离施工，封闭材料应选用防尘密目网，并配合洒水，减少扬土污染。

（4）施工现场要在施工前做好施工道路的规划和设置，可利用设计中永久性的施工道路。如采用临时施工道路，基层要夯实，路面铺垫焦渣、细石，并随时洒水，减少道路扬尘。

（5）散水泥和其他易飞扬的细颗粒散体材料应尽量安排库内存放，如露天存放应用严密遮盖，运输和卸运时防止遗洒、飞扬，以减少扬土。

（6）生石灰的熟化和灰土施工要适当配合洒水，杜绝扬尘。

（7）在规划市区、居民稠密区、风景游览区、疗养区及国家规定的文物保护区内施工，施工现场要制定洒水降尘制度，配备专用洒水设备及指定专人负责，在易产生扬尘的季节，施工场地采取洒水降尘。

（8）在城区内施工，要使用商品混凝土，减少搅拌扬尘。浇筑混凝土前清理灰尘和垃圾时尽量使用吸尘器。

（9）在城区外施工，搅拌站要搭设封闭的搅拌棚，搅拌机上设置喷淋装置方可进行施工。

（10）施工运输车辆、挖掘土方设备驶出工地前必须作除泥除尘处理，严禁将泥土、尘土带出工地。

（11）运输沙、石、水泥、土方、垃圾等易产生扬尘污染的车辆，必须封闭，严禁洒漏。

（12）建筑、市政基础设施施工进行土方开挖时，堆土要相对集中，存土时间超过一个月的，必须采取覆盖、固化或绿化等措施。短时存放的要采取洒水降尘等措施，并设专人负责。

（13）构筑物机械拆除前，可采取的扬尘控制措施包括清理积尘、拆除体洒水、设置隔挡。

（14）遇有四级以上的天气，停止土方施工。

**3. 水污染的防治**

《水污染防治法》规定，排放水污染物，不得超过国家或者地方规定的水污染物排放标准和重点水污染物排放总量控制指标。直接或者间接向水体排放污染物的企业事业单位和个体工商户，应当按照国务院环境保护主管部门的规定，向县级以上地方人民政府环境保护主管部门申报登记拥有的水污染物排放设施、处理设施和在正常作业条件下排放水污染物的种类、数量和浓度，并提供防治水污染方面的有关技术资料。

（1）禁止向水体排放油类、酸液、碱液或者剧毒废液。禁止在水体清洗贮过油类或者有毒污染物的车辆和容器。禁止向水体排放、倾倒放射性固体废物或者含有高放射性和中放射性物质的废水。向水体排放含低放射性物质的废水，应当符合国家有关放射性污染防治的规定和标准。

（2）禁止向水体排放、倾倒工业废渣、城镇垃圾和其他废弃物。禁止将含有汞、镉、砷、铬、铅、氰化物、黄磷等的可溶性剧毒废渣向水体排放、倾倒或者直接埋入地下。存放可溶性剧毒废渣的场所，应当采取防水、防渗漏、防流失的措施。禁止在江河、湖泊、运河、渠道、水库最高水位线以下的滩地和岸坡堆放、存贮固体废弃物和其他污染物。

（3）在饮用水水源保护区内，禁止设置排污口。在风景名胜区水体、重要渔业水体和其他具有特殊经济文化价值的水体的保护区内，不得新建排污口。在保护区附近新建排污口，应当保证保护区水体不受污染。

（4）禁止利用渗井、渗坑、裂隙和溶洞排放、倾倒含有毒污染物的废水、含病原体的污水和其他废弃物。禁止利用无防渗漏措施的沟渠、坑塘等输送或者存贮含有毒污染物的废水、含病原体的污水和其他废弃物。

（5）兴建地下工程设施或者进行地下勘探、采矿等活动，应当采取防护性措施，防止地下水污染。人工回灌补给地下水，不得恶化地下水质。

（6）搅拌机的废水排放控制，凡在施工场地进行搅拌作业的，必须在搅拌机前台及运输车清洗处设置沉淀池、排放的废水要排入沉淀池内，经二次沉淀后，方可排入市政污水管线或回收用于洒水降尘。未经处理的泥浆水，严禁直接排入城市排水设施或河流。

（7）现制水磨石作业污水的排放控制，施工现场现制水磨石作业产生的污水，禁止随地排放，作业时严格控制污水流向，在合理位置设置沉淀池，经沉淀后方可排入市政污水管线。

（8）食堂污水的排放控制。施工现场临时食堂，要设置简易有效的隔油池，产生的污水经下水道排放要经过隔油池。平时加强管理，定期掏油，防止污染。

（9）油漆油料库的防渗漏控制。施工现场要设置专用的油漆油料库，油库内严禁放置其他物资，库房地面和墙面要做防渗漏的特殊处理，储存、使用和保管要专人负责油料的跑、冒、淌、漏，污染水体。

### 18.3.3　施工环境问题的责任处理

**1. 施工现场水污染防治违法行为应承担的法律责任**

《水污染防治法》规定，排放水污染物超过国家或者地方规定的水污染物排放标准，或者超过重点水污染物排放总量控制指标的，由县级以上人民政府环境保护主管部门按照权限责令限期治理，处应缴纳排污费数额 2 倍以上 5 倍以下的罚款。限期治理期间，由环境保护主管部门责令限制生产、限制排放或者停产整治。限期治理的期限最长不超过 1 年；逾期未完成治理任务的，报经有批准权的人民政府批准，责令关闭。在饮用水水源保护区内设置排污口的，由县级以上地方人民政府责令限期拆除，处 10 万元以上 50 万元以下的罚款；逾期不拆除的，强制拆除所需费用由违法者承担，处 50 万元以上 100 万元以下的罚款，并可以责令停产整顿。

除上述规定外，违反法律、行政法规和国务院环境保护主管部门的规定设置排污口或者私设暗管的，由县级以上地方人民政府环境保护主管部门责令限期拆除，处 2 万元以上 10 万元以下的罚款；逾期不拆除的，强制拆除，所需费用由违法者承担，处 10 万元以上 50 万元以下的罚款；私设暗管或者有其他严重情节的，县级以上地方人民政府环境保护主管部门可以提请县级以上地方人民政府责令停产整顿。未经水行政主管部门或者流域管理机构同意，在江河、湖泊新建、改建、扩建排污口的，由县级以上人民政府水行政主管部门或者流域管理机构依据职权，依照以上规定采取措施、给予处罚。

**2. 施工现场大气污染防治违法行为应承担的法律责任**

（1）《大气污染防治法》规定，违反本法规定，有下列行为之一的，环境保护行政主管部门或者规定的监督管理部门可以根据不同情节，责令停止违法行为，限期改正，给予警告或者处以 5 万元以下罚款。

1）拒报或者谎报国务院环境保护行政主管部门规定的有关污染物排放申报事项的；

2）拒绝环境保护行政主管部门或者其他监督管理部门现场检查或者在被检查时弄虚作假的；

3）排污单位不正常使用大气污染物处理设施，或者未经环境保护行政主管部门批准，擅自拆除、闲置大气污染物处理设施的；

4）未采取防燃、防尘措施，在人口集中地区存放煤炭、煤矸石、煤渣、煤灰、砂石、灰土等物料的。

（2）向大气排放污染物超过国家和地方规定排放标准的，应当限期治理，并由所在地县级以上地方人民政府环境保护行政主管部门处 1 万元以上 10 万元以下罚款。

（3）有下列行为之一的，由县级以上地方人民政府环境保护行政主管部门或者其他依法行使监督管理权的部门责令停止违法行为，限期改正，可以处 5 万元以下罚款。

1）未采取有效污染防治措施，向大气排放粉尘、恶臭气体或者其他含有有毒物质气体的；

2）未经当地环境保护行政主管部门批准，向大气排放转炉气、电石气、电炉法黄磷尾气、有机烃类尾气的；

3）未采取密闭措施或者其他防护措施，运输、装卸或者贮存能够散发有毒有害气体或者粉尘物质的；（座）城市饮食服务业的经营者未采取有效污染防治措施，致使排放的油烟对附近居民的居住环境造成污染的。

（4）在人口集中地区和其他依法需要特殊保护的区域内，焚烧沥青、油毡、橡胶、塑料、支革、垃圾以及其他产生有毒有害烟尘和恶臭气体的物质的，由所在地县级以上地方人民政府环境保护行政主管部门责令停止违法行为，处 2 万元以下罚款。

（5）在城市市区进行建设施工或者从事其他产生扬尘污染的活动，未采取有效扬尘防治措施，致使大气环境受到污染的，限期改正，处 2 万元以下罚款；对逾期仍未达到当地环境保护规定要求的，可以责令其停工整顿。对因建设施工造成扬尘污染的处罚，由县级以上地方人民政府建设行政主管部门决定；对其他造成扬尘污染的处罚，由县级以上地方人民政府指定的有关主管部门决定。

**3. 施工现场固体废物污染环境防治违法行为应承担的法律责任**

《固体废物污染环境防治法》规定，造成固体废物严重污染环境的，由县级以上人民政府环境保护行政主管部门按照国务院规定的权限决定限期治理；逾期未完成治理任务的，由本级人民政府决定停业或者关闭。造成固体废物污染环境事故的，由县级以上人民政府环境保护行政主管部门处 2 万元以上 20 万元以下的罚款；造成重大损失的，按照直接损失的 30％计算罚款，但是最高不超过 100 万元，对负有责任的主管人员和其他直接责任人员，依法给予行政处分；造成固体废物污染环境重大事故的，并由县级以上人民政府按照国务院规定的权限决定停业或者关闭。

# 第 19 章　记录施工情况、编制相关工程技术资料

## 19.1　填写施工日志、编写施工记录

施工资料是建筑工程在工程施工过程中形成的资料，包括施工管理资料、施工技术资料、施工进度及造价资料、施工物质资料、施工记录、施工试验记录及检测报告、施工质量验收记录、竣工验收资料共 8 类。施工员在施工中首先会碰到并应保存好施工中工程技术等原始资料，如隐蔽工程、技术核定单等。

### 19.1.1　施工日志的填写

施工日志是现场施工人员每天工作的写实记录。作为现场的项目经理、施工员、质量员、安全员等均应作施工日志。施工日志是从工程开工之日起，到竣工验收全过程的最原始的记录和写实，是反映工程施工过程中的具体情况。

施工日志的作用包括以下几个方面：

（1）施工日志是工程实施的写照，这份原始资料是当工程有什么问题或需要数字依据时的查考辅助资料。

（2）施工日志是施工实践行为表述和记录的"档案"。

（3）施工日志也是施工人员积累技术经济经验，总结工程教训，增长才干的自我财富。

（4）施工日志是施工人员提高文字书写水平的一个"练兵场"，也是工程完成后书写工程或技术小结的查考依据。

### 19.1.2　施工记录的编写

（1）记录当天的重要工作情况，内容大致为：日期、气象、施工部位、出勤人数及形象进度等。

（2）记录当天的主要技术、质量、安全工作。内容如：技术要求、设计变更、施工关键、质量情况、有无安全隐患及事故如何处理解决等。

（3）记录隐蔽工程验收记录。内容大致为：隐蔽的内容、楼层、轴线、分项工程、验收人员等。

（4）进行技术交底的情况、资料质量情况、配合比等情况均应有所记录。

（5）对施工日志的书写记录应实事求是，真实可靠。

## 19.2 编写分部分项工程施工技术资料，编制工程施工管理资料

### 19.2.1 分部分项工程施工技术资料的编写

《建筑工程施工质量验收统一标准》GB 50300 坚持了"验评分离、强化验收、完善手段、过程控制"的指导思想，将有关建筑工程的施工及验收规范和工程质量检验评定标准合并，组成新的工程质量验收规范体系，形成了统一的建筑工程施工质量验收方法、质量标准和程序。

**1. 基本规定**

（1）建筑工程质量验收的基本要求

1）建筑工程施工质量应符合《建筑工程施工质量验收统一标准》和相关专业验收规范的规定。

2）建筑工程施工应符合工程勘察、设计文件的要求。

3）参加工程施工质量验收的各方人员应具备规定的资格。

4）工程质量的验收均应在施工单位自行检查评定的基础上进行。

5）隐蔽工程在隐蔽前应由施工单位通知有关单位进行验收，并应形成验收文件。

6）涉及结构安全的试块、试件以及有关材料，应按规定进行见证取样检测。

7）检验批的质量应按主控项目和一般项目验收。

8）对涉及结构安全和使用功能的重要分部工程应进行抽样检测。

9）承担见证取样检测及有关结构安全检测的单位应具有相应资质。

10）工程的观感质量应由验收人员通过现场检查，并应共同确认。

检验是对被检验项目的特征、性能进行量测、检查、试验等，并将结果与标准规定的要求进行比较，以确定项目每项性能是否合格的活动。

见证检验是指施工单位在工程监理单位或建设单位的见证下，按照有关规定从施工现场随机抽取试样，送至具备相应资质的检测机构进行检验的活动。

复验是指建筑材料、设备等进入施工现场后，在外观质量和质量证明文件核查符合要求的基础上，按照有关规定从施工现场抽取试样送至试验室进行检验的活动。

（2）检验批质量检验抽样方案

1）计量、计数或计量—计数等抽样方案。

计量检验是以抽样样本的检测数据计算总体均值、特征值或推定值，并以此判断或评估总体质量的检验方法。计数检验是通过确定抽样样本中不合格的个体数量，对样本总体质量做出判定的检验方法。

2）一次、二次或多次抽样方案。

3）根据生产连续性和生产控制稳定性情况，尚可采用调整型抽样方案。

4）对重要的检验项目，当可采用简易快速的检验方法时，可选用全数检验方案。

5）经实践检验有效的抽样方案。

（3）对抽样检验风险控制的规定

合格质量水平的生产方风险 $\alpha$，是指合格批被判为不合格的概率，即合格批被拒收的

概率；使用方风险 $\beta$ 为不合格批被判为合格批的概率，即不合格批被误收的概率。抽样检验必然存在这两类风险。

在制定检验批的抽样方案时，对生产方风险（或错判概率 $\alpha$）和使用方风险（或漏判概率 $\beta$）可按下列规定采取。

1）主控项目：对应于合格质量水平的 $\alpha$ 和 $\beta$ 均不宜超过 5%。

2）一般项目：对应于合格质量水平 $\alpha$ 不宜超过 5%，$\beta$ 不宜超过 10%。

**2. 工程质量验收的项目划分**

对于工程质量的验收，一般划分为检验批、分项工程、分部工程和单位工程。现就建筑工程的质量验收项目的划分方法阐述于下。

（1）建筑工程质量验收应划分为单位（子单位）工程、分部（子分部）工程、分项工程和检验批。

（2）单位工程的划分应按下列原则确定。

1）具备独立施工条件、具有独立的设计文件并能形成独立使用功能的建筑物及构筑物为一个单位工程。

2）建筑规模较大的单位工程，可将其能形成独立使用功能的部分为一个子单位工程。

（3）分部工程的划分应按下列原则确定。

1）分部工程的划分应按专业性质、建筑部位确定。

2）当分部工程较大或较复杂时，可按材料种类、施工特点、施工程序、专业系统及类别等划分为若干子分部工程。

（4）分项工程应按主要工种、材料、施工工艺和设备类别等进行划分。

（5）分项工程可划分成一个或若干检验批进行验收，检验批可根据施工及质量控制和专业验收需要，按楼层、施工段和变形缝等进行划分。

（6）施工前，应由施工单位制定分项工程和检验批的划分方案，并由监理单位审核。

（7）室外工程可根据专业类别和工程规模划分子单位工程、分部工程和分项工程。

**3. 建筑工程质量验收合格标准**

（1）检验批合格规定

检验批合格质量应符合下列规定。

1）主控项目和一般项目的质量经抽样检验合格。

2）具有完整的施工操作依据和质量检查记录。

检验批是工程验收的最小单位，是分项工程乃至整个建筑工程质量验收的基础。检验批是按照相同生产条件或按规定的方式汇总起来供抽样检验用的，由一定数量样本组成的检验体。

检验批的合格质量主要取决于对主控项目和一般项目的检验结果。主控项目是建筑工程中对安全、节能、环境保护和主要使用功能起决定作用的检验项目，因此必须全部符合有关专业工程验收规范的规定。

（2）分项工程合格规定

分项工程质量验收合格应符合下列规定：

1）分项工程所含的检验批均应符合合格质量的规定。

2）分项工程所含的检验批的质量验收记录应完整。

（3）分部工程合格规定

分部（子分部）工程质量验收合格应符合下列规定。

1）分部（子分部）工程所含分项工程的质量均验收合格。

2）质量控制资料完整。

3）地基与基础、主体结构和设备安装等分部工程有关安全及使用功能的检验和抽样检测结果符合有关规定。

4）观感质量验收应符合要求。

观感质量评价是通过观察和必要的测试所反映的工程外在质量和功能状态，是对工程质量的一项重要评价工作，是全面评价工程的外观及使用功能。观感质量验收采用观察、触摸或简单的方式进行。尽管检查结果并不要求给出"合格"或"不合格"的结论，而是给出好、一般、差的评价。如果评价为差时，能进行修理的应进行修理，不能修理的要协商解决。

（4）单位工程合格规定

单位（子单位）工程质量验收合格应符合下列规定：

1）单位（子单位）工程所含分部（子分部）工程的质量均应验收合格。

2）质量控制资料应完整。

3）单位（子单位）工程所含分部工程有关安全和功能的检测资料应完整。

4）主要功能项目的抽查结果应符合相关专业质量验收规范的规定。

5）观感质量验收应符合要求。

（5）建筑工程质量处理规定

当建筑工程质量不符合要求时，应按下列规定进行处理。

1）经返工重做或更换器具、设备的检验批，应重新进行验收。

2）经有资质的检测单位检测鉴定能够达到设计要求的检验批，应予以验收。

3）经有资质的检测单位检测鉴定达不到设计要求、但经原设计单位核算认可能够满足结构安全和使用功能的检验批，可予以验收。

4）经返修或加固处理的分项、分部工程，虽然改变外形尺寸，但仍能满足安全使用要求，可按技术处理方案和协商文件进行验收。

5）通过返修或加固处理仍不能满足安全使用要求的分部工程、单位（子单位）工程，严禁验收。

返工是对施工质量不符合标准规定的部位采取的更换、重新制作、重新施工等措施。返修是对施工质量不符合标准的部位采取的整修的措施。

**4. 建筑工程质量验收程序和组织**

（1）检验批及分项工程

检验批及分项工程应由专业监理工程师组织施工单位项目专业质量（技术）负责人等进行验收。

检验批和分项工程是建筑工程质量的基础，因此，所有检验批和分项工程均应由专业监理工程师或建设单位项目技术负责人负责组织验收。验收前，施工单位先填好"检验批和分项工程的质量验收记录"（有关监理记录和结论不填），并由项目专业质量检验员和项目专业技术负责人分别在检验批和分项工程质量检验记录中相关栏目签字，然后由监理工程师组织，严格按规定程序进行验收。

（2）分部工程

分部工程应由总监理工程师（建设单位项目负责人）组织施工单位项目负责人和技术、质量负责人等进行验收。地基与基础、主体结构分部工程的勘察、设计单位施工项目负责人和施工单位技术、质量部门负责人也应共同参加相关分部工程验收。

工程监理实行总监理工程师负责制时，分部工程应由总监理工程师（建设单位项目负责人）组织施工单位的项目负责人和项目技术、质量负责人及有关人员共同进行验收。因为地基基础、主体结构的主要技术资料和质量问题归技术部门和质量部门掌握，所以规定施工单位的技术、质量部门负责人参加验收是正确合理的，也是符合实际的。

由于地基基础、主体结构技术性能要求严格，技术性强，关系到整个工程的安全，因此规范中规定这些分部工程的勘察、设计单位施工项目负责人也应参加相关分部的工程质量验收。

一个单位工程最多由 10 个分部工程组成，地基与基础、主体结构的分部分项工程划分见表 19-1。

单独组卷的分部（分项）工程表　　　　　　　表 19-1

| 分部工程名称 | 单独组卷的子分部（分项）工程 |
| --- | --- |
| 地基基础 | 有支护土方 |
| | 复合地基 |
| | 桩基础 |
| | 钢结构 |
| 主体结构 | 钢结构 |
| | 木结构 |
| | 网架和索膜结构 |
| 建筑装修装饰 | 幕墙 |
| 建筑给水、排水及采暖 | 供热锅炉及辅助设备安装 |
| | 自动喷水灭火系统 |
| | 气体灭火系统 |
| | 泡沫灭火系统 |
| | 固定水炮灭火系统 |
| 建筑电气 | 变配电室 |
| 建筑智能 | 通信网络系统 |
| | 办公自动化系统 |
| | 建筑设备监控系统 |
| | 火灾自动报警及消防联动系统 |
| | 安全防范系统 |
| | 综合布线系统 |
| | 环境 |
| | 住宅（小区）智能化系统 |
| 电梯 | 电力驱动的曳引式或强制式电梯安装 |
| | 液压电梯安装 |
| | 自动扶梯、自动人行道安装 |
| 建筑节能 | 建筑节能 |

（3）单位工程

1）单位工程完工后，施工单位应自行组织有关人员进行检查评定，并向建设单位提交工程验收报告。

单位工程完成后，施工单位首先要根据质量标准、设计图纸等组织有关人员进行自检，并对检查结果进行评定，符合要求后向建设单位提交工程验收报告和完整的质量资料，向建设单位申请组织验收。

2）建设单位收到工程竣工报告后，应由建设单位（项目）负责人组织施工（含分包单位）、设计、监理等单位（项目）负责人共同进行单位（子单位）工程验收。

单位工程质量验收应由建设单位负责人或项目负责人组织，设计、施工单位负责人或项目负责人及施工单位的技术、质量负责人和监理单位的总监理工程师共同参加验收。

对满足生产要求或具备使用条件，施工单位已经预验、监理工程师已初验并通过的子单位工程，建设单位可组织进行验收。由几个施工单位负责施工的单位工程，当其中的施工单位所负责的子单位工程已按设计完成，并经自行检验，也可按照规定的程序组织正式验收，办理交工手续。在整个单位工程进行全部验收时，已验收的子单位工程验收资料应作为单位工程验收的附件一起备案保存。

3）单位工程有分包单位施工时，分包单位对所承包的施工项目应按标准规定的程序进行检查评定，总包单位应派相关人员参加检查评定。分包工程完成后，应将工程有关资料移交总包单位。

由于《建设工程承包合同》的双方主体是建设单位和总承包单位，总承包单位应按照承包合同的权利义务对建设单位负总责。分包单位对总承包单位负责，亦应对建设单位负责。因此，分包单位对承建的项目进行检验时，总包单位应参加，检验合格后，分包单位应将工程的有关资料移交总包单位，待建设单位组织单位工程质量竣工验收时，分包单位负责人也应参加验收。

4）当参加验收各方对工程质量验收意见不一致时，可请当地建设行政主管部门或工程质量监督机构协调处理，也可以各方认可的咨询单位进行协调处理。

5）单位工程质量验收合格后，建设单位应在规定时间内将工程竣工验收报告和有关文件，报建设行政管理部门备案。

### 19.2.2　工程施工管理资料的编写

工程文件资料是在勘察、设计、施工、验收等阶段形成的有关管理文件、设计文件、原材料、设备和构配件的质量证明文件、施工过程质量验收文件、竣工验收文件等反映工程实体质量的文字、图片和声像等信息记录的总称，是工程质量的组成部分。《房屋建筑和市政基础设施工程档案质量管理规范》DGJ32/TJ143明确了建设、勘察和设计、施工、监理、城建档案、检测机构等单位工程文件资料的管理职责。

**1. 基本要求**

（1）工程档案资料的形成应符合国家相关的法律、法规、工程建设标准、工程合同与设计文件等的规定。

（2）工程文件资料应真实有效、完整及时、字迹清楚、图样清晰、图表整洁并应留出装订边。工程文件资料的填写、签字应采用耐久性强的书写材料，不得使用易褪色的书写材料。

（3）工程文件资料应使用原件，当使用复印件时，提供单位应在复印件上加盖单位印章，并应签字、注明日期，提供单位应对资料的真实性负责。

（4）建设、监理、勘察、设计、施工等单位工程项目负责人因对本单位工程文件资料形成的全过程负总责。建设过程中工程文件资料的形成、收集、整理和审核应符合有关规定，签字并加盖相应的资格印章。

（5）施工单位的工程质量验收记录应由工程质量检查员填写，质量检查员必须在现场检查和资料核查的基础上填写验收记录，应签字和加盖岗位证章，对验收文件资料负责，并负责工程验收资料的收集、整理。其他签字人员的资格应符合《建筑工程施工质量验收统一标准》GB 50300 规定。

（6）单位工程、分部工程、分项工程和检验批验收程序和记录的形成应符合房屋建筑、市政基础设施工程现行规范、标准的规定。

（7）工程资料员负责工程文件资料、工程质量验收记录的收集、整理和归档工作。

（8）移交给城建档案馆和本单位留存的工程档案应符合国家法律、法规的规定，移交给城建档案馆的纸质档案由建设单位一并办理，移交时应办理移交手续。

（9）工程档案资料宜实行数字化管理，使用满足现行验收标准要求的资料软件，建立电子档案。

**2. 施工单位的职责**

（1）总承包单位负责施工档案资料的收集、整理和归档工作，监督检查和分包单位施工档案资料的形成过程。

（2）分包单位应收集和整理其分包范围内施工档案资料、并对其真实性、完整性和有效性负责。分包单位竣工验收前应及时向总包单位移交纸质档案，并向总包单位报告数字化档案完成情况。

（3）对必须有施工单位签认的工程文件资料，应及时签署意见。工程质量检查员应负责现场检查记录的填写，并作为建立电子档案的依据。

（4）在工程竣工验收前，应完成施工档案资料的整理、汇总工作。

（5）宜使用"资料软件形成数字化档案"。

（6）应负责竣工图的编制工作。

（7）列入城建档案馆保存的纸质施工档案资料应及时移交建设单位，并向建设单位报告数字化档案完成情况，有建设单位确认后统一向城建档案馆办理移交手续。

**3. 安全资料管理**

（1）工程项目部应安排专人建立并管理工程项目施工现场的安全资料。

（2）工程项目施工现场建立的安全资料应包含以下资料：

1）安全生产责任管理职责；

2）目标管理；

3）施工组织设计；

4）安全技术交底；

5）检查、检验；

6）安全教育培训；

7）安全活动；

8）特种作业管理；

9）工伤事故处理；

10）安全标志；

11）文明施工管理；

12）民工夜校和浴室；

13）绿色施工。

（3）安全资料应采用书面文字、图片和视频影像等形式，以文字形式作为传递、反馈、记录各类安全信息的凭证。

**4. 施工安全生产责任和安全生产教育培训制度**

施工安全生产责任制度和安全生产教育培训制度，是建设工程施工活动中重要的法律制度。

《建筑法》规定，建筑工程安全生产管理必须坚持安全第一、预防为主的方针，建立健全安全生产的责任制度和群防群治制度，建筑施工企业应当建立健全劳动安全生产教育培训制度，加强对职工安全生产的教育培训；未经安全生产教育培训的人员，不得上岗作业。

（1）施工安全生产责任制度

企业应建立以法定代表人为第一责任人的各级安全生产责任制。企业主要负责人依法对本单位的安全生产工作全面负责。

企业安全生产责任制应包括各管理层的主要负责人、专职安全生产管理机构及各智能部门、专职安全管理及相关岗位人员。

建筑企业在安全管理中应设置安全生产决策机构，负责领导企业安全管理工作，组织制定企业安全生产中长期管理目标，审议、决策重大安全事项，该决策机构由企业主要负责人和各部门负责人组成。

建筑施工企业在建设工程项目应组建安全生产领导小组。建设工程实行总承包的，安全生产领导小组由总承包企业、专业承包企业和劳务分包企业项目经理、技术负责人和专职安全生产管理人员组成。

安全生产领导小组的主要职责：1）贯彻落实国家有关安全生产法律法规和标准；2）组织制定项目安全生产管理制度并监督实施；3）编制项目生产安全事故应急救援预案并组织演练；4）保证项目安全生产费用的有效使用；5）组织编制危险性较大工程安全专项施工方案；6）开展项目安全教育培训；7）组织实施项目安全检查和隐患排查；8）建筑项目安全生产管理档案；9）及时、如实报告安全生产事故。

（2）安全生产教育培训制度

1）施工安全教育培训的重要性

安全生产保证体系的成功实施，有赖于施工现场全体人员的参与，需要他们具有良好的安全意识和安全知识。保证他们得到适当的教育和培训，是实现施工现场安全保证体系有效运行，达到安全生产目标的重要环节。施工现场应在项目安全保证计划中确保对员工进行教育和培训的需求，指定安全教育和培训的责任部门或责任人。

安全教育和培训要体现全面、全员、全过程的原则，覆盖施工现场的所有人员（包括分包单位人员），贯穿于从施工准备、工程施工到竣工交付的各个阶段和方面，通过动态控制，确保只有经过安全教育的人员才能上岗。

2）施工单位安全生产教育培训的规定

① 工程项目部应根据已建立的安全教育培训制度，对工程项目现场管理人员进行安全教育培训制度。

② 工程项目部应根据已建立的安全教育培训制度，组织对特种作业人员、新进场作业人员和变换工种的作业人员进行安全教育培训。

③ 工程项目部应对工程项目施工现场相关人员进行经常性安全教育培训。

④ 当工程项目部采用新技术、新工艺、新设备、新材料时，应当对作业人员进行相应的安全生产教育培训。

⑤ 工程项目部应对施工现场管理人员、专职安全人员等每年进行一次安全教育培训情况监督考核。

**5. 施工现场消防安全责任**

《建筑工程安全生产管理条例》规定，施工单位应当在施工现场建立消防安全责任制度，确定消防安全责任人，制定用火、用电、使用易燃易爆材料等各项消防安全管理制度和操作规程，设置消防通道、消防水源，配备消防设施和灭火器材，并在施工现场入口处设置明显标志。

施工单位应针对施工现场可能导致火灾发生的施工作业及其他活动，制定消防安全管理制度，编制施工现场防火方案和应急疏散方案，并至少每半年组织一次演练，提高施工人员及时报警、扑灭初期火灾和自救逃生能力。

**6. 编制施工组织设计**

施工组织设计是以项目为对象编制的，用以指导施工的技术、经济和管理的综合性文件。编制施工组织设计是建筑施工企业经营管理程序的需要，也是保证建筑工程施工顺利进行的前提。

（1）施工组织设计的类型

1）施工组织设计按照编制对象，可以分为施工组织总设计、单位工程施工组织设计和施工方案。

2）施工组织设计根据编制阶段不同，可以分为投标阶段施工组织设计和实施阶段施工组织设计。

（2）施工组织设计编制的原则

施工组织设计的编写必须遵循工程建设程序，并应符合下列原则：

1）符合施工合同或招标文件中有关工程进度、质量、安全、环境保护、造价等方面的要求。

2）积极开发、使用新技术和新工艺，推广应用新材料和新设备。

3）坚持科学的施工程序和合理的施工顺序，采用流水施工和网络计划等方法，科学配置资源，合理布置现场，采取季节性施工措施，实现均衡施工，达到合理的经济技术措施。

4）采取技术和管理措施，推广建筑节能和绿色施工。

5）与质量、环境和职业健康安全三个管理体系有效结合。

（3）施工组织设计的内容

不同类施工组织设计的内容各不相同，一般包括以下基本内容：编制依据、工程概况、施工部署、施工进度计划、施工准备与资源配置计划、主要施工方法、施工平面布置及主要管理计划等。

**7. 专项施工方案**

专项施工方案通常是以单位工程汇总的一个分部（项）工程或专项工程为对象编制的，用以指导该分部（项）工程或专项工程所有为确保工程顺利实施而进行的施工组织及施工管理活动。

施工单位应当在危险性较大的分部（项）工程施工前编制专项方案，对于超过一定规模的危险性较大的分部分项工程，施工单位应当组织专家对专项方案进行论证。超过一定规模的危险性较大的分部分项工程专项方案应当由施工单位召开专家论证会。实行总承包的，由施工总承包单位组织召开专家论文会。

下列人员应当参加专家论证会：

（1）专家组成员；

（2）建设单位项目负责人或技术负责人；

（3）监理单位项目总监理工程师及相关人员；

（4）施工单位分管安全的负责人、技术负责人、项目负责人、项目技术负责人、专项方案编制人员、项目专职安全生产管理人员；

（5）勘察、设计单位项目技术负责人及相关人员。

专家组成员应当由 5 名及以上符合相关专业要求的专家组成，本项目参建各方的人员不得以专家身份参加专家论证会。专项方案经论证后，专家组应当提交论证报告，对论证的内容提出明确的意见，并在论证报告上签字。施工单位应当根据论证报告修改完善专项方案，并经施工单位技术负责人、项目总监理工程师、建设单位项目负责人签字后，方可组织实施。专项方案经论证后需作重大修改的，施工单位应当按照论证报告修改，并重新组织专家进行论证。施工单位应严格按照专项方案组织施工，不得擅自修改，调整专项方案。

**8. 安全技术交底**

安全技术交底是在建筑施工前，施工单位负责项目管理的技术人员应当对有关安全施工的技术要求向施工作业班组、作业人员作出详细说明，并有双方签字确认。

安全技术交底应根据国家有关法律法规、规范标准、施工组织设计、专项施工方案和安全技术措施等要求进行。

（1）技术交底的程序

1）项目工程师向技术员、专业工长交底，并履行书面签证手续。

2）技术员、专业工长向班组长或班组成员交底。在施工任务单上反映出来，接受人签证。

3）班组长向操作工人交底，多次数次口头交底。

（2）分项工程技术交底的主要内容

在分部分项工程施工前，工程项目技术负责人或方案编写人员，应对现场相关管理人员、施工作业人员进行书面安全技术交底。

1）图纸要求：如设计要求（包括设计变更）中的重要尺寸，轴心及标高的注意要点，预留孔洞、预埋件的位置、规格、大小、数量等。

2）材料及配合比要求：如使用材料的品种、规格、质量要求等；配合比要求及操作要求，如水泥、砂、石、水、外加剂等在搅拌过程中入料顺序，计量方法、搅拌时间等的规定。

3）按照施工组织设计的有关事项，说明施工顺序、施工方法、工序搭接等。

4）提出质量、安全、节约的具体要求和措施。

5）提出班组责任制的要求，班组工人要做到定员定岗、任务明确、相对稳定。

6）提出克服质量通病的要求等，对本分项工程可能出现的质量通病提出预防的措施。

（3）安全技术交底要点

1）施工质量安全交底

隐蔽工程交底主要内容见表 19-2。

隐蔽工程交底主要内容　　　　　　　　　　　　表 19-2

| 项目 | 交底内容 |
|------|----------|
| 基础工程 | 土质情况、尺寸、标高、地基处理、打桩记录、桩位、数量 |
| 钢筋工程 | 钢筋品种、规格、数量、形状、位置、接头和材料代用情况 |
| 防水工程 | 防水层数、防水材料和施工质量 |
| 水电管线 | 位置、标高、接头、各种专业试验（如水管试压）、防腐等 |

2）施工事故预防交底

主要内容有高处作业预防措施交底，脚手架支搭和防护措施交底，预防物体打击交底，各分部工程安全施工交底。

3）施工用电安全交底

① 施工现场内一般不架裸导线，照明线路要按标准架设。

② 各种电器设备均要采取接零或接地保护。

③ 每台电气设备机械应分开关和熔断保险。

④ 使用电焊机要特别注意一、二次线的保护。

⑤ 凡移动式设备和手持电动工具均要在配电箱内装设漏电保护装置。

⑥ 现场和工厂中的非电气操作人员均不准乱动电气设备。

⑦ 任何单位、任何人都不准擅自指派无电工执照的人员进行电气设备的安装和维修等工作，不准强令电工从事违章冒险作业。

4）工地防火安全交底

① 现场应划分用火作业区、易燃易爆材料区、生活区、按规定保持防水间距。

② 现场应有车辆循环通道，通道宽度不小于 3.5m，严禁占用场内通道堆放材料。

③ 现场应设专用消防用水管网，配备消防栓。

④ 现场临建设施、仓库、易燃料场和用火处要有足够的灭火工具和设备，对消防器材要有专人管理并定期检查。

⑤ 安装使用电器设备和使用明火时应注意的问题和要求。

⑥ 现场材料堆放的防火交底。

⑦ 现场中用易燃材料搭设工棚在使用时的要求交底。

⑧ 现场不同施工阶段的防火交底。

**9. 编制施工现场临时用电方案**

（1）临时用电管理

1）施工现场操作电工必须经过国家现行标准考核合格后，持证上岗工作。

2）各类用电人员必须通过相关安全教育培训和技术交底，掌握安全用电基本知识和所用设备的性能，考核合格后方可上岗工作。

3）安装、巡检、维修或拆除临时用电设备和线路，必须由电工完成，并应有人监护。

4）临时用电组织设计规定：

① 施工现场临时用电设备在 5 台及以上或设备总容量在 50kW 及以上的，应编制用电组织设计，施工现场临时用电设备在 5 台及以下或设备总容量在 50kW 及以下者，应编制安全用电和电气防火措施。

② 装饰装修工程或其他特殊施工阶段，应补充编制单向施工用电方案。

5）临时用电组织设计及变更必须由电气工程技术人员编制，相关部门审核，并经具有法人资格企业的技术负责人批准，现场监理签认后实施。

6）临时用电工程必须经编制、审核、批准部门和使用单位共同验收，合格后方可投入使用。

7）临时用电工程定期检查应按分部、分项工程进行，对安全隐患必须及时处理，并履行复查验收手续。

（2）变配电管理

1）施工现场临时用电工程电源中性点直接接地的 220/380V 三相四线制低压电力系统，必须符合下列规定：采用三级配电系统；采用 TN-S 接零保护系统；采用二级漏电保护系统。

2）当采用专用变压器、TN-S 接零保护供电系统的施工现场，电气设备的金属外壳必须与保护零线接线。保护零线应由工作接地线、配电室（总配电箱）电源侧零线或总漏电保护器电源侧零线处引出。

3）当施工现场与外电线路共用同一供电系统时，电气设备的接地、接零保护应与原系统保持一致，不得一部分设备做保护接零，另一部分设备做保护接地。

4）TN-S 系统中的保护零线除必须在配电室或总配电箱处做重复接地外，还必须在配电系统的中间处和末端处做重复接地。

5）配电柜应装设电源隔离开关及短路、过载、漏电保护器。电源隔离开关分断时，应有明显可见的分断点。

6）配电箱的电器安装板上必须分设 N 线端子板和 PE 线端子板，N 线端子板必须与金属电器安装板绝缘；PE 线端子板必须与金属电器安装板做电气连接。

7）配电箱、开关箱的电源进线端严禁采用插头和插座做活动连接。

8）对混凝土搅拌机、钢筋加工机械、木工机械、盾构机械等设备进行清理、检查、维修时，必须将其开关箱分闸断电，呈现可见电源分断点，开端门上锁。

（3）配电线路布置

1）施工现场架空线必须采用绝缘导线。

2）导线长期连续负荷电流应小于导线计算负荷电流。

3）三相四线制线路的 N 线和 PE 线截面应不小于相线截面的 50%，单相线路的零线截面与相线截面相同。

4）架空线路必须有短路保护。采用熔断器做短路保护时，其熔体额定电流应小于等于明敷绝缘导线长期连续负荷允许载流量的1.5倍。

5）架空线路必须有过载保护。采用熔断器或断路器做过载保护时，绝缘导线长期连续负荷允许载流量不应大于熔断器熔体额定电流或断路器长延时过流脱扣器脱扣电流整定值的1.25倍。

（4）电缆线路敷设基本要求

1）电缆中必须包含全部工作芯线和作保护零线的芯线，即五芯电缆。

2）五芯电缆必须包含淡蓝、绿/黄两种颜色绝缘芯线。淡蓝色芯线必须用作N线；绿/黄双色芯线必须用作PE线，严禁混用。

3）电缆线路应采用埋地或架空敷设，严禁沿地面明设，并应避免机械损伤和介质腐蚀。

4）直接埋地辐射的电缆过墙、过道、过临建设施时，应套钢管保护。

5）电缆线路必须有短路保护和过载保护。

（5）室内配线要求

1）室内配线必须采用绝缘导线或电缆。

2）室内非埋地明敷主干线距地面高度不得小于2.5m。

3）室内配线必须有短路保护和过载保护。

**10."三宝"、"四口"防护**

"三宝"防护：安全帽、安全带、安全网的正确使用。

"四口"防护：楼梯口、电梯井口、预留洞口、通道口等各种洞口的防护应符合要求。

（1）安全帽

1）安全帽是防冲击的主要用品，由具有一定强度的帽壳和帽衬缓冲结构组成，可以承受和分散落物的冲击力，并保护或减轻由于杂物从高处坠落至头部的撞击伤害。

2）人体颈椎冲击承受能力是有限度的，国家标准规定：用5kg钢锤自1m高度落下进行冲击试验，头模受冲击力的最大值不应超过500kg；耐穿透性能用3kg钢锥自1m高度落下进行试验，钢锥不得与头部接触。

3）帽衬顶端至帽壳顶内面的垂直间距为20～25mm，帽衬至帽壳内侧面的水平间距为5～20mm。

4）安全帽在保证承受冲击力的前提下，要求越轻越好，重量不应超过400g。帽壳表面光滑，易于滑走落物。

5）安全帽必须是正规生产厂家生产，有许可证编号、检查合格证等，不得购买劣质产品，发现裂痕或异常损伤，报废处理。

6）戴安全帽时，必须系紧下颚系带，防止安全帽坠落失去防护作用。安全帽佩戴在防寒帽外时，应随头型大小调节帽箍，保留帽衬与帽壳之间缓冲作用的空间。

（2）安全网

1）禁止随意拆除安全网的构件。

2）严禁在网上堆放杂物。

3）在安全网附近焊接作业时，必须有防护措施，防止烧损安全网。

4）禁止砂浆、各种油类等污染安全网。

5）使用中应定期检查，当安全网受到较大冲击后应及时更换。

（3）安全带

使用安全带要正确悬挂。

1）架子工使用的安全带绳长限定在 1.5～2m。

2）应做垂直悬挂，高挂低用比较安全，当作水平位置悬挂使用时，要注意摆动碰撞，不宜低挂高用；不应将绳打结使用，不应将钩直接挂在不牢固物体或直接挂在非金属墙上，防止绳被割断。

3）关于安全带的标准。安全带一般使用 5 年应报废。使用 2 年后，按批量抽检，以80kg 重量自由坠落试验，不破断为合格。

（4）楼梯口

楼梯口边设置 1.2m 高防护栏杆和 0.3m 高踢脚杆。

（5）预留洞口

可根据洞口的特点、大小及位置采用以下几种措施：

1）楼、屋面等平面上孔洞边长小于 50cm 者，可用坚实盖板固定盖设。要防止移动挪位。

2）平面洞短边长 50～150cm 者，宜用钢筋网格或平网防护，上铺遮盖物，以防落物伤人。

3）平面洞口边长大于 150cm 者，先在洞口四周设置防护栏杆，并在洞口下方张挂安全网，也可搭设内脚手架。

4）挖土方施工时的坑、槽、孔洞及车辆行驶道旁的洞口、沟、坑等，一般以防护盖板为准。同时，应设置明显的安全标志如挂牌警示、栏杆导向等，必须时可专人疏导。

（6）阳台、楼板、屋面等临边防护

1）阳台、楼板、屋面等临边应设置 1.2m 和 0.6m 两道水平杆，并在立杆内侧面用密目式安全网封闭，防护栏杆漆红白相间色。

2）护栏杆等设施和建筑物的固定拉结必须安全可靠。

（7）通道口防护

1）进出建筑物主体通道口、井架或物料升机进口处等均应搭设独立支撑系统的防护棚。棚宽大于道口，两端各长出 1m，垂直长度 2.5m，棚顶搭设二层，采用脚手片的，铺设方向应互相垂直，间距大于 30cm，折边翻高 0.5m。通道口附近挂设安全标志。

2）砂浆机、拌合机和钢筋加工场地等应搭设操作简易棚。

3）底层非进入建筑物通道口的地方应采取禁止出入（通行）措施和设置禁行标志。

**11. 脚手架**

脚手架搭设作业前应编制专项施工方案，经设计验算，专项施工方案应按规定进行审核、审批，验收合格后使用。

脚手架工程应满足安全可靠、使用方便、经济适用的原则。

（1）落地式钢管脚手架

1）钢管脚手架宜选用外径 48.3mm、壁厚 3.6mm 的钢管，每根钢管的最大质量不应大于 25.8kg，钢管上严禁打孔。扣件紧固力矩不应小于 40N·m，且不应大于 65N·m。扣件、钢管应采用有工业产品生产许可证、质量合格证和质量检验报告的产品。进场扣件和钢管质量不应低于国家报废标准，并应按规定进行抽样检验。

2）落地式钢管脚手架基础应符合下列规定：

① 落地式钢管脚手架地基与基础的施工，应根据脚手架所受荷载、搭设高度、搭设场地土质情况与现行国家标准《建筑地基基础工程施工质量验收规范》GB 50202 的有关规定执行。

② 脚手架基础应按方案要求平整夯实及硬化，并设置排水沟。立杆底部设置的垫板、底座应符合规范要求。

③ 架体应在距立杆底端高度不大于 200mm 处设置纵、横向扫地杆，并应用直角扣件固定在立杆上，横向扫地杆应设置在纵向扫地杆的下方。

3）架体连墙件应符合下列规定：

① 连墙件宜靠近主节点设置，偏离主节点的距离不应大于 300mm。

② 连墙件应从架体底层第一步纵向水平杆处开始设置；当该处设置确有困难时，应采用其他可靠措施固定。

③ 连墙件应优先采用菱形布置，或采用方形、矩形布置。

④ 开口型脚手架的两端必须设置连墙件，连墙件的垂直间距不应大于建筑物的层高，并且不应大于 4m。

⑤ 连墙件必须采用可承受拉力和压力的构造。

4）杆件间距、杆件连接与剪刀撑应符合下列规定：

① 架体立杆、纵向水平杆、横向水平杆的间距应符合设计和规范要求。横向水平杆应设置在纵向水平杆与立杆相交的主节点处，两端应与纵向水平杆件固定；纵向水平杆件宜采用对接，若采用搭接，其搭接长度不应小于 1m，且固定应符合规范要求。

② 脚手架立杆基础不在同一高度上时，必须将高处的纵向扫地杆向低处延长两跨与立杆固定，高低差不应大于 1m。靠边坡上方的立杆轴线到边坡的距离不应小于 500mm。

③ 立杆接长除顶层顶步外，其余各层各步接头必须采用对接扣件连接，杆件对接扣件应交错布置。

④ 开口型双排脚手架的两端均必须设置横向斜撑。

⑤ 高度在 24m 及以上的双排脚手架应在外侧全立面连续设置剪刀撑；高度在 24m 以下的单、双排脚手架，均必须在外侧两端、转角及中间间隔不超过 15m 的立面上，各设置一道剪刀撑，并应由底至顶连续设置。

⑥ 剪刀撑杆件的接长、剪刀撑斜杆与架体杆件的固定应符合规范要求。

（2）悬挑式脚手架

1）型钢悬挑梁宜采用双轴对称截面的型钢。悬挑钢梁型号及锚固件应按设计确定，钢梁截面高度不应小于 160mm。悬挑梁尾端应有两处及以上固定于钢筋混凝土梁板结构上。锚固型钢悬挑梁的 U 形钢筋拉环或锚固螺栓直径不宜小于 16mm；每个型钢悬挑梁外端宜设置钢丝绳或钢拉杆与上一层建筑结构斜拉结。

2）悬挑式脚手架架体稳定措施应符合下列规定：

① 立杆底部应与钢梁连接柱固定。

② 纵横向扫地杆的设置应符合规范要求。

③ 剪刀撑应沿悬挑架体外侧全立面连续设置，角度应为 45°～60°。

④ 架体应按规定设置横向斜撑。

⑤ 架体应采用刚性连墙件与建筑结构拉结，设置的位置、数量应符合设计和规范要求。

3）交底与验收应符合下列规定：

① 架体搭设前应进行安全技术交底，并有文字记录。

② 架体分段、分层搭设，分段、分层使用时，应进行分段、分层验收。

③ 搭设完毕应办理验收手续，验收应有量化内容并经责任人签字确认。

# 19.3 利用专业软件录入、输出、汇编施工信息资料

建设工程资料管理系统软件是根据建筑工程施工质量验收统一标准、建设工程文件归档整理规范，并结合各省市的工程资料管理标准或规程及其施工质量验收规范的标准用表等，分别编制的适合各省市具体情况的软件系统。

**1. 工程信息资料管理**

工程信息资料管理是指对信息资料的收集、整理、处理、储存、传递与应用等一系列工作的总称。管理信息资料的目的就是通过有组织的信息流通，使决策者能及时、准确地获得相应的信息。

**2. 工程资料管理软件的特点**

（1）软件提供了快捷、方便的施工所需的各种表格（材料试验记录、施工记录及预检、隐检等）输入方式。

（2）具有完善的施工技术资料数据库的管理功能，可方便地查询、修改、统计汇总。

（3）实现了从原始资料录入到信息检索、汇总、维护、后期模板添加、修改、删除等一体化管理。

（4）所有表格与 Excel 兼容，方便调整修改，所见即所得的打印输出。

（5）软件内置了自动填表功能，工程的相同信息可以很方便填写，不必重复录入，大大减轻了工作量。公共信息用户可以只进行一次定义，所有新建表格自动填写。软件中增加了 Windows 中没有的特殊符号字体库，弥补了 Windows 系统不能输入建筑特殊符号的缺陷。

（6）软件提供的表格较多，满足各种用户的需求，同时可以免费升级当地表格库。

（7）软件自身内置了国家的最新验收规范和填表说明，查阅方便，而且规范，资料可以自由复制、粘贴。

（8）用软件来管理日常的资料，以目录树的形式调用，比较系统化，软件有关键词表格查询，可以瞬间找到所需要的表格。方便查询，大大减轻资料员的工作量，同时提高工程进度，真正为建设单位、监理单位、施工单位带来效益。

# 第 20 章　建筑工程施工质量验收

## 20.1　土 方 工 程

土方工程在施工前应进行挖、填方的平衡计算，综合考虑土方运距最短、运程合理和各个工程项目的合理施工程序等，做好土方平衡调配，减少重复挖运。

### 20.1.1　土方开挖

土方开挖检验批划分：一般一个单位工程应划分为一个检验批，若施工面不连续且分批施工时，也可划分成若干个检验批，但不宜过多。

**1. 主控项目**

（1）主控项目第一项

检验方法：用水准仪现场测量。

检查数量：柱基按总数抽查 10%，但不少于 5 个，每个不少于 2 点；基坑每 20m² 取 1 点，每坑不少于 2 点；基槽、管沟、排水沟、路面基层每 20m 取 1 点，但不少于 5 点；挖方每 30～50m² 取 1 点，但不少于 5 点。

不允许欠挖是为了防止基坑底面超高而影响基础的标高。

（2）主控项目第二项

检查方法：用经纬仪、拉线和尺量检查。

检查数量：每 20m 取 1 点，每边不少于 1 点。

（3）主控项目第三项

检查方法：观察或用坡度尺检查。

检查数量：每 20m 取 1 点，每边不少于 1 点。

**2. 一般项目**

（1）一般项目第一项

检查方法：用 2m 靠尺和楔形塞尺检查。

检查数量：每 30～50m² 取 1 点。

（2）一般项目第二项

检查方法：观察或土样分析，查验槽报告。

检查数量：全数观察检查。

| 项 | 序 | 项目 | 允许偏差或允许值 | | | | | 检验方法 |
|---|---|---|---|---|---|---|---|---|
| | | | 柱基坑基槽 | 挖方场地平整 | | 管沟 | 地（路）面基层 | |
| | | | | 人工 | 机械 | | | |
| 主控项目 | 1 | 标高 | −50 | ±30 | ±50 | 150 | −50 | 水准仪 |
| | 2 | 长度、宽度（由设计中心线向两边量） | +200 −50 | +300 −100 | +500 −150 | +100 | — | 经纬仪，用钢尺量 |
| | 3 | 边坡 | 设计要求 | | | | | 观察或用坡度尺检查 |
| 一般项目 | 1 | 表面平整度 | 20 | 20 | 50 | 20 | 20 | 用 2m 靠尺和楔形塞尺检查 |
| | 2 | 基底土性 | 设计要求 | | | | | 观察或土样分析 |

## 20.1.2 土方回填

**1. 主控项目**

（1）主控项目第一项

抽检内容、方法及数量参见"土方开挖"相应项。

（2）主控项目第二项

检查方法：环刀取样或小轻便触探仪等。

检查数量：基坑或室内填土，每层按 $30\sim100m^2$ 取样一组；场地平整土方，每层按 $400\sim900m^2$ 取样一组；基槽和管沟回填每 $20\sim50m$ 取样一组，但每层均不少于一组。取样部位在每层压实后的下半部，灌砂法取样可适当减少。

**2. 一般项目**

（1）一般项目第一项

抽检方法：野外鉴别或取样试验。

抽样数量：同一土场的土不少于一组。

（2）一般项目第二项

抽检方法：水准仪及抽样试验。

抽样数量：同主控项目第二项。

（3）一般项目第三项

抽检内容、方法及数量参见"土方开挖"相应项。

其中质量标准中机械场地平整允许偏差应为 30mm，不同于挖方的 50mm。

**填土工程质量验收标准** 表 20-2

| 项 | 序 | 项目 | 允许偏差或允许值 | | | | | 检验方法 |
|---|---|---|---|---|---|---|---|---|
| | | | 柱基坑基槽 | 挖方场地平整 | | 管沟 | 地（路）面基层 | |
| | | | | 人工 | 机械 | | | |
| 主控项目 | 1 | 标高 | −50 | ±30 | ±50 | −50 | −50 | 水准仪 |
| | 2 | 分层压实系数 | 设计要求 | | | | | 按规定方法 |
| 一般项目 | 1 | 回填土料 | 设计要求 | | | | | 取样检测或直观鉴别 |
| | 2 | 分层厚度及含水量 | 设计要求 | | | | | 水准仪及抽样检查 |
| | 3 | 表面平整度 | 20 | 20 | 50 | 20 | 20 | 用靠尺或水准仪 |

# 20.2 主体结构防水工程

## 20.2.1 防水混凝土

防水混凝土适用于抗渗等级不小于 P6 的地下混凝土结构。不适用于环境温度高于 80℃的地下工程。

**1. 主控项目**

(1) 防水混凝土的原材料、配合比及坍落度必须符合设计要求。

检验方法：检查产品合格证、产品性能检测报告、计量措施和材料进场检验报告。

(2) 防水混凝土的抗压强度和抗渗性能必须符合设计要求。

检验方法：检查混凝土抗压、抗渗性能检验报告。

防水混凝土抗渗性能试验，应符合现行国家标准《普通混凝土长期性能和耐久性能试验方法标准》GB/T 50082 的有关规定。

抗渗试件每组 6 块。按规定将标准养护 28d 的抗渗试块置于混凝土抗渗仪上，施以规定的压力和加压程序。防水混凝土抗渗压力是以 6 个试块中有 4 个试块所能承受的最大水压表示。

(3) 防水混凝土的变形缝、施工缝、后浇带、穿墙管道、埋设件等设置和构造，均须符合设计要求。

检验方法：观察检查和检查隐蔽工程验收记录。

**2. 一般项目**

(1) 防水混凝土结构表面应坚实、平整，不得有露筋、蜂窝等缺陷；埋设件位置应准确。

检验方法：观察法。

(2) 防水混凝土结构表面的裂缝宽度不应大于 0.2mm，且不得贯通。

检验方法：用刻度放大镜检查。

(3) 防水混凝土结构厚度不应小于 250mm，其允许偏差为＋8mm，－5mm；主体结构迎水面钢筋保护层厚度不应小于 50mm，其允许偏差为±5mm。

检验方法：尺量检查和检查隐蔽工程验收记录。

## 20.2.2 水泥砂浆防水层

水泥砂浆防水层适用于地下工程主体结构的迎水面或背水面。不适用于受持续振动或温度高于 80℃的地下工程。

**1. 主控项目**

(1) 防水砂浆的原材料及配合比必须符合设计规定。

检验方法：检查出厂合格证、产品性能检测报告、计量措施和材料进场检验报告。

(2) 防水砂浆的抗压强度和抗渗性能必须符合设计规定。

检验方法：检查砂浆黏结强度、抗渗性能检验报告。

(3) 水泥砂浆防水层与基层之间应结合牢固，无空鼓现象。

检验方法：观察和用小锤击检查。

**2. 一般项目**

（1）水泥砂浆防水层表面应密实、平整、不得有裂纹、起砂、麻面等缺陷。

检验方法：观察检查。

（2）水泥砂浆防水层施工缝留槎位置应正确，接槎应按层次顺序操作，层层搭接紧密。

检验方法：观察检查和检查隐蔽工程验收记录。

（3）水泥砂浆防水层的平均厚度应符合设计要求，最小厚度不得小于设计值的85％。

检验方法：用针测法检查。

（4）水泥砂浆防水层表面平整度的允许偏差为5mm。

检验方法：用2m靠尺和楔形塞尺检查。

# 20.3　混凝土结构工程

混凝土结构子分部工程可根据结构的施工方法分为两类：现浇混凝土结构子分部工程和装配式混凝土结构子分部工程；根据结构的分类，还可以分为钢筋混凝土结构子分部工程和预应力混凝土结构子分部工程等。

混凝土结构子分部工程可划分为模板、钢筋、预应力、混凝土、现浇结构和装配式结构等分项工程。

各分项工程可根据与施工方式相一致且便于控制施工质量原则，按工作班、楼层、结构缝或施工段划分为若干检验批。

## 20.3.1　模板分项工程

模板及支架应根据工程结构形式、荷载大小、地基土类别、施工设备和材料供应等条件进行设计。模板及支架应具有足够的承载能力、刚度和稳定性，能可靠地承受浇筑混凝土的质量、侧压力以及施工荷载。

**1. 主控项目**

（1）模板及支架用材料的技术指标应符合国家现行有关标准的规定。进场时应抽样检验模板和支架材料的外观、规格和尺寸。

检查数量：按国家现行有关标准的规定确定。

检验方法：检查质量证明文件；观察、尺量。

（2）现浇混凝土结构模板及支架的按照质量，应符合国家现行有关标准的规定和施工方案的要求。

检查数量：按国家现行有关标准的规定确定。

检验方法：按国家现行有关标准的规定执行。

（3）后浇带处的模板及支架独立设置。

检查数量：全数检查。

检验方法：观察。

**2. 一般项目**

（1）模板安装应满足下列要求：

1）模板的接缝应严密。

2）模板内不应有杂物、积水或冰雪等。

3）模板与混凝土的接触面应平整、清洁。

4）用作模板的地坪、胎膜等应平整、清洁，不应有影响构件质量的下沉、裂缝、起砂或起鼓。

5）对清水混凝土及装饰混凝土构件，应使用能达到设计效果的模板。

检验数量：全数检查。

检验方法：观察。

（2）隔离剂的品种和涂刷方法应符合施工方案的要求。隔离剂不得影响结构性能及装饰施工；不得沾污钢筋、预应力筋、预埋件和混凝土接槎处；不得对环境造成污染。

检查数量：全数检查。

检验方法：检查质量证明文件；观察。

（3）对跨度不小于4m的现浇钢筋混凝土梁、板，其模板应按设计要求起拱；当设计无具体要求时，起拱高度宜为跨度的1/1000～3/1000。

检查数量：在同一检验批内，对梁，宽度大于18m时，应全数检查，跨度不大于18m时应抽查构件数量的10%，且不少于3件；对板，应按有代表性的自然间抽查10%，且不少于3间；对大空间结构，板可按纵横轴线划分检查面，抽查10%，且不少于3面。

检验方法：水准仪或尺量。

### 20.3.2 钢筋分项工程

**1. 一般规定**

在浇筑混凝土前，应进行钢筋隐蔽工程验收，其内容包括：

① 纵向受力钢筋的品种、规格、数量、位置等；

② 钢筋的连接方式、接头位置、接头数量、接头面积百分率等；

③ 箍筋、横向钢筋的品种、规格、数量、间距等；

④ 预埋件的规格、数量、位置等。

对于钢筋不合格的试验报告单，应附上2倍试件复试的合格试验报告或处理报告，并且不合格的实验报告单不得抽撤和毁坏。

**2. 钢筋加工**

（1）主控项目

1）钢筋弯折的弯弧内直径应符合下列规定：

① 光圆钢筋，不应小于钢筋直径的2.5倍。

② 335MPa级，400MPa级带肋钢筋，不应小于钢筋直径的4倍。

③ 500MPa级带肋钢筋，但直径为28mm以下时不应小于钢筋直径的6倍，当直径为28mm及以上时不小于钢筋直径的7倍。

④ 箍筋弯折处尚不应小于纵向受力钢筋的直径。

检查数量：同一设备加工的同一类型钢筋，每工作班抽查不应少于3件。

检验方法：尺量。

2）纵向受力钢筋的弯折后平直段长度应符合设计要求。光圆钢筋某段做180°弯钩时，弯钩的平直段长度不应小于钢筋直径的 3 倍。

检查数量：同一设备加工的同一类型钢筋，每工作班抽查不应少于 3 件。

检验方法：尺量。

3）箍筋、拉筋的末端按设计要求做弯钩，并应符合下列规定：

① 对一般结构构件，箍筋弯钩的弯折角度不应小于 90°，弯折后平直段长度不应小于箍筋直径的 5 倍；对有抗震设防要求或设计有专门要求的结构构件，箍筋弯钩的弯折角度不应小于 135°，弯折后平直段长度不应小于箍筋直径的 10 倍。

② 圆形箍筋的搭接长度不应小于其受拉锚固长度，且两末端弯钩的弯折角度不应小于 135°，弯折后平直段长度对一般结构构件不应小于箍筋直径的 5 倍；对有抗震设防要求的结构构件不应小于箍筋直径的 10 倍。

③ 梁、柱复合箍筋中的单双肢箍两端弯钩的弯折角度不应小于 135°，弯折后平直段长度应符合第①条对箍筋的有关规定。

检查数量：同一设备加工的同一类型钢筋，每工作班抽查不应少于 3 件。

检验方法：尺量。

（2）一般项目

钢筋加工的形状、尺寸应符合设计要求，其偏差应符合表 20-3 的规定。

检查数量：同一设备加工的同一类型钢筋，每工作班抽查不应少于 3 件。

检验方法：尺量。

钢筋加工的允许偏差       表 20-3

| 项目 | 允许偏差（mm） |
| --- | --- |
| 受力钢筋沿长度方向的净尺寸 | ±10 |
| 弯起钢筋的弯折位置 | ±20 |
| 箍筋外廓尺寸 | ±5 |

**3. 钢筋安装**

（1）主控项目

1）钢筋安装时，受力钢筋的牌号、规格和数量必须符合设计要求。

检查数量：全数检查。

检验方法：观察、尺量。

2）钢筋应安装牢固。受力钢筋的安装位置、锚固方式应符合设计要求。

检查数量：全数检查。

检验方法：观察、尺量。

（2）一般项目

钢筋安装偏差及检验方法应符合表 20-4 的规定，受力钢筋保护层厚度的合格点率应达到 90% 以上，且不得有超过表中数值 1.5 倍的尺寸偏差。

检查数量：在同一检验批内，对梁、柱和独立基础，应抽查构件数量的 10%，且不少于 3 件；对墙和板，应按有代表性的自然间抽查 10%，且不少于 3 间；对大空间结构，墙可按相邻轴线间高度 5m 左右划分检查面，板可按纵横轴线划分检查面，抽查 10%，且不少于 3 面。

检验方法：水准仪或尺量。

钢筋安装允许偏差和检验方法

表 20-4

| 项目 | | 允许偏差（mm） | 检验方法 |
|---|---|---|---|
| 绑扎钢筋 | 长、宽 | ±10 | 尺量 |
| | 网眼尺寸 | ±20 | 尺量连续三档，取最大偏差值 |
| 绑扎钢筋骨架 | 长 | ±10 | 尺量 |
| | 宽、高 | ±5 | 尺量 |
| 纵向受力钢筋 | 锚固长度 | −20 | 尺量 |
| | 间距 | ±10 | 尺量两端、中间各一点，取最大偏差值 |
| | 排距 | ±5 | |
| 纵向受力钢筋、箍筋的混凝土保护层厚度 | 基础 | ±10 | 尺量 |
| | 柱、梁 | ±5 | 尺量 |
| | 板、墙、壳 | ±3 | 尺量 |
| 绑扎钢筋、横向钢筋间距 | | ±20 | 尺量连续三档，取最大偏差值 |
| 钢筋弯起点位置 | | 20 | 尺量 |
| 预埋件 | 中心线位置 | 5 | 尺量 |
| | 水平高差 | +3，0 | 塞尺量测 |

注：检查中心线位置时，沿纵、横两个方向量测，并取其中偏差的较大值。

### 20.3.3 混凝土分项工程

**1. 混凝土施工**

（1）主控项目

结构混凝土的强度等级必须符合设计要求。用于检验混凝土强度的试件应在浇筑地点随机抽取。

检查数量：对同一配合比混凝土，取样与试件留置应符合下列规定：

1）每拌制 100 盘且不超过 100m³，取样不得少于一次；

2）每工作班拌制不足 100 盘时，取样不得少于一次；

3）连续浇筑超过 1000m³，每 2000m³ 取样不得少于一次；

4）每一楼层取样不得少于一次；

5）每次取样应至少留置一组试件。

检验方法：检查施工记录及混凝土强度试验报告。

（2）一般项目

1）后浇带的留设应符合设计要求。后浇带和施工缝的留设及处理方法应符合施工方案要求。

检查数量：全数检查。

检验方法：观察。

2）混凝土浇筑完毕后应及时进行养护，养护时间以及养护方法应符合施工方案要求。

检查数量：全数检查。

检验方法：观察，检查混凝土养护记录。

413

## 20.3.4 现浇结构分项工程

### 1. 现浇结构质量验收规定

（1）现浇结构质量验收应在拆模后、混凝土表面未作修整和装饰前进行，并应作出记录；

（2）已经隐蔽的不可以直接观察和量测的内容，可检测隐蔽工程验收记录；

（3）修整或返工的结构构件或部位应有实施前后的文字及图像记录。

### 2. 外观质量

（1）主控项目

现浇结构的外观质量不应有严重缺陷。

对已经出现的严重缺陷，应由施工单位提出技术处理方案，并经监理单位认可后进行处理；对裂缝和粘结部位的严重缺陷及其他影响结构安全的严重缺陷，技术处理方案尚应经设计单位认可。对经处理的部位应重新验收。

检查数量：全数检查。

检验方法：观察，检查处理记录。

（2）一般项目

现浇结构的外观质量不应有一般缺陷。

对已经出现的一般缺陷，应由施工打完按技术处理方案进行处理。对已经处理的部位应重新验收。

检查数量：全数检查。

检验方法：观察，检查处理记录。

### 3. 位置和尺寸偏差

主控项目：

1）现浇结构不应有影响结构构件性能或使用功能的尺寸偏差；混凝土设备基础不应有影响结构性能或设备安装的尺寸偏差。

对超过尺寸允许偏差且影响结构性能或安装、施工功能的部位，应由施工单位提出技术处理方案，并经监理、设计单位认可后进行处理。对经处理的部位应重新验收。

检查数量：全数检查。

检验方法：量测，检查处理记录。

2）现浇结构的位置和尺寸偏差及检验方法应符合表 20-5 规定。

操作数量：按楼层、结构缝或施工段划分检验批。在同一个检验批内，对梁、柱和独立基础，应抽查构件数量的 10%，且不应少于 3 件；对墙和板，应按有代表性的自然间抽查 10%，且不少于 3 间；对大空间结构，墙可按相邻轴线间高度 5m 左右划分检查面，板可按纵横轴线划分检查面，抽查 10%，且不少于 3 面；对电梯井，应全数检查。

**现浇结构位置和尺寸允许偏差及检验方法**　　　　　　　　　　　表 20-5

| 项目 | | 允许偏差（mm） | 检验方法 |
|---|---|---|---|
| 轴线位置 | 整体基础 | 15 | 经纬仪及尺量 |
| | 独立基础 | 10 | 经纬仪及尺量 |
| | 柱、墙、梁 | 8 | 尺量 |

| 项目 | | | 允许偏差（mm） | 检验方法 |
|---|---|---|---|---|
| 垂直度 | 层高 | ≤6m | 10 | 经纬仪或吊线、尺量 |
| | | >6m | 12 | 经纬仪或吊线、尺量 |
| | 全高（H）≤300m | | $H/30000+20$ | 经纬仪、尺量 |
| | 全高（H）>300m | | $H/10000$ 且≤80 | 经纬仪、尺量 |
| 标高 | 层高 | | ±10 | 水准仪或拉线、尺量 |
| | 全高 | | ±30 | 水准仪或拉线、尺量 |
| 截面尺寸 | 基础 | | +15，−10 | 尺量 |
| | 柱、梁、板、墙 | | +10，−5 | 尺量 |
| | 楼梯相邻踏步高差 | | 6 | 尺量 |
| 电梯井 | 中心位置 | | 10 | 尺量 |
| | 长、宽尺寸 | | +25，0 | 尺量 |
| 表面平整度 | | | 8 | 2m 靠尺和靠尺量测 |
| 预埋件中心位置 | 预埋件 | | 10 | 尺量 |
| | 预埋螺栓 | | 5 | 尺量 |
| | 预埋管 | | 5 | 尺量 |
| | 其他 | | 10 | 尺量 |
| 预留洞、孔中心线位置 | | | 15 | 尺量 |

注：1. 检查柱轴线、中心线位置时，沿纵、横两个方向测量，并取其中偏差的较大值。

2. H 为全高，单位为 mm。

## 20.3.5 装配式结构施工

**1. 主控项目**

（1）进入现场的预制构件，其外观质量、尺寸偏差及结构性能应符合标准图或设计的要求。

检查数量：按批检查。

检验方法：检查构件合格证。

（2）预制构件与结构之间的连接应符合设计要求。

连接处钢筋或埋件采用焊接或机械连接时，接头质量应符合国家现行相关标准的要求。

检查数量：全数检查。

检验方法：观察、检查施工记录。

**2. 一般项目**

（1）预制构件码放和运输时的支承位置和方法应符合标准图或设计的要求。

检查数量：全数检查。

检验方法：观察检查。

（2）预制构件吊装前，应按设计要求在构件和相应的支承结构上标志中心线、标高等控制尺寸，按标准图或设计文件校核预埋件及连接钢筋等，并作出标志。

检查数量：全数检查。

检验方法：观察检查。

### 20.3.6 结构吊装工程

结构吊装工程可根据与施工方式相一致且便于控制施工质量的原则，按工作班、楼层、结构缝或施工段划分为若干个检验批。

**1. 主控项目**

（1）进入现场的预制构件，其外观质量、尺寸偏差及结构性能应符合标准图或设计的要求。

检查数量：按批检查。

检验方法：检查构件合格证。

（2）预制构件与结构之间的连接应符合设计要求。

检查数量：全数检查。

检查方法：观察、检查施工记录。

（3）接头与拼缝强度。

检查数量：全数检查。

检验方法：检查施工记录及试件强度试验报告。

**2. 一般项目**

（1）预制构件支承位置和方法：全数检查。检查方法：观察检查。

（2）安装控制标志：全数检查。检查方法：观察钢尺检查。

（3）预制构件应按标准图或设计的要求吊装：全数检查。检查方法：观察检查。

（4）临时固定措施和位置校正：全数检查。检查方法：观察，钢尺检查。

（5）接头和拼缝的质量要求：全数检查。检查方法：检查施工记录及试件强度试验报告。

# 20.4 砌体工程

砌体结构是由块体和砂浆砌筑而成的墙、柱作为建筑物主要受力构件的结构，是砖砌体、砌块砌体和石砌体结构的统称。

砌体工程所用的材料应有产品合格证书、产品性能型式检报告，质量应符合国家现行标准的要求。块体、水泥、钢筋、外加剂尚应有材料主要性能的进场复验报告，并应符合设计要求。严禁使用国家明令淘汰的材料。

（1）水泥使用应符合下列规定：

1）水泥进场时，应对其品种、等级、包装或散装仓号、出场日期等进行检查，并应对其强度、安定性进行复验。

2）当在使用中对水泥质量有怀疑或水泥出厂超过三个月（快硬硅酸盐水泥超过一个月）时，应复查试验，并按复验结果使用。

3）不同品种的水泥，不得混合使用。

抽检数量：按同一生产厂家、同品种、同等级、同批号连续进场的水泥，袋装水泥不超过200t为一批，散装水泥不超过500t为一批，每批抽样不少于一次。

检验方法：检查产品合格证、出厂检验报告和进场复验报告。

（2）砂浆用砂宜采用过筛中砂，并应满足下列要求：

1）不应混有草根、树叶、树枝、塑料、煤块、炉渣等杂物。

2）砂中含泥量、泥块含量、石粉含量、云母、轻物质、有机物、硫化物、硫酸盐及氯盐含量（配筋砌体砌筑用砂）等应符合现行行业标准《普通混凝土用砂、石质量及检验方法标准》JGJ 52 的有关规定。

3）人工砂、山砂及特性砂，应经试配能满足砌筑砂浆技术条件要求。

（3）砌筑砂浆试块强度验收时其强度合格标准应符合下列规定：

1）同一验收批砂浆试块强度平均值大于或等于设计强度等级值的 1.1 倍。

2）同一验收批砂浆试块抗压强度的最小一组平均值应大于或等于设计强度等级值的 85%。

抽检数量：每一检验批且不超过 250m³ 砌体的各类、各强度等级的普通砌筑砂浆，每台搅拌机应至少抽检一次。验收批的预拌砂浆、蒸压加气混凝土砌块专用砂浆，抽检可为 3 组。

检验方法：在砂浆搅拌机出料口或在湿拌砂浆的储存容器出料口随机取样制作砂浆试块（现场拌制的砂浆，同盘砂浆只应作 1 组试块），试块标养 28d 后作强度试验。预拌砂浆中的湿拌砂浆稠度应在进场时取样检验。

（4）砖砌体工程

1）主控项目

① 砖和砂浆的强度等级必须符合设计要求。

抽检数量：每一生产厂家，烧结普通装、混凝土实心砖每 15 万块，烧结多孔砖、混凝土多孔砖、蒸压灰砂砖及蒸压粉煤灰砖每 10 万块各为一验收批，不足上述数量时按 1 批计，抽样数量为 1 组。

检验方法：查砖和砂浆试块试验报告。

② 砌体灰缝砂浆应密实饱满，砖墙水平灰缝的砂浆饱满度不得低于 80%；砖柱水平灰缝和竖向灰缝饱满度不得低于 90%。

抽检数量：每检验批抽查不应少于 5 处。

检验方法：用百格网检查砖底面与砂浆的粘结痕迹面积，每处检测 3 块砖，取其平均值。

③ 砖砌体的转角处和交接处应同时砌筑，严禁无可靠措施的内外墙分砌施工。在抗震设防烈度为 8 度及 8 度以上地区，对不能同时砌筑而又必须留置的临时间断处应砌成斜槎，普通砖砌体斜槎水平投影长度不应小于高度的 2/3，多孔砖砌体的斜槎长高比不应小于 1/2。斜槎高度不得超过一步脚手架的高度。

抽检数量：每检验批抽查数量不应少于 5 处。

检验方法：观察检查。

2）一般项目

① 砖砌体组砌方法应正确，内外搭砌，上、下错缝。清水墙、窗间墙无通缝；混水墙中不得有长度大于 300mm 的通缝，长度 200～300mm 的通缝每间不超过 3 处，且不得位于同一面墙体上，砖柱不得采用包心砌法。

抽检数量：每检验批抽查不应少于 5 处。

检验方法：观察检查。砌体组砌方法抽检每处应为 3～5m。

② 砖砌体的灰缝应横平竖直，厚薄均匀，水平灰缝厚度及竖向灰缝宽度宜为 10mm，但不应小于 8mm，也不应大于 12mm。

抽检数量：每检验批抽查不应少于 5 处。

检验方法：水平灰缝厚度用尺量 10 皮砖砌体高度折算；竖向灰缝宽度用尺量 2m 砌体长度折算。

# 20.5 钢结构工程

## 20.5.1 钢结构焊接工程

**1. 主控项目**

（1）焊条、焊丝、焊剂、电渣焊熔嘴等焊接材料与母材的匹配应符合设计要求及现行国家标准《钢结构焊接规范》GB 50661 的规定。焊条、焊剂、药芯焊丝、熔嘴等在使用前，应按其产品说明书及焊接工艺文件的规定进行烘焙和存放。

检查数量：全数检查。

检验方法：检查质量证明书和烘焙记录。

（2）焊工必须经考试合格并取得合格证书。持证焊工必须在其考试合格项目及其认可范围内施焊。

检查数量：全数检查。

检验方法：检查焊工合格证及其认可范围有效期。

（3）施工单位对其首次采用的钢材、焊接材料、焊接方法、焊后热处理等，应进行焊接工艺评定，并根据评定报告确定焊接工艺。

检查数量：全数检查。

检验方法：检查焊接工艺评定报告。

（4）设计要求全焊透的一、二级焊缝应采用超声波探伤进行内部缺陷的检验，超声波探伤不能对缺陷做出判断时，应采用射线探伤，其内部缺陷分级及探伤方法应符合现行国家标准的规定。

一、二级焊缝的质量等级及缺陷分级应符合表 20-6 的规定。

检查数量：全数检查。

检验方法：检查超声波或射线探伤记录。

**2. 一般项目**

对于需要进行焊前预热或焊后热处理的焊缝，其预热温度或后热温度应符合国家现行有关标准的规定或通过工艺试验确定。预热区的焊道两侧，每侧宽度均应大于焊件厚度的 1.5 倍以上，且不应小于 100mm；后热处理应在焊后立即进行，保温时间应根据板厚度按每 25mm 板厚 1h 确定。

检查数量：全数检查。

检验方法：检查预热、后热施工记录和工艺试验报告。

一、二级焊缝质量等级及缺陷分级 　　　　　　　　　　表 20-6

| 焊缝质量等级 | | 一级 | 二级 |
|---|---|---|---|
| 内部缺陷超声波探伤 | 评定等级 | Ⅱ | Ⅲ |
| | 检验等级 | B 级 | B 级 |
| | 探伤比例 | 100% | 20% |

| 焊缝质量等级 | | 一级 | 二级 |
|---|---|---|---|
| 内部缺陷射线探伤 | 评定等级 | Ⅱ | Ⅲ |
| | 检验等级 | AB级 | AB级 |
| | 探伤比例 | 100% | 20% |

## 20.5.2 高强度螺栓连接

### 1. 主控项目

（1）钢结构制作和安装单位应按现行国家标准《钢结构工程施工质量验收规范》GB 50205 规定分别进行高强度螺栓连接摩擦面的抗滑移系数试验和复验，现场处理的构件摩擦面应单独进行摩擦滑移面抗滑移系数试验，其结果应符合设计要求。

检查数量：见《钢结构工程施工质量验收规范》。

检验方法：检查摩擦面抗滑移系数试验报告和复验报告。

（2）高强度大六角头螺栓连接副终拧完成 1h 后、48h 内应进行终拧扭矩检查。

检查数量：按节点数抽查 10%，且不应少于 10 个；每个被抽查节点按螺栓数抽查 10%，且不应少于 2 个。

检验方法：见《钢结构工程施工质量验收规范》。

### 2. 一般项目

（1）高强度螺栓连接副的施拧顺序和初拧、复拧扭矩应符合设计要求和国家现行行业标准《钢结构高强度螺栓连接的设计施工及验收规程》的规定。

检查数量：全数检查。

检验方法：检查扭矩扳手标定记录和螺栓施工记录。

（2）高强度螺栓连接副终拧后，螺栓丝扣外露应为 2~3 扣，其中允许有 10% 的螺栓丝扣外露 1 扣或 4 扣。

检查数量：按节点数抽查 5%，且不应少于 10 个。

检验方法：观察检查。

（3）高强度螺栓连接摩擦面应保持干燥、整洁，不应有飞边、毛刺、焊接飞溅物、焊疤、氧化铁皮、污垢等，除设计要求外摩擦面不应涂漆。

检查数量：全数检查。

检验方法：观察检查。

（4）高强度螺栓应自由穿入螺栓孔。高强度螺栓孔不应采用气割扩孔，扩孔数量应征得设计同意，扩孔后的孔径不应超过 $1.2d$（$d$ 为螺栓直径）。

检查数量：被扩螺栓孔全数检查。

检验方法：观察检查及用卡尺检查。

（5）螺栓球节点网架总拼完成后，高强度螺栓与球节点应紧固连接，高强度螺栓拧入螺栓球内的螺纹长度不应小于 $1.0d$（$d$ 为螺栓直径），连接处不应出现有间隙、松动等未拧紧情况。

检查数量：按节点数抽查 5%，且不应少于 10 个。

检验方法：普通扳手及尺量检查。

# 参 考 文 献

[1]  季敏. 建筑制图与构造基础［M］. 北京：机械工业出版社，2011

[2]  闫培明. 房屋建筑构造［M］. 北京：机械工业出版社，2008

[3]  刘凤翰. 混凝土结构及其施工图识读［M］. 北京：北京理工大学出版社，2012

[4]  鲁伟，余克俭，陈翔. 建筑结构［M］. 南京：南京大学出版社，2011

[5]  陈晋中. 土力学与地基基础（第2版）［M］. 北京：机械工业出版社，2013

[6]  宋莲琴等. 建筑制图与识图（第3版）［M］. 北京：清华大学出版社，2012

[7]  张正禄等. 工程的变形监测分析与预报［M］. 北京：测绘出版社，2007

[8]  魏静. 建筑工程测量［M］. 北京：机械工业出版社，2008

[9]  刘斌，许汉明. 土木工程材料［M］. 武汉：武汉理工大学出版社，2009

[10]  纪闯，冷超群，谢晓杰. 建筑法规［M］. 南京：南京大学出版社，2013

[11]  一级建造师执业资格考试用书编写委员会编写. 建设工程法规及相关知识. 北京：中国建筑工业出版社，2015

[12]  二级建造师执业资格考试用书编写委员会编写. 建设工程法规及相关知识. 北京：中国建筑工业出版社，2015

[13]  胡成建主编. 建设工程法规［M］. 北京：中国建筑工业出版社，2009

[14]  江苏省建设厅. 江苏省建筑与装饰工程计价定额. 北京：知识产权出版社，2014

[15]  中华人民共和国国家标准. 建设工程工程量清单计价规范 GB 50500

[16]  全国造价工程师执业资格考试培训教材编审委员会. 建设工程计价（2015年版）. 北京：中国计划出版社，2015

[17]  中华人民共和国行业标准. 建筑石膏 GB/T 9776

[18]  中华人民共和国国家标准. 通用硅酸盐水泥 GB 175

[19]  中华人民共和国行业标准. 混凝土用砂、石质量及检验方法标准 JGJ 52

[20]  中华人民共和国行业标准. 普通混凝土配合比设计规程 JGJ 55

[21]  中华人民共和国国家标准. 混凝土结构设计规范 GB 50010

[22]  中华人民共和国行业标准. 建筑砂浆基本性能试验方法 JGJ 70

[23]  中华人民共和国国家标准. 预拌砂浆标准 GB/T 25181

[24]  中华人民共和国国家标准. 建筑石油沥青 GB/T 494

[25]  中华人民共和国国家标准. 烧结多孔砖和多孔砌块 GB 13544

[26]  单辉祖. 材料力学（第2版）Ⅰ、Ⅱ. 北京：高等教育出版社，2004

[27]  中华人民共和国国家标准. 建筑结构荷载规范 GB 50009

[28]  龙驭球，包世华. 结构力学教程Ⅰ. 北京：高等教育出版社，2000

[29]  周国瑾，施美丽，张景良. 建筑力学. 上海：同济大学出版社，2000

[30]  哈工大理论力学教研室. 理论力学（第六版）Ⅰ、Ⅱ. 北京：高等教育出版社，2002

[31]  孙洪硕，孙丽娟. 建筑材料［M］. 北京：人民邮电出版社，2015

[32]  王鳌杰，许丽丽. 建筑材料（含试验实训）［M］. 西安：西北工业大学出版社，2012

[33]  程从密. 建筑材料［M］. 天津：天津科学技术出版社，2013

[34] 危加阳. 建筑材料［M］. 北京：中国水利水电出版社，2013

[35] 岑敏仪. 建筑工程测量［M］. 重庆：重庆大学出版社，2011

[36] 王龙洋，魏仁国. 建筑工程测量与实训［M］. 天津：天津科学技术出版社，2013

[37] 王梅，徐洪峰. 工程测量技术［M］. 北京：冶金工业出版社，2011

[38] 郝亚东. 建筑工程测量［M］. 北京：北京邮电大学出版社，2012

[39] 陈东佐，许丽丽. 建筑工程测量［M］. 西安：西北工业大学出版社，2014

[40] 中国建设教育协会. 施工员通用与基础知识（土建方向）［M］. 北京：中国建筑工业出版社，2015

[41] 中华人民共和国国家标准.《通用硅酸盐水泥》GB 175—2007

[42] 江苏省建设教育协会. 施工员专业管理实务［M］. 北京：中国建筑工业出版社，2014

[43] 江苏省建设教育协会. 施工员专业基础知识［M］. 北京：中国建筑工业出版社，2014

[44] 中国建设教育协会. 施工员岗位知识与专业技能（土建方向）［M］. 北京：中国建筑工业出版社，2015

[45] 全国二级建造师执业资格考试用书编写委员会. 建设工程施工管理［M］. 北京：中国建筑工业出版社，2016

[46] 全国二级建造师执业资格考试用书编写委员会. 建筑工程管理与实务［M］. 北京：中国建筑工业出版社，2016